深入解析 Java编译器

源码剖析与实例详解

马智◎著

机械工业出版社
China Machine Press

图书在版编目（CIP）数据

深入解析Java编译器：源码剖析与实例详解 / 马智著. —北京：机械工业出版社，2020.1

ISBN 978-7-111-64338-8

Ⅰ. 深… Ⅱ. 马… Ⅲ. JAVA语言－程序设计 Ⅳ. TP312.8

中国版本图书馆CIP数据核字（2019）第278964号

深入解析 Java 编译器：源码剖析与实例详解

出版发行：机械工业出版社（北京市西城区百万庄大街 22 号 邮政编码：100037）

责任编辑：欧振旭 李华君　　责任校对：姚志娟

印　刷：中国电影出版社印刷厂　　版　次：2020 年 1 月第 1 版第 1 次印刷

开　本：186mm×240mm 1/16　　印　张：41.75

书　号：ISBN 978-7-111-64338-8　　定　价：179.00 元

客服电话：（010）88361066 88379833 68326294　　投稿热线：（010）88379604

华章网站：www.hzbook.com　　读者信箱：hzit@hzbook.com

前言

为什么要写这本书？

Java 是一门流行多年的高级编程语言，相关的就业岗位很多，但是最近几年却出现了用人单位招不到人，大量研发人员找不到工作的尴尬局面。究其根本原因还是岗位对技术的要求高，不但要会应用，更要懂其内部的运行原理。对于想要深入研究 Java 的从业者来说，目前国内市场上还没有一本剖析 Java 编译器（Javac）源码的书籍，也没有一本剖析工业级编译器源码的书籍，这正是本书要填补的市场空白。

本书围绕市面上的主流编译器 Javac 进行源代码剖析，详细介绍了词法分析、语法分析、语义分析及代码生成等各个阶段的具体实现。另外，本书有大量的配图和实例，以便读者能更好地理解书中的要点。

本书有何特色

1．内容丰富，讲解详细

本书对 Java 编译器的词法分析、语法分析、语义分析及代码生成等各个阶段的源代码实现做了详细介绍，可以帮助读者系统地掌握 Java 编译器的实现原理。

2．原理分析与实例并重

本书对 Java 编译器各个编译阶段的源代码实现都进行了重点介绍，同时也简单介绍了一些编译器的基本原理，并给出了大量的配图和实例，能让读者真正掌握 Java 编译器的具体实现。

3．分析工业级编译器的源码实现

本书分析的编译器 Javac 是一个工业级的编译器，它是大部分 Java 开发人员将 Java 源代码转换为 Class 文件的首选编译器。对于 Java 从业人员来说，本书可以让他们学习到 Javac 是如何支持 Java 语言的相关特性的，如泛型；而对于那些对编译器感兴趣的人来说，本书则可以让他们真正学习到如何将编译器的相关理论知识应用到开发实践中。

本书内容

本书深入剖析了 Javac 的源代码实现，每一章都会对重点的源代码实现进行解读。各章的内容简单介绍如下：

第 1 章介绍了 Javac 的目录结构及源代码调试，同时对 Javac 支持的编译命令的实现进行了简单介绍。

第 2 章介绍了 Javac 操作文件（如读取.java 文件、读取 JAR 包）相关的类。

第 3 章介绍了 Javac 将读取到的 Java 源代码的字符流转换为 Token 流的过程。

第 4 章介绍了抽象语法树的每个树节点，这些树节点可以大概划分为定义及声明、语句与表达式。

第 5 章介绍了如何建立抽象语法树，即 Javac 根据 Token 流建立一个完整的抽象语法树。

第 6 章介绍了符号表的结构，同时也对 Javac 中使用的符号及类型做了详细介绍。

第 7 章进行符号表的填充，分两个阶段对抽象语法树进行扫描，然后向符号表中填充相关的符号。

第 8 章介绍了插入式注解的具体实现过程。

第 9 章介绍了 Java 的类型转换，重点介绍了赋值转换、方法调用转换、强制类型转换及数字提升这些上下文环境中的类型转换实现。

第 10 章介绍了语法检查，主要是对类型定义、变量定义及方法定义的合法性进行检查。

第 11 章介绍了引用消解，主要是查找表达式中所引用的唯一符号，Resolve 类中提供了对类型引用、变量引用及方法引用的具体查找方法。

第 12 章对抽象语法树进行了类型与符号标注，重点介绍了一些重要树节点，如 JCIdent 和 JCFieldAccess 等的具体标注过程。

第 13 章介绍了泛型的实现。泛型类型或泛型方法等与泛型相关的特性完全由编译器来支持，而在后续生成 Class 文件的过程中需要对泛型进行擦除。

第 14 章介绍了数据流分析，分别从变量赋值、语句活跃性及异常这 3 个方面对 if 判断语句、循环语句及 try 语句等进行分析。

第 15 章介绍了语法糖去除，分别对简单的语法糖、语句语法糖、枚举类语法糖与内部类语法糖进行分析。

第 16 章介绍了字节码指令的生成，通过简单模拟 Java 虚拟机运行时的情况来更好地生成字节码指令。

第 17 章介绍了重要结构的字节码指令生成，对一些常见的控制结构，如 if 语句、循环语句、switch 语句及 try 语句等指令的生成过程进行了详细介绍。

第 18 章介绍了 Class 文件的生成，根据 Class 文件规范生成可被 Java 虚拟机加载运行的文件。

附录 A 介绍了 Javac 支持的命令。

附录 B 介绍了 Java 语言涉及的文法。

附录 C 介绍了对类型的常见操作。

附录 D 介绍了对符号的常见操作。

附录 E 介绍了虚拟机字节码指令。

本书读者对象

阅读本书需要读者有一定的编程经验，最好是对 Java 语言有一定的了解。具体而言，本书主要适合以下读者阅读：

- 想深入学习 Java 语言特性的 Java 从业人员；
- 想通过实践学习编译器理论的人员，如高校相关专业的学生；
- 想借鉴编译器架构的人员；
- 对大型工程源代码感兴趣的人员。

本书阅读建议

本书每一章都和前后章形成了承前启后的关系，所以建议读者在阅读本书的过程中，严格按照章节的顺序进行阅读，同时也建议读者在阅读每一章的过程中对书中给出的实例进行实践，以便更好地理解本书所讲的内容。

Javac 有 10 万行以上的源代码实现，并且代码的逻辑密度非常大。读者阅读相关源代码的实现时，建议不要过分纠结于每个实现细节，否则会陷入细节的“汪洋大海”中。本书对 Javac 的重点源代码进行了解读，读者可以参考书中对这些重点源代码的讲解进行阅读和调试即可。

本书配套资源获取方式

本书涉及的 Javac 源代码已经开源，可以通过多种途径获取。读者可以直接访问以下网址获取：

https://download.java.net/openjdk/jdk7。

读者反馈

由于笔者水平所限，书中可能还存在一些疏漏，敬请读者指正，笔者会及时进行调整和修改。联系邮箱：hzbook2017@163.com。

致谢

在本书的写作过程中，得到了很多朋友及同事的帮助和支持，在此表示由衷的感谢！

感谢欧振旭编辑在本书出版过程中给予笔者的大力支持与帮助！

最后感谢我的家人在写作时给予我的理解与支持，在我遇到挫折和问题时，家人都坚定地支持着我。爱你们！

马智

目录

第 1 章　Javac 介绍

编译器可以将编程语言的代码转换为其他形式，例如，本书讲解的 Javac 可以将 Java 源代码转换为虚拟机能够识别的 Class 文件形式（以.class 作为文件存储格式）。能够进行这种转换的编译器一般也称为编译器的前端。要将 Class 文件中存储的字节码变为机器码，还需要后端编译器，如 JIT 编译器（Just In Time Compiler），或者还可以通过 AOT 编译器直接将 Java 源代码编译为本地机器代码。本书仅对 Java 语言的前端编译器 Javac 进行源代码解读。

之所以对 Javac 进行源代码解读，是因为 Javac 支持着 Java 语言的语法实现，例如泛型的实现完全是由编译器来支持的。另外，通过 Javac 也能学习编译器相关的知识，它没有使用像 Lex、YACC 这样的生成器工具，词法、语法分析与代码生成等全都是手工实现的，具有简单、灵活和高效的特点。

在解读 Javac 代码的过程中会涉及许多规范，参考的主要规范有：

- Java 语法规范（The Java Language Specification，JLS），本书所参照的版本为 JLS 7，因此书中再提到 JLS 时都是指 JLS 7。
- Java 虚拟机规范（The Java Virtual Machine Specification，JVMS），本书所参照的版本为 JVMS 7，因此书中再提到 JVMS 时都是指 JVMS 7。
- Javac 在处理注解的过程中还会遵照 JSR-269 规范，涉及插入式注解处理 API（Pluggable Annotation Processing API）。

1.1　初识 Javac

Javac 将 Java 源代码转变为字节码的过程中会涉及词法分析、语法分析、语义分析及代码生成等阶段，如图 1-1 所示。

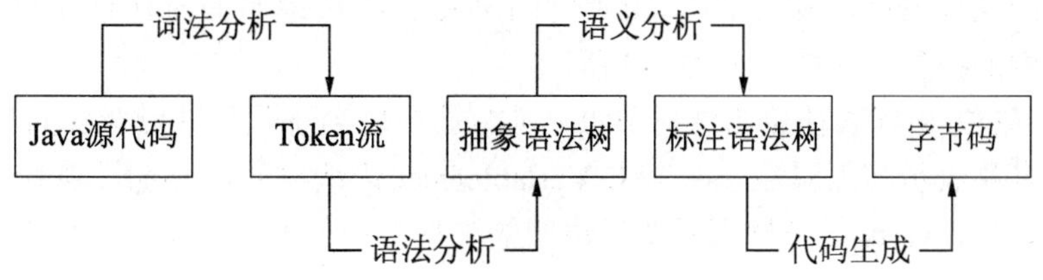

图 1-1　Javac 编译源代码的过程

下面简单来介绍一下这几个不同的编译阶段。

1．词法分析

词法分析的主要作用就是将 Java 源代码转换为 Token 流，举个例子如下：

【实例 1-1】

```
package chapter1;

public class TestJavac {
   int a = 1;
   int b = a;
}
```

经过 Javac 的词法分析阶段后转换为 Token 流，如图 1-2 所示。

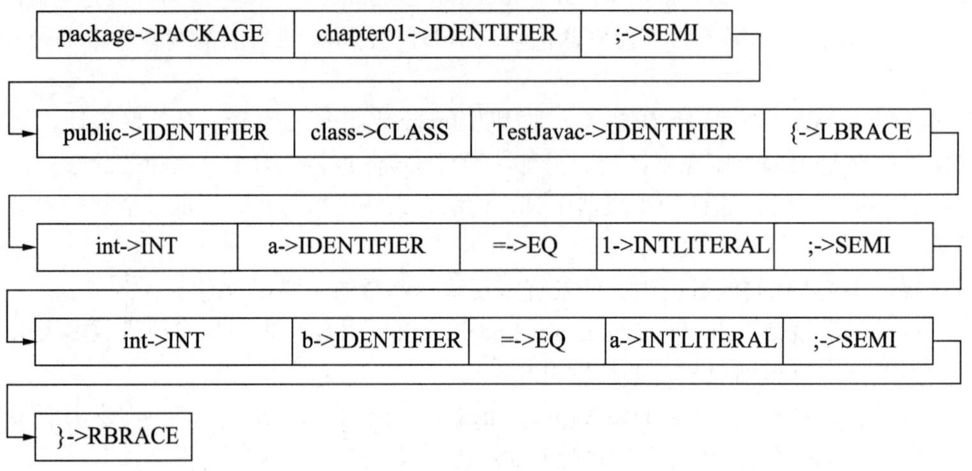

图 1-2　源代码转换为 Token 流

图 1-2 中的每个小方格表示一个具体的 Token，其中，箭头（即->）左边的部分为源代码字符串，右边就是对应的 Token 名称。从图中可以看到，词法分析将 Java 源代码按照 Java 关键字、自定义标识符和符号等分解为可识别的 Token 流，对于空格与换行符等不会生成对应的 Token，它们只是作为划分 Token 的重要依据。

2．语法分析

将进行词法分析后形成的 Token 流中的 Token 组合成遵循 Java 语法规范的语法节点，形成一颗基本的抽象语法树，如图 1-3 所示。

图 1-3 中的方格代表抽象语法树节点，而方格中的名称就是节点对应的具体实现类，连接线上的名称表示节点属性。两个 JCVariableDecl 语法树节点分别代表两个变量 a 与 b 的声明及初始化，vartype 属性表示变量声明的类型，而 init 属性表示对此变量的初始化。

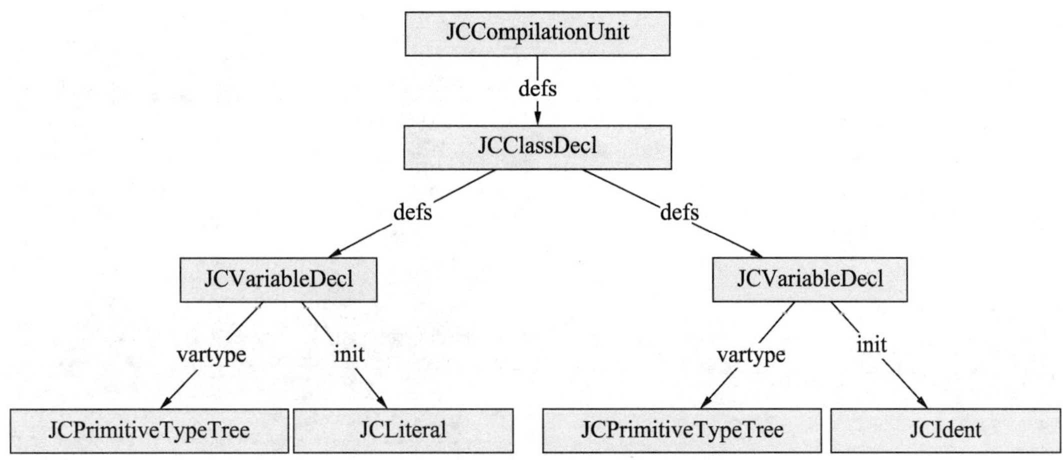

图 1-3　Token 流转换为抽象语法树

3. 语义分析

语义分析过程最为复杂，该过程涉及的细节众多，除了对代码编写者写出的源代码根据 JLS 规范进行严格的检查外，还必须为后面的代码生成阶段准备各种数据，如符号表、标注抽象语法树节点的符号及类型等。在标注语法树的过程中会，如将变量 a 的值赋值给变量 b 时就会确定 a 所对应的具体引用，确定后 a 将指向变量 a 的定义，根据变量 a 定义时的类型与 b 声明的类型做类型的兼容性检查。

4. 代码生成

将标注语法树转化成字节码，并将字节码写入 Class 文件。通过命令 javap -verbose TestJavac 来查看 Class 文件的相关内容，如下：

```
public class chapter1.TestJavac
  minor version: 0
  major version: 51
  flags: ACC_PUBLIC, ACC_SUPER
Constant pool:
   #1 = Methodref          #5.#15     // java/lang/Object."<init>":()V
   #2 = Fieldref           #4.#16     // chapter1/TestJavac.a:I
   #3 = Fieldref           #4.#17     // chapter1/TestJavac.b:I
   #4 = Class              #18        // chapter1/TestJavac
   #5 = Class              #19        // java/lang/Object
   #6 = Utf8               a
   #7 = Utf8               I
   #8 = Utf8               b
   #9 = Utf8               <init>
  #10 = Utf8               ()V
  #11 = Utf8               Code
```

```
  #12 = Utf8               LineNumberTable
  #13 = Utf8               SourceFile
  #14 = Utf8               TestJavac.java
  #15 = NameAndType         #9:#10         // "<init>":()V
  #16 = NameAndType         #6:#7          // a:I
  #17 = NameAndType         #8:#7          // b:I
  #18 = Utf8               chapter1/TestJavac
  #19 = Utf8               java/lang/Object
{
  int a;
    descriptor: I
    flags:

  int b;
    descriptor: I
    flags:

  public chapter1.TestJavac();
    descriptor: ()V
    flags: ACC_PUBLIC
    Code:
      stack=2, locals=1, args_size=1
         0: aload_0
         1: invokespecial #1      // Method java/lang/Object."<init>":()V
         4: aload_0
         5: iconst_1
         6: putfield      #2      // Field a:I
         9: aload_0
        10: aload_0
        11: getfield      #2      // Field a:I
        14: putfield      #3      // Field b:I
        17: return
      LineNumberTable:
        line 3: 0
        line 4: 4
        line 5: 9
}
SourceFile: "TestJavac.java"
```

Java 默认会将符合 Java 虚拟机规范的字节码写入 TestJavac.class 文件中。如果读者看不懂字节码也没有关系，第 16 章及第 18 章将详细介绍字节码指令及 Class 文件的格式。

1.2 Javac 源码与调试

首先需要下载 openJDK 源码。本书涉及的源码版本都是 JDK 1.7，读者可以到

https://download.java.net/openjdk/jdk7 下载源代码的 ZIP 包。本书下载的源代码包为 openjdk-7-fcs-src-b147-27_jun_2011.zip。

解压后可以在 openjdk/langtools/src/share/classes/com/sun/tools 路径下找到 javac 目录。该目录下存放着 Javac 主要的源代码实现。可以将相关的源代码复制到 IDE 中，这样就可以借助 Eclipse 等 IDE 调试源代码了。

首先在 Eclipse 中新建 Java 项目，名称为 JavacCompiler，然后将 openjdk/langtools/src/share/classes/路径下的 com 目录复制到项目的 src 目录下，最后的项目结构如图 1-4 和图 1-5 所示。

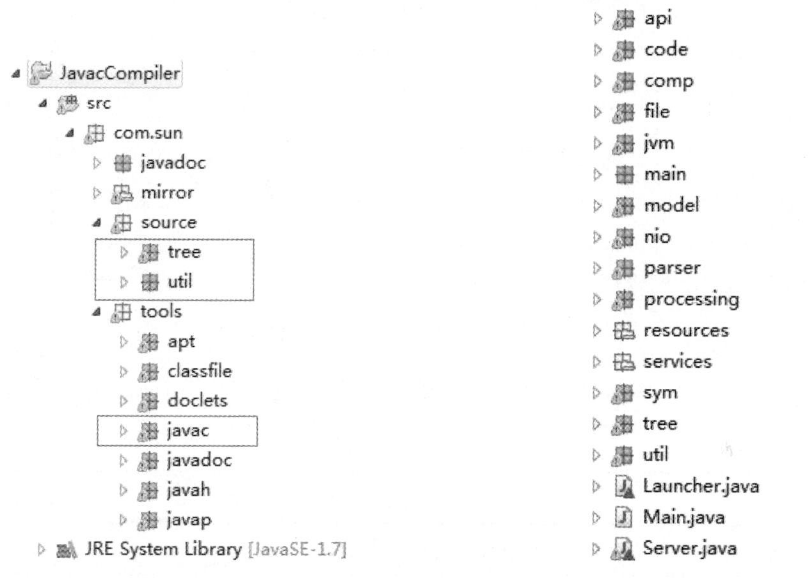

图 1-4　JavacCompiler 项目结构　　　图 1-5　javac 包下的目录结构

在图 1-4 中，com.sun.javac 目录下存放着 Javac 主要的源代码实现，而 com.sun.source 目录下存放着 Javac 相关的依赖，我们只需要关注图 1-4 中用方框圈起来的部分即可。图 1-5 中给出了 javac 目录的详细结构。

在 Eclipse 中导入代码后可能会在类 com.sun.tools.javac.model.AnnotationProxyMaker.java 上提示 Access Restriction 错误。由于 Eclipse 的 JRE System Library 中默认包含了一系列的代码访问规则，如果代码中引用了这些访问规则所禁止引用的类，就会提示此错误。可以通过添加一条允许访问 JAR 包中所有类的访问规则来解决此问题。在项目上右击，在弹出的快捷菜单中选择 Properties 命令，弹出 Properties for JavacCompiler 对话框。在对话框左侧列表中选择 Java Build Path 后，切换到右侧的 Libraries 选项卡，选择 Access rules 后单击 Edit 按钮，为 Access rules 添加一条 Resolution 为 Accessible、值为“**”的访问规则，添加后如图 1-6 所示。

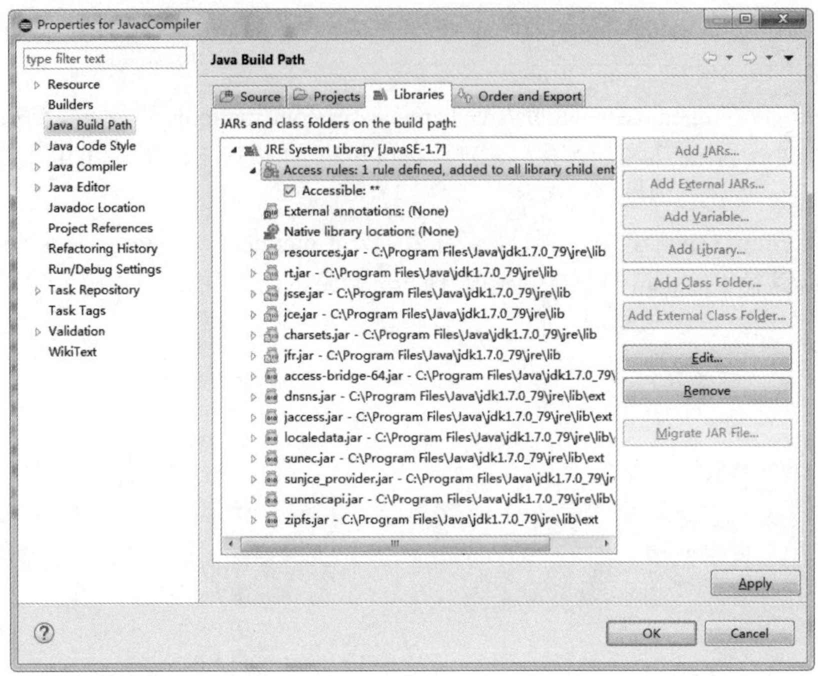

图 1-6　为 Access rules 添加访问规则

表 1-1 对 com.sun.tools.javac 及 com.sun.source 包下一些重要的目录结构进行了说明。

表 1-1　Javac主要目录说明

目 录 名 称	说　　明
api	对外提供相关的API，如操作抽象语法树的API
code	定义了Java程序中具有语义的元素表示，如符号、作用域和类型等
comp	Javac的主要处理阶段，如语义分析阶段的抽象语法树标注、数据流分析、语法糖去除和泛型擦除等功能都在这个包中实现
file	Javac的文件系统，读取Java源文件，写入Class文件等操作都需要调用这个包中提供的相关实现
jvm	根据语义分析阶段生成的标注语法树生成对应的Class文件
main	Javac的入口，同时也提供了对Javac命令的支持
parser	读取Java源文件并生成抽象语法树
processing	实现了插入式注解处理器
resources	信息本地化和版本信息的资源文件

（续）

目录名称	说　　明
tree	对com.sun.source.tree包下定义的抽象语法树中所有树节点对应接口的实现，同时也提供了创建树节点及访问树节点的一些类
util	Javac工具类

在本书后续的源代码解读过程中，将详细介绍这些包下相关类的实现。

1.3　Javac 命令

Javac 提供了一些命令，用于支持 Java 源文件的编译。如果安装且配置了 Java 的 PATH 路径，可在 Windows 的命令行窗口中输入 java -help 命令查看，或者直接查看 Javac 源码中的枚举类 com.sun.tools.javac.main.OptionName，其中列举了所有当前 Javac 版本所支持的命令。

在命令行窗口中输入 Javac 命令时，格式如下：

```
javac [options] [sourceFiles] [@argFiles]
```

options 是指命令行选项，sourceFiles 是指一个或多个 Java 源文件，@argFiles 是指列出选项和源文件的一个或者多个文件。

可以通过以下方式之一将 Java 源代码文件名传递给 Javac：

- 在命令行中列出文件名，如果 Java 源文件的数量不多，可以使用这种方式；
- 在一个文件中列出文件名，两个名称之间用空格或者换行符隔开，然后将列表文件的路径传递给前面带有@符号的 Javac 命令行。

不过现在可以直接通过编写代码的方式调用 Javac，其效果和在命令行窗口中输入 Javac 命令是一样的。其实 Javac 命令最终也是通过调用 Javac 相关的 API 完成 Java 源代码编译的。可以在 JavacCompiler 项目中新建一个 test 源文件目录，然后在包路径 chapter1 下新建 TestCompiler.java 源文件。具体内容如下：

【实例 1-2】

```
package chapter1;

import java.io.IOException;
import javax.tools.ToolProvider;

public class TestCompiler {
   public static void main(String args[]) throws IOException {
       String path = "C:/JavacCompiler/test/chapter1/TestJavac.java";
       javax.tools.JavaCompiler compiler = ToolProvider.getSystemJava
Compiler();
       int result = compiler.run(null, null, null,
```

```
                new String[]{
                    "-d","C:/javacclass",
                    path
                }
        );
        System.out.println("Result code: " + result);
    }
}
```

以上代码在调用 compiler.run()方法时传递了一个字符串数组作为参数，在这个数组中就可以指定命令行选项及要编译的源文件名，运行 main()方法等价于运行如下命令：

```
javac -d C:/javacclass C:/JavacCompiler/test/chapter1/TestJavac.java
```

其中，-d 表示生成的 Class 文件的存放路径，这里是 C:/javacclass。运行 main()方法后打印如下信息：

```
Result code:0
```

调用 compiler.run()方法若返回 0 则表示运行成功，若返回非 0 则表示有编译错误。

Javac 本身支持的命令很多，通常编译器对外提供的命令可以分为标准和非标准两个类型，非标准选项以-X 开头。但是 Javac 内部却将命令分为 3 类，并通过枚举类 OptionKind 来表示，如下：

```
来源：com.sun.tools.javac.main.JavacOption.OptionKind
enum OptionKind {
   NORMAL,
   EXTENDED,
   HIDDEN,
}
```

枚举常量 NORMAL 就是通常所说的标准选项，而 EXTENDED 就是非标准选项，或者说扩展选项。另外还有一类 HIDDEN，这是 Javac 内部使用的选项。例如，-warnunchecked 命令表示对泛型的非检查异常给出警告，-fullversion 命令打印完整的版本信息。关于 Javac 支持的标准和非标准选项，可以参考附录 A，这里不做过多介绍。

下面看一下这些命令在 Javac 中的实现。每个命令都是 JavacOption 对象，JavacOption 接口中定义了对命令的常见操作，源代码实现如下：

```
来源：com.sun.tools.javac.main.JavacOption
public interface JavacOption {
    OptionKind getKind();
    boolean hasArg();
    boolean matches(String arg);
    boolean process(Options options, String option, String arg);
    boolean process(Options options, String option);
}
```

其中，getKind()方法会返回 OptionKind 中定义的枚举常量，表示当前这个命令属于哪一类；hasArgs()方法返回 true 时表示这个命令有相关参数，例如，-d 命令后面指定的路径就是这个命令的一个参数；matches()方法判断传入的命令是否与当前的命令匹配；两个

process()方法就是对命令的具体执行了，只是一个执行有参数的命令，另外一个执行无参数的命令。

JavacOption 接口主要有 3 个实现类，继承体系如图 1-7 所示。

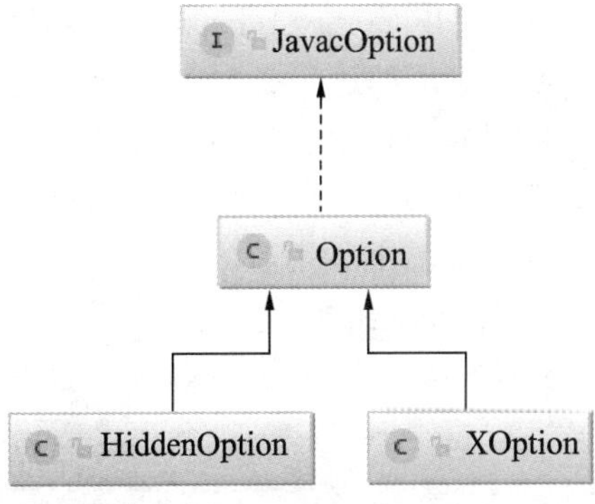

图 1-7　JavacOption 继承体系

Option 代表了标准选项，因此调用 getKind()方法将返回 NORMAL；XOpion 代表非标准选项，调用 getKind()方法返回 EXTENDED；HiddenOption 代表内部选项，调用 getKind()方法返回 HIDDEN。所有命令可通过这 3 个实现类或通过匿名类继承这几个类来实现，然后根据具体的命令选择性地实现相关的方法，具体实现可查看 com.sun.tools.javac.main.RecognizedOptions 类中的 getAll()方法。对于实例 1-2 来说，-d 与 sourcefile 命令的实现很典型，代码如下：

```
来源：com.sun.tools.javac.main.RecognizedOptions
public static Option[] getAll(final OptionHelper helper) {
    return new Option[]{
        ...
        new Option(D,"opt.arg.directory","opt.d"),
        ...
        new HiddenOption(SOURCEFILE) {       // sourcefile 命令的匿名类实现
            String s;
            @Override
            public boolean matches(String s) {
                this.s = s;
                return s.endsWith(".java")          // Java source file
                    || SourceVersion.isName(s);     // Legal type name
            }
            @Override
            public boolean process(Options options, String option) {
                if (s.endsWith(".java") ) {
                    File f = new File(s);
                    helper.addFile(f);
                }
                return false;
            }
        },
    };
}
```

在查看所有的命令实现时，我们要关注的重点就是 process()方法的实现。对于-d 命令则创建了一个 Option 对象（Option 类型的对象，简称 Option 对象，后续都使用类似的描述方式），其中，process()方法的默认实现会将命令存储到 Options 对象的 value 中。Options 类中定义了一个类型为 LinkedHashMap<String,String>的 values 变量，其中 key 为具体的命令，而 value 就是对应的值。例如，在实例 1-2 中将存储 key 为“-d”而 value 为“C:/javacclass”的一条数据。

用一个 HiddenOption 匿名类对 sourcefile 命令进行实现，process()方法中会调用

helper.addFile()方法，helper 的类型为 OptionHelper，从 OptionHelper 类的名字也不难看出，它是用来辅助进行命令实现的。由于一些复杂的命令执行可能会用到许多类对象，如工具类的对象，而定义在 Main 类中的 OptionHelper 对象能使用更多类提供的 API 来实现命令。每个命令都是一个具体的 JavacOption 对象，这些对象最终将存储到 Option 数组中返回给 getAll()方法的调用者。

OptionHelper 是个接口，这个接口有个匿名类的实现，是在 com.sun.tools.javac.main.Main 类中定义 recognizedOptions 变量时实现的，代码如下：

```
来源：com.sun.tools.javac.main.Main
private Option[] recognizedOptions = RecognizedOptions.getJavaCompiler
Options(new OptionHelper() {
    ...
    public void addFile(File f) {
        if (!filenames.contains(f))
            filenames.append(f);
    }
    ...
});
```

匿名类对 OptionHelper 接口中定义的方法进行了实现。例如，在实现 sourcefile 命令时调用了 helper 的 addFile()方法，该方法最终会将具体的文件对象追加到 ListBuffer<File> 对象 filenames 中，供后续编译阶段使用。

OptionHelper 匿名类对象最终会作为参数传递给 RecoginizedOptions 类的 getJavaCompilerOptions()方法，调用 getJavaCompilerOptions()方法其实也是间接调用 getAll()方法。最终 recognizedOptions 就以数组的形式保存了 Option 对象，这样当用户传递相关的编译命令时就可以循环这个数组找到对应命令的 Option 对象，然后调用相关的方法对命令进行操作了。

对于实例 1-2 来说，调用 compiler.run()方法最终会调用 Main 类中的 compile()方法，该方法有如下代码调用：

```
来源：com.sun.tools.javac.main.Main
List<File> files = processArgs(CommandLine.parse(args));
```

其中的 args 就是编译文件时传递的参数，也就是实例 1-2 中传递的字符串数组。调用 CommandLine.parse()方法主要是解决以@argFiles 方式指定编译文件的形式，这些路径下的文件内容最终会读取出来追加到数组的末尾。

下面来看 processArgs()方法的具体实现，代码如下：

```
来源：com.sun.tools.javac.main.Main
public List<File> processArgs(String[] flags) {
    int ac = 0;
    while (ac < flags.length) {
        String flag = flags[ac];
        ac++;
        Option option = null;
```

```
        if (flag.length() > 0) {
            int firstOptionToCheck = flag.charAt(0) == '-' ? 0 : recognized
    Options.length-1;
            for (int j=firstOptionToCheck; j<recognizedOptions.length; j++) {
                if (recognizedOptions[j].matches(flag)) {
                    option = recognizedOptions[j];
                    break;
                }
            }
        }
        ...
        if (option.hasArg()) {                              // 命令有相关的参数
            ...
            String operand = flags[ac];
            ac++;
            if (option.process(options, flag, operand)) // 带参数的命令执行
                return null;
        } else {
            if (option.process(options, flag))              // 不带参数的命令执行
                return null;
        }
    }
    ...
    return filenames.toList();
}
```

方法循环处理传入的所有参数，如果是具体的命令，就找到命令所对应的具体 option。由于命令一般都是以“-”开头的，因而如果以“-”开头就循环 recognizedOptions 数组查找，找到对应的 option 后调用 process()方法执行具体的命令；如果不以“-”开头，例如，实例 1-2 中 path 传递的是具体要编译的 Java 源代码路径，则直接查找 recongnizedOptions 数组中的最后一项，即 sourcefile 命令。执行 sourcefile 后会调用 helper 的 addFile()方法，而 helper 的 addFile()方法会将需要编译的 Java 源文件路径追加到 filenames，这样 processArgs()方法执行完成后以列表形式返回 filenames，Javac 会对 filenames 列表中指定的源文件进行编译。

如果还传递其他一些命令，如-version，可以循环找到-version 在 recognizedOptions 中的匿名类对象并调用 process()方法，最终将通过调用 helper 的 printVersion()方法打印当前 JDK 的版本号。对于大部分的命令，需要在后续编译过程的各个阶段使用，因此暂时存储到 options 类中定义的 values 中。

第 2 章　Javac 文件系统

Javac 在编译源代码的过程中会涉及对文件及目录的操作，例如，在指定路径下搜索 Java 源文件，读取 JAR 包中的 Class 文件，以及将编译生成的字节码写入 Class 文件等。Javac 文件系统借助 Java 已有的文件 API 实现了满足自身业务需求相关的 API，方便了对文件及目录的操作。Javac 文件系统涉及的大部分类都存放在 com.sun.tools.javac.file 包路径下，读者可自行查看。

2.1　文件相关实现类

首先考虑一下 Javac 在编译源代码过程中需要操作哪些类型的文件。由于是编译 Java 源代码，所以肯定会读取.java 结尾的文件；在编译 java 源代码时少不了读取依赖，这些依赖大多都保存在.class 结尾的文件中，因此也需要操作.class 文件；由于.class 结尾的文件可能在压缩包中，例如常见的 JAR 包，因此还需要读取压缩包的内容；如果要使用 JDK 中 rt.jar 包提供的一些类库 API，那么还会读取 JAVA_HOME 路径下的 ct.sym 文件，这个文件也是一个压缩包。之所以不直接读取 rt.jar 包，是为了避免开发人员使用一些内部的 API，同时也能避免代码编写者调整这些接口造成客户端代码无法运行。

Javac 中处理最多的就是.class 与.java 结尾的文件，这些文件在 Javac 中都以特定类的对象表示并且需要专门进行管理。首先来看压缩包涉及的主要类的继承体系，如图 2-1 所示。

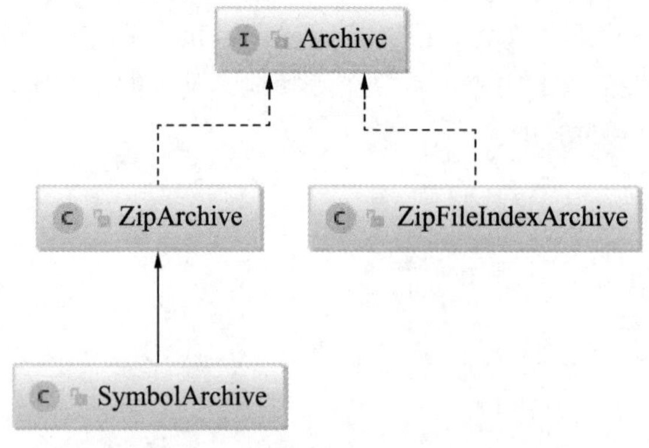

图 2-1　Javac 中压缩包类的继承体系

图 2-1 表示的是压缩包相关类的继承体系，有两个类直接继承了 Archive 接口，该接口定义在 JavacFileManager 类中。JavacFileManager 类是 Javac 的整个文件系统管理类，当然也管理着实现了 Archive 接口的所有压缩包类。通过 ZipArchive 类可以操作除 rt.jar 包外的所有 JAR 包，包括 ct.sym 包，SymbolArchive 类操作 ct.sym 包。通常，在读取非 ct.sym 包时会选择 ZipArchive 或者 ZipFileIndexArchive 类，读取 ct.sym 包时选择 SymbolArchive 或者 ZipFileIndexArchive 类。本书采用的 Javac 版本默认通过 ZipFileIndexArchive 类来读取压缩包。可以指定 useOptimizedZip 命令的值为 false 来使用 ZipArchive 或者 SymbolArchive 类读取压缩包，这两个类在读取压缩包的过程中都使用类库 API，实现起来相对简单，读取时也不用关注压缩包的格式等，而 ZipFileIndexArchive 类的读取效率相比 ZipArchive 和 SymbolArchive 这两个类更高，但是实现相对复杂。本书将详细介绍默认 ZipFileIndexArchive 类的实现方式。

Javac 内部的每个压缩包都是一个 ZipFileIndex 对象，而对应每个 Archive 接口的实现类中都定义了表示压缩包中具体压缩文件的静态内部类，这些类的继承体系如图 2-2 所示。

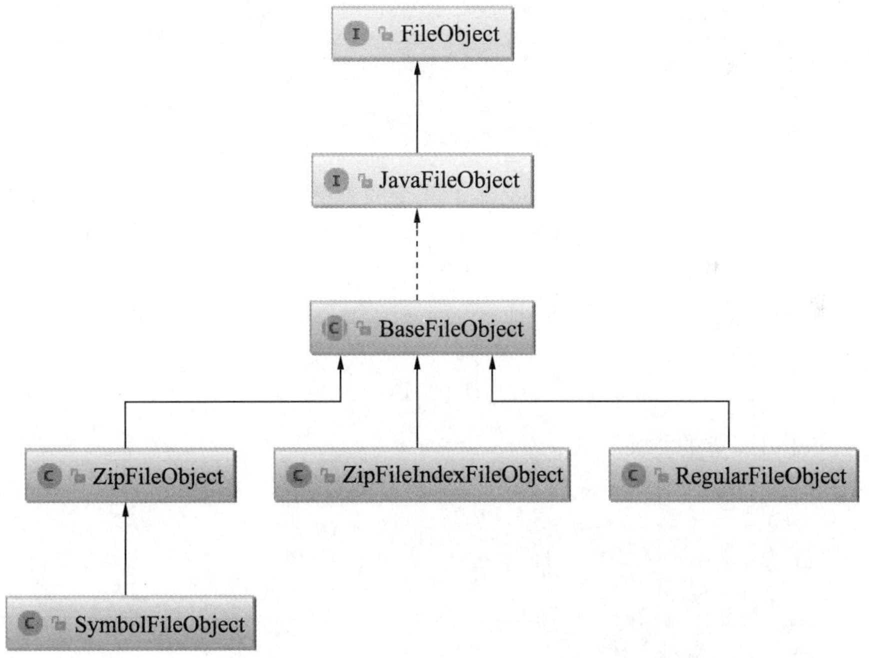

图 2-2　文件相关类的继承体系

其中，ZipFileObject 类定义在 ZipArchive 类中；SymbolFileObject 类定义在 SymbolArchive 类中；ZipFileIndexFileObject 类定义在 ZipFileIndexArchive 类中。它们都实现了 BaseFileObject 抽象类。这个抽象类中定义了针对具体文件进行操作的许多方法，例如调用 getCharContent()方法，可以获取对应文件的字符流。另外还有一个实现类 RegularFileObject，Java 源文件一般用这个类表示。

下面来看 ZipFileIndexArchive 类的实现。

ZipFileIndexArchive 类是默认操作所有压缩包的类，Javac 用这个类来读取 ct.sym 及 JAR 包中的内容。ZipFileIndexArchive 类的实现如下：

```
来源：com.sun.tools.javac.file.ZipFileIndexArchive
public class ZipFileIndexArchive implements Archive {

    private final ZipFileIndex zfIndex;
    private JavacFileManager fileManager;

    // 通过相对路径 subdirectory 查找所有的文件，以列表的形式返回所有文件的名称
    public List<String> getFiles(RelativeDirectory subdirectory) {
        return zfIndex.getFiles(subdirectory);
    }

    // 通过相对路径 subdirectory 查找名称为 file 的文件
    public JavaFileObject getFileObject(RelativeDirectory subdirectory,
String file) {
        RelativeFile fullZipFileName = new RelativeFile(subdirectory, file);
        Entry entry = zfIndex.getZipIndexEntry(fullZipFileName);
        JavaFileObject ret = new ZipFileIndexFileObject(fileManager,zfIndex,
entry,zfIndex.getZipFile());
        return ret;
    }
}
```

这个类实现了 Archive 接口并且定义了两个成员变量，其中 zfIndex 变量保存具体的压缩包，每个压缩包都是一个 ZipFileIndex 对象。另外还定义了两个读取压缩包内容的方法 getFiles()与 getFileObject()，getFiles()方法可以读取匹配相对路径 subdirectory 下的所有文件，而 getFileObject()方法可以根据相对路径及文件名获取到一个具体的文件，其实就是一个 ZipFileIndexFileObject 对象，这样后续就可以调用 JavaFileObject 类中提供的相关方法进行文件操作了。从实现来看，两个方法都会调用 ZipFileIndex 类中的相关方法进行实现。ZipFileIndex 类的定义如下：

```
来源：com.sun.tools.javac.file.ZipFileIndex
public class ZipFileIndex {
    final File zipFile;

    ZipFileIndex(File zipFile, _, _, _, _) throws IOException {
        this.zipFile = zipFile;
        checkIndex();
    }

    // 通过相对路径 path 查找所有的文件，以列表的形式返回所有文件的名称
    public synchronized com.sun.tools.javac.util.List<String> getFiles
(RelativeDirectory path) {
        checkIndex();
        DirectoryEntry de = directories.get(path);
        com.sun.tools.javac.util.List<String> ret = null;
        if(de!=null){
           ret = de.getFiles();
```

```
        }
        if (ret == null) {
            return com.sun.tools.javac.util.List.<String>nil();
        }
        return ret;
    }

    // 通过相对路径 path 查找文件或目录
    public synchronized Entry getZipIndexEntry(RelativePath path) {
        checkIndex();
        DirectoryEntry de = directories.get(path.dirname());
        String lookFor = path.basename();
        return (de == null) ? null : de.getEntry(lookFor);
    }
}
```

zipFile 保存要读取的压缩包，getFiles()与 getZipIndexEntry()方法是 ZipFileIndexArchive 类中实现 getFiles()与 getFileObject()方法时调用的方法。无论是在 ZipFileIndex 类的构造方法还是这两个方法中，首先都会调用 checkIndex()方法读取压缩包相关的内容。例如，读取所有的目录并存储到 directories 列表中，这样就可以根据目录的相对路径获取到 DirectoryEntry 对象了，然后在 getZipIndexEntry()方法中调用此对象的 getEntry()方法获取一个具体表示目录或文件的 Entry 对象，或者在 getFiles()方法中调用对象的 getFiles()方法来获取相对路径下包含的所有文件名称。

首先来看 checkIndex()方法对压缩包的读取过程，然后再看 DirectoryEntry 类中提供的 getFiles()与 getEntry()方法的实现。checkIndex()方法的实现如下：

```
来源：com.sun.tools.javac.file.ZipFileIndex
private void checkIndex() throws IOException {
        openFile();                     // 初始化 zipRandomFile 变量
        long totalLength = zipRandomFile.length();
        ZipDirectory directory = new ZipDirectory(zipRandomFile, 0L,
totalLength, this);
        directory.buildIndex();         // 为压缩包建立读取索引
}
```

checkIndex()方法首先调用 openFile()方法初始化 zipRandomFile 变量，然后将 zipRandomFile 封装为 ZipDirectory 对象并调用 buildIndex()方法建立读取索引，这样就可以高效读取压缩包的内容了。

zipRandomFile 是在 ZipFileIndex 类中定义的一个 RandomAccessFile 类型的成员变量，用来保存具体要读取的压缩包。初始化过程如下：

```
来源：com.sun.tools.javac.file.ZipFileIndex
private void openFile() throws FileNotFoundException {
    if (zipRandomFile == null && zipFile != null) {
        zipRandomFile = new RandomAccessFile(zipFile, "r");
    }
}
```

zipFile 已经在 ZipFileIndex 类的构造方法中初始化过了，因此当 zipRandomFile 为空并且 zipFile 不为空时创建一个 RandomAccessFile 对象并赋值给成员变量 zipRandomFile。

ZipDirectory 类是 ZipFileIndex 类内定义的一个私有成员类，这个类中的相关方法将按照压缩包的格式从 zipRandomFile 中读取压缩包中的目录和文件，然后保存到 ZipFileIndex 类中一个全局私有的变量 entries 中，供其他方法查询。ZipDirectory 类的实现如下：

```
来源：com.sun.tools.javac.file.ZipFileIndex.ZipDirectory
private class ZipDirectory {
    byte[] zipDir;
    RandomAccessFile zipRandomFile = null;
    ZipFileIndex zipFileIndex = null;

    public ZipDirectory(RandomAccessFile zipRandomFile, long start, long
end, ZipFileIndex index)
throws IOException {
        this.zipRandomFile = zipRandomFile;
        this.zipFileIndex = index;
        findCENRecord(start, end);
    }

    private void findCENRecord(long start, long end) throws IOException {
        long totalLength = end - start;
        int endbuflen = 1024;
        byte[] endbuf = new byte[endbuflen];
        long endbufend = end - start;

        while (endbufend >= 22) {
            if (endbufend < endbuflen)
               endbuflen = (int)endbufend;
            long endbufpos = endbufend - endbuflen;
            zipRandomFile.seek(start + endbufpos);
            zipRandomFile.readFully(endbuf, 0, endbuflen);
            int i = endbuflen - 22;
            // 让 i 指向 End of central directory record 中 Signature（签名）的
            // 第一个字节位置
            while (i >= 0 &&
                   !(endbuf[i] == 0x50 &&
                    endbuf[i + 1] == 0x4b &&
                    endbuf[i + 2] == 0x05 &&
                    endbuf[i + 3] == 0x06 &&
                    endbufpos + i + 22 + get2ByteLittleEndian(endbuf, i + 20)
== totalLength)) {
               i--;
            }

            // 此时的 i 已经指向 End of central directory record 中 Signature（签
            // 名）的第一个字节位置
            if (i >= 0) {
               zipDir = new byte[get4ByteLittleEndian(endbuf, i + 12) + 2];
               // 读取 File header 数量
               zipDir[0] = endbuf[i + 10];
               zipDir[1] = endbuf[i + 11];
               int sz = get4ByteLittleEndian(endbuf, i + 16);
               zipRandomFile.seek(start + sz);
```

```
                // 读取所有 File header 的内容并保存到 zipDir 数组中
                zipRandomFile.readFully(zipDir, 2, zipDir.length - 2);
                return;
            } else {
                endbufend = endbufpos + 21;
            }
        }
        throw new ZipException("cannot read zip file");
    }
}
```

在构造方法中初始化 zipRandomFile 与 zipFileIndex 变量，调用 findCENRecord()方法初始化 zipDir 变量。在初始化 zipDir 的过程中会涉及对压缩包内容的读取，因此需要简单介绍一下压缩包的基本格式，如图 2-3 所示。

我们只关注 Central directory（中央目录）的内容，它处在文件的末尾，具体的格式如图 2-4 所示。

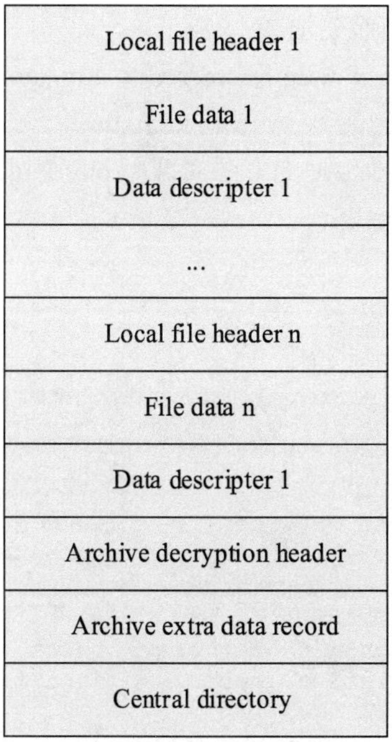

Local file header 1
File data 1
Data descripter 1
...
Local file header n
File data n
Data descripter 1
Archive decryption header
Archive extra data record
Central directory

图 2-3　压缩包的基本格式

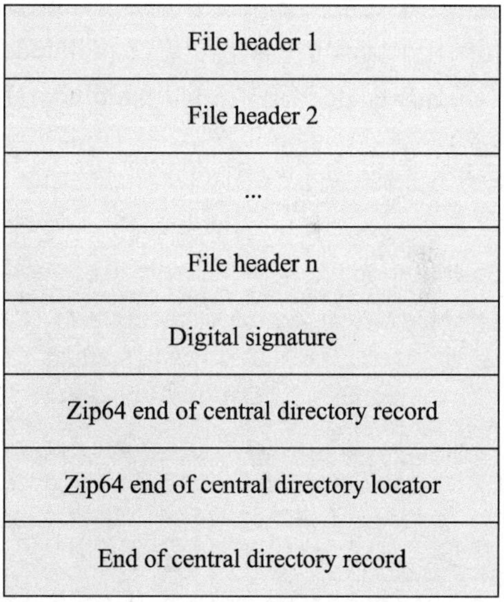

File header 1
File header 2
...
File header n
Digital signature
Zip64 end of central directory record
Zip64 end of central directory locator
End of central directory record

图 2-4　Central directory 的格式

现在我们所关注的内容是每一个 File header（文件头），首先读取 File header 的数量并保存到 zipDir 字节数组最开始的两个字节，也就是数组下标为 0 和 1 的位置，然后将第一个到最后一个 File header 的字节内容存储到 zipDir 字节数组中从下标为 2 开始的位置，这样就相当于为要读取的压缩包内容建立了索引。相关信息可通过 End of central directory record（中央目录区结尾记录）来读取，具体格式如图 2-5 所示。

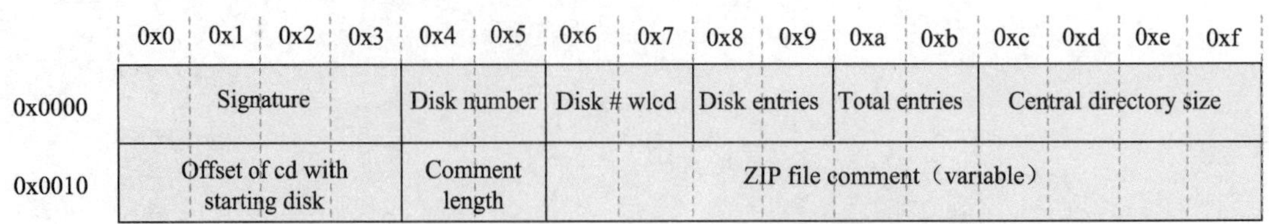

图 2-5　End of central directory record 的格式

其中，Total entries 记录了在 Central directory 中压缩条目的总数，而 Central directory size 表示中央目录区的字节数大小，可通过调用 get4ByteLittleEndian()方法读取这个值。在 ZipDirectory 类的 findCENRecord()方法中可以看到，zipDir 数组的大小被初始化为如下表达式的值：

```
get4ByteLittleEndian(endbuf, i + 12) + 2
```

其中，调用 get4ByteLittleEndian()方法就是为了得到 Central directory 的字节数大小，由于数组开始的两个字节要保存 File header 的数量，因而要加 2。

findCENRecord()方法通过循环让 i 指向 End of central directory record 中 Signature（签名）的第一个字节位置，其中的 Signature 是一个固定的值“\x50\x4b\x05\x06”。

初始化了 zipDir 后就可以在 ZipFileIndex 类的 checkIndex()方法中调用 buildIndex()方法读取具体压缩包中的内容了。buildIndex()方法的实现如下：

```
来源：com.sun.tools.javac.file.ZipFileIndex.ZipDirectory
private void buildIndex() throws IOException {
    int entryCount = get2ByteLittleEndian(zipDir, 0);
    if (entryCount > 0) { // 压缩包中存在待读取的文件
        directories = new HashMap<RelativeDirectory, DirectoryEntry>();
        ArrayList<Entry> entryList = new ArrayList<Entry>();
        int pos = 2;
        for (int i = 0; i < entryCount; i++) {
            pos = readEntry(pos, entryList, directories);  // 读取压缩包内容
        }
        // 将 directories 中的 RelativeDirectory 对象封装为 Entry 对象
        for (RelativeDirectory d: directories.keySet()) {
            // use shared RelativeDirectory objects for parent dirs
            RelativeDirectory parent = getRelativeDirectory(d.dirname().
getPath());
            String file = d.basename();
            Entry zipFileIndexEntry = new Entry(parent, file);
            zipFileIndexEntry.isDir = true;
            entryList.add(zipFileIndexEntry);
        }
        // 将列表转换为数组进行存储
        entries = entryList.toArray(new Entry[entryList.size()]);
        Arrays.sort(entries);              // 对数组中的元素进行排序
    }
}
```

以上代码中，调用 get2ByteLittleEndian()方法读取 zipDir 数组中前两个字节中保存的

File header 数量，调用 readEntry()方法从 zipDir 中读取每一个具体的 File header 并将读取到的内容填充到 entryList 与 directories 集合中。directories 变量的定义如下：

```
来源：com.sun.tools.javac.file.ZipFileIndex
private Map<RelativeDirectory, DirectoryEntry> directories =
            Collections.<RelativeDirectory, DirectoryEntry>emptyMap();
```

directories 中保存了压缩包中相对路径到 DirectoryEntry 对象的映射关系，DirectoryEntry 类是 ZipFileIndex 类中定义的一个静态内部类，表示具体的目录。

最后在 buildIndex()方法中将 directories 集合中的 RelativeDirectory 对象封装为 Entry 对象，然后与 entryList 列表中的元素一起保存到 entries 数组中。entries 数组的定义如下：

```
来源：com.sun.tools.javac.file.ZipFileIndex
private Entry[] entries;
```

buildIndex()方法最后还会调用 Arrays.sort()方法对 entries 数组中保存的元素进行排序。

举个读取 test.jar 压缩包的例子，test.jar 包的结构如图 2-6 所示。

```
test.jar
  com.compiler
    A.class
    B.class
    C.class
  META-INF
    MANIFEST.MF
```

图 2-6　test.jar 包的目录结构

directories 集合中存储了 3 条数据，key 如下：

```
RelativeDirectory(name=META-INF/,dir=,isDir=true)
RelativeDirectory(name=com/compiler/,dir=com/,
isDir=true)
RelativeDirectory(name=com/,dir=/,isDir=true)
```

key 都是 RelativeDirectory 对象，而后面括号中的内容说明了各个变量的值，isDir 的值都为 true 说明 directories 集合中存储的都是目录。value 都是 DirectoryEntry 对象。

entries 数组中的每个元素都是 Entry 对象，Entry 类是 ZipFileIndex 类中定义的一个静态内部类，这个类的实现如下：

```
来源：com.sun.tools.javac.file.ZipFileIndex.Entry
static class Entry implements Comparable<Entry> {
    RelativeDirectory dir;
    boolean isDir;
    String name;

    public int compareTo(Entry other) {
      RelativeDirectory otherD = other.dir;
      if (dir != otherD) {
        int c = dir.compareTo(otherD);
        if (c != 0)
          return c;
      }
      return name.compareTo(other.name);
    }
}
```

其中的 dir 变量保存相对路径，而 isDir 变量的值为 true 时表示 name 也是一个目录名，为 false 时表示 name 为文件名。读取 test.jar 包后，entryList 的值如下：

```
Entry(name=MANIFEST.MF,dir=META-INF/,isDir=false)
Entry (name=C.class,dir=com/compiler/,isDir=false)
Entry (name=B.class,dir=com/compiler/,isDir=false)
Entry (name=A.class,dir=com/compiler/,isDir=false)
```

可以看到，entryList 列表中保存的都是 Entry 对象，这些对象都表示具体的文件。

buildIndex()方法会循环处理 directories 集合中的值并统一处理为 Entry 对象，然后添加到 entryList 列表中。对于读取 test.jar 包来说，最终的 entries 数组中各个元素的值如下：

```
Entry(name=META-INF,dir=,isDir=true)
Entry(name=com,dir=,isDir=true)
Entry(name=MANIFEST.MF,dir=META-INF/,isDir=false)
Entry(name=compiler,dir=com/,isDir=true)
Entry(name=A.class/,dir=com/compiler/,isDir=false)
Entry(name=B.class,dir=com/compiler/,isDir=false)
Entry(name=C.class,dir=com/compiler/,isDir=false)
```

以上所列举的元素从上到下都是有序的，由于 Entry 类实现了 Comparable<Entry>接口并覆写了 compareTo()方法，所以调用 Arrays 类的 sort()方法时，主要通过比较 dir 与 name 的值来排序，dir 的 compareTo()方法在 RelativePath 类中的实现如下：

```
来源：com.sun.tools.javac.file.RelativePath
public int compareTo(RelativePath other) {
    return path.compareTo(other.path);
}
```

其中，path 是 String 类型，保存的就是具体的路径。排序之后的 entries 数组可以使用二分查找算法进行快速地查找，后面将会看到具体的应用。

继续查看 buildIndex()方法的实现，通过调用 readEntry()方法读取压缩包中的内容，将目录保存到 directories 集合中，将文件保存到 entryList 列表中。readEntry()方法主要通过读取压缩包中央目录区的每个 File header 来获取信息。File header 的具体格式如图 2-7 所示。

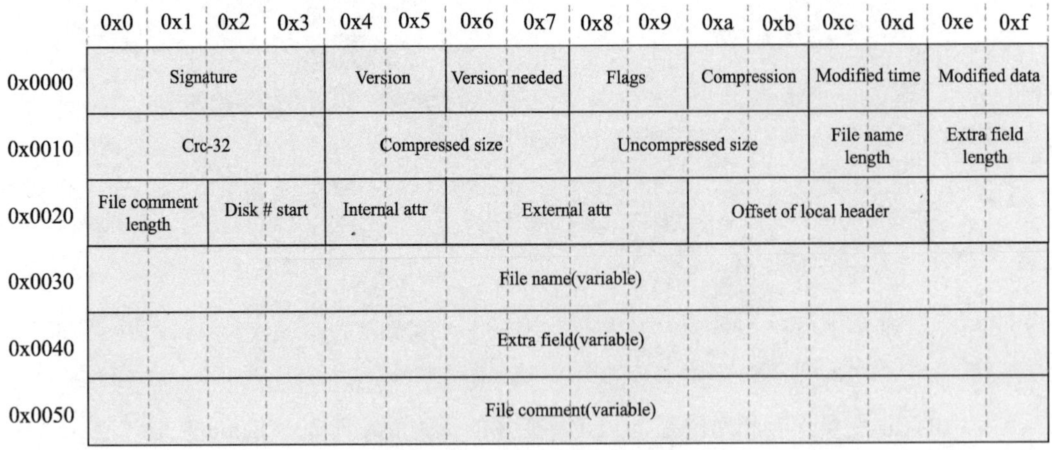

	0x0	0x1	0x2	0x3	0x4	0x5	0x6	0x7	0x8	0x9	0xa	0xb	0xc	0xd	0xe	0xf
0x0000	Signature				Version		Version needed		Flags		Compression		Modified time		Modified data	
0x0010	Crc-32				Compressed size				Uncompressed size				File name length		Extra field length	
0x0020	File comment length		Disk # start		Internal attr		External attr				Offset of local header					
0x0030	File name(variable)															
0x0040	Extra field(variable)															
0x0050	File comment(variable)															

图 2-7 File header 的格式

readEntry()方法的实现如下：

```
来源：com.sun.tools.javac.file.ZipFileIndex.ZipDirectory
private int readEntry(int pos, List<Entry> entryList,Map<RelativeDirectory,
DirectoryEntry> directories)
throws IOException {

        int dirStart = pos + 46;
        int fileStart = dirStart;
        int fileEnd = fileStart + get2ByteLittleEndian(zipDir, pos + 28);
        // 过滤掉特殊的路径“META-INF/sym/rt.jar/”
        if (zipFileIndex.symbolFilePrefixLength != 0 && ((fileEnd - fileStart)
>= symbolFilePrefixLength)) {
            dirStart += zipFileIndex.symbolFilePrefixLength;
            fileStart += zipFileIndex.symbolFilePrefixLength;
        }
        // 将字符 '\\' 替换为 '/'并使用 fileStart 保存最后一个分隔符后的起始位置
        for (int index = fileStart; index < fileEnd; index++) {
            byte nextByte = zipDir[index];
            if (nextByte == (byte)'\\') {
                zipDir[index] = (byte)'/';
                fileStart = index + 1;
            } else if (nextByte == (byte)'/') {
                fileStart = index + 1;
            }
        }
        ...// 省略了对文件及目录的读取代码
        // 返回读取下一个 File header 的起始位置
        return pos + 46 +
                get2ByteLittleEndian(zipDir, pos + 28) +
                get2ByteLittleEndian(zipDir, pos + 30) +
                get2ByteLittleEndian(zipDir, pos + 32);
    }
}
```

readEntry()方法首先定义了 3 个局部变量 dirStart、fileStart 与 fileEnd。其中，dirStart 被初始化为 pos+46，因为方法参数 pos 指向 File header 中 Signature 的首字节，所以 dirStart 指向了 File name 的首字节，fileEnd 就是 fileStart 加上 Uncompressed size 的值。如果要读取的是 ct.sym 包中的内容，在生成压缩包时会在压缩文件路径前增加“META-INF/sym/rt.jar/”路径，用来标识特殊性，因此需要通过更新 dirStart 与 fileStart 的值过滤掉这个路径。

检查 zipDir 数组下标从 fileStart 到 fileEnd 的所有值，如果为双反斜杠“\\”则替换为单斜杠“/”，这样方便统一处理，同时使用 fileStart 保存最后一个分隔符之后的第一个位置。对于文件名来说，最后一个分隔符之后是简单文件名，fileStart 指向简单文件名的第一个字符。例如，对于 com/compiler/A.class 来说，这 3 个变量的指向如图 2-8 所示。

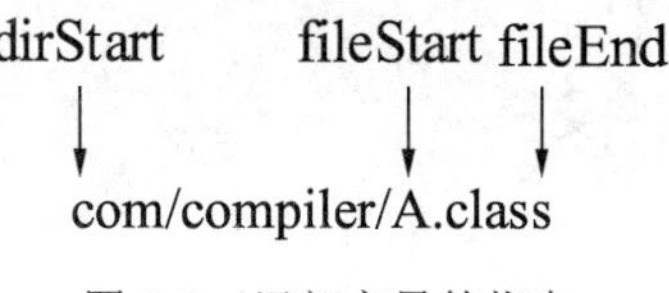

图 2-8 局部变量的指向

readEntry()方法中暂时省略了对文件及目录读取的代码实现，后面将单独进行分析。文件的读取将创建一个 Entry 对象并存储到 entryList 列表中，目录的读取将创建一个 DirectoryEntry 对象并存储到 directories 集合中。

readEntry()方法的最后返回了一个整数值，这个值将作为下一次调用 readEntry()方法的 pos 参数的值，具体就是计算出当前 File header 所占用的字节大小。其中，get2ByteLittleEndian(zipDir, pos + 28)就是获取 File name length 的值，之后就是获取 Extra file length 与 File comment length 的值。

readEntry()方法中关于读取目录的实现如下：

```
来源：com.sun.tools.javac.file.ZipFileIndex.ZipDirectory
RelativeDirectory directory = null;
if (fileStart == dirStart)
    directory = getRelativeDirectory("");
else if (lastDir != null && lastLen == fileStart - dirStart - 1) {
    int index = lastLen - 1;
    while (zipDir[lastStart + index] == zipDir[dirStart + index]) {
        if (index == 0) {
            // 当将 lastDir 值赋值给 directory 时，表示这次与上次读取到同一个目录
            // 直接重用上次为此目录建立的 RelativeDirectory 对象即可
            directory = lastDir;
            break;
        }
        index--;
    }
}

if (directory == null) {
    lastStart = dirStart;
    lastLen = fileStart - dirStart - 1;

    directory = getRelativeDirectory(new String(zipDir, dirStart, lastLen,
"UTF-8"));
    lastDir = directory;

    // Enter also all the parent directories
    RelativeDirectory tempDirectory = directory;

    while (directories.get(tempDirectory) == null) {
        directories.put(tempDirectory, new DirectoryEntry(tempDirectory,
zipFileIndex));
        if (tempDirectory.path.indexOf("/") == tempDirectory.path.
length() - 1)
            // 读取到压缩包中的一级目录，则已经将 RelativeDirectory 对象
            // 保存到了 ZipFileIndex 类中的 relativeDirectoryCache 集合中了，
               下次可直接重用
            break;
        else {
            // 假设读取压缩包的多级目录，则应该为父目录也创建一个 RelativeDirectory
               对象
            // 并将对象保存到 ZipFileIndex 类中的 relativeDirectoryCache 集合中
```

```
                    // 这样有相同父目录的多级目录就可以共享同一个 RelativeDirectory 对象了
                    tempDirectory = getRelativeDirectory(tempDirectory.dirname().
getPath());
                }
            }
        } else {
            // directory 不为空时，说明将 lastDir 赋值给了 directory，直接重用上次的
               RelativeDirectory 对象即可
            if (directories.get(directory) == null) {
                directories.put(directory, new DirectoryEntry(directory,
zipFileIndex));
            }
        }
```

readEntry()方法为每个目录建立 RelativeDirectory 对象并存储到 directories 集合中。实现过程之所以看起来很复杂，主要是因为想尽可能地重用 RelativeDirectory 对象，也就是相同的 path 使用同一个 RelativeDirectory 对象来表示。调用 getRelativeDirectory()方法以获取 directory 的值，这个方法的实现如下：

```
来源：com.sun.tools.javac.file.ZipFileIndex
private RelativeDirectory getRelativeDirectory(String path) {
    RelativeDirectory rd;
    SoftReference<RelativeDirectory> ref = relativeDirectoryCache.get(path);
    if (ref != null) {
        rd = ref.get();
        if (rd != null)
            return rd;
    }
    rd = new RelativeDirectory(path);
    relativeDirectoryCache.put(path, new SoftReference<RelativeDirectory>(rd));
    return rd;
}
```

通过软引用来尽可能地缓存已经创建好的 RelativeDirectory 对象，如果无法从 relativeDirectoryCache 成员变量中获取缓存的对象，就创建一个新的对象并保存到 relativeDirectoryCache 中。relativeDirectoryCache 成员变量的定义如下：

```
来源：com.sun.tools.javac.file.ZipFileIndex
private Map<String, SoftReference<RelativeDirectory>> relativeDirectory
Cache =new HashMap<String, SoftReference<RelativeDirectory>>();
```

readEntry()方法中关于读取文件的实现如下：

```
来源：com.sun.tools.javac.file.ZipFileIndex.ZipDirectory
if (fileStart != fileEnd) {
    Entry entry = new Entry(directory,new String(zipDir, fileStart, fileEnd
- fileStart, "UTF-8"));
    entry.setNativeTime(get4ByteLittleEndian(zipDir, pos + 12));
    entry.compressedSize = get4ByteLittleEndian(zipDir, pos + 20);
    entry.size = get4ByteLittleEndian(zipDir, pos + 24);
```

```
        entry.offset = get4ByteLittleEndian(zipDir, pos + 42);
        entryList.add(entry);
    }
```

如果 fileStart 不等于 fileEnd 时，则说明读取的是一个文件，创建 Entry 对象并从 zipDir 数组中按 File header 格式读取文件相关的信息。最后将创建好的 entry 添加到 entryList 列表中。

填充完 entryList 与 directories 后就是之前讲到的，在 buildIndex()方法中将两个集合中的值填充到 entries 数组中并排序，这样读取的压缩包内容就算准备好了。之前介绍过在实现 ZipFileIndex 类时，会调用 DirectoryEntry 类的 getEntry()方法与 getFiles()方法，其中，getFiles()方法实现相对简单，代码如下：

```
来源：com.sun.tools.javac.file.ZipFileIndex.DirectoryEntry
private com.sun.tools.javac.util.List<String> getFiles() {
    initEntries();
    for (Entry e : entries) {
        if (!e.isDir) {
            zipFileEntriesFiles = zipFileEntriesFiles.append(e.name);
        }
    }
    return zipFileEntriesFiles;
}
```

无论是 getFiles()方法还是 getEntry()方法，首先都会调用 initEntries()方法将之前介绍过的 ZipFileIndex 类中 entries 数组内容填充到当前 DirectoryEntry 对象的 entries 列表中（注意 ZipFileIndex 类中同名的 entries 变量是 Entry 数组类型，而 DirectoryEntry 类中的 entries 是 List<Entry>类型）。具体就是将当前 DirectoryEntry 对象所代表的相对路径下所有的目录或文件填充到当前的 entries 列表中，然后循环 entries 列表，如果不为目录就将文件名追加到类型为 List<String>的 zipFileEntriesFiles 成员变量中，最后返回 zipFileEntriesFiles 即可，这样就获取到了相对路径下的所有文件名称。

initEntries()方法的实现如下：

```
来源：com.sun.tools.javac.file.ZipFileIndex.DirectoryEntry
private void initEntries() {
        int from = -Arrays.binarySearch(zipFileIndex.entries,new Entry
(dirName, ZipFileIndex.MIN_CHAR)) - 1;
        int to = -Arrays.binarySearch(zipFileIndex.entries,new Entry
(dirName, MAX_CHAR)) - 1;

        for (int i = from; i < to; i++) {
           entries.add(zipFileIndex.entries[i]);
        }
}
```

由于 ZipFileIndex 对象 zipFileIndex 中的 entries 数组元素是有序的，因而可以根据要查找的 dirName，直接使用二分查找算法找到符合条件的数组的起始与结束位置的下标，然后将相关的信息填充到 DirectoryEntry 对象的 entries 列表中。假设某个 RelativeDirectory 对象 dirName 的 path 值为 com/compiler，entries 列表中填充的是之前介绍的 test.jar 包中的内容，为了阅读方便，这里再次列出 entries 数组中各个元素的值：

```
Entry(name=META-INF,dir=,isDir=true)
Entry(name=com,dir=,isDir=true)
Entry(name=MANIFEST.MF,dir=META-INF/,isDir=false)
Entry(name=compiler,dir=com/,isDir=true)
Entry(name=A.class/,dir=com/compiler/,isDir=false)
Entry(name=B.class,dir=com/compiler/,isDir=false)
Entry(name=C.class,dir=com/compiler/,isDir=false)
```

最终在 initEntries()方法中进行二分查找后，from 的值为 4，而 to 的值为 7，也就是将数组下标从 4 到 7 的所有 Entry 对象添加到 DirectoryEntry 对象的 entries 列表中。

DirectoryEntry 类中的 getEntry()方法实现如下：

```
private Entry getEntry(String rootName) {
    initEntries();
    int index = Collections.binarySearch(entries, new Entry(dirName,
rootName));
    if (index < 0) {
        return null;
    }
    return entries.get(index);
}
```

getEntry()方法可以查找具体的文件，可以通过二分查找算法来加快查找速度。

这样我们就解读完了 ZipFileIndexArchive 类中提供的 getFiles()与 getFileObject()方法的实现，后续将会看到对这两个方法的具体调用。

2.2　文件的管理

JavacFileManager 类是 Javac 专门进行文件管理的类，通过这个类提供的方法，可以对 Java 源文件、Class 文件及其他文件进行操作。JavacFileManager 类继承了 com.sun.tools.javac.util.BaseFileManager 抽象类，这个抽象类中提供了一些公有的实现方法，这些方法在实现时并不会涉及对具体文件或者路径的操作。JavacFileManager 类间接实现了 JavaFileManager 接口，该接口是 Java 专门针对文件操作而定义的。

2.2.1　获取 JavacFileManager 对象

在每次进行 Java 源代码编译时，Javac 都会生成一个特定的上下文对象 com.sun.tools.javac.util.Context，一些重要类在此上下文中都有唯一的对象，也就是常说的单例。Context 类中定义了一个重要的成员变量 ht，具体定义如下：

```
来源：com.sun.tools.javac.util.Context
private Map<Key<?>,Object> ht = new HashMap<Key<?>,Object>();
```

key 的类型为 Key<?>，这个类型定义在 Context 类中，是一个空实现，具体定义如下：

```
来源：com.sun.tools.javac.util.Context.key
public static class Key<T> { }
```

而 value 存储的是 T 类型的对象，也可能是 Factory<T>类型的工厂对象，Factory<T>也定义在 Context 类中，具体定义如下：

```
来源：com.sun.tools.javac.util.Context.Factory
public static interface Factory<T> {
    T make(Context c);
};
```

其中声明的 make()方法就是创建 T 类型的对象时调用的工厂方法。Context 类中提供了两个 put()方法，可以将 T 类型的对象或者 Factory<T>类型的对象存储到 ht 中。这两个 put()方法的实现如下：

```
来源：com.sun.tools.javac.util.Context
public <T> void put(Key<T> key, Factory<T> fac) {
    Object old = ht.put(key, fac);
    ...
    ft.put(key, fac);
}
public <T> void put(Key<T> key, T data) {
    ...
    Object old = ht.put(key, data);
    ...
}
```

在获取对象时调用 Context 类的 get()方法即可，get()方法的实现如下：

```
来源：com.sun.tools.javac.util.Context
public <T> T get(Key<T> key) {
    Object o = ht.get(key);
    if (o instanceof Factory<?>) {
        Factory<?> fac = (Factory<?>)o;
        o = fac.make(this);
        ...
        Assert.check(ht.get(key) == o);
    }
    return Context.<T>uncheckedCast(o);
}
```

get()方法根据参数 key 从 ht 中获取 value 值 o，然后判断 o 是否为工厂对象。如果是，就调用工厂方法获取 T 类型的对象，最后调用 uncheckedCast()方法将 o 的类型强制转换为 T 类型。

下面来看如何获取一个 JavacFileManager 对象。在 com.sun.tools.javac.main.Main 类中的 compile()方法中有如下代码实现：

```
来源：com.sun.tools.javac.main.Main
public int compile(String[] args) {
    Context context = new Context();
    JavacFileManager.preRegister(context);
```

```
    ...
}
```

首先创建一个 Context 对象，然后调用 JavacFileManager 类的 preRegister()方法，该方法的实现如下：

```
来源：com.sun.tools.javac.file.JavacFileManager
public static void preRegister(Context context) {
    context.put(JavaFileManager.class, new Context.Factory<JavaFileManager>() {
        public JavaFileManager make(Context c) {
            return new JavacFileManager(c, true, null);
        }
    });
}
```

以上代码在上下文对象 context 中放入一个创建 JavacFileManager 对象的工厂类对象，当需要 JavacFileManager 对象时可以通过如下方式获取：

```
JavaFileManager fileManager = context.get(JavaFileManager.class);
```

这样就可以延迟创建 JavaFileManager 对象了。这里之所以延迟创建，是由于有些依赖的对象要在它之前创建，如 PrintWriter 对象。其实大部分类的对象都不是通过这样的方式获取的，而是在需要时直接创建。例如，创建一个 Options 对象时，首先在这个类中定义存储的 key，具体定义如下：

```
来源：com.sun.tools.javac.util.Options
public static final Context.Key<Options> optionsKey = new Context.Key
<Options>();
```

值得一提的是，存取 Options 对象时必须要用 optionsKey 作为 Map 的 key 值，这样才能保证对象的唯一性，因为 Context 类中定义的 Key<T>类并没有覆写 hashCode()与 equals()方法，直接继承 Object 类的 equals()方法只会比较对象的地址来确定 key 值的唯一性。

下面调用 Options 类的 instance()方法来获取当前类的对象，instance()方法的实现如下：

```
来源：com.sun.tools.javac.util.Options
public static Options instance(Context context) {
    Options instance = context.get(optionsKey);
    if (instance == null)
        instance = new Options(context);
    return instance;
}
```

当获取的 instance 为空时直接创建一个新的对象，相关的构造方法实现如下：

```
来源：com.sun.tools.javac.util.Options
protected Options(Context context) {
    ...
    context.put(optionsKey, this);
}
```

可以看到，调用 context.put()方法存储了当前对象，这样下次就可以直接重用这个对象了。

通过 Context 类获取对象，可以达到两个目的：

- 延迟创建相关类的对象；
- 在特定的上下文对象 Context 中保证某些类的对象的唯一性。

2.2.2 StandardLocation 类

Java 中有一个重要的枚举类 javax.tools.StandardLocation，其中定义了几个重要的枚举常量：

```
来源：javax.tools.StandardLocation
public enum StandardLocation implements Location {
    CLASS_OUTPUT,
    SOURCE_OUTPUT,
    CLASS_PATH,
    SOURCE_PATH,
    ANNOTATION_PROCESSOR_PATH,
    PLATFORM_CLASS_PATH;
    ...
}
```

CLASS_OUTPUT 与 SOURCE_OUTPUT 代表文件的输出路径，其中 CLASS_OUTPUT 代表 Class 文件的输出路径，通常对应着-d 命令指定的路径，而 SOURCE_OUTPUT 代表 Java 源文件的输出路径，通常对应着-s 指定的路径。例如，Javac 将 Java 源文件编译为 Class 文件时，会将这个 Class 文件保存到 CLASS_OUTPUT 所代表的输出路径下。

StandardLocation 枚举类中定义的枚举常量将 Java 源文件及 Class 文件的搜索路径进行了归类，主要分为 4 大类：

- PLATFORM_CLASS_PATH
- SOURCE_PATH
- CLASS_PATH
- ANNOTATION_PROCESSOR_PATH

如果在 PLATFORM_CLASS_PATH 下搜索 Class 文件，具体会读取 JAVA_HOME/lib 和 JAVA_HOME/ext 路径下的 JAR 包，而 SOURCE_PATH 与 CLASS_PATH 只有在指定了-classpath 或者-sourcepath 命令时才会有用，这两者之间的关系如下。

- 当没有指定-sourcepath 命令时，在-classpath 命令指定的路径下面搜索 Java 源文件和 Class 文件。
- 当指定-sourcepath 命令时，只搜索-classpath 命令指定路径下的 Class 文件，忽略所有的 Java 源文件，而在-sourcepath 命令指定的路径下搜索 Java 源文件，忽略所有的 Class 文件。因此一般应该避免指定-sourcepath 命令，只指定-classpath 命令来搜索依赖的 Java 源文件和 Class 文件。

下面就来看看这 4 个类别分别对应的具体的搜索路径。在 Paths 类中定义了一个类型为 Map<Location, Path>的成员变量 pathsForLocation，该变量保存了 StandardLocation 类中的枚举常量到具体搜索路径的映射关系。pathsForLocation 的 value 值类型为 Path，Path 类是 Paths 类中定义的一个私有类，这个类继承了 LinkedHashSet<File>，也就是说 Path 本质上是一个集合类。在适当的时候会调用 Paths 类中的 lazy()或 setPathForLocation()方法对 pathsForLocation 进行填充。

PLATOFRM_CLASS_PATH 代表的搜索路径通过调用 computeBootClassPath()方法得到，该方法的实现如下：

```
来源：com.sun.tools.javac.file.Paths
private Path computeBootClassPath() {
    Path path = new Path();
    // 获取-bootclasspath 指定的值
    String bootclasspathOpt = options.get(BOOTCLASSPATH);
    // 获取-endorseddirs 指定的值
    String endorseddirsOpt = options.get(ENDORSEDDIRS);
    String extdirsOpt = options.get(EXTDIRS);   // 获取-extdirs 指定的值
     // 获取-Xbootclasspath/p:指定的值
    String xbootclasspathPrependOpt = options.get(XBOOTCLASSPATH_PREPEND);
    // 获取-Xbootclasspath/a:指定的值
    String xbootclasspathAppendOpt = options.get(XBOOTCLASSPATH_APPEND);

    path.addFiles(xbootclasspathPrependOpt);
    path.addFiles(xbootclasspathAppendOpt);

    // 当 endorseddirsOpt 为空时，获取系统属性 java.endorsed.dirs 所指定的目录
    // 路径
    if (endorseddirsOpt != null)
       path.addDirectories(endorseddirsOpt);
    else
       path.addDirectories(System.getProperty("java.endorsed.dirs"), false);

    // 当 bootclasspathOpt 为空时，获取系统属性 sun.boot.class.path 所指定的目录
    // 路径
    if (bootclasspathOpt != null) {
       path.addFiles(bootclasspathOpt);
    } else {
       String files = System.getProperty("sun.boot.class.path");
       path.addFiles(files, false);
       ...
    }

    // 如果 extdirsOpt 为空时，获取系统属性 java.ext.dirs 所指定的目录路径
    if (extdirsOpt != null)
       path.addDirectories(extdirsOpt);
    else
       path.addDirectories(System.getProperty("java.ext.dirs"), false);
    ...
    return path;
}
```

如果没有指定-endorseddirs 命令，则获取系统属性 java.endorsed.dirs 所指定的目录路径；如果没有指定-bootclasspath 命令，则获取系统属性 sun.boot.class.path 所指定的目录路

径；如果没有指定-extdirs 命令，则获取系统属性 java.ext.dirs 所指定的目录路径；对于-Xbootclasspath/p:与-Xbootclasspath/a:命令指定的文件（通常为 JAR 包），直接添加到 path 集合中。若要了解相关的命令，请查看附录 A。

如果通过命令或系统属性获取到的值为目录路径（可能为多个，用逗号隔开），那么调用 path.addDirectories()方法会为此目录路径下所有的 JAR 包创建一个对应的 File 对象并添加到 path 集合中。例如，对于笔者的本机，在没有配置-extdirs 命令时，获取到系统属性 java.ext.dirs 的值如下：

```
C:\Program Files\Java\jdk1.7.0_79\jre\lib\ext
```

以上路径下通常有 8 个 JAR 包，这里就不一一列举了，最后会向 path 集合中添加 8 个 File 对象。

如果通过命令或系统属性获取到的值为 JAR 包路径（可能为多个，用逗号隔开），则调用 path.addFiles()方法，这个方法将为每个 JAR 包创建一个对应的 File 对象并添加到 path 集合中。例如，对于笔者的本机，当获取系统属性 sun.boot.class.path 的值时，则会获取到 8 个以逗号隔开的 JAR 包路径，这里就不一一列举了，最后会向 path 集合中添加 8 个 File 对象。

CLASS_PATH 代表的搜索路径通过调用 computeUserClassPath()方法得到，这个方法的实现如下：

```
来源：com.sun.tools.javac.file.Paths
private Path computeUserClassPath() {
    // 获取-classpath 指定的路径
    String cp = options.get(CLASSPATH);
    // cp 为空时，获取系统属性 env.class.path 所指定的目录路径
    if (cp == null)
        cp = System.getProperty("env.class.path");

    // cp 为空且系统属性 application.home 为空时，获取系统属性 java.class.path 所
       指定的目录路径
    if (cp == null && System.getProperty("application.home") == null)
        cp = System.getProperty("java.class.path");

    // cp 为空时，默认为当前的工作目录
    if (cp == null)
        cp = ".";

    return new Path()
        .expandJarClassPaths(true)        // 仅在 classpath 下搜索用户的 JAR 包
        .emptyPathDefault(new File(".")) // path 默认的路径为当前的工作目录
        .addFiles(cp);
}
```

当没有指定-classpath 命令时，默认也会获取系统属性 env.class.path 的值；如果 cp 值仍然为空并且系统属性 application.home 值也为空时，则获取系统属性 java.class.path 的值；如果仍然为空就取当前的工作路径为 cp 的值。

调用 computeSourcePath()方法计算 SOURCE_PATH，就是获取-sourcepath 命令指定的路径；调用 computeAnnotationProcessorPath()方法计算 ANNOTATION_PROCESSOR_PATH，就是获取-processorpath 命令指定的路径。两个方法的实现相对简单，由于篇幅的关系，这里不再进行介绍。

2.2.3　JavacFileManager 类

Javac 主要通过 JavacFileManager 类中提供的方法对相关的文件进行操作。例如实例 2-1，在编译 TestJFM 类时，由于使用了 java.util.List 类，所以需要加载 List 类。

【实例 2-1】

```
package chapter2;
import java.util.List;

public class TestJFM{
   List<String> l;
}
```

Javac 会查找 java.util 包路径下的 List.class 文件进行加载，根据 java.util 包路径只能得到查找文件的相对路径。而要加载一个文件必须要确定其绝对路径，这时候就可以遍历 PLATFORM_CLASS_PATH、SOURCE_PATH 及 CLASS_PATH 中的所有路径了，然后与相对路径拼接为一个绝对路径，有了这个绝对路径后就可以判断哪个绝对路径下有 List.class 文件了。JavacFileManager 类为这样的查找需求提供了一个 list()方法，这个方法的实现如下：

```
来源：com.sun.tools.javac.file.JavacFileManager
public Iterable<JavaFileObject> list(Location location,
                                     String packageName,
                                     Set<JavaFileObject.Kind> kinds,
                                     boolean recurse) throws IOException {

   Iterable<? extends File> path = getLocation(location);
   if (path == null)
      return List.nil();
   RelativeDirectory subdirectory = RelativeDirectory.forPackage(packageName);
   ListBuffer<JavaFileObject> results = new ListBuffer<JavaFileObject>();

   for (File directory : path)
      listContainer(directory, subdirectory, kinds, recurse, results);
   return results.toList();
}
```

参数 location 在前面已经详细介绍过；参数 packageName 表示要查找这个包下的相关文件；参数 kinds 指定要查找哪些类型的文件，这是一个 Set 集合，其中的元素是 Kind 类型的。Kind 类是一个枚举类，具体定义如下：

```
来源：javax.tools.JavaFileObject.Kind
enum Kind {
```

```
    SOURCE(".java"),
    CLASS(".class"),
    HTML(".html"),
    OTHER("");
};
```

一般都是查找以.java 结尾的 Java 源文件或者以.class 结尾的 Class 文件。

list()方法首先调用 getLocation()方法获取指定 location 下的所有 File 对象，这些 File 对象为查找指明了绝对路径，然后循环所有的 File 对象并调用 listContainer()方法继续进行查找，将符合条件的所有文件添加到 results 列表中。

list()方法中调用的 getLocation()方法的实现代码如下：

```
来源：com.sun.tools.javac.file.JavacFileManager
public Iterable<? extends File> getLocation(Location location) {
    ...
    if (location == CLASS_OUTPUT) {
        return (getClassOutDir() == null ? null : List.of(getClassOutDir()));
    } else if (location == SOURCE_OUTPUT) {
        return (getSourceOutDir() == null ? null : List.of(getSourceOutDir()));
    } else
        return paths.getPathForLocation(location);
}
```

当 location 的值为 CLASS_OUTPUT 或 SOURCE_OUTPUT 时，则会调用 getClassOuterDir()方法或 getSourceOutDir()方法，其实就是获取-d 命令或-s 命令指定的输出路径，然后创建一个 File 对象返回。当 location 为其他值时，调用 Paths 对象 paths 的 getPathForLocation()方法，这个方法的实现如下：

```
来源：com.sun.tools.javac.file.Paths
Path getPathForLocation(Location location) {
    Path path = pathsForLocation.get(location);
    ...
    return pathsForLocation.get(location);
}
```

直接从 pathsForLocation 集合中取值即可，其中 pathsForLocation 集合的填充过程在前面已详细介绍过，这里不再介绍。

list()方法中调用的 listContainer()方法的实现代码如下：

```
来源：com.sun.tools.javac.file.JavacFileManager
private void listContainer(File container,
                           RelativeDirectory subdirectory,
                           Set<JavaFileObject.Kind> fileKinds,
                           boolean recurse,
                           ListBuffer<JavaFileObject> resultList) {
    Archive archive = archives.get(container);
    if (archive == null) {
        // 如果 container 为目录，就调用 listDirectory()方法进行处理
        if  (fsInfo.isDirectory(container)) {
            // 获取目录中满足要求的文件并追加到 resultList 列表中
            listDirectory(container,subdirectory,fileKinds,recurse,resultList);
            return;
```

```
        }
        // container 是压缩包
        archive = openArchive(container);
    }
    // 获取压缩包中满足要求的文件并追加到 resultList 列表中
    listArchive(archive,subdirectory,fileKinds,recurse,resultList);
}
```

archives 是 JavacFileManager 类中定义的一个成员变量，具体的定义如下：

```
来源：com.sun.tools.javac.file.JavacFileManager
Map<File, Archive> archives = new HashMap<File,Archive>();
```

这个变量主要用来缓存已经被加载过的压缩包，如果根据参数 container 从 archives 中获取的值为 null，则表示可能是一个目录或者没有被加载过的压缩包。如果 container 表示的是一个目录，调用 listDirectory()方法进行处理，处理完成后直接返回；如果 container 是一个压缩包，调用 openArchive()方法加载这个压缩包，获取到 archive 后继续调用 listArchive()方法进行处理。

首先来看 listContainer()方法中调用的 listDirectory()方法的实现，代码如下：

```
来源：com.sun.tools.javac.file.JavacFileManager
private void listDirectory(File directory,
                           RelativeDirectory subdirectory,
                           Set<JavaFileObject.Kind> fileKinds,
                           boolean recurse,
                           ListBuffer<JavaFileObject> resultList) {
    File d = subdirectory.getFile(directory);      // 拼接为绝对路径
    File[] files = d.listFiles();
    if (files == null)
        return;

    for (File f: files) {
        String fname = f.getName();
        if (f.isDirectory()) {                             // 对目录的处理逻辑
            if (recurse && SourceVersion.isIdentifier(fname)) {
                listDirectory(directory,new RelativeDirectory(subdirectory,
fname),fileKinds,recurse,resultList);
            }
        } else {                                           // 对文件的处理逻辑
            if (isValidFile(fname, fileKinds)) {
                JavaFileObject fe = new RegularFileObject(this, fname, new
File(d, fname));
                resultList.append(fe);
            }
        }
    }
}
```

调用 subdirectory.getFile()方法将 directory 与 subdirectory 拼接成一个绝对路径，然后查找这个路径下所有的文件及目录并循环处理。在对目录进行处理时，当 recurse 的值为 true 并且 fname 是一个合法的文件名时，则递归调用 listDirectory()方法进行处理，不过这次方法参数 subdirectory 的值变为了：

```
new RelativeDirectory(subdirectory, fname)
```

也就是将当前目录拼接到了搜索路径的后面，作为新的搜索路径继续进行搜索。一般，Javac 在查找某个路径下的文件时是不会进行递归查找的，也就是说 recurse 的值为 false。在对文件进行处理时，调用 isValidFile()方法判断文件类型是否满足要查找的类型，这个类型由参数 fileKinds 指定，如果符合要求则创建 JavaFileObject 对象并将这个对象加入到 resultList 列表中。

接着看 listContainer()方法中调用的 openArchive()方法，这个方法会调用另外一个重载的 openArchive()方法对压缩包进行处理。重载方法在实现过程中，会使用第 2.1 节介绍的 ZipFileIndexArchive、ZipArchive 和 SymbolArchive 类来读取压缩包内容，不过默认是通过 ZipFileIndexArchive 类来读取的，因此这里笔者省略了通过 ZipArchive 与 SymbolArchive 类来读取压缩包的代码。重载的 openArchive()方法的实现代码如下：

```
来源：com.sun.tools.javac.file.JavacFileManager
private Archive openArchive(File zipFileName, _) throws IOException {
    File origZipFileName = zipFileName;
    // 根据 rt.jar 包的绝对路径找到 ct.sym 包的绝对路径
    if (!ignoreSymbolFile && paths.isDefaultBootClassPathRtJar(zipFileName)) {
        File file = zipFileName.getParentFile().getParentFile();
        if (new File(file.getName()).equals(new File("jre")))
            file = file.getParentFile();
        for (String name : symbolFileLocation)
            file = new File(file, name);
        if (file.exists())
            zipFileName = file;
    }

    Archive archive;
    ...
    ZipFile zdir = null;
    zdir = new ZipFile(zipFileName);

    if (origZipFileName == zipFileName) {   // 读取的是非 rt.jar 包中的内容
        archive = new ZipFileIndexArchive(this,zipFileIndexCache.getZip
FileIndex(zipFileName,null,_,_,_));
    } else {                                  // 读取的是 rt.jar 包中的内容
        archive = new ZipFileIndexArchive(this,
                            zipFileIndexCache.getZipFileIndex(zipFileName,
symbolFilePrefix, _,_,_));
    }
    ...
    archives.put(origZipFileName, archive);
    return archive;
}
```

openArchive()方法首先对 ct.sym 这个特殊的压缩包做处理，代码的实现逻辑并不直观，主要就是根据 rt.jar 包的绝对路径找到 ct.sym 包的绝对路径，其中 ignoreSymbolFile 是 boolean 类型的变量，默认值为 false；调用 paths.isDefaultBootClassPathRtJar()方法，判断

zipFileName 是否为 JAVA_HOME\jre\lib\路径下的 rt.jar 包，如果是就返回 true，然后继续对 rt.jar 包进行处理，找到 JAVA_HOME 的路径，拼接 symbolFileLocation 数组中保存的值。symbolFileLocation 数组的定义如下：

```
来源：com.sun.tools.javac.file.JavacFileManager
private static final String[] symbolFileLocation = { "lib", "ct.sym" };
```

例如笔者本机 rt.jar 包的绝对路径为 C:\Program Files\Java\jdk1.7.0_79\jre\lib\rt.jar，则最终 zipFileName 是 ct.sym 包，这个包的路径为 C:\Program Files\Java\jdk1.7.0_79\lib\ct.sym。

openArchive()方法接着根据不同的配置参数及压缩包选择性创建不同的 Archive 对象。当 origZipFileName 与 zipFileName 相等时，表示读取的是非 rt.jar 包，创建 ZipFileIndexArchive 对象；否则也会创建 ZipFileIndexArchive 对象，只是调用 zipFileIndexCache.getZipFileIndex()方法时会给第 2 个参数传递 symbolFilePrefix。symbolFilePrefix 成员变量的定义如下：

```
来源：com.sun.tools.javac.file.JavacFileManager
private static final RelativeDirectory symbolFilePrefix = new Relative
Directory("META-INF/sym/rt.jar/");
```

在创建 RelativeDirectory 对象时传递了一个表示路径的字符串参数“META-INF/sym/rt.jar/”，这个值在讲解 ct.sym 包时讲过，相关的类及包都放到了 ct.sym 包的 META-INF/sym/rt.jar/路径下了。zipFileIndexCache 是 ZipFileIndexCache 类型的，这个类的定义如下：

```
来源：com.sun.tools.javac.file.ZipFileIndexCache
public class ZipFileIndexCache {

    private final Map<File, ZipFileIndex> map = new HashMap<File,
ZipFileIndex>();

    public synchronized ZipFileIndex getZipFileIndex(File zipFile,Relative
Directory symbolFilePrefix,
_, _,_) throws IOException {
        ZipFileIndex zi = getExistingZipIndex(zipFile);
        // 如果 ZipFileIndex 对象不存在或者文件内容已经更新，则创建一个新的
        // ZipFileIndex 对象
        if (zi == null || (zi != null && zipFile.lastModified() !=
zi.zipFileLastModified)) {
            zi = new ZipFileIndex(zipFile, symbolFilePrefix, _,_, _);
            map.put(zipFile, zi);
        }
        return zi;
    }

    public synchronized ZipFileIndex getExistingZipIndex(File zipFile) {
        return map.get(zipFile);
    }
    ...
}
```

map 一般通过调用 getZipFileIndex()方法进行填充，这个变量保存了 Java 的文件对象

到 Javac 内部文件对象的映射关系。getZipFileIndex()方法首先调用 getExistingZipIndex()方法判断 map 中是否存在对应的 ZipFileIndex 对象，如果不存在或者文件内容已经更新，则创建一个新的 ZipFileIndex 对象并存储到 map 中。ZipFileIndex 类在前面已经详细介绍过，创建 ZipFileIndex 对象时会调用 checkIndex()方法，根据传入的 zipFile 参数填充 ZipFileIndex 对象的 entries 数组，也就是把 zipFile 这个压缩包的目录和文件都读取出来保存到 entries 数组中。

最后在 openArchive()方法中，将创建出来的 archive 按对应关系存储到 archives 集合中并返回此对象，这样在 listContainer()方法中调用 openArchive()方法最终得到了一个 ZipFileIndexArchive 对象。接着调用 listArchive()方法进行处理，具体就是从这个压缩包中找到满足要求的文件并添加到 resultList 列表中。listArchive()方法的实现代码如下：

```
来源：com.sun.tools.javac.file.JavacFileManager
private void listArchive(Archive archive,
                    RelativeDirectory subdirectory,
                    Set<JavaFileObject.Kind> fileKinds,
                    boolean recurse,
                    ListBuffer<JavaFileObject> resultList) {

    // 获取 subdirectory 路径下的所有文件并追加到 resultList 列表中
    List<String> files = archive.getFiles(subdirectory);
    if (files != null) {
        for (; !files.isEmpty(); files = files.tail) {
            String file = files.head;
            if (isValidFile(file, fileKinds)) {
                resultList.append(archive.getFileObject(subdirectory, file));
            }
        }
    }

    // 获取 subdirectory 及 subdirectory 目录的所有直接或间接子目录下的文件
    // 并追加到 resultList 列表中
    if (recurse) {
        for (RelativeDirectory s: archive.getSubdirectories()) {
            if (subdirectory.contains(s)) {
                listArchive(archive, s, fileKinds, false, resultList);
            }
        }
    }
}
```

对于 ZipFileIndexArchive 类型来说，调用 archive.getFiles()方法。会间接调用 zfIndex 的 getFiles()方法，这些方法的实现在第 2.1 节中详细介绍过，为了读者阅读方便，这里再次给出 ZipFileIndex 类中的 getFiles()方法的实现，代码如下：

```
来源：com.sun.tools.javac.file.ZipFileIndex
public synchronized com.sun.tools.javac.util.List<String>
getFiles(RelativeDirectory path) {
        // 调用 checkIndex()方法确保压缩包内容已经被读取并且是最新的
        checkIndex();
```

```
        DirectoryEntry de = directories.get(path);
        com.sun.tools.javac.util.List<String> ret = de == null ? null : de.
    getFiles();
        if (ret == null) {
            return com.sun.tools.javac.util.List.<String>nil();
        }
        return ret;
    }
```

getFiles()方法首先调用 checkIndex()方法，由于在创建 ZipFileIndex 对象时已经调用过 checkIndex()方法并且读取了压缩包内容，因而这里一般不会再重复读取，除非之前读取的内容已经不是最新的内容才会再次读取。从 directories 集合中获取具体的目录，如果 de 不为空，则表示有相应的目录存在，调用 de.getFiles()方法获取目录下的所有文件名称并返回；如果 de 为空则返回一个空的列表。

listArchive()方法遍历了 files 列表，取出满足 fileKinds 参数格式要求的文件，然后调用 archive.getFileObject()方法获取 JavaFileObject 对象并添加到 resultList 列表中。当 archive 为 ZipFileIndexArchive 类型时，关于 ZipFileIndexArchive 类的 getFileObject()方法的实现在第 2.1 节中也详细介绍过，这里不再介绍。

第 3 章　词法分析

词法分析将Java源代码中的所有字符转变为空白区域、注释与Token。其中，Token主要包含标识符号、Java保留关键字、标识符及字面量。词法分析过程中涉及的主要类的继承关系如图3-1所示。

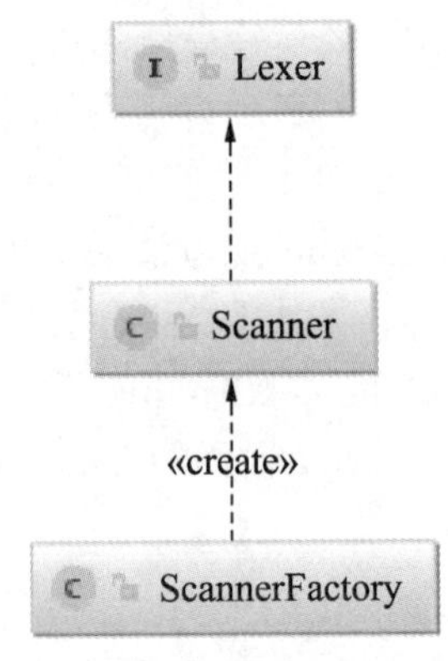

图 3-1　词法分析相关类的继承体系

Lexer定义了词法分析器的接口，而实现这个接口的Scanner类可以将输入的字符流转换为合法的Token流。ScannerFactory是工厂类，可通过调用这个类的工厂方法获取到具体的词法分析器对象，即Scanner对象。涉及的Lexer、Scanner及ScannerFactory类都存储在com.sun.tools.javac.parser包路径下。本章将详细介绍Java源代码中的字符流转换为Token流的详细过程。

3.1 字符编码

Javac在编译的过程中会涉及对字符编码的处理。下面对一些常见的字符编码做简单的介绍，如表3-1所示。

表 3-1　常见字符编码

编　码	描　述
ASCII	美国标准信息交换码。用一个字节的7位表示，总共128个，0~31是控制字符，如换行、回车、删除等，32~126是打印字符，可以通过键盘输入并且能够显示出来
ISO8859-1	拉丁码表。欧洲码表用一个字节的8位表示，共能表示256个字符
GB2312	中国的中文编码表。双字节编码，总的编码范围是A1至F7，其中A1至A9是符号区，B0至F7是汉字区
GBK	中国的中文编码表升级，融合了更多的中文文字符号
UTF-16	UTF-16编码用两个字节来表示一个字符，它是定长的表示方式，任何字符都可以使用两个字节来表示
UTF-8	UTF-8编码采用了一种变长技术，不同类型的字符可以由1~6个字节组成

下面重点介绍一下 UTF-16 与 UTF-8 这两种编码，它们处理的都是 Unicode 字符集。在介绍 UTF-16 与 UTF-8 编码及 Unicode 字符集前需要介绍一下字符集及编码。

首先介绍一下字符集（character set），它为每一个字符分配一个唯一编号，为每个字符分配的编号在 Unicode 字符集中称为码位（code point）。例如中文字符'啊'的码位为 0x554A，记为 U+554A。Unicode 标准始终使用十六进制数字，所以书写时在前面加上前缀“U+”。

编码指定以何种格式将码位以字节或位的方式表示出来。例如中文字符'啊'的 UTF-16 编码表示为 0x55 0x4A（Big-endian 表示），而 UTF-8 编码却表示为 0xE5 0x95 0x8A。两种编码的目标字符集相同，但在内存中的表现形式却不同。

Unicode 字符集采用两个字节来编码一个字符，而 UTF-16 编码就是直接使用了这固定的两个字节，其内存表现方式比较简单、直接。但是使用两个字节表示一个字符时，内存上的表示方式会根据环境的字节序产生变化，一种是 Big-endian（高位字节在前，低位字节在后）或 Little-endian（低位字节在前，高位字节在后），例如中文字符'啊'的码位为 U+554A，但是用 Big-endian 表示为 0x55 0x4A，而 Little-endian 表示为 0x4A 0x55。

虽然 Unicode 字符集在 0x00~0x7E 的范围内分配了和 ASCII 编码相同的码位，但是如果要使用 UTF-16 编码时，需要两个字节存储并且由于字节序的关系导致这种编码既占用内存又不能兼容 ASCII 编码，所以又出现了另外一种编码 UTF-8。另外，由于 Unicode 字符集采用两个字节来编码一个字符，能表示的范围有限，不能表示所有的字符，所以之后又引入了代理对（Surrogate Pair）来扩展表示范围，即如果字符的代码点大于等于 U+10000 而小于 U+10FFFF 时就处于增补字符中。UTF-16 用 2 个 16 位来表示，并且正好将每个 16 位都控制在替代区域 U+D800 至 U+DFFF（其中，U+D800 至 U+DBFF 为高代理项范围，U+DC00 至 U+DFFF 为低代理项范围）中。

UTF-8 是一种采用了变长技术的编码方式，不同类型的字符可以由 1~6 个字节组成。如图 3-2 所示为 Unicode 字符集和 UTF-8 编码之间的转换关系。

```
U+00000000 ~U+0000007F： 0XXXXXXX
U+00000080 ~U+000007FF： 110XXXXX  10XXXXXX
U+00000800 ~U+0000FFFF： 1110XXXX  10XXXXXX  10XXXXXX
U+00010000 ~U+001FFFFF： 11110XXX  10XXXXXX  10XXXXXX  10XXXXXX
U+00200000 ~U+03FFFFFF： 111110XX  10XXXXXX  10XXXXXX  10XXXXXX  10XXXXXX
U+04000000 ~U+7FFFFFFF： 1111110X  10XXXXXX  10XXXXXX  10XXXXXX  10XXXXXX  10XXXXXX
```

图 3-2　Unicode 和 UTF-8 编码之间的转换关系

对于在 U+00000000 至 U+0000007F 范围内的码位与 ASCII 编码相同，所以这种方式兼容了 ASCII 编码，但是这种编码对于有些字符会占用更多的字节，最多可能到 6 个字节。

在第 18 章生成 Class 文件时，字符常量会使用一种改进的 UTF-8 编码（modified UTF-8），这种改进的编码会使用上面标准的 UTF-8 编码中的单字节、双字节和三字节格式。因为三字节格式有效的编码位为 16 位，所以多于三字节的位要使用更多的字节来表示。对于 UTF-16 编码来说，多于 16 位的会使用 2 个 16 位来表示，而改进的 UTF-8 编码在处理超过 16 位表示范围的字符时，也就是超过 U+0000FFFF 范围的增补字符时，采取和 UTF-16 编码类似的处理方式，以代理对的形式表示。

3.2 获取字符输入流

Javac 要进行词法分析，首先需要获取 Java 源代码的字符输入流，在 JavaCompiler 类中有如下调用：

```
来源：com.sun.tools.javac.main.JavaCompiler
public JCTree.JCCompilationUnit parse(JavaFileObject filename) {
    JCTree.JCCompilationUnit t = parse(filename, readSource(filename));
    return t;
}
```

Java 源文件在 Javac 中被表示为 RegularFileObject 对象，将此对象作为参数调用 readSource()方法获取字符输入流，然后将获取到的 CharSequence 对象作为参数调用 parse()方法，这个方法会将字符输入流转换为 Token 流，然后将 Token 流转换为抽象语法树。不过本章并不涉及将 Token 流转换为抽象语法树的知识点，这是第 5 章要讲解的内容。parse()方法执行的过程如图 3-3 所示。

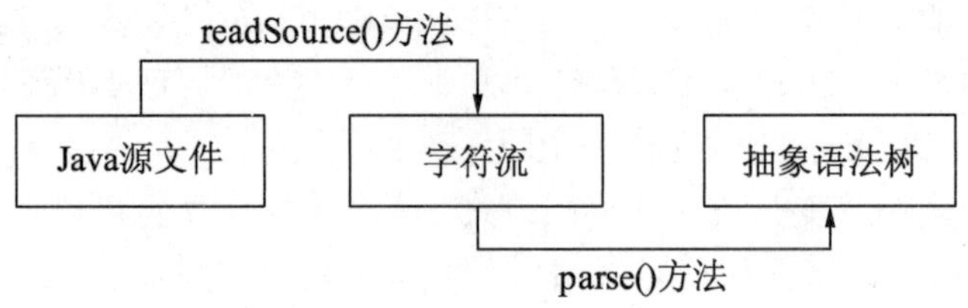

图 3-3　parse()方法的执行流程

readSource()方法的实现代码如下：

```
来源：com.sun.tools.javac.main.JavaCompiler
public CharSequence readSource(JavaFileObject filename) {
   return filename.getCharContent(_);
}
```

参数 filename 一般为表示 Java 源文件的 RegularFileObject 对象，所以调用 filename 的 getCharContent()方法其实是调用 RegularFileObject 类中定义的 getCharContent()方法，这个方法的实现代码如下：

```
来源：com.sun.tools.javac.file.RegularFileObject
@Override
public CharBuffer getCharContent(_) throws IOException {
   CharBuffer cb = fileManager.getCachedContent(this);
```

```
    if (cb == null) {
        InputStream in = new FileInputStream(file);
        try {
            ByteBuffer bb = fileManager.makeByteBuffer(in);
            cb = fileManager.decode(bb, ignoreEncodingErrors);
            fileManager.recycleByteBuffer(bb);
        } finally {
            in.close();
        }
    }
    return cb;
}
```

fileManager 是 JavacFileManager 对象，调用这个对象的 getCachedContent()方法获取当前文件所对应的字符缓冲对象 cb。如果 cb 为空，可能是缓存失效或首次获取当前文件的字符缓冲对象，需要通过读取文件的方式初始化 cb；如果不为空直接重用字符缓冲对象。

在 cb 为空时获取了文件输入流，然后调用 fileManager.makeByteBuffer()方法将输入流中的内容缓存到 ByteBuffer 对象中。为了能够重用 ByteBuffer 对象，fileManager.makeByteBuffer()方法还会调用 fileManager.recycleByteBuffer()方法回收用完后的 ByteBuffer 对象，这样在下次读取文件时就能重用这个对象。

调用 fileManager.getCachedContent()方法其实会调用 BaseFileManager 类中的 getCachedContent()方法，这个方法的实现代码如下：

```
来源：com.sun.tools.javac.util.BaseFileManager
public CharBuffer getCachedContent(JavaFileObject file) {
    SoftReference<CharBuffer> r = contentCache.get(file);
    return (r == null ? null : r.get());
}
```

contentCache 是一个保存文件到字符缓冲对象映射的成员变量，这个变量的定义如下：

```
来源：com.sun.tools.javac.util.BaseFileManager
protected final Map<JavaFileObject, SoftReference<CharBuffer>> contentCache
= new HashMap<JavaFileObject, SoftReference
<CharBuffer>>();
```

contentCache 集合中 value 的类型为 SoftReference<CharBuffer>，表示通过软引用来保持对字符缓冲的引用，当内存不足时会回收这部分缓存数据所占用的内存，同时也能兼顾读取文件的效率。当下一次再获取同一个文件的字符输入流时，如果 contentCache 中已经缓存了就直接获取，如果缓存失效或者首次获取时为空，在 getCharContent()方法中调用 getCachedContent()方法将返回 null。

在 getCharContent()方法中对 cb 为空的情况进行了处理，根据 file 获取 InputStream 输入流后，调用 fileManager.makeByteBuffer()方法，将输入流中的内容读取到缓冲中。makeByteBuffer()方法的实现代码如下：

```
来源：com.sun.tools.javac.util.BaseFileManager
public ByteBuffer makeByteBuffer(InputStream in) throws IOException {
    int limit = in.available();
    if (limit < 1024)
```

```
        limit = 1024;
    ByteBuffer result = byteBufferCache.get(limit);
    int position = 0;
    while (in.available() != 0) {
        if (position >= limit)
            ...
            result = ByteBuffer.allocate(limit <<= 1).put((ByteBuffer)
result.flip());
        int count = in.read(result.array(),position,limit - position);
        if (count < 0)
            break;
        result.position(position += count);
    }
    return (ByteBuffer)result.flip();
}
```

byteBufferCache 是定义在 BaseFileManager 类中的类型为 ByteBufferCache 的成员变量，主要用来缓存 ByteBuffer 对象，所以当按顺序读取多个文件时，用到的 ByteBuffer 对象可能是同一个，也省去了频繁创建对象的开销。从 byteBufferCache 中获取到 ByteBuffer 对象 result 后，循环读取文件输入流，每次读取 1024 个字符并放入到 result 中，读取完成后调用 flip()方法，这样返回给 makeByteBuffer()方法调用者的值就可以直接从头开始读取 result 的内容了。

ByteBufferCache 类的定义如下：

```
来源：com.sun.tools.javac.util.BaseFileManager.ByteBufferCache
private static class ByteBufferCache {
    private ByteBuffer cached;

    ByteBuffer get(int capacity) {
        if (capacity < 20480)
            capacity = 20480;
        ByteBuffer result = (cached != null && cached.capacity() >= capacity)
            ? (ByteBuffer)cached.clear()
            : ByteBuffer.allocate(capacity + capacity>>1);
        cached = null;
        return result;
    }

    void put(ByteBuffer x) {
        cached = x;
    }
}
```

ByteBufferCache 类中定义了成员变量 cached，通过 get()与 put()方法对 cached 进行存取操作。调用 get()方法获取 ByteBuffer 对象时，如果 cached 不为空并且容量大于等于 20480 时，调用 cached.clear()方法清除之前的缓存数据，然后复用这个对象；如果 cached 为空或者容量太小，则重新分配一个容量大小为 capacity+capacity>>1 的 ByteBuffer 对象并返回。每次获取到 ByteBuffer 对象 result 时，一定要将 cached 置为空，因为缓存的对象已经被使用了。如果不置为空，那么在 cached 使用期间，再次调用 get()方法时很可能返回的就是正在被使用的 cached。

回看 getCharContent()方法，这个方法在用完 ByteBuffer 对象时又会调用 BaseFileManager 对象的 recycleByteBuffer()方法，而这个方法间接调用了 ByteBufferCache 类的 put()方法，将已经使用完的 ByteBuffer 对象赋值给 cached，这样下次调用 get()方法就可以重用了。

getCharContent()方法最终经过一系列的方法调用将文件内容读取到了 CharBuffer 对象中并最终返回给了 parse()方法，接下来 parse()方法将调用另外一个重载的 parse()方法将 CharBuffer 对象转换为 Token 流，后面将详细介绍。

在 getCharContent()方法中，获取了 ByteBuffer 对象后还会调用 fileManager.decode()方法进行解码。Javac 在编译时的编码转换如图 3-4 所示。

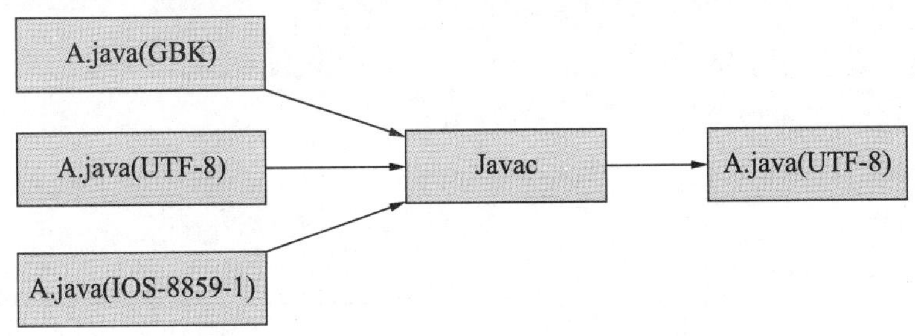

图 3-4 编码转换

如图 3-3 所示，Javac 会根据文件不同的编码读取文件内容，这就是 fileManager.decode()方法要完成的工作，这个方法会间接调用 getEncodingName()方法获取编码，Javac 将以这种编码读取文件内容。getEncodingName()方法的实现代码如下：

```
来源：com.sun.tools.javac.util.BaseFileManager.ByteBufferCache
public String getEncodingName() {
    String encName = options.get(OptionName.ENCODING);
    if (encName == null)
        return getDefaultEncodingName();
    else
        return encName;
}
```

如果没有配置-encoding 命令，就使用默认的编码读取。如果默认的编码为 UTF-8，而文件的编码为 GBK，可能会出错。

获取到文件读取的编码格式后，就会创建 CharsetDecoder 对象，然后调用这个对象的 decode()方法进行解码即可。

3.3 Token 与 Name

本节将重点介绍 Token 对象与 Name 对象，以及 Token 对象与 Name 对象之间的转换。

3.3.1 Token 介绍

在介绍如何将 CharBuffer 对象中的内容转换为 Token 流之前，需要认识一下 Javac 是如何定义 Token 的。通过 Token 枚举常量来定义 Token 的类型。首先来看 Token 类的定义，代码如下：

```
来源：com.sun.tools.javac.parser.Token
public enum Token implements Formattable {
    ...
    Token() {
        this(null);
    }
    Token(String name) {
        this.name = name;
    }
    public final String name;
    ...
}
```

枚举类中有个 String 类型的变量 name，如果 name 不为空，那么就表示将 name 所保存的字符串定义为一个特定的 Token 对象（指的就是 Token 常量）。这些 Token 对象大概分为 4 类，下面分别介绍。

1. 标识符号

与标识符号相关的 Token 对象如下：

```
LPAREN("("),
RPAREN(")"),
LBRACE("{"),
RBRACE("}"),
LBRACKET("["),
RBRACKET("]"),
SEMI(";"),
COMMA(","),
DOT("."),
ELLIPSIS("..."),
EQ("="),
GT(">"),
LT("<"),
BANG("!"),
TILDE("~"),
QUES("?"),
COLON(":"),
EQEQ("=="),
LTEQ("<="),
GTEQ(">="),
BANGEQ("!="),
AMPAMP("&&"),
BARBAR("||"),
```

```
PLUSPLUS("++"),
SUBSUB("--"),
PLUS("+"),
SUB("-"),
STAR("*"),
SLASH("/"),
AMP("&"),
BAR("|"),
CARET("^"),
PERCENT("%"),
LTLT("<<"),
GTGT(">>"),
GTGTGT(">>>"),
PLUSEQ("+="),
SUBEQ("-="),
STAREQ("*="),
SLASHEQ("/="),
AMPEQ("&="),
BAREQ("|="),
CARETEQ("^="),
PERCENTEQ("%="),
LTLTEQ("<<="),
GTGTEQ(">>="),
GTGTGTEQ(">>>="),
MONKEYS_AT("@"),
```

将 Java 语言中的运算符及分隔符等定义为了特定的 Token 对象，其中，Token.ELLIPSIS 是为了支持 JDK 7 版本中新增的变长参数的语法。

2. Java保留关键字

与 Java 保留关键字相关的 Token 对象如下：

```
// 数据类型:
BOOLEAN("boolean"),
BYTE("byte"),
CHAR("char"),
SHORT("short"),
INT("int"),
LONG("long"),
FLOAT("float"),
DOUBLE("double"),
CLASS("class"),
INTERFACE("interface"),
ENUM("enum"),
// 流程控制:
BREAK("break"),
CONTINUE("continue"),
FOR("for"),
IF("if"),
CASE("case"),
CATCH("catch"),
DEFAULT("default"),
DO("do"),
```

```
    ELSE("else"),
    RETURN("return"),
    SWITCH("switch"),
    THROW("throw"),
    THROWS("throws"),
    TRY("try"),
    WHILE("while"),
    // 修饰符
    ABSTRACT("abstract"),
    NATIVE("native"),
    PRIVATE("private"),
    PROTECTED("protected"),
    PUBLIC("public"),
    STATIC("static"),
    STRICTFP("strictfp"),
    SYNCHRONIZED("synchronized"),
    TRANSIENT("transient"),
    VOID("void"),
    VOLATILE("volatile"),
    // 动作
    EXTENDS("extends"),
    FINAL("final"),
    FINALLY("finally"),
    IMPLEMENTS("implements"),
    IMPORT("import"),
    INSTANCEOF("instanceof"),
    NEW("new"),
    PACKAGE("package"),
    SUPER("super"),
    THIS("this"),
    ASSERT("assert"),
    // 保留字
    CONST("const"),
    GOTO("goto"),
```

以上对 Java 语言中所有的保留关键字定义了对应的 Token 对象，包括没有使用的 const 与 goto 保留关键字。

3．标识符

标识符被定义为 Token.IDENTIFIER，这个 Token 对象没有 name 值，用来泛指用户自定义的类名、包名、变量包、方法名等。

4．字面量

与字面量相关的 Token 对象如下：

```
    INTLITERAL,
    LONGLITERAL,
    FLOATLITERAL,
    DOUBLELITERAL,
    CHARLITERAL,
    STRINGLITERAL,
```

```
TRUE("true"),
FALSE("false"),
NULL("null"),
```

除了基本类型的字面量外，还有 String 类型的字面量。另外，null 通常用来初始化引用类型。

5．特殊类型

特殊类型有 ERROR 与 EOF。当词法分析不能将读取到的一组字符映射为除 ERROR 之外的任何一种 Token 对象时，会将读取到下一个分隔符之前的所有字符映射为 ERROR。当读取到文件的末尾时生成一个 EOF，作为 Token 流的结束标记。

3.3.2　Name 对象的生成与存储

Javac 会将 Java 源代码中用到的字符串封装为 com.sun.tools.javac.util.Name 对象，例如 Java 中的标识符号、保留关键字等，并且相同的字符串用同一个 Name 对象表示，这样在判断 Name 对象是否相等时就可以直接通过恒等运算符“==”来判断了。

多个 Name 对象通过 Table 类中的数组来存储，Name 与 Table 相关类的继承关系如图 3-5 所示。

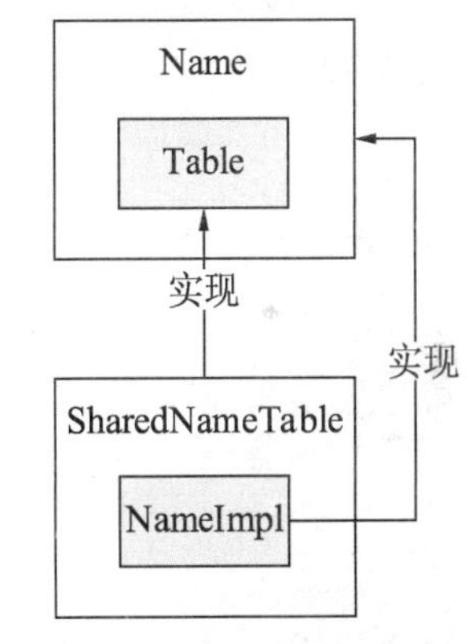

图 3-5　Name 与 Table 的继承关系

Name 类的实现类为 NameImpl，定义在 SharedName Table 类中，而 Table 类定义在 Name 类中，主要的实现类为 SharedNameTable。

在 Token 类中定义的所有 Token 对象中，除去没有 name 的 Token 对象，每个 Token 对象的 name 都可以用一个 NameImpl 对象来表示，所有的 NameImpl 对象全部存储到了 SharedNameTable 类的 hashes 数组中。首先认识一下 Table 接口的主要实现类 SharedNameTable，这个类中定义了如下重要的成员变量：

```
来源：com.sun.tools.javac.util.SharedNameTable
private NameImpl[] hashes;
public byte[] bytes;                          // 字节数组
```

hashes 是一个 NameImpl 类型的数组，通过计算 NameImpl 对象的哈希值将其存储到 hashes 数组的特定位置，如果出现冲突，就使用 NameImpl 类中定义的 next 变量将冲突的对象链接成单链表的形式。bytes 数组将统一存储所有的 NameImpl 对象中需要存储的多个字符（注意字节数组无法直接存储字符，后面还会提到，这里暂且这么表述）。例如，某个 NameImpl 对象表示复合赋值运算符“/=”，需要按顺序存储两个字符'/'和'='，那么 bytes 数组将存储所有字符转换为字节的内容，然后通过起始位置的偏移 index 和字节所占的长度 length 来指定具体的存放位置。关于 NameImpl 类的 next、index 与 length 成员变量的定义如下：

```
来源：com.sun.tools.javac.util.SharedNameTable.NameImpl
NameImpl next;
int index;
int length;
```

可以通过调用 SharedNameTable 类中的 fromChars()方法将字符数组映射为 Name 对象，这个方法的实现代码如下：

```
来源：com.sun.tools.javac.util.SharedNameTable
@Override
public Name fromChars(char[] cs, int start, int len) {
    int nc = this.nc;
    byte[] bytes = this.bytes;
    // 扩容操作
    while (nc + len * 3 >= bytes.length) {
        byte[] newnames = new byte[bytes.length * 2];
        System.arraycopy(bytes, 0, newnames, 0, bytes.length);
        bytes = this.bytes = newnames;
    }
    // 计算字符数组要存储到字节数组时所需要占用的字节长度
    int nbytes = Convert.chars2utf(cs, start, bytes, nc, len) - nc;
    // 计算哈希值
    int h = hashValue(bytes, nc, nbytes) & hashMask;
    NameImpl n = hashes[h];
    // 如果产生冲突，使用 next 将冲突的元素链接起来
    while (n != null && (n.getByteLength() != nbytes || !equals(bytes,
n.index, bytes, nc, nbytes))) {
        n = n.next;
    }
    // 创建新的 NameImpl 对象
    if (n == null) {
        n = new NameImpl(this);
        n.index = nc;
        n.length = nbytes;
        n.next = hashes[h];
        hashes[h] = n;
        this.nc = nc + nbytes;
        if (nbytes == 0) {
            this.nc++;
        }
    }
    return n;
}
```

参数 cs 一般是字符串调用 toCharArray()方法转换来的字符数组，例如“/=”字符串转换为含有两个字符'/'和'='的字符数组；参数 start 与 length 表示从 cs 的 start 下标开始取 length 个字符进行处理。一个典型的调用 fromChars()方法的 fromString()方法的实现如下：

```
来源：com.sun.tools.javac.util.Name.Table
public Name fromString(String s) {
    return fromChars(cs.toCharArray(), 0, cs.length);
}
```

fromChars()方法在实现时涉及几个成员变量，具体的定义如下：

```
private NameImpl[] hashes;
private int hashMask;
public byte[] bytes;
private int nc = 0;
```

其中，hashes 用来保存多个 NameImpl 对象，多个 NameImpl 对象使用哈希存储，在计算哈希值时会使用 hashMask 来辅助计算，bytes 存储了字符数组转为字节数组的具体内容，nc 保存了 bytes 数组中下一个可用的位置，初始值为 0，其他 3 个变量通常会在构造方法中初始化，代码如下：

```
来源：com.sun.tools.javac.util.SharedNameTable
public SharedNameTable(Names names) {
    this(names, 0x8000, 0x20000);
}

public SharedNameTable(Names names, int hashSize, int nameSize) {
    super(names);
    hashMask = hashSize - 1;
    hashes = new NameImpl[hashSize];
    bytes = new byte[nameSize];

}
```

一般都是调用第 1 个构造方法得到 SharedNameTable 对象，然后在第 2 个构造方法中对各个变量进行初始化。

fromChars()方法调用 Convert.chars2utf()方法将传入的字符数组 cs 转换为字节数组 bytes。chars2utf()方法的实现如下：

```
来源：com.sun.tools.javac.util.Convert
public static int chars2utf(char[] src, int sindex,byte[] dst, int dindex,
int len) {
    int j = dindex;
    int limit = sindex + len;
    for (int i = sindex; i < limit; i++) {  // 循环处理 src 数组中的每个字符
        char ch = src[i];
        if (1 <= ch && ch <= 0x7F) {        // 字符使用单字节表示
            dst[j++] = (byte)ch;
        } else if (ch <= 0x7FF) {           // 字符使用双字节表示
            dst[j++] = (byte)(0xC0 | (ch >> 6));
            dst[j++] = (byte)(0x80 | (ch & 0x3F));
        } else {                            // 字符使用三字节表示
            dst[j++] = (byte)(0xE0 | (ch >> 12));
            dst[j++] = (byte)(0x80 | ( (ch >> 6) & 0x3F) );
            dst[j++] = (byte)(0x80 |   (ch & 0x3F));
        }
    }
    return j;
}
```

src 数组保存的字符都是 UTF-8 编码，所以一个字符可能会转换为多个字节存储。最后返回 dst 的下一个可用位置 j，这样在 fromChars()方法中就可以根据返回值计算出存储字符数组 cs 所需要占用的字节个数 nbytes 了。

在 fromChars()方法中获取到 nbytes 后调用 hashValue()方法，返回的哈希值与 hashMask 做与“&”运算，这样就可以得到存储在 hashes 数组中的槽位值。hashValue()方法的实现代码如下：

```
来源：com.sun.tools.javac.util.Name.Table
protected static int hashValue(byte bytes[], int offset, int length) {
    int h = 0;
    int off = offset;

    for (int i = 0; i < length; i++) {
        h = (h << 5) - h + bytes[off++];
    }
    return h;
}
```

这个方法针对相同的 bytes 数组计算出相同的哈希值，保证了相同的字节数组得到相同的槽位值，同时也能通过计算的哈希值从 hashes 数组中获取保存的值。

在 fromChars()方法中，如果根据哈希值进行存储时，对应槽位上的值不为空并且与当前要保存的内容不同，则使用单链表来解决冲突；如果获取到的值为空，则创建 NameImpl 对象并保存 index 与 length 的值。所以 fromChars()方法兼有存储和查找的功能。

假如有个 NameImpl 对象为“/=”，具体的存储原理如图 3-6 所示。

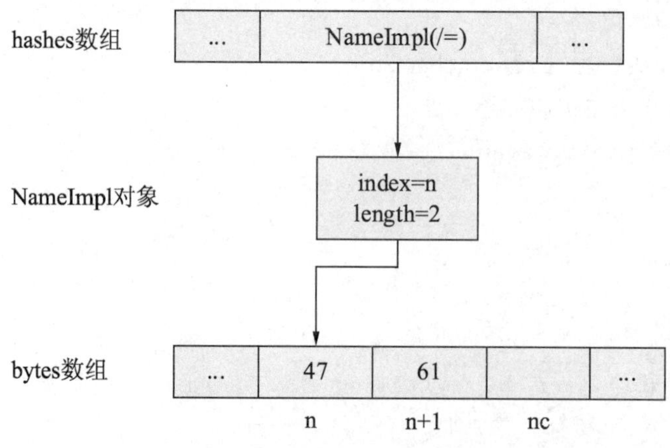

图 3-6　Name 的存储原理

有了 fromChars()方法后，Javac 就可以用 Name 对象来表示特定的字符数组或者说字符串了。假设词法分析认定连续读入的'/'与'='字符序列应该是一个 Token 对象，那么就需要通过这串字符序列或者说存储这个字符序列的字符数组找到对应的 Token 对象，在查找具体的 Token 对象之前，调用 fromChars()方法将字符数组转换为 Name 对象，然后通过 Name 对象查找具体的 Token 对象。完成 Name 对象到 Token 对象映射的类是 com.sun.tools.javac.parser.Keywords。

3.3.3 Name 映射为 Token

将 Name 对象映射为 Token 对象的类是 Keywords，这个类的构造方法如下：

```
来源：com.sun.tools.javac.parser.Keywords
protected Keywords(Context context) {
    ...
    for (Token t : Token.values()) {
        if (t.name != null)
            enterKeyword(t.name, t);
        else
            tokenName[t.ordinal()] = null;
    }

    key = new Token[maxKey+1];
    for (int i = 0; i <= maxKey; i++)
        key[i] = IDENTIFIER;
    for (Token t : Token.values()) {
        if (t.name != null)
            key[tokenName[t.ordinal()].getIndex()] = t;
    }
}
```

循环所有的 Token 对象，如果 name 值不为空则调用 enterKeyword()方法建立 Token 对象到 Name 对象的映射；如果 name 值为空，将 tokenName 数组中调用 t.ordinal()方法获取的下标处的值设置为 null。其中 tokenName 数组的定义如下：

```
来源：com.sun.tools.javac.parser.Keywords
private Name[] tokenName = new Name[Token.values().length];
```

tokenName 数组保存了 Token 对象到 Name 对象的映射，准确说是 tokenName 数组的下标为各个 Token 对象在 Token 枚举类中定义的序数（序数从 0 开始），而对应下标处的值为对应的 Name 对象。

enterKeyword()方法的实现代码如下：

```
来源：com.sun.tools.javac.parser.Keywords
private void enterKeyword(String s, Token token) {
    Name n = names.fromString(s);
    tokenName[token.ordinal()] = n;
    if (n.getIndex() > maxKey)
        maxKey = n.getIndex();
}
```

其中，maxKey 是一个定义在 Keywords 类中类型为 int 的成员变量，这个变量保存了所有 Name 对象中的 index 的最大值。

最终 tokenName 数组的值如下：

```
Name[0]=null                    // EOF
Name[1]=null                    // ERROR
Name[2]=null                    // IDENTIFIER
```

```
Name[3]=NameImpl("abstract")      // ABSTRACT，对应着表示"abstract"的 NameImpl
                                     对象
...
Name[109]=NameImpl("@")           // MONKEYS_AT，对应着表示"@"的 NameImpl 对象
Name[110]=null                    // CUSTOM
```

可以看到，有 name 值的 Token 对象都建立了到 NameImpl 对象的映射，不过词法分析过程一般的需求是通过具体的 NameImpl 对象查找对应的 Token 对象，所以还需要建立 NameImpl 对象到 Token 对象的映射关系，这个关系由数组 key 来保存。key 的定义如下：

```
来源：com.sun.tools.javac.parser.Keywords
private final Token[] key;
```

查看 keywords()构造方法可知，首先通过 tokenName[t.ordinal()]表达式获取到具体的 NameImpl 对象，然后调用 getIndex()方法获取 index 值，这个值在前面讲到过，是字符数组在 bytes 数组中存储的起始位置。用这个值作为 key 数组的下标，值是 Token 对象。在调用 enterKeyword()方法时已经使用 maxKey 保存了 index 的最大值，所以在 Keywords()构造方法中初始化的数组大小为 maxKey+1，这样数组 key 才能有足够的容量容纳 index 作为下标进行检索。由于 index 不连续，所以数组 key 中没有 Token 对象对应的下标都初始化为 IDENTIFIER。

假设现在从字符流中读取到一串字符串 abstract，首先转换为 Name 对象，接着调用此 Name 对象的 getIndex()方法获取 index 值，将这个值作为 key 数组下标获取对应的 Token 对象，如调用 key()方法来获取，这个方法的实现如下：

```
来源：com.sun.tools.javac.parser.Keywords
public Token key(Name name) {
    return (name.getIndex() > maxKey) ? IDENTIFIER : key[name.getIndex()];
}
```

这个 key()方法还根据 maxKey 值来判断是否为标识符，假如某个字符串为自定义标识符时会返回 IDENTIFIER。

3.4 生成 Token 流

在第 3.2 节介绍过，将文件读取到 CharBuffer 对象中后会调用重载的 parse()方法，这个方法的实现代码如下：

```
来源：com.sun.tools.javac.main.JavaCompiler
protected JCCompilationUnit parse(JavaFileObject filename, CharSequence
content) {
    JCCompilationUnit tree = make.TopLevel(List.<JCTree.JCAnnotation>nil(),
null, List.<JCTree>nil());
    if (content != null) {
        Parser parser = parserFactory.newParser(content, _, _,_);
        tree = parser.parseCompilationUnit();
```

```
    }
    tree.sourcefile = filename;
    return tree;
}
```

parse()方法通过content获取到了Parser对象parser，然后又调用了parser.parseCompilationUnit()方法，这个方法会根据content创建一棵抽象语法树。Javac并没有先将字符流完全转换为Token流，然后再在Token流的基础上组建抽象语法树，而是每读取一部分Token对象后就按照JLS中的文法生成抽象语法树节点，也就是说边读取Token对象边组建抽象语法树。每调用一次Scanner类中的nextToken()方法，就可以获取下一个Token对象。调用nextToken()方法首先需要通过工厂类ScannerFactory获取Scanner对象，在ParserFactory类的newParser()方法中有如下调用语句：

```
来源：com.sun.tools.javac.parser.ParserFactory
Lexer lexer = scannerFactory.newScanner(input, _);
```

其中，input就是parse()方法在调用newParser()方法时传递的content参数。直接调用ScannerFactory对象scannerFactory的工厂方法newScanner()获取Scanner对象，newScanner()方法的实现代码如下：

```
来源：com.sun.tools.javac.parser.ScannerFactory
public Scanner newScanner(CharSequence input, _) {
      CharBuffer buf = (CharBuffer) input;
      return new Scanner(this, buf);
}
```

在newScanner()方法中直接创建一个Scanner对象，调用的构造方法如下：

```
来源：com.sun.tools.javac.parser.Scanner
protected Scanner(ScannerFactory fac, CharBuffer buffer) {
   this(fac, JavacFileManager.toArray(buffer), buffer.limit());
}
```

调用JavacFileManager.toArray()方法将buffer转换为字符数组，然后作为参数调用另外一个重载的构造方法，代码如下：

```
来源：com.sun.tools.javac.parser.Scanner
protected Scanner(ScannerFactory fac, char[] input, int inputLength) {
   ...
   if (inputLength == input.length) {
      if (input.length > 0 && Character.isWhitespace(input[input.length
- 1])) {
         inputLength--;
      } else {
         char[] newInput = new char[inputLength + 1];
         System.arraycopy(input, 0, newInput, 0, input.length);
         input = newInput;
      }
   }
   buf = input;
   buflen = inputLength;
   buf[buflen] = EOI;
   bp = -1;
```

```
    scanChar();
}
```

buf、buflen 与 bp 成员变量在 Scanner 类中的定义如下：

```
来源：com.sun.tools.javac.parser.Scanner
private char[] buf;
private int buflen;
private int bp;
```

buf 数组保存了从 Java 源文件中读入的所有字符，最后一个数组元素的值为 EOI，EOI 其实就是一个值为 0x1A 的常量，表示已经没有可读取的字符；buflen 保存了 buf 数组中可读字符的数量，或者说指向了 buf 数组中可读取字符的最大下标，不包括下标值为 buflen 的元素；bp 保存了 buf 数组中当前要处理的字符的位置，初始化时将 bp 设置为-1，在处理开始时，通常会调用 scanChar()方法将 bp 值更新为下一个要处理字符的下标位置。scanChar()方法的实现代码如下：

```
来源：com.sun.tools.javac.parser.Scanner
private void scanChar() {
    ch = buf[++bp];
}
```

可以看到，bp 变为了 0，而 ch 是 Scanner 类中声明的一个成员变量，保存着当前待处理的字符。

在 3.3.1 节介绍过 Token 对象，同时也能看出哪些字符可以组合为一个合法 Token 对象的 name 值。在 Javac 的语法分析过程中会多次调用 nextToken()方法，将字符流转换为一个个 Token 对象。每次调用方法时都会读取若干个字符，通过在 switch 语句中判断首个读入的字符，然后在 switch 语句的各个分支中处理以这个字符开头的可能形成的 Token 对象。下面是 nextToken()方法的一个大概实现：

```
来源：com.sun.tools.javac.parser.Scanner
public void nextToken() {
    sp = 0;
    while (true) {
        switch (ch) { // switch 语句所有的处理分支可大概分为以下 8 类
        1、特殊字符的处理
        2、标识符的处理
        3、数字的处理
        4、分隔符的处理
        5、斜线作为首字符的处理
        6、单引号作为首字符的处理
        7、双引号作为首字符的处理
        8、默认的处理
        }
    }
}
```

switch 语句会根据首个出现的字符来判断可能生成的 Token 对象，后面会对每一类逻辑的实现进行详细介绍。nextToken()方法在获取 Token 对象的过程中会涉及两个成员变量，这两个变量在 Scanner 类中的定义如下：

```
来源：com.sun.tools.javac.parser.Scanner
private char[] sbuf = new char[128];
private int sp;
```

某个 Token 对象的 name 由多个字符组成，例如“/=”由 2 个字符组成，所以 sbuf 数组按顺序暂存读入的字符，而 sp 指示了 sbuf 中下一个可用的位置。每调用一次 nextToken()方法，sp 就会被初始化为 0，这样就可以重复利用 sbuf 暂存读入的若干个字符了。

nextToken()方法处理的核心逻辑是 switch 语句的各个分支，一般都是通过读入的首字符来判断可能的 Token 对象。例如首字符为数字，则可能是一个十进制表示的整数，对应的 Token 对象就是 INTLITERAL，或者还有一些特殊的字符仅作为分隔符使用，并没有生成对应的 Token 对象，例如空格。

调用 nextToken()方法生成的 Token 对象会赋值给一个名称为 token 的成员变量，token 变量的定义如下：

```
来源：com.sun.tools.javac.parser.Scanner
private Token token;
```

下面就来具体看一下 switch 语句中各个分支生成 Token 对象的逻辑。

1. 特殊字符的处理

特殊字符包括换行符、空格及水平制表符等，具体的实现代码如下：

```
来源：com.sun.tools.javac.parser.Scanner
public void nextToken() {
    sp = 0;
    while (true) {
        switch (ch) {
        case ' ':                    // 空格
        case '\t':                   // 水平制表符
        case FF:                     // 换行、换页符
            do {
                scanChar();
            } while (ch == ' ' || ch == '\t' || ch == FF);
            break;
        case LF:                     // 换行符
            scanChar();
            break;
        case CR:                     // 回车
            scanChar();
            if (ch == LF) {          // 换行
                scanChar();
            }
            break;
        ...
        }
    }
}
```

将空格、水平制表符与换页符当作空白字符来处理，而将换行与回车或者回车换行当作行结束符来处理。这些字符都不会生成具体的 Token 对象，在当前的词法分析阶段调用 scanChar()方法直接摒弃这些字符，scanChar()方法的实现代码如下：

```
来源：com.sun.tools.javac.parser.Scanner
private void scanChar() {
    ch = buf[++bp];
}
```

将 bp 的值加 1，将 ch 更新为 buf 数组中保存的下一个待处理的字符。

2. 标识符的处理

对代码编写者自定义的包名、类名、变量名等进行处理，具体的实现代码如下：

```
来源：com.sun.tools.javac.parser.Scanner
public void nextToken() {
    sp = 0;
    while (true) {
        switch (ch) {
        ...
        case 'A': case 'B': case 'C': case 'D': case 'E':
        case 'F': case 'G': case 'H': case 'I': case 'J':
        case 'K': case 'L': case 'M': case 'N': case 'O':
        case 'P': case 'Q': case 'R': case 'S': case 'T':
        case 'U': case 'V': case 'W': case 'X': case 'Y':
        case 'Z':
        case 'a': case 'b': case 'c': case 'd': case 'e':
        case 'f': case 'g': case 'h': case 'i': case 'j':
        case 'k': case 'l': case 'm': case 'n': case 'o':
        case 'p': case 'q': case 'r': case 's': case 't':
        case 'u': case 'v': case 'w': case 'x': case 'y':
        case 'z':
        case '$': case '_':
            scanIdent();
            return;
        ...
        }
    }
}
```

Java 语言的标识符由字母、数字、下划线“_”和美元符号“$”组成，第一个字符不能是数字，所以首个字符只可能是大小写字母、下划线与美元符号了。调用 scanIdent()方法得到标识符，scanIdent()方法的实现代码如下：

```
来源：com.sun.tools.javac.parser.Scanner
private void scanIdent() {
    boolean isJavaIdentifierPart;
    char high;
    do {
        if (sp == sbuf.length)   // sbuf 数组不能存储更多字符，调用 putChar()方
                                 // 法进行扩容
            putChar(ch);
```

```
        else
            sbuf[sp++] = ch;

        scanChar();
        switch (ch) {
        case 'A': case 'B': case 'C': case 'D': case 'E':
        case 'F': case 'G': case 'H': case 'I': case 'J':
        case 'K': case 'L': case 'M': case 'N': case 'O':
        case 'P': case 'Q': case 'R': case 'S': case 'T':
        case 'U': case 'V': case 'W': case 'X': case 'Y':
        case 'Z':
        case 'a': case 'b': case 'c': case 'd': case 'e':
        case 'f': case 'g': case 'h': case 'i': case 'j':
        case 'k': case 'l': case 'm': case 'n': case 'o':
        case 'p': case 'q': case 'r': case 's': case 't':
        case 'u': case 'v': case 'w': case 'x': case 'y':
        case 'z':
        case '$': case '_':
        case '0': case '1': case '2': case '3': case '4':
        case '5': case '6': case '7': case '8': case '9':
        case '\u0000': case '\u0001': case '\u0002': case '\u0003':
        case '\u0004': case '\u0005': case '\u0006': case '\u0007':
        case '\u0008': case '\u000E': case '\u000F': case '\u0010':
        case '\u0011': case '\u0012': case '\u0013': case '\u0014':
        case '\u0015': case '\u0016': case '\u0017':
        case '\u0018': case '\u0019': case '\u001B':
        case '\u007F':
            break;
        case '\u001A':                          // EOI 也是合法标识符的一部分
            if (bp >= buflen) {                 // 已经没有待处理的字符
                name = names.fromChars(sbuf, 0, sp);
                token = keywords.key(name);
                return;
            }
            break;
        default:
            if (ch < '\u0080') {                // ch 是 ASCII 编码中的一个字符
                // 所有合法的 ASCII 字符已经在上面的 case 分支中进行了处理
                isJavaIdentifierPart = false;
            } else {
                high = scanSurrogates();        // 获取高代理项
                if (high != 0) {
                    if (sp == sbuf.length) {
                        putChar(high);
                    } else {
                        sbuf[sp++] = high;
                    }
                    // 方法会判断通过高代理项和低代理项表示的字符是否为合法
                    // 标识符的首字符
                    isJavaIdentifierPart =
    Character.isJavaIdentifierPart(Character.toCodePoint(high, ch));
                } else {
                    isJavaIdentifierPart = Character.isJavaIdentifierPart(ch);
                }
```

```
            }
            if (!isJavaIdentifierPart) {
                name = names.fromChars(sbuf, 0, sp);
                token = keywords.key(name);
                return;
            }
        }
    } while (true);
}
```

其中的 sbuf 就是一个默认大小为 128 的字符数组，临时用来存储从 buf 数组中读出来的若干个字符。scanIdent()方法将所有组成标识符的字符从 buf 数组中读取出来按顺序存储到 sbuf 数组中，最后作为参数调用 names.fromChars()方法获取 NameImpl 对象。

方法对字母、数字、下划线、美元符号及一些控制字符不做任何处理，直接通过 break 跳出 switch 语句后重新执行 do-while 循环，然后将这些字符存储到 sbuf 数组中，这都是标识符的一部分。控制字符也可以作为合法标识符的一部分，不过排除了分隔符、换页符等。例如，声明一个 Object 变量，代码如下：

```
A a\u0000 = null;
```

a\u0000 也是合法标识符的一部分。

当读取到了文件末尾字符时，不再继续读取，通过 sbuf 查找对应的 Token 对象。在之前初始化 buf 时做了预处理，将最后一个结尾的字符赋值为 EOI，也就是'\u001A'。

默认分支中，当 ch 小于'\u0080'时表示这个字符已经不是合法标识符的一部分了，因为默认分支之前的分支已经处理了所有为合法标识符首字符的情况，如果再出现 ASCII 编码中的字符就能确定不是合法标识符的一部分了，直接将 isJavaIdentifierPart 设置为 false，这样 sbuf 数组中存储的字符就会形成一个 Token 对象。

3. 数字的处理

数字的处理包括对整数和浮点数的处理，具体的实现代码如下：

```
来源：com.sun.tools.javac.parser.Scanner
public void nextToken() {
    sp = 0;
    while (true) {
        switch (ch) {
        ...
        case '0':
            scanChar();
            if (ch == 'x' || ch == 'X') {     // 处理十六进制表示的整数或浮点数
                scanChar();
                if (ch == '.') {
                    scanHexFractionAndSuffix(false);
                                               // 处理十六进制中的小数及后缀部分
                } else {
                    scanNumber(16);
                }
            } else if (ch == 'b' || ch == 'B') {      // 处理二进制表示的整数
```

```
                scanChar();
                scanNumber(2);
            } else {                                  // 处理八进制表示的整数
                putChar('0');
                if (ch == '_') {
                    do {
                        scanChar();
                    } while (ch == '_');
                }
                scanNumber(8);
            }
            return;
        // 处理十进制表示的整数或浮点数
        case '1': case '2': case '3': case '4':case '5': case '6': case '7':
    case '8': case '9':
            scanNumber(10);
            return;
        case '.':
            scanChar();
            if ('0' <= ch && ch <= '9') {             // 处理十进制中的小数部分
                putChar('.');
                scanFractionAndSuffix();              // 处理十进制中的小数及后缀部分
            } else if (ch == '.') {                   // 处理变长参数
                putChar('.');
                putChar('.');
                scanChar();
                if (ch == '.') {
                    scanChar();
                    putChar('.');
                    token = ELLIPSIS;
                }
            } else {                                  // 处理分隔符
                token = DOT;
            }
            return;
        ...
        }
    }
}
```

当以 0x 或 0X 开头时，按十六进制数字处理；当以 0b 或 0B 开头时，按二进制数字处理；当以 0 开头时，按八进制数字处理，对于八进制来说，0 与数字中间还允许出现任意的下划线；当以数字 1 到 9 中的任何一个数字开头，则按十进制数字处理；如果以点“.”开头，可能是小数，也可能是方法中的可变参数的表示方式，或者只是一个单纯的分隔符。

首先来看整数相关的文法如下：

```
IntegerLiteral:
    DecimalIntegerLiteral
    HexIntegerLiteral
    OctalIntegerLiteral
    BinaryIntegerLiteral
DecimalIntegerLiteral:
    DecimalNumeral IntegerTypeSuffix_opt
```

```
HexIntegerLiteral:
    HexNumeral IntegerTypeSuffix_opt
OctalIntegerLiteral:
    OctalNumeral IntegerTypeSuffix_opt
BinaryIntegerLiteral:
    BinaryNumeral IntegerTypeSuffix_opt
IntegerTypeSuffix: one of
    l L
```

由文法可知，整数可以使用二进制、八进制、十进制和十六进制来表示，具体数字的写法由 DecimalNumeral、HexNumeral、OctalNumeral 与 BinaryNumeral 文法描述，感兴趣的读者可查阅 JLS 了解。

接着看浮点数相关的文法如下：

```
FloatingPointLiteral:
    DecimalFloatingPointLiteral
    HexadecimalFloatingPointLiteral
```

由文法可知，浮点数可以使用十进制与十六进制来表示，具体数字的写法由 DecimalFloatingPointLiteral 与 HexadecimalFloatingPointLiteral 文法描述，感兴趣的读者可查阅 JLS 了解。

前面的代码中对十六进制、二进制、八进制与十进制都调用了 scanNumber()方法，并传递了参数 16、2、8 与 10 代表对对应进制的处理。由于 scanNumber()方法的处理细节比较多，为了节省篇幅，这里不做介绍，读者可熟悉了相关文法后自行阅读 Javac 源代码了解方法的具体实现。

对以点“.”开头的字符，如果后面跟随数字，则调用 scanFractionAndSuffix()方法处理小数及后缀部分；如果后面跟着点“.”字符，表示变长参数；其他情况下按分隔符处理。

4. 分隔符的处理

分隔符的处理逻辑相对简单，具体的实现代码如下：

```
来源：com.sun.tools.javac.parser.Scanner
public void nextToken() {
    sp = 0;
    while (true) {
        switch (ch) {
        ...
        case ',':
            scanChar(); token = COMMA; return;
        case ';':
            scanChar(); token = SEMI; return;
        case '(':
            scanChar(); token = LPAREN; return;
        case ')':
            scanChar(); token = RPAREN; return;
        case '[':
            scanChar(); token = LBRACKET; return;
```

```
        case ']':
            scanChar(); token = RBRACKET; return;
        case '{':
            scanChar(); token = LBRACE; return;
        case '}':
            scanChar(); token = RBRACE; return;
        ...
        }
    }
}
```

在遇到分隔符后调用 scanChar()方法，将 ch 更新为下一个待处理的字符，然后赋值 token 后方法直接返回。

5．斜杠作为首字符的处理

以斜杠“/”作为首字符的可能为注释，如单行注释、多行注释或文档注释，还可能是除法运算符“/”或者复合赋值运算符“/=”，具体的实现代码如下：

```
来源：com.sun.tools.javac.parser.Scanner
public void nextToken() {
    sp = 0;
    while (true) {
        switch (ch) {
        ...
        case '/':
            scanChar();
            if (ch == '/') {                    // 单行注释
                ...
            } else if (ch == '*') {             // 多行注释或文档注释
                ...
            } else if (ch == '=') {             // 复合赋值运算符“/=”
                name = names.slashequals;
                token = SLASHEQ;
                scanChar();
            } else {                            // 除法运算符“/”
                name = names.slash;
                token = SLASH;
            }
            return;
        ...
        }
    }
}
```

代码中对单行注释、多行注释和文档注释进行处理，不过以斜杠“/”开头的字符还可能是运算符或运算符的一部分。由于注释并不能影响程序运行的行为，所以这里省略了对注释的处理逻辑，读者可自行阅读 Javac 源码了解相关的实现。

6．单引号作为首字符的处理

单引号作为首字符的只能是字符常量，其他情况下会报编译错误。具体的实现代码如下：

```
来源：com.sun.tools.javac.parser.Scanner
public void nextToken() {
    sp = 0;
    while (true) {
        switch (ch) {
        ...
        case '\'':
            scanChar();
            scanLitChar();
            if (ch == '\'') {
                scanChar();
                token = CHARLITERAL;
            }
            return;
        ...
        }
    }
}
```

在 Java 源代码中，单引号作为首字符通常表示字符常量。调用 scanLitChar()方法扫描字符常量，最后将 token 直接赋值为 CHARLITERAL。scanLitChar()方法的实现代码如下：

```
private void scanLitChar() {
    if (ch == '\\') {                           // 处理转义字符
        if (buf[bp+1] == '\\' ) {
            bp++;
            putChar('\\');
            scanChar();
        } else {
            scanChar();
            switch (ch) {
            case '0': case '1': case '2': case '3':
            case '4': case '5': case '6': case '7':
                char leadch = ch;
                int oct = digit(8);
                scanChar();
                if ('0' <= ch && ch <= '7') {
                    oct = oct * 8 + digit(8);
                    scanChar();
                    if (leadch <= '3' && '0' <= ch && ch <= '7') {
                        oct = oct * 8 + digit(8);
                        scanChar();
                    }
                }
                putChar((char)oct);
                break;
            case 'b':
                putChar('\b'); scanChar(); break;
            case 't':
                putChar('\t'); scanChar(); break;
            case 'n':
                putChar('\n'); scanChar(); break;
            case 'f':
                putChar('\f'); scanChar(); break;
            case 'r':
```

```
            putChar('\r'); scanChar(); break;
        case '\'':
            putChar('\''); scanChar(); break;
        case '\"':
            putChar('\"'); scanChar(); break;
        case '\\':
            putChar('\\'); scanChar(); break;
        default:
            lexError(bp, "illegal.esc.char");
        }
      }
    } else if (bp != buflen) {            // 处理非转义字符
        putChar(ch);
        scanChar();
    }
}
```

scanLitChar()方法主要对转义字符进行处理，转义字符相关的文法如下：

```
EscapeSequence:
    \ b    /* \u0008: backspace BS */
    \ t    /* \u0009: horizontal tab HT */
    \ n    /* \u000a: linefeed LF */
    \ f    /* \u000c: form feed FF */
    \ r    /* \u000d: carriage return CR */
    \ "    /* \u0022: double quote " */
    \ '    /* \u0027: single quote ' */
    \ \    /* \u005c: backslash \ */
    OctalEscape   /* \u0000 to \u00ff: from octal value */
OctalEscape:
    \ OctalDigit
    \ OctalDigit OctalDigit
    \ ZeroToThree OctalDigit OctalDigit
OctalDigit: one of
    0 1 2 3 4 5 6 7
ZeroToThree: one of
    0 1 2 3
```

在处理八进制转义字符时，会调用 digit()方法将八进制表示的数转换为十进制表示，然后强制转换为 char 类型后调用 putChar()方法。调用的 digit()方法的实现代码如下：

```
private int digit(int base) {
    char c = ch;
    int result = Character.digit(c, base);
    ...
    return result;
}
```

base 指定 c 是二进制、八进制、十进制还是十六进制数中的字符，digit()方法最终会将 c 转换为十进制表示的整数并返回，例如十六进制的 a 代表 10，则方法最终会返回 10。

7．双引号作为首字符的处理

双引号作为首字符的只能是字符串常量，具体的实现代码如下：

```
来源：com.sun.tools.javac.parser.Scanner
public void nextToken() {
    sp = 0;
    while (true) {
        switch (ch) {
        ...
        case '\"':
            scanChar();
            // 当 ch 不为双引号和回车换行且有待处理字符时，调用 scanLitChar()方法
            // 扫描字符串常量
            while (ch != '\"' && ch != CR && ch != LF && bp < buflen)
                scanLitChar();
            if (ch == '\"') {
                token = STRINGLITERAL;
                scanChar();
            }
            return;
        ...
        }
    }
}
```

在 Java 源代码中，双引号作为首字符通常就是字符串常量。当 ch 不为双引号和回车换行且有待处理的字符时，循环调用 scanLitChar()方法扫描两个双引号之间的所有组成字符串的字符，最后 token 直接赋值为 STRINGLITERAL。

8．默认的处理

除了之前介绍的 7 类以特定字符开头的处理外，剩下的字符全部都使用默认分支中的逻辑处理，例如一些运算符的首字符，以汉字开头的标识符等，具体的实现代码如下：

```
来源：com.sun.tools.javac.parser.Scanner
public void nextToken() {
    sp = 0;
    while (true) {
        switch (ch) {
        ...
        default:
            if (isSpecial(ch)) {                // ch 是标识符号或标识符号的首字符
                scanOperator();
            } else {
                boolean isJavaIdentifierStart;
                if (ch < '\u0080') {            // ch 是 ASCII 编码中的一个字符
                    isJavaIdentifierStart = false;
                } else {
                    char high = scanSurrogates();      // 获取高代理项
                    if (high != 0) {
                        if (sp == sbuf.length) {
                            putChar(high);
                        } else {
                            sbuf[sp++] = high;
```

```
                    }
                    // 方法会判断通过高代理项和低代理项表示的字符是否为合法
                    // 标识符的首字符
                    isJavaIdentifierStart = Character.isJavaIdentifierStart(
                                             Character.toCodePoint(high, ch));
                } else {
                    isJavaIdentifierStart =
Character.isJavaIdentifierStart(ch);
                }
            }
            if (isJavaIdentifierStart) {        // 是合法标识符的首字符
                scanIdent();
            } else if (bp == buflen || ch == EOI && bp+1 == buflen) {
                token = EOF;                    // 已经没有待处理的字符了
            }
        }
        return;
      }
    }
}
```

首先调用 isSpecial()方法判断是否可能为标识符号，如果是就调用 scanOperator()方法进行处理，否则可能是标识符的首字符。当 isJavaIdentifierStart 的值为 true 时，表示是合法标识符的首字符，调用 scanIdent()方法进行处理。当 isJavaIdentifierStart 的值为 false 时，表示也不是合法标识符的首字符。那么判断 bp 是否等于 buflen，如果等于，说明当前的 ch 是最后一个字符，可不处理；或者判断是否为特殊的结尾字符 EOI，之前在 Scanner 类的构造方法中讲到过，buf 数组中待处理字符的最后一个字符会被赋值为 EOI。

isSpecial()方法的实现代码如下：

```
来源：com.sun.tools.javac.parser.Scanner
private boolean isSpecial(char ch) {
    switch (ch) {
    case '!': case '%': case '&': case '*': case '?':
    case '+': case '-': case ':': case '<': case '=':
    case '>': case '^': case '|': case '~':
    case '@':
        return true;
    default:
        return false;
    }
}
```

isSpecial()方法判断是否为标识符号或标识符号的一部分，如果不是，该方法将返回 false，在 nextToken()方法中就会判断是否为标识符了。isSpecial()方法如果返回 true，会调用 scanOperator()方法扫描出完整的标识符号，这个方法的实现代码如下：

```
来源：com.sun.tools.javac.parser.Scanner
private void scanOperator() {
    while (true) {
        putChar(ch);
```

```
            Name newname = names.fromChars(sbuf, 0, sp);
            name = newname;
            token = keywords.key(newname);
            scanChar();
            if (!isSpecial(ch))
               break;
        }
    }
```

尽可能多地扫描字符，例如连续出现'/'与'='字符时，最终“/=”作为一个运算符，而不是“/”和“=”各作为一个运算符。

如果不为运算符，在 nextToken()方法中判断字符 ch 是否小于'\u0080'。由于 ASCII 编码中最大字符的编码为'\u007F'，所以如果小于'\u0080'，将 isJavaIdentifierStart 设置为 false，表示不可能是标识符的一部分。因为对于小于'\u0080'的所有合法的 ASCII 字符，switch 语句的各个 case 分支已经进行了处理，包括标识符的首字符。由于标识符首字符除了大小写字母、下划线与美元符号外，还可能是汉字等字符，所以需要调用 Character.isJavaIdentifierStart()方法进行判断，如果方法返回 true，表示是合法标识符的首字符。后续处理的逻辑与之前调用 scanIdent()方法对标识符的处理逻辑一样，这里不再介绍。

第 4 章　语法分析之认识树节点

通过上一章的讲解我们知道，连续调用 Scanner 类的 nextToken()方法就可以得到整个 Java 源代码的 Token 序列，而语法分析就是根据 Token 序列构造抽象语法树的过程。抽象语法树是一种用来描述 Java 源代码语法结构的树形表示方式，这种结构化的表示方式将为后面语义分析、代码生成阶段提供极大的便利。语法树中的每一个节点都代表了 Java 源代码中的一个语法结构，如包、类型、修饰符、运算符、接口、返回值甚至代码注释等都可以是一个语法结构。在 Javac 中，每个语法树节点都对应着一个具体的实现类。本章将重点介绍抽象语法树中的各个语法树节点。只有认清了抽象语法树上的构造节点，才能根据文法将 Token 序列转换为抽象语法树。

由于语法树中涉及的节点众多，我们可以大概将这些节点归纳为如下 3 类：

- 定义及声明，例如编译单元的定义、方法的定义和导入声明等。
- 语句，例如 if 语句、while 语句等。
- 表达式，例如两个数值相加的表达式 $x+y$。

定义及声明的实现类继承了 com.sun.tools.javac.tree.JCTree 抽象类；语句的实现类继承了 com.sun.tools.javac.tree.JCTree.JCStatement 抽象类，这个抽象类也继承了 JCTree 类；表达式与语句类似，不过表达式继承了 com.sun.tools.javac.tree.JCTree.JCExpression 抽象类，这个抽象类也继承了 JCTree 类。每个具体的实现类都定义了对应的接口实现，这些接口定义在 com.sun.source.tree 包路径下，实现类都以静态内部类的形式定义在 JCTree 类中。JCTree、JCStatement 与 JCExpression 类的继承关系如图 4-1 所示。

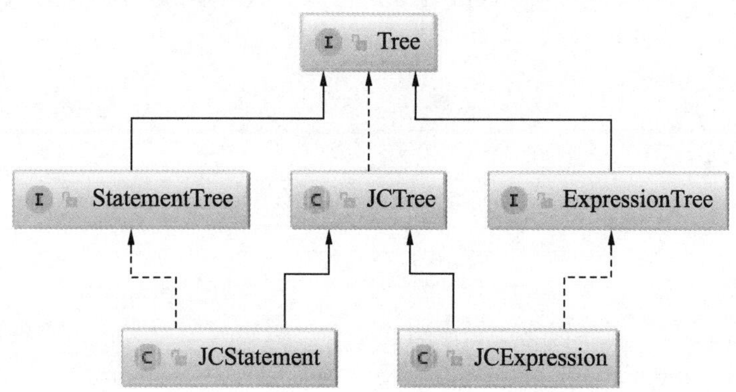

图 4-1　JCTree、JCStatement 与 JCExpression 的继承关系

Javac 抽象语法树上每个节点的实现类都直接或间接继承了抽象类 JCTree，同时也实现了对应的接口，如 JCxxx 实现类实现 xxxTree 接口，而 xxxTree 接口与 JCTree 又同时实现了 Tree 接口，可以说这个接口是一个顶层接口，可以代表任何一个语法树节点。

4.1 定义及声明

Javac 中用于定义及声明的类的继承关系如图 4-2 所示。

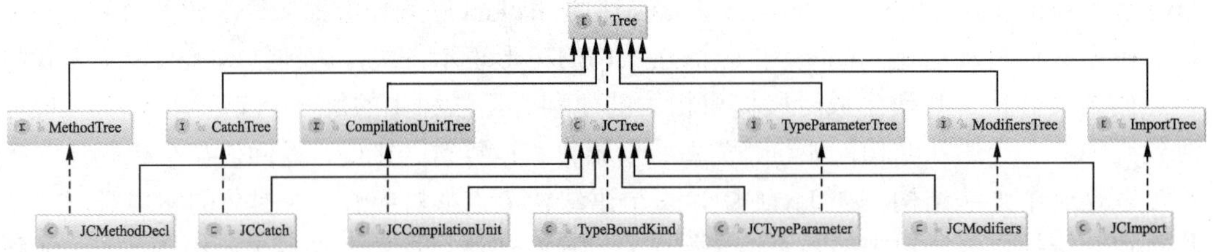

图 4-2　定义及声明实现类的继承关系

除了图 4-2 所描述的一些实现类外，本节还将介绍另外两个实现类 JCClassDecl 与 JCVariableDecl。其中，JCClassDecl 表示类的定义，而 JCVariableDecl 类表示变量的定义，这两个类都继承了 JCStatement 类，所以类或变量的定义也可以当作语句来处理。

下面就来详细介绍定义及声明相关的实现类。

4.1.1 JCCompilationUnit 类

每个编译单元（Compilation Unit）都是一个 JCCompilationUnit 对象。一般而言，一个 Java 源文件对应一个编译单元，如果一个 Java 源文件中定义了多个类，则这些类也属于同一个编译单元。JCCompilationUnit 对象是抽象语法树顶层的树节点，或者说是根节点。

编译单元的文法如下：

```
CompilationUnit:
   PackageDeclarationopt ImportDeclarationsopt TypeDeclarationsopt
ImportDeclarations:
   ImportDeclaration
   ImportDeclarations ImportDeclaration
TypeDeclarations:
   TypeDeclaration
   TypeDeclarations TypeDeclaration
```

一个编译单元由 3 部分构成：包声明、导入声明和类型声明。编译单元在 Javac 中对应的实现类为 JCCompilationUnit，类及重要变量的定义如下：

```
来源：com.sun.tools.javac.tree.JCTree.JCCompilationUnit
public static class JCCompilationUnit extends JCTree implements
```

```
CompilationUnitTree {
    public List<JCAnnotation> packageAnnotations;
    public JCExpression pid;
    public List<JCTree> defs;
...
}
```

packageAnnotations 保存多个包注解；pid 保存包声明；defs 保存导入声明及类型声明，保存在 defs 中的类型一定是顶层类或顶层接口，也就是非嵌套类型。

4.1.2　JCImport 类

每个导入声明（Import Declaration）都是一个 JCImport 对象。导入声明的文法如下：

```
ImportDeclaration:
    SingleTypeImportDeclaration
    TypeImportOnDemandDeclaration
    SingleStaticImportDeclaration
    StaticImportOnDemandDeclaration
```

由文法可知，导入声明有 4 种形式，见下例。

【实例 4-1】

```
package chapter4;
public class TestImportDecl {
    public static class StaticClass{}
}
```

在其他类中使用导入声明，如下：

【实例 4-1】（续）

```
import chapter4.TestImportDecl;
import chapter4.TestImportDecl.*;
import static chapter4.TestImportDecl.StaticClass;
import static chapter4.TestImportDecl.*;
```

导入声明从上到下依次对应了 ImportDeclaration 文法中 4 个产生式描述的具体导入形式。

JCImport 类及重要变量的定义如下：

```
来源：com.sun.tools.javac.tree.JCTree.JCImport
public static class JCImport extends JCTree implements ImportTree {
    public boolean staticImport;
    public JCTree qualid;
    ...
}
```

staticImport 表示是否为静态导入声明，如果导入声明中含有 static 关键字时值为 true；qualid 保存具体声明的内容。

4.1.3 JCClassDecl 类

每个类型声明（Class Declaration）或者说类型定义都是一个 JCClassDecl 对象，包括接口、类，以及作为特殊接口的注解类和作为特殊类的枚举类。

类型声明的文法如下：

```
TypeDeclaration:
    ClassDeclaration
    InterfaceDeclaration
    ;
```

由文法可知，类型声明包括类声明和接口声明，类声明的文法如下：

```
ClassDeclaration:
    NormalClassDeclaration
    EnumDeclaration
NormalClassDeclaration:
    ClassModifiersopt class Identifier TypeParametersopt
EnumDeclaration:
    ClassModifiersopt enum Identifier Interfacesopt EnumBody
```

由文法可知，类声明可以是普通的类，也可以是枚举类。

接口声明的文法如下：

```
InterfaceDeclaration:
    NormalInterfaceDeclaration
    AnnotationTypeDeclaration
NormalInterfaceDeclaration:
    InterfaceModifiersopt interface Identifier TypeParametersopt
ExtendsInterfacesopt InterfaceBody
AnnotationTypeDeclaration:
    InterfaceModifiersopt @ interface Identifier AnnotationTypeBody
```

由文法可知，注解类是特殊的接口。

无论接口还是类都用 JCClassDecl 类来表示，JCClassDecl 类及重要变量的定义如下：

```
来源：com.sun.tools.javac.tree.JCTree.JCClassDecl
public static class JCClassDecl extends JCStatement implements ClassTree {
    public JCModifiers mods;
    public Name name;
    public List<JCTypeParameter> typarams;
    public JCExpression extending;
    public List<JCExpression> implementing;
    public List<JCTree> defs;
    ...
}
```

通过 mods 可以区分接口和类，同时还能保存类或接口的修饰符；typarams 保存类型上声明的多个类型参数；defs 保存了类型内部的一些成员，如成员变量和方法等。

4.1.4　JCModifiers 类

JCModifiers 类用来表示修饰符，如 public、abstract 和 native 等，甚至还能表示注解。JCModifiers 类及重要变量的定义如下：

```
来源：com.sun.tools.javac.tree.JCTree.JCModifiers
public static class JCModifiers extends JCTree implements com.sun.source.
tree.ModifiersTree {
    public long flags;
    public List<JCAnnotation> annotations;
    ...
}
```

flags 保存修饰符；annotations 保存注解信息。flags 是一个 long 类型的变量，在 Java 中，long 类型由 8 个字节表示，也就是有 64 个可用位，可以通过不同的位来表示不同的修饰符，具体哪个位代表哪个修饰符已经在 Flags 类中预先进行了定义。下面只介绍 Flags 类中一些常见的修饰符定义，代码如下：

```
来源：com.sun.tools.javac.code.Flags
public static final int PUBLIC       = 1<<0;
public static final int PRIVATE      = 1<<1;
public static final int PROTECTED    = 1<<2;
public static final int STATIC       = 1<<3;
public static final int FINAL        = 1<<4;
public static final int SYNCHRONIZED = 1<<5;
public static final int VOLATILE     = 1<<6;
public static final int TRANSIENT    = 1<<7;
public static final int NATIVE       = 1<<8;
public static final int INTERFACE    = 1<<9;
public static final int ABSTRACT     = 1<<10;
public static final int STRICTFP     = 1<<11;
```

通过变量的名称很容易识别出它们各自代表的修饰符，这些修饰符对应的值占用了 long 类型 64 位中的低 12 位，如 public 修饰符用第 1 位来表示，static 修饰符用第 4 位来表示。如果定义一个只有 public 与 static 修饰的类，那么这个类的 JCModifiers 对象 flags 的值应该通过如下表达式计算：

```
(1<<0)+(1<<3)
```

最终计算的值为 9。

之前介绍的 NormalClassDeclaration 与 EnumDeclaration 都含有 ClassModifiers，文法如下：

```
ClassModifiers:
    ClassModifier
    ClassModifiers ClassModifier
ClassModifier: one of
    Annotation public protected private abstract static final strictfp
```

由文法可知类上允许声明的修饰符。

之前介绍的 NormalInterfaceDeclaration 与 AnnotationTypeDeclaration 都含有 InterfaceModifiers，文法如下：

```
InterfaceModifiers:
   InterfaceModifier
   InterfaceModifiers InterfaceModifier
InterfaceModifier: one of
   Annotation public protected private abstract static strictfp
```

由文法可知接口上允许声明的修饰符。

4.1.5 JCTypeParameter 类

每个形式类型参数都是一个 JCTypeParameter 对象，形式类型参数的文法如下：

```
TypeParameter:
   TypeVariable TypeBoundopt
TypeBound:
   extends TypeVariable
   extends ClassOrInterfaceType AdditionalBoundListopt
AdditionalBoundList:
   AdditionalBound AdditionalBoundList
   AdditionalBound
AdditionalBound:
   & InterfaceType
```

JCTypeParameter 可以表示类型（接口或类）或者方法声明的类型参数，类及重要变量的定义如下：

```
来源：com.sun.tools.javac.tree.JCTree.JCTypeParameter
public static class JCTypeParameter extends JCTree implements Type
ParameterTree {
   public Name name;
   public List<JCExpression> bounds;
   ...
}
```

name 保存类型参数中类型变量的名称；bounds 保存类型变量的上界，可以有多个。

4.1.6 JCVariableDecl 类

每个成员变量（Field）或局部变量（Variable）都是一个 JCVariableDecl 对象，对于形式参数来说，虽然与块内声明的局部变量稍有不同，但都是局部变量。

成员变量的文法如下：

```
FieldDeclaration:
   FieldModifiersopt Type VariableDeclarators ;
VariableDeclarators:
   VariableDeclarator
```

```
    VariableDeclarators , VariableDeclarator
VariableDeclarator:
    VariableDeclaratorId
    VariableDeclaratorId = VariableInitializer
VariableDeclaratorId:
    Identifier
    VariableDeclaratorId [ ]
VariableInitializer:
    Expression
    ArrayInitializer
```

形式参数的文法如下：

```
FormalParameters:
    FormalParameter
    FormalParameters , FormalParameter
FormalParameter:
    VariableModifiersopt Type VariableDeclaratorId
VariableModifiers:
    VariableModifier
    VariableModifiers VariableModifier
VariableModifier: one of
    Annotation final
LastFormalParameter:
    VariableModifiersopt Type... VariableDeclaratorId
    FormalParameter
```

形式参数一般指方法上的形式参数，但是还可以在 catch 语句中声明形式参数，相关文法如下：

```
CatchFormalParameter:
    VariableModifiersopt CatchType VariableDeclaratorId
```

局部变量的文法如下：

```
LocalVariableDeclaration:
    VariableModifiersopt Type VariableDeclarators
```

JCVariableDecl 类及重要变量的定义如下：

```
来源：com.sun.tools.javac.tree.JCTree.JCVariableDecl
public static class JCVariableDecl extends JCStatement implements
VariableTree {
    public JCModifiers mods;
    public Name name;
    public JCExpression vartype;
    public JCExpression init;
    ...
}
```

vartype 保存变量声明的类型；init 表示变量的初始化部分。通过文法可知，成员变量和局部变量可以通过如下方式声明：

【实例 4-2】

```
int a=1,b=a;
```

如果出现这样的声明，在语法分析阶段会按顺序生成两个 JCVariableDecl 对象，等价于处理如下的声明形式：

```
int a = 1;
int b = a;
```

4.1.7 JCMethodDecl 类

每个方法都是一个 JCMethodDecl 对象，包括抽象方法和非抽象方法。

类及枚举类中方法的文法如下：

```
MethodDeclaration:
   MethodHeader MethodBody
MethodHeader:
   MethodModifiers_opt TypeParameters_opt Result MethodDeclarator Throws_opt
MethodDeclarator:
   Identifier ( FormalParameterList_opt )
FormalParameterList:
   LastFormalParameter
   FormalParameters , LastFormalParameter
MethodBody:
   Block
   ;
```

接口及注解类中方法的文法如下：

```
AbstractMethodDeclaration:
   AbstractMethodModifiers_opt TypeParameters_opt Result MethodDeclarator Throws_opt;
AnnotationTypeElementDeclaration:
   AbstractMethodModifiers_opt Type Identifier ( ) Dims_opt DefaultValue_opt ;
DefaultValue:
   default ElementValue
```

在类与枚举类、接口与注解类中定义的所有方法都用 JCMethodDecl 类来表示。JCMethodDecl 类及重要变量的定义如下：

```
来源：com.sun.tools.javac.tree.JCTree.JCMethodDecl
public static class JCMethodDecl extends JCTree implements MethodTree {
   public JCModifiers mods;
   public Name name;
   public JCExpression restype;
   public List<JCTypeParameter> typarams;
   public List<JCVariableDecl> params;
   public List<JCExpression> thrown;
   public JCBlock body;
   public JCExpression defaultValue;
   ...
}
```

其中，defaultValue 可以保存注解类方法中指定的默认值，其他的参数都很简单，这里不做过多介绍。

4.2 语　句

所有能表示语句的类都继承了 JCStatement 抽象类，如 4.1.3 节讲到的 JCClassDecl 类，它继承了 JCStatement 类，表示 Javac 有时候会将 JCClassDecl 对象当做语句来处理。JCStatement 类的定义如下：

```
来源：com.sun.tools.javac.tree.JCTree.JCStatement
public abstract class JCStatement extends JCTree implements StatementTree {
    ...
}
```

Javac 中定义了两个特殊的类 JCSkip 与 JCExpressionStatement。JCSkip 表示空语句（the empty statement），空语句中只是一个单独的分号，文法如下：

```
EmptyStatement:
    ;
```

能出现语句的地方都可以使用一个单独的分号来替代。如果程序的某个地方语法上需要一条语句，但是逻辑上并不需要，此时就可以使用一个空语句来替代。JCSkip 类的定义如下：

```
public static class JCSkip extends JCStatement implements
EmptyStatementTree {
   ...
}
```

JCExpressionStatement 类可以将表达式转换为语句，因为类的 body 体或块内不允许直接包含表达式，所以如果有表达式出现，需要通过 JCExpressionStatement 类封装为语句。JCExpressionStatement 类及重要变量的定义如下：

```
来源：com.sun.tools.javac.tree.JCTree.JCExpressionStatement
public static class JCExpressionStatement extends JCStatement implements
ExpressionStatementTree {
    public JCExpression expr;
    ...
}
```

expr 保存了被语句封装的表达式，类型为 JCExpression。下面介绍 Javac 中使用的其他语句。

4.2.1 JCBlock 类

除了类的 body 体外，每对花括号“{}”扩起来的块都是一个 JCBlock 对象。块的文法如下：

```
Block:
    { BlockStatementsopt }
```

```
BlockStatements:
   BlockStatement
   BlockStatements BlockStatement
BlockStatement:
   LocalVariableDeclarationStatement
   ClassDeclaration
   Statement
```

通过文法可知，块是由花括号包含的一系列语句组成。常见的块如方法的 body 体，从方法的 body 体的文法中也可以看出：

```
MethodBody:
   Block
   ;
```

另外，像 while 语句、if 语句的 body 体都可能是块，但是类的 body 体不是块，由类的 body 体的文法就可以看出：

```
ClassBody:
   { ClassBodyDeclarationsopt }
```

JCBlock 类及重要变量的定义如下：

```
来源：com.sun.tools.javac.tree.JCTree.JCBlock
public static class JCBlock extends JCStatement implements BlockTree {
   public long flags;
   public List<JCStatement> stats;
   ...
}
```

由 BlockStatement 文法可知，在块内还可以进行局部变量和类的声明，由于块内一般都是一系列语句，所以为了处理方便，表示类声明的 JCClassDecl 类与表示变量声明的 JCVariableDecl 类也继承了 JCStatement 类，这样就可以和其他语句一样按顺序保存到 stats 列表中了。块内只含有语句，举个例子如下：

【实例 4-3】

```
public void md(){
   ...
   md();                          // 递归调用当前方法
   ...
}
```

在方法的 body 体内有一个递归调用当前方法的语句 md()，这个语句的类型为 JCExpressionStatement。JCExpressionStatement 类在前面介绍过，它有一个变量 expr 是 JCExpression 类型的，对于 md()来说，expr 保存的表达式的类型为 JCMethodInvocation，块内不允许直接出现表达式，所以需要通过 JCExpressionStatement 类封装为语句。

4.2.2　JCIf 类

if 语句在词法分析的过程中要解决的一个问题就是悬空 else（dangling else），例如实例 4-4。

【实例 4-4】

```
if(res1)
    if(res2){
        ...
    }
else{
  ...
}
```

可能代码编写者的意图是，第 1 个 if 语句的条件判断表达式为 false 时执行 else 部分，但是很明显这个 else 是属于第 2 个 if 语句的一部分。为了解决 else 语句的选择问题，JLS 扩展了上下文无关文法，相关的文法如下：

```
IfThenStatement:
    if ( Expression ) Statement
IfThenElseStatement:
    if ( Expression ) StatementNoShortIf else Statement
IfThenElseStatementNoShortIf:
    if ( Expression ) StatementNoShortIf else StatementNoShortIf
```

其中，IfThenElseStatement 与 IfThenElseStatementNoShortIf 文法在 else 部分前需要一个 StatementNoShortIf。StatementNoShortIf 的文法如下：

```
StatementNoShortIf:
    StatementWithoutTrailingSubstatement
    LabeledStatementNoShortIf
    IfThenElseStatementNoShortIf
    WhileStatementNoShortIf
    ForStatementNoShortIf
```

其中，StatementNoShortIf 中的 ShortIf 表示 if 语句后没有 else 部分，而 NoShortIf 就表示 if 语句必须要有 else 语句。以上的文法就是为了防止悬空 else。

对于实例 4-4 来说有如下语句：

```
if(res2){
  ...
}
```

这样的书写形式违背了 IfThenElseStatementNoShortIf 文法描述的在 else 语句前必须是 StatementNoShortIf，表示不能出现 if 语句中没有 else 部分的情况，所以代码最终并没有按代码编写者的意图执行。

JCIf 的类及重要变量的定义如下：

```
来源：com.sun.tools.javac.tree.JCTree.JCIf
public static class JCIf extends JCStatement implements IfTree {
    public JCExpression cond;
    public JCStatement thenpart;
    public JCStatement elsepart;
    ...
}
```

类中只定义了 thenpart 与 elsepart 变量用来保存 if 语句中的 if 部分与 else 部分的语句。

如果 if 语句中含有 else if 部分又该怎么表示呢？举个例子如下：

【实例 4-5】

```
if(res1){
 ...
}else if(res2){
 ...
}else{
 ...
}
```

在第 5 章介绍的语法分析阶段会将以上的形式转换为如下等价的形式：

```
if(res1){
   ...
}else{
   if(res2){
      ...
   }else{
      ...
   }
}
```

这样的转换与原来所表达的逻辑一样，是一个等价转换，但是却能够简化 Javac 的处理逻辑，同时也能用 JCIf 类来表示。

4.2.3 JCWhileLoop、JCDoWhileLoop、JCForLoop 与 JCEnhancedForLoop 类

每个 while 或 do-while 语句都是一个 JCWhileLoop 对象或 JCDoWhileLoop 对象。while 和 do-while 语句的文法如下：

```
WhileStatement:
   while ( Expression ) Statement
DoStatement:
   do Statement while ( Expression ) ;
```

JCWhileLoop 类及重要变量的定义如下：

```
来源：com.sun.tools.javac.tree.JCTree.JCWhileLoop
public static class JCWhileLoop extends JCStatement implements WhileLoopTree {
   public JCExpression cond;
   public JCStatement body;
   ...
}
```

JCDoWhileLoop 类及重要变量的定义如下：

```
来源：com.sun.tools.javac.tree.JCTree.JCDoWhileLoop
public static class JCDoWhileLoop extends JCStatement implements DoWhile
LoopTree {
   public JCStatement body;
   public JCExpression cond;
   ...
}
```

每个 for 或 foreach 语句都是一个 JCForLoop 或 JCEnhancedForLoop 对象。for 与 foreach 语句的文法如下：

```
ForStatement:
   BasicForStatement
   EnhancedForStatement
BasicForStatement:
   for ( ForInit_opt ; Expression_opt ; ForUpdate_opt ) Statement
EnhancedForStatement:
   for ( FormalParameter : Expression ) Statement
```

JCForLoop 类及重要变量的定义如下：

```
来源：com.sun.tools.javac.tree.JCTree.JCForLoop
public static class JCForLoop extends JCStatement implements ForLoopTree {
   public List<JCStatement> init;
   public JCExpression cond;
   public List<JCExpressionStatement> step;
   public JCStatement body;
   ...
}
```

JCEnhancedForLoop 类及重要变量的定义如下：

```
来源：com.sun.tools.javac.tree.JCTree.JCEnhancedForLoop
public static class JCEnhancedForLoop extends JCStatement implements
EnhancedForLoopTree {
   public JCVariableDecl var;
   public JCExpression expr;
   public JCStatement body;
   ...
}
```

4.2.4　JCSwitch 与 JCCase 类

每个 switch 语句都是一个 JCSwitch 对象，而每个 switch 语句中的分支都是一个 JCCase 对象。switch 语句的文法如下：

```
SwitchStatement:
   switch ( Expression ) SwitchBlock
SwitchBlock:
   { SwitchBlockStatementGroups_opt SwitchLabels_opt }
SwitchBlockStatementGroups:
   SwitchBlockStatementGroup
   SwitchBlockStatementGroups SwitchBlockStatementGroup
SwitchBlockStatementGroup:
   SwitchLabels BlockStatements
SwitchLabels:
   SwitchLabel
   SwitchLabels SwitchLabel
SwitchLabel:
   case ConstantExpression :
   case EnumConstantName :
   default :
```

```
EnumConstantName:
   Identifier
```

由文法可知，switch 语句的写法比较灵活。switch 语句主要通过 JCSwitch 与 JCCase 类来描述，JCSwitch 类及重要变量的定义如下：

```
来源：com.sun.tools.javac.tree.JCTree.JCSwitch
public static class JCSwitch extends JCStatement implements SwitchTree {
   public JCExpression selector;
   public List<JCCase> cases;
   ...
}
```

JCCase 类及重要变量的定义如下：

```
来源：com.sun.tools.javac.tree.JCTree.JCCase
public static class JCCase extends JCStatement implements CaseTree {
   public JCExpression pat;
   public List<JCStatement> stats;
   ...
}
```

par 保存具体的 label 值，对于默认分支来说，pat 为空。举个例子如下：

【实例 4-6】

```
public void md(int p) {
   switch (p) {
   case 0:
   case 1: {
      ...
   }
   default:
      ...
   }
}
```

最终 switch 语句形成的抽象语法树如图 4-3 所示。

```
JCSwitch
   selector=JCIdent
   cases=List
         0=JCCase
            pat=JCLiteral
            stats=List
         1=JCCase
            pat=JCLiteral
            stats=List
         2=JCCase
            pat=null
            stats=List
```

图 4-3　switch 语句的抽象语法树

4.2.5　JCTry、JCCatch 与 JCThrow 类

每个 try 语句都是一个 JCTry 对象；每个捕获异常的 catch 语句都是一个 JCCatch 对象；每个抛出异常的语句都是一个 JCThrow 对象。try 语句与 catch 语句的文法如下：

```
TryStatement:
   try Block Catches
   try Block Catchesopt Finally
   TryWithResourcesStatement
Catches:
   CatchClause
   Catches CatchClause
CatchClause:
   catch ( CatchFormalParameter ) Block
CatchFormalParameter:
   VariableModifiersopt CatchType VariableDeclaratorId
CatchType:
   ClassType
   ClassType | CatchType
Finally:
   finally Block
TryWithResourcesStatement:
   try ResourceSpecification Block Catchesopt Finallyopt
ResourceSpecification:
   ( Resources ;opt )
Resources:
   Resource
   Resource ; Resources
Resource:
   VariableModifiersopt Type VariableDeclaratorId = Expression
```

JCTry 类及重要变量的定义如下：

```
来源：com.sun.tools.javac.tree.JCTree.JCTry
public static class JCTry extends JCStatement implements TryTree {
   public JCBlock body;
   public List<JCCatch> catchers;
   public JCBlock finalizer;
   public List<JCTree> resources;
   ...
}
```

JCCatch 类及重要变量的定义如下：

```
来源：com.sun.tools.javac.tree.JCTree.JCCatch
public static class JCCatch extends JCTree implements CatchTree {
   public JCVariableDecl param;
   public JCBlock body;
   ...
}
```

throw 语句的文法如下：

```
ThrowStatement:
```

```
    throw Expression ;
```

JCThrow 类及重要变量的定义如下：

```
来源：com.sun.tools.javac.tree.JCTree.JCThrow
public static class JCThrow extends JCStatement implements ThrowTree {
    public JCExpression expr;
    ...
}
```

4.2.6 JCLabeledStatement、JCReturn、JCContinue 与 JCBreak 类

每个 return、continue 与 break 语句都对应着一个 JCReturn、JCContinue 与 JCBreak 对象。break、continue 与 return 语句的文法如下：

```
BreakStatement:
    break Identifier_opt ;
ContinueStatement:
    continue Identifier_opt ;
ReturnStatement:
    return Expression_opt ;
```

JCReturn 类及重要变量的定义如下：

```
来源：com.sun.tools.javac.tree.JCTree.JCReturn
public static class JCReturn extends JCStatement implements ReturnTree {
    public JCExpression expr;
    ...
}
```

JCContinue 类及重要变量的定义如下：

```
来源：com.sun.tools.javac.tree.JCTree.JCContinue
public static class JCContinue extends JCStatement implements ContinueTree {
    public Name label;
    public JCTree target;
    ...
}
```

JCBreak 类及重要变量的定义如下：

```
来源：com.sun.tools.javac.tree.JCTree.JCBreak
public static class JCBreak extends JCStatement implements BreakTree {
    public Name label;
    public JCTree target;
    ...
}
```

continue 与 break 必须在循环或者 switch 语句内使用，对应的实现类 JCContinue 与 JCBreak 中都定义了一个 target 变量，这个变量一般指向另外一个带 label 标记的语句，每个带 label 标记的语句是一个 JCLabeledStatement 对象。相关文法如下：

```
LabeledStatement:
    Identifier : Statement
```

JCLabeledStatement 类及重要变量的定义如下：

```
来源：com.sun.tools.javac.tree.JCTree.JCLabeledStatement
public static class JCLabeledStatement extends JCStatement implements
LabeledStatementTree {
    public Name label;
    public JCStatement body;
    ...
}
```

4.2.7 JCSynchronized 类

每个 synchronized 语句都是一个 JCSynchronized 对象，相关的文法如下：

```
SynchronizedStatement:
    synchronized ( Expression ) Block
```

JCSynchronized 类及重要变量的定义如下：

```
来源：com.sun.tools.javac.tree.JCTree.JCSynchronized
public static class JCSynchronized extends JCStatement implements
SynchronizedTree {
    public JCExpression lock;
    public JCBlock body;
    ...
}
```

4.2.8 JCAssert 类

每个 assert 语句都是一个 JCAssert 对象，相关的文法如下：

```
AssertStatement:
    assert Expression1 ;
    assert Expression1 : Expression2 ;
```

JCAssert 类及重要变量的定义如下：

```
来源：com.sun.tools.javac.tree.JCTree.JCAssert
public static class JCAssert extends JCStatement implements AssertTree {
    public JCExpression cond;
    public JCExpression detail;
    ...
}
```

4.3 表　达　式

在 Java 中，一个复杂表达式可由基本表达式和运算符构成，所有能表示表达式的类都会继承 JCExpression 抽象类，这个类的定义如下：

```
来源：com.sun.tools.javac.tree.JCExpression
public abstract class JCExpression extends JCTree implements ExpressionTree {
   ...
}
```

下面详细介绍表达式。

4.3.1 基本表达式

基本表达式的文法如下：

```
Primary:
   PrimaryNoNewArray
   ArrayCreationExpression
PrimaryNoNewArray:
   Literal
   this
   FieldAccess
   Type . class
   void . class
   ClassName . this
   ( Expression )
   ClassInstanceCreationExpression
   MethodInvocation
   ArrayAccess
```

Primary 与 PrimaryNoNewArray 的文法产生式大概可以分为 8 类，下面分别介绍。

1. Literal文法

Literal 的文法如下：

```
Literal:
   IntegerLiteral
   FloatingPointLiteral
   BooleanLiteral
   CharacterLiteral
   StringLiteral
   NullLiteral
```

每个字面量都是一个 JCLiteral 对象，这个类及重要变量的定义如下：

```
来源：com.sun.tools.javac.tree.JCLiteral
public static class JCLiteral extends JCExpression implements LiteralTree {
   public int typetag;
   public Object value;
   ...
}
```

其中，typetag 的值表示不同的字面量，允许的取值已经在 TypeTags 类中预先进行了定义，而 value 保存了具体的字面量，举个例子如下：

【实例 4-7】

```
int a = 1;
```

```
long b = 2L;
float c = 3f;
double d  =4d;
Object e = null;
String  f = "aa";
```

以上所有变量的初始化部分都是一个 JCLiteral 对象，其中整数 1 的 typetag 值为 TypeTags.INT；2L 的 typetag 值为 TypeTags.Long；3f 的 typetag 值为 TypeTags.FLOAT；4d 的 typetag 值为 TypeTags.DOUBLE；null 的 typetag 值为 TypeTags.BOT；"aa"的 typetag 值为 TypeTags.CLASS。

2. this文法

this 关键字使用 JCIdent 类来表示，这个类及重要变量的定义如下：

```
来源：com.sun.tools.javac.tree.JCIdent
public static class JCIdent extends JCExpression implements IdentifierTree {
    public Name name;
    ...
}
```

其中，name 的值就是 this。

3. FieldAccess、Type . class、void . class和ClassName . this文法

FieldAccess 的文法如下：

```
FieldAccess:
    Primary . Identifier
    super . Identifier
    ClassName . super . Identifier
```

FieldAccess 文法产生式使用 JCFieldAccess 类来表示，这个类及重要变量的定义如下：

```
来源：com.sun.tools.javac.tree.JCFieldAccess
public static class JCFieldAccess extends JCExpression implements Member
SelectTree {
    public JCExpression selected;
    public Name name;
    ...
}
```

JCFieldAccess 类除了表示 FieldAccess 外，还可以表示 Type.class、void.class 和 ClassName.this。

4. (Expression)文法

有括号的表达式使用 JCParens 类来表示，这个类及重要变量的定义如下：

```
来源：com.sun.tools.javac.tree.JCParens
public static class JCParens extends JCExpression implements Parenthesized
Tree {
    public JCExpression expr;
```

```
    ...
}
```

其中，expr 保存括号内的表达式内容。

5. ClassInstanceCreationExpression文法

ClassInstanceCreationExpression 的文法如下：

```
ClassInstanceCreationExpression:
    new TypeArguments_opt TypeDeclSpecifier TypeArgumentsOrDiamond_opt
                                            ( ArgumentList_opt ) ClassBody_opt
    Primary . new TypeArguments_opt Identifier TypeArgumentsOrDiamond_opt
                                            ( ArgumentList_opt ) ClassBody_opt
TypeArgumentsOrDiamond:
    TypeArguments
    <>
ArgumentList:
    Expression
    ArgumentList , Expression
```

ClassInstanceCreationExpression 使用 JCNewClass 类来表示，类及重要变量的定义如下：

```
来源：com.sun.tools.javac.tree.JCNewClass
public static class JCNewClass extends JCExpression implements NewClassTree {
    public JCExpression encl;
    public List<JCExpression> typeargs;
    public JCExpression clazz;
    public List<JCExpression> args;
    public JCClassDecl def;
    ...
}
```

其中，encl 表示文法中的 Primary，所以 encl 可能是 Primary 文法产生式中的任何一个表达式；clazz 表示 ClassInstanceCreationExpression 文法中第 1 个文法产生式中的 TypeDeclSpecifier 或第 2 个文法产生式中的 Identifier，所以具体的类型可能为 JCFieldAccess 或 JCIdent；def 保存 ClassBody 部分，如果当前创建的是匿名类对象，那么 def 不为空。

6. MethodInvocation文法

MethodInvocation 的文法如下：

```
MethodInvocation:
    MethodName ( ArgumentList_opt )
    Primary . NonWildTypeArguments_opt Identifier ( ArgumentList_opt )
    super . NonWildTypeArguments_opt Identifier ( ArgumentList_opt )
    ClassName . super . NonWildTypeArguments_opt Identifier ( ArgumentList_opt )
    TypeName . NonWildTypeArguments Identifier ( ArgumentList_opt )
```

由文法可知，方法的调用形式比较多，可以通过简单名称调用，也可以加限定符调用。由于方法上可以声明类型变量，所以还可以在调用时指定实际类型参数，不过 NonWildTypeArguments 表示不能传递通配符类型的参数。方法调用使用 JCMethodInvocation

类来表示，这个类及重要变量的定义如下：

```
来源：com.sun.tools.javac.tree.JCMethodInvocation
public static class JCMethodInvocation extends JCExpression implements
MethodInvocationTree {
    public List<JCExpression> typeargs;
    public JCExpression meth;
    public List<JCExpression> args;
    ...
}
```

其中，typeargs 保存传递的实际类型参数；meth 指定了要调用的方法，对于 MethodInvocation 文法中第 1 个文法产生式来说，meth 是 JCIdent 对象，剩下的文法产生式的 meth 都是 JCFieldAccess 对象；args 保存了调用方法时传递的实际参数。

7. ArrayAccess文法

ArrayAccess 的文法如下：

```
ArrayAccess:
    ExpressionName [ Expression ]
    PrimaryNoNewArray [ Expression ]
```

ArrayAccess 使用 JCArrayAccess 类来表示，该类及重要变量的定义如下：

```
来源：com.sun.tools.javac.tree.JCArrayAccess
public static class JCArrayAccess extends JCExpression implements Array
AccessTree {
    public JCExpression indexed;
    public JCExpression index;
    ...
}
```

indexed 表示 ArrayAccess 文法产生式中的 ExpressionName 或 PrimaryNoNewArray；index 表示 ArrayAccess 文法产生式中的 Expression，也就是获取数组元素时指定的下标值。

8. ArrayCreationExpression文法

ArrayCreationExpression 的文法如下：

```
ArrayCreationExpression:
    new PrimitiveType DimExprs Dims_opt
    new ClassOrInterfaceType DimExprs Dims_opt
    new PrimitiveType Dims ArrayInitializer
    new ClassOrInterfaceType Dims ArrayInitializer
DimExprs:
    DimExpr
    DimExprs DimExpr
DimExpr:
    [ Expression ]
Dims:
    [ ]
    Dims [ ]
```

ArrayCreationExpression 使用 JCNewArray 类来表示，类及重要变量的定义如下：

```
来源：com.sun.tools.javac.tree.JCNewArray
public static class JCNewArray extends JCExpression implements NewArrayTree {
    public JCExpression elemtype;
    public List<JCExpression> dims;
    public List<JCExpression> elems;
    ...
}
```

其中，elemtype 保存数组元素的类型，由文法产生式可知，可能为 PrimitiveType 或 ClassOrInterfaceType；dims 保存每个维度的大小；elems 表示初始化部分，因为数组在创建时是可以进行初始化的。举例如下：

【实例 4-8】

```
int[][] a = new int[2][4];
int[] b = new int[] { 1, 2 };
```

对于变量 a 的初始化部分来说，elemtype 用 JCPrimitiveType 对象表示 int 类型，dims 中按顺序保存了两个 JCLiteral 对象，分别表示常量 2 与 4；对于变量 b 的初始化部分来说，elems 中有两个 JCLiteral 对象，分别表示 1 和 2。

4.3.2 含运算符的表达式

Java 语言的运算符除分隔符外可分为一元运算符、二元运算符和三元运算符，对于一元运算符来说，含有强制类型转换符的表达式使用 JCTypeCast 类来表示，除强制类型转换符外，所有含有一元运算符的表达式使用 JCUnary 来表示；含二元运算符的表达式使用 JCBinary、JCAssign、JCAssignOp 和 JCInstanceOf 类来表示；含三元运算符的表达式使用 JCConditional 类来表示。

1. 一元表达式

含有一元运算符的表达式称为一元表达式，一元表达式只含有一个操作数，一元表达式的文法如下：

```
UnaryExpression:
    PreIncrementExpression
    PreDecrementExpression
    + UnaryExpression
    - UnaryExpression
    UnaryExpressionNotPlusMinus
PreIncrementExpression:
    ++ UnaryExpression
PreDecrementExpression:
    -- UnaryExpression
UnaryExpressionNotPlusMinus:
    PostfixExpression
    ~ UnaryExpression
```

```
    ! UnaryExpression
    CastExpression
PostfixExpression:
    Primary
    ExpressionName
    PostIncrementExpression
    PostDecrementExpression
PostIncrementExpression:
    PostfixExpression ++
PostDecrementExpression:
    PostfixExpression --
```

其中，文法中的 Primary 表示基本表达式，在 4.3.1 节已经详细介绍过。ExpressionName 的文法如下：

```
ExpressionName:
    Identifier
    AmbiguousName . Identifier
AmbiguousName:
    Identifier
    AmbiguousName . Identifier
```

无论是 Primary 还是 ExpressionName，都使用了分隔符，这些分隔符的优先级是最高的。

一元运算符有++_、--_、+、-、_++、_--、~、!与强制类型转换符，其中“+”符号与“-”符号既可能是一元运算符，也可能是二元运算符。如果含有“+”与“-”符号的表达式只含有一个操作数，则表示正负号；如果表达式含有 2 个操作数，则表示加减号。除去强制类型转换表达式外，其他含一元运算符的表达式使用 JCUnary 类来表示，这个类及重要变量的定义如下：

```
来源：com.sun.tools.javac.tree.JCUnary
public static class JCUnary extends JCExpression implements UnaryTree {
    private int opcode;
    public JCExpression arg;
    ...
}
```

opcode 的值表示不同的一元运算符，允许的取值已经在 JCTree 类中预先进行了定义，如常量 POS 表示正号“+”，其值为 48；arg 保存一元运算符的操作数，可以是表达式类型。

强制类型转换表达式的文法如下：

```
CastExpression:
    ( PrimitiveType ) UnaryExpression
    ( ReferenceType ) UnaryExpressionNotPlusMinus
```

PrimitiveType 与 ReferenceType 分别表示基本类型和引用类型，后面将会介绍。强制类型转换表达式通过 JCTypeCast 类来表示，这个类及重要变量的定义如下：

```
来源：com.sun.tools.javac.tree.JCTypeCast
public static class JCTypeCast extends JCExpression implements TypeCastTree {
    public JCTree clazz;
```

```
    public JCExpression expr;
    ...
}
```

其中，clazz 表示文法产生式中的 PrimitiveType 或 ReferenceType，所以具体类型可能为表示基本类型的 JCPrimitiveTypeTree，或表示引用类型的 JCTypeApply、JCIdent 或 JCFieldAccess。

2. 二元表达式

含有二元运算符的表达式称为二元表达式。二元运算符有很多，下面分为 3 类进行介绍。

（1）普通运算符

普通运算符指除赋值运算符和 instanceof 运算符之外的二元运算符，如除法运算符“/”。含普通运算符的表达式文法如下：

```
MultiplicativeExpression:
   UnaryExpression
   MultiplicativeExpression * UnaryExpression
   MultiplicativeExpression / UnaryExpression
   MultiplicativeExpression % UnaryExpression
AdditiveExpression:
   MultiplicativeExpression
   AdditiveExpression + MultiplicativeExpression
   AdditiveExpression - MultiplicativeExpression
ShiftExpression:
   AdditiveExpression
   ShiftExpression << AdditiveExpression
   ShiftExpression >> AdditiveExpression
   ShiftExpression >>> AdditiveExpression
RelationalExpression:
   ShiftExpression
   RelationalExpression < ShiftExpression
   RelationalExpression > ShiftExpression
   RelationalExpression <= ShiftExpression
   RelationalExpression >= ShiftExpression
   RelationalExpression instanceof ReferenceType
EqualityExpression:
   RelationalExpression
   EqualityExpression == RelationalExpression
   EqualityExpression != RelationalExpression
AndExpression:
   EqualityExpression
   AndExpression & EqualityExpression
ExclusiveOrExpression:
   AndExpression
   ExclusiveOrExpression ^ AndExpression
InclusiveOrExpression:
   ExclusiveOrExpression
   InclusiveOrExpression | ExclusiveOrExpression
ConditionalAndExpression:
   InclusiveOrExpression
```

```
    ConditionalAndExpression && InclusiveOrExpression
ConditionalOrExpression:
    ConditionalAndExpression
    ConditionalOrExpression || ConditionalAndExpression
```

含普通运算符的表达式通过 JCBinary 类来表示，该类及重要变量的定义如下：

```
来源：com.sun.tools.javac.tree.JCBinary
public static class JCBinary extends JCExpression implements BinaryTree {
    private int opcode;
    public JCExpression lhs;
    public JCExpression rhs;
    ...
}
```

opcode 的值表示不同的二元运算符，这些值已经在 JCTree 类中预先进行了定义，如常量 DIV 就表示除法运算符“/”，其值为 74。

（2）赋值运算符

含赋值运算符表达式的文法如下：

```
AssignmentExpression:
    Assignment
Assignment:
    LeftHandSide AssignmentOperator AssignmentExpression
LeftHandSide:
    ExpressionName
    FieldAccess
    ArrayAccess
AssignmentOperator: one of
    = *= /= %= += -= <<= >>= >>>= &= ^= |=
```

其中，赋值运算符中最简单也是最常用的运算符就是“=”运算符。含有“=”运算符的表达式通过 JCAssign 类来表示。JCAssign 类及重要变量定义如下：

```
来源：com.sun.tools.javac.tree.JCAssign
public static class JCAssign extends JCExpression implements AssignmentTree {
    public JCExpression lhs;
    public JCExpression rhs;
    ...
}
```

其中，lhs 与 rhs 分别保存赋值运算符“=”左侧和右侧的操作数，都可以是表达式。除了“=”运算符以外，其他的复合赋值运算符都通过 JCAssignOp 类来表示。JCAssignOp 类及重要变量的定义如下：

```
来源：com.sun.tools.javac.tree.JCAssignOp
public static class JCAssignOp extends JCExpression implements Compound
AssignmentTree {
    private int opcode;
    public JCExpression lhs;
    public JCExpression rhs;
    ...
}
```

其中，opcode 的值表示不同的复合赋值运算符，这些值已经在 JCTree 类中预先进行了定义；lhs 与 rhs 分别保存复合赋值运算符左侧和右侧的操作数，都可以是表达式。

（3）instanceof 运算符

instanceof 运算符用来在运行时指出对象是否是特定类型的一个实例。含有 instanceof 运算符的表达式通过 JCInstanceOf 类来表示，这个类及重要变量的定义如下：

```
来源：com.sun.tools.javac.tree.JCInstanceOf
public static class JCInstanceOf extends JCExpression implements InstanceOfTree {
    public JCExpression expr;
    public JCTree clazz;
    ...
}
```

其中，expr 保存 instanceof 运算符左侧的操作数，可以是表达式；clazz 保存 instanceof 运算符右侧的操作数，表示的一定是一个引用类型，所以具体的类型可能是 JCIdent 或 JCFieldAccess。

3．三元表达式

含有三元运算符的表达式称为三元表达式。三元表达式的文法如下：

```
AssignmentExpression:
    ConditionalExpression
ConditionalExpression:
    ConditionalOrExpression
    ConditionalOrExpression ? Expression : ConditionalExpression
```

通过文法可知，Java 将含有三元运算符的表达式也归为赋值表达式，三元表达式通过 JCConditional 来表示，类及重要变量的定义如下：

```
来源：com.sun.tools.javac.tree.JCConditional
public static class JCConditional extends JCExpression implements
ConditionalExpressionTree {
    public JCExpression cond;
    public JCExpression truepart;
    public JCExpression falsepart;
    ...
}
```

cond 保存条件判断表达式，而 truepart 与 falsepart 分别保存条件判断表达式为真时执行的表达式和为假时执行的表达式。

至此，我们就介绍完了 Java 语言中所有的运算符。下面简单介绍一下这些运算符的优先级及结合性，如表 4-1 所示。

表 4-1　Java运算符的优先级及结合性

描　述	运　算　符	结　合　性
分隔符	. () [] {} , ;	从左到右

（续）

<table>
<tr><th>描　述</th><th>运　算　符</th><th>结　合　性</th></tr>
<tr><td>一元运算符</td><td>+ - ++ -- ~ ! (Type)</td><td>从右到左</td></tr>
<tr><td>乘法、除法和求余</td><td>* / %</td><td>从左到右</td></tr>
<tr><td>加法和减法</td><td>+ -</td><td>从左到右</td></tr>
<tr><td>移位运算符</td><td><< >> >>></td><td>从左到右</td></tr>
<tr><td>关系运算符</td><td>> >= < <= instanceof</td><td>从左到右</td></tr>
<tr><td>比较运算符</td><td>== !=</td><td>从左到右</td></tr>
<tr><td>按位与</td><td>&</td><td>从左到右</td></tr>
<tr><td>按位异或</td><td>^</td><td>从左到右</td></tr>
<tr><td>按位或</td><td>|</td><td>从左到右</td></tr>
<tr><td>条件与</td><td>&&</td><td>从左到右</td></tr>
<tr><td>条件或</td><td>||</td><td>从左到右</td></tr>
<tr><td>三元运算符</td><td>?:</td><td>从右到左</td></tr>
<tr><td>赋值运算符</td><td>= += -= *= /= %= &= |= <<= >>= >>>= ^=</td><td>从右到左</td></tr>
</table>

表格中的运算符，从上到下优先级逐渐降低，所以分隔符有最高的优先级，而赋值运算符的优先级最低。对于所有运算符来说，除分隔符、一元运算符和三元运算符外，剩下的都是二元运算符。

对于表达式的优先级来说，在所有无括号的表达式里，即使仅包括两个运算符，首先进行计算的运算符要比其他运算符具有较高的优先级。例如，1+2*3 这个表达式中，乘法运算符要比加法运算符优先级高，所以这个表达式相当于 1+(2*3)。

表达式的结合性决定了具有相同优先级的运算符按照从左到右还是从右到左的顺序运算。例如，1-2+3 这个运算表达式，加法和减法运算符处在同一个优先级，但是它们具有左结合性，所以表达式也就相当于(1-2)+3。

运算符的优先级可以从文法中得出，优先级是由从开始符到运算符的最短推导长度决定，例如可以很直观看出二元运算符的*、/、%的推导长度要比+与-短，所以优先级要高。如果是同一个优先级则看结合性，而优先级与结合性最终也都可以体现到语法树上，例如，如下表达式：

【实例 4-9】

```
1+2*3-4
```

表达式最终的抽象语法树如图 4-4 所示。

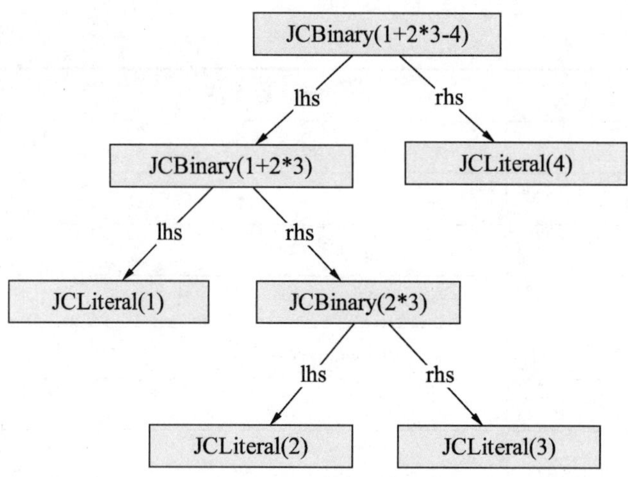

图 4-4　表达式的抽象语法树

优先级及结合性可以唯一确定一棵抽象语法树。在第 5 章将着重讲解 Javac 是如何在创建抽象语法树的过程中考虑含有运算符表达式的优先级及结合性的。

4.3.3　类型相关表达式

Java 语言中将所有类型分为基本类型和引用类型两种，下面分别介绍它们的文法及相关的实现类。

1. 基本类型

基本类型的文法如下：

```
PrimitiveType:
    NumericType
    boolean
NumericType:
    IntegralType
    FloatingPointType
IntegralType: one of
    byte short int long char
FloatingPointType: one of
    float double
```

Javac 使用 JCPrimitiveTypeTree 类来表示基本类型，类及重要变量的定义如下：

```
来源：com.sun.tools.javac.tree.JCPrimitiveTypeTree
public static class JCPrimitiveTypeTree extends JCExpression implements PrimitiveTypeTree {
    public int typetag;
    ...
}
```

其中，typetag 的值在 TypeTags 类中预先进行了定义，不同的基本类型通过不同的值来区分。

2. 引用类型

引用类型的文法如下：

```
ReferenceType:
    ClassOrInterfaceType
    TypeVariable
    ArrayType
ClassOrInterfaceType:
    ClassType
    InterfaceType
ClassType:
    TypeDeclSpecifier TypeArguments_opt
InterfaceType:
    TypeDeclSpecifier TypeArguments_opt
TypeDeclSpecifier:
    TypeName
    ClassOrInterfaceType . Identifier
TypeName:
    Identifier
    TypeName . Identifier
TypeVariable:
    Identifier
ArrayType:
    Type [ ]
```

其中，ClassOrInterfaceType 表示类或接口类型，Javac 中有多个类可以表示。举个例子，如声明一个变量的类型为 List，则用 JCIdent 对象来表示 List 类；如果声明为 java.lang.List，则用 JCFieldAccess 对象来表示；如果声明为 List<String>，则使用 JCTypeApply 对象来表示，其中的 String 类型就是为参数化类型 List<String>传递的实际类型参数。实际类型参数的文法如下：

```
TypeArguments:
    < TypeArgumentList >
TypeArgumentList:
    TypeArgument
    TypeArgumentList , TypeArgument
TypeArgument:
    ReferenceType
    Wildcard
Wildcard:
    ? WildcardBounds_opt
WildcardBounds:
    extends ReferenceType
    super ReferenceType
```

参数化类型使用 JCTypeApply 类来表示，这个类及重要变量的定义如下：

```
来源：com.sun.tools.javac.tree.JCTypeApply
public static class JCTypeApply extends JCExpression implements Parameterized
```

```
    TypeTree {
        public JCExpression clazz;
        public List<JCExpression> arguments;
        ...
    }
```

其中，JCTypeApply 表示参数化类型，clazz 的具体类型可能为 JCIdent 或 JCFieldAccess，而多个实际类型参数保存到 arguments 列表中。举个例子，Javac 中 List 类的定义如下：

```
来源：com.sun.tools.javac.util.List
public class List<A> extends AbstractCollection<A> implements java.util.
List<A> {
    public List<A> tail;
...
}
```

其中，父类 AbstractCollection<A>与实现接口 java.util.List<A>都是参数化类型，通过 JCTypeApply 对象来表示，而当前定义的类 List<A>并不是参数化类型，通过 JCClassDecl 对象来表示。

由 TypeArgument 文法可知，TypeArgument 还可能是 Wildcard，也就是通配符类型，这个类型使用 JCWildcard 类来表示，类及重要变量的定义如下：

```
来源：com.sun.tools.javac.tree.JCWildcard
public static class JCWildcard extends JCExpression implements WildcardTree {
    public TypeBoundKind kind;
    public JCTree inner;
    ...
}
```

kind 是 TypeBoundKind 类型，可以保存通配符的类型；inner 保存通配符类型的上界或下界。TypeBoundKind 类的定义如下：

```
public static class TypeBoundKind extends JCTree {
    public BoundKind kind;
    ...
}
```

kind 值为 BoundKind 枚举常量，表示通配符的类型。BoundKind 枚举类的定义如下：

```
public enum BoundKind {
    EXTENDS("? extends "),
    SUPER("? super "),
    UNBOUND("?");
}
```

由此可知，通配符有上界通配符、下界通配符和无界通配符 3 种类型。

类型变量 TypeVariable 由 JCIdent 类来表示，JCIdent 类在之前已经介绍过。数组类型 ArrayType 由 JCArrayTypeTree 类来表示，这个类及重要变量的定义如下：

```
来源：com.sun.tools.javac.tree.JCArrayTypeTree
public static class JCArrayTypeTree extends JCExpression implements
ArrayTypeTree {
```

```
    public JCExpression elemtype;
    ...
}
```

其中，elemtype 保存组成数组的元素类型，如果当前是一个二维或多维数组，则 elemtype 也是一个 JCArrayTypeTree 对象。

另外，如果 try 语句含有 catch 语句时，在 catch 语句中可以声明异常参数，文法如下：

```
CatchFormalParameter:
    VariableModifiersopt CatchType VariableDeclaratorId
CatchType:
    ClassType
    ClassType | CatchType
```

异常参数使用 JCVariableDecl 类来表示，具体异常参数的类型通过 JCTypeUnion 类来表示，这个类及重要变量的定义如下：

```
来源：com.sun.tools.javac.tree.JCTypeUnion
public static class JCTypeUnion extends JCExpression implements Union
TypeTree {
    public List<JCExpression> alternatives;
    ...
}
```

由于异常参数的类型可能由多个 ClassType 组成，所以通过 alternatives 列表来保存。

4.3.4　注解表达式

注解的文法如下：

```
Annotation:
    NormalAnnotation
    MarkerAnnotation
    SingleElementAnnotation
NormalAnnotation:
    @ TypeName ( ElementValuePairsopt )
ElementValuePairs:
    ElementValuePair
    ElementValuePairs , ElementValuePair
ElementValuePair:
    Identifier = ElementValue
ElementValue:
    ConditionalExpression
    Annotation
    ElementValueArrayInitializer
ElementValueArrayInitializer:
    { ElementValuesopt ,opt }
ElementValues:
```

```
    ElementValue
    ElementValues , ElementValue
MarkerAnnotation:
    @ Identifier
SingleElementAnnotation:
    @ Identifier ( ElementValue )
```

注解通过 JCAnnotation 类来表示，类及重要变量的定义如下：

```
来源：com.sun.tools.javac.tree.JCAnnotation
public static class JCAnnotation extends JCExpression implements Annotation
Tree {
    public JCTree annotationType;
    public List<JCExpression> args;
    ...
}
```

其中，annotationType 保存注解的类型；args 保存多个注解参数，也就是文法中所描述的 ElementValuePair 或 ElementValue。

4.4 生成树节点

创建抽象语法树中的节点专门有个工厂类 TreeMaker，其实现了 JCTree.Factory 接口并实现了创建各个语法树节点的工厂方法。例如创建一个新的编译单元，也就是创建一个 JCCompilationUnit 对象的工厂方法如下：

```
来源：com.sun.tools.javac.tree.TreeMaker
public JCCompilationUnit TopLevel(List<JCAnnotation> packageAnnotations,
                                  JCExpression pid,
                                  List<JCTree> defs) {
    ...
    JCCompilationUnit tree = new JCCompilationUnit(packageAnnotations, pid,
defs,null, null, null, null);
    return tree;
}
```

可以看到，实现方法也非常简单，创建一个 JCCompilationUnit 对象并传递必要的参数即可。下面来举一个例子，通过调用工厂方法手动创建一棵抽象语法树，这棵抽象语法树可以看作是 Javac 分析实例 4-10 的 Java 源代码所建立的抽象语法树。

【实例 4-10】

```
package chapter4;

public class Test {
    public int a = 1;
}
```

实例 4-10 对应的抽象语法树如图 4-5 所示。

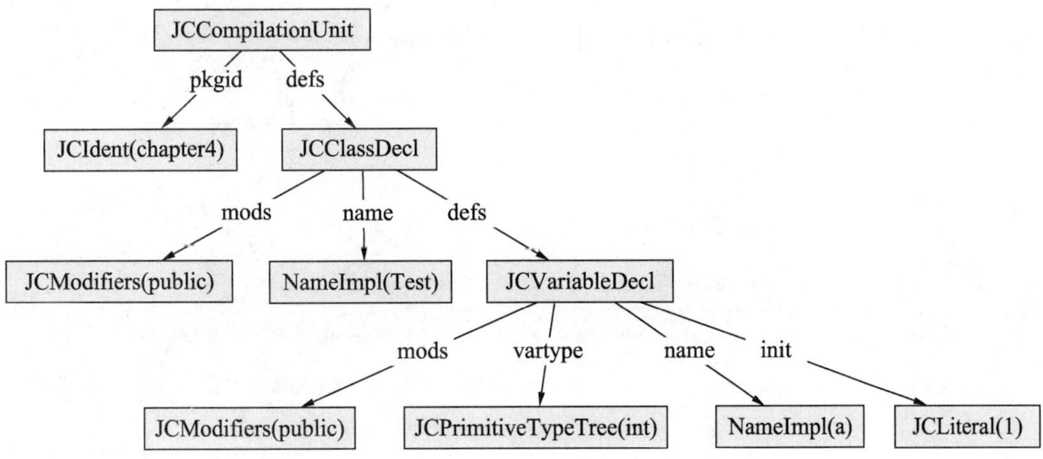

图 4-5　Java 源代码对应的抽象语法树

手动创建抽象语法树的过程如下：

【实例 4-10】（续）

```
package chapter4;

import com.sun.tools.javac.code.*;
import com.sun.tools.javac.file.JavacFileManager;
import com.sun.tools.javac.tree.JCTree;
import com.sun.tools.javac.tree.JCTree.*;
import com.sun.tools.javac.tree.TreeMaker;
import com.sun.tools.javac.util.*;

public class TestTreeMaker {

   static Names names;
   static TreeMaker F;

   public static void main(String[] args) {

      Context context = new Context();
      JavacFileManager.preRegister(context);
      F = TreeMaker.instance(context);
      names = Names.instance(context);

      // public int a = 1;
      JCModifiers mods = F.Modifiers(Flags.PUBLIC);
      JCPrimitiveTypeTree type = F.TypeIdent(TypeTags.INT);
      Name name = names.fromString("a");
      JCLiteral init = F.Literal(TypeTags.INT, "1");
      JCVariableDecl result = F.VarDef(mods, name, type, init);

      JCModifiers mods1 = F.Modifiers(Flags.PUBLIC);
      Name name1 = names.fromString("Test");
```

```
        ListBuffer<JCTree> defs = new ListBuffer<JCTree>();
        defs.append(result);

        List<JCTypeParameter> typarams = List.nil();
        List<JCExpression>  implementing= List.nil();
        JCClassDecl jcc = F.ClassDef(mods1, name1,typarams, null,implementing,
defs.toList());

        ListBuffer<JCTree> defsx = new ListBuffer<JCTree>();
        defsx.add(jcc);
        List<JCAnnotation> packageAnnotations = List.nil();

        JCIdent ifr = F.Ident(names.fromString("chapter4"));
        JCExpression pid = ifr;
        JCCompilationUnit toplevel = F.TopLevel(packageAnnotations, pid,
defsx.toList());

        System.out.println(toplevel.toString());

    }
}
```

最后得到 JCCompilationUnit 对象 toplevel 后打印，输出的 Java 源代码如实例 4-10 所示。在语法分析过程中，如果从 Token 流中分析出了语法树节点的各个变量值，就可以直接调用 TreeMaker 类中的工厂方法创建树节点，最终根据 Java 源代码创建出对应的抽象语法树了。

第 5 章　语法分析之建立抽象语法树

前几章讲解了将 Java 源文件转换为 Token 序列的过程，也介绍了表示抽象语法树各节点的实现类。那么如何根据 Token 序列分析出具体的树节点，并最终形成一棵抽象语法树是语法分析的重点任务，这也是本章要重点讲解的内容。

语法分析简单来说就是接收词法分析的 Token 序列，然后根据文法生成一棵抽象语法树。在具体的实现过程中，可以根据建立语法树的不同方式将语法分析的过程分为自顶向下分析和自底向上分析两大类。顾名思义，自顶向下的语法分析过程就是从树的根节点到叶节点的方向建立语法树；而自底向上的语法分析过程则从叶节点出发创建语法树。Javac 在具体的实现过程中，主要使用了自顶向下的 LL(1)分析法，而自底向上则采用了算符优先分析法。

采用 LL(1)分析法时，Javac 的语法分析程序将从左到右顺序获取 Token 序列，每次只获取一个 Token 对象，然后产生一个句子的最左推导。LL(1)分析法中的第一个 L 表示从左到右处理输入的 Token 对象；第二个 L 表示会产生一个最左推导，括号中的“1”表示每次只读取一个 Token 对象即可。

在上一章中我们通过工厂类 TreeMaker 创建出了抽象语法树节点，并最终组成了一棵完整的抽象语法树。这一章将重点介绍 Javac 如何根据 Token 序列来获取语法树节点信息，并最终转换为一棵完整的抽象语法树，涉及的主要实现类为 com.sun.tools.javac.parser.JavacParser。

5.1　定义及声明的抽象语法树

在之前章节中使用的上下文无关文法有助于理解却不利于实现，因为文法有左递归并且没有提取左公因式。而自顶向下分析的一大缺点就是不能处理具有左递归的文法。

在 JSL 的第 18 章又给出了另外一种文法，为了读者查阅方便，本书将完整的文法内容放到了附录 B 中。这种文法并不是严格意义上的 LL(1)文法，虽然文法还有左公因式，但是已经没有了左递归。Javac 在实现时如果读取一个 Token 对象无法确定对应的文法产生式时，还可以继续读取下一个 Token 对象，直到确定为止，因此这种文法有利于程序实现。

JSL 的第 18 章给出的文法采用了 BNF 风格的写法，对这种写法的说明如下：

- [x] 表示 x 可以出现 0 次或者一次；
- {x} 表示 x 可以出现 0 次或者多次；
- (x | y) 表示可以出现 x 或者 y。

本章给出的所有文法都采用 BNF 风格的写法。

编译单元的文法如下：

```
CompilationUnit:
   [[Annotations] package QualifiedIdentifier ;] {ImportDeclaration}
{TypeDeclaration}
```

首先是可能出现 0 次或 1 次的包名，然后是可以出现 0 次或多次的 ImportDeclaration 和 TypeDeclaration。不过，所有的 ImportDeclaration 需要在 TypeDeclaration 之前，包声明之后（如果有包声明的话）。

JavacParser 类的 parseCompilationUnit()方法分析编译单元，主要实现代码如下：

```
来源：com.sun.tools.javac.parser.JavacParser
JCExpression pid = null;
JCModifiers mods = null;
List<JCAnnotation> packageAnnotations = List.nil();
if (S.token() == MONKEYS_AT)                 // 解析包上注解
   mods = modifiersOpt();

if (S.token() == PACKAGE) {                  // 解析包
   if (mods != null) {
      packageAnnotations = mods.annotations;
      mods = null;
   }
   S.nextToken();
   pid = qualident();                        // 解析包名
   accept(SEMI);
}
```

根据文法进行实现时，主要关注的就是终结符的出现，因为终结符的出现能确定一些特定的结构，而每个 Token 对象都是终结符，所以如果有 Token(name=@)（表示 name 为“@”的 Token 对象）出现，则确定是包上的注解，Java 语言允许在 package-info.java 文件中为包名添加注解。

具体 Annotation 的文法如下：

```
Annotation:
   @ QualifiedIdentifier [ ( [AnnotationElement] ) ]
```

由文法可知，如果出现 Token(name=@)，则调用 modifiersOpt()方法读取注解，这个方法不但能读取注解，而且还能读取所有的修饰符，如类上的修饰符，最后返回一个 JCModifiers 对象；如果出现 Token(name=package)，则调用 S.nextToken()方法继续读取下一个 Token 对象，然后调用 qualident()方法分析 QualifiedIdentifier。QualifiedIdentifier 的文法如下：

```
QualifiedIdentifier:
   Identifier { . Identifier }
```

qualident()方法的实现代码如下：

```
来源：com.sun.tools.javac.parser.JavacParser
public JCExpression qualident() {
    JCExpression t = F.Ident(ident());
    while (S.token() == DOT) {
        S.nextToken();
        t = F.Select(t, ident());
    }
    return t;
}
```

qualident()方法删除了记录字符位置相关的代码，这些代码在编译出现错误时，能够提示代码编写者具体错误的位置，但为了能直观地说明语法分析的重点，本书会省略这些具体的实现。

调用 ident()方法处理 Identifier，这个方法的实现如下：

```
来源：com.sun.tools.javac.parser.JavacParser
Name ident() {
    if (S.token() == IDENTIFIER) {
        Name name = S.name();
        S.nextToken();
        return name;
    }
    ...
}
```

parseCompilationUnit()方法最后调用 accept()方法处理 SEMI，也就是包声明后的分号，这样包声明就处理完了。接着处理 ImportDeclaration 和 TypeDeclaration，由于这两个结构都可以出现 0 次或多次，因而在 parseCompilationUnit()方法中需要循环多次进行处理，具体实现代码如下：

```
来源：com.sun.tools.javac.parser.JavacParser
ListBuffer<JCTree> defs = new ListBuffer<JCTree>();
boolean checkForImports = true;
while (S.token() != EOF) {
    ...
    if (checkForImports && mods == null && S.token() == IMPORT) {
        defs.append(importDeclaration());            // 解析导入声明
    } else {
        JCTree def = typeDeclaration(mods);          // 解析类型声明
        ...
        if (def instanceof JCExpressionStatement)
            def = ((JCExpressionStatement)def).expr;
        defs.append(def);
        if (def instanceof JCClassDecl)
            checkForImports = false;
        mods = null;
    }
}
JCTree.JCCompilationUnit toplevel = F.TopLevel(packageAnnotations, pid,
defs.toList());
```

循环读取 Token 序列中的所有 Token 对象，直到读取到 EOF 为止。在循环过程中要对 ImportDeclartion 与 TypeDeclaration 进行处理。其中，调用 importDeclaration()方法对 ImportDeclaration 进行处理；调用 typeDeclaration()方法对 TypeDeclaration 进行处理。

分析完包声明、ImportDeclaration 与 TypeDeclaration 后就可以创建一个编译单元了。调用 F.topLevel()工厂方法创建一个 JCCompilationUnit 对象 toplevel，这就是抽象语法树的根节点。

首先来看看 ImportDeclaration，文法如下：

```
ImportDeclaration:
   import [static] Identifier { . Identifier } [. *] ;
```

importDeclaration()方法的实现如下：

```
来源：com.sun.tools.javac.parser.JavacParser
JCTree importDeclaration() {
   S.nextToken();
   boolean importStatic = false;
   if (S.token() == STATIC) {            // 解析静态导入声明
      importStatic = true;
      S.nextToken();
   }
   JCExpression pid = F.Ident(ident());
   do {
      accept(DOT);
      if (S.token() == STAR) {
         pid = F.Select(pid, names.asterisk);
         S.nextToken();
         break;
      } else {
         pid = F.Select(pid, ident());
      }
   } while (S.token() == DOT);
   accept(SEMI);
   return F.Import(pid, importStatic);
}
```

importDeclaration()方法按照文法来分析，实现也很简单，不再过多解释。

下面来看看 TypeDeclaration，文法如下：

```
TypeDeclaration:
   ClassOrInterfaceDeclaration
   ;
```

typeDeclaration()方法的实现代码如下：

```
来源：com.sun.tools.javac.parser.JavacParser
JCTree typeDeclaration(JCModifiers mods) {
   if (mods == null && S.token() == SEMI) {
      S.nextToken();
      return F.Skip())
   } else {
      // 解析类和接口
      return classOrInterfaceOrEnumDeclaration(modifiersOpt(mods), _);
```

```
    }
}
```

typeDeclaration()方法支持对类和接口定义的解析，由于枚举类是特殊的类，注解类是特殊的接口，因此这个方法也支持对枚举类和注解类的解析。

类或接口定义的文法如下：

```
ClassOrInterfaceDeclaration:
    {Modifier} (ClassDeclaration | InterfaceDeclaration)
ClassDeclaration:
    NormalClassDcclaration
    EnumDeclaration
InterfaceDeclaration:
    NormalInterfaceDeclaration
    AnnotationTypeDeclaration
```

classOrInterfaceOrEnumDeclaration()方法的实现代码如下：

```
来源：com.sun.tools.javac.parser.JavacParser
JCStatement classOrInterfaceOrEnumDeclaration(JCModifiers mods, _) {
    if (S.token() == CLASS) {                          // 解释类
        return classDeclaration(mods, _);
    } else if (S.token() == INTERFACE) {               // 解析接口及注解类
        return interfaceDeclaration(mods, _);
    } else if (allowEnums) {
        if (S.token() == ENUM) {                       // 解释枚举类
            return enumDeclaration(mods, _);
        }
        ...
    }
    ...
}
```

以上代码中，调用 classDeclaration()方法分析类；调用 interfaceDeclaration()方法分析接口及注解类；调用 enumDelcaration()方法分析枚举类。这几个方法的实现都类似。这里重点看一下 classDeclaration()方法的实现。首先介绍一下类的文法，如下：

```
NormalClassDeclaration:
    class Identifier [TypeParameters] [extends Type] [implements TypeList]
ClassBody
```

classDeclaration()方法的实现代码如下：

```
来源：com.sun.tools.javac.parser.JavacParser
JCClassDecl classDeclaration(JCModifiers mods,_) {
    accept(CLASS);
    Name name = ident();                               // 解析类名
    List<JCTypeParameter> typarams = typeParametersOpt();
                                                       // 解析形式类型参数

    JCExpression extending = null;
    if (S.token() == EXTENDS) {                        // 解析父类
        S.nextToken();
        extending = parseType();
```

```
    }
    List<JCExpression> implementing = List.nil();
    if (S.token() == IMPLEMENTS) {          // 解析实现接口
        S.nextToken();
        implementing = typeList();
    }
    // 解析类的body体
    List<JCTree> defs = classOrInterfaceBody(name, false);
    JCClassDecl result = F.ClassDef(mods, name, typarams, extending,
implementing, defs);
    return result;
}
```

以上代码中，调用 typeParametersOpt()方法分析 TypeParameters；调用 parseType()方法分析父类；调用 classOrInterfaceBody()方法分析 ClassBody。处理完类的各个部分后创建一个 JCClassDecl 对象并返回。

parseType()方法将在后面详细介绍，首先来分析 TypeParameters 的 typeParametersOpt()方法。TypeParameters 的文法如下：

```
TypeParameters:
    < TypeParameter { , TypeParameter } >
```

typeParametersOpt()方法的实现代码如下：

```
来源：com.sun.tools.javac.parser.JavacParser
List<JCTypeParameter> typeParametersOpt() {
    if (S.token() == LT) {
        checkGenerics();
        ListBuffer<JCTypeParameter> typarams = new ListBuffer<JCTypeParameter>();
        S.nextToken();
        typarams.append(typeParameter());
        // 循环对多个形式类型参数进行解释
        while (S.token() == COMMA) {
            S.nextToken();
            typarams.append(typeParameter());
        }
        accept(GT);
        return typarams.toList();
    } else {
        return List.nil();
    }
}
```

由于可能会有多个 TypeParameter，因此会循环调用 typeParameter()方法进行分析，最后返回 List<JCTypeParameter>对象。

typeParameter()方法处理 TypeParameter，TypeParameter 的文法如下：

```
TypeParameter:
    Identifier [extends Bound]
Bound:
    ReferenceType { & ReferenceType }
```

typeParameter()方法的实现代码如下：

```
来源：com.sun.tools.javac.parser.JavacParser
JCTypeParameter typeParameter() {
    Name name = ident();
    ListBuffer<JCExpression> bounds = new ListBuffer<JCExpression>();
    if (S.token() == EXTENDS) {                  // 解释类型参数中声明的上界
        S.nextToken();
        bounds.append(parseType());
        while (S.token() == AMP) {
            S.nextToken();
            bounds.append(parseType());
        }
    }
    return F.TypeParameter(name, bounds.toList());
}
```

以上代码中，调用 ident()方法分析 Identifier，调用 parseType()方法分析形式类型参数的上界，由于上界可能有多个，因此需要循环调用 parseType()方法进行分析。

下面继续看 classDeclaration()方法中对 ClassBody 的处理。调用 classOrInterfaceBody()方法分析类或接口的 ClassBody，ClassBody 的文法如下：

```
ClassBody:
    { { ClassBodyDeclaration } }
```

其中，最外层的花括号表示终结符，而内层的花括号则表示 ClassBodyDeclaration 可以出现 0 次或多次。classOrInterfaceBody()方法的实现代码如下：

```
来源：com.sun.tools.javac.parser.JavacParser
List<JCTree> classOrInterfaceBody(Name className, boolean isInterface) {
    accept(LBRACE);
    ...
    ListBuffer<JCTree> defs = new ListBuffer<JCTree>();
    while (S.token() != RBRACE && S.token() != EOF) {  // 解释类型的body体
        defs.appendList(classOrInterfaceBodyDeclaration(className, isInterface));
        ...
    }
    accept(RBRACE);
    return defs.toList();
}
```

由于 ClassBody 的处理与 InterfaceBody 的处理逻辑类似，因此在处理 InterfaceBody 时也会调用当前的方法，使用方法参数 isInterface 来区分处理的是 ClassBody 还是 InterfaceBody。调用 classOrInterfaceBodyDeclaration()方法对类或接口中的成员进行解析，ClassBodyDeclaration 的文法如下：

```
ClassBodyDeclaration:
    ;
    {Modifier} MemberDecl
    [static] Block
MemberDecl:
    MethodOrFieldDecl
    void Identifier VoidMethodDeclaratorRest
    Identifier ConstructorDeclaratorRest
    GenericMethodOrConstructorDecl
```

```
    ClassDeclaration
    InterfaceDeclaration
```

如表 5-1 所示列举了 ClassBodyDeclaration 文法的产生式中可能出现的首个 Token 对象，也就是终结符。

表 5-1　ClassBodyDeclaration产生式可能出现的首个Token对象

ClassBodyDeclaration产生式	Token对象
;	SEMI
{Modifier} MethodOrFieldDecl	BYTE、SHORT、CHAR、INT、LONG、FLOAT、DOUBLE、BOOLEAN、IDENTIFIER
{Modifier} void Identifier VoidMethodDeclaratorRest	VOID
{Modifier} GenericMethodOrConstructorDecl	LT、BYTE、SHORT、CHAR、INT、LONG、FLOAT、DOUBLE、BOOLEAN、VOID、IDENTIFIER
{Modifier} Identifier ConstructorDeclaratorRest	IDENTIFIER
{Modifier} InterfaceDeclaration	INTERFACE、MONKEYS_AT
{Modifier} ClassDeclaration	CLASS、ENUM
[static] Block	STATIC、LBRACE

除去第一行与最后一行的文法产生式，其他的产生式都含有{Modifier}可选部分，Modifier 的文法如下：

```
Modifier:
    Annotation
    public
    protected
    private
    static
    abstract
    final
    native
    synchronized
    transient
    volatile
    strictfp
Annotations:
    Annotation {Annotation}
Annotation:
    @ QualifiedIdentifier [ ( [AnnotationElement] ) ]
```

则对应产生式的首个 Token 对象还可能为 MONKEYS_AT、PUBLIC、PROTECTED、PRIVATE、STATIC、ABSTRACT、FINAL、NATIVE、SYNCHRONIZED、TRANSIENT、VOLATILE 与 STRICTFP，因此表 5-1 中除第一行与最后一行外，其他的都可能出现这些

Token 对象，但是为了查看方便，表中只简单列举了除{Modifier}以外可能出现的首个 Token 对象。例如，对于 MethodOrFieldDecl，其文法如下：

```
MethodOrFieldDecl:
   Type Identifier MethodOrFieldRest
Type:
   BasicType {[]}
   ReferenceType  {[]}
BasicType:
   byte
   short
   char
   int
   long
   float
   double
   boolean
ReferenceType:
   Identifier [TypeArguments] { . Identifier [TypeArguments] }
```

由文法可知，可能出现的首个 Token 对象为 BYTE、SHORT、CHAR、INT、LONG、FLOAT、DOUBLE、BOOLEAN 或 IDENTIFIER。

对于{Modifier} GenericMethodOrConstructorDecl 产生式来说，GenericMethodOrConstructorDecl 的文法如下：

```
GenericMethodOrConstructorDecl:
   TypeParameters GenericMethodOrConstructorRest
GenericMethodOrConstructorRest:
   (Type | void) Identifier MethodDeclaratorRest
   Identifier ConstructorDeclaratorRest
```

若不考虑 Modifier 时，结合如上文法可知，首个可能出现的 Token 对象为 LT、BYTE、SHORT、CHAR、INT、LONG、FLOAT、DOUBLE、BOOLEAN、VOID 与 IDENTIFIER。

另外，Modifier 是可选的，而 TypeParameters 在实现时会调用 typeParametersOpt()方法进行分析，这样如果不考虑这两个部分，则产生式就是 GenericMethodOrConstructorRest，而 GenericMethodOrConstructorRest 的文法产生式可能有 3 种，具体如下：

（1）当为产生式 Type Identifier MethodDeclaratorRest 时，与 MethodOrFieldDecl 的产生式相同，而 MethodOrFieldDecl 文法已经分析过，这里不再分析。

（2）当为产生式 void Identifier MethodDeclaratorRest 时，与 MemberDecl 文法中的产生式 void Identifier VoidMethodDeclaratorRest 类似，不需要再进行处理。

（3）当为产生式 Identifier ConstructorDeclaratorRest 时，MemberDecl 文法包含这个产生式，不需要再进行处理。

classOrInterfaceBodyDeclaration()方法的实现代码如下：

```
来源：com.sun.tools.javac.parser.JavacParser
List<JCTree> classOrInterfaceBodyDeclaration(Name className, boolean
isInterface) {
   if (S.token() == SEMI) {
```

```
        S.nextToken();
        return List.<JCTree>nil();
    } else {
        JCModifiers mods = modifiersOpt();
        if (S.token() == CLASS ||
            S.token() == INTERFACE ||
            allowEnums && S.token() == ENUM) {   // 解释成员类型
            return List.<JCTree>of(classOrInterfaceOrEnumDeclaration(mods, dc));
        } else if (S.token() == LBRACE &&
                !isInterface &&
                (mods.flags & Flags.StandardFlags & ~Flags.STATIC) == 0 &&
                mods.annotations.isEmpty()) {  // 解释匿名块
            return List.<JCTree>of(block(_, mods.flags));
        } else {                                // 解释成员变量或成员方法
            List<JCTypeParameter> typarams = typeParametersOpt();
            Name name = S.name();
            JCExpression type;
            boolean isVoid = S.token() == VOID;
            if (isVoid) {
                type = F.TypeIdent(TypeTags.VOID);
                S.nextToken();
            } else {
                type = parseType();
            }
            if (S.token() == LPAREN && !isInterface && type.getTag() ==
JCTree.IDENT) {
                return List.of(methodDeclaratorRest( _, mods, null, names.
init, typarams,isInterface, true, dc));
            } else {
                name = ident();
                if (S.token() == LPAREN) {
                    return List.of(methodDeclaratorRest(_, mods, type, name,
typarams,
                                        isInterface, isVoid, dc));
                } else if (!isVoid && typarams.isEmpty()) {
                    List<JCTree> defs = variableDeclaratorsRest(_, mods,
type, name, isInterface, dc,
                                        new ListBuffer<JCTree>()).toList();
                    accept(SEMI);
                    return defs;
                }
            }
        }
    }
}
```

对照表 5-1 很容易理解以上方法的实现逻辑，当 Token 对象为 SEMI 时直接返回空的列表，否则调用 modifiersOpt()方法处理可选的 Modifier 部分。Modifier 可能出现的首个 Token 对象在前面已经讨论过，modifiersOpt()方法主要根据首个可能出现的 Token 对象进行逻辑处理。

当首个 Token 对象为 CLASS、INTERFACE 或 ENUM 时，根据表 5-1 可知，处理如下文法产生式：

```
{Modifier} InterfaceDeclaration
{Modifier} ClassDeclaration
```

当产生式为第一个时，出现的首个 Token 对象还可能是 MONKEYS_AT，不过在调用上面的 classOrInterfaceBodyDeclaration()方法之前会调用 modifiersOpt()方法进行处理，因此 classOrInterfaceBodyDeclaration()方法中并不会处理。

当首个 Token 对象为 LBRACE 时，根据表 5-1 可知，处理的是如下产生式：

```
[static] Block
```

在处理时还对语法进行检查，如不能在接口中出现匿名块，匿名类前只能由 static 进行修饰。剩下的逻辑就是对剩余的产生式进行处理了，classOrInterfaceBodyDeclaration()方法调用 typeParametersOpt()方法以获取形式类型参数，因为有可能是泛型方法或泛型构造方法，只要判断首个 Token 是否为 LT 即可。

如果不考虑 Modifier 与 TypeParameter 时，根据表 5-1 可知，还需要处理如下产生式：

```
{Modifier} MethodOrFieldDecl
{Modifier} void Identifier VoidMethodDeclaratorRest
{Modifier} GenericMethodOrConstructorDecl
{Modifier} Identifier ConstructorDeclaratorRest
```

之前已经调用 modifiersOpt()方法处理了{Modifier}部分，因此不需要关注。MethodOrFieldDecl 文法已经介绍过，内容如下：

```
MethodOrFieldDecl:
    Type Identifier MethodOrFieldRest
```

而 GenericMethodOrConstructorDecl 文法也介绍过，如下：

```
GenericMethodOrConstructorDecl:
    TypeParameters GenericMethodOrConstructorRest
```

其中，TypeParameters 会调用 typeParametersOpt()方法进行分析，因此只关注 GenericMethodOrConstructorRest 即可，文法如下：

```
GenericMethodOrConstructorRest:
    (Type | void) Identifier MethodDeclaratorRest
    Identifier ConstructorDeclaratorRest
```

其实最终只需要处理如下产生式即可。

```
(Type | void) Identifier MethodOrFieldRest
Identifier ConstructorDeclaratorRest
```

首个出现的类型可能为 void 或 Type，如果为 Type，则调用 parseType()得到具体的类型。需要注意的是，如果处理的是第 2 个文法产生式，那么 Identifier 也表示类型调用 ident()方法分析 Identifier，调用 methodDeclaratorRest()或 variableDeclaratorsRest()方法分析 MethodOrFieldRest。下面看看 MethodOrFieldRest 的文法，内容如下：

```
MethodOrFieldRest:
    MethodDeclaratorRest
```

```
MethodDeclaratorRest:
    FormalParameters {[]} [throws QualifiedIdentifierList] (Block | ;)
```

methodDeclaratorRest()方法的实现代码如下：

```
来源：com.sun.tools.javac.parser.JavacParser
JCTree methodDeclaratorRest(_,JCModifiers mods,JCExpression type,Name name,
                    List<JCTypeParameter> typarams,boolean isInterface,
boolean isVoid,_) {
    List<JCVariableDecl> params = formalParameters();
                                        // 解析方法中的形式参数
    if (!isVoid) type = bracketsOpt(type);
    List<JCExpression> thrown = List.nil();
    if (S.token() == THROWS) {          // 解释方法抛出的异常
        S.nextToken();
        thrown = qualidentList();
    }
    JCBlock body = null;
    JCExpression defaultValue;
    if (S.token() == LBRACE) {          // 解释方法的 body 体
        body = block();
        defaultValue = null;
    } else {
        if (S.token() == DEFAULT) {
            accept(DEFAULT);
            defaultValue = annotationValue();
        } else {
            defaultValue = null;
        }
        accept(SEMI);
        if (S.token() == LBRACE) {      // 解释方法的 body 体
             body = block();
        }
    }

    JCMethodDecl result = F.MethodDef(mods, name, type, typarams,params,
thrown,body, defaultValue);
    return result;
}
```

以上代码中，调用 formalParameters()方法处理 FormalParameters 部分；调用 bracketsOpt()方法处理可选的括号部分；调用 qualidentList()方法处理异常抛出部分 QualifiedIdentifierList；调用 block()方法处理 Block。

5.2 语句的抽象语法树

大部分的语句都会被块所包含，而块中只包含一系列语句。块的文法如下：

```
Block:
    { BlockStatements }
```

块是由花括号和 BlockStatements 组成，调用 block()方法分析 Block，block()方法的实现代码如下：

```
来源：com.sun.tools.javac.parser.JavacParser
JCBlock block(_, long flags) {
    accept(LBRACE);
    List<JCStatement> stats = blockStatements();          // 解释块中的块语句
    JCBlock t = F.Block(flags, stats);
    ...
    accept(RBRACE);
    return t;
}
```

在之前介绍 methodDeclaratorRest()方法时提到过，调用 block()方法处理方法的 body 体部分，其实是调用另外一个重载的 block()方法，代码如下：

```
来源：com.sun.tools.javac.parser.JavacParser
public JCBlock block() {
    return block(_, 0);
}
```

以上代码中调用了第一个 block()方法进行了实现。第一个 block()方法调用 blockStatements()方法处理 BlockStatements，BlockStatements 的文法如下：

```
BlockStatements:
    { BlockStatement }
BlockStatement:
    LocalVariableDeclarationStatement
    ClassOrInterfaceDeclaration
    [Identifier :] Statement
```

JavacParser 类中的 blockStatements()方法处理 BlockStatement，由文法可知有 3 种结构的产生式需要处理，下面分别进行介绍。

1．LocalVariableDeclarationStatement文法

LocalVariableDeclarationStatement 的文法如下：

```
LocalVariableDeclarationStatement:
    { VariableModifier }  Type VariableDeclarators ;
```

由文法可知，首先出现的部分可能是 VariableModifier 或者 Type。当为 Type 时可能出现的首个 Token 对象为 BYTE、SHORT、CHAR、INT、LONG、FLOAT、DOUBLE、BOOLEAN 或 IDENTIFIER。如果为 VariableModifier 时，文法如下：

```
VariableModifier:
    final
    Annotation
```

当读取的 Token 对象为 FINAL 或者 MONKEYS_AT 时要兼容对 LocalVariableDeclaration-Statement 的处理。

2. ClassOrInterfaceDeclaration文法

ClassOrInterfaceDeclaration 在前面介绍过，文法如下：

```
ClassOrInterfaceDeclaration:
    {Modifier} (ClassDeclaration | InterfaceDeclaration)
```

如果 ClassOrInterfaceDeclaration 类或接口的声明有 Modifier 的话，那么 Token 对象可能为 FINAL 或者 MONKEYS_AT，还可能是 ABSTRACT、STRICTFP。由于是在块内声明类，因而能出现的修饰符有限。如果声明没有 Modifier 时，可能出现的 Token 对象为 INTERFACE 或 CLASS，不允许有 ENUM 出现，也就是不能声明一个本地枚举类。

3. [Identifier :] Statement文法

当出现 Identifier 时，Token 对象为 IDENTIFIER；当没有 Identifier 出现时，首先出现的 Token 对象主要看 Statement。Statement 的文法如下：

```
Statement:
    Block
    ;
    Identifier : Statement
    StatementExpression ;
    if ParExpression Statement [else Statement]
    assert Expression [: Expression] ;
    switch ParExpression "{" SwitchBlockStatementGroups "}"
    while ParExpression Statement
    do Statement while ParExpression ;
    for ( ForControl ) Statement
    break [Identifier] ;
    continue [Identifier] ;
    return [Expression] ;
    throw Expression ;
    synchronized ParExpression Block
    try Block (Catches | [Catches] Finally)
    try ResourceSpecification Block [Catches] [Finally]
```

表 5-2 列出了 Statement 的每个产生式可能出现的首个 Token 对象。

表 5-2　Statement产生式对应的首个Token对象

Statement文法产生式	Token对象
Block	LBRACE
;	SEMI
[Identifier :] Statement	IDENTIFIER、LBRACE、SEMI、IF、ASSERT、SWITCH、WHILE、DO、FOR、BREAK、CONTINUE、RETURN、THROW、SYNCHRONIZED、TRY

（续）

Statement文法产生式	Token对象
if ParExpression Statement [else Statement]	IF
assert Expression [: Expression] ;	ASSERT
switch ParExpression { SwitchBlockStatementGroups }	SWITCH
while ParExpression Statement	WHILE
do Statement while ParExpression ;	DO
for (ForControl) Statement	FOR
break [Identifier] ;	BREAK
continue [Identifier] ;	CONTINUE
return [Expression] ;	RETURN
throw Expression ;	THROW
synchronized ParExpression Block	SYNCHRONIZED
try Block (Catches | [Catches] Finally)	TRY
try ResourceSpecification Block [Catches] [Finally]	TRY

另外，Statement 文法产生式还可能是 StatementExpression，表 5-2 中并没有列出，在具体的处理时，如果根据当前的 Token 对象找不到对应的语句，那么就可能是表达式了，这时候需要调用 term()方法进行处理。term()方法将在表达式的处理时详细介绍。

我们对之前的 BlockStatement 文法产生式进行了详细解析，现在来看一下 blockStatements()方法的实现逻辑。blockStatements()方法可以对 0 个或多个 blockStatement 进行处理，具体实现代码如下：

```
来源：com.sun.tools.javac.parser.JavacParser
List<JCStatement> blockStatements() {
    ListBuffer<JCStatement> stats = new ListBuffer<JCStatement>();
    while (true) {
        switch (S.token()) {
        case RBRACE: case CASE: case DEFAULT: case EOF:
            return stats.toList();
        case LBRACE: case IF: case FOR: case WHILE: case DO: case TRY:
        case SWITCH: case SYNCHRONIZED: case RETURN: case THROW: case BREAK:
        case CONTINUE: case SEMI: case ELSE: case FINALLY: case CATCH:
            stats.append(parseStatement());
            break;
        case MONKEYS_AT:
        case FINAL: {
            JCModifiers mods = modifiersOpt();
            if (S.token() == INTERFACE || S.token() == CLASS ||
```

```
                allowEnums && S.token() == ENUM) {  // 解析块中的类型
                stats.append(classOrInterfaceOrEnumDeclaration(mods, _));
            } else {                                // 解释块中的变量
                JCExpression t = parseType();
                stats.appendList(variableDeclarators(mods, t,new
ListBuffer<JCStatement>()));
                accept(SEMI);
            }
            break;
        }
        case ABSTRACT: case STRICTFP: {             // 解析块中的类型
            JCModifiers mods = modifiersOpt();
            stats.append(classOrInterfaceOrEnumDeclaration(mods, _));
            break;
        }
        case INTERFACE:
        case CLASS:                                 // 解析块中的类型
            stats.append(classOrInterfaceOrEnumDeclaration(modifiersOpt(),_));
            break;
        case ENUM:
        case ASSERT:
            if (allowEnums && S.token() == ENUM) {  // 解析块中的枚举类型
                error(_, "local.enum");
                stats.append(classOrInterfaceOrEnumDeclaration(modifiersOpt(),_));
                break;
            } else if (allowAsserts && S.token() == ASSERT) {
                                                    // 解析块中的断言语句
                stats.append(parseStatement());
                break;
            }
        default:
            Name name = S.name();
            JCExpression t = term(EXPR | TYPE);
            if (S.token() == COLON && t.getTag() == JCTree.IDENT) {
                                                    // 解释有标记的语句
                S.nextToken();
                JCStatement stat = parseStatement();
                stats.append(F.Labelled(name, stat));
            } else if ((lastmode & TYPE) != 0 &&
(S.token() == IDENTIFIER || S.token() == ASSERT ||
S.token() == ENUM)) {                                         // 解释变量
                JCModifiers mods = F.Modifiers(0);
                stats.appendList(variableDeclarators(mods, t,
new ListBuffer<JCStatement>()));
                accept(SEMI);
            } else {                                // 解释语句
                stats.append(to(F.Exec(checkExprStat(t))));
                accept(SEMI);
            }
        }
        ...
    }
}
```

blockStatements()方法通过判断当前的 Token 对象来执行不同的处理逻辑。

当 Token 对象为 RBRACE、CASE、DEFAULT 与 EOF 时，则直接返回空的语句集合。由于 switch 语句的 case 或者 default 分支中也可以包含 BlockStatments，因而要调用 blockStatments()方法进行处理，但是这两个分支也可能为空。举个例子如下：

【实例 5-1】

```
public void test(int a) {
    switch (a) {
    case 1:
    case 2:
    default:
    }
}
```

很明显，第一个 case 语句的下一个 Token 对象为 CASE；第二个 case 语句的下一个 Token 对象为 DEFAULT；默认 default 分支的下一个 Token 为 RBRACE，blockStatments()方法对这样的情况都进行了兼容。

blockStatments()方法接着对语句进行处理，剩下的各个分支，包括默认分支会处理表 5-2 所示的所有可能出现的 Token 对象。除此之外还多处理了 Token 对象为 ELSE、FINALLY 与 CATCH 的情况，理论上这种情况不应该出现，只是为了更好地容错，例如源代码中写了一个只有 else 部分的语句。

当 Token 对象为 ABSTRACT、STRICTFP、INTERFACE 和 CLASS 时，调用 class-OrInterfaceOrEnumDeclaration()方法处理 ClassOrInterfaceDeclaration。

当 Token 对象为 MONKEYS_AT 或者 FINAL 时，可能为 ClassOrInterfaceDeclaration 或 LocalVariableDeclarationStatement，分别调用 classOrInterfaceOrEnumDeclaration()或 variableDeclarators()方法进行处理。

当 Token 对象为 ASSERT 与 ENUM 时要进行特殊处理，因为 assert 与 enum 关键字在 JDK 低版本中可以作为唯一标识符出现，也就是说它们并非 Java 关键字，而当 allowEnums 与 allowAsserts 的值为 true 时当关键字处理，其中 allowEnums 在 JDK 1.5 版本及之后默认值都为 true，而 allowAsserts 在 JDK 1.4 版本及之后的默认值都为 true。

对于 switch 语句的默认分支来说，处理了如下文法：

```
BlockStatement:
    localVariableDeclarationStatement
    [Identifier]:Statement
```

另外也会处理如下方法

```
Statement:
    StatementExpression:
```

默认分支中，首先调用 term()方法解析如上 3 个文法产生式，其中传入的参数 EXPR 与 TYPE 表示期望返回表达式或者类型，最终返回来的可能是 Identifier、StatementExpression 或者 Type，term()方法在处理表达式的各项中起着关键的作用，下一小节将详细介绍这个方法的实现。当返回 Identifier 时，对[Identifer:]Statement 进行判断并调用 parseStatement()方法对 Statement 进行解析；当返回为 Type 时，调用 variableDeclaration()方法对 LocalVariableDeclarationStatement 进行解析，由于 ASSERT 与 ENUM 在低版本的 JDK 中可以作为标识符出现，所以也需要对这种情况进行兼容；当返回为 StatementExpression 时，调用 checkExprStat()方法判断语句是否为一个合法的表达式语句，如果是，就调用 F.Exec()方法封装为表达式语句。

前面提到 parseStatment()方法，这个方法对 Statement 进行处理，实现代码比较多，但是逻辑很清晰。parseStatement()方法的主要实现代码如下：

```
来源：com.sun.tools.javac.parser.JavacParser
public JCStatement parseStatement() {
    switch (S.token()) {
    case LBRACE:                              // 解释块
        return block();
    case IF: {                                // 解释 if 语句
        S.nextToken();
        JCExpression cond = parExpression();
        JCStatement thenpart = parseStatement();
        JCStatement elsepart = null;
        if (S.token() == ELSE) {
            S.nextToken();
            elsepart = parseStatement();
        }
        return F.If(cond, thenpart, elsepart);
    }
    case FOR: {                               // 解释 for 语句
        S.nextToken();
        accept(LPAREN);
        List<JCStatement> inits = S.token() == SEMI ?
List.<JCStatement>nil() : forInit();
        if (inits.length() == 1 &&
            inits.head.getTag() == JCTree.VARDEF &&
            ((JCVariableDecl) inits.head).init == null &&
            S.token() == COLON) {
            checkForeach();
            JCVariableDecl var = (JCVariableDecl)inits.head;
            accept(COLON);
            JCExpression expr = parseExpression();
            accept(RPAREN);
            JCStatement body = parseStatement();
            return F.ForeachLoop(var, expr, body);
        } else {
            accept(SEMI);
            JCExpression cond = S.token() == SEMI ? null : parseExpression();
            accept(SEMI);
            List<JCExpressionStatement> steps =
S.token() == RPAREN ? List.<JCExpressionStatement>nil() : forUpdate();
            accept(RPAREN);
            JCStatement body = parseStatement();
            return F.ForLoop(inits, cond, steps, body);
        }
```

```
    }
    case WHILE: {                              // 解释 while 语句
        S.nextToken();
        JCExpression cond = parExpression();
        JCStatement body = parseStatement();
        return F.WhileLoop(cond, body);
    }
    case DO: {                                 // 解释 do-while 语句
        S.nextToken();
        JCStatement body = parseStatement();
        accept(WHILE);
        JCExpression cond = parExpression();
        JCDoWhileLoop t = F.DoLoop(body, cond);
        accept(SEMI);
        return t;
    }
    case TRY: {                                // 解释 try 语句
        S.nextToken();
        List<JCTree> resources = List.<JCTree>nil();
        if (S.token() == LPAREN) {
            checkTryWithResources();
            S.nextToken();
            resources = resources();
            accept(RPAREN);
        }
        JCBlock body = block();
        ListBuffer<JCCatch> catchers = new ListBuffer<JCCatch>();
        JCBlock finalizer = null;
        if (S.token() == CATCH || S.token() == FINALLY) {
            while (S.token() == CATCH) catchers.append(catchClause());
            if (S.token() == FINALLY) {
                S.nextToken();
                finalizer = block();
            }
        }
        ...
        return F.Try(resources, body, catchers.toList(), finalizer);
    }
    case SWITCH: {                             // 解释 switch 语句
        S.nextToken();
        JCExpression selector = parExpression();
        accept(LBRACE);
        List<JCCase> cases = switchBlockStatementGroups();
        JCSwitch t = F.Switch(selector, cases);
        accept(RBRACE);
        return t;
    }
    case SYNCHRONIZED: {                       // 解释同步块
        S.nextToken();
        JCExpression lock = parExpression();
        JCBlock body = block();
        return F.Synchronized(lock, body);
    }
    case RETURN: {                             // 解释 return 语句
```

```
        S.nextToken();
        JCExpression result = S.token() == SEMI ? null : parseExpression();
        JCReturn t = F.Return(result);
        accept(SEMI);
        return t;
    }
    case THROW: {                               // 解释 throw 语句
        S.nextToken();
        JCExpression exc = parseExpression();
        JCThrow t = F.Throw(exc);
        accept(SEMI);
        return t;
    }
    case BREAK: {                               // 解释 break 语句
        S.nextToken();
        Name label = (S.token() == IDENTIFIER || S.token() == ASSERT ||
  S.token() == ENUM) ? ident() : null;
        JCBreak t = F.Break(label);
        accept(SEMI);
        return t;
    }
    case CONTINUE: {                            // 解释 continue 语句
        S.nextToken();
        Name label = (S.token() == IDENTIFIER || S.token() == ASSERT ||
  S.token() == ENUM) ? ident() : null;
        JCContinue t = F.Continue(label);
        accept(SEMI);
        return t;
    }
    case SEMI:                                  // 解释仅有一个分号的语句
        S.nextToken();
        return F.Skip();
    // 如下 3 个 case 分支对错误进行兼容处理
    case ELSE:
        return F.Exec(syntaxError("else.without.if"));
    case FINALLY:
        return F.Exec(syntaxError("finally.without.try"));
    case CATCH:
        return F.Exec(syntaxError("catch.without.try"));
    case ASSERT: {                              // 解释 assert 语句
        if (allowAsserts && S.token() == ASSERT) {
            S.nextToken();
            JCExpression assertion = parseExpression();
            JCExpression message = null;
            if (S.token() == COLON) {
                S.nextToken();
                message = parseExpression();
            }
            JCAssert t = F.Assert(assertion, message);
            accept(SEMI);
            return t;
        }
        /* else fall through to default case */
    }
```

```
    case ENUM:
    default:                            // 解释剩下可能出现的语句，如含有标记的语句等
        Name name = S.name();
        JCExpression expr = parseExpression();
        if (S.token() == COLON && expr.getTag() == JCTree.IDENT) {
            S.nextToken();
            JCStatement stat = parseStatement();
            return F.Labelled(name, stat);
        } else {
            JCExpressionStatement stat = F.Exec(checkExprStat(expr));
            accept(SEMI);
            return stat;
        }
    }
}
```

只有 blockStatements()方法才会调用 parseStatement()方法，因此在分析 BlockStatement 时，首先在 blockStatements()方法中处理，之后调用 parseStatement()方法辅助处理。例如，当 Token 对象为 ASSERT 或 ENUM 时，在 blockStatements()方法中已经处理了 ENUM 为关键字时的情况，因此在 parseStatement()方法中就只处理 ENUM 为唯一标识符时的情况即可。

当前方法的 switch 语句默认分支的处理逻辑与 blockStatements()方法相近，因为有些逻辑可能在之前没有处理完成，例如：

【实例 5-2】

```
public void test(boolean res) {
    a: b: if (res) { }
}
```

在 blockStatements()方法中只会处理第一个标识符 a，而剩余的部分仍然可能为 Identifier:Statement，因此需要继续判断当前 Token 对象是否为 COLON，如果是，则递归调用 parseStatement()方法进行处理。默认分支中也会对 StatementExpression 进行处理。例如，当 ENUM 为唯一标识符时，很可能就是 StatementExpression 的一部分。

当 Token 对象为 ELSE、FINALLY 与 CATCH 时，直接报错，主要是为了更好地容错，例如出现了只含 else 部分的 if 语句，只含 finally 部分的 try 语句，只含 catch 部分的 try 语句。

5.3　表达式的抽象语法树

表达式的解析也是语法分析的一大重点，与语句及定义和声明的解析比起来也相对复杂，主要是由于表达式中含有运算符，在分析的过程中需要考虑表达式中的优先级及结合性。在第 4 章中讲到过表达式的优先级及结合性，根据优先级及结合性才能确定唯一的抽

象语法树，因此 Javac 在解析表达式过程中，要考虑表达式的优先级及结合性。

在 Javac 中，赋值表达式调用 term()方法进行处理；三元表达式调用 term1()方法进行处理；二元表达式调用 term2()方法进行处理，该方法在实现时使用了算符优先分析法处理二元运算符的优先级；基本表达式和含有一元运算符的表达式调用 term3()方法进行处理。

在介绍 term()、term1()、term2()与 term3()方法之前，首先介绍 JavacParser 类中的两个成员变量，具体定义如下：

```
来源：com.sun.tools.javac.parser.JavacParser
int mode = 0;
int lastmode = 0;
```

其中，mode 保存了在解析当前项时的期望，而 lastmode 保存了上一次被解析的项的期望，这两个变量的取值在 JavacParser 类中已经预先进行了如下定义：

```
来源：com.sun.tools.javac.parser.JavacParser
static final int EXPR = 0x1;
static final int TYPE = 0x2;
static final int NOPARAMS = 0x4;
static final int TYPEARG = 0x8;
static final int DIAMOND = 0x10;
```

其中，EXPR 表示表达式；TYPE 表示类型；NOPARAMS 表示允许类型不传递实际类型参数；TYPEARG 表示为类型传递了实际类型参数；DIAMOND 用来辅助解释钻石语法。

在进行具体结构的解释时，以上变量既可以表示对接下来分析结构的期望，也可以表示结构分析完成后的实际类型。例如，一个变量声明的类型为 List<String>，在分析变量的类型时，mode 值为 TYPE，当分析完成后确定分析出的项为 TYPE 时，还会将 mode 值更新为 TYPE。以上变量还可以组合使用，当 mode 值为 TYPE|NOPARAMS 时，分析 List<String>只会返回 List。

5.3.1 基本表达式

含有运算符表达式的操作数不仅可以是字面量，还可以是更复杂的表达式，而这些表达式最终都是由基本表达式组成，这些基本表达式的解析主要在 term3()方法中完成。另外，term3()方法还会解析一元表达式，相关表达式的文法如下：

```
Expression3:
    PrefixOp Expression3
    ( (Expression | Type) ) Expression3
    Primary { Selector } { PostfixOp }
PrefixOp:
    ++
    --
    !
    ~
```

```
    +
    -
PostfixOp:
    ++
    --
Primary:
    ParExpression
    this [Arguments]
    super SuperSuffix
    new Creator
Literal
    Identifier { . Identifier } [IdentifierSuffix]
    BasicType {[]} . class
    void . class
    NonWildcardTypeArguments (ExplicitGenericInvocationSuffix | this
Arguments)
```

表 5-3 给出了 Expression3 文法可能出现的产生式及对应产生式可能出现的首个 Token 对象。

表 5-3　Expression3 产生式可能出现的首个Token对象

Expression3 产生式	Token对象
PrefixOp Expression3	PLUSPLUS、SUBSUB、BANG、TILDE、PLUS、SUB
((Expression | Type)) Expression3	LPAREN
ParExpression	LPAREN
this [Arguments]	THIS
super SuperSuffix	SUPER
new Creator	NEW
Literal	INTLITERAL、LONGLITERAL、FLOATLITERAL、DOUBLELITERAL、CHARLITERAL、STRINGLITERAL、TRUE、FALSE、NULL
Identifier { . Identifier } [IdentifierSuffix]	IDENTIFIER、ASSERT、ENUM
BasicType {[]} . class	BYTE、SHORT、CHAR、INT、LONG、FLOAT、DOUBLE、BOOLEAN
void . class	VOID
NonWildcardTypeArguments (ExplicitGenericInvocationSuffix | this Arguments)	LT

Expression3 文法的第 3 个产生式可能出现的首个 Token 对象要看 Primary，因此表 5-3 中列出了 Primary 文法产生式可能出现的首个 Token 对象。接下来就会对表格中的这些文法

产生式进行介绍，但需要注意的是，对于 Expression3 文法的第 3 个产生式来说，表格只讨论了 Primary 部分，后续还会接着讨论可选的 2 个部分{ Selector }和{ PostfixOp }的实现。

term3()方法在实现时，可以通过读取首个 Token 对象，然后进入 switch 语句相关的 case 分支分析相应的文法产生式。不过对于表 5-3 最后一行的文法产生式来说有些特殊，因为 Javac 在进入 switch 语句之前就对 NoWildcardTypeArguments 进行了处理，所以对于 Primary 的如下产生式：

```
Primary:
   NonWildcardTypeArguments (ExplicitGenericInvocationSuffix | this
Arguments)
ExplicitGenericInvocationSuffix:
   super SuperSuffix
   Identifier Arguments
```

当为 this Arguments 或 ExplicitGenericInvocationSuffix 文法的 super SuperSuffix 时，这两种情况已经在表 5-3 中讨论过。当为 ExplicitGenericInvocationSuffix 文法的 Identifier Arguments 时，其实表 5-3 中的文法产生式 Identifier { . Identifier } [IdentifierSuffix]已经包含了这种情况，因此也不需要单独讨论。

下面根据文法来介绍 term3()方法的具体实现。

1. PrefixOp Expression3的处理

```
来源：com.sun.tools.javac.parser.JavacParser
switch (S.token()) {
...
case PLUSPLUS: case SUBSUB: case BANG: case TILDE: case PLUS: case SUB:
   if (typeArgs == null && (mode & EXPR) != 0) {
      Token token = S.token();
      S.nextToken();
      mode = EXPR;
      // 对负的、十进制表示的整数类型字面量进行特殊处理
      if (token == SUB && (S.token() == INTLITERAL || S.token() ==
LONGLITERAL) && S.radix() == 10) {
         mode = EXPR;
         t = literal(names.hyphen);
      } else {
         t = term3();
         return F.Unary(unoptag(token), t);
      }
   }
   break;
...
}
```

当 mode 的期望为表达式时，对负的、十进制表示的整数类型字面量进行特殊处理，需要在生成字面量时在前面添加符号“-”，然后将 mode 的值更新为 EXPR，表示实际在解析过程中确实是一个表达式。除去对负数字面量进行特殊处理外，其他情况下也会递归

调用 term3()方法分析 Expression3。unoptag()方法会将 Token 对象映射为 JCTree 类中定义的代表一元运算符的常量。unoptag()方法的实现如下：

```
来源：com.sun.tools.javac.parser.JavacParser
static int unoptag(Token token) {
    switch (token) {
    case PLUS:
        return JCTree.POS;
    case SUB:
        return JCTree.NEG;
    case BANG:
        return JCTree.NOT;
    case TILDE:
        return JCTree.COMPL;
    case PLUSPLUS:
        return JCTree.PREINC;
    case SUBSUB:
        return JCTree.PREDEC;
    default:
        return -1;
    }
}
```

如果 Token 对象没有对应的一元运算符常量，则返回-1。

2．对 ((Expression | Type)) Expression3与ParExpression的处理

两个文法产生式的首个可能出现的 Token 对象为 LPAREN，因此放在一起进行讨论，ParExpression 的文法如下：

```
ParExpression:
    ( Expression )
```

其实第 1 个文法产生式的((Expression | Type)) 部分已经兼容了对 ParExpression 的处理。term3()方法对两个文法的处理如下：

```
来源：com.sun.tools.javac.parser.JavacParser
switch (S.token()) {
...
case LPAREN:
    if (typeArgs == null && (mode & EXPR) != 0) {
        S.nextToken();
        mode = EXPR | TYPE | NOPARAMS;
        t = term3();                                // 第 1 个 term3()方法
        if ((mode & TYPE) != 0 && S.token() == LT) {
            int op = JCTree.LT;
            S.nextToken();
            mode &= (EXPR | TYPE);
            mode |= TYPEARG;
            JCExpression t1 = term3();          // 第 2 个 term3()方法
            if ((mode & TYPE) != 0 && (S.token() == COMMA || S.token() == GT))
            {                                       // 解析参数化类型
                mode = TYPE;
                ListBuffer<JCExpression> args = new ListBuffer<JCExpression>();
```

```
            args.append(t1);
            while (S.token() == COMMA) {
                S.nextToken();
                args.append(typeArgument());
            }
            accept(GT);
            t = F.TypeApply(t, args.toList());
            checkGenerics();
            while (S.token() == DOT) {
                S.nextToken();
                mode = TYPE;
                t = F.Select(t, ident());
                t = typeArgumentsOpt(t);
            }
            t = bracketsOpt(toP(t));
        } else if ((mode & EXPR) != 0) {
            // 左尖括号开头的是二元运算符的一部分，生成二元表达式
            mode = EXPR;
            JCExpression e = term2Rest(t1, TreeInfo.shiftPrec);
            t = F.Binary(op, t, e);
            t = termRest(term1Rest(term2Rest(t, TreeInfo.orPrec)));
        } else {
            accept(GT);
        }
    } else {        // 当期望为表达式或当前的 Token 对象不代表左尖括号时，相当于调
                    // 用 term()方法解析
        t = termRest(term1Rest(term2Rest(t, TreeInfo.orPrec)));
    }
    accept(RPAREN);

    // 解析( (Expression | Type) ) Expression3 文法中的 Expression3 部分
    lastmode = mode;
    mode = EXPR;
    // 当括号中的项不为表达式时，只能为类型，此时解析为强制类型转换表达式
    if ((lastmode & EXPR) == 0) {
        JCExpression t1 = term3();
        return F.TypeCast(t, t1);
    } else if ((lastmode & TYPE) != 0) {
        // 括号中的项为类型，解析为强制类型转换表达式
        switch (S.token()) {
        case BANG: case TILDE:
        case LPAREN: case THIS: case SUPER:
        case INTLITERAL: case LONGLITERAL: case FLOATLITERAL:
        case DOUBLELITERAL: case CHARLITERAL: case STRINGLITERAL:
        case TRUE: case FALSE: case NULL:
        case NEW: case IDENTIFIER: case ASSERT: case ENUM:
        case BYTE: case SHORT: case CHAR: case INT:
        case LONG: case FLOAT: case DOUBLE: case BOOLEAN: case VOID:
            JCExpression t1 = term3();
            return F.TypeCast(t, t1);
        }
    }
}
t = F.Parens(t);
```

```
    break;
    ...
}
```

根据文法可知，括号中可能是 Expression 或者 Type，因此方法会分逻辑处理 Type 与 Expression，处理完 Type 与 Expression 后调用 term3()方法处理 Expression3。

首先处理((Expression | Type))，当 mode 的期望为 EXPR 时，对于类型来说，调用第 1 个 term3()方法返回一个类型，而对于表达式来说，返回的可能是一个基本表达式或一元表达式。

对于类型来说，调用第 1 个 term3()方法之前，mode 的期望是 TYPE|EXPR|NOPARAMS，因此如果有个类型为 Outer<String>，则只会返回 Outer 类型，当 mode 的值为 TYPE 并且下一个 Token 对象是 LT 时，要对参数化类型或表达式进行处理。例如，对参数化类型处理，举例如下：

【实例 5-3】

```
class Outer<T> {
    class Inner<T> {
        public void md(Object o) {
            Object x = (Outer<String>.Inner<String>[]) o;
        }
    }
}
```

其中，变量 x 的初始化表达式是一个强制类型转换表达式，而括号中的内容就是一个参数化类型。在调用第 1 个 term3()方法时得到 Outer 类型；调用第 2 个 term3()方法得到 Outer 类型的实际类型参数 String。mode 更新为 TYPE|EXPR|TYPEARG。实际类型参数可能是通配符类型或参数化类型等，如果为参数化类型，那么处理完参数化类型后还可能使用点分割符继续对参数化类型处理。对于实例 5-3 来说，会得到 Outer 的第一个实际类型参数 String，这样后面的逻辑也就不难了，处理 Outer<String>.Inner<String>[]类型时，会涉及各个逻辑，读者可结合实例进行分析。

再举个对表达式处理的例子。

【实例 5-4】

```
int a = 0, b = 0;
boolean res = (a < b);
```

其中，res 变量的初始化表达式是带括号的表达式，因此 mode 的期望为 EXPR，term3()方法首先调用 term2Rest()方法并传递 TreeInfo.shiftPrec 作为参数，term2Rest()方法在下一节中将详细介绍，这里只通过例子简单说明。

【实例 5-5】

```
int a = 0, b = 0, c = 0;
boolean res1 = (a < b == true);
boolean res2 = (a < b - c);
```

其中，对于第 1 个变量 res1 来说，调用表达式 term2Rest(t1, TreeInfo.shiftPrec)最终返

回表示 b 的 JCIdent 对象；对于第 2 个变量 res2 来说，调用相同表达式时返回表示 b-c 表达式的 JCBinary 对象，而调用 term2Rest()方法时传递的 t1 为 b，而 TreeInfo.shiftPrec 表示对大于等于移位运算符优先级的符号要进行处理，因此 b-c 会被处理，而 b==true 不会被处理。

term3()方法中两次调用了如下表达式：

```
termRest(term1Rest(term2Rest(t, TreeInfo.orPrec)))
```

对 Expression 进行处理，Javac 对于文法中出现的所有 Expression 通常都会调用 term()方法处理，但是在以上表达式在调用前会调用 term3()方法，然后再调用 term2Rest()方法并传递 TreeInfo.orPrec 参数，最后调用 term1Rest()、termRest()方法与直接调用 term()方法等价，其中涉及的所有方法都将在下一节中详细介绍。

接着对 Expression3 进行处理，首先将当前的实际 mode 值赋值给 lastmode，然后将 mode 值更新为 EXPR，表示对即将分析项的期望为 EXPR。当上一次处理的括号中的项不为表达式时，可以确定肯定是一个类型，如括号中出现的 Outer<String>.Inner<String>[]是一个参数化类型，也就能确定是一个强制类型转换表达式，调用 term3()处理 Expression3，最后生成一个 JCTypeCast 对象；如果上一次不能确定具体的 mode 值，如括号中只出现 Outer 时并不能确定这个唯一标识符的性质，不过当 mode 期望允许是 TYPE 时，可以确定是一个强制类型转换表达式，通过 case 分支保证 Expression3 是一个合法的基本表达式，对 Token 对象的判断可以参考表 5-3，其中少了对首个 Token 对象为 PLUSPLUS、SUBSUB、PLUS 和 SUB 的处理，也就是不支持这样的强制类型转换表达式，举个例子如下：

【实例 5-6】

```
int a = 0;
Integer res = (Integer)++a;
```

实例 5-6 将报编译错误。

3．对this [Arguments] 的处理

```
来源：com.sun.tools.javac.parser.JavacParser
switch (S.token()) {
...
case THIS:
    if ((mode & EXPR) != 0) {
        mode = EXPR;
        t = F.Ident(names._this);
        S.nextToken();
        if (typeArgs == null)
            t = argumentsOpt(null, t);
        else
            t = arguments(typeArgs, t);
        typeArgs = null;
    }
    break;
...
}
```

以上逻辑对 this [Arguments]文法产生式进行处理，其中，Arguments 表示实际参数列表，文法如下：

```
Arguments:
    ( [ Expression { , Expression } ] )
```

对 this 的处理逻辑相对简单，当调用另外一个构造方法时可能传递实际参数，因此调用 arguments()方法进行处理，同时也可能传递实际类型参数，而 typeArgs 中就保存了实际类型参数。

4．对super SuperSuffix 的处理

```
来源：com.sun.tools.javac.parser.JavacParser
switch (S.token()) {
...
case SUPER:
    if ((mode & EXPR) != 0) {
        mode = EXPR;
        t = F.Ident(names._super);
        t = superSuffix(typeArgs, t);
        typeArgs = null;
    }
    break;
...
}
```

以上逻辑对 super SuperSuffix 文法产生式进行处理，其中 SuperSuffix 的文法如下：

```
SuperSuffix:
    Arguments
    . Identifier [Arguments]
```

通过 super 可以调用父类构造方法，在调用时可指定实际参数和实际类型参数，或者通过 super 调用父类的成员变量或方法等，这些处理都在 superSuffix()方法中实现。

5．对new Creator的处理

```
来源：com.sun.tools.javac.parser.JavacParser
switch (S.token()) {
...
case NEW:
    if ((mode & EXPR) != 0) {
        mode = EXPR;
        S.nextToken();
        if (S.token() == LT)
            typeArgs = typeArguments(false);
        t = creator(_, typeArgs);
        typeArgs = null;
    }
    break;
...
}
```

以上逻辑对 new Creator 文法产生式进行处理，其中，Creator 的文法如下：

```
Creator:
    NonWildcardTypeArguments CreatedName ClassCreatorRest
    CreatedName (ClassCreatorRest | ArrayCreatorRest)
```

当为 NonWildcardTypeArguments 时，出现的第一个 Token 对象为 LT，调用 typeArguments()方法进行处理；接着处理 CreatedName，出现的第一个 Token 对象为 IDENTIFIER，调用 creator()方法进行处理。

6．对Literal的处理

```
来源：com.sun.tools.javac.parser.JavacParser
switch (S.token()) {
case INTLITERAL: case LONGLITERAL: case FLOATLITERAL: case DOUBLELITERAL:
case CHARLITERAL: case STRINGLITERAL:
case TRUE: case FALSE: case NULL:
    if (typeArgs == null && (mode & EXPR) != 0) {
        mode = EXPR;
        t = literal(names.empty);
    }
    break;
...
}
```

以上逻辑对字面量进行处理，调用 literal()方法生成一个 JCLiteral 对象。

7．对Identifier { . Identifier } [IdentifierSuffix]的处理

```
来源：com.sun.tools.javac.parser.JavacParser
switch (S.token()) {
...
case IDENTIFIER: case ASSERT: case ENUM:
    t = F.Ident(ident());                        // 第 1 个 ident()方法
    loop: while (true) {
        switch (S.token()) {
        case LBRACKET:
            S.nextToken();
            if (S.token() == RBRACKET) {
                S.nextToken();
                t = bracketsOpt(t);              // 解释 {[]}
                t = F.TypeArray(t);
                t = bracketsSuffix(t);           // 解释 .class
            } else {
                if ((mode & EXPR) != 0) {
                    mode = EXPR;
                    // 解释 IdentifierSuffix 文法第 1 个产生式中的 Expression
                    JCExpression t1 = term();
                    t = F.Indexed(t, t1);
                }
                accept(RBRACKET);
            }
            break loop;
        case LPAREN:
```

```
            if ((mode & EXPR) != 0) {
                mode = EXPR;
                 // 解释 IdentifierSuffix 文法第 2 个产生式中的 Arguments
                t = arguments(typeArgs, t);
                typeArgs = null;
            }
            break loop;
        case DOT:
            S.nextToken();
            int oldmode = mode;
            mode &= ~NOPARAMS;
            typeArgs = typeArgumentsOpt(EXPR);
            mode = oldmode;
            if ((mode & EXPR) != 0) {
                switch (S.token()) {
                case CLASS:
                    mode = EXPR;
                    t = F.Select(t, names._class);
                    S.nextToken();
                    break loop;
                case THIS:
                    mode = EXPR;
                    t = F.Select(t, names._this);
                    S.nextToken();
                    break loop;
                case SUPER:
                    mode = EXPR;
                    t = F.Select(t, names._super);
                    t = superSuffix(typeArgs, t);
                    typeArgs = null;
                    break loop;
                case NEW:
                    mode = EXPR;
                    S.nextToken();
                    if (S.token() == LT)
                        typeArgs = typeArguments(false);
                    t = innerCreator(_, typeArgs, t);
                    typeArgs = null;
                    break loop;
                }
            }
            t = F.Select(t, ident());                // 第 2 个 ident()方法
            break;
        default:
            break loop;
        }
    }
    t = typeArgumentsOpt(t);
    break;
...
}
```

调用第 1 个 ident()方法读取 Identifier，在 Identifier 后还可能有 0 个或多个 Identifier，通过多次调用第 2 个 ident()方法来处理。在一个或多个 Identifier 后还可能出现 IdentifierSuffix，

其文法如下：

```
IdentifierSuffix:
    [ ({[]} . class | Expression) ]
    Arguments
    . (
        class |
        ExplicitGenericInvocation |
        this |
        super Arguments |
        new [NonWildcardTypeArguments] InnerCreator
      )
ExplicitGenericInvocation:
    NonWildcardTypeArguments ExplicitGenericInvocationSuffix
ExplicitGenericInvocationSuffix:
    super SuperSuffix
    Identifier Arguments
```

- 对于 IdentifierSuffix 的第 1 个产生式来说，首个 Token 对象可能是 LBRACKET 或 DOT，或者为 Expression 时，调用 term()方法进行处理。当 Token 对象为 LBRACKET 时，处理形如 String[].class 或 String[2]这样的表达式。
- 对于 IdentifierSuffix 的第 2 个产生式来说，首个 Token 对象为 LPAREN，处理形如方法调用 md(a,b)这样的表达式。
- 对于 IdentifierSuffix 的第 3 个产生式来说，当 Token 对象为 DOT 时，下一个可能出现的首个 Token 对象为 CLASS、THIS、SUPER 与 NEW，或者为 ExplicitGeneric Invocation 时，则调用 typeArgumentsOpt()方法进行处理。

8. 对BasicType {[]} . class处理

```
来源：com.sun.tools.javac.parser.JavacParser
switch (S.token()) {
case BYTE: case SHORT: case CHAR: case INT: case LONG: case FLOAT:
case DOUBLE: case BOOLEAN:
    t = bracketsSuffix(bracketsOpt(basicType()));
    break;
...
}
```

以上代码中，调用 basicType()方法处理 BasicType，得到一个 JCPrimitiveTypeTree 对象；然后调用 bracketsOpt()方法处理可选择的多个方括号对；最后调用 bracketsSuffix()方法处理方法中的.class 部分。相应的方法会对期望 mode 进行更新，例如在 bracketsOpt()方法中，如果有.class 就表示是一个表达式，mode 最终更新为 EXPR；如果没有.class 就表示是一个类型，mode 更新为 TYPE。

9. 对void.class处理

```
来源：com.sun.tools.javac.parser.JavacParser
switch (S.token()) {
...
case VOID:
```

```
        if ((mode & EXPR) != 0) {
            S.nextToken();
            if (S.token() == DOT) {
                JCPrimitiveTypeTree ti = F.TypeIdent(TypeTags.VOID);
                t = bracketsSuffix(ti);
            }
            ...
        }
        ...
        break;
    ...
}
```

当首个 Token 对象为 VOID 时可能为 void 类型，或者还可能是 void.class；当为 void.class 时，调用 bracketsSuffix()方法处理.class。

再次回看 Expression3 的文法如下：

```
Expression3:
    PrefixOp Expression3
    ( (Expression | Type) ) Expression3
    Primary { Selector } { PostfixOp }
```

到这里我们只处理完了文法产生式 PreifxOp Expression3 与((Expression | Type)) Expression3，对于 Primary { Selector } { PostfixOp }，我们只处理了 Primary 部分，而 Selector 与 PostfixOp 可选部分还没有处理，其中 Selector 的文法如下：

```
Selector:
    . Identifier [Arguments]
    . ExplicitGenericInvocation
    . this
    . super SuperSuffix
    . new [NonWildcardTypeArguments] InnerCreator
    [ Expression ]
```

Selector 的文法产生式可能出现的首个 Token 对象为 DOT 或者 LBRACKET，分析的逻辑同样在 term3()方法中，具体实现代码如下：

```
来源：com.sun.tools.javac.parser.JavacParser
while (true) {
    if (S.token() == LBRACKET) {
        S.nextToken();
        ...
        if ((mode & EXPR) != 0) {
            mode = EXPR;
            JCExpression t1 = term();
            t = F.Indexed(t, t1);
        }
        accept(RBRACKET);
    } else if (S.token() == DOT) {
        S.nextToken();
        typeArgs = typeArgumentsOpt(EXPR);
        if (S.token() == SUPER && (mode & EXPR) != 0) {
            mode = EXPR;
            t = F.Select(t, names._super);
```

```
            S.nextToken();
            t = arguments(typeArgs, t);
            typeArgs = null;
        } else if (S.token() == NEW && (mode & EXPR) != 0) {
            mode = EXPR;
            S.nextToken();
            if (S.token() == LT)
                typeArgs = typeArguments(false);
            t = innerCreator(_, typeArgs, t);
            typeArgs = null;
        } else {
            t = F.Select(t, ident());
            t = argumentsOpt(typeArgs, typeArgumentsOpt(t));
            typeArgs = null;
        }
    } else {
        break;
    }
}
```

当首个 Token 对象为 LBRACKET 时，通常会调用 term()方法处理括号中的 Expression，然后再调用 F.Indexed()方法创建 JCArrayAccess 对象。

当首个 Token 对象为 DOT 时，可能出现的下一个 Token 对象为 SUPER、NEW、THIS 或 IDENTIFIER；为 SUPER 时，由于之前有 Primary 作为限定符，因此调用 F.Select()方法生成 JCFieldAccess 对象；当为 NEW 时，则调用 innerCreator()方法生成 JCNewClass 对象；当为 THIS 或 IDENTIFIER 时，则调用 ident()方法生成 Name 对象。由于之前有 Primary 作为限定符，因此最终调用 F.Select()方法生成 JCFieldAccess 对象。

处理完 Selector 后就该处理 PostfixOp 了。PostfixOp 的文法如下：

```
PostfixOp:
    ++
    --
```

PostfixOp 的文法产生式可能出现的首个 Token 对象为 PLUSPLUS 或者 SUBSUB，分析的逻辑同样在 term3()方法中，具体实现代码如下：

```
来源：com.sun.tools.javac.parser.JavacParser
while ((S.token() == PLUSPLUS || S.token() == SUBSUB) && (mode & EXPR) != 0) {
    mode = EXPR;
    t = F.Unary(S.token() == PLUSPLUS ? JCTree.POSTINC : JCTree.POSTDEC, t);
    S.nextToken();
}
```

含有后置自增与自减的表达式是一元表达式，因此调用 F.unary()方法创建 JCUnary 对象。

5.3.2 含有运算符的表达式

前面介绍了 term3()方法，调用这个方法可以得到基本表达式或者一元表达式，Java

还可以用二元或者三元运算符将这些不同的表达式连接起来，组成一个更为复杂的表达式。但是运算符是有优先级的，因此在分析的过程中要考虑它们的优先级，并最终生成唯一的抽象语法树。

另外需要注意的是，Javac 将类型也看作基本表达式，因此如果要分析一个表达式或类型，通常会调用 JavacParser 类的如下两个方法：

```
来源：com.sun.tools.javac.parser.JavacParser
public JCExpression parseExpression() {          // 解析表达式
    return term(EXPR);
}

public JCExpression parseType() {                // 解析类型
    return term(TYPE);
}
```

以上两个方法都调用了 term()方法，并且分别传递了 EXPR 与 TYPE 参数，表示对当前分析项的期望，EXPR 表示期望返回表达式，而 TYPE 则表示期望返回类型。term()方法的实现代码如下：

```
来源：com.sun.tools.javac.parser.JavacParser
JCExpression term(int newmode) {
    int prevmode = mode;
    mode = newmode;
    JCExpression t = term();
    lastmode = mode;
    mode = prevmode;
    return t;
}
```

以上代码中，首先通过局部变量 prevmode 保存当前的 mode 值，然后调用重载的 term()方法分析完当前项后还原 mode 值，同时用 lastmode 来保存上一次处理的实际类型，也就是解析上一项时实际的 mode 值。调用的另外一个重载的 term()方法，其实现代码如下：

```
来源：com.sun.tools.javac.parser.JavacParser
JCExpression term() {
    JCExpression t = term1();
    if ( (mode & EXPR) != 0 && S.token() == EQ ||
          PLUSEQ.compareTo(S.token()) <= 0 && S.token().compareTo(GTGTGTEQ)
<= 0)
        return termRest(t);
    else
        return t;
}
```

以上代码主要分析赋值表达式，赋值表达式的文法如下：

```
Expression:
    Expression1 [AssignmentOperator Expression]
AssignmentOperator:
    =
    +=
    -=
```

```
    *=
    /=
    &=
    |=
    ^=
    %=
    <<=
    >>=
    >>>=
```

如果是赋值表达式，则调用 term1()方法将返回 Expression 文法产生式中的 Expression1，而调用 termRest()方法将返回 Expression，由于这个部分是可选的，因此如果没有 Expression 部分就直接返回。term()方法中 if 语句的条件判断表达式，就是保证运算符是 Assignment-Operator 文法产生式中的一个。

termRest()方法的实现代码如下：

```
来源：com.sun.tools.javac.parser.JavacParser
JCExpression termRest(JCExpression t) {
    switch (S.token()) {
    case EQ: {                  // 解释赋值表达式右侧的表达式
        S.nextToken();
        mode = EXPR;
        JCExpression t1 = term();
        return F.Assign(t, t1);
    }
    // 解释复合赋值表达式右侧的表达式
    case PLUSEQ:
    case SUBEQ:
    case STAREQ:
    case SLASHEQ:
    case PERCENTEQ:
    case AMPEQ:
    case BAREQ:
    case CARETEQ:
    case LTLTEQ:
    case GTGTEQ:
    case GTGTGTEQ:
        Token token = S.token();
        S.nextToken();
        mode = EXPR;
        JCExpression t1 = term();
        return F.Assignop(optag(token), t, t1);
    default:
        return t;
    }
}
```

以上代码中调用 term()方法处理 Expression 文法产生式中的 Expression，如果为等号赋值运算符，则最终生成 JCAssign 对象，然后将 mode 的值更新为 EXPR；如果为复合赋值运算符，则最终生成 JCAssingOp 对象，mode 的值同样更新为 EXPR。

term()方法中调用的 term1()方法，其实现代码如下：

```
来源：com.sun.tools.javac.parser.JavacParser
JCExpression term1() {
    JCExpression t = term2();
    if ((mode & EXPR) != 0 && S.token() == QUES) {
        mode = EXPR;
        return term1Rest(t);
    } else {
        return t;
    }
}
```

term1()方法解析三元表达式，相关的文法如下：

```
Expression1:
    Expression2 [Expression1Rest]
Expression1Rest:
    ? Expression : Expression1
```

term1()方法中通过调用 term2()方法对 Expression1 产生式的 Expression2 做了处理，而 term1Rest()方法处理了 Expression1Rest。term1Rest()方法的实现代码如下：

```
来源：com.sun.tools.javac.parser.JavacParser
JCExpression term1Rest(JCExpression t) {
    if (S.token() == QUES) {
        S.nextToken();
        JCExpression t1 = term();
        accept(COLON);
        JCExpression t2 = term1();
        return F.Conditional(t, t1, t2);
    } else {
        return t;
    }
}
```

其中，对 Expression1Rest 中的 Expression 做处理时调用了 term()方法，对 Expression1 处理时调用了 term1()方法，最后创建 JCConditional 对象并返回。

term1()方法中调用的 term2()方法，其实现代码如下：

```
来源：com.sun.tools.javac.parser.JavacParser
JCExpression term2() {
    JCExpression t = term3();
    if ((mode & EXPR) != 0 && prec(S.token()) >= TreeInfo.orPrec) {
        mode = EXPR;
        return term2Rest(t, TreeInfo.orPrec);
    } else {
        return t;
    }
}
```

term2()方法解析二元表达式，相关文法如下：

```
Expression2:
     Expression3 [Expression2Rest]
Expression2Rest:
     { InfixOp Expression3 }
     instanceof Type
```

```
InfixOp:
    ||
    &&
    |
    ^
    &
    ==
    !=
    <
    >
    <=
    >=
    <<
    >>
    >>>
    +
    -
    *
    /
    %
```

在 term2()方法中，调用 term3()方法对 Expression2 文法产生式中的 Expression3 进行处理，term3()方法在 5.3.1 节中已经详细介绍过，这里不再介绍；调用 term2Rest()对 Expression2Rest 进行处理。由于 InfixOp 允许的二元运算符含有不同的优先级，因而需要结合算符优先分析法进行处理。

现在来简单总结下处理表达式的相关方法的调用，如图 5-1 所示。

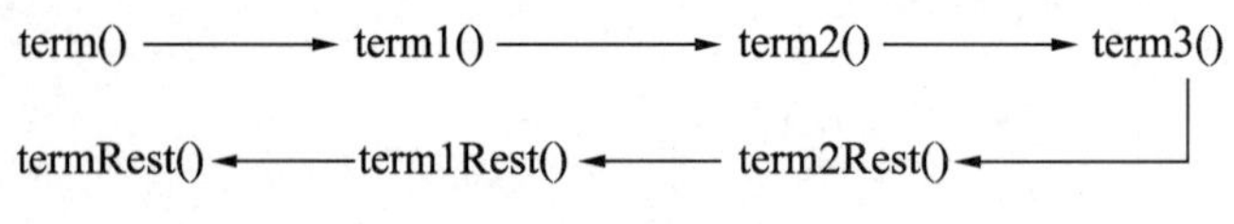

图 5-1　处理表达式的相关方法的调用

各个方法都会处理含有相关运算符的表达式，这些运算符大概分为 4 类，如表 5-4 所示。

表 5-4　运算符分类

分类名称	具体的运算符
赋值运算符	= += -= *= /= &= |= ^= %= <<= >>= >>>=
三元运算符	?:
二元运算符	|| && | ^ & == != < > <= >= << >> >>> + - * / % instanceof
一元运算符	++_ --_ ! ~ + - ++_ --_ (Type)

其中，含赋值运算符的表达式由 term()方法处理；含三元运算符的表达式由 term1()方法处理；含二元运算符的表达式由 term2()方法处理；含一元运算符的表达式及基本表达式由 term3()方法处理。

分类名称中从上到下运算符的优先级从低到高，但是在实际调用过程中却是 term()方法首先调用 term1()方法，term1()方法中首先调用 term2()方法，term2()方法中首先调用 term3()方法，这也就表示了高优先级的先处理。赋值运算符、三元运算符与一元运算符是从右向左结合的，上面的调用又恰好满足了这个需求，也就是如果优先级相等的话，运算符右侧的表达式要先处理。对于二元运算符来说，有不同的优先级，如果优先级相同，则从左向右结合，因此 term2Rest()方法对含有二元运算符的表达式处理更复杂一些。term2Rest()方法的实现代码如下：

```
来源：com.sun.tools.javac.parser.JavacParser
JCExpression term2Rest(JCExpression t, int minprec) {
    List<JCExpression[]> savedOd = odStackSupply.elems;
    JCExpression[] odStack = newOdStack();
    List<Token[]> savedOp = opStackSupply.elems;
    Token[] opStack = newOpStack();
    int top = 0;
    odStack[0] = t;
    Token topOp = ERROR;
    // 根据二元运算符的优先级合并 odStack 中存储的项
    while (prec(S.token()) >= minprec) {
        opStack[top] = topOp;
        top++;
        topOp = S.token();
        S.nextToken();
        odStack[top] = (topOp == INSTANCEOF) ? parseType() : term3();
        while (top > 0 && prec(topOp) >= prec(S.token())) {
            odStack[top-1] = makeOp(_, topOp, odStack[top-1],odStack[top]);
            top--;
            topOp = opStack[top];
        }
    }
    Assert.check(top == 0);
    t = odStack[0];

    odStackSupply.elems = savedOd;
    opStackSupply.elems = savedOp;
    return t;
}
```

以上代码中，首先创建两个新的数组 odStack 与 opStack，odStack 存储基本表达式或一元表达式，而 opStack 存储代表二元运算符的 Token 对象，然后调用 newOdStack()与 newOpStack()方法初始化两个变量，初始化的数组大小为 11。由第 4 章的表 4-1 可知，二元运算符的优先级被划分为 10 级，因此这个大小已经足够使用。

下面就是实现算符优先分析法最主要的逻辑。两个 while 语句中的条件判断表达式会对优先级进行判断。外层循环调用 S.token()方法读取一个运算符，通过 parseType()方法读取一个类型或通过 term3()方法读取一元表达式或者基本表达式；而内层循环判断 topOp 运算符与当前调用 S.token()方法得到的运算符的优先级，如果之前读取的 topOp 运算符的优先级高，则要对 odStack 栈顶中的两项进行合并，产生一个 JCBinary 或 JCInstanceOf 对象并压入栈内。从 opStack 中再弹出一个运算符并赋值为 topOp，然后继续内层循环的逻辑。这里，topOp 可能是 ERROR，这样调用 prec()方法就会返回-1。prec()方法的实现代码如下：

```
来源：com.sun.tools.javac.parser.JavacParser
static int prec(Token token) {
    int oc = optag(token);
    return (oc >= 0) ? TreeInfo.opPrec(oc) : -1;
}
```

其中，调用 optag()方法将 Token 对象对应的运算符映射为 JCTree 类中对应的运算符定义，当 oc 大于等于 0 时，表示确实是一个可识别的二元运算符，调用 TreeInfo 类的 opPrec()方法获取除赋值运算符以外所有二元运算符的优先级，如表 5-5 所示。

表 5-5　二元表达式的优先级

优先级	运算符	描述
4	||	逻辑或
5	&&	逻辑与
6	|	按位或
7	^	按位异或
8	&	按位与
9	== !=	相等关系
10	> >= < <= instanceof	关系运算符
11	<< >> >>>	移位运算符
12	+ -	加法和减法
13	* / %	乘法、除法和求余

其中优先级的数值越大则表示优先级越高。由于 termRest()与 term1Rest()方法已经对赋值与三元表达式进行了处理，因此在调用 term2Rest()方法时 minprec 的值一般为 4。

5.4　遍历抽象语法树

建立抽象语法树后，Javac 需要在后续的语义分析、字节码生成等各个阶段频繁访问这棵语法树，以实现对语法树的验证和标注等操作，并最终根据标注后的语法树生成字节码。对语法树的访问主要是通过访问者模式来实现的，使用访问者模式能对语法树的结构和逻辑操作进行解耦，使每一个阶段只处理自己专注的事情即可，大大简化了程序实现的难度。Visitor 模式通常如实例 5-7 所示。

【实例 5-7】

```
package chapter5;

abstract class JCTree{
   public abstract void accept(JCTreeVisitor v);
}

abstract class JCExpression extends JCTree{ }

class JCUnary extends JCExpression{
   public void accept(JCTreeVisitor visitor){
      visitor.visitUnary(this);
   }
}

class JCBinary extends JCExpression{
   public void accept(JCTreeVisitor visitor) {
      visitor.visitBinary(this);
   }
}

class JCAssign extends JCExpression{
   public void accept(JCTreeVisitor visitor) {
      visitor.visitJCAssign(this);
   }
}

abstract class JCTreeVisitor{
   public void visitTree(JCTree that) {
      // Assert.error();
   }

   public void visitAssign(JCAssign that) {
      visitTree(that);
   }

   public void visitUnary(JCUnary that) {
      visitTree(that);
   }

   public void visitBinary(JCBinary that) {
      visitTree(that);
   }
}

class Attr extends JCTreeVisitor{
   public void visitAssign(JCAssign tree)  {
      // 对赋值表达式进行标注
   }

   public void visitUnary(JCUnary that) {
      // 对一元表达式进行标注
```

```
    }

    public void visitBinary(JCBinary that) {
        // 对二元表达式进行标注
    }
}
```

这是一个访问者模式的简单实例，任何树节点对应的实现类都需要实现 JCTree 接口中定义的 accept()方法，这样在需要对各个语法树节点进行处理时，直接继承 JCTreeVisitor 类并选择性覆写 visitXxx()方法即可，如 Attr 类要对 3 个树节点都进行处理，因此覆写了 3 个 visitXxx()方法。

类似于实例 5-7，Javac 在 JCTree 类中定义了两个重载的 accept()方法，如下：

```
来源：com.sun.tools.javac.tree.JCTree
public abstract void accept(Visitor v);
public abstract <R,D> R accept(TreeVisitor<R,D> v, D d);
```

各个抽象语法树节点对应的实现类直接或间接实现了 JCTree 类，并实现了类中声明的 accept()方法。类似于实例 5-7 中 JCUnary、JCBinary 与 JCAssign 类对 accept()方法的实现，Javac 中各个类对 accept()方法的实现也相对简单，因为 accept()方法并不负责处理具体的业务，处理的逻辑都在实现了访问者接口的实现类中。

JCTree 类中定义了一个 Visitor 抽象类，类似于实例 5-7 中的 JCTreeVisitor 抽象类。实现 Visitor 抽象类的类有很多，如标注抽象语法树的 Attr 类、生成字节码的 Gen 类等。

第 6 章　符号表的组织

Javac 语义分析阶段的一个首要工作是组织符号表。符号表，狭义上可以理解为存储符号的容器，广义上可以理解为环境，不但包含存储符号的容器，而且还存储了一切上下文相关的信息。Javac 在遇到声明或定义时会创建符号，这些符号都绑定了相关的信息，如类型、作用域，而对于方法相关的符号来说，还需要保存形式参数的数量与类型及返回值的类型等信息。将创建好的符号输入到符号表中，这样当发现对符号的引用时，就可以通过符号表查找唯一的符号引用，进而获取更多关于符号的相关信息。

6.1　符号的定义

在 Javac 中，符号通过 com.sun.tools.javac.code.Symbol 类及相关的子类来表示，这些类的继承关系如图 6-1 所示。

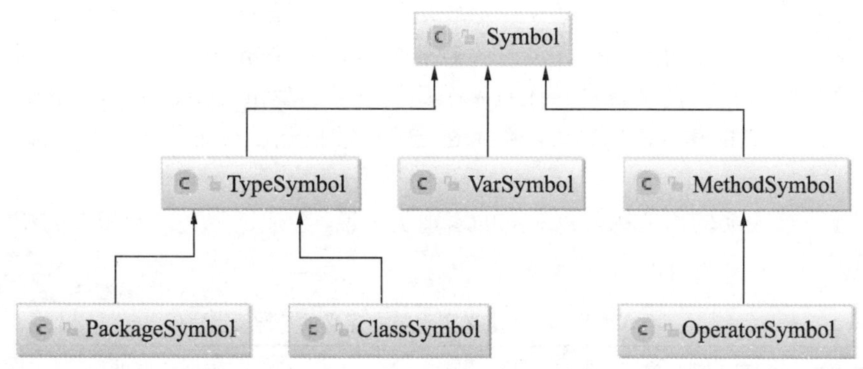

图 6-1　符号相关类的继承体系

Symbol 类是所有符号相关类的父类，而继承 Symbol 类的子类都是定义在 Symbol 类中的静态类。下面就来认识一下这些重要的类。举个例子如下：

【实例 6-1】

```
package chapter6;

public class Test{
   int a;
```

```
    public void md() { }
}
```

实例 6-1 声明了包 chapter6，定义了类 Test、变量 a 与方法 md()，这些定义及声明都对应着符号，如包 chapter6 对应着 PackageSymbol 对象，类 Test 对应着 ClassSymbol 对象，变量 a 对应着 VarSymbol 对象，方法 md()对应着 MethodSymbol 对象。下面将详细介绍这些类的实现。

6.1.1 Symbol 类

Symbol 类是所有符号的父类，其中定义了一些通用的变量及方法，Symbol 类及重要变量的定义如下：

```
来源：com.sun.tools.javac.code.Symbol
public abstract class Symbol implements Element {
    public Name name;
    public int kind;
    public long flags_field;
    public Symbol owner;
    ...
}
```

其中，name 用来保存符号名称，通常就是在声明或定义时指定的唯一标识符；kind 保存符号的具体类型；flags_field 保存符号的修饰符；owner 保存当前符号所属的符号，也就是在 owner 中定义了当前的符号。例如实例 6-1 中，变量 a 与方法 md()定义在类 Test 中，因此它们对应符号的 owner 值为表示 Test 类的 ClassSymbol 对象。

除了以上定义的一些变量外，还有两个比较重要的变量 completer 与 type，其中的 completer 与符号表的输入密切相关，将在 6.1.2 节详细介绍；type 用来保存类型，将在 6.3 节详细介绍。

对于定义及声明的语法树节点对应的实现类来说，会通过定义符号相关的变量来保存具体的符号对象，如表 6-1 所示。

表 6-1　声明及定义实现类中定义的符号变量

实　现　类	变量的定义
JCCompilationUnit	public PackageSymbol packge
JCClassDecl	public ClassSymbol sym
JCMethodDecl	public MethodSymbol sym
JCVariableDecl	public VarSymbol sym

其中，PackageSymbol 类表示定义的包符号；ClassSymbol 类表示定义的类符号；MethodSymbol 类表示定义的方法符号；VarSymbol 类表示定义的变量符号。这些 Symbol

类的子类将会在后面详细介绍。对于实例 6-1 来说，语法树及对应的 Symbol 对象如图 6-2 所示。

```
JCCompilationUnit
    packge=PackageSymbol(name=chapter6)
    defs=List
        0=JCClassDecl
            sym=ClassSymbol(name=chapter6.Test)
            defs=List
                0=JCVariableDecl
                    sym=VarSymbol(name=a)
                1=JCMethodDecl
                    sym=MethodSymbol(name=md)
```

图 6-2　语法树及对应的 Symbol 对象

除此之外，在表达式的语法树节点对应的实现类上，也有对符号变量的定义，用来保存当前引用的符号对象，如表 6-2 所示。

表 6-2　表达式实现类中定义的符号变量

实　现　类	变量的定义
JCNewClass	public Symbol constructor
JCAssignOp	public Symbol operator
JCUnary	public Symbol operator
JCBinary	public Symbol operator
JCFieldAccess	public Symbol sym
JCIdent	public Symbol sym

这些实现类并不能像表 6-1 中那些实现类一样创建自己的 Symbol 对象，它们主要是引用那些已经创建好的 Symbol 对象。

下面重点介绍一下 Symbol 类中定义的 kind、flags_field 与 owner 变量。

1．kind变量

kind 标识当前符号的具体类型，允许的值已经在 Kinds 类中预先进行了定义，如表 6-3 所示。

表 6-3　Kinds中定义的常量

变 量 名 称	变　量　值	描　　述
NIL	0	用在语句及表达式的分析过程中，表示对所分析的语句或表达式没有符号期望

（续）

变量名称	变 量 值	描 述
PCK	1 << 0	用来标识PackageSymbol对象，也可用在语句及表达式的分析过程中，表示对所分析的语句或表达式的符号期望为PackageSymbol
TYP	1 << 1	用来标识ClassSymbol或TypeSymbol对象，也可用在语句及表达式的分析过程中，表示对所分析的语句或表达式的符号期望为ClassSymbol或TypeSymbol
VAR	1 << 2	用来标识VarSymbol对象，也可用在语句及表达式的分析过程中，表示对所分析的语句或表达式的符号期望为PackageSymbol
VAL	(1 << 3) | VAR	用在语句及表达式的分析过程中，表示对所分析的语句或表达式的符号期望为VarSymbol或者常量值
MTH	1 << 4	用来标识MethodSymbol或OperatorMethodSymbol对象，也可用在语句及表达式的分析过程中，表示对所分析的语句或表达式的符号期望为MethodSymbol或OperatorMethodSymbol
ERR	(1 << 5) - 1	用来标识已经错误的符号对象

NIL、VAL 与 ERR 常量通常不会用来标识具体的符号类型，它们与其他的常量一起辅助进行语句及表达式的分析。举个例子如下：

【实例 6-2】

```
package chapter6;

class TestSymbol {
   public void md() {
      final int a = 1;
      int b = 2;
      b = a;
   }
}
```

实例 6-2 在方法 md()中定义了两个局部变量 a 与 b，然后将 a 赋值给 b，这是一个赋值语句。这个语句的抽象语法树如图 6-3 所示。

```
JCExpressionStatement
    expr=JCAssign
        lhs=JCIdent(name=a)
        rhs=JCIdent(name=b)
```

图 6-3　赋值语句的语法树

Javac 将在语法树标注阶段对这个语句进行语义分析，每当分析语句或表达式时，都会给出符号期望，如对 JCExpressionStatement 语句分析时对符号没有期望，那么期望值为 NIL；对 JCAssign 表达式进行分析时，期望值为 VAL，也就是期望此表达式是一个变量或值。对赋值表达式左侧的 JCIdent 对象的期望是 VAR，表示必须是一个可被赋值的变量；对赋值表达式右侧的 JCIdent 对象的期望是 VAL。如果实例 6-2 中变量 b 被 final 修饰符修饰，即如下形式：

```
final int b = 2;
```

运行 Javac 后将提示错误“无法为最终变量 b 分配值”，因为左侧必须是一个可被赋值的变量，而不能为值类型，具体的源代码实现将在第 12 章中详细介绍。

2．flags_field变量

flags_field 变量声明为 long 类型，相较于 int 类型而言，可以用更多的位来表示特殊含义，允许取的值已经在 Flags 类中预先进行了定义。之前在第 4 章中讲过关于 JCModifiers 类中 flags 变量的取值，能够取的值只能是允许显式出现在 Java 源代码中的修饰符，如 public、protected、private、static 和 final 等，但是 Flags 类中还定义了另外的一些常量，这些常量辅助进行源代码的验证、编译等，例如，SYNTHETIC 表示由 Javac 合成的符号、VARARGS 表示方法中的变长参数等。表 6-4 对这些参数进行了简单介绍。

表 6-4　Flags类中定义的常量值

常 量 名 称	值	描　述
PUBLIC	1<<0	表示public，可在源代码上显式声明
PRIVATE	1<<1	表示private，可在源代码上显式声明
PROTECTED	1<<2	表示protected，可在源代码上显式声明
STATIC	1<<3	表示static，可在源代码上显式声明
FINAL	1<<4	表示final，可在源代码上显式声明
SYNCHRONIZED	1<<5	表示synchronized，可在源代码上显式声明
VOLATILE	1<<6	表示volatile，可在源代码上显式声明
TRANSIENT	1<<7	表示transient，可在源代码上显式声明
NATIVE	1<<8	表示native，可在源代码上显式声明
INTERFACE	1<<9	表示interface，可声明一个接口
ABSTRACT	1<<10	表示abstract，可在源代码上显式声明
STRICTFP	1<<11	表示strictfp，可在源代码上显式声明
SYNTHETIC	1<<12	表示由Javac等编译器合成的符号
ANNOTATION	1<<13	表示annotation，可声明一个注解
ENUM	1<<14	表示enum，可声明一个枚举类型
ACC_SUPER	0x0020	是否允许使用invokespecial字节码指令的新语义，JDK 1.0.2之后编译出来的类都需要设置这个标志
ACC_BRIDGE	0x0040	由Javac等编译器生成的桥方法
ACC_VARARGS	0x0080	方法参数中含有变长参数类型

（续）

常量名称	值	描　述
DEPRECATED	1<<17	不建议使用的符号，例如，在方法上使用了@Deprecated注解或者在注释中含有@deprecated注解
HASINIT	1<<18	变量有初始化部分
BLOCK	1<<20	表示匿名块，如静态块与实例块
IPROXY	1<<21	米兰达方法，为了弥补低版本虚拟机出现的Bug而需要生成相关的方法
NOOUTERTHIS	1<<22	表示嵌套类没有引用外部类相关的实例成员或者使用this关键字引用外部类实例
EXISTS	1<<23	包下有文件或者目录时在包符号上标注此值
COMPOUND	1<<24	当一个类型变量有多个上界时，多个上界可以看作一个类，这个类需要标注此值
CLASS_SEEN	1<<25	当前的类型符号有对应的Class文件
SOURCE_SEEN	1<<26	当前的类型符号有对应的Java源文件
LOCKED	1<<27	辅助对继承或者构造方法调用可能形成的循环进行检查
UNATTRIBUTED	1<<28	当前输入的类还未标注
ANONCONSTR	1<<29	为匿名类合成构造方法需要标注此值
ACYCLIC	1<<30	对已经定义的类进行了检查并且没有循环定义
BRIDGE	1<<31	标注桥接方法
PARAMETER	1<<33	标注形式参数，例如方法中的形式参数
VARARGS	1<<34	标注带有可变参数的方法
ACYCLIC_ANN	1<<35	对已经定义的类符号进行了检查且有循环出现
GENERATEDCONSTR	1<<36	标注由Javac生成的默认构造方法
HYPOTHETICAL	1<<37	假想的方法，辅助实现在泛型擦除时的冲突检查
PROPRIETARY	1<<38	标注内部专用的符号
UNION	1<<39	当形式参数是用multicatch语法声明时标注此值
POLYMORPHIC_SIGNATURE	1<<40	当符号被@PolymorphicSignature注解标注时其标注此值
OVERRIDE_BRIDGE	1<<41	一种特殊的桥接方法

（续）

常 量 名 称	值	描　　述
EFFECTIVELY_FINAL	1<<42	局部变量标注此值后可被局部内部类和匿名内部类访问，表示局部变量已经被final修饰
CLASH	1<<43	签名相同的方法，但是相互并不覆写时标注此值，表示出现了冲突

当一个符号上有 public final 修饰时，如果 public 的值为 1<<0，而 final 的值为 1<<4，则这个符号的 flags_field 值为 1<<0|1<<4，也就是第 1 位与第 5 位的值为 1，其他都为 0。

3．owner变量

owner 表示当前符号所属的符号，举个例子如下：

【实例 6-3】

```
package chapter6;

public class TestOwner {
   int a = 1;
   public void md() {
      int b = 2;
   }
}
```

包名 chapter6 对应的符号为 PackageSymbol 对象，其 owner 的值也是 PackageSymbol 对象，此对象的 name 为一个空字符串，所有的一级包名的 owner 值都指向这个对象。owner 会使符号之间形成嵌套结构，它在符号表的组织及后续语义分析等各个阶段都起着重要的作用。例如，经常需要判断一个变量是否为局部变量或成员变量时，就可以通过 owner 的值来判断，如果变量符号 owner 的值为 ClassSymbol 对象，那么就可以判断是成员变量，否则为局部变量。举个例子如下：

【实例 6-4】

```
package chapter6;

public class TestOwner {
   class InnerClass { }

   public void md() {
      Object o = new Object() { };
      class LocalClass { }
   }
}
```

实例 6-4 中定义了 TestOwner 顶层类、InnerClass 内部类、Object 匿名类和本地类 LocalClass。其中，TestOwner 类的 owner 值为 PackageSymbol(name=chapter6)；InnerClass 类的 owner 值为 ClassSymbol(name=TestOwner)，Object 匿名类的 owner 值为 VarSymbol-

(name=o)，LocalClass 类的 owner 值为 MethodSymbol(name=md)。

6.1.2 TypeSymbol 及其子类

TypeSymbol 类主要用来表示类型变量，类型变量也可看作是一类特殊的类，举个例子如下：

【实例 6-5】

```
package chapter6;

class CA { }

interface IA {}

class Test {
   <T extends CA & IA> void test(T t) { }
}
```

其中，方法上声明的类型变量 T 可以等价看作声明了一个如下的类型：

```
class T extends CA implements IA { }
```

TypeSymbol 类的子类 ClassSymbol 与 PackageSymbol 分别表示类符号与包符号，两个类中都声明了相同的 members_field 变量，如 PackageSymbol 类中的变量定义：

```
来源：com.sun.tools.javac.code.Symbol.PackageSymbol
public Scope members_field;
```

这个变量保存了类及包下定义的成员符号。举个例子如下：

【实例 6-6】

```
package chapter6;

public class Test{
   int a = 1;
   public void md(){ }
}
```

如实例 6-6 所示，名称为 chapter6 的包下定义了一个名称为 Test 的类，这个类的符号会填充到 PackageSymbol(name=chapter6)的 members_field 变量中，类 Test 中的变量 a 与方法 md()会填充到 ClassSymbol(name=Test)的 members_field 变量中。可以通过调用 PackageSymbol 或 ClassSymbol 类中的 members()或者 flags()方法将当前符号下的成员符号填充到当前符号的 members_field 中，这两个方法在 PackageSymbol 与 ClassSymbol 类中的实现类似。这里只看在 ClassSymbol 类中两个方法的具体实现，代码如下：

```
来源：com.sun.tools.javac.code.Symbol.ClassSymbol
public long flags() {
    if (completer != null)
        complete();
    return flags_field;
```

```
    }

    public Scope members() {
        if (completer != null)
            complete();
        return members_field;
    }
```

completer 变量定义在 Symbol 类中，具体定义如下：

```
来源：com.sun.tools.javac.code.Symbol
public Completer completer;
```

flags()与 members()方法的实现类似，都是在 completer 值不为空的情况下调用 complete()方法，这个方法会间接调用 Symbol 类中的 complete()方法，其实现代码如下：

```
来源：com.sun.tools.javac.code.Symbol
public void complete() throws CompletionFailure {
    if (completer != null) {
        Completer c = completer;
        completer = null;
        c.complete(this);
    }
}
```

同样，当 completer 对象不为空时调用 Completer 类的 complete()方法并传递当前符号作为调用方法的参数。另外，在调用 c.complete()方法之前需要将 completer 的值设置为空，这样下次调用时就不会重复调用 complete()方法加载当前符号下定义的成员符号了。

Completer 是一个定义在 Symbol 类内的接口，具体定义如下：

```
来源：com.sun.tools.javac.code.Symbol.Completer
public static interface Completer {
    void complete(Symbol sym) throws CompletionFailure;
}
```

这个接口的实现类有 com.sun.tools.javac.jvm.ClassReader 与 com.sun.tools.javac.comp.MemberEnter，这两个实现类都实现了 complete()方法，调用这个方法可以完成 ClassSymbol 或 PackageSymbol 对象中 members_field 的填充，在第 7 章将详细介绍符号填充的过程。

另外，PackageSymbol 类中还定义了 fullname 变量，而 ClassSymbol 类中除了定义 fullname 变量外，还定义了 flatname 变量，这些变量都声明为 Name 类型，在 PackageSymbol 类的构造方法中初始化 fullname，代码如下：

```
来源：com.sun.tools.javac.code.Symbol.PackageSymbol
this.fullname = formFullName(name, owner);
```

在 ClassSymbol 类的构造方法中初始化 fullname 与 flatname，代码如下：

```
来源：com.sun.tools.javac.code.Symbol.ClassSymbol
this.fullname = formFullName(name, owner);
this.flatname = formFlatName(name, owner);
```

fullname 变量保存类的全限定名，通过调用 formFullName()方法来完成初始化。

formFullName()是定义在 TypeSymbol 类中的静态方法，具体实现代码如下：

```
来源：com.sun.tools.javac.code.Symbol.TypeSymbol
static public Name formFullName(Name name, Symbol owner) {
    if (owner == null)
        return name;
    if ( (owner.kind & (VAR | MTH)) != 0 || (owner.kind == TYP && owner.type.tag
== TYPEVAR))
        return name;
    // 当逻辑执行到这里时，owner 值的类型一定为 ClassSymbol 或 PackageSymbol
    Name prefix = owner.getQualifiedName();
    if (prefix == null || prefix == prefix.table.names.empty)
        return name;
    else
        return prefix.append('.', name);
}
```

其中，方法参数 name 就是当前符号的名称，而 owner 就是当前符号所属的符号。如果当前符号为 ClassSymbol 对象且 owner 为 VarSymbol 或 MethodSymbol 对象时，表示的是本地类或匿名类符号，直接返回 name 即可。对于匿名类来说，name 值为空，因此匿名类的 fullname 值也为空。formFullName()方法中的如下条件判断表达式：

```
(owner.kind==TYP && owner.type.tag==TYPEVAR)
```

当表达式的值为 true 时，owner 值只能为 TypeSymbol 对象，也就是当为类型变量时，也直接返回 name 的值。formFullName()方法后面的逻辑就是计算顶层类及嵌套类的 fullname 了，此时 owner 值的类型一定为 ClassSymbol 或 PackageSymbol，调用 owner.getQualifiedName()方法得到 owner 的全限定名，在 Symbol 类中定义的 getQualifiedName()方法将直接返回 name 值，而 ClassSymbol 和 PackageSymbol 类中对这个方法进行了覆写，返回的是 fullname。如果 owner 的全限定名为空或者为空字符串，如没有包名的类，则直接返回 name，否则将 name 追加到 prefix 之后并使用逗号分割。下面举个计算 fullname 的例子。

【实例 6-7】

```
package chapter6;

public class TestOwner {
    class InnerClass { }

    public void test() {
        Object o = new Object() { };
        class LocalClass { }
    }
}
```

以上实例中，TestOwner 类的 fullname 值为 chapter6.TestOwner；InnerClass 类的值 fullname 为 chapter6.TestOwner.InnerClass；Object 匿名类的 fullname 值为空；LocalClass 类的 fullname 值为 LocalClass。

ClassSymbol 类中定义的 flatname 通过调用 formFlatName()方法完成初始化，formFlatName()是定义在 TypeSymbol 类中的静态方法，具体实现代码如下：

```
来源：com.sun.tools.javac.code.Symbol.TypeSymbol
static public Name formFlatName(Name name, Symbol owner) {
    if (
        owner == null ||
        (owner.kind & (VAR | MTH)) != 0 || (owner.kind == TYP && owner.type.tag
== TYPEVAR)
    )
        return name;
    char sep = owner.kind == TYP ? '$' : '.';
    // 当逻辑执行到这里时，owner 值的类型一定为 ClassSymbol 或 PackageSymbol
    Name prefix = owner.flatName();
    if (prefix == null || prefix == prefix.table.names.empty)
        return name;
    else
        return prefix.append(sep, name);
}
```

formFlatName()方法的实现与 formFullName()方法的实现非常类似，当为顶层类、本地类、匿名类或类型变量时，直接返回 name。当 owner 为 ClassSymbol 对象时使用$分割符，也就说明当前类是嵌套类而非顶层类。在调用 owner.flatName()方法时，owner 值的类型一定为 ClassSymbol 或者 PackageSymbol，对于 ClassSymbol 来说，flatName()方法返回 flatname，对于 PackageSymbol 来说，flatName()方法返回 fullname。

对于实例 6-7 来说，TestOwner 类的 flatname 值为 chapter6.TestOwner，InnerClass 类的 flatname 值为 chapter6.TestOwner$InnerClass；Object 匿名类的 flatname 值为空，LocalClass 类的 flatname 值为 LocalClass。

匿名类和本地类的 flatname 会在 Enter 类的 visitClassDef()方法中更新，这个方法会调用 Check 类的 loadClassName()方法得到 flatname。loadClassName()方法的实现代码如下：

```
来源：com.sun.tools.javac.comp.Check
Name localClassName(ClassSymbol c) {
    for (int i=1; ; i++) {
        Name flatname = names.fromString("" + c.owner.enclClass().flatname +
                    syntheticNameChar + i + c.name);
        if (compiled.get(flatname) == null)
            return flatname;
    }
}
```

其中，syntheticNameChar 变量的值是字符常量'$'；compiled 是 Map<Name,ClassSymbol>类型的变量，保存所有类的 flatname 到 ClassSymbol 对象的映射关系，如果经过合成的 flatname 从其中取出来的是 null，表示与已有名称不冲突，返回这个名称。

如果不产生冲突，那么实例 6-7 中 Object 匿名类的 flatname 值为 chapter6.TestOwner$1，而 LocalClass 类的 flatname 值为 chapter6.TestOwner$1LocalClass。

6.1.3 VarSymbol 类

每个变量都有一个唯一的 VarSymbol 对象，这个 VarSymbol 类除继承 Symbol 类的一些变量与方法外，还声明了两个重要的变量 adr 与 data，类及重要变量的定义如下：

```
来源：com.sun.tools.javac.code.Symbol.VarSymbol
public static class VarSymbol extends Symbol implements VariableElement {
    public int adr = -1;
    private Object data;
    ...
}
```

其中，adr 在数据流分析、语法糖去除与代码生成阶段代表了不同的含义，将在第 14 章、第 15 章与第 16 章中详细介绍。如果 VarSymbol 对象表示常量，则 data 存储常量数值，如果表示变量，则存储 java.util.concurrent.Callable 对象，这样可以延迟处理变量初始化表达式。

6.1.4 MethodSymbol 及 OperatorSymbol 类

任何方法，包括接口、抽象类或者注解中的方法都有一个唯一的 MethodSymbol 对象。MethodSymbol 类中定义了一些重要的方法，如判断方法覆写的 overrides()方法，查找方法实现的 implementation()方法，由于这些方法在实现的过程中涉及的知识点比较多，如类型、符号表等，因而笔者在附录 D 中介绍了这些方法的实现，读者可以在阅读完本章的所有内容后查看相关实现，这里只通过一些例子来说明 overrides()与 implementation()方法的功能。

【实例 6-8】

```
package chapter6

class Parent{
    public void md(){ }
}

class Sub extends Parent{
    public void md(){ }
}
```

在语义分析阶段会调用 overrides()方法检查 Sub 类中定义的 md()方法是否正确覆写了 Parent 类的 md()方法，比如检查两个方法的返回类型是否兼容性等。

【实例 6-9】

```
package chapter6

interface IA{
    public void method();
}
```

```
class CA{
   public void method(){}
}

class CB extends CA implements IA{ }
```

在语义分析阶段会调用 implementation()方法检查 CB 类中定义或继承下来的所有抽象方法是否都有对应的实现，例如 IA 接口中定义的抽象方法 method()是否有对应的实现，通过调用 implementation()方法找到了 CA 类中对应的实现方法 method()，因此实例能正常编译。

binaryOverrides()与 binaryImplementation()方法主要是在泛型擦除时辅助判断是否需要添加桥方法，例如实例 6-10 所示。

【实例 6-10】

```
package chapter6

interface IA{
   void getVal(String t);
}

class Node<T extends String> {
   public void getVal(T t){ }
}

class MyNode extends Node implements IA{ }
```

Node 类擦除泛型后，定义的 getVal(T t)方法变为了 getVal(String t)方法，因此对于 MyNode 类来说，IA 接口中定义的 getVal()方法有对应的实现，就不需要在泛型擦除过程中做任何处理，判断的过程就是调用 binaryImplementation()方法和 binaryOverrides()方法完成的，关于泛型擦除及涉及的相关方法，将在第 13 章中详细介绍。

OperatorSymbol 类表示的是运算符符号，任何在 Java 源代码中出现的运算符都有一个唯一的 OperatorSymbol 对象。OperatorSymbol 类及重要变量的定义如下：

```
来源：com.sun.tools.javac.code.Symbol.OperatorSymbol
public static class OperatorSymbol extends MethodSymbol {
   public int opcode;
   ...
}
```

OperatorSymbol 类继承了 MethodSymbol 类，说明运算符和方法有一定的相似性。Javac 将任何运算符的操作数看作调用方法传递的参数，将运算后的结果当作调用方法后的返回值。不过这里指的运算仅仅是对类型的运算，例如，两数相加的运算符“+”，其中一个操作数为 long 类型，另外一个为 int 类型，那么 Javac 就会查找名称为“+”并且参数类型为 long 和 int 的 OperatorSymbol 对象，然后获取这个对象的结果类型。Javac 在名称相同的情况下，根据操作数的类型来确定 OperatorSymbol 对象，使用相同名称的符号进行多种操作叫做运算符重载（Operator Overloading）。如表 6-5 中列举了重载的一些运算符。

表 6-5　重载的运算符

运 算 符	操作数及结果类型	指　令	运 算 符	操作数及结果类型	指　令
+	(double)double (float)float (long)long (int)int	nop nop nop nop	|	(boolean,boolean)boolean (long,long)long (int,int)int	ior lor ior
-	(double)double (float)float (long)long (int)int	dneg fneg lneg ineg	^	(boolean,boolean)boolean (long,long)long (int,int)int	ixor lxor ixor
~	(long)long (int)int	lxor ixor	<<	(long,long)long (int,long)int (long,int)long (int,int)int	lshll ishll lshl ishl
++	(double)double (float)float (long)long (int)int (char)char (short)short (byte)byte	dadd fadd ladd iadd iadd iadd iadd	>>	(long,long)long (int,long)int (long,int)long (int,int)int	lshrl ishrl lshr ishr
--	(double)double (float)float (long)long (int)int (char)char (short)short (byte)byte	dsub fsub lsub isub isub isub isub	>>>	(long,long)long (int,long)int (long,int)long (int,int)int	lushrl iushrl lushr iushr
!	(boolean)boolean	bool_not	<	(double,double)boolean (float,float)boolean (long,long)boolean (int,int)boolean	

（续）

运 算 符	操作数及结果类型	指　　令	运 算 符	操作数及结果类型	指　　令
<*nullchk *>	(Object)Object	nullchk	>	(double,double)boolean (float,float)boolean (long,long)boolean (int,int)boolean	
+	(String,Object)String (Object,String)String (String,String)String (String,int)String (String,long)String (String,float)String (String,double)String (String,boolean)String (String,null)String (int,String)String (long,String)String (float,String)String (double,String)String (boolean,String)String (null,String)String (null,null)null	string_add string_add string_add string_add string_add string_add string_add string_add string_add string_add string_add string_add string_add string_add string_add string_add	<=	(double,double)boolean (float,float)boolean (long,long)boolean (int,int)boolean	
+	(double,double)double (float,float)float (long,long)long (int,int)int	dadd fadd ladd iadd	>=	(double,double)boolean (float,float)boolean (long,long)boolean (int,int)boolean	
-	(double,double)double (float,float)float (long,long)long (int,int)int	dsub fsub lsub isub	==	(Object,Object)boolean (boolean,boolean)boolean (double,double)boolean (float,float)boolean (long,long)boolean (int,int)boolean	

（续）

运算符	操作数及结果类型	指令	运算符	操作数及结果类型	指令
*	(double,double)double (float,float)float (long,long)long (int,int)int	dmul fmul lmul imul	!=	(Object,Object)boolean (boolean,boolean)boolean (double,double)boolean (float,float)boolean (long,long)boolean (int,int)boolean	
/	(double,double)double (float,float)float (long,long)long (int,int)int	ddiv fdiv ldiv idiv	&&	(boolean,boolean)boolean	bool_and
%	(double,double)double (float,float)float (long,long)long (int,int)int	dmod fmod lmod imod	||	(boolean,boolean)boolean	bool_or
&	(boolean,boolean)boolean (long,long)long (int,int)int	iand land iand			

其中，在“操作数及结果类型”列中，括号中的类型表示操作数的类型，而紧跟在括号后的为结果类型。大部分的运算符根据操作数类型的不同会对应不同的指令，指令已经在 com.sun.tools.javac.jvm.ByteCodes 类中预先进行了定义，大部分的指令都严格与 Java 虚拟机中的指令相对应，少一部分的指令在 Java 虚拟机中并没有对应的指令，需要后期做相应的处理，举个例子如下：

【实例 6-11】

```
public void test(String a, String b) {
    String c = a + b;
}
```

其中，a 与 b 都是 String 类型的变量，根据两个 String 类型的操作数及名称“+”查找到对应的 OperatorSymbol 对象，对应的指令为 string_add，在字节码生成之前会进行转换，相当于生成如下代码的字节码：

```
StringBuilder temp = new StringBuilder();
temp.append(b);
temp.append(c);
String a = temp.toString();
```

下面来看看对运算符重载的实现。在编译任何 Java 源文件之前，会获取 com.sun.tools.javac.code.Symtab 类的实例，在这个类的构造方法中会预先进行运算符的重载，也就是为不同的运算符、相同运算符不同类型的操作数创建唯一的 OperatorSymbol 对象，如表 6-5 所示。然后将这些对象保存到 ClassSymbol 对象的 predefClass 中，更具体说就是保存到了 predefClass 的 members_field 中。predefClass 初始化的代码如下：

```
来源：com.sun.tools.javac.code.Symtab
predefClass = new ClassSymbol(_, names.empty, _);
Scope scope = new Scope(predefClass);
predefClass.members_field = scope;
```

接着就是调用 enterUnop()方法为一元运算符创建 OperatorySymbol 对象，或调用 enterBinop()方法为二元运算符创建 OperatorySymbol 对象。举个对一元运算符负号“-”处理的例子，相关的调用语句如下：

```
来源：com.sun.tools.javac.code.Symtab
enterUnop("-", doubleType, doubleType, dneg);
enterUnop("-", floatType, floatType, fneg);
enterUnop("-", longType, longType, lneg);
enterUnop("-", intType, intType, ineg);
```

调用的 enterUnop()方法的实现代码如下：

```
来源：com.sun.tools.javac.code.Symtab
private OperatorSymbol enterUnop(String name,Type arg,Type res,int opcode) {
    OperatorSymbol sym = new OperatorSymbol(names.fromString(name),
                        new MethodType(List.of(arg),res,List.<Type>nil(),_),
                        opcode,
                        predefClass);
    predefClass.members().enter(sym);
    return sym;
}
```

每调用一次 enterUnop()方法就会创建一个 sym，这个对象的 name 为“+”，arg 就是操作数的类型，这里可以理解为方法的形参类型，而 res 是运算的结果类型，在这里可以理解为方法返回值类型。通过 arg 与 res 两个参数创建了 MethodType 对象，MethodType 表示方法类型，后面将会详细介绍。

对于二元运算符的创建，例如对二元运算符减号“-”的处理，相关的调用语句如下：

```
来源：com.sun.tools.javac.code.Symtab
enterBinop("-", doubleType, doubleType, doubleType, dsub);
enterBinop("-", floatType, floatType, floatType, fsub);
enterBinop("-", longType, longType, longType, lsub);
enterBinop("-", intType, intType, intType, isub);
```

调用的 enterBinop()方法，其实现代码如下：

```
来源：com.sun.tools.javac.code.Symtab
private void enterBinop(String name,Type left, Type right, Type res,int
opcode) {
    predefClass.members().enter(
        new OperatorSymbol(
```

```
            names.fromString(name),
            new MethodType(List.of(left, right), res,List.<Type>nil(), _),
            opcode,
            predefClass));
}
```

运算符的重载将在第 9 章中的二元数字提升中有重要的应用，到时候会详细介绍。

6.2 符号表的组织

Javac 在编译过程中需要频繁查找被引用的符号，可以通过扫描整个标注语法树来实现。不过这样的查找方式效率太低，而且也不能更好地存储符号相关的一些信息，例如，无法直观地反映符号之间的关系，因此需要通过符号表来重新组织这些符号。符号一般都是与作用域关联的，Java 的作用域是嵌套的，这样 Javac 在实现过程中，可以通过 Scope 类来实现作用域的嵌套，然后将每个作用域中定义的符号分别保存到对应作用域的相关变量中，这样就可以通过遍历作用域的方式查找唯一的符号引用了。

Javac 在实现过程中，为了能够体现出作用域的嵌套，以及为后序语句及表达式的分析提供更全面的上下文信息，一般会在任意树节点的分析过程中伴随有 Env、AttrContext 与 Scope 对象。其中 Env 对象主要提供抽象语法树相关的上下文信息，AttrContext 对象主要保存一些特殊的信息，以方便在后续标注等各阶段使用，Scope 对象表示 Java 的作用域，其中保存了许多符号相关的具体信息，这些都可以理解为广义符号表的一部分。下面将详细介绍符号表涉及的几个重要的类。

6.2.1 Env 类介绍

Env 对象可以保存当前树节点的关于抽象语法树的上下文信息，Env 类及重要变量的定义如下：

```
来源：com.sun.tools.javac.comp.Env
public class Env<A> implements Iterable<Env<A>> {
   public JCTree tree;
   public JCTree.JCCompilationUnit toplevel;
   public JCTree.JCClassDecl enclClass;
   public JCTree.JCMethodDecl enclMethod;

   public Env<A> next;
   public Env<A> outer;
   public A info;
   ...
}
```

其中，tree 保存当前节点的父节点，因此对于树中的任何节点来说，当分析子节点时就需要创建父节点的 Env 对象；toplevel 保存了当前节点所属的编译单元；enclClass

保存了当前节点所属的 JCClassDecl 类型的节点；enclMethod 保存了当前节点所属的 JCMethodDecl 类型的节点。根据 enclClass 与 enclMethod 变量的值，我们可以快速地查找当前节点定义在哪个方法或者哪个类中。

通过 next 与 outer 形成各个 Env 对象的嵌套，因为从 Env 类的 tree 可知，Env 对象只关联一个特定的树节点，由于抽象语法树有层次结构，因而 Env 对象最终也会形成层次结构，next 指向了父节点所对应的 Env 对象。举个例子如下：

【实例 6-12】

```
package chapter6;

public class TestEnv{
   public void test(){
      int a = 1;
   }
}
```

在分析定义变量 a 的语句时，这个语句所处的上下文环境 Env(tree=JCBlock)的嵌套结构如图 6-4 所示。

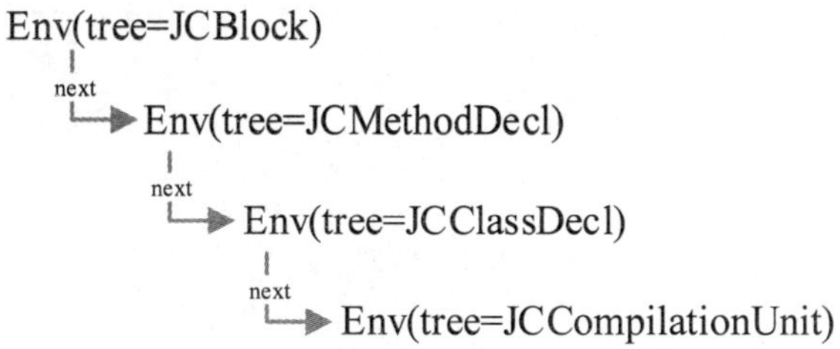

```
Env(tree=JCBlock)
  |
 next
  └─▶ Env(tree=JCMethodDecl)
        |
       next
        └─▶ Env(tree=JCClassDecl)
              |
             next
              └─▶ Env(tree=JCCompilationUnit)
```

图 6-4　Env 对象的嵌套结构

outer 指向当前节点所归属的 JCClassDecl 类型节点的父节点，举个例子如下：

【实例 6-13】

```
package chapter6;

public class TestOuterProperty{
   public void test(){
      class LocalA{ }
   }
}
```

代表 LocalA 类的 JCClassDecl 节点被 test()方法体的 JCBlock 节点所包含，因此 LocalA 类对应的 Env 对象的 outer 都指向 JCBlock 树节点。TestOuterProperty 类及类内部（除了 LocalA 及 LocalA 内部）被 JCCompilationUnit 这个节点所包含，因此 Env 对象的 outer 指向 JCCompilationUnit。

outer 变量最主要的作用就是结合 AttrContext 类中的 staticLevel 对静态环境进行判断，在第 11 章将看到具体的应用。

对于 Env<A>类内定义的 info 变量来说，其类型是 A，而 A 是 Env 类上定义的一个类型变量，因此如果声明一个变量的类型为 Env<AttrContext>，则 info 的类型为 AttrContext。下面将介绍 AttrContext 类。

6.2.2 AttrContext 类介绍

通过 Env 对象的 info 变量来保存 AttrContext 对象，AttrContext 对象中保存一些特殊的信息。AttrContext 类及重要变量的定义如下：

```
来源：com.sun.tools.javac.comp.AttrContext
public class AttrContext {
    Scope scope = null;
    int staticLevel = 0;
    boolean isSelfCall = false;
    boolean selectSuper = false;
    ...
}
```

staticLevel 与 Env 类的 outer 辅助判断当前是否为静态环境。由于静态环境无法引用非静态环境的实例成员，因此在查找具体的符号引用时，需要对这一语法规则进行判断，举个例子如下：

【实例 6-14】

```
package chapter6;

public class Outer{                        // staticLevel = 0
    static{                                // staticLevel = 1
       int a = 1;                          // staticLevel = 1
    }

    static class Inner{                    // staticLevel = 0
        public static void m1(){           // staticLevel = 1
            int b = 1;                     // staticLevel = 1
        }
    }
}
```

调用 Resolve 类中的 isStatic()方法判断是否为静态环境，isStatic()方法的实现代码如下：

```
来源：com.sun.tools.javac.comp.Resolve
static boolean isStatic(Env<AttrContext> env) {
    return env.info.staticLevel > env.outer.info.staticLevel;
}
```

假设 env.tree 为 JCVariableDecl(name=b)，则 env.outer 应该为 JCClassDecl(name=Outer)，调用 isStatic()方法将返回 true。isStatic()方法并不能判断所有的静态环境，例如当 env.tree 为 JCClassDecl(name=Inner)时，env.outer 是 JCClassDecl(name=Outer)，两个上下文环境的 staticLevel 都为 0。实际上，静态内部类 Inner 相对于 Outer 类来说是一个静态环境，因此

如果当前类是静态内部类时，由于封闭类与当前的静态内部类的 staticLevel 值都为 0，因而还需要判断当前类是否含有 static 关键字，在第 11 章将看到具体的实现。

isSelfCall 在处理形如 this(...)或者 xxx.super(...)这样的语句时，需要将这个变量的值设置为 true，以辅助用于语法检查，举个例子如下：

【实例 6-15】

```
package chapter6;

class Father{ }

class Sub extends Father{
    String name;

    public Sub(String name){
        super(this.name = "a");    // 报错，方法在调用超类型构造器之前引用 this
    }
}
```

在使用 super()语句调用父类构造方法时，传递了如下表达式作为参数：

```
this.name = "a"
```

Env 对象的 tree 为 JCMethodInvocation 类型，从 Env 对象的 info 中获取 AttrContext 对象，这个对象的 isSelfCall 值为 true，这个值可以辅助实现对超前引用的检查，实例 6-15 将报错“无法在调用超类型构造器之前引用 this”。

AttrContext 类中定义的 scope 是 Scope 类型，由于 Env 对象有着对应语法树的层次结构，因而通过 info 保存的 AttrContext 对象与通过 AttrContext 对象的 scope 保存的 Scope 对象也都具有这种层次结构，这种设计在 Javac 后序编译的各个阶段可以灵活操作具体的上下文环境。例如，在 Env、AttrContext 和 Scope 类中都提供了 dup()或 dupXxx()相关方法，这样在创建新的语法树节点对应的 Env 对象时，可以选择性地复制当前语法树节点所处的上下文环境 Env 的相关信息。

6.2.3　Scope 类介绍

作用域（Scope）是 Java 语言的一部分，大多数作用域都以花括号分隔，因此每个 JCBlock 对象都能形成具体的作用域。同一个符号在不同的作用域中可能指向不同的实体。符号的有效区域始于名称的定义语句，以定义语句所在的作用域末端为结束。在 Javac 中，作用域可通过 Scope 类来表示，举个例子如下：

【实例 6-16】

```
class Test {
    int x = 1;

    {
        float x = 2;
    }
```

```
    public void test() {
        long x = 2;
    }
}
```

实例 6-16 中定义的 3 个变量不在同一个作用域范围内，因此即使名称相同也不会引起冲突。相同作用域内的符号都会存放到同一个 Scope 对象下。Scope 类及重要变量的定义如下：

```
来源：com.sun.tools.javac.code.Scope
public class Scope {
    public Scope next;
    public Symbol owner;
    ...
}
```

由于作用域可以嵌套，因而可通过 next 来指向外层嵌套的作用域，并且每个作用域都有所属的符号 owner。

【实例 6-17】

```
class Test {
    public void test() {
        int a = 1;
        {
            int b = 2;
        }
    }
}
```

test()的方法体是一个作用域，方法内的匿名块是一个作用域，这两个作用域的 owner 都指向 MethodSymbol(name=test)。匿名块形成的作用域的 next 指向了方法体形成的作用域。

Scope 类中还提供了 dup()和 dupUnshared()方法，每调用一次 dup()或 dupUnshared()方法就会将当前的 Scope 对象赋值给新的 Scope 对象的 next 变量，具体的实现比较简单，这里不再介绍。

6.2.4 符号表的建立

除了在 Scope 类中定义了 next 与 owner 变量外，还定义了如下 4 个重要的变量：

```
来源：com.sun.tools.javac.code.Scope
Entry[] table;
public Entry elems;
int nelems = 0;
private int shared;
```

其中，table 数组用来存储作用域内定义的符号。一个作用域内定义的多个符号用数组来存储，不过并不是直接存储 Symbol 对象，而是将 Symbol 对象进一步封装为 Entry 对象，然后存储到 table 数组中。由于 table 数组专门用来存储符号，因而也可以直接叫符号表。同一个作用域内定义的所有符号会形成单链表，elems 保存了这个单链表的首个 Entry 对象，nelems 保存了单链表中 Entry 对象的总数。Entry 类及重要变量的定义如下：

```
来源：com.sun.tools.javac.code.Scope.Entry
public static class Entry {
    public Symbol sym;
    private Entry shadowed;
    public Entry sibling;
    public Scope scope;
    ...
}
```

其中，sym 保存的就是这个 Entry 对象所封装的符号；scope 保存 sym 所属的作用域；sibling 用来指向单链表的下一个节点；shadowed 用来解决冲突。在分析语句及表达式时，会频繁通过 table 数组查找符号，为了提高查询的效率，需要一个高效的组织方式。Javac 采用了哈希表来存储符号，当产生冲突时，通过单链表与二次冲突检测法来解决冲突。一般，当符号的名称不同时，可以通过二次冲突检测法来避免冲突，也就是查找数组中另外一个可用的下标；如果符号的名称相同，则通过单链表来避免冲突。shadowed 指向单链表中的下一个元素，这样就可以支持 Java 中相同名称的多重定义，对于 Java 来说，甚至可以在同一个作用域内使用相同名称定义不同的成员，举个例子如下：

【实例 6-18】

```
class Test{
    class obj{ }

    int obj = 0;

    public void obj(){ }
}
```

在 Test 类中定义的三个成员都有相同的名称 obj，在实际使用中会根据上下文确定引用的具体成员，因此 Javac 并不会报编译错误。

为了节省符号表空间，存储符号的 table 数组还可能共享，也就是不同的作用域使用同一个 table 数组，可通过 shared 来表示共享。如果当前 Scope 对象的 next 所指向的 Scope 对象的 shared 值为 1，则表示 next 所指向的 Scope 对象与当前 Scope 对象共享同一个 table 数组。

Scope 类中提供了对符号表的输入、查找及删除等操作，下面来看一下相关方法的具体实现。

1. enter()方法

enter()方法向符号表中输入已经定义好的符号。Scope 类中有 enter()方法和 enterIfAbsent()方法等，最终都会调用 enter(Symbol sym, Scope s, Scope origin)方法，这个方法的实现代码如下：

```
来源：com.sun.tools.javac.code.Scope
public void enter(Symbol sym, Scope s, Scope origin) {
    Assert.check(shared == 0);
    if (nelems * 3 >= hashMask * 2)
        dble();
    int hash = getIndex(sym.name);
    Entry old = table[hash];
    if (old == null) {
        old = sentinel;
        nelems++;
    }
    Entry e = makeEntry(sym, old, elems, s, origin);
    table[hash] = e;
    elems = e;
    ...
}
```

enter()方法首先断言 shared 变量的值为 0，如果为 1，则表示符号表被共享，这时候如果再往当前 Scope 对象中添加新的符号，就会存在不严谨的问题，因为不知道这个符号是否也能被共享。

调用 genIndex()方法获取存储的槽位，如果各个符号的名称相同，则返回的哈希值一定相同。然后判断对应的槽位上如果有值，则将调用 makeEntry()方法创建代表当前符号的对象 e 并存储到对应的槽位上，e 的 shadowed 指向旧值，更新当前作用域的 elems 值为 e，e 的 sibling 也指向了之前 elems 的值。

getIndex()方法的实现代码如下：

```
来源：com.sun.tools.javac.code.Scope
int getIndex (Name name) {
    int h = name.hashCode();
    int i = h & hashMask;
    int x = hashMask - ((h + (h >> 16)) << 1);
    int d = -1; // Index of a deleted item.
    for (;;) {
        Entry e = table[i];
        if (e == null)
            return d >= 0 ? d : i;
        if (e == sentinel) {
            // We have to keep searching even if we see a deleted item.
            // However, remember the index in case we fail to find the name.
            if (d < 0)
                d = i;
        } else if (e.sym.name == name)
            return i;
        i = (i + x) & hashMask;
    }
}
```

getIndex()方法首先计算 name 的哈希值，然后与 hashMask 取与运算，得到 table 数组中存储的槽位值，然后在 for 循环中查找合适的存储槽位。

例如，有 5 个槽位，各个槽位值初始化为 null，如图 6-5 所示。

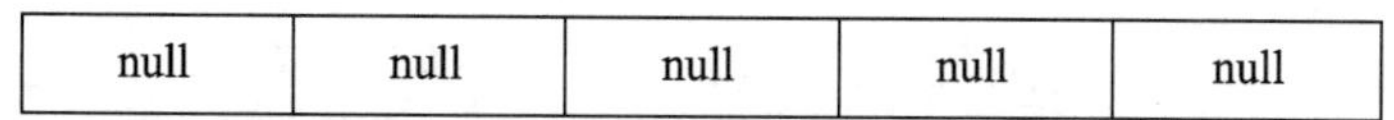

图 6-5　table 数组中各槽位的值

现在在第 2 个槽位上存储一个符号名称为 a 的 Entry 对象，在第 3 个槽位上存储一个符号名称为 b 的 Entry 对象，如图 6-6 所示。

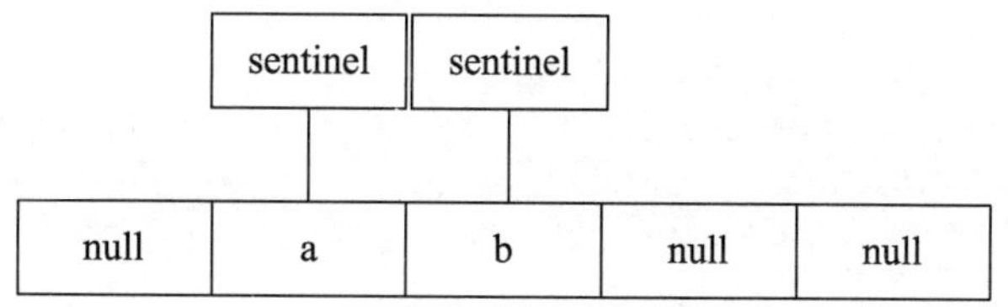

图 6-6　table 数组中各槽位的值

假设 a 与 b 计算的哈希值相同，但是 a 已经存储到了第 2 个槽位，为避免冲突，简单地给槽位值加 1 来存储 b。现在删除第 2 个槽位的 a 值，如图 6-7 所示。

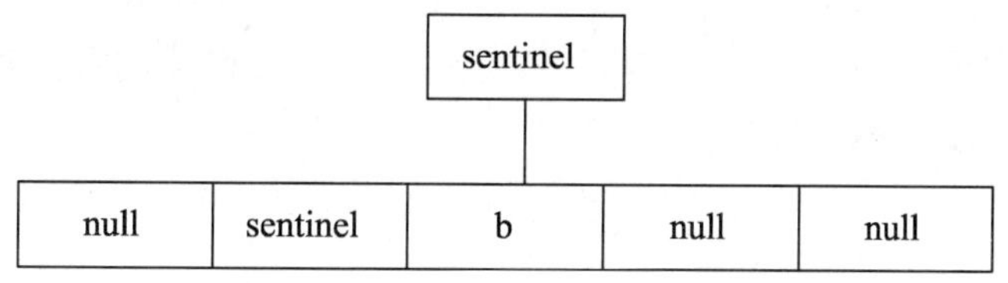

图 6-7　table 数组中各槽位的值

假设又需要存储一个哈希值为 2、符号名称为 c 的 Entry 对象，虽然第 2 个槽位值为 sentinel，但还是不能直接使用，因为可能有其他槽位已经存储了符号名称相同的 Entry 对象，不管这个对象与当前要存储的 Entry 对象是否相等，符号名称相同的 Entry 对象应该存储到同一个槽位上，因此只能继续加 1 查找。直接找到第 4 个值为 null 的槽位，这时候其实应该存储到第 2 个槽位，因为这是第一个可以存储的、空的槽位，方法中的局部变量 d 就起这样的记录作用。

在每次循环中，取出的槽位值 e 有以下 4 种情况。

（1）e 为 null，这个槽位从来没有存储过相关的 Entry 对象，默认值为 null。当 d 小于 0 时才能使用这个槽位值。d 小于 0 则表示之前查找的槽位没有出现过只存储 sentinel 的槽位值。

（2）e 为 sentinel，表示这个槽位曾经存储过 Entry 对象，但是后来这个槽位的 Entry 对象都删除了，因此只剩下了 sentinel。当 d 小于 0 时表示找到了一个可以存储值的槽位，直接更新 d 的值。这里并没有直接返回当前的槽位，因为这很可能不是一个合适的槽位，因为之前的槽位有值，所以为了避免冲突，想要在这个槽位存储的 Entry 对象被存储到了其他槽位上，所以只能继续查找。

（3）存储的符号名称与当前的符号名称相同，直接返回当前槽位即可，将相同名称的 Entry 对象存储到同一个槽位上。

（4）存储的符号名称与当前的符号名称不同，只能更新槽位 *i* 后继续查找。

2. lookup()方法

lookup()方法用来查找相关的符号，实现代码如下：

```
来源：com.sun.tools.javac.code.Scope
public Entry lookup(Name name, Filter<Symbol> sf) {
   Entry e = table[getIndex(name)];
   if (e == null || e == sentinel)
      return sentinel;
   while (e.scope != null && (e.sym.name != name || !sf.accepts(e.sym)))
      e = e.shadowed;
   return e;
}
```

在语句及表达式的标注过程中，会频繁调用 lookup()方法查找被引用的符号，这个方法通过传入的 Name 类型的参数与 Filter<Symbol>类型的参数对符号进行快速查找。当通过哈希值得到符号表中对应槽位上的值为空或者为 sentinel 时，则直接返回 sentinel 即可，表示没有找到合适的 Entry 对象。

当 e.scope 不为空且名称不一致或名称一致，但是调用 Filter 类型的方法 accepts()返回 false 时，则将 e 更新为 e.shadowed 后继续查找。

其中，Filter<Symbol>类型参数的传递是一种策略设计模式，可以根据需要传递不同的 Filter 实现，Filter 接口的定义如下：

```
来源：com.sun.tools.javac.util.Filter
public interface Filter<T> {
   boolean accepts(T t);
}
```

实现类实现 Filter 接口中声明的 accepts(T t)方法，在实现方法中编写符号过滤条件，当方法返回 false 时，则表示符号不满足要求，调用 lookup()方法继续查找；当方法返回 true，表示已经查找到合适的符号。

3. leave()方法

如果离开相关的作用域，则应该调用 leave()方法删除对应作用域内定义的符号，这个方法的实现代码如下：

```
来源：com.sun.tools.javac.code.Scope
public Scope leave() {
   Assert.check(shared == 0);
   if (table != next.table)
      return next;
   while (elems != null) {
```

```
        int hash = getIndex(elems.sym.name);
        Entry e = table[hash];
        Assert.check(e == elems, elems.sym);
        table[hash] = elems.shadowed;
        elems = elems.sibling;
    }
    Assert.check(next.shared > 0);
    next.shared--;
    next.nelems = nelems;
    return next;
}
```

当前的符号表与外层作用域使用的不是同一个符号表时，不需要操作当前的符号表，直接丢弃即可，否则就需要从当前的符号表中删除相关的符号。当前作用域中定义的所有符号都通过 sibling 连接为单链表，因此只需要从单链表的头部 elems 开始删除即可，同时也要更新外层作用域的 nelems 值。

6.3　类型的定义

Java 是强类型的语言，所有的类型在编译期都可以确定，Javac 等编译器也可以在编译期通过类型验证查找更多的错误。下面来详细介绍一下 Javac 中的类型。

6.3.1　普通类型的定义

这里所说的普通类型是指非泛型相关的类型，相关的类型及继承体系如图 6-8 所示。

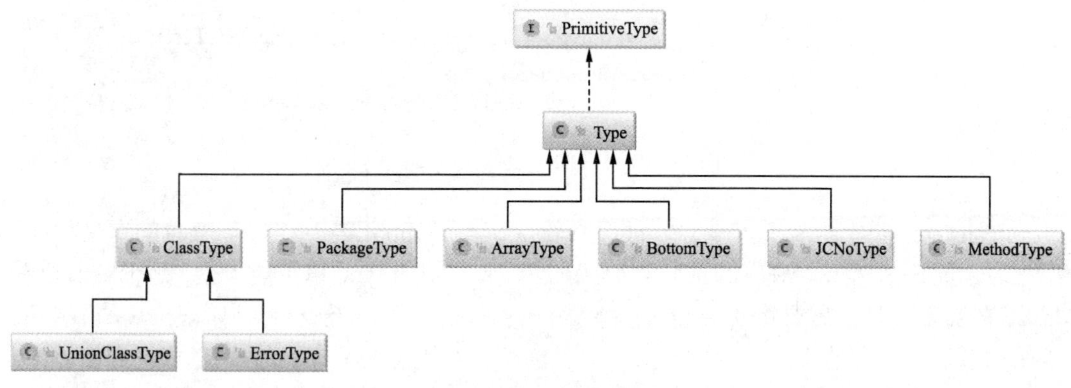

图 6-8　Type 继承体系

Type 类是 Javac 中所有类型的父类，通过类中定义的变量 tag 可以确定具体的类型，其值已经在 TypeTags 枚举类中预先进行了定义。由于 Type 类可以表示基本类型，因此这个类实现了 PrimitiveType 接口，对应的 tag 值可以是 BYTE、CHAR、SHORT、INT、LONG、FLOAT、DOUBLE 或 BOOLEAN，剩下的引用类型及一些特殊的类型由 Type 类或 Type 类的子类来表示，子类都以静态内部类的形式定义在 Type 类中。

Type 类及相关的子类用来进行类型验证，尤其是在表达式的类型验证过程中起着至关重要的作用。它与符号一起对表达式的合法性进行检查，一般都是先查找符号，然后再通过符号查找具体的类型，因此在 Symbol 类中定义了变量 type，用来对具体的类型进行保存。type 变量的定义如下：

```
来源：com.sun.tools.javac.code.Symbol
public Type type;
```

一般在创建 Symbol 对象时就会初始化 type，因此这个值一般不会为空，举个例子如下：

【实例 6-19】

```
package chapter6;

public class Test {
   Test a = 1;
   public void md() { }
}
```

实例 6-19 对应的抽象语法树如图 6-9 所示。

```
JCCompilationUnit
   packge.type=PackageType(tsym.name=chapter6)
   defs=List
      0=JCClassDecl
         sym.type=ClassType(tsym.name=chapter6.Test)
         defs=List
            0=JCVariableDecl
               sym.type=ClassType(tsym.name=chapter6.Test)
            1=JCMethodDecl
               sym.type=MethodType(tsym.name=md)
```

图 6-9　语法树中定义及声明的类型

在 JCTree 类上也定义了变量 type，具体定义与 Symbol 类中对 type 变量的定义相同，用来表示此语法树节点对应的具体类型。语法树节点中的 type 值可能为空，是否有值要看 Javac 在实现时是否需要将 type 值保存到语法树上，一般在语法树标注阶段会将查找到的语法树节点上对应的类型保存到 type 中，以辅助进行类型的验证，在第 12 章将详细介绍。在 Javac 编译期，大部分的类型查找都是通过符号来完成的，因为通过符号表可以快速查找到被引用的符号，然后获取 type 值，提高了查找类型的效率。

类型中也有对符号的引用，具体就是通过 Type 类中定义的 tsym 变量对 TypeSymbol 对象进行引用，tsym 变量的定义如下：

```
来源：com.sun.tools.javac.code.Type
public TypeSymbol tsym;
```

tsym 变量表示当前 Type 对象是被哪个 TypeSymbol 对象定义的，具体可能为 TypeSymbol、ClassSymbol 或 PackageSymbol 对象。对于引用类型来说，通常在创建 Type 类或子类的对象时会调用构造方法初始化 tsym。对于基本类型来说，表示基本类型的 Type 对象的 tsym 值一般都为 null。实例 6-19 中主要类型的 tsym 值如图 6-10 所示。

```
JCCompilationUnit
   packge.type.tsym=PackageSymbol(name=chapter6)
   defs=List
      0=JCClassDecl
         sym.type.tsym=ClassSymbol(name=chapter6.Test)
         defs=List
            0=JCVariableDecl
               sym.type.tsym=ClassSymbol(name=chapter6.Test)
            1=JCMethodDecl
               sym.type.tsym=ClassSymbol(name=Method)
```

图 6-10　语法树中定义相关类型的类型符号

对于非泛型类型 Test 来说，变量 a 声明的类型 Test 与定义的类型 Test 是同一个，因此 tsym 值相同。而对于方法来说，MethodType 对象的 tsym 是一个 ClassSymbol 对象，名称为 Method，这是在 Symtab 类中预先定义好的一个符号，所有的 MethodType 对象的 tsym 都指向这个值，实际上并不会起很重要的作用。

对于泛型类型来说，ClassType 对象的 tsym 值起着很关键的作用，举个例子如下：

【实例 6-20】

```
package chapter6;
import java.io.Serializable;

public class Test<T extends Serializable>{
    Test<String> a;
}
```

其中，变量 a 声明的类型为 Test<String>，这个类型与定义时的类型 Test<T extends Serializable>已经不是同一种类型，这时可以通过表示 Test<String>的 ClassType 对象的 tsym 找到定义 Test 类的符号，也就是获取 Test<T extends Serializable>对应的 ClassSymbol 对象，进而获取这个对象的 type 值，这样就可以验证实际传递的泛型参数 String 是否在定义类时所声明的类型参数的上限 Serializable 之内。关于泛型类型的表示，将在 6.3.2 节详细介绍。

下面总结一下语法树节点、符号与类型三者之间的引用关系，如图 6-11 所示。

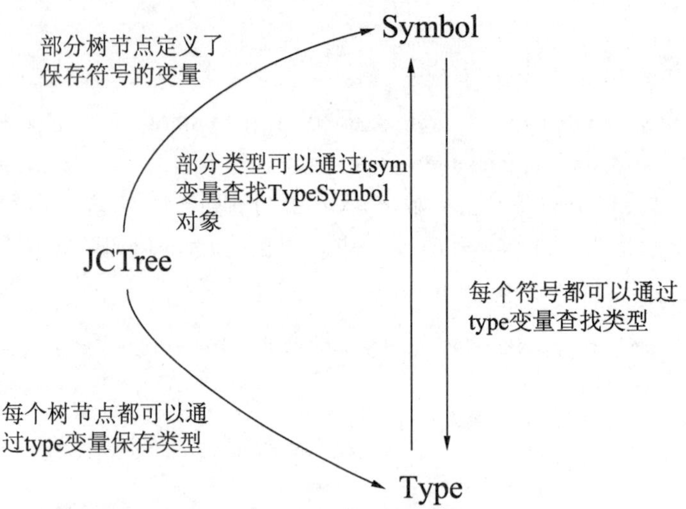

图 6-11　树节点、符号与类型三者之间的引用关系

下面将介绍 Type 类的子类。

1．PackageType类

PackageType 类用来表示包类型，类及重要变量的定义如下：

```
来源：com.sun.tools.javac.code.Type.PackageType
public static class PackageType extends Type implements NoType {
    ...
}
```

由于 PackageType 不表示任何具体的类型，因此实现了 NoType 接口。tag 值为 PACKAGE，tsym 值为 PackageSymbol 对象。

2．ClassType类

ClassType 类表示类型，可能为类或接口，类及重要变量的定义如下：

```
来源：com.sun.tools.javac.code.Type.ClassType
public static class ClassType extends Type implements DeclaredType {
   private Type outer_field;
   public List<Type> typarams_field;
   public List<Type> allparams_field;
   public Type supertype_field;
   public List<Type> interfaces_field;
   ...
}
```

ClassType 实现了 DeclaredType 接口，表示声明的类或接口，tag 值为 CLASS，tsym 值一般为 ClassSymbol 对象。除了这两个继承自父类 Type 的变量外，ClassType 类中还定义了许多变量，outer_field 保存封闭类型，如果当前类是非内部类，这个值为 Type 类中预先定义的、类型为 JCNoType 的 noType 对象；typarams_field 保存了类型参数的类型，如果当前表示的是定义时的类型，则 typarams_field 保存的是形式类型参数的类型；如果是使用已定义的类型，则 typarams_field 保存的是实际类型参数的类型；allparams_field 除了保存所有类型参数的类型外，还会保存宿主类型中的所有类型参数；supertype_field 保存当前类型的父类，如果为接口，则 supertype_field 保存的是 Object 类型；interfaces_field 保存当前类型实现的所有接口。举个例子如下：

【实例 6-21】

```
package chapter6;

public class Outer<T1> {

   class Inner<T2>  { }

   public void test() {
      Outer<Integer>.Inner<String> x;
   }
}
```

下面对实例中涉及的所有 ClassType 对象的 typarams_field、allparams_field 与 outer_field 变量的值进行说明。

- 对于表示 Outer<T1>类型的 ClassType 对象来说，typarams_field 与 allparams_field 列表中只含有一个 TypeVar(tsym.name=T1)对象；outer_field 的值为空。
- 对于表示内部类 Inner<T2>的 ClassType 对象来说，其 typarams_field 列表中只含有一个 TypeVar(tsym.name=T2)对象；allparams_field 列表中包含 TypeVar(tsym.name=T1)与 TypeVar(tsym.name=T2)对象；outer_field 的值就是表示 Outer<T1>类型的 ClassType 对象。
- 对于表示参数化类型 Outer<Integer>.Inner<String>的 ClassType 对象来说，typarams_field 列表中包含 ClassType(tsym.name=String)对象；allparams_field 列表中包含 ClassType-(tsym.name=String)与 ClassType(tsym.name=Integer)对象；outer_field 的值是表示参数化类型 Outer<Integer>的 ClassType 对象。

3. UnionClassType类

UnionClassType 类用来支持在单个 catch 语句中声明多个异常捕获类型，类及重要变量的定义如下：

```
来源：com.sun.tools.javac.code.Type.UnionClassType
public static class UnionClassType extends ClassType implements UnionType {
   final List<? extends Type> alternatives_field;
   ...
}
```

UnionClassType 对象的 tag 值为 CLASS，而 alternatives_field 列表保存了 catch 语句中

声明多个异常捕获的类型，举个例子如下：

【实例 6-22】

```
package chapter6;

public void md(String className,Object o) {
    try {
        o = Class.forName(className).newInstance();
    } catch (InstantiationException | IllegalAccessException | ClassNot
FoundException e) {
        e.printStackTrace();
    }
}
```

catch 语句中异常参数 e 的类型就是 UnionClassType，而在 alternatives_field 列表中保存了表示 InstantiationException、IllegalAccessException 与 ClassNotFoundException 类的 ClassType 对象。

4．ArrayType类

ArrayType 类表示数组类型，类及重要变量的定义如下：

```
来源：com.sun.tools.javac.code.Type.ArrayType
public static class ArrayType extends Type implements javax.lang.model.
type.ArrayType {
    public Type elemtype;
    ...
}
```

ArrayType 对象的 tag 值为 ARRAY，其中的 elemtype 表示组成数组元素的类型。elemtype 的类型也可能是 ArrayType，例如一个二维数组 int[][]，其 elemtype 是一个表示一维数组的 ArrayType 对象，一维数组 int[]的 elemtype 表示 int 类型的 Type 对象。

5．MethodType类

MethodType 类表示非泛型方法的类型，类及重要变量的定义如下：

```
来源：com.sun.tools.javac.code.Type.MethodType
public static class MethodType extends Type implements ExecutableType {
    public List<Type> argtypes;
    public Type restype;
    public List<Type> thrown;
    ...
}
```

MethodType 对象的 tag 值为 METHOD，其中定义的变量 argtypes、restype 与 thrown 分别保存了形式参数类型、返回值类型及抛出的异常类型。

6．JCNoType类

JCNoType 类及重要变量的定义如下：

```
来源：com.sun.tools.javac.code.Type.JCNoType
static class JCNoType extends Type implements NoType {
    public JCNoType(int tag) {
        super(tag, null);
    }
    ...
}
```

JCNoType 对象的 tag 值可能为 NONE 或者 VOID，当为 NONE 表示这不是一个类型，例如包名没有具体的 Type 类型。当方法返回类型为 void 时，tag 的值为 VOID。

7．BottomType类

BottomType 类表示 null 类型，类及重要变量的定义如下：

```
来源：com.sun.tools.javac.code.Type.BottomType
static class BottomType extends Type implements NullType {
    public BottomType() {
        super(TypeTags.BOT, null);
    }
    ...
}
```

BottomType 对象的 tag 值为 BOT，这个类型可以转换为任何的引用类型。

8．ErrorType类

ErrorType 类表示一个错误的类型，类及重要变量的定义如下：

```
来源：com.sun.tools.javac.code.Type.ErrorType
public static class ErrorType extends ClassType implements javax.lang.
model.type.ErrorType {
    private Type originalType = null;
    ...
}
```

ErrorType 对象的 tag 值为 ERROR。originalType 变量保存了一个具体的错误类型，用于出错时错误的处理。

6.3.2　泛型相关类型的定义

在类型中有专门为解决泛型而新增的一些类型，这些类型的继承关系如图 6-12 所示。

继承 ClassType 类的 ErasedClassType 类用来辅助查找泛型类型的超类，在附录 C 中讲解 Types 类中的 supertype()或 interfaces()方法时会介绍；ForAll 类用来表示含有泛型变量声明的方法类型，主要辅助进行类型推断，在第 13 章将详细介绍；UndetVar 类表示待推断的类型变量，主要辅助进行类型推断，在第 13 章将详细介绍；继承 TypeVar 类的 CapturedType 类用来辅助进行类型捕获，在第 9 章将详细介绍。下面着重介绍 TypeVar 与 WildcardType 类。

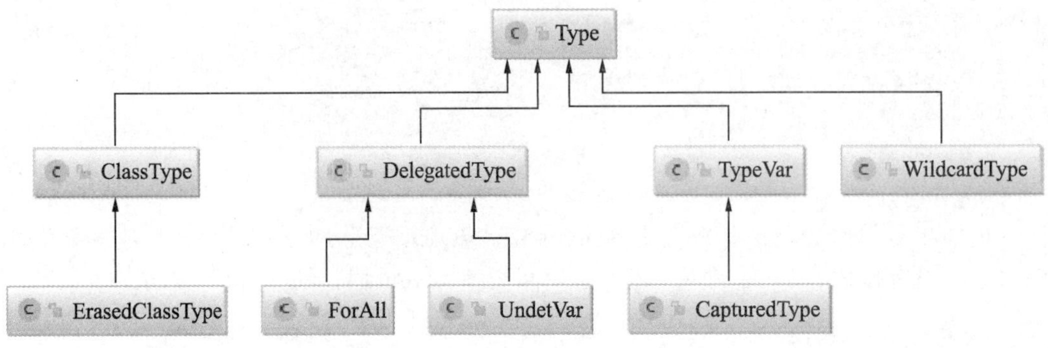

图 6-12　泛型相关类型的继承体系

1. TypeVar类

TypeVar 表示类型变量，类的定义如下：

```
来源：com.sun.tools.javac.code.Type.TypeVar
public static class TypeVar extends Type implements TypeVariable {

    public Type bound = null;
    public Type lower;

    public TypeVar(Name name, Symbol owner, Type lower) {
        super(TYPEVAR, null);
        tsym = new TypeSymbol(0, name, this, owner);
        this.lower = lower;
    }

    public TypeVar(TypeSymbol tsym, Type bound, Type lower) {
        super(TYPEVAR, tsym);
        this.bound = bound;
        this.lower = lower;
    }
    ...
}
```

其中，bound 保存类型变量的上界，而 lower 保存类型变量的下界。由于类型变量在声明时不能指定下界，因而值通常为 syms.botType，也就是 null，lower 变量的主要作用就是辅助进行类型捕获转换。关于类型捕获转换将在第 9 章中详细介绍。关于 TypeVar，举个例子如下：

【实例 6-23】

```
class Test<T extends Number>{}
```

表示类型变量 T 的 TypeVar 对象的 tag 值为 TYPEVAR，bound 值为 ClassType-(tsym.name=Number)，lower 的值为 syms.botType。

2. WildcardType类

WildcardType 表示通配符类型。例如，声明一个参数化类型 List<? extends Number>，其中的? extends Number 就是用 WildcardType 对象来表示。类的定义如下：

```
来源：com.sun.tools.javac.code.Type.WildcardType
public static class WildcardType extends Type implements javax.lang.
model.type.WildcardType {

    public Type type;
    public BoundKind kind;
    public TypeVar bound;

    public WildcardType(Type type, BoundKind kind, TypeSymbol tsym) {
        super(WILDCARD, tsym);
        this.type = Assert.checkNonNull(type);
        this.kind = kind;
    }
    ...
}
```

其中，type 保存了通配符类型的上界或下界；kind 保存了具体通配符的类型；bound 保存了类型定义时声明的类型变量，一般为 TypeVar 对象。具体的通配符类型由 kind 来指定，值已经在 BoundKind 枚举类中预先进行了定义。BoundKind 枚举类的定义如下：

```
来源：com.sun.tools.javac.code.BoundKind
public enum BoundKind {
    EXTENDS("? extends "),
    SUPER("? super "),
    UNBOUND("?");
    ...
}
```

其中，UNBOUND 表示无界通配符（Unbounded Wildcards），SUPER 表示上界通配符（Upper Bounded Wildcards），EXTENDS 表示下界通配符（Lower Bounded Wildcards）。举个例子如下：

【实例 6-24】

```
package chapter6;

class Fruit { }

class Apple extends Fruit { }

class Plate<T> {
    private T item;

    public void set(T t) {
        item = t;
    }
    public T get() {
        return item;
```

```
    }
}

class Test {
    public void test() {
        Plate<?> p1;
        Plate<? extends Fruit> p2;
        Plate<? super Fruit> p3;
    }
}
```

其中，Plate<?>是个 ClassType 对象，typarams_field 列表中有一个 WildcardType 对象，用来表示无界通配符？WildcardType 对象的 type 值为 Object 类型，所有无界通配符的默认上界都为 Object 类，kind 值为 UNBOUND，而 bound 就是 Plate 类在定义时声明的类型参数 T，类型为 TypeVar。

对于 Plate<? extends Fruit>来说，实际类型参数也是一个 WildcardType 对象，不过 type 为 Fruit，kind 为 EXTENDS，而 bound 同样表示类型参数 T 的 TypeVar 对象。

Plate<? super Fruit>与 Plate<? extends Fruit>类似，唯一不同的是 kind 的值，Plate<? super Fruit>类的 kind 值为 SUPER。

下面简单介绍一下有通配符情况下的参数化类型的继承关系，如图 6-13 所示。

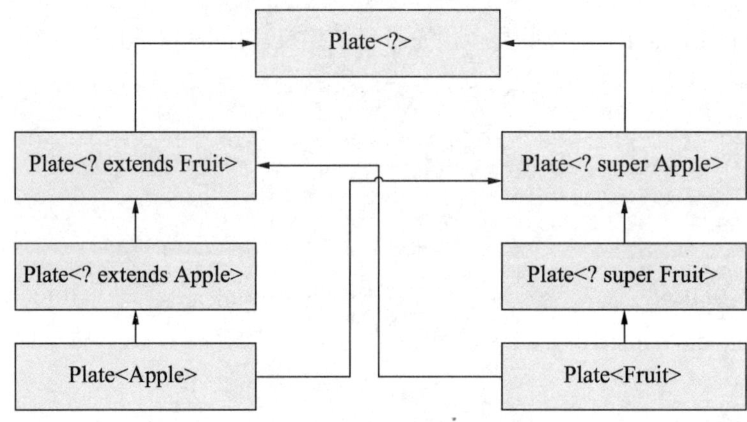

图 6-13　参数化类型的继承体系

通配符的使用让 Java 的泛型转换更容易，但也会造成部分功能失效。例如，对于实例 6-24 来说，向盘子中存或者取东西时，对于有上界的 Plate<? extends Fruit>来说，往盘子里放东西的 set()方法都不可用，而取东西的 get()方法都可用，举个例子如下：

【实例 6-25】

```
class Test {
    public void test() {
        Plate<? extends Fruit> p = new Plate<Apple>();
        p.set(new Fruit());                // 报错
        p.set(new Apple());                // 报错
```

```
        Fruit f1 = p.get();
        Apple f2 = p.get();                    // 报错
    }
}
```

以上代码中，调用 set()方法都报错，而调用 get()方法时变量声明的类型只能是 Fruit 或者它的父类，因为 Javac 只知道容器内是 Fruit 或者它的派生类，而并不知道保存的具体类型。在这里实际上是 Apple，但 Javac 并没有保存这个信息，因为保存实际的类型几乎不可能，实际的类型随时都可能被更改。

对于有上界的 Plate<? super Fruit>来说，从盘子中取东西的 get()方法只能通过 Object 类接收，往盘子里放东西的 set()方法都可用，举个例子如下：

【实例 6-26】

```
class Test {
    public void test() {
        Plate<? super Fruit> p = new Plate<Fruit>();

        p.set(new Fruit());
        p.set(new Apple());

        Apple f1 = p.get();                    // 报错
        Fruit f2 = p.get();                    // 报错
        Object f3 = p.get();
    }
}
```

盘子里放着 Fruit 或者 Fruit 的父类，但并不知道具体的类型，因此调用 set()方法放入 Fruit 或 Fruit 的子类都是允许的，但是当调用 get()方法时，由于不知道具体的类型，可能为 Fruit 或 Fruit 的任何一个父类型，因而只能以 Object 来接收。

第 7 章　填充符号表

填充符号表的过程主要由 com.sun.tools.javac.comp.Enter 和 com.sun.tools.javac.comp.MemberEnter 类来完成。这两个类都继承了 JCTree.Visitor 抽象类并选择性地覆写了 visitXxx()方法，然后自上而下遍历抽象语法树，将遇到的符号定义填充到符号表中。具体说就是将 Entry 对象填充到 Scope 对象的 table 数组中，在填充的过程中还会伴随 Env、AttrContext 与 Scope 对象的创建，它们都会保存上下文相关的信息，在 Javac 编译的各个阶段都起着非常重要的作用。

本章还会关注对定义及声明语法树节点的标注，也就是查找语法树节点对应的符号和类型并保存到树节点的相关变量中。

7.1　依赖的处理

通过导入声明导入的依赖对应的符号会填充到 JCCompilationUnit 的 namedImportScope 变量中，同一个编译单元中定义的所有顶层类也会填充到这个变量中。不同编译单元下的类在编译时可能会依赖同一个类型，那么最终填充到不同编译单元的 namedImportScope 变量中的 ClassSymbol 对象也会是同一个。

7.1.1　创建包或类符号

在 Javac 中，同一个包或类和接口需要使用同一个 PackageSymbol 或 ClassSymbol 对象来表示。为了能达到重用的目的，需要对已经创建的对象进行缓存。与缓存相关的变量定义在 ClassReader 类中，具体定义如下：

```
来源：com.sun.tools.classfile.ClassReader
private Map<Name,ClassSymbol> classes;
private Map<Name, PackageSymbol> packages;
```

其中，classes 对类符号进行缓存，packages 对包符号进行缓存。例如有两个不同编译单元同时有如下导入声明：

```
import compile.*;
```

其中，compile 为包名。假设在编译其中一个编译单元时，为 compile 创建对应的

PackageSymbol 对象并以 fullname 为 key 存储到了 packages 中，那么当下一个编译单元在处理同一个导入声明时就可以直接重用 PackageSymbol 对象了。

在 ClassReader 类的 init()方法中初始化 classes 与 packages，代码如下：

```
来源：com.sun.tools.classfile.ClassReader
private void init(Symtab syms, _) {
    packages = syms.packages;
    classes = syms.classes;
    packages.put(names.empty, syms.rootPackage);
}
```

在 Symtab 类的构造方法中会调用这个方法，而 Symtab 类的构造方法的调用时机是在任何编译阶段开始之前，所以 packages 与 classes 也会在任何编译阶段开始之前初始化。

将 packages 与 classes 分别初始化为 Symtab 类中定义的 packages 与 classes，这两个变量在 Symtab 类中的定义如下：

```
public final Map<Name, PackageSymbol> packages = new HashMap<Name,
PackageSymbol>();
public final Map<Name, ClassSymbol> classes = new HashMap<Name,
ClassSymbol>();
```

在 init()方法中为 packages 填充了一个默认值，key 为 names.empty，也就是空字符串，而值为 syms.rootPackage。rootPackage 变量在 Symtab 类中被声明为 PackageSymbol 类型，在 Symtab 类的构造方法中初始化，代码如下：

```
来源：com.sun.tools.javac.code.Symtab
rootPackage = new PackageSymbol(names.empty, null);
```

rootPackage 是所有一级包名对应的 PackageSymbol 对象的 owner 值。

调用 ClassReader 类中的 enterPackage()方法创建 PackageSymbol 对象，这个方法的实现代码如下：

```
来源：com.sun.tools.classfile.ClassReader
public PackageSymbol enterPackage(Name fullname) {
    PackageSymbol p = packages.get(fullname);
    // 如果还没有创建包名对应的 PackageSymbol 对象，需要创建一个并将其存储到缓存
       packages 中
    if (p == null) {
       p = new PackageSymbol(
           Convert.shortName(fullname),
           enterPackage(Convert.packagePart(fullname)));
       p.completer = this;   // 为 completer 变量赋值为当前的 ClassReader 对象
       packages.put(fullname, p);
    }
    return p;
}
```

在调用 enterPackage()方法创建 PackageSymbol 对象之前，会调用 Convert.packagePart()方法获取 flatname 的包名部分，然后将包名部分作为参数调用 enterPackage()方法。例如，flatname 为 compile.Outer$Inner 时，得到的包名为 compile，调用的 enterPackage()方法接

收到的参数 fullname 为 compile。

当 fullname 为一级包名时，调用 Convert.packagePart()方法将获取一个空字符串，所以再递归调用 enterPackage()方法从 packages 中取值时会取出 syms.rootPackage，这就是一级包名的 PackageSymbol 对象的 owner 值。

在创建 PackageSymbol 对象时，会为 completer 变量赋值为当前类对象，也就是 ClassReader 对象。ClassReader 类继承了 Symbol.Completer 接口并实现了接口中声明的 complete()方法。在第 6 章介绍过，调用 completer 的 complete()方法可以完成成员符号的填充，如将这个包下的所有类看作这个包的成员，调用 complete()方法后会将所有类填充到 PackageSymbol 对象的 members_field 中。

classes 用来缓存已经创建的 ClassSymbol 对象，如果两个不同编译单元下的类同时有如下导入声明：

```
import compile.Test;
```

其中，compile 为包名，Test 为类名。当编译其中一个编译单元时会检查 classes 中是否已经存在 flatname 为 compile.Test 的 ClassSymbol 对象，如果不存在，则新建 ClassSymbol 对象并存储到 classes 中。当另外一个编译单元处理相同的导入声明时，就会重用 ClassSymbol 对象，保证两个不同编译单元导入的 ClassSymbol 对象是同一个。创建 ClassSymbol 对象调用 ClassReader 类中的 enterClass()方法，实现代码如下：

```
来源：com.sun.tools.classfile.ClassReader
public ClassSymbol enterClass(Name flatname) {
    ClassSymbol c = classes.get(flatname);
    // 如果还没有创建类型名称对应的 ClassSymbol 对象，调用 enterClass()方法创建一个
    if(c == null)
        return enterClass(flatname, (JavaFileObject)null);
    else
        return c;
}
```

当 classes 中没有缓存对应的 ClassSymbol 对象时，会调用另外一个重载的 enterClass()方法，这个方法的实现代码如下：

```
来源：com.sun.tools.classfile.ClassReader
public ClassSymbol enterClass(Name flatName, JavaFileObject classFile) {
    ClassSymbol cs = classes.get(flatName);
    Name packageName = Convert.packagePart(flatName);
    PackageSymbol owner = packageName.isEmpty()
                        ? syms.unnamedPackage : enterPackage(packageName);
    // 根据类型名称创建一个 ClassSymbol 对象
    cs = defineClass(Convert.shortName(flatName), owner);
    cs.classfile = classFile;
    classes.put(flatName, cs);
    return cs;
}
```

首先调用 Convert.packagePart()从类的 flatname 中获取包名的部分，然后根据包名得

到 PackageSymbol 对象，当 packageName 为空时，获取 syms.unnamedPackage，这个变量在 Symtab 类中的定义如下：

```
来源：com.sun.tools.javac.code.Symtab
public final PackageSymbol unnamedPackage;
```

在 Symtab 类的构造方法中初始化 unnamedPackage，代码如下：

```
来源：com.sun.tools.javac.code.Symtab
unnamedPackage = new PackageSymbol(names.empty, rootPackage) {};
```

其中，unnamedPackage 表示当前的编译单元没有包名，其 owner 值也是 syms.rootPackage，所以说一级包名和无包名的 PackageSymbol 对象的 owner 值都为 syms.rootPackage。

还有另外一个重载的 enterClass()方法也很常用，实现代码如下：

```
public ClassSymbol enterClass(Name name, TypeSymbol owner) {
    Name flatname = TypeSymbol.formFlatName(name, owner);
    ClassSymbol c = classes.get(flatname);
    // 当缓存中没有对应的 ClassSymbol 对象时，调用 defineClass()方法创建一个并存储
    // 到 classes 缓存中
    if (c == null) {
        c = defineClass(name, owner);
        classes.put(flatname, c);
    }
    // 更新已创建的 ClassSymbol 对象的相关信息
    else if ((c.name != name || c.owner != owner) && owner.kind == TYP &&
c.owner.kind == PCK) {
        // reassign fields of classes that might have been loaded with their
flat names.
        c.owner.members().remove(c);
        c.name = name;
        c.owner = owner;
        c.fullname = ClassSymbol.formFullName(name, owner);
    }
    return c;
}
```

其中的 owner 可能为 PackageSymbol 对象或 ClassSymbol 对象。如果为 PackageSymbol 对象，则 name 是顶层类的名称，如果为 ClassSymbol 对象，则 name 是成员类型的名称。当从 classes 中获取不到对应的 ClassSymbol 对象时，调用 defineClass()方法获取。当获取到 ClassSymbol 对象时还可能需要更新相关变量的值，主要针对成员类进行调整。因为成员类在生成 Class 文件过程中作为一个单独的类存在，所以如果读取成员类时，也会调用 enterClass()方法建立对应的 ClassSymbol 对象，不过 owner 和 fullname 等变量的值需要调整。例如当 flatname 为 java.lang.Throwable$SentinelHolder 时，创建的 ClassSymbol 对象的 name 值为 Throwable$SentinelHolder，owner 值为 PackageSymbol(fullname=java.lang)，更新之后 ClassSymbol 对象的 name 值为 SentinelHolder，owner 值为 ClassSymbol(fullname=java.lang.Throwable)，fullname 值为 java.lang.Throwable.SentinelHolder。

调用 defineClass()方法获取 ClassSymbol 对象，最终还会将获取到的 ClassSymbol 对象存储到 classes 中。defineClass()方法的实现代码如下：

```
来源：com.sun.tools.classfile.ClassReader
public ClassSymbol defineClass(Name name, Symbol owner) {
    ClassSymbol c = new ClassSymbol(0, name, owner);
    if (owner.kind == PCK)
        Assert.checkNull(classes.get(c.flatname), c);
    c.completer = this;      // 为 completer 变量赋值为当前的 ClassReader 对象
    return c;
}
```

以上代码中，首先创建 ClassSymbol 对象，然后将这个对象的 completer 值设置为当前的 ClassReader 对象，这样就可以调用 completer 的 complete()方法完成类中成员符号的填充了。

7.1.2 输入包或类下的成员符号

在创建 ClassSymbol 或 PackageSymbol 对象时并不会将相关包或者类下的成员填充到对应的 members_field 变量中，只是将它们的 completer 赋值为 ClassReader 对象。在第 6 章中介绍过，调用 completer 的 complete()方法会加载当前 PackageSymbol 或 ClassSymbol 对象下的成员符号并填充到 members_field 中。举个例子如下：

【实例 7-1】

```
package compile;

public class ImportedTest{ }
```

在包名为 chapter7 创建 Test 类并使用已定义的 ImportedTest 类，如下：

【实例 7-1】（续）

```
package chapter7;
import compile.*;

public class Test{
   ImportedTest a;
}
```

在上一节中介绍过，处理导入声明时，会为包名 compile 建立对应的 PackageSymbol 对象并给 completer 赋值为 ClassReader 对象。当分析定义变量 a 的语句时，a 变量声明的类型 ImportedTest 是 compile 包下定义的类，Javac 会获取 PackageSymbol 对象，然后调用对象的 complete()方法加载 compile 包下定义的所有类，最终会调用 ClassReader 对象的 complete()方法来完成加载。complete()方法的实现代码如下：

```
来源：com.sun.tools.classfile.ClassReader
public void complete(Symbol sym) throws CompletionFailure {
    if (sym.kind == PCK) {
        PackageSymbol p = (PackageSymbol)sym;
        fillIn(p);
    }
}
```

包下成员符号的填充通过调用 fillIn()方法来完成，实现代码如下：

```
来源：com.sun.tools.classfile.ClassReader
private void fillIn(PackageSymbol p) throws IOException {
    if (p.members_field == null)
        p.members_field = new Scope(p);
    String packageName = p.fullname.toString();

    Set<JavaFileObject.Kind> kinds = getPackageFileKinds();
    // 调用 list()方法从 PLATFORM_CLASS_PATH 中查找文件并调用 fillIn()方法填充
    // PackageSymbol 对象的 members_field
    fillIn(p, PLATFORM_CLASS_PATH,
           fileManager.list(PLATFORM_CLASS_PATH,
                            packageName,EnumSet.of(JavaFileObject.Kind.CLASS),
false));

    Set<JavaFileObject.Kind> classKinds = EnumSet.copyOf(kinds);
    classKinds.remove(JavaFileObject.Kind.SOURCE);
    boolean wantClassFiles = !classKinds.isEmpty();

    Set<JavaFileObject.Kind> sourceKinds = EnumSet.copyOf(kinds);
    sourceKinds.remove(JavaFileObject.Kind.CLASS);
    boolean wantSourceFiles = !sourceKinds.isEmpty();

    boolean haveSourcePath = fileManager.hasLocation(SOURCE_PATH);
    // 调用 list()方法从 CLASS_PATH 或 SOURCE_PATH 中查找文件并调用 fillIn()方法填充
    // PackageSymbol 对象的 members_field
    if (wantSourceFiles && !haveSourcePath) {
        fillIn(p, CLASS_PATH,fileManager.list(CLASS_PATH,packageName,kinds,
false));
    } else {
        if (wantClassFiles)
            fillIn(p, CLASS_PATH,fileManager.list(CLASS_PATH,packageName,
classKinds,false));
        if (wantSourceFiles)
            fillIn(p, SOURCE_PATH,fileManager.list(SOURCE_PATH,packageName,
sourceKinds,false));
    }
}
```

在搜索文件时，通过包名称 packageName 可以获取文件搜索的相对路径，但是真正在搜索时，还需要获取绝对路径，而 PLATFORM_CLASS_PATH、ClASS_PATH 与 SOURCE_PATH 在某种意义上指明了搜索的绝对路径。然后调用 JavacFileManager 类的 list()方法查找满足要求的文件（如果类保存在 Class 文件中，则每个类都使用一个独立的文件进行保存）。关于 list()方法，已经在第 2 章中详细介绍过，这里不再介绍。

fillIn()方法首先从 PLATFORM_CLASS_PATH 下查找文件，然后会从 CLASS_PATH 或 SOURCE_PATH 下查找。当 wantSourceFiles 值为 true 并且 haveSourcePath 值为 false 时，会从 CLASS_PATH 下查找。wantSourceFiles 值通常为 true，因为调用 getPackageFileKinds()方法的返回值为：

```
来源：com.sun.tools.classfile.ClassReader
EnumSet.of(JavaFileObject.Kind.CLASS, JavaFileObject.Kind.SOURCE)
```

也就是允许查找的文件为 Java 源文件或 Class 文件。当没有指定-sourcepath 命令时，也就是 haveSourcePath 值为 false 时，从 CLASS_PATH 下查找所有的 Java 源文件和 Class 文件；当指定-sourcepath 命令时，从 CLASS_PATH 中查找 Class 文件，从 SOURCE_PATH 下查找 Java 源文件，这个知识点在第 2 章介绍过，但是并没有说明 Javac 是如何实现的，这里就是代码的具体实现过程。

指定了 PLATFORM_CLASS_PATH、CLASS_PATH 或 SOURCE_PATH，其实也就相当于指定了搜索文件的绝对路径，调用 list()方法返回符合要求的所有文件，然后调用另外一个重载的 fillIn()方法完成对 PackageSymbol 对象中 members_field 的填充。fillIn()方法的实现代码如下：

```
来源：com.sun.tools.classfile.ClassReader
private void fillIn(PackageSymbol p,Location location,Iterable<JavaFileObject>
files){
    currentLoc = location;
    for (JavaFileObject fo : files) {
        switch (fo.getKind()) {
        case CLASS:
        case SOURCE: {
            // 获取文件的二进制名称
            String binaryName = fileManager.inferBinaryName(currentLoc, fo);
            // 获取文件的简短名称
            String simpleName = binaryName.substring(binaryName.
lastIndexOf(".") + 1);
            if (SourceVersion.isIdentifier(simpleName) )
                includeClassFile(p, fo);
            break;
        }
        }
    }
}
```

其中，currentLoc 是 ClassReader 类中声明的类型为 Location 的变量。循环对 location 下所有的 JavaFileObject 对象进行处理，主要是对 Java 源文件及 Class 文件进行处理。

首先调用 fileManager.inferBinaryName()方法获取当前文件的二进制名称，例如将 compile/ImportedTest.class 转换为 compile.ImportedTest，然后再获取到文件的简短名称 ImportedTest。当简短名称合法时调用 includeClassFile()方法进行处理，实现代码如下：

```
来源：com.sun.tools.classfile.ClassReader
protected void includeClassFile(PackageSymbol p, JavaFileObject file) {
    JavaFileObject.Kind kind = file.getKind();
    int seen;
    if (kind == JavaFileObject.Kind.CLASS)
        seen = CLASS_SEEN;
    else
```

```
        seen = SOURCE_SEEN;
    String binaryName = fileManager.inferBinaryName(currentLoc, file);
    int lastDot = binaryName.lastIndexOf(".");
    Name classname = names.fromString(binaryName.substring(lastDot + 1));
    ClassSymbol c = (ClassSymbol) p.members_field.lookup(classname).sym;
    // 当前的 c 还没有填充到 p.members_field 中，调用 enterClass()方法获取
    // ClassSymbol 对象并填充到 PackageSymbol 对象的 members_field 中
    if (c == null) {
        c = enterClass(classname, p);
        if (c.classfile == null)
            c.classfile = file;
        if (c.owner == p)
             p.members_field.enter(c);
    }
    ...
    c.flags_field |= seen;
}
```

includeClassFile()方法首先判断 file 是 Java 源文件还是 Class 文件，如果是 Java 源文件，则在 ClassSymbol 对象的 flags_field 中标注 SOURCE_SEEN；如果是 Class 文件，则在 flags_field 中标注 CLASS_SEEN。调用相关方法获取文件的二进制名称 binaryName 和简短名称 classname，然后在 p.members_field 中查找名称为 classname 的 ClassSymbol 对象。如果不存在，说明这个包下的成员没有被加载过，调用 enterClass(Name name, TypeSymbol owner)方法获取 ClassSymbol 对象，然后填充到 PackageSymbol 对象的 members_field 中。如果 ClassSymbol 对象的 classfile 值为空，则设置为 file，这对于后续 ClassSymbol 对象成员符号的加载非常重要，因为只有找到对应的文件才能读取类中成员的具体信息。

假设现在调用 includeClassFile()方法加载 java.lang 包下的 Throwable$SentinelHolder.class 文件，那么 p 为 PackageSymbol(fullname=java.lang)，file 为 Throwable$SentinelHolder.class，最终创建的 ClassSymbol 对象的 name 为 Throwable$SentinelHolder、owner 为 p、fullname 为 java.lang.Throwable$SentinelHolder，这显然是不对的。所以当第 2 次调用 ClassSymbol 对象的 complete()方法读取类中相关成员时，仍然会调用 enterClass(Name name, TypeSymbol owner)方法，此时会更新 ClassSymbol 对象各个变量的值，这在前面介绍 enterClass(Name name, TypeSymbol owner)方法时已经详细介绍过，这里不再介绍。

通过一系列的方法调用，终于将包下的成员符号填充到了对应 PackageSymbol 对象的 members_field 中，继续看 ClassReader 类的 complete()方法对类中成员的加载。complete()方法的实现代码如下：

```
来源：com.sun.tools.classfile.ClassReader
public void complete(Symbol sym) throws CompletionFailure {
    if (sym.kind == TYP) {
        ClassSymbol c = (ClassSymbol)sym;
        c.members_field = new Scope.ErrorScope(c);
        completeOwners(c.owner);
```

```
        completeEnclosing(c);
        fillIn(c);
    }
}
```

之前介绍了 sym.kind 值为 PCK 时的填充逻辑，当 sym.kind 值为 TYP 时会加载类成员并将成员符号填充到 ClassSymbol 对象的 members_field 中。调用 completeOwners()方法与 completeEnclosing()方法确保 sym 是嵌套类时，其宿主类已经完成了符号的填充，如 completeOwners()方法的实现代码如下：

```
来源：com.sun.tools.classfile.ClassReader
private void completeOwners(Symbol o) {
    if (o.kind != PCK)
        completeOwners(o.owner);
    o.complete();
}
```

通过调用 fillIn(ClassSymbol p)方法来完成类中成员符号的填充，实现代码如下：

```
来源：com.sun.tools.classfile.ClassReader
private void fillIn(ClassSymbol c) {
    JavaFileObject classfile = c.classfile;
    if (classfile != null) {
        // 当 classfile 为 Class 文件时，调用 readClassFile()方法填充类中的成员符号
        // 否则 classfile 为 Java 源代码，调用 SourceCompleter 类的 complete()方法
        // 填充
        if (classfile.getKind() == JavaFileObject.Kind.CLASS) {
            buf = readInputStream(buf, classfile.openInputStream());
            readClassFile(c);
        } else {
            if (sourceCompleter != null) {
                sourceCompleter.complete(c);
            }
        }
    } else {
        JCDiagnostic diag = diagFactory.fragment("class.file.not.found",
c.flatname);
        throw newCompletionFailure(c, diag);
    }
}
```

以上代码中，从 c 中获取 classfile 的值，如果这个值为空，会报找不到文件的错误，所以在调用当前方法时，classfile 的值一定不能为空，如果为空就没有读取信息的来源。当 classfile 是 Class 文件时，调用 readInputStream()方法将 Class 文件内容读出来并存储到类型为 byte 数组的 buf 中，然后调用 readClassFile()方法读取具体的内容。读取时会按照 Java 虚拟机规定的 Class 文件格式进行读取，具体的读取过程暂不介绍，本书的第 18 章将讲解 Java 源代码编译后生成 Class 文件的过程，而读取是一个相反的过程，读者可了解

Class 文件相关的格式后，自行阅读 ClassReader 类中关于读取 Class 文件的具体实现。这里只需要知道，调用 readClassFile()方法后，ClassSymbol 对象的 members_field 中将会填充这个类中定义的成员符号。

如果 classfile 表示 Java 源文件，将会调用 sourceCompleter 的 complete()方法完成成员符号的填充。其中，sourceCompleter 在 ClassReader 类中的定义如下：

```
来源：com.sun.tools.classfile.ClassReader
public SourceCompleter sourceCompleter = null;
```

其中的 SourceCompleter 定义在 ClassReader 类中的一个接口，具体定义如下：

```
来源：com.sun.tools.classfile.ClassReader.SourceCompleter
public interface SourceCompleter {
    void complete(ClassSymbol sym)  throws CompletionFailure;
}
```

可以看到 sourceCompleter 接口的定义与 Symbol 类中定义的 Completer 接口非常类似，其中定义的 complete()方法完成的功能也相同。sourceCompleter 接口的实现类只有一个 JavaCompiler，在 JavaCompiler 类的构造方法中会将 sourceCompleter 初始化为当前的 JavaCompiler 对象，这样就可以调用 complete()方法读取 Java 源文件的内容了。JavaCompiler 类的 complete()方法的实现代码如下：

```
来源：com.sun.tools.javac.main.JavaCompiler
public void complete(ClassSymbol c) throws CompletionFailure {
    JCCompilationUnit tree;
    JavaFileObject filename = c.classfile;
    tree = parse(filename, filename.getCharContent(false));
    enter.complete(List.of(tree), c);
}
```

调用 parse()方法进行词法处理后生成 JCCompilationUnit 对象，然后调用 Enter 对象 enter 的 complete()方法完成对依赖文件的处理。Enter 类中定义的 complete()方法无论是处理要编译的 Java 源文件，还是依赖的 Java 源文件，都会调用这个方法，下一节将详细介绍这个方法的具体实现。

7.1 节介绍了创建依赖，本节介绍了加载依赖对象的成员，之所以要将依赖符号的导入分为两个步骤，是因为在处理当前编译单元的依赖时，如通过导入声明导入的依赖可能在实际过程中并没有使用，如果在当前的编译单元中没有使用，就没必要对包或类中的成员进行加载，因为加载过程会涉及对目录或文件的读取，会拖慢编译的速度。

7.2　符号输入的第一阶段

符号输入的第一阶段要将当前编译单元下所有的非本地类的类符号输入到对应 owner 类的 members_field 变量中，对于编译单元内的顶层类来说，会输入到 namedImportScope

与 packge 中。

7.2.1 Enter 类

通过调用 Enter 类的 complete()方法来完成类符号的输入。对于依赖的 Java 源文件，通常会像前面介绍的那样，从 ClassReader 类中调用 JavaCompiler 类的 complete()方法，进而调用 Enter 类的 complete()方法。而对于当前正在编译的 Java 源文件来说，会直接调用 JavaCompiler 类的 compile()方法，实现代码如下：

```
来源：com.sun.tools.javac.main.JavaCompiler
delegateCompiler = processAnnotations(enterTrees(parseFiles(sourceFileObjects)),
classnames);
```

调用 parseFiles()方法得到 List<JCCompilationUnit>对象，表示多个编译单元对应的抽象语法树集合，在前面几章中已经详细介绍过；调用 enterTrees()方法完成符号的输入，这也是本章要讲解的主要内容；调用 processAnnotations()方法处理插入式注解，这是第 8 章要介绍的内容。

enterTrees()方法同样会调用 Enter 类中的 complete()方法完成符号输入。complete()方法的实现代码如下：

```
来源：com.sun.tools.javac.comp.Enter
public void complete(List<JCCompilationUnit> trees, _) {
    // 符号输入的第一阶段
    classEnter(trees, null);
    // 符号输入的第二阶段
    while (uncompleted.nonEmpty()) {
        ClassSymbol clazz = uncompleted.next();
        clazz.complete();
    }
}
```

以上代码中，调用 classEnter()方法完成类符号输入，同时还会将除本地类外的所有类对应的 ClassSymbol 对象存储到 uncompleted 列表中，这样下一个符号输入阶段就可以直接循环 uncompleted 列表并调用 clazz .complete()方法完成每个类中成员符号的填充了。其中，uncompleted 变量的定义如下：

```
来源：com.sun.tools.javac.comp.Enter
ListBuffer<ClassSymbol> uncompleted;
```

Enter 类只处理非本地类的类符号，对于类中的方法和成员变量将在第二个符号输入阶段进行处理。由于这一符号输入阶段无法处理所有的成员符号，所以需要将这一阶段的 ClassSymbol 对象保存到 uncompleted 列表中，以便下一个符号输入阶段继续进行处理，举个例子如下：

【实例 7-2】

```
package chapter7;
```

```
public class TestOuterA{
   class TestA{
      class TestB{ }
   }

   public void md(){
      class LocalA{ }
   }
}

class TestOuterB{ }
```

其中，TestOuterA 与 TestOuterB 是顶层类，对应的 ClassSymbol 对象填充到 PackageSymbol(name=chapter7)对象的 namedImportScope 中，表示 TestA 的 ClassSymbol 对象会填充到 ClassSymbol(name=TestOuterA)的 members_field 中，TestB 的 ClassSymbol 对象会填充到 ClassSymbol(name=TestA)对象的 members_field 中。LocalA 类在 Enter 类内不做处理，因为这是一个本地类，对于各个类内的方法、成员变量与匿名块，不在 Enter 类内处理。

complete()方法调用的 classEnter()方法的实现代码如下：

```
来源：com.sun.tools.javac.comp.Enter
<T extends JCTree> List<Type> classEnter(List<T> trees, Env<AttrContext>
env) {
   ListBuffer<Type> ts = new ListBuffer<Type>();
   for (List<T> l = trees; l.nonEmpty(); l = l.tail) {
      Type t = classEnter(l.head, env);
      if (t != null)
         ts.append(t);
   }
   return ts.toList();
}
```

调用另外一个重载的 classEnter()方法处理 trees 列表中的每个元素，将处理后的结果添加到 ts 列表中并返回。重载的 classEnter()方法的实现代码如下：

```
来源：com.sun.tools.javac.comp.Enter
Type classEnter(JCTree tree, Env<AttrContext> env) {
   Env<AttrContext> prevEnv = this.env;
   try {
      this.env = env;
      tree.accept(this);
      return result;
   } finally {
      this.env = prevEnv;
   }
}
```

其中，env 与 result 变量的定义如下：

```
来源：com.sun.tools.javac.comp.Enter
protected Env<AttrContext> env;
Type result;
```

env 保存了即将分析的语法树节点的上下文环境，而 result 保存了处理当前语法节点 tree 后得到的类型，如 tree 是一个表示类型参数的 TypeParameter 对象，处理 TypeParameter 对象后得到的 result 类型为 TypeVar。不过对于当前这一阶段的符号输入来说，result 并没有起任何关键的作用，所以后续在介绍各个 visitXxx()方法时不再讨论。

将 env 与 result 定义为成员变量，可以省去调用 tree.accept()方法时频繁传递参数的麻烦，而且语法树处理的不同阶段需要的参数是不同的。如果要通过方法进行参数传递，可能需要在 JCTree.Visitor 类中定义许多不同的 accept()方法，非常麻烦。但是定义为成员变量后，由于不同语法节点对应着不同的 env，每次调用 classEnter()方法时都需要通过 prevEnv 保存当前的成员变量值，当处理完当前节点后再利用 prevEnv 还原 env 的值，类似于通过栈结构来保存不同的 env 值。

Enter 类继承了 JCTree.Visitor 类并选择性地覆写了 vistXxx()方法，覆写的方法如下：

- visitTopLevel()方法：对编译单元进行处理。
- visitClassDef()方法：对定义的类进行处理。
- visitTypeParameter()方法：对类声明的类型变量进行处理。
- visitTree()方法：对除 JCCompilationUnit、JCClassDecl 与 TypeParameter 树节点外的其他语法树节点进行处理。该方法基本是个空实现，表示第一阶段符号输入不对这些语法树节点进行处理。

7.2.2 visitTopLevel()方法

visitTopLevel()方法处理每个编译单元，主要的实现代码如下：

```
来源：com.sun.tools.javac.comp.Enter
public void visitTopLevel(JCCompilationUnit tree) {
    if (tree.pid != null) {
        tree.packge = reader.enterPackage(TreeInfo.fullName(tree.pid));
    } else {
        tree.packge = syms.unnamedPackage;
    }
    tree.packge.complete();                    // 完成包下成员符号的填充
    Env<AttrContext> topEnv = topLevelEnv(tree);  // 创建编译单元对应的环境
    classEnter(tree.defs, topEnv);             // 遍历当前编译单元下的成员
}
```

以上代码中，如果当前编译单元有包名，则调用 ClassReader 类的 enterPackage()方法创建对应的 PackageSymbol 对象并赋值给 tree.packge，否则表示当前编译单元没有包名，为 tree.packge 赋值为 syms.unnamedPackage。当 tree.packge 有值之后就可以调用 complete()方法填充 packge 了。对于 syms.unnamedPackage 来说，在 ClassReader 类的 init()方法中初始化 completer，代码如下：

```
来源：com.sun.tools.javac.jvm.ClassReader
syms.unnamedPackage.completer = this;
```

所以调用 tree.packge 的 complete()方法其实还是调用 ClassReader 类中的 complete()方法完成符号填充。

为 tree.packge 赋值也就是对抽象语法树进行符号标注，在创建 PackageSymbol 对象的同时也会创建一个 PackageType 对象并赋值给 PackageSymbol 对象的 type 变量。JCCompilationUnit 对象的 type 值为空，因为在后续编译的各个阶段不会使用这个变量的值，所以无须标注在语法树节点上。

调用 topLevelEnv()方法为 JCCompilationUnit 对象创建对应的 Env<AttrContext>对象 topEnv，这个对象是 JCCompilationUnit 语法树节点形成的上下文环境，也是 JCCompilationUnit 语法树的直接子节点所处的上下文环境。

最后调用 classEnter()方法对 JCCompilationUnit 对象中定义的类型进行处理。

topLevelEnv()方法的实现代码如下：

```
来源：com.sun.tools.javac.comp.Enter
Env<AttrContext> topLevelEnv(JCCompilationUnit tree) {
   Env<AttrContext> localEnv = new Env<AttrContext>(tree, new AttrContext());
   localEnv.toplevel = tree;
   localEnv.enclClass = predefClassDef;
   tree.namedImportScope = new ImportScope(tree.packge);
   tree.starImportScope = new StarImportScope(tree.packge);
   localEnv.info.scope = tree.namedImportScope;
   return localEnv;
}
```

代码中，首先创建编译单元形成的上下文环境 localEnv，设置各个变量的值，为 enclClass 赋值 predefClassDef。predefClassDef 在第 5 章详细介绍过，其中保存着许多预定义的符号，最典型的就是表示运算符的 OperatorSymbol 对象，所以当分析一个含有运算符的表达式时，会从 enclClass 中查找相关符号，具体的查找逻辑将在第 11 章详细介绍。然后为 namedImportScope 与 starImportScope 赋值为新创建的 ImportScope 与 StarImportScope 对象，这两个变量将保存导入声明导入的符号。接着为 localEnv.info.scope 赋值为 tree.namedImportScope，这样 tree.namedImportScope 与 localEnv.info.scope 指向的是同一个 ImportScope 对象，在后续符号输入的过程中，会将当前编译单元内的所有顶层类输入到 localEnv.info.scope 中，所以 tree.namedImportScope 中也包含有当前编译单元中所有顶层类的符号。

7.2.3　visitClassDef()方法

任何类（包括本地类）都会调用 visitClassDef()方法为当前的类型生成对应的 ClassSymbol 对象，然后将此对象标注到语法树上，同时也会填充到相关作用域的符号表内。由于 visitClassDef()方法的代码实现比较多，所以这里将方法的实现代码分 3 个部分进行解读。第一部分的实现代码如下：

```
来源：com.sun.tools.javac.comp.Enter
public void visitClassDef(JCClassDecl tree) {
    Symbol owner = env.info.scope.owner;
    Scope enclScope = enterScope(env);
    ClassSymbol c;
    if (owner.kind == PCK) {              // 处理顶层类
       PackageSymbol packge = (PackageSymbol)owner;
       c = reader.enterClass(tree.name, packge);
       packge.members().enterIfAbsent(c);
    } else {
       if (owner.kind == TYP) {           // 处理成员类
          c = reader.enterClass(tree.name, (TypeSymbol)owner);
       } else {                           // 处理本地类
          c = reader.defineClass(tree.name, owner);
          c.flatname = chk.localClassName(c);
       }
    }
    tree.sym = c;
    chk.compiled.put(c.flatname, c);
    enclScope.enter(c);
}
```

env 就是当前类所处的上下文环境，如果 tree 表示的是顶层类，那么 env 就是之前调用 visitTopLevel()方法时创建的 topEnv。调用 enclScope()方法查找封闭类的作用域，该方法的实现代码如下：

```
来源：com.sun.tools.javac.comp.Enter
Scope enterScope(Env<AttrContext> env) {
   return (env.tree.getTag() == JCTree.CLASSDEF)
            ? ((JCClassDecl) env.tree).sym.members_field
            : env.info.scope;
}
```

当 env.tree 为 JCCompilationUnit 对象时，那么 enterScope()方法返回 env.info.scope。前面介绍过 scope 变量被赋值为 tree.namedImportScope，所以在 visitClassDef()方法中将所有顶层类的符号输入到 env.info.scope 中，其实也相当于输入到了 tree.namedImportScope 中；当 env.tree 为 JCClassDecl 对象时，说明 tree 是 env.tree 的成员类，方法将返回 env.tree 类的 members_field，成员类的 ClassSymbol 对象最终会填充到宿主类的 members_field 中。

当 owner.kind 值为 PCK 时，表示 tree 是顶层类，调用 ClassReader 对象 reader 的 enterClass()方法生成顶层类的 ClassSymbol 对象，然后将这个对象填充到所属包符号的 members_field 中。enterClass()方法在前面介绍过，它会判断 classes 中是否存在对应的 ClassSymbol 对象，如果存在就直接获取，如果不存在就新建一个 ClassSymbol 对象并将此对象的 completer 赋值为 ClassReader 对象。

当 owner.kind 值为 TYP 时，表示 tree 是成员类，调用 reader.enterClass()方法生成 ClassSymbol 对象。这个对象最终会填充到宿主类符号的 members_field 中。

如果 tree 不为顶层类或成员类时，那就是本地类，调用 reader.defineClass()方法获取 ClassSymbol 对象。ClassReader 类中的 defineClass()方法会根据传入的 tree.name 与 owner

参数直接创建一个 ClassSymbol 对象，然后调用 Check 类中的 localClassName()方法设置对象的 flatname 值，localClassName()方法为本地类生成了 flatname，这个方法第 6 章介绍过，具体实现代码如下：

```
来源：com.sun.tools.javac.comp.Check
Name localClassName(ClassSymbol c) {
    for (int i=1; ; i++) {
        Name flatname = names.fromString("" + c.owner.enclClass().flatname +
                    syntheticNameChar + i + c.name);
        if (compiled.get(flatname) == null)
            return flatname;
    }
}
```

任何类在编译后都会根据 flatname 生成一个单独的 Class 文件，所以在生成 flatname 时要保证唯一性。compiled 是 Check 类中定义的类型为 Map<Name,ClassSymbol>的成员变量，visitClassDef()方法在处理每个 ClassSymbol 对象时，都会以 flatname 为 key 存储到这个变量中，所以说这个变量保存了所有类的 flatname 到 ClassSymbol 对象的映射。如果根据 flatname 从 compiled 集合中获取到的值为空，表示与已有的 flatname 不冲突，直接返回当前生成的 flatname，否则继续循环生成新的 flatname。

visitClassDef()方法得到 ClassSymbol 对象后就可以标注 tree 的符号与类型了。将获取到的 ClassSymbol 对象保存到 tree.sym 中，这样就完成了符号的标注，而对于 tree 的类型来说，通常会保存到 ClassSymbol 对象的 type 变量中。

继续看 visitClassDef()方法的第二部分实现代码：

```
来源：com.sun.tools.javac.comp.Enter
Env<AttrContext> localEnv = classEnv(tree, env);
typeEnvs.put(c, localEnv);
```

使用 env 中保存的上下文信息分析当前类，如果要分析当前类中的成员，那么就需要调用 classEnv()方法创建当前类形成的上下文环境。由于类中成员的分析是在下一个阶段完成的，所以通过成员变量 typeEnvs 保存创建出来的 localEnv，typeEnvs 变量的定义如下：

```
来源：com.sun.tools.javac.comp.Enter
Map<TypeSymbol,Env<AttrContext>> typeEnvs = new HashMap<TypeSymbol,
Env<AttrContext>>();
```

typeEnvs 保存了 TypeSymbol 对象到 Env 对象的映射，这样下一个符号输入阶段在循环处理 uncompleted 中的 ClassSymbol 对象时，如果需要上下文环境，可直接通过 typeEnvs 变量获取即可。

调用 classEnv()方法创建当前类形成的上下文环境，类似于在 visitTopLevel()方法中调用 topLevelEnv()方法创建编译单元形成的上下文环境，实现代码如下：

```
来源：com.sun.tools.javac.comp.Enter
public Env<AttrContext> classEnv(JCClassDecl tree, Env<AttrContext> env) {
    Env<AttrContext> localEnv = env.dup(tree, env.info.dup(new Scope
(tree.sym)));
```

```
    localEnv.enclClass = tree;
    localEnv.outer = env;
    localEnv.info.isSelfCall = false;
    return localEnv;
}
```

以上方法根据 tree 所处的上下文环境 env 来创建 localEnv，如果 tree 为顶层类，参数 env 就是调用 topLevelEnv()方法生成的上下文环境，此时创建顶层类形成的上下文环境就会以顶层类所处的上下文环境为基础创建。在创建过程中，由于类会形成一个新的作用域，所以创建了一个新的 Scope 对象。有了 localEnv 后还会借助这个对象的一些变量保存当前上下文环境的一些信息，其中 outer 与 isSelfCall 在第 6 章中已介绍过，这里不再介绍。

继续看 visitClassDef()方法的第三部分实现代码：

```
来源：com.sun.tools.javac.comp.Enter
c.completer = memberEnter;
c.sourcefile = env.toplevel.sourcefile;
c.members_field = new Scope(c);

// 处理类型声明的类型参数
ct.typarams_field = classEnter(tree.typarams, localEnv);

// 将非本地类的 ClassSymbol 对象存储到 uncompleted 列表中，符号输入第二阶段
// 将循环这个列表完成符号输入
if (!c.isLocal() && uncompleted != null)
    uncompleted.append(c);

// 处理类中的成员，主要是处理成员类
classEnter(tree.defs, localEnv);
```

其中，c 是之前获取到的 ClassSymbol 对象，为这个对象的 completer、sourcefile 与 members_field 变量赋值，其中 completer 被赋值为 MemberEnter 对象 memberEnter。MemberEnter 类可以完成第二阶段的符号输入，也就是将类中的成员符号填充到对应类符号的 members_field 变量中。

调用 classEnter()方法对类上声明的类型变量进行处理，最终会调用到 visitTypeParameter()方法，这个方法将在 7.2.4 小节介绍。

当 c 不是本地类时会向 uncompleted 列表中追加值，这样在 Enter 类的 complete()方法中就可以循环这个列表进行第二阶段的符号输入了。

visitClassDef()方法继续调用 classEnter()方法对当前类的成员进行处理，如果有成员类的定义，仍然会调用当前的 visitClassDef()方法进行处理。

7.2.4 visitTypeParameter()方法

visitTypeParameter()方法对类声明的类型变量进行处理，实现代码如下：

```
来源：com.sun.tools.javac.comp.Enter
public void visitTypeParameter(JCTypeParameter tree) {
```

```
    TypeVar a = (tree.type != null)
        ? (TypeVar)tree.type
        : new TypeVar(tree.name, env.info.scope.owner, syms.botType);
    tree.type = a;
    env.info.scope.enter(a.tsym);
}
```

visitTypeParameter()方法首先获取 JCTypeParameter 对象对应的类型 a，然后将这个类型标注到了 tree.type 上，同时获取 a.tsym 符号并填充到 env.info.scope 中，env 就是在 visitClassDef()方法中调用 classEnter()方法获取的 localEnv。

7.3　符号输入第二阶段

7.3.1　MemberEnter 类

第一阶段已经为除本地类外的所有类生成了 ClassSymbol 对象并保存到了 uncompleted 列表中，这些 ClassSymbol 对象的 completer 在 Enter 类的 visitClassDef()方法中被赋值为 MemberEnter 对象，在 Enter 类的 complete()方法中调用 classEnter()方法完成第一阶段符号输入后，接着会继续进行第二阶段的符号输入。Enter 类的 complete()方法的主要实现代码如下：

```
来源：com.sun.tools.javac.comp.Enter
public void complete(List<JCCompilationUnit> trees, _) {
    // 符号输入的第一阶段
    classEnter(trees, null);
    // 符号输入的第二阶段
    while (uncompleted.nonEmpty()) {
        ClassSymbol clazz = uncompleted.next();
        clazz.complete();
    }
}
```

Enter 类的 complete()方法在前面介绍过，就是循环调用 uncompleted 列表中每个 ClassSymbol 对象的 complete()方法。ClassSymbol 类中的 complete()方法在第 6 章讲解 ClassSymbol 类时已详细介绍过，调用该方法会间接调用 Symbol 类的 complete()方法，该方法也在第 6 章中介绍过，具体实现代码如下：

```
来源：com.sun.tools.javac.code.Symbol
public void complete() throws CompletionFailure {
    if (completer != null) {
        Completer c = completer;
        completer = null;
        c.complete(this);
    }
}
```

complete()方法在 completer 不为空的情况下调用 c.complete()方法，对于由第一阶段生成的 ClassSymbol 对象来说，就是调用 MemberEnter 类的 complete()方法，该方法关于类符号输入的主要实现代码如下：

```
来源：com.sun.tools.javac.comp.MemberEnter
public void complete(Symbol sym) throws CompletionFailure {

    ClassSymbol c = (ClassSymbol)sym;
    ClassType ct = (ClassType)c.type;
    Env<AttrContext> env = enter.typeEnvs.get(c);
    JCClassDecl tree = (JCClassDecl)env.tree;

    // 保存 Env 对象 env，为后续编译阶段做准备
    halfcompleted.append(env);

    // 如果当前类型是一个顶层类型，必须保证已经处理了导入声明
    if (c.owner.kind == PCK) {
        memberEnter(env.toplevel, env.enclosing(JCTree.TOPLEVEL));
        todo.append(env);
    }

    // c 是一个成员类型，保证宿主类已经完成符号输入
    if (c.owner.kind == TYP)
        c.owner.complete();

    // 如果 c 是一个类，创建 this 或 super 关键字对应的符号并输入类形成的作用域
    if ((c.flags_field & INTERFACE) == 0) {
        VarSymbol thisSym = new VarSymbol(FINAL | HASINIT, names._this,
c.type, c);
        env.info.scope.enter(thisSym);
        if (ct.supertype_field.tag == CLASS) {
            VarSymbol superSym = new VarSymbol(FINAL | HASINIT, names.
_super, ct.supertype_field, c);
            env.info.scope.enter(superSym);
        }
    }

    // 输入 halfcompleted 中保存的环境对应的类型的成员变量和方法
    while (halfcompleted.nonEmpty()) {
        finish(halfcompleted.next());
    }
}
```

complete()方法会从 Enter 对象 enter 的成员变量 typeEnvs 中获取当前类所形成的上下文环境，然后追加到 halfcompleted 列表中。halfcompleted 在 MemberEnter 类中的定义如下：

```
来源：com.sun.tools.javac.comp.MemberEnter
ListBuffer<Env<AttrContext>> halfcompleted =
new ListBuffer<Env<AttrContext>>();
```

如果 sym 是顶层类或接口的符号，还需要调用 memberEnter()方法处理导入声明，在

调用方法之前可以通过调用 env.enclosing()方法获取编译单元形成的上下文环境。memberEnter()方法会间接调用 MemberEnter 类的 visitTopLevel()方法，这个方法将在后面介绍。complete()方法在调用完 memberEnter()方法后，会将所有顶层类形成的环境 env 追加到 todo 队列中，后续将循环 todo 队列中的元素开始下一个抽象语法树标注阶段，作用类似于 uncompleted 和 halfcompleted，在编译的不同阶段进行信息传递。todo 的类型为 Todo，Todo 类继承了 AbstractQueue<Env<AttrContext>>，其中提供了追加元素的 append()方法。

如果 sym 不是顶层类或接口的符号，需要保证宿主类的符号输入已经完成，因为在循环 uncompleted 集合过程中，可能首先调用了非顶层类或接口的 complete()方法。

如果 sym 是类符号而非接口符号，需要将 thisSym 与 superSym 输入到符号表中，这样在分析表达式中的 this 或 super 关键字时，会查找对应的符号 thisSym 和 superSym。

最后，当 halfcompleted 列表不为空时调用 finish()方法，这个方法会间接调用 memberEnter()方法对类中定义的方法和成员变量进行处理，memberEnter()方法的实现与 Enter 类中的 classEnter()方法类似，实现代码如下：

```
来源：com.sun.tools.javac.comp.MemberEnter
protected void memberEnter(JCTree tree, Env<AttrContext> env) {
    Env<AttrContext> prevEnv = this.env;
    try {
        this.env = env;
        tree.accept(this);
    } finally {
        this.env = prevEnv;
    }
}
```

其中的 env 同样被定义为了成员变量，具体定义如下：

```
protected Env<AttrContext> env;
```

与 Enter 类的 classEnter()方法相比，上面的 memberEnter()方法不需要返回任何值。

MemberEnter 类同样继承了 JCTree.Visitor 类并选择性覆写了 visitXxx()方法，覆写的方法如下：

- visitTopLevel()方法：对编译单元进行处理。
- visitImport()方法：对导入声明进行处理。
- visitMethodDef()方法：对方法进行处理。
- visitVarDef()方法：对变量进行处理，这个方法会对成员变量和局部变量进行处理，不过在符号输入第二阶段只需要关注成员变量的处理逻辑即可。
- visitTree()方法：该方法为空实现，表示不对除上述 4 个 visitXxx()方法处理的树节点外的其他树节点进行处理。

下面就来介绍一下 visitTopLevel()、visitImport()、visitMethodDef()与 visitVarDef()方法的具体实现。

7.3.2 visitImport()方法

在介绍 MemberEnter 类的 complete()方法时讲过，对于顶层类会调用 memberEnter()方法，这个方法最终会调用 visitTopLevel()方法。visitTopLevel()方法的实现代码如下：

```
来源：com.sun.tools.javac.comp.MemberEnter
public void visitTopLevel(JCCompilationUnit tree) {
    importAll(_, reader.enterPackage(names.java_lang), env);
    memberEnter(tree.defs, env);
}
```

调用 importAll()方法将 java.lang 包下的符号导入到当前这个编译单元中，这样程序就中不需要明确声明对 java.lang 包的导入也可以使用包下定义的类型了。

调用 memberEnter()方法对编译单元中的成员进行处理，主要是对程序中的导入声明进行处理，而对于编译单元中的类型，由于没有覆写 visitClassDef()方法，所以这一符号输入阶段只在 complete()方法中对类型做处理。

importAll()方法处理非静态的、带星号的导入声明，具体实现代码如下：

```
来源：com.sun.tools.javac.comp.MemberEnter
private void importAll(_,final TypeSymbol tsym,Env<AttrContext> env) {
    if (tsym.kind == PCK && tsym.members().elems == null && !tsym.exists()) {
        // 如果不能查找到 java.lang 包，程序直接退出，否则报错
        if (((PackageSymbol)tsym).fullname.equals(names.java_lang)) {
            JCDiagnostic msg = diags.fragment("fatal.err.no.java.lang");
            throw new FatalError(msg);
        } else {
            log.error(_, "doesnt.exist", tsym);
        }
    }

    // 导入 java.lang 包下定义的成员
    env.toplevel.starImportScope.importAll(tsym.members());
}
```

当参数 tsym 是 PackageSymbol 对象时调用此对象的 members()方法，在第 6 章介绍 PackageSymbol 类时已讲过 members()方法，该方法的实现代码如下：

```
来源：com.sun.tools.javac.code.Symbol.PackageSymbol
public Scope members() {
    if (completer != null)
        complete();
    return members_field;
}
```

当 completer 不为空时会加载包下的成员符号。如果包下有成员符号并且已经加载完成，则 members_field 中肯定含有成员符号，这个 members_field 的 elems 值不应该为 null。对于 java.lang 包来说，存在成员符号并且调用 tsym.members()方法加载了成员符号，如果 members_field 的 elems 值为 null 并且调用 tsym.exists()方法判断 PackageSymbol 对象表示

的包不存在，importAll()方法会报 FatalError 类型的错误，程序直接退出，对于其他的包来说会报包不存在的错误。

在 importAll()方法中，调用 tsym.members()方法获取 tsym 符号下定义的所有成员符号，然后调用 StarImportScope 类的 importAll()方法将成员符号填充到 env.toplevel.starImportScope 中。StarImportScope 类的 importAll()方法的实现代码如下：

```
来源：com.sun.tools.javac.code.Scope.StarImportScope
public void importAll (Scope fromScope) {
    for (Scope.Entry e = fromScope.elems; e != null; e = e.sibling) {
        if (e.sym.kind == Kinds.TYP && !includes(e.sym))
            enter(e.sym, fromScope);
    }
}
```

以上代码中，循环取出 fromScope 中的所有符号，调用 Scope 类中的 enter()方法将符号添加到当前的作用域中，也就是 env.toplevel.starImportScope 中。对于 java.lang 包来说，仅导入包下的类型符号并且调用 includes()方法确保当前的符号 e.sym 不存在 env.toplevel.starImportScope 中，includes()方法实现相对简单，这里不再介绍。

调用 importAll()方法导入 java.lang 包下的符号，调用 visitImport()方法处理 Javac 源代码中的导入声明，实现代码如下：

```
来源：com.sun.tools.javac.comp.MemberEnter
public void visitImport(JCImport tree) {
    JCTree imp = tree.qualid;
    Name name = TreeInfo.name(imp);
    TypeSymbol p;

    // 创建语法树 tree 对应的上下文环境
    Env<AttrContext> localEnv = env.dup(tree);

    JCFieldAccess s = (JCFieldAccess) imp;
    // 对 s.selected 进行标注
    p = attr.attribTree(s.selected,localEnv,tree.staticImport ? TYP : (TYP
| PCK),Type.noType).tsym;

    if (name == names.asterisk) {
        if (tree.staticImport)
            // 处理 ImportDeclaration 文法的第 4 种导入形式
            importStaticAll(_, p, env);
        else
            // 处理 ImportDeclaration 文法的第 2 种导入形式
            importAll(_, p, env);
    } else {
        if (tree.staticImport) {
            // 处理 ImportDeclaration 文法的第 3 种导入形式
            importNamedStatic(_, p, name, localEnv);
        } else {
            TypeSymbol c = attribImportType(imp, localEnv).tsym;
```

```
            // 处理 ImportDeclaration 文法的第 1 种导入形式
            importNamed(_, c, env);
        }
    }
}
```

以上方法调用 Attr 类的 attribTree()方法对 s.selected 树节点进行标注，如果 tree 为静态导入声明，对 s.selected 所引用的符号的期望是 TYP；如果 tree 为非静态导入声明，对 s.selected 所引用的符号的期望是 TYP 或者 PCK。无论是静态还是非静态导入声明，对类型的期望都是 Type.noType，表示对 s.selected 没有类型期望。

关于导入声明的 4 种形式，在第 4 章中已介绍过，这里再次给出导入声明的文法如下：

```
ImportDeclaration:
    import TypeName ;
    import PackageOrTypeName . * ;
    import static TypeName . Identifier ;
    import static TypeName . * ;
```

对于静态导入声明，s.selected 表示 TypeName，也就是类型名称，所以对符号的期望为 TYP；对于非静态导入声明，s.selected 表示 TypeName 或者 PackageOrTypeName，所以对符号的期望为 PCK|TYP。

调用 attr.attribTree()方法获取 tree.selected 的实际类型，然后通过实际类型的 tsym 获取类型定义时的符号，这个符号或符号下的成员符号将被导入到当前的编译单元中。具体的导入操作涉及 4 个方法，每个方法处理一种不同的导入形式，下面简单介绍一下这些方法。

- importNamed()方法：处理 ImportDeclaration 文法的第 1 种导入形式。
- importAll()方法：处理 ImportDeclaration 文法的第 2 种导入形式。
- importNamedStatic()方法：处理 ImportDeclaration 文法的第 3 种导入形式。
- importStaticAll()方法：处理 ImportDeclaration 文法的第 4 种导入形式。

下面通过静态导入声明与非静态导入声明介绍方法的实现。

1．静态导入声明

调用 importStaticAll()与 importNamedStatic()方法处理静态导入声明，由于两个方法的实现类似，所以这里只介绍 importStaticAll()方法的实现，代码如下：

```
来源：com.sun.tools.javac.comp.MemberEnter
private void importStaticAll(_,final TypeSymbol tsym,Env<AttrContext> env) {
    final Scope toScope = env.toplevel.starImportScope;
    final PackageSymbol packge = env.toplevel.packge;
    final TypeSymbol origin = tsym;

    // 导入符号，不过只导入接口或类对应的符号
    new Object() {
        Set<Symbol> processed = new HashSet<Symbol>();
        void importFrom(TypeSymbol tsym) {
            if (tsym == null || !processed.add(tsym))
```

```
                return;

            // 导入父类中继承下来的符号
            importFrom(types.supertype(tsym.type).tsym);
            // 导入接口中继承下来的符号
            for (Type t : types.interfaces(tsym.type))
                importFrom(t.tsym);
            // 将 tsym 中符合条件的成员符号导入到 toScope 中
            final Scope fromScope = tsym.members();
            for (Scope.Entry e = fromScope.elems; e != null; e = e.sibling) {
                Symbol sym = e.sym;
                if (
                    sym.kind == TYP &&
                     (sym.flags() & STATIC) != 0 &&
                     staticImportAccessible(sym, packge) &&
                     sym.isMemberOf(origin, types) &&
                     !toScope.includes(sym)
                  )
                     toScope.enter(sym, fromScope, origin.members());
            }
        }
    }.importFrom(tsym);
    ...
}
```

在 Object 匿名类中实现 importFrom()方法，然后调用 importFrom()方法将 tsym 中定义的所有静态类导入到 toScope 中，即填充到了 JCCompilatinUnit 对象的 starImportScope 中。除此之外还会查找 tsym 的所有父类和接口，如果这些类中也定义了静态类，可能也会被导入。例如，在 compile 包下定义一个 TestStaticParent 类，举例如下：

【实例 7-3】

```
package compile;

public class TestStaticParent {
   public static class InnerA{ }
}
```

在相同的 compile 包下定义 TestStaticParent 类的子类 TestStaticSub：

【实例 7-3】（续）

```
package compile;

public class TestStaticSub extends TestStaticParent{
   public static class InnerB{ }
}
```

TestStaticSub 类中可以直接访问到 TestStaticParent 类中定义的静态类 InnerA。在包 chapter7 下定义 Test 类并使用 InnerA 与 InnerB 类。

【实例 7-3】（续）

```
package chapter7;
import static compile.TestStaticSub.*;
```

```
public class Test {
    Object o1 = new InnerA();
    Object o2 = new InnerB();
}
```

静态导入声明不但会导入 TestStaticSub 类中定义的 InnerB 类，而且也会导入 TestStaticParent 类中定义的静态类 InnerA，所以在 Test 类中可以直接使用 InnerA 类。在调用 toScope.enter() 方法导入静态元素之前，需要满足许多判断条件，其中，staticImportAccessible()方法保证当前 packge 下能访问到 sym；sym.isMemberOf()方法保证 sym 是 origin 中的成员，关于 Symbol 类中的 isMemberOf()方法，将在附录 D 中有详细介绍；调用 toScope.includes()方法确保 toScope 作用域中不包含 sym，实现相对简单，就是调用 Scope 类中的 lookup()方法进行查找，然后比较即可，这里不再介绍方法的具体实现。

staticImportAccessible()方法的实现代码如下：

```
来源：com.sun.tools.javac.comp.MemberEnter
boolean staticImportAccessible(Symbol sym, PackageSymbol packge) {
    int flags = (int)(sym.flags() & AccessFlags);
    switch (flags) {
    default:
    case PUBLIC:
        return true;
    case PRIVATE:
        return false;
    case 0:
    case PROTECTED:
        return sym.packge() == packge;
    }
}
```

当被导入的符号由 public 修饰时直接返回 true，由 private 修饰时返回 false，而如果是默认的或者由 protected 修饰时被导入符号必须与当前的编译单元处理在同一个包下。

这只是对静态类型导入的处理，下面继续介绍 importStaticAll()方法中对除静态类型外的静态方法和静态成员变量的处理逻辑，实现代码如下：

```
来源：com.sun.tools.javac.comp.MemberEnter
private void importStaticAll(_,final TypeSymbol tsym,Env<AttrContext> env) {
    ...
    // 延迟导入除接口或类对应的符号外的其他符号
    annotate.earlier(new Annotate.Annotator() {
        Set<Symbol> processed = new HashSet<Symbol>();
        ...
        void importFrom(TypeSymbol tsym) {
            if (tsym == null || !processed.add(tsym))
                return;
            // 导入父类中继承下来的符号
            importFrom(types.supertype(tsym.type).tsym);
            // 导入接口中继承下来的符号
            for (Type t : types.interfaces(tsym.type))
                importFrom(t.tsym);
            // 将 tsym 中符合条件的成员符号导入到 toScope 中
```

```
            final Scope fromScope = tsym.members();
            for (Scope.Entry e = fromScope.elems; e != null; e = e.sibling) {
                Symbol sym = e.sym;
                if( sym.isStatic() &&
                    sym.kind != TYP &&
                    staticImportAccessible(sym, packge) &&
                    !toScope.includes(sym) &&
                    sym.isMemberOf(origin, types) ) {
                    toScope.enter(sym, fromScope, origin.members());
                }
            }
        }
        public void enterAnnotation() {
            importFrom(tsym);
        }
    });
}
```

importFrom()方法与导入静态类型的方法 importFrom()的实现类似，不过这次通过创建一个 Annotate.Annotator 匿名类对象实现了延迟导入。调用 annotate.earlier()方法将这个匿名类对象保存起来，等合适的时机调用匿名类对象的 enterAnnotation()方法执行导入即可。

importStaticAll()方法在符号输入的第二个阶段会将静态类型导入到当前的编译单元中，而除静态类型的其他静态成员通常会在符号输入第二阶段完成后导入，也就是会调用 enterAnnotation()方法导入。之所以要这样做，一个很重要的原因就是符号输入的第二阶段只会标注类型，而不会标注表达式，也就是会查找类型的引用而不会查找表达式中引用的方法或变量。

annotate 被声明为 Annotate 类型，Annotate 类的定义如下：

```
来源：com.sun.tools.javac.comp.Annotate
public class Annotate {

    ListBuffer<Annotator> q = new ListBuffer<Annotator>();

    public void later(Annotator a) {
        q.append(a);
    }
    public void earlier(Annotator a) {
        q.prepend(a);
    }
    ...
    public interface Annotator {
        void enterAnnotation();
    }
}
```

其中定义了一个类型为 ListBuffer<Annotator>的变量 q，调用 later()方法可以向列表末尾追加数据，而调用 earlier()方法可以向列表头部追加数据。

2. 非静态导入声明

importAll()方法在之前导入 java.lang 包下的符号时介绍过，这里不再介绍。下面看一下 importNamed()方法的实现，代码如下：

```
来源：com.sun.tools.javac.comp.MemberEnter
private void importNamed(_, Symbol tsym, Env<AttrContext> env) {
    if (tsym.kind == TYP && chk.checkUniqueImport(_, tsym, env.toplevel.
namedImportScope))
        env.toplevel.namedImportScope.enter(tsym, tsym.owner.members());
}
```

当 tsym.kind 值为 TYP 时，调用 Check 类的 checkUniqueImport()方法检查当前编译单元的 namedImportScope 是否已经填充了 tsym，如果没有填充，checkUniqueImport()方法将返回 true，调用 enter()方法将 tsym.owner.members_field 作用域中的符号 tsym 填充到当前编译单元的 namedImportScope 作用域中。checkUniqueImport()方法的实现代码如下：

```
来源：com.sun.tools.javac.comp.Check
boolean checkUniqueImport(_, Symbol sym, Scope s) {
    return checkUniqueImport(_, sym, s, false);
}
```

以上方法调用另外一个重载的 checkUniqueImport()方法进行检查，传递的第 4 个参数 false 表示处理的是非静态导入声明。重载的 checkUniqueImport()方法的实现代码如下：

```
来源：com.sun.tools.javac.comp.Check
private boolean checkUniqueImport(_, Symbol sym, Scope s, boolean
staticImport) {
    for (Scope.Entry e = s.lookup(sym.name); e.scope != null; e = e.next()) {
        boolean isClassDecl = e.scope == s;
        if ((isClassDecl || sym != e.sym) && sym.kind == e.sym.kind ) {
            String what = e.sym.toString();
            if (!isClassDecl) {
                if (staticImport)
                    log.error(_, "already.defined.static.single.import", what);
                else
                    log.error(_, "already.defined.single.import", what);
            } else if (sym != e.sym)
                log.error(_, "already.defined.this.unit", what);
        }
    }
    return true;
}
```

checkUniqueImport()方法会被 importNamed()与 importNamedStatic()方法间接调用，只不过 importNamed()方法调用时传递的 staticImport 参数值为 false，而 importNamedStatic()方法调用时传递的 staticImport 参数值为 true，这样在发生错误时可以进行更精确的错误提示。

checkUniqueImport()方法从 s 的作用域内查找所有名称为 sym.name 的符号，如果找到的符号 e 所属的作用域 e.scope 等于当前编译单元的 namedImportScope，也就是符号 e 就定义在当前的编译单元中，e 肯定为顶层类或接口。此时如果要导入的符号 s 也是类型，那么将报错，或者 e 与 sym 不是同一个符号并且 kind 值相同时也会报错。举个例子如下：

【实例 7-4】

```
package compile;

public class ImportedTest{ }
```

然后使用 compile 包下定义的 ImportedTest 类如下：

【实例 7-4】（续）

```
package chapter7;
import compile.ImportedTest;

public class ImportedTest{ }
```

调用 importNamed()方法处理导入声明 compile.ImportedTest 时，当前的编译单元 chapter7 下已经定义了 ImportedTest 类，所以如果再导入一个 ImportedTest 类时，checkUniqueImport()方法中的 isClassDecl 变量的值将为 true 并且符号的 kind 值都为 TYP，所以 javac 将报错，报错摘要“已在该编译单元中定义 chapter7.ImportedTest”。

7.3.3　visitMethodDef()方法

visitMethodDecl()方法的实现代码如下：

```
来源：com.sun.tools.javac.comp.MemberEnter
public void visitMethodDef(JCMethodDecl tree) {
    Scope enclScope = enter.enterScope(env);          // 获取方法所在的作用域
    // 下面对 tree 树节点进行标注
    MethodSymbol m = new MethodSymbol(0, tree.name, null, enclScope.owner);
    tree.sym = m;
    Env<AttrContext> localEnv = methodEnv(tree, env); // 创建方法对应的环境
    m.type = signature(tree.typarams, tree.params,tree.restype, tree.
thrown,localEnv);
    localEnv.info.scope.leave();

    enclScope.enter(m);       // 将方法对应的符号输入到方法所在作用域的符号表中
    ...
}
```

调用 enter.enterScope()方法获取封闭当前方法的作用域 enclScope。关于 Enter 类的 enterScope()方法，在前面也介绍过，实现代码如下：

```
来源：com.sun.tools.javac.comp.MemberEnter
Scope enterScope(Env<AttrContext> env) {
    return (env.tree.getTag() == JCTree.CLASSDEF)
           ? ((JCClassDecl) env.tree).sym.members_field : env.info.scope;
}
```

以上方法的封闭作用域一般就是类或接口形成的作用域，所以通常会获取定义当前方

法的类或接口符号的 members_field 值，然后创建 MethodSymbol 对象 m 并输入到 members_field 中。

在 visitMethodDecl()方法中对抽象语法树节点 tree 进行了标注，将 m 赋值给 tree.sym，将调用 signature()方法获取到的方法类型赋值给 m.type。不过在调用 signature()方法之前，需要先调用 methodEnv()方法创建当前方法形成的上下文环境，该方法的实现代码如下：

```
来源：com.sun.tools.javac.comp.MemberEnter
Env<AttrContext> methodEnv(JCMethodDecl tree, Env<AttrContext> env) {
    Env<AttrContext> localEnv = env.dup(tree, env.info.dup(env.info.scope.
dupUnshared()));
    localEnv.enclMethod = tree;
    localEnv.info.scope.owner = tree.sym;
    if ((tree.mods.flags & STATIC) != 0)
        localEnv.info.staticLevel++;
    return localEnv;
}
```

在创建方法形成的上下文环境 localEnv 时，通过调用 env.info.scope.dupUnshared()方法完成 Scope 对象的复制，这样创建出来的 Scope 对象与 env.info.scope 对象不共享 table 数组。Scope 类中 dunUnshared()方法的实现代码如下：

```
来源：com.sun.tools.javac.code.Scope
public Scope dupUnshared() {
    return new Scope(this, this.owner, this.table.clone(), this.nelems);
}
```

创建一个 Scope 对象，调用 this.table.clone()方法克隆 this.table 的值，这样克隆出来的 table 与 this.table 不会相互影响。举个例子：

【实例 7-5】

```
package chapter7;

public class Test{
    int a = 1;

    public void md(){ }
}
```

在处理 md()方法时会调用 methodEnv()方法，这个方法会创建一个新的、与当前方法所处的上下文环境不共享 table 数组的 Scope 对象，这样就可以避免方法声明的形式参数及方法体内声明的局部变量等信息被当前方法之外的作用域访问。

visitMethodDecl()方法在完成处理后要调用 localEnv.info.scope.leave()方法，表示离开此作用域范围时删除这个作用域内定义的所有符号。在第 6 章介绍过 Scope 类的 leave()方法，由于调用 dupUnshared()方法使得 leave()方法中的 table 不等于 next.table，所以在 leave()方法中直接返回了 next 的值。

visitMethodDecl()方法调用 signature()方法生成 MethodType 对象并赋值给 m.type，signature()方法的实现代码如下：

```
来源：com.sun.tools.javac.comp.MemberEnter
Type signature(List<JCTypeParameter> typarams,List<JCVariableDecl> params,
                                                           JCTree res,
List<JCExpression> thrown,Env<AttrContext> env) {
    // 标注方法声明的形式类型参数
    List<Type> tvars = enter.classEnter(typarams, env);
    attr.attribTypeVariables(typarams, env);

    // 标注方法的形式参数
    ListBuffer<Type> argbuf = new ListBuffer<Type>();
    for (List<JCVariableDecl> l = params; l.nonEmpty(); l = l.tail) {
        memberEnter(l.head, env);
        argbuf.append(l.head.vartype.type);
    }

    // 标注方法返回值
    Type restype = res == null ? syms.voidType : attr.attribType(res, env);

    // 标注方法抛出的异常
    ListBuffer<Type> thrownbuf = new ListBuffer<Type>();
    for (List<JCExpression> l = thrown; l.nonEmpty(); l = l.tail) {
        Type exc = attr.attribType(l.head, env);
        thrownbuf.append(exc);
    }

    // 创建 MethodType 或 ForAll 对象并返回
    Type mtype = new MethodType(argbuf.toList(),restype,thrownbuf.toList(),
syms.methodClass);
    return tvars.isEmpty() ? mtype : new ForAll(tvars, mtype);
}
```

以上代码中，计算方法形式类型参数的类型 tvars、计算方法形式参数的类型 argbuf、计算方法的返回类型 restype、计算方法的异常抛出类型 thrownbuf，然后根据计算出来的各个值创建 MethodType 或 ForAll 对象 mtype。对于有形式类型参数的方法，最后创建的是 ForAll 对象，ForAll 对象可以存储形式类型参数列表。

返回的 MethodType 或 ForAll 对象包含了所有方法声明的相关信息，对象最终会保存到 MethodSymbol 对象的 type 变量中，这样在后续分析方法调用表达式时，如果已经确定方法引用的符号 MethodSymbol 对象，那么就可以根据 type 获取方法更全面的信息。

关于 signature()方法中调用 Attr 对象 attr 的一系列 attrXxx()方法，将在第 12 章中详细介绍，这里读者只需要知道调用 attrXxx()方法会返回树节点所对应的类型即可。

7.3.4　visitVarDef()方法

无论是成员变量还是局部变量，都会访问 visitVarDef()方法，该方法的实现代码如下：

```
来源：com.sun.tools.javac.comp.MemberEnter
public void visitVarDef(JCVariableDecl tree) {
    // 创建变量对应的环境 localEnv
```

```
    Env<AttrContext> localEnv = env;
    if ((tree.mods.flags & STATIC) != 0 || (env.info.scope.owner.flags() &
INTERFACE) != 0) {
        localEnv = env.dup(tree, env.info.dup());
        localEnv.info.staticLevel++;
    }
    // 下面对 tree 和 tree.vartype 树节点进行标注
    attr.attribType(tree.vartype, localEnv);
    Scope enclScope = enter.enterScope(env);    // 获取变量所在的作用域
    VarSymbol v = new VarSymbol(0, tree.name, tree.vartype.type, enclScope.
owner);
    tree.sym = v;
    ...
    enclScope.enter(v);      // 将变量对应的符号输入到变量所在作用域的符号表中
}
```

visitVarDef()方法与 visitMethodDef()方法的实现类似，如果是静态变量或接口中声明的变量，需要创建 localEnv 并更新 staticLevel 的值。创建的 localEnv 将在分析 tree.vartype 或者 tree.mods.annotations 等子节点时作为它们的上下文环境。

调用 enter.enterScope()方法获取封闭当前变量的作用域 enclScope，如果 tree 代表成员变量，对应的 VarSymbol 对象 v 会填充到所属的类型符号的 members_field 中；如果 tree 代表局部变量，则会填充到 env.info.scope 中，这样其他类就不会通过搜索当前类的 members_field 而搜索到本不应该访问到的局部变量了。

对 JCVariableDecl 树节点的符号及类型进行标注，首先调用 Attr 类的 attribType()方法对 tree.vartype 进行标注，这样 tree.vartype 的 type 就会保存引用的具体类型，然后创建当前变量对应的 VarSymbol 对象，在创建 VarSymbol 对象 v 时传递了 tree.vartype.type 的值，这样 v.type 的值就被初始化为 tree.vartype.type 的值，将创建出来的 v 赋值给 tree.sym 进行保存。

第 8 章　插入式注解的实现

Java 在 JDK 1.5 版本中提供了对注解（Annotation）的支持，在 JDK 1.6 版本中又提供了插入式注解处理 API（Pluggable Annotation Processing API）。我们可以编写自定义的注解处理器并使用这些 API 来完成相应的功能。注解处理器相当于 Javac 的一个插件，因此称为插入式注解处理。它在编译期执行而不是运行期，所以不需要 Java 虚拟机参与。它的功能完全依赖于 Javac 等编译器中的实现。本章将对其进行详细介绍。

8.1　注解处理器基础

8.1.1　编写注解处理器

编写自定义的注解处理器一般会继承 AbstractProcessor 抽象类，然后覆写或实现相关的方法。通常会覆写 AbstractProcessor 类中的如下 4 个方法：

- init()方法：通过覆写 init()方法并接收 ProcessingEnvironment 类型的参数可以初始化许多注解操作的工具类；
- getSupportedOptions()方法：用来给注解处理器配置支持的选项，如果不覆写这个方法，AbstractProcessor 类中默认的实现会读取@SupportedOptions 注解的配置；
- getSupportedAnnotationTypes()方法：用来给注解处理器配置支持的注解类型，如果不覆写这个方法，AbstractProcessor 类中默认的实现会读取@SupportedAnnotationTypes 注解的配置；
- getSupportedSourceVersion()方法：用来给注解处理器配置所支持的 JDK 版本，如果不覆写这个方法，AbstractProcessor 类中默认的实现会读取@SupportedSourceVersion 注解的配置。

另外，AbstractProcessor 类还声明了唯一一个抽象方法 process()，因此如果通过继承 AbstractProcessor 类来编写自定义的处理器，那么必须实现这个方法，Javac 在运行注解处理器时会调用这个方法，因此针对注解进行操作的逻辑都写在这个方法中。

下面举一个非常经典的使用插入式注解处理器的例子。这个例子类似于 Lombok 自动为私有成员变量生成 getXxx()和 setXxx()方法的注解处理器。为了节省篇幅，我们只编写一个自动生成 getXxx()方法的注解处理器，具体实现代码如下：

【实例 8-1】

```
package chapter8;

@SupportedAnnotationTypes({ "chapter8.Getter" })
@SupportedSourceVersion(SourceVersion.RELEASE_7)
public class GetSetProcessor extends AbstractProcessor {

    private Messager messager;
    private JavacTrees trees;
    private TreeMaker treeMaker;
    private Names names;

    @Override
    public synchronized void init(ProcessingEnvironment pe) {
        super.init(pe);
        messager = pe.getMessager();
        this.trees = JavacTrees.instance(processingEnv);
        Context context = ((JavacProcessingEnvironment) pe).getContext();
        this.treeMaker = TreeMaker.instance(context);
        this.names = Names.instance(context);
    }

    @Override
    public boolean process(Set<? extends TypeElement> set, RoundEnvironment re) {

        Set<? extends Element> elems = re.getElementsAnnotatedWith(Getter.
class);
        TreeTranslator tt = new TreeTranslator() {
            @Override
            public void visitClassDef(JCTree.JCClassDecl jcClassDecl) {
                List<JCTree.JCVariableDecl> jcVariableDeclList = List.nil();
                // 将类中定义的成员变量保存到 jcVariableDeclList 列表中
                for (JCTree tree : jcClassDecl.defs) {
                    if (tree.getKind().equals(Tree.Kind.VARIABLE)) {
                        JCTree.JCVariableDecl jcVariableDecl = (JCTree.
JCVariableDecl) tree;
                        jcVariableDeclList = jcVariableDeclList.
append(jcVariableDecl);
                    }
                }
                // 调用 makeGetterMethodDecl()方法为成员变量创建 getXxx()方法
                // 对应的语法树并追加到 jcClassDecl.defs 中
                for (JCTree.JCVariableDecl jcVariableDecl : jcVariableDeclList) {
                    messager.printMessage(Diagnostic.Kind.NOTE,
jcVariableDecl.getName() + " hasbeen processed");
                    jcClassDecl.defs = jcClassDecl.defs.prepend(
makeGetterMethodDecl(jcVariableDecl));
                }

                super.visitClassDef(jcClassDecl);
            }
```

```
        };
        for (Element element : elems) {
            JCTree jcTree = trees.getTree(element);
            jcTree.accept(tt);
        }
        return true;
    }
    // 为成员变量创建 getXxx()方法对应的语法树
    private JCTree.JCMethodDecl makeGetterMethodDecl(JCTree.JCVariableDecl
jcVariableDecl) {

        ListBuffer<JCTree.JCStatement> statements = new ListBuffer<>();
        JCIdent jci = treeMaker.Ident(names.fromString("this"));
        JCFieldAccess jcf = treeMaker.Select(jci, jcVariableDecl.getName());
        JCReturn jcr = treeMaker.Return(jcf);
        statements.append(jcr);
        JCTree.JCBlock body = treeMaker.Block(0, statements.toList());

        return treeMaker.MethodDef(
                treeMaker.Modifiers(Flags.PUBLIC),
                getNewMethodName(jcVariableDecl.getName()),
                jcVariableDecl.vartype,
                List.<JCTypeParameter>nil(),
                List.<JCVariableDecl>nil(),
                List.<JCExpression>nil(),
                body,
                null
            );
    }

    private Name getNewMethodName(Name name) {
        String s = name.toString();
        String mn = "get" + s.substring(0, 1).toUpperCase() + s.substring(1,
name.length());
        return names.fromString(mn);
    }
}
```

GetSetProcessor 类以上方法通过注解@SupportedAnnotationTypes 与@SupportedSourceVersion 指明了支持的注解类型和支持的 JDK 版本，然后覆写了 init()方法初始化一些工具类，利用这些工具类可以修改抽象语法树，在 process()方法中会为所有标注@Getter 注解类的私有成员变量生成 getXxx()方法。

首先编写可被实例 8-1 中的注解处理器处理的 Getter 注解类，代码如下：

【实例 8-1】（续）

```
package chapter8;

@Target({ElementType.TYPE})
@Retention(RetentionPolicy.SOURCE)
public @interface Getter { }
```

其中，@Target 指示了当前的注解类型只能标注在类型上，而@Retention 表示此注解类型只在编译 Java 源代码时有效，在生成 Class 文件的过程中将会被 Javac 抛弃。

在 TestAnnotation 类中使用这个注解类型，代码如下：

【实例 8-1】（续）

```
package chapter8;

@Getter
public class TestAnnotation {
   private String name;
   private int age;
}
```

当使用注解处理器处理@Getter 注解时，会为 TestAnnotation 的两个变量 name 与 age 生成 getName()与 getAge()方法。TestAnnotation 类相当于变为了如下的源代码形式：

```
package chapter8;

public class TestAnnotation {
   private String name;
   private int age;

   public String getName() {
      return this.name;
   }

   public int getAge() {
      return this.age;
   }
}
```

指定 GetSetProcessor 注解处理器处理 TestAnnotation 类，具体实现代码如下：

【实例 8-1】（续）

```
package chapter8;

public class Test{
   public static void main(String[] args) {
      javax.tools.JavaCompiler compiler =
ToolProvider.getSystemJavaCompiler();
      int results = compiler.run(null, null, null, new String[]{
                    "-processor","chapter8.GetSetProcessor",
                    "-processorpath","C:/JavacCompiler/test",
                    "-d","C:/javacclass",
                    "C:/JavacCompiler/test/chapter8/TestAnnotation.java",
      });
   }
}
```

其中，-processor 命令指定具体的注解处理器类，-processorpath 命令指定搜索注解处理器的路径。运行后会在“C:/javacclass”路径下生成 TestAnnotation.class 类，通过 javap-verbose TestAnnotation 命令进行反编译后可以看到，确实为 TestAnnotation 类生成了 getName()与 getAge()方法。

8.1.2 注解配置

与配置注解处理器相关的命令有 7 个，说明如下：

- -XprintProcessorInfo 命令：输出有关请求处理程序处理哪些注解的信息。
- -XprintRounds 命令：输出有关注解处理循环的信息。
- -processor 命令：使用类的全限定名指定具体的注解处理器类，如 chapter8.GetSetProcessor，因为类要通过 loadClass()方法来加载，该方法要求加载的类必须是全限定名。可以指定多个处理器，多个处理器用逗号隔开。
- -processpath 命令：指定搜索注解处理器的路径，如果没有指定此选项，默认在类路径 classpath 中搜索。
- -proc：命令：当命令为-proc:none 时不对注解进行任何处理，仅编译 Java 源文件；当命令为-proc:only 时仅运行注解处理器，不需要编译 Java 源文件。
- -Xprint 命令：如果配置了这个命令，则会运行 Javac 本身提供的一个注解处理器类 PrintingProcessor，这个类会打印当前正在编译的 Java 类的源代码。需要注意的是，指定这个命令会导致其他注解处理器类失效。
- -Akey=value：可以为正在执行的注解处理器提供一些客户端参数，不过需要在注解处理器上预先配置，可以通过注解@SupportedOptions 或者覆写方法 getSupportedOptions()来进行配置。

在 JavacProcessingEnvironment 类的构造方法中读取配置命令的值，然后通过成员变量进行保存。成员变量的定义如下：

```
来源：com.sun.tools.javac.processing.JavacProcessingEnvironment
public final boolean printProcessorInfo;
public final boolean printRounds;
public final boolean procOnly;
public final Map<String, String> processorOptions;
```

在 JavacProcessingEnvironment 类的构造方法中初始化这些成员变量，代码如下：

```
来源：com.sun.tools.javac.processing.JavacProcessingEnvironment
printProcessorInfo = options.isSet(XPRINTPROCESSORINFO);
printRounds = options.isSet(XPRINTROUNDS);
procOnly = options.isSet(PROC, "only") || options.isSet(XPRINT);
processorOptions = initProcessorOptions(context);
```

其中，processorOptions 保存-Akey=value 配置命令的值。例如，在命令上传递"-Aparam=test"，当 initProcessorOptions()方法获取所有以-A 开头的字符串后，提取 param 和 test 并存储到这个集合中。initProcessorOptions()方法的实现非常简单，这里不再介绍。

8.1.3 工具类

JavacProcessingEnvironment 类定义了几个工具类相关的成员变量，具体如下：

```
来源：com.sun.tools.javac.processing.JavacProcessingEnvironment
private final JavacFiler filer;
private final JavacMessager messager;
private final JavacElements elementUtils;
private final JavacTypes typeUtils;
```

在 JavacProcessingEnvironment 类的构造方法中初始化这些成员变量：

```
来源：com.sun.tools.javac.processing.JavacProcessingEnvironment
filer = new JavacFiler(context);
messager = new JavacMessager(context, this);
elementUtils = JavacElements.instance(context);
typeUtils = JavacTypes.instance(context);
```

在编写注解处理器时，可以使用这 4 个工具类对抽象语法树进行操作。下面简单介绍一下这 4 个类。

- JavacFiler 类：用来创建新的 Java 源文件、Class 文件及辅助文件。
- Messager 类：用来报告错误、警告或其他提示信息。
- JavacElements 类：实现了 javax.lang.model.util.Elements 接口，用于操作 Element 的工具方法。
- JavacTypes 类：实现了 javax.lang.model.util.Types 接口，用于操作 TypeMirror 的工具方法。

这里需要重点介绍一下 TypeMirror 与 Element，围绕着这两个接口都各自定义了一套接口，也就是以这两个接口为超类定义了许多子接口，分别存放在 javax.lang.mode.type 与 javax.lang.model.element 包下。TypeMirror 可以将 Type 及相关的子类型映射为 TypeMirror 规定的一套接口，Element 可以将 Symbol 及相关的子类型映射为 Element 规定的一套接口，这样就可以在注解处理器中访问 Javac 内部才能使用的 Symbol 与 Type 对象了。

在第 6 章已详细介绍过 Symbol 及相关的子类，它们都直接或间接实现了 javax.lang.model.element 包中定义的一些接口，继承体系如图 8-1 所示。

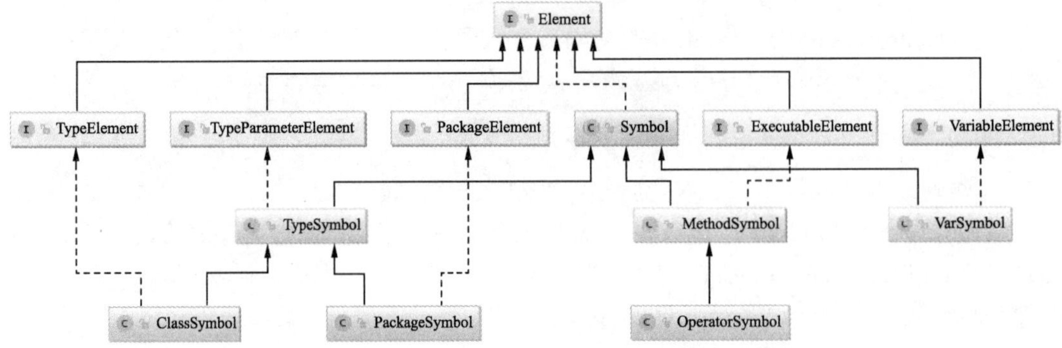

图 8-1　符号的继承体系

下面详细介绍 Element 接口的一些重要子接口。

- PackageElement 接口：表示一个包符号元素，PackageSymbol 类直接实现了 PackageElement 接口。
- TypeElement 接口：表示一个类或接口符号元素，ClassSymbol 类直接实现了这个接口。
- VariableElement 接口：可以表示一个成员变量、枚举常量、方法、构造方法参数、局部变量或异常参数，VarSymbol 类直接实现了这个接口。
- ExecutableElement 接口：表示方法、匿名块和注解类型元素。在 Javac 中把匿名块当作方法来处理，而注解类型元素其实也是在注解类中声明的方法，因此可以通过 ExecutableElement 来表示。MethodSymbol 类直接实现了这个接口。
- TypeParameterElement 接口：表示类、接口或方法中声明的泛型参数，因此 TypeSymbol 直接实现了这个接口。

第 6 章讲过，Symbol 类中定义的 kind 变量可以区分不同的符号，允许的值已经在 Kinds 类中预先进行了定义，如 VarSymbol 对象的 kind 值为 VAR。在注解处理器的实现过程中，符号已经被映射为 Element，而 Element 是通过不同的枚举常量 ElementKind 来区分的，可以通过调用 getKind()方法得到对应的枚举常量。例如，VarSymbol 类中 getKind()方法的实现代码如下：

```
来源：com.sun.tools.javac.code.Symbol.VarSymbol
public ElementKind getKind() {
    long flags = flags();
    if ((flags & PARAMETER) != 0) {
        if (isExceptionParameter())
            return ElementKind.EXCEPTION_PARAMETER;
        else
            return ElementKind.PARAMETER;
    } else if ((flags & ENUM) != 0) {
        return ElementKind.ENUM_CONSTANT;
    } else if (owner.kind == TYP ) {
        return ElementKind.FIELD;
    } else if (isResourceVariable()) {
        return ElementKind.RESOURCE_VARIABLE;
    } else {
        return ElementKind.LOCAL_VARIABLE;
    }
}
```

返回的枚举常量比 kind 值更精确，对于变量来说，可以区分出方法中的形式参数、局部变量、成员变量和枚举变量等。

主要的一些符号允许的 ElementKind 枚举常量与 Kinds 类中的常量如表 8-1 所示。

表 8-1　符号允许的ElementKind枚举常量与Kinds类中的常量

符　　号	ElementKind枚举常量	Kinds类中的常量
PackageSymbol	PACKAGE	PCK

（续）

符　　号	ElementKind枚举常量	Kinds类中的常量
TypeSymbol	TYPE_PARAMETER	TYP、NIL
ClassSymbol	ENUM、CLASS、ANNOTATION_TYPE、INTERFACE	TYP
MethodSymbol 、OperatorySymbol	METHOD、CONSTRUCTOR、STATIC_INIT、INSTANCE_INIT	MTH
VarSymbol	ENUM_CONSTANT、FIELD、PARAMETER、LOCAL_VARIABLE、EXCEPTION_PARAMETER、RESOURCE_VARIABLE	VAR

在 JDK 1.7 版本中可以通过继承 ElementScanner7 类来遍历 Element，然后根据需求选择性覆写相关的 visitXxx()方法。

在第 6 章中介绍过 Type 及相关的子类，它们都直接或间接实现了 javax.lang.model.type 包中定义的一些接口，继承关系如图 8-2 所示。

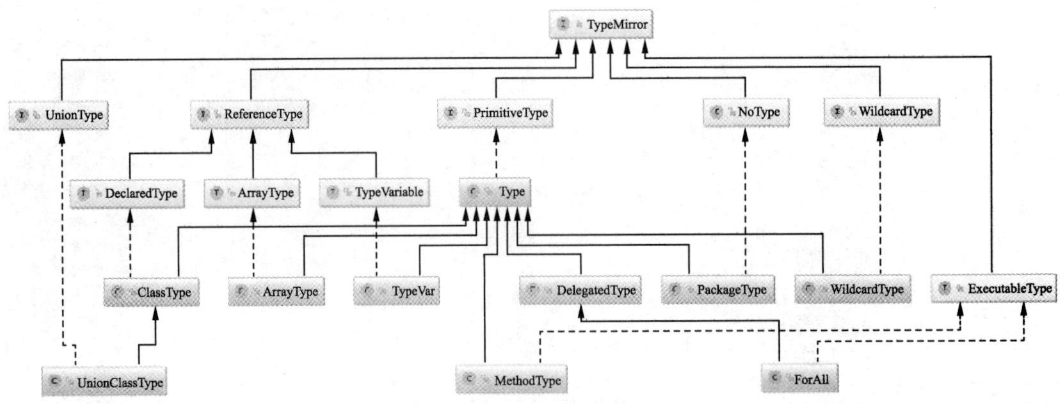

图 8-2　类型的继承体系

从图 8-2 可知，Javac 将不同的 Type 及相关子类映射到了不同的接口，因此调用对应的 getKind()方法将会得到对应的 TypeKind 枚举常量。主要的一些类型允许的 TypeKind 枚举常量与 TypeTags 类中的常量如表 8-2 所示。

表 8-2　类型允许的TypeKind枚举常量及TypeTags类中的常量

类　　型	TypeKind枚举常量	TypeTags类中常量
Type	BOOLEAN、BYTE、SHORT、INT、LONG、CHAR、FLOAT、DOUBLE、VOID、NONE、NULL、OTHER	BOOLEAN、BYTE、SHORT、INT、LONG、CHAR、FLOAT、DOUBLE、VOID、NONE、NULL

（续）

类　　型	TypeKind枚举常量	TypeTags类中常量
ArrayType	ARRAY	ARRAY
ClassType	DECLARED	CLASS
TypeVar	TYPEVAR	TYPEVAR
WildcardType	WILDCARD	WILDCARD
PackageType	PACKAGE	PACKAGE
ForAll、MethodType	EXECUTABLE	FORALL、METHODTYPE
UnionClassType	UNION	CLASS

JDK 1.7 版本中可以通过继承 TypeKindVisitor7 类来遍历 TypeMirror，然后根据需求选择性覆写相关的 visitXxx()方法。

下面编写一个对程序名称规范进行检查的编译器插件，如果程序命名不合规范，则会输出一个编译器警告信息。首先编写访问 Element 的访问者类，实现代码如下：

【实例 8-2】

```
package chapter8;

public class NameCheckScanner extends ElementScanner7<Void, Void> {

    private final Messager messager;

    public NameCheckScanner(Messager messager) {
        this.messager = messager;
    }

    public void checkName(Element e,String regEx,String info) {
        String name = e.getSimpleName().toString();
        Pattern pattern = Pattern.compile(regEx);
        Matcher matcher = pattern.matcher(name);
        if (!matcher.matches()) {
            messager.printMessage(Kind.WARNING,System.out.format(info,name).
toString() , e);
        }
    }

    // 检查方法命名是否合法
    @Override
    public Void visitExecutable(ExecutableElement e, Void p) {
        if (e.getKind() == ElementKind.METHOD) {
            checkName(e,"[a-z][A-Za-z0-9]{0,}","方法名%s 不符合符合驼式命名法，
首字母小写\n");
        }
        super.visitExecutable(e, p);
        return null;
```

```
    }

    // 检查变量命名是否合法，如果变量是枚举或常量，则按大写命名检查，否则按照驼式命名
    // 法规则检查
    @Override
    public Void visitVariable(VariableElement e, Void p) {
        if (e.getKind() == ElementKind.ENUM_CONSTANT ||
            e.getConstantValue() != null ||
            isConstantVar(e))
            checkName(e,"[A-Z][A-Z_]{0,}","常量%s 不符合要求全部大写字母或下划
线构成，并且第一个字符不能是下划线\n");
        else
            checkName(e,"[a-z][A-Za-z0-9]{0,}","变量名%s 不符合符合驼式命名法，
首字母小写\n");
        return null;
    }

    // 判断一个变量是否是常量
    private boolean isConstantVar(VariableElement e) {
        if (e.getEnclosingElement().getKind() == ElementKind.INTERFACE)
            return true;
        else if (e.getKind() == ElementKind.FIELD
            &&e.getModifiers().containsAll(EnumSet.of(Modifier.PUBLIC,
Modifier.STATIC, Modifier.FINAL)))
            return true;
        else {
            return false;
        }
    }

    // 检查类型的命名是否合法
    @Override
    public Void visitType(TypeElement e, Void p) {
        scan(e.getTypeParameters(), p);
        checkName(e,"[A-Z][A-Za-z0-9]{0,}","类名%s 不符合驼式命名法\n");
        super.visitType(e, p);
        return null;
    }
}
```

如果代码编写者编写的 Java 源代码中有不合规范的命名，将调用 messager.printMessage()方法打印具体的警告信息。

下面来编写插入式注解处理器，代码如下：

【实例 8-2】（续）

```
package chapter8;

@SupportedAnnotationTypes("*")
@SupportedSourceVersion(SourceVersion.RELEASE_7)
public class NameCheckProcessor extends AbstractProcessor {

  private NameCheckScanner nameCheckScanner;
```

```
    @Override
    public void init(ProcessingEnvironment processingEnv) {
        super.init(processingEnv);
        nameCheckScanner = new NameCheckScanner(processingEnv.getMessager());
    }

    // 对输入的语法树的各个节点进行名称检查
    @Override
    public boolean process(Set<? extends TypeElement> annotations,
RoundEnvironment roundEnv) {
        if (!roundEnv.processingOver()) {
            for (Element element : roundEnv.getRootElements())
                nameCheckScanner.scan(element);
        }
        return false;
    }
}
```

现在编写一个待检查的、含有不法命名规范的类，代码如下：

【实例 8-2】（续）

```
package chapter8;

public class Test {
    enum colors{
        red,blue;
    }

    static final int aa = 1;
}
```

在编译TEST类时，指定使用NameCheckProcessor注解处理器对命名进行规范性检查，具体的实现代码如下：

【实例 8-2】（续）

```
package chapter8;

public class RunNameCheckProcessor {
    public static void main(String args[]) throws IOException {
        javax.tools.JavaCompiler compiler = ToolProvider.getSystemJavaCompiler();
        int results = compiler.run(null, null, null, new String[]{
                "-processor","chapter8.NameCheckProcessor",
                "-processorpath","C:/JavacCompiler/test",
                "-d","C:/javacclass",
                "C:/JavacCompiler/test/chapter8/Test.java"
        });
        System.out.println("Result code: " + results);
    }
}
```

运行 main()方法后，Javac 输出的警告信息如下：

```
类名 colors 不符合驼式命名法
常量 red 不符合要求全部大写字母或下划线构成，并且第一个字符不能是下划线
常量 blue 不符合要求全部大写字母或下划线构成，并且第一个字符不能是下划线
常量 aa 不符合要求全部大写字母或下划线构成，并且第一个字符不能是下划线
```

8.2 初始化注解处理器

初始化注解处理器是在词法调用之前进行的，通过调用 JavaCompiler 类的 initProcessAnnotations()方法完成初始化工作，主要的实现代码如下：

```
来源：com.sun.tools.javac.main.JavaCompiler
procEnvImpl = new JavacProcessingEnvironment(context, processors);
processAnnotations = procEnvImpl.atLeastOneProcessor();
```

其中，procEnvImpl 是一个 JavacProcessingEnvironment 类型的成员变量，该变量将为注解的执行提供一个上下文环境；processAnnotations 是一个 boolean 类型的成员变量，表示是否需要运行注解处理器，如果没有找到任何注解处理器，则这个值为 false。

在创建 JavacProcessingEnvironment 对象时会调用构造方法，在构造方法中初始化一些重要的变量，如读取注解相关的配置、初始化工具类及初始化注解处理器的迭代器。在 8.1 节中已经介绍过在 JavacProcessingEnvironment 类的构造方法中读取配置及初始化工具类，这里重点介绍对 processorIterator 和 discoveredProcs 变量的初始化。

1．初始化processorIterator变量

在 JavacProcessingEnvironment 类的构造方法中通过调用 initProcessorIterator()方法初始化注解处理器的迭代器 processorIterator，主要的实现代码如下：

```
来源：com.sun.tools.javac.processing.JavacProcessingEnvironment
String processorNames = options.get(PROCESSOR);
JavaFileManager fileManager = context.get(JavaFileManager.class);
processorClassLoader = fileManager.hasLocation(ANNOTATION_PROCESSOR_PATH)
        ? fileManager.getClassLoader(ANNOTATION_PROCESSOR_PATH)
        : fileManager.getClassLoader(CLASS_PATH);
if (processorNames != null) {
    processorIterator = new NameProcessIterator(processorNames, processor
ClassLoader, _);
} else {
    processorIterator = new ServiceIterator(processorClassLoader, _);
}
```

首先获取-processor 命令指定的注解处理器，如果获取到的值 processorNames 不为空，也就是配置了-processor 命令，那么创建一个 NameProcessIterator 迭代器对象，否则创建一个 ServiceIterator 迭代器对象。创建好的对象都赋值给类型为 Iterator<? extends Processor>的 processorIterator 变量，这样就可以通过 processorIterator 迭代所有的注解处理器了。

通过-processor 命令指定的是注解处理器的全限定名，从全限定名中可以得到搜索注解处理器的相对路径，搜索的绝对路径可以通过-processpath 命令进行指定。如果没有配置-processpath 命令，默认的搜索路径就是 classpath。当配置了-processpath 命令时，会在此路径下调用 fileManager.getClassLoader()方法创建对应的类加载器，否则在 classpath 路径下创建对应的类加载器。

-processor 命令可以指定多个注解处理器，多个注解处理器用逗号隔开。在真正执行过程中，通过迭代器 NameProcessIterator 来迭代执行这些注解处理器。NameProcessIterator 的实现相对简单，将传入的 processorNames 字符串通过逗号分割为字符串数组，然后将数组中的值保存到 java.util.List 集合并调用 iterator()方法获取这个集合的迭代器对象，这样就可以循环多个类的全限定名并通过类加载器 processorClassLoader 来循环加载各个注解处理器了。

ServiceIterator 迭代器类代表另外一种查找注解处理器的方式，将自定义的处理器打成一个 JAR 包，然后在 JAR 包的"META-INF/services"路径下创建一个固定的文件 javax.annotation.processing.Processor，在 javax.annotation.processing.Processor 文件中填写自定义注解处理器的全限定名，可以有多个，每个占用一行。需要注意的是，如果通过命令-processor 指定了注解处理器，这种方式配置的注解处理器将不会被 Javac 执行。

2. 初始化discoveredProcs变量

在 initProcessorIterator()方法中初始化 discoveredProcs 变量，代码如下：

```
discoveredProcs = new DiscoveredProcessors(JavacProcessingEnvironment.
this,processorIterator);
```

DiscoveredProcessors 类实现了 Iterable<ProcessorState>接口，使用迭代器类 ProcessorStateIterator 来迭代 ProcessorState 对象，这个迭代器也是借助 processorIterator 来完成注解处理器迭代的。它迭代的 ProcessorState 对象可以看作是 processorIterator 迭代的 Processor 对象的封装，但是 ProcessorState 对象还能保存与注解处理器配置相关的信息。ProcessorState 类的定义如下：

```
来源：com.sun.tools.javac.processing.JavacProcessingEnvironment.ProcessorState
static class ProcessorState {
   public Processor processor;
   public boolean contributed;
   private ArrayList<Pattern> supportedAnnotationPatterns;
   private ArrayList<String>  supportedOptionNames;

   ProcessorState(Processor p, _, Source source, ProcessingEnvironmentenv) {
      processor = p;
      contributed = false;
      // 处理注解处理器的初始化信息
      processor.init(env);
      // 处理注解处理器支持的 Java 源代码版本
      checkSourceVersionCompatibility(source, _);
```

```
        // 处理注解处理器支持处理的注解类型
        supportedAnnotationPatterns = new ArrayList<Pattern>();
        for (String importString : processor.getSupportedAnnotationTypes()) {
            supportedAnnotationPatterns.
    add(importStringToPattern(importString,processor, _));
        }
        // 处理注解处理器支持的注解选项
        supportedOptionNames = new ArrayList<String>();
        for (String optionName : processor.getSupportedOptions() ) {
            if (checkOptionName(optionName, _))
                supportedOptionNames.add(optionName);
        }

    }
```

ProcessorState 类可以看作是对注解处理器的简单封装，其中 processor 保存的就是一个具体的注解处理器；contributed 表示此注解处理器是否运行过 process()方法，如果运行过 process()方法，则这个变量的值将被设置为 true；supportedAnnotationPatterns 与 supportedOptionNames 保存了注解处理器能够处理的注解类型和注解选项。

在构造方法中调用了注解处理器 processor 的 init()方法，代码编写者可以覆写注解处理器的 init()方法来初始化相关变量，例如，实例 8-1 在编写注解处理器时覆写了 init()方法并初始化了工具类。

通过调用 checkSourceVersionCompatibility()方法来检查注解处理器支持的 Java 源代码版本是否低于当前要编译的 Java 源代码版本，如果低于，将会给出警告。checkSourceVersionCompatibility()方法在获取注解处理器指定的版本时，会调用 processor.getSupportedSourceVersion()方法，代码如下：

```
    SourceVersion procSourceVersion = processor.getSupportedSourceVersion();
```

代码编写者可以在注解处理器中覆写 getSupportedSourceVersion()方法来指定支持的 Java 源代码版本，如果没有覆写，ProcessorState()构造方法，将调用 AbstractProcessor 类中的 getSupportedSourceVersion()方法，这个方法会读取注解@SupportedSourceVersion 来获取支持的版本信息。

调用注解处理器的 getSupportedAnnotationType()方法来获取支持处理的注解类型并添加到 supportedAnnotationPatterns 集合中，代码编写者可以覆写 getSupportedAnnotation Type()方法，指定注解处理器注册给哪一个注解类型，它是一个字符串的集合，意味着可以指定多个注解类型，不过需要提示的是，字符串必须为类的全限定名。如果代码编写者没有覆写 getSupportedAnnotationType()方法，那么会调用 AbstractProcessor 抽象类中的 getSupportedAnnotationType()方法，这个方法会读取注解@SupportedAnnotationTypes 来获取相关的信息。例如，实例 8-1，就是通过@SupportedAnnotationTypes 注解来指定处理的注解类型 chapter8.Getter。

调用注解处理器的 getSupportedOptions()方法来获取支持的注解选项，同样可覆写 getSupportedOptions()方法或使用@SupportedOptions 注解来提供支持的注解选项。

DiscoveredProcessors 类的定义如下：

```
来源：com.sun.tools.javac.processing.JavacProcessingEnvironment.
DiscoveredProcessors
class DiscoveredProcessors implements Iterable<ProcessorState> {

    Iterator<? extends Processor> processorIterator;
    ArrayList<ProcessorState> procStateList;

    public ProcessorStateIterator iterator() {
        return new ProcessorStateIterator(this);
    }

    DiscoveredProcessors(Iterator<? extends Processor> processorIterator) {
        this.processorIterator = processorIterator;
        this.procStateList = new ArrayList<ProcessorState>();
    }
}
```

processorIterator 保存了 NameProcessIterator 或 ServiceIterator 对象；procStateList 保存了当前已经被封装为 ProcessorState 对象的所有注解处理器。下面来看看 ProcessorStateIterator 迭代器类是如何迭代每个 ProcessorState 对象的，实现代码如下：

```
来源：com.sun.tools.javac.processing.JavacProcessingEnvironment.
DiscoveredProcessors.
ProcessorStateIterator
class ProcessorStateIterator implements Iterator<ProcessorState> {
        DiscoveredProcessors psi;
        Iterator<ProcessorState> innerIter;
        boolean onProcInterator;

        ProcessorStateIterator(DiscoveredProcessors psi) {
            this.psi = psi;
            this.innerIter = psi.procStateList.iterator();
            this.onProcInterator = false;
        }

        public ProcessorState next() {
            if (!onProcInterator) {
                if (innerIter.hasNext())
                    return innerIter.next();
                else
                    onProcInterator = true;
            }

            if (psi.processorIterator.hasNext()) {
                ProcessorState ps = new ProcessorState(psi.processorIterator.
next(),_, source, JavacProcessingEnvironment.this);
                psi.procStateList.add(ps);
                return ps;
            }
        }

        public boolean hasNext() {
```

```
            if (onProcInterator)
                return  psi.processorIterator.hasNext();
            else
                return innerIter.hasNext() || psi.processorIterator.hasNext();
        }

        // 运行在 procStateList 中剩下的还没有运行过的注解处理器
        public void runContributingProcs(RoundEnvironment re) {
            if (!onProcInterator) {
                Set<TypeElement> emptyTypeElements = Collections.emptySet();
                while(innerIter.hasNext()) {
                    ProcessorState ps = innerIter.next();
                    if (ps.contributed)
                        callProcessor(ps.processor, emptyTypeElements, re);
                }
            }
        }
    }
```

ProcessorStateIterator类中定义了3个成员变量并且在构造方法中进行了初始化，其中，innerIter 被初始化为 DiscoveredProcessors 类中 procStateList 列表的迭代器，onProcInterator 被初始化为 false。 .

当第一次调用 next()方法时会判断 innerIter 中是否有元素需要迭代。由于是第一次，因而调用 innerIter.hasNext()方法会返回 false，这样 onProcInterator 将更新为 true。接着 next()方法会通过迭代器 psi.processorIterator 迭代所有的 Processor 对象并封装为 ProcessorState 对象，然后放入 procStateList 列表中，最终，所有的 Processor 对象会被封装为 ProcessState 对象并保存到 procStateList 列表中。当下一次调用 DiscoveredProcessors 对象的 iterator()方法以获取到一个新的 ProcessorStateIterator 对象时，此对象的 onProcInterator 值仍然为 false，但是调用 innerIter.hasNext()方法会返回 true，因为 procStateList 列表中有可迭代的元素，省去了每次对 Processor 对象封装的过程。

最后还提供了一个 runContributingProcs()方法，就是当 onProcessingIterator 值为 false 时会对之前运行过的所有注解处理器再执行一遍，这是多次循环处理注解时需要执行的逻辑，后面在运行注解处理器时会介绍。

8.3 运行注解处理器

在初始化注解处理器后就可以运行注解处理器了，在 JavaCompiler 类的 compile()方法中有如下实现：

```
来源：com.sun.tools.javac.main.JavaCompiler
initProcessAnnotations(processors);
```

```
delegateCompiler = processAnnotations(
                enterTrees(stopIfError(CompileState.PARSE,
parseFiles(sourceFileObjects))),  _);
```

当调用 initProcessAnnotations()方法初始化注解处理器后，就会调用 processAnnotations()方法运行注解处理器。不过在运行注解处理器之前还会调用 enterTrees()方法，这个方法会完成符号输入的第一与第二阶段，同时也会对声明及定义的语法树节点进行标注，因此才能在后续的注解处理器运行阶段操作 TypeMirror 与 Element。

processAnnotations()方法会判断是否有必要调用 JavacProcessingEnvironment 类的 doProcessing()方法运行注解处理器，如果没有查找到注解处理器或配置了-proc:none 命令，将不会调用 doProcessing()方法。processAnnotations()方法的实现代码如下：

```
public JavaCompiler processAnnotations(List<JCCompilationUnit> roots,_) {
    ...
    JavaCompiler c = procEnvImpl.doProcessing(context, roots, _, _);
    ...
    return c;
}
```

调用方法后将返回一个新的 JavaCompiler 对象，使用这个对象将继续执行 Java 源代码的编译，所以说注解处理器能够影响 Javac 的编译过程。doProcessing()方法的主要实现代码如下：

```
来源：com.sun.tools.javac.processing.JavacProcessingEnvironment
public JavaCompiler doProcessing(Context context,
                                 List<JCCompilationUnit> roots,
                                 List<ClassSymbol> classSymbols,
                                 Iterable<? extends PackageSymbol> pckSymbols) {
    Round round = new Round(context, roots, classSymbols);

    boolean errorStatus;
    boolean moreToDo;
    do {
        // 运行这一轮的注解处理器
        round.run(false, false);

        // 当运行完这一轮注解处理器时，如果没有发现错误并且又有新的文件
        // 生成时，需要运行下一轮注解处理器
        errorStatus = round.unrecoverableError();
        moreToDo = moreToDo();

        // 调用 round.next()方法创建新的 Round 对象
        round = round.next(
                new LinkedHashSet<JavaFileObject>(filer.
getGeneratedSourceFileObjects()),
                new LinkedHashMap<String,JavaFileObject>(filer.
getGeneratedClasses()));

        if (round.unrecoverableError())
            errorStatus = true;
```

```
    } while (moreToDo && !errorStatus);

    // 运行最后一轮注解处理器
    round.run(true, errorStatus);
}
```

调用 Round 对象的 run()方法来执行注解处理的逻辑，Round 对象代表了循环调用注解处理器处理语法树的过程。每一次循环都会创建一个 Round 对象，后续如果有新的文件产生，也就是当调用 moreToDo()方法返回 true 时，需要调用当前 Round 对象的 next()方法得到一个新的 Round 对象，并将保存了新产生的文件的集合传递给新的 Round 对象。

如果注解处理器运行 process()方法后产生了新的 Java 源文件，Javac 会重新运行一轮注解处理器，因此只要运行一轮注解处理器后有新的 Java 源文件产生后，就会接着重新运行一轮注解处理器，直到没有新的文件产生。每运行一轮注解处理器，就被称为一个 Round，这样整个注解处理的过程就可以看作是一个 Round 序列。

Round 是 JavacProcessingEnvironment 类中定义的一个成员类，在创建 Rond 对象时通常会调用如下的构造方法：

```
来源：com.sun.tools.javac.processing.JavacProcessingEnvironment.Round
Round(Context context, List<JCCompilationUnit> roots, List<ClassSymbol>
 classSymbols) {
    topLevelClasses = getTopLevelClasses(roots).prependList(classSymbols.
reverse());
    findAnnotationsPresent();
}
```

参数 classSymbols 列表一般为空，调用 getTopLevelClasses()方法就是将 roots 列表中保存的所有编译单元下定义的顶层类追加到 topLevelClasses 列表中，topLevelClasses 是定义在 Roound 类中的类型为 List<ClassSymbol>的成员变量。调用 findAnnotationsPresent()方法查找在 topLevelClasses 列表的顶层类中使用到的注解类型，实现代码如下：

```
来源：com.sun.tools.javac.processing.JavacProcessingEnvironment.Round
void findAnnotationsPresent() {
   ComputeAnnotationSet annotationComputer = new
ComputeAnnotationSet(elementUtils);
   // Use annotation processing to compute the set of annotations present
   annotationsPresent = new LinkedHashSet<TypeElement>();
   for (ClassSymbol classSym : topLevelClasses)
       annotationComputer.scan(classSym, annotationsPresent);
}
```

findAnnotationsPresent()方法查找所有使用到的注解类型并保存到 Round 类的 annotationsPresent 中，annotationsPresent 是定义在 Round 类中的类型为 Set<TypeElement>的成员变量。

通过 ComputeAnnotationSet 类对语法树进行扫描，找到使用到的注解类型。ComputeAnnotationSet 类的定义如下：

```
来源：com.sun.tools.javac.processing.JavacProcessingEnvironment.Compute
AnnotationSet
```

```
public static class ComputeAnnotationSet extends
ElementScanner7<Set<TypeElement>,Set<TypeElement>> {
    final Elements elements;

    public ComputeAnnotationSet(Elements elements) {
        super();
        this.elements = elements;
    }

    @Override
    public Set<TypeElement> visitPackage(PackageElement e,
Set<TypeElement> p) {
        return p;
    }

    @Override
    public Set<TypeElement> scan(Element e, Set<TypeElement> p) {
        for (AnnotationMirror annotationMirror : elements.
getAllAnnotationMirrors(e) ) {
            Element e2 = annotationMirror.getAnnotationType().asElement();
            p.add((TypeElement) e2);
        }
        return super.scan(e, p);
    }
}
```

继承 ElementScanner7 类然后覆写了 scan()方法，在这个方法中查找所有已被使用的注解类型。如果找到，就将注解类型对应的 Element 对象存到 p 集合中，也就是保存到了 Round 类中定义的类型为 Set<TypeElement>的 annotationsPresent 集合。

有了待处理的注解类型后，就需要运行那些能处理这些注解类型的注解处理器了。调用 Round 类中的 run()方法运行注解处理器。run()方法的实现代码如下：

```
来源：com.sun.tools.javac.processing.JavacProcessingEnvironment.Round
void run(boolean lastRound, boolean errorStatus) {
    if (lastRound) {
       filer.setLastRound(true);
       Set<Element> emptyRootElements = Collections.emptySet();
       RoundEnvironment renv = new JavacRoundEnvironment(true,
                errorStatus,emptyRootElements,JavacProcessingEnvironment.
this);
       discoveredProcs.iterator().runContributingProcs(renv);
    } else {
       discoverAndRunProcs(context, annotationsPresent, topLevelClasses, _);
    }
}
```

在第一轮注解处理器的调用过程中，lastRound 值为 false，也就是会调用 Javac ProcessingEnv 类的 discoverAndRunProcs()方法，同时传递了 annotationsPresent 集合，这个集合就是这一轮 Round 中找到的所有待处理的注解类型。当 lastRound 为 true，表示这是最后一轮运行注解处理器，调用 ProcessorStateIterator 对象的 runContributingProcs()方法再次运行之前运行过的注解处理器。runContributingProcs()方法在之前简单介绍过，实现也相对简单，这里不再介绍。

discoverAndRunProcs()方法根据使用到的注解类型查找可以处理这些注解类型的注解处理器并执行。实现代码如下：

```
来源：com.sun.tools.javac.processing.JavacProcessingEnvironment
private void discoverAndRunProcs(Context context,
                                 Set<TypeElement> annotationsPresent,
                                 List<ClassSymbol> topLevelClasses,
                                 List<PackageSymbol> packageInfoFiles) {
    Map<String, TypeElement> unmatchedAnnotations =
        new HashMap<String, TypeElement>(annotationsPresent.size());

    for(TypeElement a : annotationsPresent) {
        unmatchedAnnotations.put(a.getQualifiedName().toString(),a);
    }

    // 让处理"*"的注解处理器也有机会运行
    if (unmatchedAnnotations.size() == 0)
        unmatchedAnnotations.put("", null);

    // 可通过迭代器获取所有的注解处理器
    DiscoveredProcessors.ProcessorStateIterator psi = discoveredProcs.
iterator();

    Set<Element> rootElements = new LinkedHashSet<Element>();
    rootElements.addAll(topLevelClasses);
    rootElements = Collections.unmodifiableSet(rootElements);

    // 准备这一轮 Round 运行的环境
    RoundEnvironment renv = new JavacRoundEnvironment(false,false,
rootElements,JavacProcessingEnvironment.this);

    // 当有待处理的注解并且有注解处理器的情况下，查找能处理注解的注解处理器并运行
    while(unmatchedAnnotations.size() > 0 && psi.hasNext() ) {
        ProcessorState ps = psi.next();
        Set<String> matchedNames = new HashSet<String>();
        Set<TypeElement> typeElements = new LinkedHashSet<TypeElement>();

        // 查找注解处理器能够处理的注解并存储到 matchedNames 集合中
        for (Map.Entry<String, TypeElement> entry: unmatchedAnnotations.
entrySet()) {
            String unmatchedAnnotationName = entry.getKey();
            if (ps.annotationSupported(unmatchedAnnotationName) ) {
                matchedNames.add(unmatchedAnnotationName);
                TypeElement te = entry.getValue();
                if (te != null)
                    typeElements.add(te);
            }
        }
        // 当注解处理器 ps 能够处理某些注解或者在之前的 Round 中运行过此注解处理器时
        // 调用 callProcessor()方法运行此注解处理器
        if (matchedNames.size() > 0 || ps.contributed) {
```

```
                boolean processingResult = callProcessor(ps.processor, typeElements,
    renv);
                ps.contributed = true;

                if (processingResult) {
                    unmatchedAnnotations.keySet().removeAll(matchedNames);
                }
            }
        }
        unmatchedAnnotations.remove("");

        // 再次运行之前 Round 中运行过的注解处理器
        psi.runContributingProcs(renv);
    }
```

discoverAndRunProcs()方法首先建立全限定名到对应 TypeElement 对象的映射关系，然后为此次的 Round 过程建立一个上下文执行环境 renv，renv 就是在调用注解处理器的 process()方法时传递的第 2 个 RoundEnvironment 类型的参数。renv 会保存上一轮 Round 运行后的一些状态，可以在覆写 process()方法时调用相关方法获取这些信息进行逻辑处理。

当 unmatchedAnnotations 集合中存在注解类型并且也能查找到注解处理器时，查找能处理这些注解类型的注解处理器并运行。调用 psi.next()方法获取 ProcessorState 对象（后续所述的注解处理器都是指这个对象），然后从 unmatchedAnnotations 集合中查找是否含有能被当前的注解处理器 ps 处理的注解类型。如果当前的注解处理器 ps 能够处理名称为 unmatchedAnnotationName 的注解类型。那么调用 ps.annotationSupported()方法将返回 true，通过 matchedNames 与 typeElements 集合保存注解类型的全限定名和对应的 TypeElement 对象。TypeElement 对象就是注解处理器覆写 process()方法时接收的第一个 Set<? extends TypeElement>类型的参数，表示此注解处理器处理的注解类型。因为一个注解处理器可能支持对多个注解类型的处理，所以当各个注解类型的处理逻辑不同时，可以通过这个参数针对特定的注解类型编写相关的处理逻辑。

当 matchedNames 集合中有匹配的注解类型时，调用 callProcessor()方法运行当前的注解处理器，其实就是间接调用注解处理器中的 process()方法，该方法的返回值将会通过 processingResult 变量来接收。可以看到，当 processingResult 值为 true 时，会将当前处理器支持处理的注解类型全部从 unmatchedAnnotations 集合中移除，这样，这些注解类型在本轮 Round 过程中就只会被某个匹配的注解处理器执行一次，当有其他注解处理器也能处理这些注解类型时，这些注解处理器并不会运行，除非还有 matchedNames 之外的注解类型需要这些注解处理器运行。

在注解处理器 ps 首次运行时，contributed 值为 false；但是如果当前的注解处理器也运行过，也就是 matchedNames 集合中有匹配的注解类型并且调用了 callProcessor()方法，这个值将更新为 true，这样在下一轮 Round 过程中，即使没有匹配的注解类型要处理，这个注解处理器仍然会再次运行。

最后调用 psi.runContributingProcs()方法，实现代码如下：

```
来源：com.sun.tools.javac.processing.JavacProcessingEnvironment.
DiscoveredProcessors.
ProcessorStateIterator
public void runContributingProcs(RoundEnvironment re) {
    if (!onProcInterator) {
        Set<TypeElement> emptyTypeElements = Collections.emptySet();
        while(innerIter.hasNext()) {
            ProcessorState ps = innerIter.next();
            if (ps.contributed)
                callProcessor(ps.processor, emptyTypeElements, re);
        }
    }
}
```

假如在某一轮 Round 过程中，unmatchedAnnotations 中没有可处理的注解类型，此时会调用以上方法将之前 Round 过程中运行过的所有注解处理器再运行一次，只是此时调用 callProcessor()方法传递的第 2 个参数值为 emptyTypeElements，表示没有可匹配的注解类型需要处理。

第 9 章　语义分析之类型转换

本章将重点介绍 Java 语言中所有允许的具体类型转换及在特定上下文中允许使用的具体转换类型的相关内容。

9.1　类型转换的种类

Java 语言允许使用的具体类型转换有 11 种，除了这 11 种类型转换外不允许使用其他情况下的类型转换。下面将详细介绍这 11 种类型转换。

1．同一性转换（Identity Conversion）

同一性转换指相同类型的转换，例如实例 9-1。

【实例 9-1】

```
int a = 1;
int b = a;
```

变量 b 与 a 都是 int 类型，因此 a 变量的值可用于初始化 b 变量。

2．基本类型宽化转换（Widening Primitive Conversion）

boolean 类型不可以转换为其他的基本类型，而整数类型、浮点数类型和字符类型可以进行相互转换。容量小的类型自动转换为容量大的类型。数据类型按容量从小到大的顺序如下：

byte、short、char < int < long <float < double

其中，byte 与 char，以及 short 与 char 都不能直接进行转换。

3．基本类型窄化转换（Narrowing Primitive Conversion）

在基本类型宽化转换时，容量小的类型可以自动转换为容量大的类型，还可以通过强制类型转换的方式将容量大的类型转换为容量小的类型，只是可能造成精度降低或者出现溢出问题。举个例子如下：

【实例 9-2】

```
float a = 10;
```

```
int b = (int) a;
```

将 float 类型的变量 a 强制转换为 int 类型后赋值给变量 b。

4．基本类型宽化和窄化转换（Widening and Narrowing Primitive Conversion）

有时候需要对基本类型同时使用宽化和窄化处理，例如实例 9-3。

【实例 9-3】

```
byte a = 10;
char b = (char) a;
```

实例将 byte 类型的变量 a 赋值给 char 类型的变量 b。byte 类型不能直接转换为 char 类型，因此先需要宽化处理转换为 int 类型，然后再窄化转换为 char 类型。

5．引用类型宽化转换（Widening Reference Conversion）

引用类型宽化处理就是子类转换为父类的情况，例如实例 9-4。

【实例 9-4】

```
package chapter9;

class Parent{ }

class Sub extends Parent{ }

public class Test{
    Sub s = new Sub();
    Parent p = sub;
}
```

将 Sub 类型的变量 s 的值赋值给 Parent 类型的变量 p 时，则发生引用类型宽化转换。

6．引用类型窄化转换（Narrowing Reference Conversion）

有父子关系的引用类型可以通过强制类型转换的方式进行窄化转换。由于 Object 是所有类的超类，因而通过强制类型转换可以转换为任何一种引用类型。这种转换同样也适用于数组，例如实例 9-4。

【实例 9-5】

```
Parent[] p= new Parent[10];
Sub[] s = (Sub[]) p;
```

其中，Parent 是 Sub 的父类，因此 Parent 数组可以通过强制类型转换的方式转为 Sub 数组。对于数组来说，Cloneable 或 Serializable 接口都可以通过强制类型转换的方式转为数组类型，因为数组类型实现了这两个接口。

7．类型装箱转换（Boxing Conversion）

在 Java 语言中，每个基本类型都有对应的引用类型，如表 9-1 所示。

表 9-1　基本类型对应的引用类型

基 本 类 型	引 用 类 型	基 本 类 型	引 用 类 型
boolean	Boolean	int	Integer
byte	Byte	long	Long
short	Short	float	Float
char	Character	double	Double

从基本类型转换为对应的引用类型就称为类型装箱转换。

8．类型拆箱转换（Unboxing Conversion）

从引用类型转换为对应的基本类型就是类型拆箱转换。

9．非检查转换（Unchecked Conversion）

从裸类型（包括类、接口和数组）转换为参数化类型时就称为非检查转换，例如实例 9-6。

【实例 9-6】

```
class Test<T>{
    Test a= new Test();
    Test<String> b = a;                  // 警告，未经检查的转换
}
```

a 变量的类型为 Test 裸类型，将这个裸类型转换为参数化类型 Test<String>涉及非检查转换。对于这种类型转换，Javac 将在编译期内给出警告“未经检查的转换”。不过当参数化类型的实际类型参数的类型全部为无界通配符类型或者使用@SuppressWarnings 注解时，Javac 将不会给出警告信息。之所以要进行警告，是因为这样的转换并不能保证在运行期就一定成功，例如实例 9-7。

【实例 9-7】

```
class Test<T>{
    Test a = new Test<Integer>();
    Test<String> b = a;                  // 会报运行时错误
}
```

虽然能被 Javac 正常编译，但由于变量 a 的实际类型为 Test<Integer>，因而在运行期将报错。

10．字符串转换（String Conversion）

任何类型都可能通过字符串转换转为字符串类型。对于引用类型来说，直接调用 toString()方法即可完成转换，不过当引用类型为 null 时，将被转换为字符串 null；对于基本类型来说，可以先封装为对应的引用类型后调用 toString()方法，基本类型封装为对应的

引用类型如表 9-2 所示。

表 9-2　基本类型封装为引用类型

基 本 类 型	引 用 类 型
boolean	new Boolean(x)
char	new Character(x)
byte、short、int	new Integer(x)
long	new Long(x)
float	new Float(x)
double	new Double(x)

在引用类型列中，x 表示的是基本类型的值。

11．捕获转换（Capture Conversion）

捕获转换涉及对通配符的类型捕获，举例如下：

【实例 9-8】

```
package chapter9;

class Fruit { }

class Apple extends Fruit { }

class Plate<T> {
    private T item;
    public void set(T t) {
        item = t;
    }
    public T get() {
        return item;
    }
}

public class Test {
    public void test() {
        Plate<? extends Apple> a = new Plate<Apple>();
        Plate<? extends Fruit> b = a;
    }
}
```

a 的 set()方法将失效，因为编译器只知道 Plate 容器内是 Apple 或者它的派生类，但并不能确定具体的类型。当前 a 被赋值为 Plate<Apple>，因此 Plate 容器内具体的类型为 Apple，但是编译器并没有将这个类型记录下来。当 a 被赋值给类型为 Plate<? extends Fruit>的变量 b 时，为了检查类型的兼容性，Plate<? extends Apple>类型会发生捕获转换。具体说就是会捕获通配符类型所代表的具体类型（虽然具体的类型是 Apple，但是编译器并没有记录这个具体的类型，发生捕获转换时只能尽量结合已有的信息来捕获具体的类型），这样 a 的类型就与 Plate<Apple>一样，是一个具体的类型了。

首先说一下如何对实际类型参数为通配符类型的参数化类型进行捕获转换。假设 G 是一个有形式类型参数声明的类型，其中只声明了一个类型参数 A_1，它的上界为 U_1，那么需要对含有通配符类型 T_1 的参数化类型 G<T_1>进行类型捕获。假设转换为了类型 G<S_1>，由于通配符类型有 3 种，因此分以下情况讨论。

- 如果 T_1 是一个无界通配符?，那么 S_1 是一个新的类型变量，它的上界是 U_1，下界是 null；
- 如果 T_1 是一个上界通配符? extends B1，那么 S_1 是一个新的类型变量，它的上界通过调用 glb(B_1,U_1)方法得到，下界为 null，其中 glb()方法可以计算两个类型中的最大下界，而 glb()方法的实现将在后面详细介绍；
- 如果 T_1 是一个下界通配符? super B_1，那么 S_1 是一个新的类型变量，该类型变量的上界为 U_1，下界为 B_1。

其实 G 中声明的类型参数可以扩展到多个 $A_1,...A_n$，因此如果在一个参数化类型 G 中，当实际的类型参数有多个通配符类型时，需要使用如上规则对每个通配符类型进行类型捕获。对类型进行捕获时调用 Types 类中的 capture()方法，该方法的主要实现代码如下：

```
来源：com.sun.tools.javac.code.Types
public Type capture(Type t) {
    if (t.tag != CLASS)
        return t;
    ClassType cls = (ClassType)t;
    // 只针对参数化类型进行捕获，如果 cls 为裸类型或不是参数化类型时，直接返回
    if (cls.isRaw() || !cls.isParameterized())
        return cls;

    ClassType G = (ClassType)cls.asElement().asType();
    List<Type> A = G.getTypeArguments();        // 形式类型参数的类型列表
    List<Type> T = cls.getTypeArguments();      // 实际类型参数的类型列表
    List<Type> S = freshTypeVariables(T);       // 经过捕获转换后的类型列表

    List<Type> currentA = A;
    List<Type> currentT = T;
    List<Type> currentS = S;
    boolean captured = false;
    while (!currentA.isEmpty() && !currentT.isEmpty() && !currentS.isEmpty()) {
        if (currentS.head != currentT.head) {
            captured = true;
            WildcardType Ti = (WildcardType)currentT.head;
            Type Ui = currentA.head.getUpperBound();
            CapturedType Si = (CapturedType)currentS.head;
            if (Ui == null)
                Ui = syms.objectType;
            switch (Ti.kind) {
```

```
            case UNBOUND:           // 当实际类型参数为无界通配符时，需要计算捕获类型
                                    // 的上界与下界
               Si.bound = subst(Ui, A, S);
               Si.lower = syms.botType;
               break;
            case EXTENDS:           // 当实际类型参数为上界通配符时，需要计算捕获类型
                                    // 的上界与下界
               Si.bound = glb(Ti.getExtendsBound(), subst(Ui, A, S));
               Si.lower = syms.botType;
               break;
            case SUPER:             // 当实际类型参数为下界通配符时，需要计算捕获类型
                                    // 的上界与下界
               Si.bound = subst(Ui, A, S);
               Si.lower = Ti.getSuperBound();
               break;
            }
            if (Si.bound == Si.lower)
               currentS.head = Si.bound;
         }
         currentA = currentA.tail;
         currentT = currentT.tail;
         currentS = currentS.tail;
      }

      if (captured)
         return new ClassType(cls.getEnclosingType(), S, cls.tsym);
      else
         return t;
   }
```

G 中声明了类型参数，则 A 列表中保存着所有声明类型参数的类型；T 列表中保存着所有的实际类型参数的类型，可能包含通配符类型；S 列表通过调用 freshTypeVariables() 方法得到，该方法的实现代码如下：

```
来源：com.sun.tools.javac.code.Types
public List<Type> freshTypeVariables(List<Type> types) {
   ListBuffer<Type> result = lb();
   for (Type t : types) {
      if (t.tag == WILDCARD) {     // 当 t 为通配符类型时，需要进行捕获转换
         Type bound = ((WildcardType)t).getExtendsBound();
         if (bound == null)
            bound = syms.objectType;
         // 将每个 WildcardType 对象封装为 CapturedType 对象并按顺序保存到
         // result 列表中
         result.append(new CapturedType(capturedName,syms.noSymbol,
                              bound,syms.botType,(WildcardType)t));
      } else {
         result.append(t);
      }
   }
   return result.toList();
}
```

将参数 types 中所有的 WildcardType 对象封装为 CapturedType 对象，types 列表与方法最终返回的 result 列表都是有序的，而且两个列表中相同位置的元素有对应关系。CapturedType 类及重要变量的定义如下：

```
来源：com.sun.tools.javac.code.Type.TypeVar
public static class CapturedType extends TypeVar {
    public WildcardType wildcard;
    ...
}
```

wildcard 保存了需要捕获的通配符类型。由于 CapturedType 继承了 TypeVar 类，所以在类型捕获的过程中可以通过 TypeVar 类中定义的 bound 变量保存上界，lower 变量保存下界。

capture()方法会对所有的通配符类型进行类型捕获。当 currentS.head 不等于 currentT.head 时，也就是 WildcardType 对象被封装为 CapturedType 对象，需要进行类型捕获。其中，WildcardType 对象表示的通配符类型有如下 3 种，无论是哪种类型，都需要计算上界与下界并保存到对应的 CapturedType 对象的相关变量中。

- 无界通配符：S_i 的上界为形式类型参数中声明的上界，当计算 S_i 的上界时调用 Types 类的 subst()方法将上界中含有的类型变量全部替换为捕获类型 S_i，而下界为 null，表示无下界。
- 上界通配符：调用 glb()方法计算两个上界类型的最大下界并作为 S_i 的上界，而下界为 null，表示无下界。
- 下界通配符：上界为类型中声明类型参数时的上界，而下界就是实际传递的类型参数的下界，也就是下界通配符的下界。

当实际类型参数的类型为上界通配符时，需要调用 glb()方法计算捕获类型的上界。glb()方法可以求两个类型的最大下界（Greasted Lower Bound），实现代码如下：

```
来源：com.sun.tools.javac.code.Types
public Type glb(Type t, Type s) {
    if (s == null)
        return t;
    else if (isSubtypeNoCapture(t, s))
        return t;
    else if (isSubtypeNoCapture(s, t))
        return s;

    List<Type> closure = union(closure(t), closure(s));
    List<Type> bounds = closureMin(closure);

    if (bounds.isEmpty()) {                       // bounds 列表中没有元素
        return syms.objectType;
    } else if (bounds.tail.isEmpty()) {           // bounds 列表中只有一个元素
        return bounds.head;
    } else {                                      // bounds 列表中至少有两个元素
        int classCount = 0;
        for (Type bound : bounds)
```

```
            if (!bound.isInterface())
                classCount++;
        if (classCount > 1)
            return createErrorType(t);
    }
    return makeCompoundType(bounds);
}
```

调用 glb()方法的前提是 t 与 s 都必须为引用类型。如果 t 和 s 有父子关系，则返回子类即可；否则就要计算 closure 与 bounds 变量的值了，然后根据 bounds 列表中的值来计算最终的类型，尤其是当 bounds 列表中的值多于一个时会调用 makeCompoundType()方法创建一个组合类型。

首先来看对 closure 的计算，通过调用 Types 类中的 closure()方法求一个类和这个类的所有父类和实现接口。closure()方法的实现代码如下：

```
来源：com.sun.tools.javac.code.Types
public List<Type> closure(Type t) {
    List<Type> cl = closureCache.get(t);
    if (cl == null) {
        // 查找父类
        Type st = supertype(t);
        if (!t.isCompound()) {                    // t 不是组合类型
            if (st.tag == CLASS) {
                cl = insert(closure(st), t);
            } else if (st.tag == TYPEVAR) {
                cl = closure(st).prepend(t);
            } else {
                cl = List.of(t);
            }
        } else {                                  // t 是组合类型
            cl = closure(supertype(t));
        }
        // 查找接口
        for (List<Type> l = interfaces(t); l.nonEmpty(); l = l.tail)
            cl = union(cl, closure(l.head));
        closureCache.put(t, cl);
    }
    return cl;
}
```

closureCache 的类型为 Map<Type,List<Type>>，其中保存了类到调用 closure()方法得到的列表的对应关系，避免对同一个类型的超类进行多次计算。closure()方法通过调用 supertype()方法查找直接父类，通过 interfaces()方法查找当前类实现的所有的接口，然后递归调用 closure()方法来完成所有的父类及接口查找。

如果 t 不是组合类型，当 st.tag 的值为 CLASS 时，会调用 insert()方法将 t 插入到 closure(st)方法返回的列表中；当 st.tag 的值为 TYPEVAR 时，将 t 追加到 closure(st)方法返回列表的头部，表示类型变量在最终返回的有序列表中的优先级高；当 st.tag 的值不为 CLASS 或 TYPEVAR 时，则可能为 Object，因为 Object 的父类为 Type.noType，其 tag 值为 NONE。

如果 t 是组合类型时，由于组合类型并不是一个真实存在的类，因而不会将 t 保存到 cl 列表中，直接调用 closure()从父类查找即可。

在处理接口时，调用 union()方法将 cl 列表与每个接口的超类列表进行合并。

closure()方法中调用的 insert()方法的实现代码如下：

```
来源：com.sun.tools.javac.code.Types
// 按优先级大小将 t 插入 cl 列表中
public List<Type> insert(List<Type> cl, Type t) {
    if (cl.isEmpty() || t.tsym.precedes(cl.head.tsym, this)) {
        return cl.prepend(t);
    } else if (cl.head.tsym.precedes(t.tsym, this)) {
        return insert(cl.tail, t).prepend(cl.head);
    } else {
        return cl;
    }
}
```

insert()方法不仅仅是将 t 插入到 cl 列表中，还会调用 t.tsym 的 precedes()方法判断优先级。优先级越高，越靠近 cl 列表的头部位置，因此最终 cl 列表中的元素都是按照优先级从高到低进行排序的。其中，precedes()方法的实现在 TypeSymbol 类中，相关实现代码如下：

```
来源：com.sun.tools.javac.code.Symbol.TypeSymbol
public final boolean precedes(TypeSymbol that, Types types) {
    if (this == that)
        return false;
    if (this.type.tag == that.type.tag) {
        if (this.type.tag == CLASS) {    // this 与 that 同时为类或接口
            return
                types.rank(that.type) < types.rank(this.type) ||
                types.rank(that.type) == types.rank(this.type) &&
                that.getQualifiedName().compareTo(this.getQualifiedName()) < 0;
        } else if (this.type.tag == TYPEVAR) {   // this 与 that 同时为类型变量
            return types.isSubtype(this.type, that.type);
        }
    }
    return this.type.tag == TYPEVAR;    // this 为类型变量而 that 不为类型变量
}
```

当 this 与 that 相等时，则方法返回 false，表示两个符号的优先级相等，不存在优先级的问题。

当 this.type 与 that.type 都为类或接口时，则调用 types.rank()方法进行比较，rank()方法返回的值越大，优先级越高，如果 rank()值相等，则调用 compareTo()方法比较两个符号的全限定名，也就是比较两个 Name 对象；当 this.type 与 that.type 都为类型变量时，子类的优先级高。

当 this.type 为类型变量而 that.type 不为类型变量时，类型变量的优先级高。

precedes()方法中调用的 rank()方法的实现代码如下：

```
来源：com.sun.tools.javac.code.Types
public int rank(Type t) {
    switch(t.tag) {
    case CLASS: {
        ClassType cls = (ClassType)t;
        // 当cls.rank_field的值小于0时，表示没有计算过这个变量的值，需要执行计算
        if (cls.rank_field < 0) {
            Name fullname = cls.tsym.getQualifiedName();
            if (fullname == names.java_lang_Object)
                cls.rank_field = 0;
            else {
                int r = rank(supertype(cls));
                for (List<Type> l = interfaces(cls);l.nonEmpty();l = l.tail) {
                    if (rank(l.head) > r) // 取继承体系中最长继承路径对应的值
                        r = rank(l.head);
                }
                cls.rank_field = r + 1;
            }
        }
        return cls.rank_field;
    }
    case TYPEVAR: {
        TypeVar tvar = (TypeVar)t;
        // 当cls.rank_field的值小于0时，表示没有计算过这个变量的值，需要执行计算
        if (tvar.rank_field < 0) {
            int r = rank(supertype(tvar));
            for (List<Type> l = interfaces(tvar);l.nonEmpty(); l = l.tail) {
                if (rank(l.head) > r)     // 取继承体系中最长继承路径对应的值
                    r = rank(l.head);
            }
            tvar.rank_field = r + 1;
        }
        return tvar.rank_field;
    }
    }
}
```

当 t.tag 值为 CLASS 时，如果 cls.rank_field 的值小于 0 就执行计算，因为这个变量的初始值为-1；如果 cls.rank_field 的值小于 0 则表示还没有执行过计算。当 fullname 为 java.lang.Object 时，cls.rank_field 的值为 0。对父类和接口递归计算 rank_field 的值，总是取最大的值，也就是计算继承体系中的最长继承路径。

当 t.tag 值为 TYPEVAR 时也是同样的道理。

closure()方法中调用的 union()方法的实现代码如下：

```
来源：com.sun.tools.javac.code.Types
public List<Type> union(List<Type> cl1, List<Type> cl2) {
    if (cl1.isEmpty()) {
        return cl2;
    } else if (cl2.isEmpty()) {
        return cl1;
```

```
    } else if (cl1.head.tsym.precedes(cl2.head.tsym, this)) {
                                // cl1.head.tsym 的优先级高
        return union(cl1.tail, cl2).prepend(cl1.head);
    } else if (cl2.head.tsym.precedes(cl1.head.tsym, this)) {
                                // cl2.head.tsym 的优先级高
        return union(cl1, cl2.tail).prepend(cl2.head);
    } else {                    // cl2.head.tsym 与 cl2.head.tsym 优先级相同
        return union(cl1.tail, cl2.tail).prepend(cl1.head);
    }
}
```

union()方法会根据类型的优先级来合并两个列表 cl1 与 cl2，最后返回合并后的列表。

对于 precedes()方法来说，如果 cl1.head.tsym 与 cl2.head.tsym 的优先级相等，也就是只有当 cl1.head.tsym 等于 cl2.head.tsym 或者 cl1.head.tsym 与 cl2.head.tsym 是没有父子关系的类型变量时，方法才会返回 false。

在 glb()方法中计算出 closure 的值后就会调用 closureMin()方法计算 bounds 的值了，closureMin()方法的实现代码如下：

```
来源：com.sun.tools.javac.code.Types
private List<Type> closureMin(List<Type> cl) {
    ListBuffer<Type> classes = lb();
    ListBuffer<Type> interfaces = lb();
    while (!cl.isEmpty()) {
        Type current = cl.head;
        if (current.isInterface())
            interfaces.append(current);
        else
            classes.append(current);
        ListBuffer<Type> candidates = lb();
        for (Type t : cl.tail) {
            if (!isSubtypeNoCapture(current, t))
                candidates.append(t);
        }
        cl = candidates.toList();
    }
    return classes.appendList(interfaces).toList();
}
```

在 glb()方法中调用 closureMin()方法时，传递的参数 cl 是调用 union()方法得到的，因此 cl 列表中的元素是按优先级从高到低排好序的。一般类型变量的优先级较高，子类的优先级次之，因此列表中类型变量会先出现。如果两个类型有父子关系，则子类一定比父类的位置靠前。

最后在 glb()方法中根据 bounds 列表中的值计算最大下界，当 bounds 列表中的值多于一个时，则调用 makeCompoundType()方法创建一个组合类型。makeCompoundType()方法的实现代码如下：

```
来源：com.sun.tools.javac.code.Types
public Type makeCompoundType(List<Type> bounds) {
    Type supertype = (bounds.head.tsym.flags() & INTERFACE) !=
0 ? supertype(bounds.head) : null;
```

```
    return makeCompoundType(bounds, supertype);
}
```

调用另外一个重载的 makeCompoundType()方法，实现代码如下：

```
来源：com.sun.tools.javac.code.Types
public Type makeCompoundType(List<Type> bounds, Type supertype) {
    ClassSymbol bc = new ClassSymbol(ABSTRACT|PUBLIC|SYNTHETIC|COMPOUND|
ACYCLIC,Type.moreInfo? names.fromString(bounds.toString()) :
names.empty,syms.noSymbol);
    ...
    ClassType bt = (ClassType)bc.type;
    if (supertype != null) {
        bt.supertype_field = supertype;
        bt.interfaces_field = bounds;
    } else {
        bt.supertype_field = bounds.head;
        bt.interfaces_field = bounds.tail;
    }

    return bt;
}
```

创建一个 ClassSymbol 对象，获取 ClassType 对象后初始化 supertype_field 与 interfaces_field 变量的值，其实就相当于创建了一个空实现的类，然后指定这个类的父类和实现接口，举个例子如下：

【实例 9-9】

```
package chapter9;

interface IA{ }

class CA{ }

public class Test<T extends IA> {
    Test<? extends CA> a = new Test();
    Test<?> b = a;
}
```

在将 a 变量的值赋值给 b 变量时会发生捕获转换，要对 Test<? extends CA>类型中的实际类型参数进行捕获，调用 glb()方法计算 IA 接口与 CA 类的最大下界。由于 CA 为类，因此调用 makeCompoundType()方法返回一个父类为 CA、实现接口为 IA、名称为空字符串的类。

如果 IA 与 CA 都为接口时，则创建的组合类型的父类为 Object，实现接口为 IA 与 CA。

现在我们已经介绍完了 Java 语言允许的 11 种具体的类型转换，除此之外不再允许其他情况下的类型转换，而且执行哪些具体的类型转换要看表达式所处的上下文环境，不同的上下文环境只允许一部分具体的类型转换。转换的上下文环境有以下 5 种：

- 赋值转换；
- 方法调用转换；
- 字符串转换；
- 强制类型转换；
- 数字提升。

这些不同的上下文环境允许哪些具体的类型转换，将在后面的章节中详细介绍。

9.2 赋值转换

当将一个表达式的值赋值给一个变量时会发生赋值转换，表达式的类型必须被转换为变量的类型。赋值上下文环境允许的具体类型转换可以是以下几种之一：

- 同一性转换；
- 基本类型宽化转换；
- 引用类型宽化转换；
- 类型装箱转换；
- 类型拆箱转换。

当转换后的类型为裸类型时，还可能发生非检查转换。Javac 在遇到有赋值转换上下文的情况时会调用 Types 类中的 isAssignable()方法进行判断，实现代码如下：

```
来源：com.sun.tools.javac.code.Types
public boolean isAssignable(Type t, Type s, _) {
    // 对整数类型的编译时常量进行处理
    if (t.tag <= INT && t.constValue() != null) {
        int value = ((Number)t.constValue()).intValue();
        switch (s.tag) {
        case BYTE:
            if (Byte.MIN_VALUE <= value && value <= Byte.MAX_VALUE)
                return true;
            break;
        case CHAR:
            if (Character.MIN_VALUE <= value && value <= Character.MAX_VALUE)
                return true;
            break;
        case SHORT:
            if (Short.MIN_VALUE <= value && value <= Short.MAX_VALUE)
                return true;
            break;
        case INT:
            return true;
        case CLASS:
            switch (unboxedType(s).tag) {
            case BYTE:
            case CHAR:
            case SHORT:
```

```
            return isAssignable(t, unboxedType(s), _);
        }
        break;
    }
  }
  return isConvertible(t, s, _);
}
```

isAssignable()方法判断 t 是否可以转换为 s。如果 t 有对应的常量值，则根据目标类型 s 来判断常量值是否在 s 所表示的范围内，例如实例 9-10。

【实例 9-10】

```
byte a = 2;
```

对于整数常量 2 来说，Javac 会优先处理为 int 类型，不过要转换的目标类型为 byte 并且 2 也在 byte 类型表示的范围-128~127 内，因此是合法的类型转换。如果常量值超出这个范围，如常量值为 130，则 Javac 将报错。

当目标类型为引用类型时，则进行类型拆箱转换变为基本类型，然后递归调用 isAssignable()方法进行判断。例如实例 9-11。

【实例 9-11】

```
Byte a = 2;
```

当目标类型为引用类型 Byte 时，需要类型拆箱转换变为 byte 类型后递归调用 isAssignable()方法进行处理。

当 t 类型没有对应的常量值时，则调用 isConvertible()方法进行判断，实现代码如下：

```
来源：com.sun.tools.javac.code.Types
public boolean isConvertible(Type t, Type s, _) {
    boolean tPrimitive = t.isPrimitive();
    boolean sPrimitive = s.isPrimitive();
    if (tPrimitive == sPrimitive) {         // t 与 s 同时为基本类型或引用类型
        return isSubtypeUnchecked(t, s, _);
    }
    // 当代码执行到这里时，t 与 s 一个为基本类型，一个为引用类型
    if (!allowBoxing)
    return false;
    return tPrimitive ? isSubtype(boxedClass(t).type, s) :
isSubtype(unboxedType(t), s);
}
```

当 t 与 s 同时为基本类型或引用类型时，需要调用 isSubtypeUncheck()方法进行判断，否则说明 t 与 s 中一个为基本类型，另外一个为引用类型，需要进行类型拆箱转换与类型装箱转换。

当 allowBoxing 为 true 时，则表示允许使用类型拆箱转换与类型装箱转换，在 JDK 1.5 及之后的版本中，这个值都为 true。

如果 t 为基本类型就对 t 进行类型装箱转换，然后调用 isSubtype()方法继续判断；如果 t 为引用类型，就对 t 进行类型拆箱转换，然后调用 isSubtype()方法继续判断。

isConvertible()方法中调用的 isSubtypeUnchecked()方法的实现代码如下：

```
来源：com.sun.tools.javac.code.Types
public boolean isSubtypeUnchecked(Type t, Type s,Warner warn) {
    if (t.tag == ARRAY && s.tag == ARRAY) {
        if (((ArrayType)t).elemtype.tag <= lastBaseTag) {
            return isSameType(elemtype(t), elemtype(s));
        } else {
            ArrayType from = (ArrayType)t;
            ArrayType to = (ArrayType)s;
            return isSubtypeUnchecked(elemtype(t), elemtype(s), warn);
        }
    } else if (isSubtype(t, s)) {
        return true;
    }
    else if (t.tag == TYPEVAR) {
        return isSubtypeUnchecked(t.getUpperBound(), s, warn);
    }
    else if (s.tag == UNDETVAR) {
        UndetVar uv = (UndetVar)s;
        if (uv.inst != null)
            return isSubtypeUnchecked(t, uv.inst, warn);
    }
    else if (!s.isRaw()) {
      Type t2 = asSuper(t, s.tsym);
      if (t2 != null && t2.isRaw()) {
          if (isReifiable(s))             // 当 s 为运行时类型时，不会给出警告
             warn.silentWarn(LintCategory.UNCHECKED);
          else
             warn.warn(LintCategory.UNCHECKED);
          eturn true;
      }
   }
   return false;
}
```

调用 isSubtypeUnchecked()方法的前提是 t 与 s 同时为引用类型或同时为基本类型。当 t 与 s 为数组类型并且组成数组的元素类型为基本类型时，则这两个基本类型必须相同，否则递归调用 isSubtypeUnchecked()方法将继续对组成数组元素的类型进行判断。

当 t 与 s 不同时为数组类型时，则调用 isSubtype()方法进行判断。isSubtype()方法与 isSubtypeUncheck()方法的主要区别就是，isSubtypeUnchecked()方法还支持了非检查转换。

当 t 为类型变量时，则调用 isSubtypeUnchecked()方法判断 t 的上界类型与 s 的关系。

当 s 为需要推断的类型并且已经推断出具体的类型 un.inst 时，则调用 isSubtypeUnchecked()方法判断 t 与 uv.inst 的关系。

当 s 不是裸类型时可能会发生非检查转换，首先调用 asSuper()方法查找 t 的父类，这个父类的 tsym 等于 s.tsym。asSuper()方法在附录 C 中将会介绍，这里只简单举例说明。

【实例 9-12】

```
package chapter9;
```

```
class Parent<T>{ }

class Sub<T> extends Parent<String>{
   Parent<String> p = new Sub();            // 警告，未经检查的转换
}
```

将裸类型 Sub 赋值给参数化类型 Parent<String>时，则会调用 asSuper()方法查找 Sub 类的父类，asSuper()方法最后返回 ErasedClassType(tsym.name=Parent)，也就是对 Sub<T>类的父类 Parent<String>进行了泛型擦除。这样这个类型也变为了裸类型，Javac 给出警告“未经检查的转换”。

将一个裸类型赋值给参数化类型时，通常都会给出“未经检查的转换”警告信息，不过当 s 是运行时类型时不需要给出警告。另外需要注意的是，如果一个类型中的实际类型参数都是无界通配符时，则这个类型是运行时类型，如 List<?>是运行时类型。这里需要区分一下裸类型与运行时类型，裸类型调用 isRaw()方法判断，这个方法在 Type 类中的实现是直接返回 false，ArrayType 与 ClassType 类会对这个方法进行覆写。ArrayType 类中 isRaw()方法的实现代码如下：

```
来源：com.sun.tools.javac.code.Type.ArrayType
public boolean isRaw() {
   return elemtype.isRaw();
}
```

实现代码非常简单，只需要判断组成数组元素的类型是否为裸类型即可。

ClassType 类中 isRaw()方法的实现代码如下：

```
来源：com.sun.tools.javac.code.Type.ClassType
public boolean isRaw() {
   return
      this != tsym.type &&
      tsym.type.allparams().nonEmpty() &&
      allparams().isEmpty();
}
```

isRaw()方法首先比较 this 与 tsym.type，如果当前为裸类型，那么裸类型与定义时的类型肯定不是使用同一个 ClassType 对象表示。但是，由于类的嵌套关系，这个比较并不能确定当前就是裸类型，还需要通过 alltyparams_field 变量中保存的所有形式类型参数及当前 alltyparams_field 变量中保存的所有实际类型参数进行判断。举个例子如下：

【实例 9-13】

```
class Test{
  Test t;
}
```

t 变量声明的类型 Test 并不是裸类型，因为在定义 Test 时并没有声明任何类型参数。isRaw()方法中的 this 等于 tsym.type，因此方法直接返回 false。再举个复杂一点的例子，如下：

【实例 9-14】

```
package chapter9;
```

```
class Parent<T> { }

class Outer<T> {
   class Inner extends Parent<String> { }

   public void test(Outer<String>.Inner x,Outer.Inner y) {
       Parent<String> a = x;
       Parent<String> b = y;                    // 警告，未经检查的转换
   }
}
```

a 变量的初始化表达式的类型为 Outer<String>.Inner，不为裸类型，而 b 变量的初始化表达式的类型为 Outer.Inner，为裸类型，因此 b 变量会给出警告“未经检查的转换”。

运行时类型是运行时存在的类型，通过调用 isReifiable()方法判断，这个方法在 Types 类中的实现代码如下：

```
来源：com.sun.tools.javac.code.Types
public boolean isReifiable(Type t) {
   return isReifiable.visit(t);
}
```

isReifiable()方法在实现时调用了 UnaryVisitor<Boolean>匿名类对象 isReifiable 的 visit()方法。isReifiable 变量的定义如下：

```
来源：com.sun.tools.javac.code.Types
private UnaryVisitor<Boolean> isReifiable = new UnaryVisitor<Boolean>() {

    @Override
    public Boolean visitTypeVar(TypeVar t, Void ignored) {
       return false;
    }

    @Override
    public Boolean visitArrayType(ArrayType t, Void ignored) {
       return visit(t.elemtype);
    }

    @Override
    public Boolean visitClassType(ClassType t, Void ignored) {
       if (t.isCompound())
           return false;
       else {
           if (!t.isParameterized())
              return true;

           for (Type param : t.allparams()) {
              if (!param.isUnbound())
                  return false;
           }
           return true;
       }
    }
```

```
    public Boolean visitType(Type t, Void ignored) {
        return true;
    }
};
```

- 当 t 为类型变量时，visitTypeVar()方法直接返回 false，表示不是运行时类型。
- 当 t 为数组类型时，visitArrayType()方法会继续判断数组元素的类型。
- 当 t 为类或接口时，visitClassType()方法判断，如果 t 是组合类型或参数化类型时，返回 false。但是当参数化类型中的实际类型参数都为无界通配符时，这个类型仍然是运行时类型，如 List<?>。

除 TypeVar、ArrayType 与 ClassType 类型外，其他类型都是运行时类型，因此 visitType()方法直接返回 true。

现在对本节中的内容总结一下，isAssignable()方法对常量进行了支持；isConvertible()方法对类型装箱转换与类型拆箱转换进行了支持；isSubtypeUnchecked()方法主要对非检查转换进行了支持，那么在 isSubtypeUnchecked()方法中调用的 isSubtype()方法就需要重点支持还没有支持的具体类型转换，这些具体的类型转换如下：

- 同一性转换；
- 基本类型宽化转换；
- 引用类型宽化转换。

isSubtype()方法的实现代码如下：

```
来源：com.sun.tools.javac.code.Types
final public boolean isSubtype(Type t, Type s) {
    return isSubtype(t, s, true);
}
```

调用了另外一个重载的 isSubtype()方法，实现代码如下：

```
来源：com.sun.tools.javac.code.Types
public boolean isSubtype(Type t, Type s, boolean capture) {
    if (t == s)
        return true;

    return isSubtype.visit(capture ? capture(t) : t, s);
}
```

当 t 与 s 相同时则直接返回 true，这也是对同一性转换的支持。当通过 isSubtypeUnchecked()方法间接调用上面的 isSubtype()方法时，传递的参数 capture 的值为 true，表示需要对 t 进行类型捕获，例如实例 9-15。

【实例 9-15】

```
List<? extends Object> a = new ArrayList<String>();
Object b = a;
```

将类型为 List<? extends Object>的变量 a 的值赋值给变量 b 时，需要对 List<? extends Object>类型中含有的通配符类型进行类型捕获，这样才能参与具体的类型转换。

在泛型推断或对实际类型参数进行边界检查时也会调用 isSubtype()方法，具体将在第 13 章中详细介绍。

isSubtype 是 TypeRelation 匿名类对象。在 TypeRelation 匿名类中覆写了 visitClassType()、visitArrayType()、visitUndetVar()与 visitType()方法。其中，visitUndetVar()方法处理 UndetVar 类型，将在第 13 章中介绍，下面介绍剩余的 3 个方法。

1．visitClassType()方法

```
来源：com.sun.tools.javac.code.Types
public Boolean visitClassType(ClassType t, Type s) {
    Type sup = asSuper(t, s.tsym);
    return sup != null
          && sup.tsym == s.tsym
          && (!s.isParameterized() || containsTypeRecursive(s, sup))
          && isSubtypeNoCapture(sup.getEnclosingType(),s.getEnclosingType());
}
```

visitClassType()方法首先调用 asSuper()方法找一个 t 的父类，这个类的 tsym 等于 s.tsym。如果父类 sup 存在，还需要进一步判断 sup 与 s 的关系；如果 sup 与 s 对应的定义类型是同一个，那么还需要判断类型参数和封闭类型的关系。

在进行类型参数判断时，如果 s 不是参数化类型，则类型转换肯定能成功；如果 s 为参数化类型时则需要调用 containsTypeRecursive()方法进行判断，实现代码如下：

```
来源：com.sun.tools.javac.code.Types
private boolean containsTypeRecursive(Type t, Type s) {
    return containsType(t.getTypeArguments(),s.getTypeArguments());
}
```

调用 containsType()方法判断 t 的类型参数是否包含 s 的类型参数。由于 containsType()方法的实现比较复杂，因而对这个方法的介绍放到了附录 C 中，这里只举个简单的例子说明该方法的作用。

【实例 9-16】

```
Vector<? extends Object> vec = new Vector<String>();
```

当调用 isAssignable()方法判断参数化类型 Vector<String>是否可以赋值给 Vector<? extends Object>类型时，会间接调用到当前的 visitClassType()方法，进而调用 containsTypeRecursive()方法来判断，传递的参数 s 为 Vector<? extends Object>，sup 为 Vector<String>。这样，在 containsType()方法中会判断 s 的实际类型参数的类型“? extends Object”是否包含 String 类型。containsTypeRecursive()方法最终返回 true，表示“? extends Object”类型包含 String 类型。isAssignable()方法最终也会返回 true，实例的初始化表达式正确。

在进行封闭类型的判断时，需要调用 isSubtypeNoCapture()方法来判断 sup 的封闭类型是否为 s 的封闭类型的子类即可。

2．visitArrayType()方法

```
来源：com.sun.tools.javac.code.Types
public Boolean visitArrayType(ArrayType t, Type s) {
    if (s.tag == ARRAY) {
        if (t.elemtype.tag <= lastBaseTag)
            return isSameType(t.elemtype, elemtype(s));
        else
            return isSubtypeNoCapture(t.elemtype, elemtype(s));
    }

    if (s.tag == CLASS) {
        Name sname = s.tsym.getQualifiedName();
        return sname == names.java_lang_Object
            || sname == names.java_lang_Cloneable
            || sname == names.java_io_Serializable;
    }
    return false;
}
```

当 s 也为数组类型时，当前方法的判断逻辑与 isSubtypeUnchecked()方法中针对数组类型的判断逻辑相同；当 s 不为数组类型时，只有为 Object、Cloneable 或 Serializable 类型时，visitArrayType()方法才会返回 true，因为数组的超类型除数组外就只有 Object、Cloneable 与 Serializable。

3．visitType()方法

```
来源：com.sun.tools.javac.code.Types
public Boolean visitType(Type t, Type s) {
    switch (t.tag) {
    case BYTE: case CHAR:
        return (t.tag == s.tag || t.tag + 2 <= s.tag && s.tag <= DOUBLE);
    case SHORT: case INT: case LONG: case FLOAT: case DOUBLE:
        return t.tag <= s.tag && s.tag <= DOUBLE;
    case BOOLEAN: case VOID:
        return t.tag == s.tag;
    case TYPEVAR:
        return isSubtypeNoCapture(t.getUpperBound(), s);
    case BOT:
        return s.tag == BOT || s.tag == CLASS || s.tag == ARRAY || s.tag == TYPEVAR;
    }
}
```

当 t 为 byte 或 char 类型时，t 是 s 的子类有以下两种情况。

- t 与 s 是相同的类型，也就是 tag 的值相同。
- s 是基本类型，t 的 tag 值加 2 后小于等于 s 的 tag 值。tag 的取值在 TypeTags 类中预先进行了定义，其中，BYTE 的值为 1、CHAR 为 2、SHORT 为 3、INT 为 4。因为 byte 不能直接转换为 char，所以 t 的 tag 值加 2 排除了 byte 转换为 char 这种情况。

当 t 为除 byte、char 与 boolean 外的基本类型时，要求 s 不能为基本类型并且 t 的 tag 值要小于等于 s 的 tag 值。

当 t 为 boolean 或 void 类型时，两个类型要相等。

当 t 为类型变量时，调用 isSubtypeNoCapture()方法判断 t 的上界类型是否为 s 的子类。

当 t 为 null 时，s 为 null 或引用类型都可以。

其他情况下 t 不会为 s 的子类。

9.3　方法调用转换

方法调用转换允许的具体类型转换与赋值转换允许的具体类型转换一样，同样允许以下几种转换中的一种：

- 同一性转换；
- 基本类型宽化转换；
- 引用类型宽化转换；
- 类型装箱转换；
- 类型拆箱转换。

当转换后的类型为裸类型时，还可能发生非检查转换。在方法调用时，需要判断实际参数的类型是否兼容形式参数的类型。在判断的过程中如果出现类型不一致，可能需要对实际参数的类型做一些具体的类型转换，此时就会调用 isConvertible()与 isSubtypeUnchecked()方法进行判断，具体调用哪个方法进行判断由方法查找的不同阶段决定。一般，方法查找时会分为 3 个阶段，在第 11 章将会详细介绍。

方法调用转换允许的具体类型转换与赋值转换允许的具体类型转换一样，但是方法调用转换并不是直接调用 isAssignable()方法进行判断，是因为方法不支持 isAssignable()方法中对常量的处理逻辑，举个例子如下：

【实例 9-17】

```
class Test{
   public void md(byte d){ }

   public void test(){
      md(1);              // 报错，无法通过方法调用转换将实际参数 int 转换为 byte
   }
}
```

在调用 md()方法时传递的实际参数为字面量 1，Javac 会处理为 int 类型，因此需要查找一个兼容实际参数类型为 int 的 md()方法，此时 Javac 将报错“无法通过方法调用转换将实际参数 int 转换为 byte”。

9.4 强制类型转换

强制类型转换支持的具体类型转换可以是以下几种之一：

- 同一性转换；
- 基本类型宽化转换；
- 基本类型窄化转换；
- 引用类型宽化转换；
- 引用类型窄化转换；
- 基本类型宽化和窄化转换；
- 类型装箱转换；
- 类型拆箱转换。

当转换后的类型为裸类型时，还可能会发生非检查转换。当需要进行强制类型转换时，可以调用 Types 类中的 isCastable()方法进行判断，实现代码如下：

```
来源：com.sun.tools.javac.code.Types
public boolean isCastable(Type t, Type s,_) {
    if (t == s)
        return true;
    if (t.isPrimitive() != s.isPrimitive())
         // t 与 s 一个为基本类型，一个为引用类型
         return allowBoxing &&
             (
               isConvertible(t, s, _) ||
               (allowObjectToPrimitiveCast && s.isPrimitive() &&
isSubtype(boxedClass(s).type, t))
            );
    return isCastable.visit(t,s);   // t 与 s 同时为基本类型或引用类型
}
```

当 t 与 s 相同时则直接返回，这也是对同一性转换的支持。

当 t 与 s 不同时为基本类型或引用类型时，会发生类型装箱转换与类型拆箱转换。因为在强制类型转换下，只有这两个具体的类型转换涉及一个为基本类型，另外一个为引用类型。allowBoxing 变量的值在 JDK 1.5 及之后的版本都是 true，而 allowObject ToPrimitiveCast 的值只有在 JDK 1.7 及之后的版本中才为 true，也就是支持如下的类型转换。

【实例 9-18】

```
Object t = 2;
int s = (int) t;
```

将 Object 类型强制转换为 int 类型，首先调用 boxedClass()方法将 int 类型封装为对应的引用类型 Integer，然后调用 isSubtype()方法判断 Integer 是否为 Object 的子类，方法将返回 true。

当 t 与 s 同时为基本类型或引用类型时，调用 isCastable.visit()方法，其中，isCastable 是一个 TypeRelation 匿名类对象，TypeRelation 类继承了 SimpleVisitor<Boolean,Type>类。因此在 TypeRelation 匿名类中选择性覆写了 visitClassType()、visitArrayType()、visitTypeVar()与 visitType()方法，每个方法的返回值都是 Boolean 类型，表示是否能够进行强制类型转换。下面将介绍覆写方法的实现。

1. visitClassType()方法

```
来源：com.sun.tools.javac.code.Types
public Boolean visitClassType(ClassType t, Type s) {
        if ( s.tag == BOT)
            return true;

        // 当 s 为类型变量时，判断 t 是否能够强制转换为 s 的上界
        if (s.tag == TYPEVAR) {
            if (isCastable(t, s.getUpperBound(), _)) {
                return true;
            } else {
                return false;
            }
        }

        // 当 t 或 s 为组合类型时，组合类型的父类和接口必须能够强制转换为另外一个类型
        if (t.isCompound()) {
            if (!visit(supertype(t), s))
                return false;
            for (Type intf : interfaces(t)) {
                if (!visit(intf, s))
                    return false;
            }
            return true;
        }
        if (s.isCompound()) {
            return visitClassType((ClassType)s, t);
        }
        // t 为接口或类，s 为接口、类或数组
        if (s.tag == CLASS || s.tag == ARRAY) {
            boolean upcast;
            if ( (upcast = isSubtype(erasure(t), erasure(s))) ||
isSubtype(erasure(s), erasure(t)) ) {
                if (!upcast && s.tag == ARRAY) {
                    return true;
                } else if (s.isRaw()) {
                    return true;
                } else if (t.isRaw()) {
                    return true;
                }

                final Type a = upcast ? t : s;
                final Type b = upcast ? s : t;
                return isSubtypeUnchecked(a, b);
            }
```

```
            // 当代码执行到这里时，t 与 s 的泛型擦除后的类型不会有父子关系
            if (s.tag == CLASS) {
                if ((s.tsym.flags() & INTERFACE) != 0) {
                    return ((t.tsym.flags() & FINAL) == 0) ? sideCast(t, s, _) :
sideCastFinal(t, s, _);
                } else if ((t.tsym.flags() & INTERFACE) != 0) {
                    return ((s.tsym.flags() & FINAL) == 0) ? sideCast(t, s, _) :
sideCastFinal(t, s, _);
                } else {
                    return false;
                }
            }
        }
        return false;
}
```

其中，方法中的参数 t 为原类型，而 s 为目标转换类型。假设 t 的类型为 T，而 s 的类型为 S，当 T 为类或者接口时都会调用这个方法，因此，下面将分别讨论当 T 为类或接口时的情况。

1）当 T 为类时

（1）如果 S 为类，则泛型擦写后的两个类型必须有父子关系，如果没有父子关系，则 T 或者继承 T 实现的子类都不能转换为 S，因为不可能有一个子类同时继承 T 和 S。另外还需要对一种特殊情况进行检查，举个例子如下：

【实例 9-19】

```
package chapter9;

interface IA<T>{ }

class T implements IA<String>{ }

class S extends T implements IA<Integer>{ }
```

同一个接口 IA 的不同参数化类型 IA<String>与 IA<Integer>分别被 T 与 S 所实现，因为 IA<String>与 IA<Integer>是两个完全不同的类型，所以 T 不能强制转换为 S。

（2）如果 S 是接口，T 是没有 final 修饰的类，则不允许出现如下的情况。

【实例 9-20】

```
package chapter9;

interface IA<T>{}

class T implements IA<String>{}

interface S extends IA<Integer>{}
```

T 和 S 分别实现了同一个接口 IA 的不同参数化类型 IA<String>与 IA<Integer>。除此之外，其他所有的转换都是被允许的，因为 T 虽然没有直接实现 S 接口，但是 T 是非 final

修饰的类，所以可能有类继承了 T 并实现了 S 接口。如果 T 是 final 修饰的类，那么 T 必须实现 S 接口，因为此时的 T 没有子类。

（3）如果 S 是一个类型变量，将 S 替换为类型变量的上界，如果上界仍然是类型变量，则继续查找这个类型变量的上界，直到找到一个非类型变量的类型为止。

（4）如果 S 是一个数组类型，那么 T 一定是 Object 类，因为数组类型的父类只有 Object。

2）当 T 为接口时

（1）如果 S 是一个非 final 修饰的类型，那么要将接口 T 转换为非 final 修饰的类型。这与将一个非 final 的类转换为接口是相同的情况，也就是不允许 T 和 S 有不同的参数化父类型，这个父类型在擦写后是同一个类型。除此之外，其他转换都是被允许的。

（2）如果 S 是一个 final 修饰类型，因为接口不能由 final 修饰，所以 S 只能是个类。由于 S 是由 final 修饰的类，因而 S 必须直接或间接实现 T 接口，否则两个类型不能进行强制类型转换，因为 S 已经没有子类可以继承 S 类实现 T 接口了。

（3）当 S 是数组类型时，那么 T 一定是 Serializable 或 Cloneable 接口，否则两个类型不能进行强制类型转换。

3）当 T 为组合类型时

当 T 为组合类型时，必须要求 T 的父类及实现的接口都能转换为目标类型 S，否则不能进行强制类型转换。当 S 为组合类型时是相同的情况，visitClassType()方法会调换 t 与 s 参数的位置，然后继续调用 isCompound()方法进行判断。举个例子如下：

【实例 9-21】

```
package chapter9;

interface IA {}

class CA {}

public class Test<T extends CA & IA> {
   public void test(T a) {
      CA b = (CA) a;
   }
}
```

将类型变量 T 转换为 CA 类时，可获取类型变量的上界 CA&IA，这是一个组合类型。由于组合类型的父类 CA 与实现接口 IA 都可以转换为 CA 类，因而类型变量 T 可以强制转换为 CA 类。

在 visitClassType()方法的实现中，当 t 是 ClassType 对象，而 s 为 ClassType 或 ArrayType 对象时，也就是当 t 为接口或类，而 s 可能是类、接口或者数组类型，对 t 与 s 进行泛型擦除后判断它们的父子关系。如果 isSubtype()方法返回 true 就表示有父子关系，能够进行强制类型转换。

如果两个类型进行泛型擦除后没有父子关系，也就是当 upcast 值为 false 时，则需要继续进行判断。当 t 或者 s 为接口时会调用 sideCast()方法或者 sideCastFinal()方法进行判断，否则会返回 false。也就是必须要保证 t 或 s 中有一个为接口，因为如果都为类并且这两个类没有父子关系，则这两个类不可能有任何的类型交集，因为任何类型不可能同时继承两个类。

调用 sideCast()方法表示 t 与 s 一定是非 final 修饰的类型，因此不能转换的情况只有同时实现了不同的参数化父类型，这个父类型在擦写后是同一个类型。

调用 sideCastFinal()方法表示 t 是 final 修饰的类型而 s 是接口，或者 t 是接口而 s 是 final 修饰的类型，这个方法可以检查出类似于实例 9-22 的错误。

【实例 9-22】

```
package chapter9;

interface IA{ }

interface IB extends IA{ }

final class CA implements IA{ }

public class Test{
   public void test(IB a){
      Object o = (CA)a;                    // 报错，不可转换的类型
   }
}
```

将 IB 接口转换为 CA 类将报错，因为 CA 与 IB 没有直接的父子关系。同时，CA 与 IB 没有类型交集，因为 CA 是 final 修饰的类，不可能再有任何子类型实现 IB 接口。

下面介绍一下 sideCast()方法，由于 sideCastFinal()方法的实现与 sideCast()方法类似，因而这里只介绍 sideCast()方法的实现，代码如下：

```
来源：com.sun.tools.javac.code.Types
private boolean sideCast(Type from, Type to, _) {
   boolean reverse = false;
   Type target = to;
   // 当 to 不为接口时，调整 from 与 to 参数的值
   if ((to.tsym.flags() & INTERFACE) == 0) {
      Assert.check((from.tsym.flags() & INTERFACE) != 0);
      reverse = true;
      to = from;
      from = target;
   }
   // from 为非 final 修饰的类或接口，而 to 为接口
   List<Type> commonSupers = superClosure(to, erasure(from));
   // 查找 from 与 to 的所有父类和接口的共同参数化类型并判断
   while (commonSupers.nonEmpty()) {
      Type t1 = asSuper(from, commonSupers.head.tsym);
      // 也可以通过调用 asSuper(to, commonSupers.head.tsym)方法得到 t2
      Type t2 = commonSupers.head;
      // 如果 t1 与 t2 都为参数化类型，判断实际类型参数是否互斥
      if (disjointTypes(t1.getTypeArguments(), t2.getTypeArguments()))
         return false;
```

```
        commonSupers = commonSupers.tail;
    }
    return true;
}
```

sideCast()方法首先对 from 与 to 参数进行调整，调整后 from 肯定为非 final 修饰的类或接口，而 to 肯定为接口。对 from 进行泛型擦除后，调用 superClosure()方法查找与 to 的所有共同父类，找到后，调用 asSuper()方法（此方法在附录 C 中有介绍）查找 from 与 to 的所有参数化类型，这个类型在擦写后是同一个类型，找到的参数化类型为 t1 与 t2，这样就可以比较实际类型参数是否互斥来决定类型是否能够强制转换了。举个例子如下：

【实例 9-23】

```
package chapter9;

interface IA<T>{ }

interface IB<T1> extends IA<T1>{ }

class CA<T2> implements IA<T2>{ }

public class Test{
   public void test(CA<? extends Serializable> a){
      IB<? extends Cloneable> b = (IB<? extends Cloneable>) a;
   }
}
```

将变量 a 的值赋值给变量 b 时会发生捕获转换，经过捕获转换后 a 的类型变为了 CA<capture of ? extends Serializable>（capture of ? extends Serializable 是? extends Serializable 的捕获类型）。由于擦除后的 CA 类与 IB 接口没有父子关系，因而在将 CA<capture of ? extends Serializable>强制转换为 IB<? extends Cloneable>时，isCastable()方法会调用 sideCast()方法进行判断。

在 sideCast()方法中对 from 与 to 的参数调整后，from 为 CA<capture of ? extends Serializable>类，而 to 为 IB<? extends Cloneable>接口。from 与 to 有个共同的泛型擦除后类型相同的父类 IA，因此 t1 为 IA<capture of ? extends java.io.Serializable>接口，t2 为 IA<? extends Cloneable>。调用 disjointTypes()方法判断 t1 的实际类型参数 capture of ? extends Serializable 是否与 t2 的实际类型参数? extends Cloneable 有类型交集，如果没有类型交集，sideCast()方法将返回 false，那么两个类型不能进行强制类型转换。对于实例 9-23 来说，sideCast()方法返回 true，实例能够正常编译。

sideCast()方法调用的 superClosure()方法的实现代码如下：

```
来源：com.sun.tools.javac.code.Types
private List<Type> superClosure(Type t, Type s) {
List<Type> cl = List.nil();
    // t 为接口，因此只需要循环检查所有的实现接口即可
    for (List<Type> l = interfaces(t); l.nonEmpty(); l = l.tail) {
        if (isSubtype(s, erasure(l.head))) {
            cl = insert(cl, l.head);
```

```
        } else {
            cl = union(cl, superClosure(l.head, s));
        }
    }
    return cl;
}
```

在 sideCast()方法中调用 superClosure()方法时，参数 t 为接口而 s 为泛型擦除后的类型，调用 interfaces()方法查找 t 的所有实现接口后，判断这些接口与 s 的关系。当 s 是泛型擦除后的接口的子类时，则调用 insert()方法添加到 cl 列表中，否则递归调用 superClosure()方法继续查找，调用 union()方法将找到后的列表合并到 cl 列表中。insert()与 union()方法在 9.1 节中已经介绍过，这里不再介绍。不过需要注意的是，cl 列表中的元素都已经根据优先级从高到低进行了排序。

sideCast()方法调用的 disjointTypes()方法的实现代码如下：

```
来源：com.sun.tools.javac.code.Types
public boolean disjointTypes(List<Type> ts, List<Type> ss) {
    // 当两个类型的实际类型参数列表 ts 与 ss 中有互斥类型时，方法将返回 true
    while (ts.tail != null && ss.tail != null) {
        if (disjointType(ts.head, ss.head))
            return true;
        ts = ts.tail;
        ss = ss.tail;
    }
    return false;
}
```

调用 disjointType()方法判断列表 ts 与 ss 中对应位置的类型是否有类型交集，如果没有，则将返回 true。disjointType()方法的实现代码如下：

```
来源：com.sun.tools.javac.code.Types
public boolean disjointType(Type t, Type s) {
    return disjointType.visit(t, s);
}
```

disjointType 是 TypeRelation 匿名类对象，在 TypeRelation 匿名类中覆写了 visitWildcardType()与 visitType()方法。visitType()方法的实现代码如下：

```
来源：com.sun.tools.javac.code.Types
public Boolean visitType(Type t, Type s) {
    if (s.tag == WILDCARD)
        return visit(s, t);
    else
        return notSoftSubtypeRecursive(t, s) || notSoftSubtypeRecursive(s, t);
}
```

当 t 或 s 中的任何一个类型为通配符类型时，都会调用 visitWildcardType()方法进行判断。如果 t 与 s 都不是通配符类型时，将调用 notSoftSubtypeRecursive()方法进行判断，这个方法稍后介绍。

visitWildcardType()方法的实现代码如下：

```
来源：com.sun.tools.javac.code.Types
public Boolean visitWildcardType(WildcardType t, Type s) {
    if (t.isUnbound())
        return false;

    if (s.tag != WILDCARD) {
        if (t.isExtendsBound())
            // 判断 s 与 t 的上界的关系
            return notSoftSubtypeRecursive(s, t.type);
        else
            // 判断 t 的下界与 s 的关系
            return notSoftSubtypeRecursive(t.type, s);
    }

    if (s.isUnbound())
        return false;

    // 代码执行到这里，t 与 s 肯定都为通配符类型，而且都不是无界通配符类型
    if (t.isExtendsBound()) {
        if (s.isExtendsBound())          // t 与 s 都有上界
            return !isCastableRecursive(t.type, upperBound(s));
        else if (s.isSuperBound())       // t 有上界而 s 有下界
            return notSoftSubtypeRecursive(lowerBound(s), t.type);
    } else if (t.isSuperBound()) {
        if (s.isExtendsBound())          // t 有下界而 s 有上界
            return notSoftSubtypeRecursive(t.type, upperBound(s));
        // 当 t 与 s 都为下界通配符类型时，一定有类型交集，至少有 Object 类
    }
    return false;
}
```

当 t 或 s 中的任何一个为无界通配符类型时，visitWildcardType()方法直接返回 false，因为无界通配符可能是任何类型，所以两个类型肯定有类型交集。

当 t 为通配符类型而 s 不是通配符类型时，则调用 notSoftSubtypeRecursive()方法判断，这个方法通常会调用 notSoftSubtype()方法判断通配符类型的上界或下界与 s 的关系。

当 t 与 s 都为通配符类型时，如果两个类型都有上界，则调用 isCastableRecursive()方法判断 t 的上界 t.type 与 s 的上界的关系；如果 t 有上界而 s 有下界时，则调用 notSoftSubtypeRecursive()方法判断 s 的下界与 t 的上界 t.type 的关系；如果 t 有下界而 s 有上界时，则调用 notSoftSubtypeRecursive()方法判断 t 的下界 t.type 与 s 的上界的关系。

对于求通配符类型上界的 upperBound()方法与下界的 lowerBound()方法，在附录 C 中有介绍，下面介绍 notSoftSubtypeRecursive()方法。notSoftSubtypeRecursive()方法在 visitType()与 visitWildcardType()方法中被多次调用，不过调用这个方法传递的两个参数都不是通配符类型，因为通配符类型的上界或下界都不可能是通配符类型。notSoftSubtypeRecursive()方法的实现代码如下：

```
来源：com.sun.tools.javac.code.Types
private boolean notSoftSubtypeRecursive(Type t, Type s) {
    ...
```

```
        return Types.this.notSoftSubtype(t, s);
    }
```

调用的 notSoftSubtype()方法的实现代码如下：

```
来源：com.sun.tools.javac.code.Types
public boolean notSoftSubtype(Type t, Type s) {
    if (t == s)
        return false;
    if (t.tag == TYPEVAR) {
        TypeVar tv = (TypeVar) t;
        return !isCastable(tv.bound,relaxBound(s),_);
    }
    if (s.tag != WILDCARD)
        s = upperBound(s);

    return !isSubtype(t, relaxBound(s));
}
```

其中，参数 t 与 s 都不为通配符类型，在 visitWildcardType()方法中调用 notSoftSubtype()方法时，如果类型中有代表下界的类型，那么 t 会被指定为下界。或者 t 与 s 都为上界。无论是上界还是下界，t 与 s 可能为类型变量、类或接口。

当 t 与 s 相同时，notSoftSubtype()方法返回 false，因为肯定有类型交集，两个类型不互斥。举个例子如下：

【实例 9-24】

```
package chapter9;

interface IA<T> { }

interface IB<T1> extends IA<T1> { }

class CA<T2> implements IA<T2> { }

public class Test {
    interface MyInterface { }

    class MyClass { }

    public void test(CA<MyInterface> a){
        IB<MyClass> b = (IB<MyClass>) a;            // 报错，不可转换的类型
    }
}
```

将 CA<MyInterface>类强制转换为 IB<MyClass>接口，由于非 final 修饰的 CA 类与 IB 接口不存在父子关系，因而调用 sideCast()方法判断是否能进行强制类型转换。将 CA<MyInterface>类强制转换为 IB<MyClass>接口时，会调用 visitType()方法判断 MyInterface 与 MyClass 的关系，由于是两个具体的类型，因而最终会调用 notSoftSubtype()方法判断，该方法判断 t 不等于 s 并且 t 与 s 没有父子关系，所以方法将返回 true，表示两个类型互斥。显然对于具体类型 MyInterface 与 MyClass 来说，只有在相等时才不互斥，

所以实例报错，报错摘要为“不可转换的类型”。

在 notSoftSubtype()方法中，当 t.tag 值为 TYPEVAR 时，t 可能为 TypeVar 对象或 CapturedType 对象，调用 isCastable()方法判断 t 的上界是否可以转换为 s 的上界（当 s 也有上界时，取上界，否则就是 s 本身）。当 isCastable()方法返回 true 时，表示 t 与 s 有类型交集，notSoftSubtype()方法返回 false，两个类型不互斥。举个例子如下：

【实例 9-25】

```
public void test(CA<? extends MyInterface> a){
    IB<MyClass> b = (IB<MyClass>) a;         // 报错，不可转换的类型
}
```

调用 visitType()方法判断 capture of ? extends MyInterface 与 MyClass 的关系。由于表示 capture of ? extends MyInterface 的 CapturedType 对象的 tag 值为 TYPEVAR，因而在 notSoftSubtype()方法中会判断 MyInterface 接口是否能通过强制类型转换为 MyClass 类，notSoftSubtype()方法返回 true，t 与 s 互斥。因为 MyClass 为具体的类型，所以最终的实际类型参数只能为 MyClass，而“? extends MyInterface”中不包含 MyClass，所以实例报错，报错摘要为“不可转换的类型”。

再举个例子如下：

【实例 9-26】

```
public void test(CA<? extends MyInterface> a){
    IB<? extends MyClass> b = (IB<? extends MyClass>) a;
}
```

调用 visitWildcardType()方法判断 capture of ? extends MyInterface 与“? extends MyClass”的关系，由于表示 capture of ? extends MyInterface 的 CapturedType 对象的 tag 值不为 WILDCARD，因而会调用 notSoftSubtypeRecursive()方法判断 capture of ? extends MyInterface 与“? extends MyClass”的上界 MyClass 的关系。在调用 notSoftSubtype()方法时，由于 CapturedType 对象的 tag 值为 TYPEVAR，因而调用 isCastable()方法判断 MyInterface 是否能通过强制类型转换转为 MyClass，isCastable()方法将返回 true，表示两个实际类型参数不互斥，因为任何一个继承 MyClass 类、实现 MyInterface 接口的子类都可以作为实际类型参数。

notSoftSubtype()方法调用 relaxBound()方法以获取类型变量的上界，relaxBound()方法的实现代码如下：

```
来源：com.sun.tools.javac.code.Types
private Type relaxBound(Type t) {
    if (t.tag == TYPEVAR) {
        while (t.tag == TYPEVAR)
            t = t.getUpperBound();
        t = rewriteQuantifiers(t, true, true);
    }
    return t;
}
```

当类型变量的上界仍然为类型变量时，继承获取类型变量上界，直到找到一个非类型类型的类型为止。rewriteQuantifiers()方法通过重写来判断两个类型是否有类型交集的情况，由于实现相对复杂，而且处理的实例也不常见，这里不再讲解。

2．visitArrayType()方法

```
来源：com.sun.tools.javac.code.Types
public Boolean visitArrayType(ArrayType t, Type s) {
    switch (s.tag) {
    case BOT:
       return true;
    case TYPEVAR:
       if (isCastable(s, t, _)) {
          return true;
       } else {
          return false;
       }
    case CLASS:
       return isSubtype(t, s);
    case ARRAY:
       if (elemtype(t).tag <= lastBaseTag || elemtype(s).tag <= lastBaseTag) {
          return elemtype(t).tag == elemtype(s).tag;
       } else {
          return visit(elemtype(t), elemtype(s));
       }
    default:
       return false;
    }
}
```

假设参数 t 的类型为 T，而 s 的类型为 S 时，调用 visitArrayType()方法处理当 T 为数组类型时的情况时，可根据 S 的不同，分情况处理，具体如下：

（1）如果 S 是一个类型变量，这时候 S 类型变量的上界必须为 Object、Serializable 或 Cloneable，或者 S 通过强制类型转换能够转换为 T 类型变量的上界，否则 Javac 将报编译错误。将数组类型 T 强制转换为类型变量 S 时与将类型变量 T 转换为数组类型 S 时的情况一样，因此在实现时发现如调用 isCastable()方法，不过调换了方法传递的参数。

（2）如果 S 是一个类，那么 S 必须是 Object；如果 S 是接口，那么 S 必须是 Serializable 或者 Cloneable。两者之间有父子关系 ，直接调用 isSubtype()方法判断即可。

（3）如果 S 是一个数组，那么调用 elemtype()方法得到组成数组的元素类型，如果有一个为基本类型，那么另外一个也必须为基本类型，而且两者必须相等；如果都是引用类型，那么组成数组 T 的元素类型必须能够通过强制类型转换转换为组成数组 S 的元素类型，因此继续调用 visit()方法来判断。

3．visitTypeVar()方法

```
来源：com.sun.tools.javac.code.Types
public Boolean visitTypeVar(TypeVar t, Type s) {
```

```
        switch (s.tag) {
        case BOT:
            return true;
        case TYPEVAR:
            if (isSubtype(t, s)) {
                return true;
            } else if (isCastable(t.bound, s, _)) {
                return true;
            } else {
                return false;
            }
        default:
            return isCastable(t.bound, s, _);
        }
    }
```

当 t 与 s 同时为类型变量时，如果 t 为 s 的子类或 t 的上界能够强制转换为 s 时，则方法将返回 true。举个例子如下：

【实例 9-27】

```
class Test<T1,T2 extends T1>{
    T2 a = null;
    T1 b = (T1)a;
}
```

将类型变量 T2 转换为 T1 时，由于 T2 的上界为 T1，相当于 T2 是 T1 的子类，调用 isSubtype()方法返回 true。

4．visitType()方法

```
来源：com.sun.tools.javac.code.Types
public Boolean visitType(Type t, Type s) {
     switch (t.tag) {
     case BYTE: case CHAR: case SHORT: case INT: case LONG: case FLOAT: case
DOUBLE:
         return s.tag <= DOUBLE;
     case BOOLEAN:
         return s.tag == BOOLEAN;
     case VOID:
         return false;
     case BOT:
         return isSubtype(t, s);
     default:
         throw new AssertionError();
     }
}
```

当 t 为除了 boolean 类型之外的基本类型时，s 也必须是除了 boolean 类型之外的基本类型；当 t 为 boolean 类型时，s 也必须为 boolean 类型；当 t 为 void 类型时返回 false，表示 void 类型不能强制转换为任何类型；当 t 为 null 时，调用 isSubtype()方法进行判断，此时只要求 s 为引用类型即可。

9.5 数字提升

数字提升支持的具体类型转换如下：

- 同一性转换；
- 基本类型宽化转换；
- 类型拆箱转换。

1. 一元数字提升

一些运算符会对操作数进行一元数字提升，分以下 3 种情况：

- 如果操作数在编译期的类型为 Byte、Short、Character 或者 Integer 时，首先拆箱为对应的基本类型，然后通过同一性转换或基本类型宽化转换转换为 int 类型；
- 如果操作数在编译期的类型为 Long、Float 或者 Double 时，拆箱为对应的基本类型即可；
- 如果操作数在编译期的类型为 byte、short 或者 char，则通过基本类型宽化转换转为 int 类型。

除了上述的 3 种情况外，其他情况下保持不变。

一元数字提升应用在如下的一些表达式中：

- 在创建数组时指定数组大小的表达式，表示式必须为 int 类型；
- 数组下标索引表达式；
- 一元负号运算符“-”的操作数；
- 一元正号运算符“+”的操作数；
- 按位求补运算符“~”的操作数；
- 移位运算符中的每个操作数，其中移位运算符包括右移运算符“>>”、无符号右移运算符“>>>”或者左移运算符“<<”。需要提示的是，如果移位运算符的右侧操作数为 long 类型，并不会导致左侧操作数也被转换为 long 类型。举个例子如下：

【实例 9-28】

```
class Test {
   public void test() {
      byte b = 2;
      int a[] = new int[b];     // 创建数组时指定数组大小表达式的 byte 类型提升
                                // 为 int 类型
      char c = '\u0001';
      a[c] = 1;                 // 数组下标索引表达式的 byte 类型提升为 int 类型
      a[0] = -c;                // 一元负号运算符“-”的操作数 c 的类型 char 提升
                                // 为 int 类型
```

```
        b = -1;
        int i = ~b;                   // 按位求补运算符“~”的操作数b的类型byte提升
                                      // 为int类型
        i = b << 4L;                  // 左移运算符“<<”左侧的操作数b的类型byte提
                                      // 升为int类型
    }
}
```

一元数字提升涉及一元运算符与二元运算符。在第 6 章中曾讲解过，在 Symtab 类中预先为运算符建立了 OperatorSymbol 对象，其实就相当于进行了运算符的重载，这样在进行一元数字提升时，直接查找 OperatorSymbol 对象获取结果类型即可。OperatorSymbol 对象的运算符有负号运算符“-”、正号运算符“+”、按位求补运算符“~”和移位运算符。例如，要处理表达式 b<<4L，需要查找名称为“<<”、能够接收的参数类型为 byte、long 的 OperatorSymbol 对象。在 Symtab 类中调用 enterBinop()方法创建的 4 个 OperatorSymbol 对象如下：

```
来源：com.sun.tools.javac.code.Symtab
enterBinop("<<", longType, longType, longType, lshll);
enterBinop("<<", intType, longType, intType, ishll);
enterBinop("<<", longType, intType, longType, lshl);
enterBinop("<<", intType, intType, intType, ishl);
```

当查找左移运算符“<<”的 OperatorSymbol 对象时，最终会查找到第 2 个调用语句创建的 OperatorSymbol 对象，也就是接收 int 与 long 类型的参数，结果类型为 int，因此 b<<4L 表达式的最终类型为 int，可以正确赋值给已经声明类型为 int 的变量 i。

对于没有 OperatorSymbol 对象的运算符来说，如在分析数组下标索引表达式时，最终类型只能为 int。

2．二元数字提升

当一些运算符对操作数应用二元数字提升时，每个操作数对应的值必须能够通过如下两个步骤转换为一个数字类型。

（1）如果任何一个操作数是引用类型，那么要应用类型拆箱转换。

（2）使用如下规则来应用基本类型宽化转换。

- 当其中任何一个操作数的类型为 double 时，则另外一个操作数类型也转换为 double；
- 当其中任何一个操作数的类型为 float 时，则另外一个操作数的类型也转换为 float；
- 当其中任何一个操作数的类型为 long 时，则另外一个操作数的类型也转换为 long；
- 两个操作数都转换为 int 类型。

二元数字提升作用在一些特定运算符的操作数上，这些运算符如下：

（1）乘法运算符“*”、除法运算符“/”或者取模运算符“%”；

（2）加法运算符“+”或减法运算符“-”；

（3）使用比较运算符比较数字的运算符，包括“<”、“<=”、“>”或者“>=”；

（4）使用比较运算符比较数字的运算符“==”或者“!=”；

（5）使用位运算符操作数字的运算符，包括“&”、“^”或者“|”；

（6）在特定情况下的三元运算符“?:”。

举个例子如下：

【实例 9-29】

```
class Test {
   public void test() {
       int i = 0;
       float f  = 1.0f;
       double d = 2.0;
       // 首先将 int*float 提升为 float*float
       // 然后将 float==double 提升为 double==double
       if (i * f == d);

       // 将 char&byte 提升为 int&int
       byte b = 0x1f;
       char c = 'G';
       int control = c & b;

       // 将 int:float 提升为 float:float
       f = (b==0) ? i : 4.0f;
   }
}
```

二元数字提升涉及二元及三元运算符，对于二元运算符来说，在 Symtab 类中都预先为运算符建立了 OperatorSymbol 对象，这样在进行二元数字提升时，直接查找 OperatorSymbol 对象获取结果类型即可。例如，对于实例 9-29 中的 i*f 表达式来说，由于 i 为 int 类型，而 f 为 float 类型，因此查找名称为“*”、参数类型为 int 与 float 类型的 OperatorSymbol 对象。对于名称为“*”的 OperatorSymbol 对象来说，在 Symtab 类中调用 enterBinop()方法创建的 4 个 OperatorSymbol 对象如下：

```
来源：com.sun.tools.javac.code.Symtab
enterBinop("*", doubleType, doubleType, doubleType, dmul);
enterBinop("*", floatType, floatType, floatType, fmul);
enterBinop("*", longType, longType, longType, lmul);
enterBinop("*", intType, intType, intType, imul);
```

当查找乘法运算符“*”的 OperatorSymbol 对象时，最终会查找到第 2 个调用语句创建的 OperatorSymbol 对象，也就是接收两个 float 类型的参数，结果类型为 float，因此 i*f 表达式的最终类型为 float。

对于三元运算符来说，Javac 会利用前面介绍的两个步骤对操作数进行类型转换。

第 10 章　语义分析之语法检查

静态检查是指在编译过程中完成各种一致性检查，包含类型检查及语法检查。对于类型检查来说，由于 Java 是静态类型的语言，所以在编译阶段，可以对各种表达式进行类型检查，以保证类型符合其上下文对它的期望。对于语法检查来说，Java 源代码中的某个类型、某种结构都有不同的语法规范要遵循，如 break 语句只能存在于循环或者 switch 语句中，局部变量在使用时必须明确初始化等。更多的语法规范可以查看 JLS。

对于表达式的类型检查将在第 12 章介绍，本章只对一些常见的语法错误进行检查，包括类型定义的检查、变量定义的检查和方法定义的检查。

10.1　类型定义的检查

类型在定义时需要根据 JLS 进行语法检查，例如父类必须是非 final 修饰的类，不能对类型进行循环定义；继承的父类及实现的接口必须有访问权限等。由于篇幅有限，这里只对类型定义时一些重要的语法检查进行介绍。

10.1.1　父类及实现接口的检查

在 MemberEnter 类的 complete()方法中不仅会完成符号的填充，而且会对类型进行最基本的语法检查，例如对当前类型的父类及接口进行合法性检查，但是在检查之前需要创建对应的上下文环境。在 complete(Symbol sym)方法中有如下调用语句：

```
来源：com.sun.tools.javac.comp.MemberEnter
Env<AttrContext> baseEnv = baseEnv(tree, env);
```

其中，baseEnv 是处理类型定义中继承的父类、实现的接口、类型上的注解及类上声明的类型变量使用的环境，通过调用 baseEnv()方法获取。baseEnv()方法的实现代码如下：

```
来源：com.sun.tools.javac.comp.MemberEnter
private Env<AttrContext> baseEnv(JCClassDecl tree, Env<AttrContext> env) {
    Scope baseScope = new Scope(tree.sym);

    // 将 env.outer.info.scope 作用域下的本地类型输入到 baseScope 中
    for (Scope.Entry e = env.outer.info.scope.elems ; e != null ; e =
e.sibling) {
```

```
            if (e.sym.isLocal()) {
                baseScope.enter(e.sym);
            }
        }

        // 将形式类型参数输入到 baseScope 中
        if (tree.typarams != null)
            for (List<JCTypeParameter> typarams = tree.typarams;
                    typarams.nonEmpty();
                    typarams = typarams.tail)
                baseScope.enter(typarams.head.type.tsym);

        Env<AttrContext> outer = env.outer;
        Env<AttrContext> localEnv = outer.dup(tree, outer.info.dup(baseScope));
        localEnv.baseClause = true;           // 将 baseClause 的值设置为 true
        localEnv.outer = outer;
        localEnv.info.isSelfCall = false;
        return localEnv;
    }
```

baseEnv()方法除了创建 Env<AttrContext>对象 localEnv 外，还会将 env.outer.info.scope 作用域下定义的本地类型及当前类型中声明的所有形式类型参数的类型输入到 baseScope 中。将 baseClause 值设置为 true，当 Env 类中定义的 baseClause 的值为 true 时，说明这个 Env 对象是分析当前类型的父类、接口、类型的注解及类型声明的类型变量使用的上下文环境，在分析其他的树节点时 baseClause 值为 false。

下面举个例子说明。

【实例 10-1】

```
class Test {
    class MemberClassA extends MemberClassB { }

    class MemberClassB { }

    public void test() {

        class LocalClassA extends LocalClassB { }         // 报错，找不到符号

        class LocalClassB { }
    }
}
```

以上代码中，MemberClassA 继承 MemberClassB 时不会报错，但是 LocalClassA 继承 LocalClassB 时会报错。因为 LocalClassB 是本地类并且定义在 LocalClassA 之后，所以如果使用在块内的定义，则定义必须在使用之前。在分析 LocalClassA 时，baseEnv()方法会将本地类输入 baseScope 中，而 LocalClassB 因为还没有输入到 env.outer.info.scope 中，所以最终的 baseScope 中不含有 LocalClassB，这样在分析 LocalClassA 的父类 LocalClassB 时由于找不到名称为 LocalClassB 的符号而报错，报错摘要为“找不到符号”。

在 baseEnv()方法中，将定义的所有类型参数全部输入到 baseScope 中，这样在分析相关语法节点时就可以使用这些定义的类型参数了。下面举个例子说明。

【实例 10-2】

```
package chapter10;

class Parent<T1>{ }

class Sub<T2> extends Parent<T2>{ }
```

在分析 Sub<T2>的父类 Parent<T2>时，由于 Parent<T2>是参数化类型，在查找 T2 类型变量的引用时就能准确找到 Sub 类中声明的类型变量 T2 了。

有了 baseEnv，就可以在 MemberEnter 类的 complete()方法中对当前类型的父类进行检查了，例如：

```
来源：com.sun.tools.javac.comp.MemberEnter
Type supertype = (tree.extending != null)
    ? attr.attribBase(tree.extending, baseEnv, true, false, true)
    : ((tree.mods.flags & Flags.ENUM) != 0 &&_)
    ? attr.attribBase(enumBase(_, c), baseEnv,true, false, false)
    : (c.fullname == names.java_lang_Object)
    ? Type.noType
    : syms.objectType;
```

其中，tree 是 JCClassDecl 对象，当 tree.extending 的值不为空时说明 Java 源代码中明确指定了要继承的父类；当 tree.extending 的值为空时检查是否为枚举类，如果是枚举类，调用 enumBase()方法为枚举类添加一个父类，例如有个枚举类为 Color，合成的父类为 Enum<Color>；如果不为枚举，类还需要判断当前类是否为 Object 类，如果是则没有父类，如果不是 Object 类，则默认父类为 Object 类。接口没有父类，但是 Javac 为了处理方便，将接口的父类也指定为 Object 类。

enumBase()方法的实现代码如下：

```
来源：com.sun.tools.javac.comp.MemberEnter
private JCExpression enumBase(_, ClassSymbol c) {
    JCExpression result = make.TypeApply(make.QualIdent(syms.enumSym),
                List.<JCExpression>of(make.Type(c.type)));
    return result;
}
```

enumBase()方法调用 TreeMaker 对象 make 的相关工厂方法按一定的形式为枚举类合成父类。

在 MemberEnter 类的 complete()方法中继续对当前类型实现的接口进行检查，具体实现代码如下：

```
来源：com.sun.tools.javac.comp.MemberEnter
List<JCExpression> interfaceTrees = tree.implementing;
for (JCExpression iface : interfaceTrees) {
    Type i = attr.attribBase(iface, baseEnv, false, true, true);
}
```

可以看到，complete()方法对每个接口都调用了 attr.attribBase()方法进行检查，无论父类还是接口，都会调用 Attr 类中的 attribBase()方法，该方法的实现代码如下：

```
来源：com.sun.tools.javac.comp.Attr
Type attribBase(JCTree tree,Env<AttrContext> env,
boolean classExpected,boolean interfaceExpected,boolean
checkExtensible) {
    Type t = tree.type != null ? tree.type : attribType(tree, env);
    return checkBase(t, tree, env, classExpected, interfaceExpected,
checkExtensible);
}
```

attribBase()方法首先获取 tree 对应的 Type 对象 t，如果 tree.type 不为空时直接获取这个变量的值，否则调用 attribType()方法得到具体的类型，调用的 attribType()方法会对语法树进行标注，也就是将查找到的类型保存到 tree.type 变量上。关于语法树标注，将在第 12 章中详细介绍。

下面重点解释一下 attribBase()方法调用 checkBase()方法时传递的 3 个参数 classExpected、interfaceExpected 与 checkExtensible 的具体含义。

- classExpected 值为 true 时，表示期望类型 t 是一个类，如类继承的父类必须是类而不能为接口或者类型变量。在之前调用 attribBase()方法对父类进行检查时，传递的这个参数的值都为 true。
- interfaceExpected 值为 true 时，表示对 t 的期望是一个接口，如类的实现接口必要为接口而不能为类或者类型变量。在之前调用 attribBase()方法对实现接口进行检查时，传递的这个参数的值都为 true。
- checkExtensible 值为 true 时，表示对某些扩展语法进行检查，主要是检查参数化类型中是否含有通配符类型，例如某个类的父类不能为 List<? extends Serializable>这样的参数化类型。在对父类及接口进行检查时，这个值一般为 true，不过在对枚举类的父类进行检查时，传递的值为 false，因为 Javac 能够确定父类不含有通配符类型，无须进行此类语法的检查。

attribBase()方法在实现时会调用 checkBase()方法。checkBase()方法的实现代码如下：

```
来源：com.sun.tools.javac.comp.Attr
Type checkBase(Type t,JCTree tree,Env<AttrContext> env,
               boolean classExpected,boolean interfaceExpected,boolean
checkExtensible) {
    ...
    // 检查接口或类的实际类型参数不允许含有通配符类型
    t = chk.checkClassType(_, t, checkExtensible|!allowGenerics);

    if (interfaceExpected && (t.tsym.flags() & INTERFACE) == 0) {
                                          // 检查 t 必须是接口
        log.error(_, "intf.expected.here");
        return types.createErrorType(t);
    } else if (checkExtensible && classExpected && (t.tsym.flags() &
INTERFACE) != 0) {                        // 检查 t 必须为类
        log.error(_, "no.intf.expected.here");
        return types.createErrorType(t);
    }
```

```
    // 父类或接口不能有 final 修饰
    if ( checkExtensible && ((t.tsym.flags() & FINAL) != 0) ) {
        log.error(_, "cant.inherit.from.final", _);
    }
    ...
    return t;
}
```

checkBase()方法首先调用 Check 类的 checkClassType()方法检查参数化类型中是否含有通配符类型，其中传递的最后一个参数的值为 checkExtensible|!allowGenerics。由于 allowGenerics 在 JDK 1.5 及之后的版本中都为 true，所以参数的值主要看 checkExtensible，当对父类及接口进行检查时，这个值为 true。

当检查实现接口时，interfaceExpected 值为 true，则要求 t 必须为接口，否则将报编译错误。当检查父类时，classExpected 值为 true，则要求 t 必须为类，否则将报编译错误。当 checkExtensible 值为 true 时，还需要确保父类没有 final 修饰，因为由 final 修饰的类不能有子类。

checkClassType()方法的实现代码如下：

```
来源：com.sun.tools.javac.comp.Check
Type checkClassType(_, Type t, boolean noBounds) {
    t = checkClassType(_, t);          // 检查 t 类型为接口或者类
    // 当 noBounds 为 true 且 t 为参数化类型时，检查实际的类型参数的类型不能为通配符
    // 类型
    if (noBounds && t.isParameterized()) {
        List<Type> args = t.getTypeArguments();
        while (args.nonEmpty()) {
            if (args.head.tag == WILDCARD)
                return typeTagError(_,diags.fragment("type.req.exact"),
args.head);
            args = args.tail;
        }
    }
    return t;
}
```

以上代码中，首先调用 checkClassType()方法对 t 进行检查，t 必须为接口或类，否则将报错。代码实现也非常简单，只要判断 t.tag 的值为 CLASS 即可。当参数 noBounds 的值为 true 并且 t 是一个参数化类型时，需要对实际的类型参数的类型进行检查，当实际的类型参数的类型含有通配符类型时，调用 typeTagError()方法返回一个 ErrorType 对象，表示类型错误。

10.1.2　类型定义的唯一性检查

在 Enter 类的 visitClassDef()方法中对顶层类型的定义进行唯一性检查，对于非顶层类型来说，visitClassDef()方法会调用 checkUniqueClassName()与 checkTransparentClass()方法来完成唯一性检查。visitClassDef()方法的实现代码如下：

```
来源：com.sun.tools.javac.comp.Enter
if (chk.compiled.get(classSymbol.flatname) != null) {
   duplicateClass(classSymbol);
}
chk.compiled.put(classSymbol.flatname, classSymbol);
```

visitClassDef()方法将类的 flatname 存储到 Check 类中声明的类型为 Map<Name, ClassSymbol>的 compiled 变量中，由于 Enter 类的 visitClassDef()方法会被包括本地类的所有类调用，所以 compiled 会保存所有类的 flatname。如果当前类的 flatname 和已有的 flatname 重复，则 Javac 将调用 duplicateClass()方法提示编译错误，举个例子如下：

【实例 10-3】

```
package chapter10;

class CA{ }

class CA{ }                          // 报错，类重复：chapter10.CA
```

两个顶层类的 flatname 都为 chapter10.CA，所以 Javac 将报错，报错摘要为"类重复: chapter10.CA"。再举个例子如下：

【实例 10-4】

```
package chapter10;

class Test{
   class CA{ }
}

class CA{ }
```

Test 类内定义的 CA 类的 flatname 为 chapter10.Test$CA，而顶层类 CA 的 flatname 为 chapter10.CA，由于两个类的 flatname 不相同，所以实例正常编译。

调用 checkUniqueClassName()方法对除匿名类与顶层类外的所有类进行唯一性检查，实现代码如下：

```
来源：com.sun.tools.javac.comp.Check
boolean checkUniqueClassName(_, Name name, Scope s) {
   // 检查相同作用域内的类型
   for (Scope.Entry e = s.lookup(name); e.scope == s; e = e.next()) {
      if (e.sym.kind == TYP ) {
         duplicateError(_, e.sym);
         return false;
      }
   }
   // 检查封闭类型
   for (Symbol sym = s.owner; sym != null; sym = sym.owner) {
      if (sym.kind == TYP && sym.name == name ) {
         duplicateError(_, sym);
         return true;
```

```
        }
    }
    return true;
}
```

参数 s 通常就是封闭类的 members_field 变量的值，checkUniqueClassName()方法检查不能在相同的作用域内定义相同名称的类型，如果当前检查的是成员类，还要保证成员类与外层的所有封闭类不能同名。举个例子如下：

【实例 10-5】

```
class Outer{
class Inner { }

    interface Inner { }           // 报错，已在类 Outer 中定义了类 Outer.Inner
}
```

Outer 类中定义了一个名称为 Inner 的类和一个名称为 Inner 的接口，Javac 将报错，报错摘要为“已在类 Outer 中定义了类 Outer.Inner”。出错后 checkUniqueClassName()方法将直接返回 false，表示不会再进行更多的语法检查。再举个例子如下：

【实例 10-6】

```
package chapter10;

class Test {
    class Inner{
        class Test{ }             // 报错，已在程序包 chapter10 中定义了类 Test
    }
}
```

代码中，嵌套类 Test 与顶层类 Test 重名，checkUniqueClassName()方法调用 duplicateError()方法报错，报错摘要为“已在程序包 chapter10 中定义了类 Test”。checkUniqueClassName()方法返回 true，表示还会继续进行更多的语法检查。

调用 checkTransparentClass()方法对除匿名类外的本地类进行检查，实现代码如下：

```
来源：com.sun.tools.javac.comp.Check
void checkTransparentClass(_, ClassSymbol c, Scope s) {
    if (s.next != null) {
        for (Scope.Entry e = s.next.lookup(c.name); e.scope != null &&
e.sym.owner == c.owner;
             e = e.next()) {
            if (e.sym.kind == TYP && (e.sym.owner.kind & (VAR | MTH)) != 0 ) {
                duplicateError(_, e.sym);
                return;
            }
        }
    }
}
```

Java 中有类型隐藏（hidding）的概念，例如有两个类 A 与 B 有相同名称，类 B 在类 A 的作用域内，则在类 B 的作用域内隐藏了类 A，也就是无法在类 B 的作用域内通过简单名称引用类 A。举个例子如下：

【实例 10-7】

```
class Test {
    class CA{ }                          // 第 1 个类

    {
        class CA{ }                      // 第 2 个类
        CA a;                            // CA 引用第 2 个类
    }

    public void test(CA b) {             // CA 引用第 1 个类
        class CA{ }                      // 第 3 个类
        CA c;                            // CA 引用第 3 个类
    }
}
```

实例能正常编译，但是在某些作用域内使用时，本地类 CA 会隐藏成员类 CA。JLS 规定不允许隐藏本地类，举个例子如下：

【实例 10-8】

```
class Test {
    public void test() {
        class CA{ }

        {
            class CA{ }                  // 报错，已在方法 test()中定义了类 CA
        }
    }
}
```

Javac 将报错，报错摘要为"已在方法 test()中定义了类 CA"。

checkTransparentClass()方法针对如上情况进行了检查，因为相同作用域内的唯一性检查已经由 checkUniqueClassName()方法完成，所以方法从 s.next 这个作用域开始检查，也就是从定义当前类型作用域的上一个作用域开始查找。当前方法对每一个找到的符号都要判断所属的符号是变量还是方法，保证查找到的是一个本地类。

10.1.3　类型中方法的兼容性检查

在定义一个类时，会继承父类或者实现多个接口。Java 语言继承的特性可能导致父类中的方法与接口中的方法产生冲突，举个例子如下：

【实例 10-9】

```
package chapter10;

interface IA{
    public int get();
}
```

```
abstract class CA{
    public abstract void get();
}

abstract class CB extends CA implements IA{ }
```

在定义 CB 类时，接口 IA 中声明的 get()方法与类 CA 中声明的 get()方法不兼容，Javac 将报错，报错摘要为“类型 IA 和 CA 不兼容；两者都定义了 get()，但却带有不相关的返回类型”。Javac 会调用 Check 类中的 checkCompatibleSupertypes()方法对这样的情况进行检查，这个方法的调用链如下：

Attr.visitClassDef()->Attr.attrClass()->Attr.attrClassBody()->Check.checkCompatibleSupertypes()

下面介绍 checkCompatibleSupertypes()方法的实现，代码如下：

```
来源：com.sun.tools.javac.comp.Check
void checkCompatibleSupertypes(_, Type c) {
    List<Type> supertypes = types.interfaces(c);
    Type supertype = types.supertype(c);
    // 如果父类为抽象类，将父类追加到 supertypes 列表的头部
    if (supertype.tag == CLASS && (supertype.tsym.flags() & ABSTRACT) != 0)
        supertypes = supertypes.prepend(supertype);

    // 对父类或接口中的方法两两进行兼容性检查
    for (List<Type> l = supertypes; l.nonEmpty(); l = l.tail) {
        if (allowGenerics && !l.head.getTypeArguments().isEmpty() &&
            !checkCompatibleAbstracts(_, l.head, l.head, c))
            return;
        for (List<Type> m = supertypes; m != l; m = m.tail)
            if (!checkCompatibleAbstracts(_, l.head, m.head, c))
                return;
    }
    // 对方法的实现进行检查
    checkCompatibleConcretes(_, c);
}
```

首先找到当前类型 c 的所有接口和父类，如果父类是抽象的，则有可能有没有实现的抽象方法需要实现，所以需要追加到 supertypes 列表中，这样父类与接口中的方法都会做检查。

首先对参数化类型的父类或接口进行检查，当允许泛型语法时，调用 checkCompatibleAbstracts()方法对参数化类型中定义的方法进行检查，因为在调用时，有许多方法很可能在某个具体的参数化类型中不兼容。举个例子如下：

【实例 10-10】

```
package chapter10;

interface IA<T> {
    public void md(String a);
    public int md(T a);
```

```
}

abstract class CA implements IA<String> { }
```

类 CA 实现的接口 IA<String>是个参数化类型，所以会调用 checkCompatibleAbstracts()方法对 IA<String>类型中的方法进行检查。在 checkCompatibleSupertypes()方法中调用 checkCompatibleAbstracts()方法时传递了两个相同的参数 l.head，也就是对同一个类型中定义的方法进行兼容性检查。实例 10-10 会报错，报错摘要为"类型 IA<String>和 IA<String>不兼容；两者都定义了 md(java.lang.String)，但却带有不相关的返回类型"。

checkCompatibleSupertypes()方法还会对超类进行两两检查，此时调用 checkCompatible-Abstracts()方法传递的参数 l.head 与 m.head 是不同的类型，所以是针对不同抽象类型中定义的方法进行两两检查。举个例子如下：

【实例 10-11】

```
package chapter10;

interface IA{
   public void md();
}

abstract class CA {
   public abstract int md();
}

abstract class CB extends CA implements IA{ }
```

如果当前检查的类为 CB，那么 supertypes 列表中包含 IA 和 CA，调用 checkCompatible-Abstracts()方法对 IA 接口与 CA 抽象类中的方法进行兼容性检查。实例 10-11 将报错，报错摘要为"类型 IA 和 CA 不兼容；两者都定义了 md()，但却带有不相关的返回类型"。

checkCompatibleAbstracts()方法的实现代码如下：

```
来源：com.sun.tools.javac.comp.Check
public boolean checkCompatibleAbstracts(_,Type t1,Type t2,Type site) {
   return firstIncompatibility(_, t1, t2, site) == null;
}
```

调用 firstIncompatibility()方法将返回第一个不兼容的方法，如果返回 null，表示类型中定义的所有方法都兼容，checkCompatibleAbstracts()方法将返回 true。firstIncompatibility()方法的实现代码如下：

```
来源：com.sun.tools.javac.comp.Check
private Symbol firstIncompatibility(_, Type t1, Type t2, Type site) {
   Map<TypeSymbol,Type> interfaces1 = new HashMap<TypeSymbol,Type>();
   closure(t1, interfaces1);  // 查找 t1 及 t1 的所有父类和实现接口
   Map<TypeSymbol,Type> interfaces2;
   if (t1 == t2)
      interfaces2 = interfaces1;
```

```
    else
        // 调用 closure()方法删除在 interfaces1 列表中已经存在的类型
        // 剩下的 t2 及 t2 的父类和实现接口都加入 interfaces2 列表中
        closure(t2, interfaces1, interfaces2 = new HashMap<TypeSymbol,Type>());
    // 对父类或接口中的方法进行兼容性检查
    for (Type t3 : interfaces1.values()) {
        for (Type t4 : interfaces2.values()) {
            Symbol s = firstDirectIncompatibility(_, t3, t4, site);
            if (s != null)
                return s;
        }
    }
    return null;
}
```

以上代码中，调用 closure()方法查找 t1 及 t1 的所有父类和实现接口，然后保存到 interfaces1 列表中。如果 t1 与 t2 是同一个类型，不用再调用 closure()方法对 t2 类型进行查找，直接将 interfaces1 列表的值赋值给 interfaces2 即可，这其实是准备对同一个类型中定义的方法进行兼容性检查。如果 t1 与 t2 不是同一个类型，调用 closure()方法删除在 interfaces1 列表中已经存在的类型，剩下的 t2 及 t2 的所有父类和实现接口都加入 interfaces2 列表中。举个例子如下：

【实例 10-12】

```
package chapter10;

interface IA{ }

interface IB extends IA{ }

abstract class CA implements IA { }

class CB extends CA implements IB{ }
```

对于实例 10-12 来说，如果 t1 为 IB 接口，而 t2 为 CA 接口，那么 interfaces1 列表中包含 IA、IB 与 Object 类型，而 interfaces2 列表中只包含 CA 类，调用 firstDirectIncompatibility()方法比较两个列表中的所有类型，查找不兼容的方法。

首先看 firstIncompatibility()方法调用的 closure()方法的实现代码如下：

```
来源：com.sun.tools.javac.comp.Check
private void closure(Type t, Map<TypeSymbol,Type> typeMap) {
    if (t.tag != CLASS)
        return;
    if (typeMap.put(t.tsym, t) == null) {
        closure(types.supertype(t), typeMap);
        for (Type i : types.interfaces(t))
            closure(i, typeMap);
    }
}
```

以上方法只针对类和接口进行计算，使用 t.tsym 作为 typeMap 集合的 key 来保证类型的唯一性，将 t 及 t 的所有父类和接口都保存到 typeMap 集合中。

在 firstIncompatibility()方法中得到 interfaces1 和 interfaces2 列表后，调用 firstDirect-Incompatibility()方法对两个列表中的类型进行两两检查，实际上是对两个类型中定义的方法进行两两检查。firstDirectIncompatibility()方法的实现代码如下：

```
来源：com.sun.tools.javac.comp.Check
private Symbol firstDirectIncompatibility(_, Type t1, Type t2, Type site) {
    // 第 1 个 for 语句
    for (Scope.Entry e1 = t1.tsym.members().elems; e1 != null; e1 =
e1.sibling) {
        Symbol s1 = e1.sym;
        Type st1 = null;
        // 当 s1 不是方法或不能继承到 site.tsym 中的方法时不进行检查
        if (s1.kind != MTH || !s1.isInheritedIn(site.tsym, types))
            continue;
        // 当 s1 在 site.tsym 中有对应的实现时不进行检查
        Symbol impl = ((MethodSymbol)s1).implementation(site.tsym, types,
false);
        if (impl != null && (impl.flags() & ABSTRACT) == 0)
            continue;
        // 第 2 个 for 语句
        for (Scope.Entry e2 = t2.tsym.members().lookup(s1.name); e2.scope !=
null; e2 = e2.next()) {
            Symbol s2 = e2.sym;
            if (s1 == s2)
                continue;
            // 当 s2 不为方法或不能继承到 site.tsym 中的方法不进行检查
            if (s2.kind != MTH || !s2.isInheritedIn(site.tsym, types))
                continue;
            if (st1 == null)
                st1 = types.memberType(t1, s1);
            Type st2 = types.memberType(t2, s2);
            // st1 与 st2 都为抽象方法，当相互覆写时，比较返回类型的兼容性
            if (types.overrideEquivalent(st1, st2)) {
                List<Type> tvars1 = st1.getTypeArguments();
                List<Type> tvars2 = st2.getTypeArguments();
                Type rt1 = st1.getReturnType();
                Type rt2 = types.subst(st2.getReturnType(), tvars2, tvars1);
                boolean compat =
                    types.isSameType(rt1, rt2) ||       // 返回类型相同时兼容
                    // 返回类型支持在支持协变的情况下兼容
                    rt1.tag >= CLASS && rt2.tag >= CLASS &&
                    (types.covariantReturnType(rt1, rt2, _) ||
types.covariantReturnType(rt2, rt1, _)) ||
                    // s1 与 s2 的返回类型虽然不兼容，但是在 site 下可以兼容
                    checkCommonOverriderIn(s1,s2,site);
                if (!compat) {
                    log.error(_, "types.incompatible.diff.ret",_,_,_);
                    return s2;
                }
            }
            // 检查类似于实例 10-16 这种情况下的冲突
            else if (checkNameClash((ClassSymbol)site.tsym, s1, s2) &&
```

```
                !checkCommonOverriderIn(s1, s2, site)) {
            log.error(_,"name.clash.same.erasure.no.override",_, _,_, _);
            return s2;
         }
      }
   }
   return null;
}
```

firstIncompatibility()方法通过两层 for 循环完成对两个抽象类型中定义的所有方法进行两两检查，确保两个类型中定义的方法在类型 site 中兼容。

对于第 1 个 for 循环来说，对于非方法或者方法不能被继承到 site 类型中时不考虑。调用 MethodSymbol 类中的 implementation()方法（该方法的具体介绍请查看附录 D）查找方法的实现，如果 site 类型中有对应的方法实现，则不再继续进行检查。如果另外的一个方法与已经有对应实现的抽象方法不兼容时，也会与对应的实现方法不兼容，问题转换为了对方法覆写的检查，这种检查将会调用 Check 类的 checkImplementations()方法完成。举个例子如下：

【实例 10-13】

```
package chapter10;

interface IA{
   public Number get();
}

abstract class CA{
   public abstract String get();
}

abstract class CB extends CA implements IA{
   @Override
   public Integer get() {
      return null;
   }
}
```

如果没有 CB 类中的 get()方法，则接口 IA 与抽象类 CA 中定义的抽象方法不能共存。在调用 firstDirectIncompatibility()方法时，如果参数 t1 为 IA 接口，参数 t2 为 CA 抽象类，site 为 CB 类，则不再检查与类 CA 中定义的 get()方法的兼容性了。

对于第 2 个 for 循环来说，同一个方法不进行检查，非方法或者方法不能被继承到 site 类型中时也不考虑。如果程序继续往下执行时，说明此时的 st1 与 st2 都是方法，并且方法都能被 site 类型所继承，调用 types.overrideEquivalent()方法对两个方法进行检查，看两个方法是否一个对另外一个进行了覆写。overrideEquivalent()方法的实现代码如下：

```
来源：com.sun.tools.javac.code.Types
public boolean overrideEquivalent(Type t, Type s) {
   return hasSameArgs(t, s) || hasSameArgs(t, erasure(s)) ||
hasSameArgs(erasure(t), s);
}
```

当 t 与 s 所代表的方法的形式参数相同，或者对 t 或者 s 调用 erasure()方法进行泛型擦除后方法的形式参数相同时，overrideEquivalent()方法将返回 true，表示一个方法对另外一个方法进行了覆写。关于泛型擦除的 erasure()方法与 hasSameArgs()方法，在附录 C 中有详细介绍。

调用 overrideEquivalent()方法返回 true 时，firstDirectIncompatibility()方法会继续对方法的返回类型进行检查，如果 compat 值为 false，那么会报返回类型不兼容的错误。当两个方法的返回类型相同时肯定兼容。另外方法的返回类型还支持协变（covariant），就是方法的返回类型有直接的父子关系，举个例子如下：

【实例 10-14】

```
package chapter10;

interface IA{
   public Number md();
}

class CA implements IA{
   @Override
   public Integer md() {
      return null;
   }
}
```

CA 类中的 md()方法实现了接口 IA 中定义的 md()方法，虽然返回类型不同，但是 Javac 允许覆写的方法的返回类型是被覆写方法返回类型的子类型，这就是返回类型的协变，通过调用 types.covariantReturnType()方法来判断，实现代码如下：

```
来源：com.sun.tools.javac.code.Types
public boolean covariantReturnType(Type t, Type s, _) {
   return isSameType(t, s) ||
         allowCovariantReturns && !t.isPrimitive() && !s.isPrimitive() &&
isAssignable(t, s, _);
}
```

以下两种情况下 types.covariantReturnType()方法将返回 true：

- 当两个类型相同时，那么即使是基本类型也返回 true。
- 在支持协变的情况下，即 allowCovariantReturns 的值为 true，实际上在 JDK 1.5 及之后的版本中，这个值都为 true，这样当两个返回类型都是引用类型并且 t 可赋值给 s 时方法将返回 true。

firstDirectIncompatibility()方法在计算 compat 的值时，还会调用 checkCommonOverriderIn()方法对覆写进行检查，这个方法的实现代码如下：

```
来源：com.sun.tools.javac.comp.Check
boolean checkCommonOverriderIn(Symbol s1, Symbol s2, Type site) {
   Map<TypeSymbol,Type> supertypes = new HashMap<TypeSymbol,Type>();
   Type st1 = types.memberType(site, s1);
   Type st2 = types.memberType(site, s2);
   closure(site, supertypes);
```

```
    for (Type t : supertypes.values()) {
        for (Scope.Entry e = t.tsym.members().lookup(s1.name); e.scope !=
null; e = e.next()) {
            Symbol s3 = e.sym;
            // 查找一个不同于 s1 与 s2、也不是合成的方法或桥方法的方法
            if (s3 == s1 || s3 == s2 || s3.kind != MTH || (s3.flags() &
(BRIDGE|SYNTHETIC)) != 0)
                continue;
            Type st3 = types.memberType(site,s3);
            // 当 st3 分别与 st1 与 st2 方法相互覆写时，比较方法的返回类型是否兼容
            if (types.overrideEquivalent(st3, st1) && types.override
Equivalent(st3, st2)) {
                if (s3.owner == site.tsym) {
                    return true;
                }
                List<Type> tvars1 = st1.getTypeArguments();
                List<Type> tvars2 = st2.getTypeArguments();
                List<Type> tvars3 = st3.getTypeArguments();
                Type rt1 = st1.getReturnType();
                Type rt2 = st2.getReturnType();
                Type rt13 = types.subst(st3.getReturnType(), tvars3, tvars1);
                Type rt23 = types.subst(st3.getReturnType(), tvars3, tvars2);
                // 在支持协变的情况下，rt13 方法的返回类型分别与 rt1 的返回类型和 rt2
                // 方法的返回类型兼容
                boolean compat =
                    rt13.tag >= CLASS && rt23.tag >= CLASS &&
                    ( types.covariantReturnType(rt13, rt1, _) &&
types.covariantReturnType(rt23, rt2, _) );
                if (compat)
                    return true;
            }
        }
    }
    return false;
}
```

有时候两个方法 s1 与 s2 可能并不兼容，但并不能代表这两个方法在 site 类型中不能共存，上面的 checkCommonOverriderIn()方法调用 Types 类中的 memberType()方法（这个方法在附录 C 中有介绍）得到 s1 与 s2 在 site 类型下的方法类型 st1 与 st2，然后循环所有超类中名称与 s1.name 相同的方法 s3。当调用 types.overrideEquivalent()方法进行检查之前，s3 肯定不是桥方法或合成方法，也不与 s1 与 s2 相同，所以 s3 现在仅名称与 s1 和 s2 相同，调用 types.overrideEquivalent()方法判断 s3 是否覆写 s1 或 s3 是否覆写 s2，如果都覆写，那就要判断返回类型了。因为 overrideEquivalent()方法在判断覆写时没有判断返回类型，当返回类型兼容时，checkCommonOverriderIn()方法最终会返回 true。举个例子如下：

【实例 10-15】

```
package chapter10;

interface MyInterface1{ }

interface MyInterface2{ }
```

```
class MyClass implements MyInterface1,MyInterface2{ }

interface IA {
   public MyInterface1 md(String a);
}

interface IB {
   public MyInterface2 md(String a);
}

abstract class CA {
   abstract MyClass md(String a);
}

abstract class CB extends CA implements IB,IA { }
```

当 s1 与 s2 分别对应 IA 接口中的 md()方法和 IB 接口中的 md()方法时，这两个方法可以共存，因为最终的 CA 类中的 md()方法覆写了接口中的两个方法，提供了更精确的返回值类型。

回看 firstDirectIncompatibility()方法，当调用 types.overrideEquivalent(st1, st2)方法返回 false 时，还会继续对两个互不覆写且名称相同的方法进行检查，调用的 checkNameClash()方法将对泛型擦除后的方法的形式参数类型进行检查，实现代码如下：

```
来源：com.sun.tools.javac.comp.Check
private boolean checkNameClash(ClassSymbol origin, Symbol s1, Symbol s2) {
   ClashFilter cf = new ClashFilter(origin.type);
   return (cf.accepts(s1) &&
         cf.accepts(s2) &&
         types.hasSameArgs(s1.erasure(types), s2.erasure(types)));
}
```

如果 s2 与 s2 满足 ClashFilter 对象 cf 中的过滤条件，并且泛型擦除后的 s1 与 s2 的形式参数类型相同时，当前方法将返回 true。types.hasSameArgs()方法在附录 C 中有详细介绍。下面介绍下 ClashFilter 类，类的定义如下：

```
来源：com.sun.tools.javac.comp.Check.ClashFilter
private class ClashFilter implements Filter<Symbol> {
   Type site;
   ClashFilter(Type site) {
      this.site = site;
   }
   boolean shouldSkip(Symbol s) {
      return (s.flags() & CLASH) != 0 && s.owner == site.tsym;
   }
   public boolean accepts(Symbol s) {
      return s.kind == MTH &&
            (s.flags() & SYNTHETIC) == 0 &&
            !shouldSkip(s) &&
            s.isInheritedIn(site.tsym, types) &&
            !s.isConstructor();
   }
}
```

可以看到，accepts()方法中对符号 s 进行了判断，其中调用了 shouldSkip()方法判断符号是否应该被跳过，如果检查的方法 s 已经产生了冲突，并且这个方法就定义在当前要检查的类 site 中，那么应该跳过这个方法。同时还调用 s.isInheritedIn()方法判断 s 符号是否能被继承到 site.tsym 中，调用的 isInheritedIn()方法定义在 Symbol 类中，具体方法的实现可查看附录 D。

在 firstDirectIncompatibility()方法中，如果两个方法泛型擦除后的参数类型也相同时，接着调用 checkCommonOverriderIn()方法进行判断，在这里主要是排除如实例 10-16 这种情况。

【实例 10-16】

```
package chapter10;

interface IA<T1> {
   public void md(T1 a);
}

interface IB<T2> {
   public void md(T2 a);
}

abstract class CA implements IA<String>,IB<Number> { }
```

在 IA 与 IB 中，方法 md()的参数类型相同，因为对 IA 与 IB 接口中声明的类型变量 T 进行泛型擦除后都为 Object 类型，但是当 site 等于 CA 类时，IA<String>中的 md()与 IB<Number>中的 md()方法并不兼容，所以 Javac 将报错，报错摘要为“名称冲突: IB 中的 md(T2#1)和 IA 中的 md(T1#2)具有相同疑符, 但两者均不覆盖对方”。

抽象方法如果都兼容，还会检查非抽象方法。在 checkCompatibleSupertypes()方法中继续调用 checkCompatibleConcretes()方法，这个方法就是检查一个类是否继承了具有相同签名的两个非抽象方法，举个例子如下：

【实例 10-17】

```
package chapter10;

class CA<T>{
   public void md(String a){ }
   public void md(T t){ }
}

class CB extends CA<String>{ }
```

上实例将报错，报错摘要为“CA<String>中的方法 md(T)和 CA<String>中的方法 md(String)是使用相同的签名继承的”。

checkCompatibleConcretes()方法的实现代码如下：

```
来源：com.sun.tools.javac.comp.Check
public void checkCompatibleConcretes(_, Type site) {
   Type sup = types.supertype(site);
```

```
    if (sup.tag != CLASS)
        return;
    // 外层的两个 for 循环
    // 当父类为参数化类型时，对参数化类型中的方法进行兼容性检查
    for (Type t1 = sup;t1.tsym.type.isParameterized();t1 =
types.supertype(t1)) {
        for (Scope.Entry e1 = t1.tsym.members().elems;e1 != null;e1 = e1.
sibling) {
            Symbol s1 = e1.sym;
            if ( s1.kind != MTH ||
                 (s1.flags() & (STATIC|SYNTHETIC|BRIDGE)) != 0 ||
                 !s1.isInheritedIn(site.tsym, types) ||
                 ((MethodSymbol)s1).implementation(site.tsym,types,true)
!= s1
            )
                continue;
            Type st1 = types.memberType(t1, s1);
            int s1ArgsLength = st1.getParameterTypes().length();
            if (st1 == s1.type)
                continue;

            // 内层的两个 for 循环
            for (Type t2 = sup;t2.tag == CLASS;t2 = types.supertype(t2)) {
                for (Scope.Entry e2 = t2.tsym.members().lookup(s1.name);
e2.scope != null;e2 = e2.next()) {
                    Symbol s2 = e2.sym;
                    if ( s2 == s1 ||
                         s2.kind != MTH ||
                         (s2.flags() & (STATIC|SYNTHETIC|BRIDGE)) != 0 ||
                         s2.type.getParameterTypes().length() != s1ArgsLength ||
                         !s2.isInheritedIn(site.tsym, types) ||
                         ((MethodSymbol)s2).implementation(site.tsym,types,true)
 != s2
                        )
                        continue;
                    Type st2 = types.memberType(t2, s2);
                    if (types.overrideEquivalent(st1, st2))
                        log.error(_, "concrete.inheritance.conflict",s1, t1,
s2, t2, sup);
                }
            }
        }
    }
}
```

checkCompatibleConcretes()方法通过最外层的两个 for 循环与最内层的两个 for 循环循环 site 的所有父类的所有方法，然后对方法进行两两比较。

在最外层的两个 for 循环中，第 1 个循环的条件判断语句保证父类必须有形式参数类型，因为从实例 10-17 中可以看出，是继承父类时的参数化类型导致两个非抽象方法在 site 类中产生冲突，第 2 个 for 循环中通过 if 条件判断语句过滤掉某些不需要比较的成员，这些不需要比较的成员有：

- 非方法；
- 静态方法、合成方法或桥方法；
- 没有继承到 site 类型中的方法；
- 查找父类的方法在子类 site 中的实现方法，如果存在就不用继续检查。s1 还可能为父类的构造方法，此时调用 implementation()方法后就会返回 s1 本身，也不会继续进行检查。

除此之外，如果方法不含有泛型相关的类型，也不进行检查。举个例子如下：

【实例 10-18】

```
package chapter10;

class CA<T>{
   public void md(String a){ }
   public void md(T a){ }
}

class CB extends CA{ }
```

当 site 为 CB 类时，父类为 CA，那么 md(String a)方法在父类 CA 下不会发生改变，也就是当 t1 为 CB 类而 s1 为 md(String a)方法时，调用 types.memberType(t1, s1)方法得到的 st1 与 s1.type 是一样的；md(T a)方法在父类 CA 下会变为 md(Object a)方法，md(Object a)方法与 md(T a)方法不一样，checkCompatibleConcretes()方法会继续进行检查。

在最内层的两个 for 循环中，第 1 个 for 循环会查找所有的父类，第 2 个 for 循环内的 if 条件判断语句会过滤掉某些不需要进行比较的成员，其中的有 4 个已经介绍过，另外当两个方法相同或者两个方法所声明的形式参数数量不一样时也不用比较。最后调用 types.overrideEquivalent()方法判断 st1 是否覆写了 st2，如果覆写了，Javac 将报错。overrideEquivalent()方法在前面介绍过，这里不再介绍。

10.1.4　类型中实现方法的检查

每次调用 Attr 的 visitClassDef()方法时，都会间接调用 Attr 类中的 checkImplementations()方法对当前类型中的实现方法进行检查，调用链如下：

Attr.visitClassDef()->Attr.attribClass()->Attr.attribClassBody()->Attr.checkImplementations()

checkImplementations()方法检查当前类中的所有非抽象方法是否正确覆写了接口或者抽象类中的方法，该方法又间接调用了另外一个重载的方法，具体的调用语句如下：

```
来源：com.sun.tools.javac.comp.Check
checkImplementations(tree, tree.sym);
```

重载方法的实现代码如下：

```
来源：com.sun.tools.javac.comp.Check
void checkImplementations(JCClassDecl tree, ClassSymbol ic) {
   ClassSymbol origin = tree.sym;
```

```
    for (List<Type> l = types.closure(ic.type); l.nonEmpty(); l = l.tail) {
        ClassSymbol lc = (ClassSymbol)l.head.tsym;
        if ((allowGenerics || origin != lc) && (lc.flags() & ABSTRACT) != 0) {
            for (Scope.Entry e=lc.members().elems; e != null; e=e.sibling) {
                if (e.sym.kind == MTH && (e.sym.flags() & (STATIC|ABSTRACT))
== ABSTRACT) {
                    MethodSymbol absmeth = (MethodSymbol)e.sym;
                    MethodSymbol implmeth = absmeth.implementation(origin,
types, false);
                    if (implmeth != null && implmeth != absmeth ) {
                        checkOverride(tree, implmeth, absmeth, origin);
                    }
                }
            }
        }
    }
}
```

以上方法中有 2 层 for 循环，外层循环迭代当前类及所有的超类型，包括父类和接口，而内层循环迭代超类中定义的所有成员，检查超类中定义的所有抽象方法是否都有对应的实现。

在执行内层循环时会判断，由于 allowGenerics 在 JDK 1.5 及之后的版本中值都为 true，所以当 lc 是抽象类型时就会执行内层循环逻辑。当 allowGenerics 为 false 时，要保证 origin 与 lc 不相等，因为对于非泛型类型来说，方法的类型都是确定的，不像泛型中的一些方法，类型实例化后同一个类中的方法也可能不兼容。只有抽象类型中才会定义抽象方法，所以在 origin 类型中查找具体的抽象方法的实现，举个例子如下：

【实例 10-19】

```
package chapter10;

abstract class CA{
    public abstract String md();
}

abstract class CB extends CA{
    @Override
    public String md() {
        return null;
    }
}
```

tree 为 JCClassDecl(name=CB)对象，调用 types.closure()方法得到 l 列表的值包含 CA、CB 与 Object 类，由于 CA 是抽象类，所以要循环检查类中抽象方法所对应的方法实现。以下的条件判断表示式保证 e 是抽象的、非 static 的方法，因为 static 方法没有覆写的概念。

```
(e.sym.flags() & (STATIC|ABSTRACT)) == ABSTRACT
```

调用 MethodSymbol 类中的 implementation()方法（此方法在附录 D 中有介绍）在 origin 内查找具体的方法实现。对于实例 10-19 来说，如果 absmeth 为抽象类 CA 中定义的 md()方法，而 origin 为 CB 类时，查找的 implmeth 方法就是 CB 类中的 md()方法，得到 absmeth

与 implmeth 的值后就会调用 checkOverride()方法检查 implmeth 是否正确实现了 absmeth。

由于调用 Symbol 类中的 implementation()方法在查找方法实现时，主要考虑了形式参数的类型，对于返回类型及方法的修饰符等影响覆写的因素并没有考虑，所以还需要进一步通过调用 checkOverride()方法进行检查。实现代码如下：

```
来源：com.sun.tools.javac.comp.Check
void checkOverride(JCTree tree,MethodSymbol m,MethodSymbol other,ClassSymbol
origin) {
    // 不检查合成的方法和桥方法
    if ((m.flags() & (SYNTHETIC|BRIDGE)) != 0 || (other.flags() & SYNTHETIC)
!= 0) {
        return;
    }
    // 如果静态方法覆写了实例方法将报错
    if ((m.flags() & STATIC) != 0 &&  (other.flags() & STATIC) == 0) {
        log.error(_, "override.static",_);
        return;
    }
    // 如果实例方法覆写了静态方法或由 final 修饰的方法将报错
    if ((other.flags() & FINAL) != 0 || (m.flags() & STATIC) == 0 && (other.
flags() & STATIC) != 0) {
        log.error(_, "override.meth", _,_);
        return;
    }
    // 如果覆写的方法的访问权限小于被覆写的方法将报错
    if ((origin.flags() & INTERFACE) == 0 && protection(m.flags()) >
protection(other.flags())) {
        log.error(_, "override.weaker.access",_,_);
        return;
    }

    // 对方法的返回类型进行检查，如果覆写的方法的返回类型与被覆写的方法的返回类型不兼
       容将报错
    Type mt = types.memberType(origin.type, m);
    Type ot = types.memberType(origin.type, other);
    List<Type> mtvars = mt.getTypeArguments();
    List<Type> otvars = ot.getTypeArguments();
    Type mtres = mt.getReturnType();
    Type otres = types.subst(ot.getReturnType(), otvars, mtvars);

    boolean resultTypesOK = types.returnTypeSubstitutable(mt, ot, otres, _);
    if (!resultTypesOK) {
        if (!allowCovariantReturns && m.owner != origin && m.owner.
isSubClass(other.owner, types)) {

        } else {
            log.error(_,"override.incompatible.ret",_,_, _);
            return;
        }
    }
    ...
    // 对方法抛出的异常进行检查，如果覆写的方法比被覆写的方法抛出了更多的异常将报错
```

```
    List<Type> otthrown = types.subst(ot.getThrownTypes(), otvars, mtvars);
    List<Type> unhandledErased = unhandled(mt.getThrownTypes(), types.
erasure(otthrown));
    if (unhandledErased.nonEmpty()) {
        log.error(_,"override.meth.doesnt.throw",_,_);
        return;
    }
}
```

检查参数 m 代表的方法是否正确实现了参数 other 代表的方法，大部分的逻辑判断都很简单，重点看对返回类型和抛出异常类型的判断逻辑。

对于返回类型来说，由于返回类型可能包含类型变量或者直接就是类型变量，所以要调用 types.subst()方法将一个方法的类型变量使用另外一个方法对应的类型变量进行替换，这样两个类型变量会使用同一个 TypeVar 对象来表示，有利于进行类型比较。举个例子如下：

【实例 10-20】

```
package chapter10;
import java.util.List;

abstract class CA {
    public abstract <T1> List<T1> md(String a);
}

class CB extends CA {
    @Override
    public <T2> List<T2> md(String t) {
        return null;
    }
}
```

当调用 checkOverride()方法进行检查时，tree 为 JCClassDecl(name=CB)对象，m 为 CB 类中的 md()方法，而 other 为 CA 类中的 md()方法，由于两个方法有覆写的关系，所以返回类型必须兼容。在调用 types.returnTypeSubstitutable()方法之前计算 otres，就是将 CA 类中的 md()方法的返回类型含有的所有类型参数 T1，全部替换为对应的 T2 后得到的类型。由于 List<T1>不等于 List<T2>，但经过替换后 List<T2>就等于 List<T2>了。

调用的 types.returnTypeSubstitutable()方法的实现代码如下：

```
来源：com.sun.tools.javac.code.Types
public boolean returnTypeSubstitutable(Type r1, Type r2) {
    if (hasSameArgs(r1, r2))
        return resultSubtype(r1, r2, _);
    else
        return covariantReturnType(r1.getReturnType(),erasure(r2.getReturnType()),_);
}
```

调用 hasSameArgs()方法（该方法在附录 C 中有详细介绍）比较两个方法的形式参数类型，如果相同就会继续调用 resultSubtype()方法比较方法的返回类型。需要注意的是，如果是一个由 ForAll 对象表示的泛型方法和一个 MethodType 对象表示的非泛型方法进行比较时，即使形式参数相同，hasSameArgs()方法仍然会返回 false，举个例子如下：

【实例 10-21】

```
package chapter10;
import java.io.Serializable;
import java.util.List;

abstract class CA {
    public abstract <T1 extends Serializable> List<T1> md();
}

class CB extends CA {
    @Override
    public List<Serializable> md() {
        return null;
    }
}
```

在比较 CB 类中的 md()方法与 CA 类中的 md()方法时，hasSameArgs()方法返回 false，returnTypeSubstitutable()方法会接着判断 List<Serializable>与泛型擦除后的类型 List<T1>是否兼容。covariantReturnType()方法最后返回 true，表示兼容，所以 CB 类中的 md()方法覆写了 CA 类中的 md()方法。

resultSubtype()方法的实现代码如下：

```
来源：com.sun.tools.javac.code.Types
public boolean resultSubtype(Type t, Type s, _) {
    List<Type> tvars = t.getTypeArguments();
    List<Type> svars = s.getTypeArguments();
    Type tres = t.getReturnType();
    Type sres = subst(s.getReturnType(), svars, tvars);
    return covariantReturnType(tres, sres, _);
}
```

调用 covariantReturnType()方法判断参数 t 与 s 这两个方法的返回类型，这个方法在之前已经详细介绍过，这里不再介绍。

checkOverride()方法还会对方法抛出的异常进行检查，具体说就是不允许覆写方法抛出比被覆写方法更多的受检查异常，只能抛出被覆写方法声明抛出受检查异常类型的子类型。调用 unhandled()方法判断 mt 方法抛出的受检查异常是否都为 ot 方法抛出的异常类型的子类型，实现代码如下：

```
来源：com.sun.tools.javac.comp.Check
List<Type> unhandled(List<Type> thrown, List<Type> handled) {
    List<Type> unhandled = List.nil();
    for (List<Type> l = thrown; l.nonEmpty(); l = l.tail)
        if (!isHandled(l.head, handled))
            unhandled = unhandled.prepend(l.head);
    return unhandled;
}
```

其中，isHandled()方法判断 thrown 列表中的受检查异常是否为 handled 列表中任何一个类型的子类，该方法的实现代码如下：

```
来源：com.sun.tools.javac.comp.Check
boolean isHandled(Type exc, List<Type> handled) {
    return isUnchecked(exc) || subset(exc, handled);
}
```

当 exc 为非受检查异常时，调用 isUnchecked()方法返回 true；当 exc 是 handled 列表中任何一个类型的子类型时，调用 subset()方法将返回 true。isUnchecked()方法的实现代码如下：

```
来源：com.sun.tools.javac.comp.Check
boolean isUnchecked(Type exc) {
    return
        (exc.tag == TYPEVAR) ? isUnchecked(types.supertype(exc)) :
        (exc.tag == CLASS) ? isUnchecked((ClassSymbol)exc.tsym) :
        exc.tag == BOT;
}
```

当 exc.tag 的值为 CLASS 时还会调用另外一个重载的 isUnchecked()方法，实现代码如下：

```
来源：com.sun.tools.javac.comp.Check
boolean isUnchecked(ClassSymbol exc) {
    return  exc.isSubClass(syms.errorType.tsym, types) ||
            exc.isSubClass(syms.runtimeExceptionType.tsym, types);
}
```

为 Error 或 RuntimeException 类型或者是两个类的子类时，表示这个异常类是非检查异常。

如果当前类不是抽象类，还要求当前类实现所有接口或者抽象类中声明的抽象方法，通过调用 checkAllDefined()方法进行检查。在 Attr 类的 attribClassBody()方法中有如下调用：

```
来源：com.sun.tools.javac.comp.Attr
if ((c.flags() & (ABSTRACT | INTERFACE)) == 0) {
    chk.checkAllDefined(_, c);
}
```

当 c 为非抽象类时会调用 Check 类的 checkAllDefined()方法，保证所有的抽象方法都有对应的实现。checkAllDefined()方法的实现代码如下：

```
来源：com.sun.tools.javac.comp.Check
void checkAllDefined(_, ClassSymbol c) {
    MethodSymbol undef = firstUndef(c, c);
    if (undef != null) {
        if ((c.flags() & ENUM) != 0 &&
            types.supertype(c.type).tsym == syms.enumSym &&
            (c.flags() & FINAL) == 0) {
            c.flags_field |= ABSTRACT;
        } else {
            log.error(_, "does.not.override.abstract",_, _, _);
        }
    }
}
```

首先调用 firstUndef()方法获取到一个 MethodSymbol 对象 undef，如果 undef 的值不为 null，就表示在 c 或 c 的超类中有未实现的抽象方法；如果 c 所代表的类型为没有 final 修饰的枚举类时，添加 ABSTRACT 标识，因为枚举类中允许有抽象方法，例如实例 10-22。

【实例 10-22】

```
enum Color{
    GREEN {
        @Override
        public int get() {
            return 1;
        }
    },BLUE {
        @Override
        public int get() {
            return 0;
        }
    };

    public abstract int get();                  // 声明抽象方法
}
```

其他情况下，checkAllDefined()方法会报错，举个例子如下：

【实例 10-23】

```
package chapter10;

interface IA{
    public void md();
}

class CA implements IA{ }
```

CA 不是抽象类并且没有对 IA 接口中声明的抽象方法 md()进行实现，所以 Javac 报错，报错摘要为“CA 不是抽象的，并且未覆盖 IA 中的抽象方法 md()”。

checkAllDefined()方法中调用的 firstUndef()方法的实现代码如下：

```
来源：com.sun.tools.javac.comp.Check
private MethodSymbol firstUndef(ClassSymbol impl, ClassSymbol c) {
    MethodSymbol undef = null;
    // 不查找非抽象的类，因为没有抽象实现
    if (c == impl || (c.flags() & (ABSTRACT | INTERFACE)) != 0) {
        Scope s = c.members();
        for (Scope.Entry e = s.elems;undef == null && e != null; e = e.sibling) {
            if (e.sym.kind == MTH && (e.sym.flags() & (ABSTRACT|IPROXY)) ==
ABSTRACT) {
                MethodSymbol absmeth = (MethodSymbol)e.sym;
                MethodSymbol implmeth = absmeth.implementation(impl, types,
true);
                if (implmeth == null || implmeth == absmeth)
                    undef = absmeth;
            }
        }
        if (undef == null) {
```

```
            Type st = types.supertype(c.type);
            if (st.tag == CLASS)
                undef = firstUndef(impl, (ClassSymbol)st.tsym);
        }
        for (List<Type> l = types.interfaces(c.type);undef == null && l.
nonEmpty();l = l.tail) {
            undef = firstUndef(impl, (ClassSymbol)l.head.tsym);
        }
    }
    return undef;
}
```

以上方法中的 if 语句判断 c 等于 impl 是为了首次查找时能进入 if 语句，因为 checkAllDefined()方法在调用 firstUndef()方法时，参数 c 与 impl 取的是同一个值，或者要查找的 c 为抽象类或者接口。只有抽象类和接口中才可能出现没有对应实现的抽象方法。

在 c 中查找抽象方法，对于有 IPROXY 标识的方法可以忽略不管，此标识表示“米兰达”方法，是为修复低版本虚拟机的 Bug 而存在的，JDK 1.1 版本之后不再使用此标识。如果有抽象方法就调用 absmethod.implementation()方法查找 impl 类中 absmeth 抽象方法的具体实现方法 implmeth，当 implmeth 为空或等于 absmeth 时，表示没有找到对应的实现方法，将 absmeth 赋值给 undef，这样 firstUndef 就会返回 absmeth 的值了。

当 c 中对应的抽象方法都有实现时，还需要递归调用 firstUndef()方法检查 c 的父类和接口中是否还有没有实现的抽象方法，保证 c 及 c 的超类中的抽象方法都有对应的实现。

10.2 变量定义的检查

变量定义的检查主要是检查变量的唯一性，在 MemberEnter 类的 visitVarDef()方法中进行检查，该方法的实现代码如下：

```
来源：com.sun.tools.javac.comp.MemberEnter
public void visitVarDef(JCVariableDecl tree) {
    Scope enclScope = enter.enterScope(env);
    VarSymbol v = new VarSymbol(0, tree.name, tree.vartype.type,
enclScope.owner);
    if (chk.checkUnique(_, v, enclScope)) {
        chk.checkTransparentVar(_, v, enclScope);
        enclScope.enter(v);
    }
}
```

首先调用 Check 类的 checkUnique()方法对在相同的作用域内定义的变量进行检查，也就是在同一个 Scope 对象中不能有名称相同的两个变量。checkUnique()方法对变量检查的实现很简单，调用 enclScope 的 lookup()方法查找名称相同的变量，如果两个变量不是同一个，就会报错。checkUnique()方法除了检查变量定义的唯一性外，还会检查方法定义的唯一性，由于大部分实现都与方法的唯一性检查相关，所以在本章的第 10.3 节将会详细介绍方法的实现。

有时候在不同作用域范围内也不允许定义名称相同的两个变量，例如实例 10-24。

【实例 10-24】

```
public void test(int a){
   int a = 1;
}
```

对于 Javac 来说，方法参数 a 与局部变量 a 的定义不在同一个作用域内，但这样是不被 JLS 所允许的，所以在 visitVarDef()方法中，当调用 checkUnique()方法检查完唯一性后，还会继续调用 checkTransparentVar()方法检查，实现代码如下：

```
来源：com.sun.tools.javac.comp.Check
void checkTransparentVar(_, VarSymbol v, Scope s) {
    if (s.next != null) {
        for (Scope.Entry e = s.next.lookup(v.name);
             e.scope != null && e.sym.owner == v.owner;e = e.next()) {
            if (e.sym.kind == VAR &&  (e.sym.owner.kind & (VAR | MTH)) != 0 ) {
                duplicateError(_, e.sym);
                return;
            }
        }
    }
}
```

由于 checkUnique()方法已经对相同作用域内的变量进行了判断，所以上面的 checkTransparentVar()方法首先判断 s.next 不为空，也就是要判断嵌套作用域内定义的变量是否与 v 冲突。for 语句内的 if 语句条件判断表达式保证了查找的 e.sym 是一个局部变量。如果有冲突会调用 duplicateError()方法报错，例如实例 10-24 最后报错"已在方法 test(int)中定义了变量 a"。

checkTransparentVar()方法在查找时，只检查当前的 v 是否与外层嵌套作用域内定义的局部变量冲突，并不会检测是否与成员变量是否冲突，举个例子如下：

【实例 10-25】

```
class Test {
    int a = 1;

    public void test() {
        int a = 2;
        int b = a;
    }
}
```

同名的变量 a 并不冲突，在局部变量 a 的作用域内引用的变量 a 就是局部变量，也就是局部变量 a 遮蔽（shadowing）了成员变量 a。

10.3 方法定义的检查

在符号输入的第二阶段，在 MemberEnter 类的 visitMethodDef()方法中会对方法的唯一性、隐藏及覆写等语法进行检查。

10.3.1 方法的唯一性检查

在 MemberEnter 类中的 visitMethodDef()方法中对方法定义的唯一性进行检查，visitMethodDef()方法的实现代码如下：

```
来源：com.sun.tools.javac.comp.MemberEnter
public void visitMethodDef(JCMethodDecl tree) {
    Scope enclScope = enter.enterScope(env);
    MethodSymbol m = new MethodSymbol(0, tree.name, null, enclScope.owner);
    if (chk.checkUnique(_, m, enclScope)) {
        enclScope.enter(m);
    }
}
```

其中的 enclScope 一般就是定义当前方法的类型的 members_field 值。调用 Check 类中的 checkUnique()方法进行唯一性检查，这个方法在之前介绍变量的唯一性检查时提到过，具体实现代码如下：

```
来源：com.sun.tools.javac.comp.Check
boolean checkUnique(_, Symbol sym, Scope s) {
    for (Scope.Entry e = s.lookup(sym.name); e.scope == s; e = e.next()) {
        // 第 1 个 if 语句
        if (sym != e.sym &&
            (e.sym.flags() & CLASH) == 0 &&
            sym.kind == e.sym.kind &&
            (
                sym.kind != MTH ||
                types.hasSameArgs(types.erasure(sym.type),
types.erasure(e.sym.type))
            )
        ) {
            // 第 2 个 if 语句
            if ((sym.flags() & VARARGS) != (e.sym.flags() & VARARGS)) {
                varargsDuplicateError(_, sym, e.sym);
                return true;
            } else if (sym.kind == MTH && !types.hasSameArgs(sym.type,
e.sym.type, false)) {
                duplicateErasureError(_, sym, e.sym);
                sym.flags_field |= CLASH;
                return true;
            } else {
                duplicateError(_, e.sym);
```

```
                return false;
            }
        }
    }
    return true;
}
```

checkUnique()方法不但能够检查变量，而且能够检查方法与类型变量在同一作用域内的唯一性。

for 循环中的条件判断表达式通过判断 e.scope 等于 s 保证了查找到的符号 e 与 sym 定义在相同的作用域内，然后通过第 1 个 if 语句的条件判断表达式进一步判断两个符号是否产生冲突。当 e.sym 中的 flags_field 值中含有 CLASH 时，表示这个符号在之前的语法检查中已经与其他符号产生了冲突，CLASH 常量主要用于标识产生冲突的方法。当 sym.kind 值不等于 MTH 时，表示当前检查的可能是变量或者类型变量，那么名称相同就会产生冲突，当要检查的 sym 为 MTH 时，会判断两个方法的泛型擦除后的类型是否相等，如果相等就会报错。调用 types.erasure()方法对方法的泛型进行擦除，这个方法在第 13 章已进行了介绍，然后调用 types.hasSameArgs()方法比较泛型擦除后的两个方法的形式参数类型是否相等，这个方法将在附录 C 中进行介绍。

当两个方法产生冲突时会报错，如带有变长参数的方法与不带有变长参数的方法产生冲突，举个例子如下：

【实例 10-26】

```
class Test {
   public void md(int... a) { }

   public void md(int[] a) { }
}
```

第一个方法的形式参数为 int 类型的变长参数，而另外一个方法的形式参数为 int 类型的数组。由于变长参数是语法糖，在编译的过程中会当作 int 数组进行处理，所以两个方法产生了冲突，Javac 报错，报错摘要为“无法在 Test 中同时声明 md(int[])和 md(int...)”。

对于含有泛型信息的方法来说，如果方法的形式参数的类型不相等，在泛型擦除后两个方法的形式参数类型相等，那么就可能产生冲突，举个例子如下：

【实例 10-27】

```
class Test<X extends Number> {
   public <T extends Number> void md(T t) {    }

   public void md(X t) { }
}
```

对两个 getVal()方法进行泛型擦除后变为如下形式：

```
public void md(Number t) { }

public void md(Number t) { }
```

两个 getVal()方法的签名相同，Javac 将报错，报错摘要为“名称冲突：md(X)和 <T>md(T)具有相同疑符”。

10.3.2 方法的隐藏

隐藏（hidding）只针对成员变量、成员方法与成员类型，例如：

【实例 10-28】

```
package chapter10;

class Parent {
   public static void md() { }
}

class Sub extends Parent {
   public static void md() { }

   public void test() {
      md();
   }
}
```

在 test()方法中通过方法调用表达式调用 Sub 类中定义的 md()方法，这个方法隐藏了 Parent 类中定义的 md()方法。

在 Attr 类的 visitMethodDef()方法中，当被检查的方法为静态方法时调用 checkHideClashes()方法进行检查，实现代码如下：

```
来源：com.sun.tools.javac.comp.Attr
MethodSymbol m = tree.sym;
if (m.isStatic()) {
    chk.checkHideClashes(_, env.enclClass.type, m);
}
```

静态方法只有隐藏，没有覆写，所以只需要调用 Check 类中的 checkHideClashes()方法进行隐藏检查即可。checkHideClashes()方法的实现代码如下：

```
来源：com.sun.tools.javac.comp.Check
void checkHideClashes(_, Type site, MethodSymbol sym) {
   ClashFilter cf = new ClashFilter(site);
   // 从 site 或 site 的所有父类和接口中查找符合条件的符号
   for (Symbol s : types.membersClosure(site, true).
getElementsByName(sym.name, cf)) {
      // 当 sym 的签名不为 s 的子签名并且泛型擦除后的 sym 与 s 的形式参数类型
      // 相等时，Javac 将报错
      if (!types.isSubSignature(sym.type, types.memberType(site, s), false)
&&
            types.hasSameArgs(s.erasure(types), sym.erasure(types))) {
         log.error(_,"name.clash.same.erasure.no.hide",_, _,_, _);
         return;
      }
```

```
    }
  }
```

调用 types.membersClosure()方法得到一个 CompoundScope 对象，然后调用这个对象的 getElementsByName()方法查找满足 ClashFilter 对象 cf 的过滤要求并且名称为 sym.name 的 Symbol 对象。举个例子如下：

【实例 10-29】

```
package chapter10;

class CA {
   public static void getVal(Number n){ }
}

class CB extends CA{
   public static <T extends Number> void getVal(T t){ }
}
```

当 site 为 CB 类，sym 是 CB 类内定义的 getVal(T t)方法时，调用 CompoundScope 类内定义的 getElementsByName()方法会查找到 CA 类中定义的 getVal(Number n)方法，而 CB 类内定义的 getVal(T t)方法并不是 getVal(Number n)方法的子签名，所以调用 types.isSubSignature()方法将返回 false。但是两个方法在泛型擦除后有相同的形式参数类型 Number，所以 Javac 将报错，报错摘要为“名称冲突: CB 中的 <T>getVal(T) 和 CA 中的 getVal(Number) 具有相同疑符, 但两者均不隐藏对方”。

checkHideClashes()方法中查找过滤要求的符号在 ClashFilter 的 accept()方法中指定，当这个方法返回 true 时表示这个符号满足要求。

checkHideClashes()方法中调用的 types.isSubSignature()方法的实现代码如下：

```
来源：com.sun.tools.javac.code.Types
public boolean isSubSignature(Type t, Type s, boolean strict) {
   return hasSameArgs(t, s, strict) || hasSameArgs(t, erasure(s), strict);
}
```

调用 hasSameArgs()方法判断 t 是否为 s 的子签名，这个方法主要判断 t 与 s 方法的形式参数的类型，不考虑方法的返回类型与异常抛出类型，hasSameArgs()方法在附录 C 中有介绍。

下面继续看 Types 类中 membersClosure()方法的实现，代码如下：

```
来源：com.sun.tools.javac.code.Types
public CompoundScope membersClosure(Type site, boolean skipInterface) {
   return membersCache.visit(site, skipInterface);
}
```

checkHideClashes()方法在调用 membersClosure()方法时传递的 skipInterface 参数值为 false，表示不对接口中的方法进行检查，因为接口中不可能存在静态方法。membersCache 是 MembersClosureCache 对象，MembersClosureCache 是定义在 Types 类中的成员类，具体定义如下：

```
来源：com.sun.tools.javac.code.Types
class MembersClosureCache extends SimpleVisitor<CompoundScope, Boolean> {
    private WeakHashMap<TypeSymbol, Entry> _map =
new WeakHashMap<TypeSymbol, Entry>();

    @Override
    public CompoundScope visitClassType(ClassType t, Boolean skipInterface) {
        ClassSymbol csym = (ClassSymbol)t.tsym;
        Entry e = _map.get(csym);
        // 当没有查找到缓存的结果或缓存的结果不符合要求时，重新获取 CompoundScope 对象
        if (e == null || !e.matches(skipInterface)) {
            CompoundScope membersClosure = new CompoundScope(csym);
            if (!skipInterface) {
                for (Type i : interfaces(t)) {
                    membersClosure.addSubScope(visit(i, skipInterface));
                }
            }
            membersClosure.addSubScope(visit(supertype(t), skipInterface));
            membersClosure.addSubScope(csym.members());
            e = new Entry(skipInterface, membersClosure);
            _map.put(csym, e);
        }
        return e.compoundScope;
    }

    @Override
    public CompoundScope visitTypeVar(TypeVar t, Boolean skipInterface) {
        return visit(t.getUpperBound(), skipInterface);
    }

    public CompoundScope visitType(Type t, Boolean skipInterface) {
        return null;
    }
}
```

类继承了 SimpleVisitor<CompoundScope, Boolean>类并覆写了 visitClassType()、visitTypeVar()与 visitType()方法，当 t 不为 ClassType 或 TypeVar 类型时会调用 visitType()方法，这个方法直接返回 null。

在实现 visitTypeVar()方法时，调用 visit()方法继续处理类型变量的上界即可。

visitClassType()方法的实现逻辑比较多，其中_map 主要用来缓存之前查询的结果，可以调用_map.get(csym)方法获取 Entry 对象 e，如果获取不到，就需要查找相关信息并创建一个新的 Entry 对象 e 然后调用_map.put()方法保存处理的结果。Entry 类定义在 MembersClosureCache 类中，代码如下：

```
来源：com.sun.tools.javac.code.Types.MembersClosureCache.Entry
class Entry {
        final boolean skipInterfaces;
        final CompoundScope compoundScope;

        public Entry(boolean skipInterfaces, CompoundScope compoundScope) {
            this.skipInterfaces = skipInterfaces;
            this.compoundScope = compoundScope;
```

```
        }

        boolean matches(boolean skipInterfaces) {
            return this.skipInterfaces == skipInterfaces;
        }
    }
```

查看 MembersClosureCache 类的 visitClassType()方法，当从_map 中查找的对象 e 为 null 或者调用 e.matches()方法返回 false 时需要执行 e 的查找逻辑。调用 matches()方法其实就是调用 Entry 类中定义的 matches()方法，这个方法简单比较了 skipInterfaces 的值，如果不相等，说明不能用缓存的结果，需要重新执行 e 的查找逻辑。

visitClassType()方法在执行 e 的查找逻辑时，首先会创建 CompoundScope 对象。CompoundScope 是定义在 Scope 类中的静态类，继承了 Scope 类并声明了如下变量：

```
来源：com.sun.tools.javac.code.Scope.CompoundScope
private List<Scope> subScopes = List.nil();
```

调用 membersClosure 的 addSubScope()方法就是向 subScopes 中追加 Scope 类型的对象。

Scope 类型中最重要的就是迭代器的实现，通过迭代器可以遍历所有 subScopes 中 Scope 类型对象的相关符号，迭代器 CompoundScopeIterator 类的实现代码如下：

```
来源：com.sun.tools.javac.code.Scope.CompoundScope.CompoundScopeIterator
abstract class CompoundScopeIterator implements Iterator<Symbol> {

    private Iterator<Symbol> currentIterator;
    private List<Scope> scopesToScan;

    public CompoundScopeIterator(List<Scope> scopesToScan) {
        this.scopesToScan = scopesToScan;
        update();
    }

    abstract Iterator<Symbol> nextIterator(Scope s);

    public boolean hasNext() {
        return currentIterator != null;
    }

    public Symbol next() {
        Symbol sym = currentIterator.next();
        if (!currentIterator.hasNext()) {
            update();
        }
        return sym;
    }

    private void update() {
        while (scopesToScan.nonEmpty()) {
            currentIterator = nextIterator(scopesToScan.head);
            scopesToScan = scopesToScan.tail;
            if (currentIterator.hasNext())
```

```
                return;
            }
            currentIterator = null;
        }
    }
```

抽象类覆写了接口 Iterator 中定义的 hasNext()与 next()方法，其中 next()方法就是遍历多个 Scope 内定义的具体方法。每当遍历一个 Scope 中的方法时都会创建一个 currentIterator 迭代器，这样，next()方法就通过此迭代器遍历，当遍历完成后，也就是 currentIterator 的 hasNext()方法返回 false 时，调用 update()方法更新 currentIterator 对象，这样就能接着遍历下一个 Scope 中的方法。

update()方法就是通过调用 nextIterator()方法并传递具体的 Scope 类型的对象 scopesoScan.head 来获取迭代器，当获取到的 currentIterator 中有元素要迭代，即 hasNext()方法返回 true 时，直接返回即可，所以调用 update()方法更新的 currentIterator 一定有迭代的元素或者为 null，表示已经没有迭代的元素了。

在 checkHideClashes()方法中调用 types.membersClosure()方法得到一个 CompoundScope 类型的对象后就可以调用 getElementsByName()方法按需求查找具体的符号了。getElementsByName()方法的具体实现代码如下：

```
来源：com.sun.tools.javac.code.Scope.CompoundScope
public Iterable<Symbol> getElementsByName(final Name name, final Filter
<Symbol> sf) {
    return new Iterable<Symbol>() {
        public Iterator<Symbol> iterator() {
            return new CompoundScopeIterator(subScopes) {
                Iterator<Symbol> nextIterator(Scope s) {
                    return s.getElementsByName(name, sf).iterator();
                }
            };
        }
    };
}
```

在 getElementsByName()方法中通过匿名类的方式实现了 CompoundScopeIterator 类中定义的抽象方法 nextIterator()，通过这个方法返回遍历特定 Scope 中元素的迭代器。首先调用 s 的 getElementsByName()方法，Scope 类中的 getElementsByName()方法的实现代码如下：

```
来源：com.sun.tools.javac.code.Scope.CompoundScope
public Iterable<Symbol> getElementsByName(final Name name, final Filter
<Symbol> sf) {
    return new Iterable<Symbol>() {
        public Iterator<Symbol> iterator() {
             return new Iterator<Symbol>() {
                Scope.Entry currentEntry = lookup(name, sf);
                public boolean hasNext() {
                    return currentEntry.scope != null;
                }
                public Symbol next() {
```

```
                    Scope.Entry prevEntry = currentEntry;
                    currentEntry = currentEntry.next(sf);
                    return prevEntry.sym;
                }
            };
        }
    };
}
```

通过匿名类的方式返回一个 Iterable<Symbol>对象，调用其中的 iterator()方法会返回一个 Iterator<Symbol>类型的迭代器对象，在这个匿名类的具体实现中可以看到，其实还是调用 lookup()方法来遍历当前 Scope 对象中的所有元素。

10.3.3　方法的覆写

调用 Attr 类的 visitMethodDef()方法对方法的覆写或隐藏进行检查，实现代码如下：

```
来源：com.sun.tools.javac.comp.Attr
public void visitMethodDef(JCMethodDecl tree) {
    MethodSymbol m = tree.sym;
    if (m.isStatic()) {
        chk.checkHideClashes(_, env.enclClass.type, m);
    } else {
        chk.checkOverrideClashes(_, env.enclClass.type, m);
    }
    chk.checkOverride(tree, m);
}
```

当前方法为静态方法时，由于静态方法没有覆写，只有隐藏，所以调用 Check 类的 checkHideClashes()方法对静态方法的隐藏进行检查，这个方法在前面已经介绍过，这里不再介绍；当前方法为实例方法时，调用 Check 类的 checkOverrideClashes()方法进行覆写检查。无论是静态方法还是实例方法，最后都会调用 Check 类的 checkOverride()方法对覆写或隐藏共同遵循的一些语法规则进行检查。

之所以调用 checkOverrideClashes()方法检查方法的覆写，是因为泛型擦除后可能造成方法在覆写时出现冲突，举个例子如下：

【实例 10-30】

```
package chapter10;

class CA {
    public void getVal(Number n){ }
}

class CB extends CA{
     // 报错，CB 中的<T>getVal(T)和 CA 中的 getVal(Number)具有相同疑符
     // 但两者均不覆盖对方
     public <T extends Number> void getVal(T t){ }
}
```

两个类中定义的 getVal()方法之间没有覆写的关系，但是对 CB 类中定义的 getVal()方法进行泛型擦除后，签名与 CA 类中定义的 getVal()方法一样，所以 Javac 将报错，报错摘要为“名称冲突: CB 中的<T>getVal(T)和 CA 中的 getVal(Number)具有相同疑符, 但两者均不覆盖对方”。

checkOverrideClashes()方法的实现代码如下：

```
来源：com.sun.tools.javac.comp.Check
void checkOverrideClashes(_, Type site, MethodSymbol sym) {
    ClashFilter cf = new ClashFilter(site);
    for (Symbol s1 : types.membersClosure(site, false).
getElementsByName(sym.name, cf)) {
        for (Symbol s2 : types.membersClosure(site, false).
getElementsByName(sym.name, cf)) {
            if (s1 == s2 || !sym.overrides(s2, site.tsym, types, false))
                continue;
            if (!types.isSubSignature(sym.type, types.memberType(site, s1),
false) && types.hasSameArgs(s1.erasure(types), s2.erasure(types)) ) {
                sym.flags_field |= CLASH;
                String key = s2 == sym ?
                        "name.clash.same.erasure.no.override" :
                        "name.clash.same.erasure.no.override.1";
                log.error(_,key,_, _,_, _,_,_);
                return;
            }
        }
    }
}
```

checkOverrideClashes()方法有两层 for 循环，都是先调用 types.membersClosure()方法得到 CompoundScope 对象，然后调用这个对象的 getElementsByName()方法获取满足 cf 的过滤要求并且名称为 sym.name 的 Symbol 对象。当找到的 Symbol 对象 s1 与 s2 表示同一个方法或 sym（sym 可能与 s1 相同）不覆写 s2 时不进行检查，当 sym.type 不为 s2 在 site 类型下的方法类型的子签名，并且 s1 与 s2 在泛型擦除后形式参数的类型相同，则表示方法产生冲突，判断方法子签名的 types.isSubSignature()方法与判断泛型擦除后方法覆写的 types.hasSameArgs()方法前面都详细介绍过，这里不再介绍。

对于实例 10-30 来说，调用 checkOverrideClashes()方法检查 CB 类中的 getVal(T t)方法，参数 site 为 CB 类，sym 为 CB 类中的 getVal(T t)方法对应的符号。在循环检查时，当 s1 为 CA 类中的 getVal(Number n)方法，s2 为 CB 类中的 getVal(T t)方法时，由于 s2 不为 s1 的子签名，但是泛型擦除后的 s1 等于 s2 并且 s2 没有覆写 s1，所以 Javac 将报错，报错摘要为“名称冲突: CB 中的<T>getVal(T)和 CA 中的 getVal(Number)具有相同疑符, 但两者均不覆盖对方”。再举个例子如下：

【实例 10-31】

```
package chapter10;

interface IA<T1>{
   public void getVal(T1 a);
```

```
}

class CA<T2> {
   public void getVal(T2 b){ }
}

abstract class CB extends CA<Number> implements IA<Integer> {
    // 报错，名称冲突：CB 中的 getVal(Number) 覆盖的方法的疑符与另一个方法相同
    // 但两者均不覆盖对方
    public void getVal(Number c) { }
}
```

调用 checkOverrideClashes()方法检查 CB 类中的 getVal()方法时，参数 site 为 CB 类，sym 是 CB 类中的 getVal()方法对应的符号。在循环检查时，当 s1 为 IA 接口中的 getVal()方法、s2 为 CA 类中的 getVal()方法时，由于 s1 不等于 s2，但是泛型擦除后的 s1 等于 s2 并且 s2 没有覆写 s1，所以 Javac 将报错，报错摘要为“名称冲突: CB 中的 getVal(Number)覆盖的方法的疑符与另一个方法的相同，但两者均不覆盖对方”。

在 Attr 类的 visitMethodDef()方法中调用 checkOverride()方法对覆写进行语法检查，该方法的实现代码如下：

```
来源：com.sun.tools.javac.comp.Check
void checkOverride(JCTree tree, MethodSymbol m) {
    ClassSymbol origin = (ClassSymbol)m.owner;
    for (Type t = origin.type; t.tag == CLASS;t = types.supertype(t)) {
        if (t != origin.type) {
            checkOverride(tree, t, origin, m);
        }
        for (Type t2 : types.interfaces(t)) {
            checkOverride(tree, t2, origin, m);
        }
    }
}
```

对定义了方法 m 的类型的所有父类和接口调用 checkOverride()方法进行覆写检查，checkOverride()方法的实现代码如下：

```
来源：com.sun.tools.javac.comp.Check
void checkOverride(JCTree tree, Type site, ClassSymbol origin, MethodSymbol m) {
    TypeSymbol c = site.tsym;
    Scope.Entry e = c.members().lookup(m.name);
    while (e.scope != null) {
        if (m.overrides(e.sym, origin, types, false)) {
            if ((e.sym.flags() & ABSTRACT) == 0) {
                checkOverride(tree, m, (MethodSymbol)e.sym, origin);
            }
        }
        e = e.next();
    }
}
```

以上代码中，在 site.tsym 中查找所有名称为 m.name 的符号，然后调用 m.overrides()方法（MethodSymbol 类中的 overrides()方法的具体实现可查看附录 D）确保 m 覆写了 e.sym，当 m.overrides()方法返回 true 时，还需要确保 e.sym 不是抽象方法，然后调用另外一个重载的 checkOverride()方法对 m 与 e.sym 进行检查。重载的 checkOverride()方法前面已经介绍过，这里不再进行介绍。

第 11 章　语义分析之引用消解

语义分析主要是由 com.sun.tools.javac.comp.Attr 类来完成的，这个类完成的主要任务有名称消解（name resolution）、类型检查（type check）及常量折叠（constant folding）。除此之外，语义分析还针对具体的语法树节点进行语法检查，例如针对方法内定义的一个局部变量，判断这个变量是否有非法修饰符声明；这个变量被本地类引用时，变量是否含有 final 修改符；这个变量在使用前是否进行了初始化；变量是否与方法内的其他变量冲突等。Attr 类在检查各个语法树节点时涉及的细节众多，在阅读相关的源代码实现时很容易陷入细节的“汪洋大海”中，所以建议读者在阅读相关源代码时，着重对宏观结构进行分析，不必追究每个实现细节。本章将着重介绍名称消解，类型检查将在下一章中介绍，常量折叠很简单，不会用大量篇幅去介绍。

11.1　Resolve 类介绍

Resolve 类实现了对类型、变量与方法的引用消解。引用消解就是找到正确的指向，举个例子如下：

【实例 11-1】

```
package chapter11;

class Parent {
   int a = 1;
}

class Sub extends Parent {
   int a = 2;

   public void md() {
      int a =3;
      int b = a;                    // 使用局部变量 a 的值进行初始化
   }
}
```

在 md()方法中定义变量 b 时使用 a 变量的值进行初始化，但是从 a 使用的当前上下文环境出发可访问到的名称为 a 的变量有多个，如局部变量、成员变量与父类中各定义了一个名称为 a 的变量，所以需要通过符号来确定唯一的引用。

Resolve 类提供了许多方法用来确定被引用的类型、变量和方法，不过在具体的查找过程中可能会出现各种错误，例如无法找到被引用的符号或找到多个符号（引用歧义）等。为了更好地进行符号查找，在 Resolve 类中定义了一些内部类，这些内部类表示符号查找过程中的错误，涉及的主要类的继承体系如图 11-1 所示。

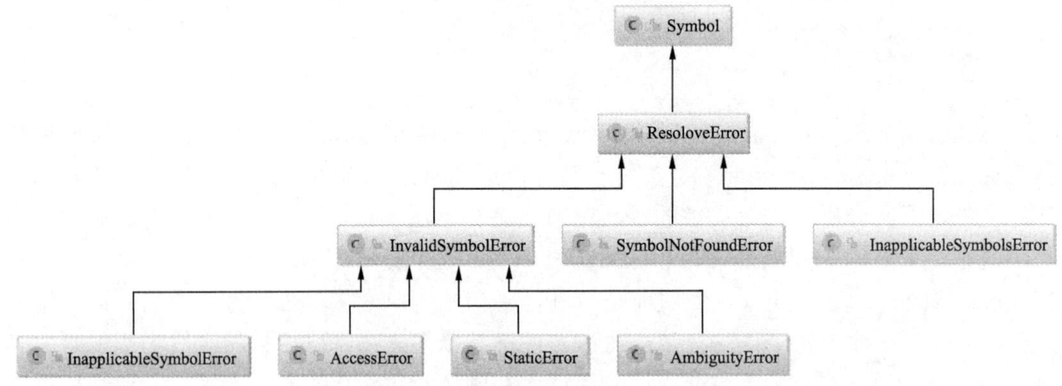

图 11-1　表示错误的类的继承体系

可以看到，所有类的父类是 Symbol，其中 ResolveError 与 InvalidSymbolError 都是抽象类，它们都有一些具体的子类，这些子类表示不同的符号查找错误，对应的 kind 的取值已经在 Kinds 类中预先进行了定义。具体如下：

```
来源：com.sun.tools.javac.code.Kinds
public static final int ERRONEOUS = 1 << 6;
public static final int AMBIGUOUS    = ERRONEOUS+1; // ambiguous reference
public static final int HIDDEN       = ERRONEOUS+2; // hidden method or field
public static final int STATICERR    = ERRONEOUS+3; // nonstatic member from
static
public static final int ABSENT_VAR   = ERRONEOUS+4; // missing variable
public static final int WRONG_MTHS   = ERRONEOUS+5; // methods with wrong
arguments
public static final int WRONG_MTH    = ERRONEOUS+6; // one method with wrong
public static final int ABSENT_MTH   = ERRONEOUS+7; // missing method
public static final int ABSENT_TYP   = ERRONEOUS+8; // missing type
```

表 11-1 表示错误的类及可能的 kind 值的对应关系。

表 11-1　类与Kinds类中定义的常量值的对应关系

类　　名	可能的常量值
AmbiguityError	AMBIGUOUS
AccessError	HIDDEN
StaticError	STATICERR
symbolNotFoundError	ABSENT_VAR、ABSENT_MTH、ABSENT_TYP

（续）

类　　名	可能的常量值
InapplicableSymbolsError	WRONG_MTHS
InapplicableSymbolError	WRONG_MTH

在查找类型、变量或者方法的引用时都可能得到 AmbiguityError、AccessError、StaticError 与 SymbolNotFoundError 对象，在查找方法时可能得到 InapplicableSymbolsError 与 InapplicableSymbolError 对象。下面举几个例子。

【实例 11-2】

```
package chapter11;

interface IA {
   int a = 1;
}

interface IB {
   int a = 2;
}

class CA implements IA, IB {
   int b = a;  // 报错，对 a 的引用不明确, IA 中的变量 a 和 IB 中的变量 a 都匹配
}
```

实例 11-2 将报错，报错摘要为“对 a 的引用不明确, IA 中的变量 a 和 IB 中的变量 a 都匹配”。调用 Resolve 类中相关的方法查找 a 的引用时会返回 AmbiguityError 对象。

【实例 11-3】

```
package chapter11;

class CA {
   private int a = 1;
}

class CB extends CA {
   int b = a;                  // 报错，a 可以在 CA 中访问 private
}
```

实例 11-3 将报错，报错摘要为“a 可以在 CA 中访问 private”。在查找 a 的具体引用时，判断父类 CA 中定义的变量 a 没有权限获取，返回 AccessError 对象。

【实例 11-4】

```
class Test{
   int a = 1;

   static{
      int b = a;              // 报错，无法从静态上下文中引用非静态变量 a
   }
}
```

实例 11-4 将报错，报错摘要为“无法从静态上下文中引用非静态变量 a”，调用 Resolve 类的相关方法将返回 StaticError 对象。如果删除定义变量 a 的语句，Resolve 类的相关方法将返回 SymbolNotFoundError 对象，表示无法找到对应的符号。

继承 ResolveError 类的子类的 kind 值都会比之前介绍的继承 Symbol 的子类，如 VarSymbol、MethodSymbol、PackageSymbol 等的 kind 值要小，可以简单认为 kind 的值越小，查找到的符号越精确。例如 SymbolNotFoundError 类的 kind 值要大于 AmbiguityError 类的 kind 值，所以 AmbiguityError 类型更精确，Javac 会报符号引用歧义相关的错误。

在查找符号引用的过程中会频繁调用 Symbol 对象的 exists()方法，这个方法可以判断对应的符号是否含有相关的定义。Symbol 类中的 exists()方法默认返回 true，PackageSymbol 类会根据包下对应的目录或类是否存在进行判断，如果包下存在目录或类，exists()方法将返回 true，ClassSymbol、VarSymbol 等调用 exists()方法都会返回 true。ResolveError 类会覆写 exists()方法，默认返回 false，这样 ResolveError 的两个子类 symbolNotFoundError 与 InapplicableSymbolsError 会返回 false。InvalidSymbolError 会覆写 exists()方法，所以 InvalidSymbolError 及相关子类 InapplicableSymbolError、AmbiguityError 及 StaticError 会返回 true，而 AccessError 会返回 false。由于 AccessError 代表没有权限获取符号，所以这个定义应该存在的，不过这里覆写为 false 是为了让程序变得更“聪明”，下一节将会详细介绍。

11.2 类型引用的消解

在 Resolve 类中提供了以下 3 个方法用来查找类型的具体引用：

- Symbol findIdentInPackage(Env<AttrContext> env, TypeSymbol pck,Name name, int kind)方法：从当前的 env 开始查找，具体就是在包符号 pck 下查找名称为 name 的符号，kind 值取自 Kinds 类中预定义的常量值，kind 的值一般为 TYP|PCK，因为包下只可能查找到类型或包的符号。
- Symbol findIdentInType(Env<AttrContext> env, Type site,Name name, int kind)方法：从当前的 env 开始查找，具体就是在类型 site 下查找名称为 name 的符号，kind 的值一般为 VAL|TYP，因为在类型中只可能存在变量或类，虽然也可能有方法，但是方法的引用非常容易区别，所以对于方法来说会直接调用 Resolve 类中的其他方法进行查找。
- Symbol resolveIdent(_, Env<AttrContext> env,Name name, int kind)方法：通过简单的名称 name 查找可能的符号，kind 值一般为 VAL|TYP|PCK，也就是通过名称 name 来查找时，可能会查找到变量、类型或包的符号。

下面详细介绍这 3 个方法的具体实现。

1．findIdentInPackage()方法

findIdentInPackage()方法的实现代码如下：

```
来源：com.sun.tools.javac.comp.Resolve
Symbol findIdentInPackage(Env<AttrContext> env, TypeSymbol pck,Name name,
int kind) {
    Name fullname = TypeSymbol.formFullName(name, pck);
    Symbol bestSoFar = typeNotFound;
    PackageSymbol pack = null;
    if ((kind & PCK) != 0) {                // 查找包
        pack = reader.enterPackage(fullname);
        if (pack.exists())
            return pack;
    }
    if ((kind & TYP) != 0) {                // 查找类型
        Symbol sym = loadClass(env, fullname);
        if (sym.exists()) {
            if (name == sym.name)
                return sym;
        } else if (sym.kind < bestSoFar.kind)
            bestSoFar = sym;
    }
    return (pack != null) ? pack : bestSoFar;
}
```

findIdentInPackage()方法定义了一个局部变量 bestSoFar 并通过 typeNotFound 变量的值初始化。typeNotFound 变量的定义如下：

```
来源：com.sun.tools.javac.comp.Resolve
typeNotFound = new SymbolNotFoundError(ABSENT_TYP);
```

可以看出，局部变量 bestSoFar 其实是 SymbolNotFoundError 对象，调用 findIdentIn-Package()方法如果能找到正确的符号，也就是调用符号的 exists()方法返回 true，表示找到了合适的符号，方法直接返回，否则比较当前查找到的符号与当前 bestSoFar 的 kind 值，保证 bestSoFar 保存的是 kind 值最小的符号，因为 kind 值越小符号越精确。

调用 findIdentInPackage()方法时，传递的参数 kind 的值一般为 TYP|PCK，所以 name 可能是包名，也可能是类型名，findIdentInPackage()方法优先将 name 看作包名，所以在得到 fullname 后调用 reader.enterPackage()方法进行查找。如果能找到对应的 PackageSymbol 对象就直接返回，否则将 name 看作类型名，调用 loadClass()方法查找 ClassSymbol 对象，如果找到就直接返回，找不到可能会更新 bestSoFar 的值，此时的 sym 就是一些表示符号查找错误的对象，如 AmbiguityError 对象、StaticError 对象等。

2．findIdentInType()方法

findIdentInType()方法的实现代码如下：

```
来源：com.sun.tools.javac.comp.Resolve
Symbol findIdentInType(Env<AttrContext> env, Type site,Name name, int kind) {
```

```
    Symbol bestSoFar = typeNotFound;
    Symbol sym;
    if ((kind & VAR) != 0) {                    // 查找变量
        sym = findField(env, site, name, site.tsym);
        if (sym.exists())
                return sym;
        else if (sym.kind < bestSoFar.kind)
                bestSoFar = sym;
    }

    if ((kind & TYP) != 0) {                    // 查找类型
        sym = findMemberType(env, site, name, site.tsym);
        if (sym.exists())
                return sym;
        else if (sym.kind < bestSoFar.kind)
                bestSoFar = sym;
    }
    return bestSoFar;
}
```

调用 findIdentInType()方法查找成员变量或成员类型，如果参数 kind 的值为 VAL|TYP 时，也就是无法根据上下文环境 env 确定要查找的到底是成员变量还是成员类型时，优先调用 findField()方法来查找成员变量，找不到时才调用 findMemberType()方法查找成员类型。findField()方法将在下一节介绍，这里只看 findMemberType()方法的实现，代码如下：

```
来源：com.sun.tools.javac.comp.Resolve
Symbol findMemberType(Env<AttrContext> env,Type site,Name name,TypeSymbol c) {
    Symbol bestSoFar = typeNotFound;
    Symbol sym;
    // 从 c 中查找成员类型
    Scope.Entry e = c.members().lookup(name);
    while (e.scope != null) {
        if (e.sym.kind == TYP) {
            return isAccessible(env, site, e.sym) ? e.sym : 
new AccessError(env, site, e.sym);
        }
        e = e.next();
    }
    // 从 c 的父类中查找成员类型
    Type st = types.supertype(c.type);
    if (st != null && st.tag == CLASS) {
        sym = findMemberType(env, site, name, st.tsym);
        if (sym.kind < bestSoFar.kind)
            bestSoFar = sym;
    }
    // 从 c 的接口中查找成员类型
    for (List<Type> l = types.interfaces(c.type);bestSoFar.kind != 
AMBIGUOUS && l.nonEmpty();l = l.tail) {
        sym = findMemberType(env, site, name, l.head.tsym);
        if (bestSoFar.kind < AMBIGUOUS &&
            sym.kind < AMBIGUOUS &&
            sym.owner != bestSoFar.owner)
            bestSoFar = new AmbiguityError(bestSoFar, sym);
```

```
        else if (sym.kind < bestSoFar.kind)
            bestSoFar = sym;
    }
    return bestSoFar;
}
```

findMemberType()方法首先从类型 c 中查找成员类型，如果找到还需要调用 isAccessible()方法判断在 env 环境下是否能访问到该类型，如果能访问到就直接返回查找到的符号，否则返回 AccessError 对象。如果在类型 c 中没有查找到合适的成员类型时，会从类型 c 的父类和接口中查找，递归调用 findMemberType()方法进行查找，如果找到合适的符号也没有直接返回，而是继续进行查找，这样就可以避免父类或接口中定义相同成员类型导致引用歧义，如果有歧义，返回 AmbiguityError 对象。

对于不能访问到的类型，findMemberType()方法将返回 AccessError 对象，例如在父类中定义了一个私有的成员类，那么子类无法访问这个类。举例如下：

【实例 11-5】

```
package chapter11;

class CA {
    private class MemberClass { }
}

class CB extends CA {
    MemberClass a;              // 报错，CA.MemberClass 可以在 CA 中访问 private
}
```

实例将报错，报错摘要为“CA.MemberClass 可以在 CA 中访问 private”。

findMemberType()方法会在父类及所有的接口中查找类型，即使找到了合适的成员类型也没有直接返回，而是继续查找，主要是避免父类或接口中定义了相同的类型而导致引用歧义。如果有歧义，方法将返回一个 AmbiguityError 对象，举个例子如下：

【实例 11-6】

```
package chapter11;

interface IA{
    class MemberClass{ }
}

class CA{
    class MemberClass{ }
}

class CB extends CA implements IA {
    // 报错，对 MemberClass 的引用不明确
    // CA 中的类 chapter11.CA.MemberClass 和 IA 中的类 chapter11.IA.MemberClass
    // 都匹配
    MemberClass mc;
}
```

实例将报错，报错摘要为“对 MemberClass 的引用不明确, CA 中的类 chapter11.CA.MemberClass 和 IA 中的类 chapter11.IA.MemberClass 都匹配”。

3．resolveIdent()方法

如果符号通过一个简单的名称引用并且又没有充分的上下文信息判断符号的类型时，要调用 resolveIdent()方法来查找具体的符号引用。resolveIdent()方法的实现代码如下：

```
Symbol resolveIdent(_, Env<AttrContext> env,Name name, int kind) {
   return findIdent(env, name, kind);
}
```

resolveIdent()方法调用了 findIdent()方法，findIdent()方法的实现代码如下：

```
来源：com.sun.tools.javac.comp.Resolve
Symbol findIdent(Env<AttrContext> env, Name name, int kind) {
   Symbol bestSoFar = typeNotFound;
   Symbol sym;

   if ((kind & VAR) != 0) {              // 查找变量
      sym = findVar(env, name);
      if (sym.exists())
         return sym;
      else if (sym.kind < bestSoFar.kind)
         bestSoFar = sym;
   }

   if ((kind & TYP) != 0) {              // 查找类型
      sym = findType(env, name);
      if (sym.exists())
         return sym;
      else if (sym.kind < bestSoFar.kind)
         bestSoFar = sym;
   }

   if ((kind & PCK) != 0)                // 查找包
      return reader.enterPackage(name);
   else
      return bestSoFar;
}
```

其中，参数 kind 值可能为 PCK|TYP|VAL，所以调用 findIdent()方法可能查找到变量、类型或者包的符号。由查找顺序可以看出，优先将 name 当作变量名来查找，其次当作类型名来查找，最后当作包名来查找，举个例子如下：

【实例 11-7】

```
package chapter11;

public class Test {
   static int a = 1;
   int b = chapter11.Test.a;
}
```

在对变量 b 的初始化表达式 chapter11.Test.a 进行标注时，首先调用 resolveIdent()方法查找 chapter11 的符号引用，resolveIdent()方法会调用当前的 findIdent()方法，传递的参数 kind 的值为 PCK|TYP|VAL，表示 chapter11 可能为包名、类型名或者变量名，对于实例 11-7 来说，最后会调用 reader.enterPackage()方法返回 PackageSymbol 对象，表示是个包名。再举个例子如下：

【实例 11-8】

```
class Test {
    int a = 1;

    class a { }

    public void test() {
        int var = a;                          // 引用成员变量 a 的值进行初始化
    }
}
```

在对局部变量 var 进行初始化时引用了 a，调用 findIdent()方法确定名称为 a 的引用，传递的参数 kind 的值为 VAL，因为根据 a 使用的上下文可知，这是个变量或常量（包和类型不可能以简单名称的方式出现在赋值表达式的右侧），方法最后确定名称 a 是对变量 a 的引用。再举个例子如下：

【实例 11-9】

```
class Test {
    int a = 1;

    class a{}

    public void test(){
        a var;                                // a 引用的是成员类 a
    }
}
```

var 变量的类型被声明为 a，所以调用 findIdent()方法时，传递的参数 kind 的值为 TYP，方法最后确定名称 a 是对成员类 a 的引用。

Javac 会简单地根据名称被使用的上下文得出期望的符号类型，但是有时候却不能充分理解上下文，举个例子如下：

【实例 11-10】

```
class Test {
    int a = 1;

    class a{
        static final int b =1;
    }

    public void test(){
        int var = a.b;                        // 报错，无法取消引用 int
    }
}
```

在对 var 变量进行初始化时，代码编写者的本意是引用类 a 中定义的常量 b 进行初始化，但是在确定 a.b 的引用时，调用 findIdent()方法传递的参数 kind 的值为 PCK|TYP|VAL，由于 findIdent()方法会优先将 a 当作变量查找，所以实例将报编译错误。

在前一节介绍过，调用那些表示错误的符号对象的 exists()方法时会返回 false，不过需要指出的是，调用 AccessError 对象的 exists()方法也返回 false，举个例子如下：

【实例 11-11】

```
package chapter11;

class CA {
   private int a = 1;
}

class CB extends CA {
   class a {
      static final int b = 0;
   }

   int b = a.b;                              // a 引用的是成员类 a
}
```

在分析成员变量 b 的初始化表达式 a.b 时，调用 findIdent()方法确定名称为 a 的符号引用，传递的 kind 参数的值为 PCK|TYP|VAL，首先找到了 CA 类中定义的变量 a，但是这是私有变量，调用 findVar()方法返回 AccessError 对象。由于这个对象的 exists()方法会返回 false，所以会继续调用 findType()方法查找符号引用，这时候找到了名称为 a 的类，程序正常编译。

findIdent()方法中调用的 findVar()方法将在下一节介绍，这里只介绍 findType()方法，具体的实现代码如下：

```
来源：com.sun.tools.javac.comp.Resolve
Symbol findType(Env<AttrContext> env, Name name) {
   Symbol bestSoFar = typeNotFound;
   Symbol sym;
   boolean staticOnly = false;
   // 从 env1.info.scope 开始查找类型
   for (Env<AttrContext> env1 = env; env1.outer != null; env1 = env1.outer) {
      if (isStatic(env1))
         staticOnly = true;
      for (Scope.Entry e = env1.info.scope.lookup(name); e.scope != null;e
= e.next()) {
         if (e.sym.kind == TYP) {
            if (staticOnly && e.sym.type.tag == TYPEVAR && e.sym.owner.
kind == TYP)
               return new StaticError(e.sym);
            return e.sym;
         }
      }
```

```
        // 没有找到本地定义的类型，查找成员类型
        sym = findMemberType(env1, env1.enclClass.sym.type, name, env1.
enclClass.sym);
        if (staticOnly && sym.kind == TYP &&
            sym.type.tag == CLASS &&
            sym.type.getEnclosingType().tag == CLASS &&
            env1.enclClass.sym.type.isParameterized() &&
            sym.type.getEnclosingType().isParameterized())
            return new StaticError(sym);
        else if (sym.exists())
                return sym;
        else if (sym.kind < bestSoFar.kind)
                bestSoFar = sym;
        // 使用 baseClause 的值辅助进行静态环境的判断
        JCClassDecl encl = env1.baseClause ? (JCClassDecl)env1.tree : env1.
enclClass;
        if ((encl.sym.flags() & STATIC) != 0)
            staticOnly = true;
    }

    // 从 env.toplevel.namedImportScope 中查找类型
    sym = findGlobalType(env, env.toplevel.namedImportScope, name);
    if (sym.exists())
        return sym;
    else if (sym.kind < bestSoFar.kind)
        bestSoFar = sym;
    // 从 env.toplevel.packge.members()中查找类型
    sym = findGlobalType(env, env.toplevel.packge.members(), name);
    if (sym.exists())
        return sym;
    else if (sym.kind < bestSoFar.kind)
        bestSoFar = sym;

    // 从 env.toplevel.starImportScope 中查找类型
    sym = findGlobalType(env, env.toplevel.starImportScope, name);
    if (sym.exists())
        return sym;
    else if (sym.kind < bestSoFar.kind)
        bestSoFar = sym;

    return bestSoFar;
}
```

以上方法的代码比较多，但是查找类型符号的逻辑很清晰，查找流程如图 11-2 所示。

findType()方法首先从当前名称 name 被使用的上下文环境 env 开始查找，如果本地作用域中没有，就会调用 findMemberType()方法从类型的 members_field 中或者类型的父类中查找。由于类型可以嵌套，所以对每个封闭类型都执行这样的查找逻辑。通过将 env1

更新为 env1.outer 来跳出当前的类型，也就是跳出当前类型的查找逻辑。在第 6 章介绍 Env 类时介绍过 outer 变量，这个变量可以快速地跳转到封闭当前类型作用域所对应的上下文环境。

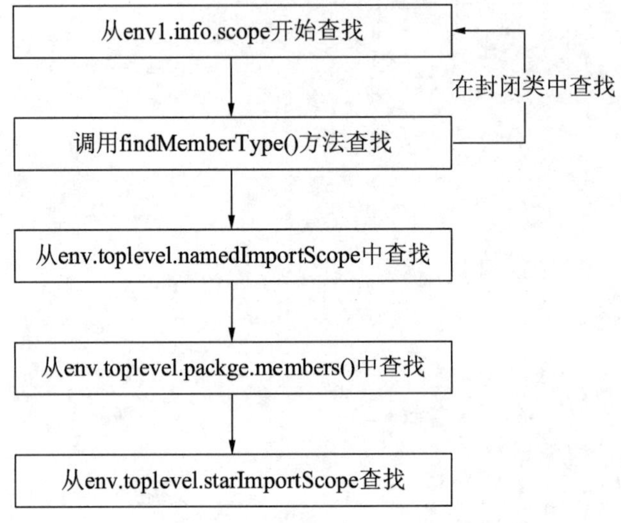

图 11-2　查找类型符号的流程

staticOnly 表示当前的环境是否为静态的，在第 6 章介绍过根据 AttrContext 类中的 staticLevel 变量判断当前的环境是否为静态的，不过有时候还要结合 Env 类中的 baseClause 变量进行判断。在对类型的类型变量、继承的父类、实现的接口甚至是类型的注解进行分析时，需要创建另外一个上下文环境，这个环境就是在 10.2.1 节介绍过的 baseEnv 环境，其 baseClause 变量的值为 true，这样最后取的 encl 变量的值为 env1.tree，举例如下：

【实例 11-12】

```
package chapter11;

public class Test {
   class MemberClass { }

   class InnerA {
      static class InnerB extends MemberClass { }
                                         // 报错，此处不允许使用修饰符 static
   }
}
```

当分析 InnerB 的父类 MemberClass 时，env1.tree 为 JCClassDecl(name=InnerB)对象，env1.enclClass 为 JCClassDecl(name=InnerA)对象，此时需要判断 InnerB 是否含有 static 修饰符。如果含有 static 修饰符，那么 MemberClass 就不能通过静态环境引用，因为 InnerB 是静态类，当继承的父类为 MemberClass 时，MemberClass 是一个非静态类，需要 Test 实例的存在，而此时可能没有 Test 实例，所以实例将报错，报错摘要为“此处不允许使用修饰符 static”。

findType()方法的查找顺序也说明了类型被使用的优先级，举个例子如下：

【实例 11-13】

```
package chapter11;

public class Test {
    class Inner {}

    public void test() {
        class Inner { }

        Inner a;                          // Inner 引用的是本地类 Inner
    }
}
```

变量 a 声明的类型 Inner 引用的是 test()方法内定义的本地类 Inner，而不是 Test 类中定义的成员类 Inner，因为会优先从本地作用域 env1.info.scope 开始查找。

继续看 findType()方法的实现，如果没有在本地类、成员类型及父类中找到合适的类型，就会继续调用 findGlobalType()方法进行查找。首先从当前编译单元的 namedImportScope 中查找，这个作用域中含有通过导入声明导入的类型及当前编译单元中的顶层类，如果查找不到，就在当前编译单元的 packge.members_field 中查找，这个作用域中包含着当前包下的所有类型，如果还查不到，才会查找编译单元的 starImportScope，这个作用域中填充了所有通过带星号的导入声明导入的类型。

由于同一个 Scope 对象不允许有名称相同的类型出现，所以不允许按名称导入两个相同的类型，或者相同包下定义相同的类型，或者通过星号导入相同的类型。需要注意的是，当前编译单元的 namedImportScope 中也包含了当前编译单元内所定义的顶层类型，所以按名称导入时不允许导入与当前编译单元中的顶层类型相同名称的类型。

findGlobalType()方法的实现代码如下：

```
来源：com.sun.tools.javac.comp.Resolve
Symbol findGlobalType(Env<AttrContext> env, Scope scope, Name name) {
    Symbol bestSoFar = typeNotFound;
    for (Scope.Entry e = scope.lookup(name); e.scope != null; e = e.next()) {
        Symbol sym = loadClass(env, e.sym.flatName());
        if (bestSoFar.kind == TYP && sym.kind == TYP && bestSoFar != sym)
            return new AmbiguityError(bestSoFar, sym);
        else if (sym.kind < bestSoFar.kind)
            bestSoFar = sym;
    }
    return bestSoFar;
}
```

搜索 scope 中名称为 name 的类型，如果 e.scope 不为空，也就是 e 不为哨兵，调用 loadClass()方法确保类型被加载，也就是确保 ClassSymbol 对象的 members_field 已经填充了成员符号。因为在分析导入声明或本包内的类时并没有对这个变量进行填充，只是为

ClassSymbol 对象的 completer 设置了 ClassReader 对象，以实现惰性填充，所以这里一般会调用 ClassReader 对象的 complete()方法完成成员符号的加载。

11.3 变量引用的消解

变量引用的消解就是要将代码中对变量名称的引用关联到其具体的符号，这样就能获取更多被引用变量的信息，如类型、作用域范围等。Resolve 类中提供了两个查找变量的方法：

- Symbol findIdentInType(Env<AttrContext> env, Type site,Name name, int kind)方法：从 env 开始查找，具体就是在类型 site 下查找名称为 name 的符号，kind 的值一般为 VAL|TYP，因为在类型中只可能存在变量或类型。这个方法前面已经介绍过，在实现的过程中会调用 findField()方法来查找成员变量。
- Symbol resolveIdent(_, Env<AttrContext> env,Name name, int kind)方法：通过简单的名称 name 查找可能的符号，kind 的值一般为 VAL|TYP|PCK，也就是说通过名称 name 可能会查找到变量、类型或包。这个方法前面已经介绍过，在实现的过程中会调用 findVar()方法来查找变量。

下面会重点介绍以上两个方法中调用的 findField()与 findVar()方法的实现过程。

1. findField()方法

findIdentInType()方法已经在前一节中详细介绍过，这个方法可能查找成员变量或成员类型，而查找成员变量会调用 findField()方法。findField()方法的实现代码如下：

```
来源：com.sun.tools.javac.comp.Resolve
Symbol findField(Env<AttrContext> env,Type site,Name name,TypeSymbol c) {
    while (c.type.tag == TYPEVAR)
        c = c.type.getUpperBound().tsym;
    Symbol bestSoFar = varNotFound;
    Symbol sym;
    // 从 c 中查找成员变量
    Scope.Entry e = c.members().lookup(name);
    while (e.scope != null) {
        if (e.sym.kind == VAR && (e.sym.flags_field & SYNTHETIC) == 0) {
            return isAccessible(env, site, e.sym) ? e.sym :
new AccessError(env, site, e.sym);
        }
        e = e.next();
    }
    // 从 c 的父类中查找成员变量
    Type st = types.supertype(c.type);
    if (st != null && (st.tag == CLASS || st.tag == TYPEVAR)) {
        sym = findField(env, site, name, st.tsym);
        if (sym.kind < bestSoFar.kind)
```

```
            bestSoFar = sym;
    }
    // 从 c 的接口中查找成员变量
    for (List<Type> l = types.interfaces(c.type);
         bestSoFar.kind != AMBIGUOUS && l.nonEmpty();
         l = l.tail) {
        sym = findField(env, site, name, l.head.tsym);
        if (bestSoFar.kind < AMBIGUOUS && sym.kind < AMBIGUOUS &&
            sym.owner != bestSoFar.owner)
            bestSoFar = new AmbiguityError(bestSoFar, sym);
        else if (sym.kind < bestSoFar.kind)
            bestSoFar = sym;
    }
    return bestSoFar;
}
```

findField()方法与 findMemberType()方法的查找逻辑类似，首先从当前类 c 的 members_field 中查找成员变量，如果找到了，还需要调用 isAccessible()方法判断在 env 环境下是否能访问到该变量，如果能访问到就直接返回查找到的符号，否则返回 AccessError 对象。如果在类型 c 中没有查找到合适的成员变量时，会从类型 c 的父类和接口中查找，如果找到合适的符号也没有直接返回，而是继续进行查找，这样就可以避免父类或接口中定义相同成员变量导致引用歧义，如果有歧义，返回 AmbiguityError 对象。

2. findVar()方法

resolveIdent()方法法已经在前一节详细介绍过，这个方法会调用 findIdent()方法，而 findIdent()方法会调用 findVar()方法来查找变量。findVar()方法的实现代码如下：

```
来源：com.sun.tools.javac.comp.Resolve
Symbol findVar(Env<AttrContext> env, Name name) {
    Symbol bestSoFar = varNotFound;
    Symbol sym;
    Env<AttrContext> env1 = env;
    // 从 env1.info.scope 开始查找变量
    while (env1.outer != null) {
        Scope.Entry e = env1.info.scope.lookup(name);
        while ( e.scope != null && (e.sym.kind != VAR || (e.sym.flags_field
& SYNTHETIC) != 0))
            e = e.next();
        // 没有找到局部变量，查找成员变量
        sym = (e.scope != null)?
                e.sym : findField(env1, env1.enclClass.sym.type, name,
env1.enclClass.sym);
        if (sym.exists()) {
            return sym;
        } else if (sym.kind < bestSoFar.kind) {
            bestSoFar = sym;
        }
        env1 = env1.outer;
    }
```

```
    // 从 env.toplevel.namedImportScope 中查找变量
    Scope.Entry e = env.toplevel.namedImportScope.lookup(name);
    for (; e.scope != null; e = e.next()) {
        sym = e.sym;
        Type origin = e.getOrigin().owner.type;
        if (sym.kind == VAR) {
            if (e.sym.owner.type != origin)
                sym = sym.clone(e.getOrigin().owner);
            return isAccessible(env, origin, sym) ? sym : new AccessError(env,
origin, sym);
        }
    }

    // 从 env.toplevel.starImportScope 中查找变量
    Symbol origin = null;
    e = env.toplevel.starImportScope.lookup(name);
    for (; e.scope != null; e = e.next()) {
        sym = e.sym;
        if (sym.kind != VAR)
            continue;
        if (bestSoFar.kind < AMBIGUOUS && sym.owner != bestSoFar.owner)
            return new AmbiguityError(bestSoFar, sym);
        else if (bestSoFar.kind >= VAR) {
            origin = e.getOrigin().owner;
            bestSoFar = isAccessible(env, origin.type, sym)? sym : new
AccessError(env, origin.type, sym);
        }
    }
    if (bestSoFar.kind == VAR && bestSoFar.owner.type != origin.type)
        return bestSoFar.clone(origin);
    else
        return bestSoFar;
}
```

这个方法与 findType()方法的查找逻辑类似，首先从上下文环境 env 开始查找，如果本地作用域中没有，就会调用 findField()方法从类型的 members_field 中或者类型的父类中查找，由于类型可以嵌套，所以对每个封闭类型都执行这样的查找逻辑。通过将 env1 更新为 env1.outer 来跳出当前的类型，也就是跳出当前类型的查找逻辑，需要注意的是，在循环判断的过程中，其实也对静态环境引用非静态变量做了判断，实现和 findType()方法一样，为了能让重要的查找逻辑简单明了，findVar()方法没有再给出相关的代码实现。

如果没有从本地作用域及相关类中查找到合适的符号，就会从当前编译单元的 namedImportScope 中查找。有时候调用 isAccessible()方法进行访问权限的检查时，需要替换 sym 的 owner 值，举个例子如下：

【实例 11-14】

```
package compile;

class Parent {
    public static int a = 2;
}
```

```
public class Sub extends Parent{ }
```

在 compile 包下新建一个 Parent 类和由 public 修饰的 Sub 类，然后在 chapter11 包下建立 Test 类，如下：

【实例 11-14】（续）

```
package chapter11;
import static compile.Sub.a;

public class Test {
    int b = a;
}
```

对 Test 类中变量 b 的初始化表达式来说，通过 Sub 类访问了 Parent 类中定义的静态变量 a，但是直接通过 Parent 类不能访问静态变量 a，因为没有 public 修饰的 Parent 类在 chapter11 包下访问不到。为了能访问到静态变量 a，需要在对语法树节点 JCIdent(name=a)进行符号标注时，将 VarSymbol(name=a)对象的 owner 变量的值替换为 ClassSymbol(name=Sub)对象。

如果从当前编译单元的 namedImportScope 中没有查找到合适的符号，会从当前编译单元的 starImportScope 中查找，同样在某些情况下需要替换 sym 的 owner 值。

11.4　方法引用的消解

对于 Java 语言来说，由于多态和继承特性使得查找方法要比查找类型和变量复杂一些，另外方法在调用过程中还存在自动类型转换，这些都增加了查找方法的复杂性。Resolve 类提供了以下 3 个常用的方法进行非构造方法引用的查找：

- Symbol resolveQualifiedMethod(_, Env<AttrContext> env,Symbol location, Type site, Name name, List<Type> argtypes,List<Type> typeargtypes)方法：在限定的符号 location 或类型 site 中查找匹配的方法，具体就是从当前的 env 开始，在 location 及 site 中查找名称为 name 的方法，argtypes 是为查找方法传递的实际参数的类型列表，typeargtypes 是为查找方法传递的实际类型参数的类型列表，要求查找方法的形式参数的类型和形式类型参数的类型要兼容 argtypes 与 typeargtypes 给出的实际类型。
- Symbol resolveQualifiedMethod(_, Env<AttrContext> env,Type site, Name name, List<Type> argtypes,List<Type> typeargtypes)方法：在限定的类型 site 中查找匹配的方法，具体就是从当前的 env 开始，在 site 中查找名称为 name 的方法，这个要查找的方法要求的形式参数的类型和形式类型参数的类型要兼容 argtypes 与 typeargtypes 给出的实际类型。这个 resolveQualifiedMethod()方法实际上通过调用第一个方法 resolveQualifiedMethod()来实现，为 location 参数传递的值为 site.tsym。

- Symbol resolveMethod(_,Env<AttrContext> env,Name name,List<Type> argtypes, List<Type> typeargtypes)方法：通过简单名称查找匹配的方法时会调用这个方法，具体就是从当前的 env 开始查找方法名称为 name 的方法，这个要查找的方法要求的形式参数的类型和形式类型参数的类型要兼容 argtypes 与 typeargtypes 给出的实际类型。

通过以上 3 个方法可以查找普通方法（不包含构造方法、运算符等）的引用，举个例子如下：

【实例 11-15】

```
class Test {
   public static <T> void md(Integer a) { }

   public void test(Integer p) {
      md(p);
      Test.<String>md(p);
   }
}
```

调用 resolveMethod()方法查找方法调用表达式 md(p)调用的具体方法，传递的 name 参数的值为 md，argtypes 列表中含有一个 ClassType 对象，表示的是 Integer 类型，而 typeargtypes 列表为空。resolveMethod()方法最后返回一个表示 md()方法的 MethodSymbol 对象。

查找方法调用表达式 Test.<String>md(p)调用的方法时会调用 resolveQualifiedMethod()方法，传递的 name 参数的值为 md，argtypes 列表中含有一个 ClassType 对象，表示的是 Integer 类型，而 typeargtypes 列表也含有一个 ClassType 对象，表示的是 String 类型，location 是表示 Test 类的 ClassSymbol 对象，site 是表示 Test 类的 ClassType 对象。resolveQualifiedMethod()方法最后返回一个表示 md()方法的 MethodSymbol 对象。

查找普通方法都会调用以上 3 个方法，通过简单名称来查找方法，通常会调用 resolveMethod()方法，通过在某个类型或符号中查找方法，通常会调用两个 resolveQualifiedMethod()方法中的一个。无论调用哪个方法查找，为了更好地兼容 JDK 1.5 之前的版本，一般都会将方法的查找分为 3 个阶段，这 3 个阶段具体介绍如下：

（1）第一阶段查找不允许使用类型拆箱转换与类型装箱转换，也不会考虑含有变长参数的方法，如果这个阶段找不到合适的方法就会通过第 2 阶段进行查找。

（2）第二阶段允许使用类型拆箱转换与类型装箱转换，仍然不会考虑含有变长参数的方法。如果这个阶段找不到合适的方法就会通过第 3 阶段进行查找。

（3）第三阶段允许使用类型拆箱转换与类型装箱转换，同时也会考虑含有变长参数的方法，也就是没有任何条件限制。

之所以要分阶段查找，是由于从 JDK 1.5 版本开始增加了类型拆箱转换与类型装箱转换、方法的变长参数等新的特性，如果不分阶段查找，有些在 JDK 1.5 版本之前定义的方法可能永远无法被调用到，举个例子如下：

【实例 11-16】

```
class Test {
    public void md(Object o) { }

    public void test() {
        md(null);
    }
}
```

以上实例假设在 JDK 1.5 版本后又向 Test 类中新增了如下方法：

```
public void md(Object... o) { }
```

如果不分阶段查找，m(null)语句将会调用新增的有变长参数的方法，因为变长参数类型等价为 Object[]类型。Object[]类型要比 Object 类型更精确，这样导致之前定义的 md(Object o)方法将不会被调用。

下面介绍 Resolve 类中提供的 3 个用于查找方法的方法。

1. resolveQualifiedMethod()方法

resolveQualifiedMethod()方法的实现代码如下：

```
来源：com.sun.tools.javac.comp.Resolve
Symbol resolveQualifiedMethod(_, Env<AttrContext> env,
Symbol location, Type site, Name name, List<Type>argtypes,List<Type>
typeargtypes) {
    Symbol sym = startResolution();
    List<MethodResolutionPhase> steps = methodResolutionSteps;
    // 分为 3 个阶段对方法进行查找
    while (steps.nonEmpty() &&
           steps.head.isApplicable(boxingEnabled, varargsEnabled) &&
           sym.kind >= ERRONEOUS) {
        currentStep = steps.head;
        sym = findMethod(env, site, name, argtypes, typeargtypes,
                steps.head.isBoxingRequired(),
                steps.head.isVarargsRequired(), false);
        methodResolutionCache.put(steps.head, sym);
        steps = steps.tail;
    }
    ...
    return sym;
}
```

首先调用 startResolution()方法初始化 sym，startResolution()方法返回 methodNotFound 变量的值，methodNotFound 是 SymbolNotFoundError 类型的成员变量，在 Resolve 类的构造方法中初始化，代码如下：

```
来源：com.sun.tools.javac.comp.Resolve
methodNotFound = new SymbolNotFoundError(ABSENT_MTH);
```

ABSENT_MTH 是 Kinds 类中定义的常量，值为 ERRONEOUS+7，当 sym 小于

ERRONEOUS 时不会再继续调用 findFun()方法查找了，因为已经找到了适合的 sym。

局部变量 steps 的类型为 List<MethodResolutionPhase>，MethodResolutionPhase 类表示方法查找的阶段，这个类的定义如下：

```
来源：com.sun.tools.javac.comp.Resolve.MethodResolutionPhase
enum MethodResolutionPhase {
    BASIC(false, false),              // 表示方法查找第 1 阶段
    BOX(true, false),                 // 表示方法查找第 2 阶段
    VARARITY(true, true);             // 表示方法查找第 3 阶段

    boolean isBoxingRequired;
    boolean isVarargsRequired;

    MethodResolutionPhase(boolean isBoxingRequired, boolean
isVarargsRequired) {
        this.isBoxingRequired = isBoxingRequired;
        this.isVarargsRequired = isVarargsRequired;
    }

    public boolean isApplicable(boolean boxingEnabled, boolean
varargsEnabled) {
        return (varargsEnabled || !isVarargsRequired) &&
               (boxingEnabled || !isBoxingRequired);
    }
}
```

枚举变量 BASIC 表示第 1 阶段、BOX 表示第 2 阶段、VARARITY 表示第 3 阶段，这 3 个阶段按顺序放入到 methodResolutionSteps 变量中。methodResolutionSteps 成员变量的定义如下：

```
来源：com.sun.tools.javac.comp.Resolve
final List<MethodResolutionPhase> methodResolutionSteps = List.of(BASIC,
BOX, VARARITY);
```

最后将 methodResolutionSteps 的值赋值给 steps，这样就可以循环 steps 中的元素按顺序执行方法的 3 个查找阶段了。

在 resolveQualifiedMethod()方法中，调用 isApplicable()方法传入的两个参数在 JDK 1.5 以之后的版本中都为 true，所以在循环 steps 列表中的值时，isApplicable()方法将永远返回 true。在 JDK 1.5 之前，由于没有类型拆箱转换与类型装箱转换，也没有含有变长参数的方法，所以调用 isApplicable()方法只有 BASIC 阶段会返回 true，也就是只能通过第一阶段查找方法。

方法查找的每个阶段都会调用 findMethod()方法进行查找，findMethod()方法的实现代码如下：

```
来源：com.sun.tools.javac.comp.Resolve
Symbol findMethod(Env<AttrContext> env,
Type site,Name name,List<Type> argtypes,List<Type>
typeargtypes,
                  boolean allowBoxing,boolean useVarargs,boolean operator) {
```

```
    Symbol bestSoFar = methodNotFound;
    return findMethod(env,
                    site,name,argtypes,typeargtypes,
                    site.tsym.type,true,bestSoFar,
                    allowBoxing,useVarargs,operator,
                    new HashSet<TypeSymbol>());
}
```

以上方法在调用另外一个重载的 findMethod()方法时又新增了 4 个参数，其中传递的第 7 个参数 true 表示也会查找抽象类。重载的 findMethod()方法的实现代码如下：

```
来源：com.sun.tools.javac.comp.Resolve
private Symbol findMethod(Env<AttrContext> env,
Type site,Name name,List<Type> argtypes,List<Type>typeargtypes,
Type intype,boolean abstractok,Symbol bestSoFar,
boolean allowBoxing,boolean useVarargs,boolean operator,
Set<TypeSymbol> seen) {
    for (Type ct = intype; ct.tag == CLASS || ct.tag == TYPEVAR; ct =
types.supertype(ct)) {
        while (ct.tag == TYPEVAR)
            ct = ct.getUpperBound();
        ClassSymbol c = (ClassSymbol)ct.tsym;
        if (!seen.add(c))              // 避免重复查找
            return bestSoFar;
        // 当 c 中不存在抽象方法时，不用检查接口中的方法，因为接口中的方法都有对应的方
        // 法实现
        if ((c.flags() & (ABSTRACT | INTERFACE | ENUM)) == 0)
            abstractok = false;
        for (Scope.Entry e = c.members().lookup(name);e.scope != null;e =
e.next()) {
            if (e.sym.kind == MTH && (e.sym.flags_field & SYNTHETIC) == 0) {
                bestSoFar = selectBest(env,
                                site, argtypes, typeargtypes,e.sym, bestSoFar,
                                allowBoxing,useVarargs,operator);
            }
        }
        if (name == names.init)
            break;
        // 当 abstractok 的值为 true 时，要查找 c 的实现接口中定义的方法
        // 因为要查找的方法可能就是接口中定义的方法
        if (abstractok) {
            for (List<Type> l = types.interfaces(c.type);l.nonEmpty();l =
l.tail) {
                bestSoFar = findMethod(env,
                                site, name, argtypes,typeargtypes,
                                l.head, abstractok, bestSoFar,
                                allowBoxing, useVarargs, operator,
                                seen);
            }
        }
    }
    return bestSoFar;
}
```

以上方法整体执行的逻辑就是查找当前类及当前类的所有父类或接口，调用 selectBest()方法找到最匹配的方法。也就是每次调用 selectBest()方法时，将名称为 name 的非合成方法 e.sym 与 bestSoFar 作为参数进行传递，这样在 selectBest()方法中就会通过比较返回最匹配的一个方法了。如果 e.sym 更适合，则 bestSoFar 就会更新为 e.sym。

findMethod()方法是否查找接口要看 abstractok 参数的值，这个值在调用当前方法时传递的值为 true。如果当前查找的 c 不是抽象类、接口或枚举类时会更新为 false，因为抽象类、接口或枚举类中可以有抽象方法，所以要查找的可能就是这些抽象方法。如果 c 为非抽象类，那么任何抽象方法一定有对应的实现方法（非抽象方法），而实现方法不可能存在于接口中，也就会将 abstractok 的值更新为 false。

seen 主要用来避免重复查找，例如子类和父类都实现了一个共同的接口，那么只需要查找一遍即可，这样这个共同的接口及这个接口实现的一些接口就都避免了重复查找。

selectBest()方法的实现代码如下：

```
来源：com.sun.tools.javac.comp.Resolve
Symbol selectBest(Env<AttrContext> env,
Type site,List<Type> argtypes,List<Type> typeargtypes,
Symbol sym,Symbol bestSoFar,
boolean allowBoxing,boolean useVarargs,boolean operator) {
    if (!sym.isInheritedIn(site.tsym, types))
        return bestSoFar;
    Assert.check(sym.kind < AMBIGUOUS);
    // 检查 sym 方法是否合适，如果不合适，调用 rawInstantiate()方法将抛出异常
    try {
        rawInstantiate(env,
                    site, sym, argtypes, typeargtypes,
                    allowBoxing, useVarargs, _);
    } catch (InapplicableMethodException ex) {
        switch (bestSoFar.kind) {
        case ABSENT_MTH:
            return wrongMethod.setWrongSym(sym, _);
        case WRONG_MTH:
            wrongMethods.addCandidate(currentStep, wrongMethod.sym, _);
        case WRONG_MTHS:
            return wrongMethods.addCandidate(currentStep, sym, _);
        default:
            return bestSoFar;
        }
    }
    // 检查访问权限
    if (!isAccessible(env, site, sym)) {
        return (bestSoFar.kind == ABSENT_MTH) ? new AccessError(env, site,
sym) : bestSoFar;
    }
    // 当只有一个合适的方法时直接返回，否则调用 mostSpecific()方法选取一个最精确的方法
    return (bestSoFar.kind > AMBIGUOUS)
            ? sym : mostSpecific(sym, bestSoFar, env, site,allowBoxing &&
operator, useVarargs);
}
```

selectBest()方法首先调用 rawInstantiate()方法检查最新查找到的符号 sym 是否符合要求，也就是检查形式参数的类型与形式类型参数的类型是否符合要求。这里只对非泛型方法进行讨论，对于泛型方法，将在第 13 章详细介绍（泛型方法指方法上有形式类型参数声明的方法）。rawInstantiate()方法调用 checkRawArgumentsAcceptable()方法对非泛型方法的形式参数类型进行检查，如果形式参数类型不匹配，会抛出 InapplicableMethodException 类型的异常。这些异常会在 selectBest()方法中进行捕获处理，主要就是根据 bestSoFar.kind 值选择性返回不同的 Symbol 对象，这些对象的具体类型是前面介绍的表示错误的一些符号类型，下面详细介绍 selectBest()方法对异常的处理。

（1）当 kind 值为 ABSENT_MTH 时，可能是首次调用 selectBest()方法，bestSoFar 被初始化为 methodNotFound，最终调用 wrongMethod.setWrongSym()方法返回 InapplicableSymbolError 对象，表示找到了一个根据方法名称查找到的不匹配的方法。

（2）当 kind 值为 WRONG_MTH 时，表示在之前的查找过程中已经找到了一个不匹配的方法，这次查找的 sym 仍然是一个不匹配的方法，最终调用 wrongMethods.addCandidate()方法返回 InapplicableSymbolsError 对象，表示找到了多个根据方法名称查找到的不匹配的方法。

（3）当 kind 值为 WRONG_MTHS 时，表示在之前的查找过程中已经找到了多个不匹配的方法，这次查找的 sym 仍然是一个不匹配的方法，最终调用 wrongMethods.addCandidate()方法返回 InapplicableSymbolsError 对象，表示找到了多个根据方法名称查找到的不匹配的方法

（4）当 kind 值不为 ABSENT_MTH、WRONG_MTH 与 WRONG_MTHS 时，表示之前已经查找到了匹配的方法，而这次查找的 sym 是一个不匹配的方法，直接返回保存了之前查询到的匹配方法的 bestSoFar 即可。

如果调用 rawInstantiate()方法不抛异常，表示 sym 是一个匹配的方法，调用 isAccessible()方法判断是否在 env 下能访问到 sym。如果 isAccessible()方法返回 false 表示访问不到，如果 bestSoFar.kind 值为 ABSENT_MTH 时，表示 sym 是目前唯一匹配的方法，直接返回 AccessError 类型的错误，否则返回 bestSoFar，这个 bestSoFar 可能是一个匹配的或不匹配的方法。关于 isAccessible()方法的实现相对简单，主要通过访问控制符来判断，这里不再介绍。

如果之前查找的 bestSoFar 是一个不匹配的方法，即 bestSoFar.kind 值大于 AMBIGUOUS 时，那么当前匹配的方法只有一个 sym，直接返回 sym，否则调用 mostSpecific()方法从 bestSoFar 与 sym 中选择一个最精确的方法。需要提示的是，如果 bestSoFar.kind 值为 AMBIGUOUS，表示之前已经查找到至少有两个匹配的方法。

首先来看 rawInstantiate()方法的实现，对于查找的非泛型方法的处理逻辑如下：

```
来源：com.sun.tools.javac.comp.Resolve
Type rawInstantiate(Env<AttrContext> env,
Type site,Symbol m,List<Type> argtypes,List<Type>
typeargtypes,
```

```
boolean allowBoxing,boolean useVarargs,_) throws Infer.
InferenceException {
    Type mt = types.memberType(site, m);
    checkRawArgumentsAcceptable(env,
                                argtypes,mt.getParameterTypes(),
                                allowBoxing,useVarargs, _);
    return mt;
}
```

rawInstantiate()方法抛出的 Infer.InferenceException 异常是 InapplicableMethod Exception 类的子类，所以在 selectBest()方法中能够捕获处理这个异常。调用 types. memberType()方法得到方法 m 在 site 类型中的类型 mt。关于 memberType()方法在附录 C 中有介绍，这里只简单举例说明这个方法的作用。

【实例 11-17】

```
class Test<T> {
    public T md() {
        return null;
    }

    public void test(Test<String> p) {
        String a = p.md();
    }
}
```

当分析局部变量 a 的初始化表达式 p.md()时，由于 p 是 Test<String>类型，所以在 Test<String>类型下 md()方法的返回类型是 String。调用 types.memberType()方法（此方法在附录 C 中有介绍）时，传递的 site 参数就是表示 Test<String>类型的 ClassType 对象，m 是表示方法 md()的 MethodSymbol 对象，m.type 为 ClassType 对象，这个对象的 restype 为表示类型变量 T 的 TypeVar 对象，最后返回的 mt 是表示方法 md()的 ClassType 对象，不过这个对象的 restype 已经变为了表示 String 类型的 ClassType 对象。

调用 checkRawArgumentsAcceptable()方法对传递的实际参数的类型进行兼容性检查，如果有不匹配的类型出现，会抛出相关的异常信息。checkRawArgumentsAcceptable()方法的实现代码如下：

```
来源：com.sun.tools.javac.comp.Resolve
void checkRawArgumentsAcceptable(Env<AttrContext> env,
                              List<Type> argtypes,List<Type> formals,
                              boolean allowBoxing,boolean useVarargs,_) {
    Type varargsFormal = useVarargs ? formals.last() : null;

    // 进行方法第 1 阶段与第 2 阶段的查找
    while (argtypes.nonEmpty() && formals.head != varargsFormal) {
        boolean works = allowBoxing
            ? types.isConvertible(argtypes.head, formals.head, _)
            : types.isSubtypeUnchecked(argtypes.head, formals.head, _);
        if (!works)
            throw inapplicableMethodException
                  .setMessage("no.conforming.assignment.exists",argtypes.
head,formals.head);
```

```
        argtypes = argtypes.tail;
        formals = formals.tail;
    }

    // 进行方法第 3 阶段的查找
    if (useVarargs) {
        Type elt = types.elemtype(varargsFormal);
        while (argtypes.nonEmpty()) {
            if (!types.isConvertible(argtypes.head, elt, _))
                throw inapplicableMethodException
                    .setMessage("varargs.argument.mismatch",argtypes.head,elt);
            argtypes = argtypes.tail;
        }
    }
    return;
}
```

调用 types.isConvertible()或 types.isSubtypeUnchecked()方法检查实际参数的类型是否可通过类型转换转为形式参数的类型，如果类型转换不能成功，将抛出 InapplicableMethodException 类型的异常。当 allowBoxing 为 false 时，表示不允许有类型拆箱转换与类型装箱转换，代表 BASIC 查找阶段，调用 types.isConvertible()方法判断 argtypes.head 类型是否可转为 formals.head 类型；当 allowBoxing 为 true 时，表示可能是 BOX 或者 VARARITY 查找阶段，调用 types.isSubtypeUnchecked()方法判断 argtypes.head 类型是否可转为 formals.head 类型。isConvertible()方法与 isSubtypeUnchecked()方法相比，最主要的区别就是不支持类型装箱转换和类型拆箱转换，两个方法已经在第 9 章详细介绍过，这里不再介绍。

checkRawArgumentsAcceptable()方法接下来对 VARARITY 查找阶段进行支持，由于这个阶段允许类型拆箱转换与类型装箱转换，所以调用 types.isConvertible()方法进行判断即可。

当执行完 checkRawArgumentsAcceptable()方法时如果没有抛出 InapplicableMethodException 类型的异常，那么对于 selectBest()方法来说，sym 也是一个匹配的方法，可能会调用 mostSpecific()方法查找 sym 与 bestSoFar 两个匹配方法中最精确的那个方法。mostSpecific()方法的实现代码如下：

```
来源：com.sun.tools.javac.comp.Resolve
Symbol mostSpecific(Symbol m1,Symbol m2,Env<AttrContext> env,final Type
site,boolean allowBoxing,boolean useVarargs) {
    switch (m2.kind) {
    case MTH: // 比较 m1 与 m2 签名的精确性
        if (m1 == m2)
            return m1;

        boolean m1SignatureMoreSpecific = signatureMoreSpecific(env, site,
m1, m2,allowBoxing,useVarargs);
        boolean m2SignatureMoreSpecific = signatureMoreSpecific(env, site,
```

```
m2, m1,allowBoxing,useVarargs);

        // 省略当m1SignatureMoreSpecific与m1SignatureMoreSpecific值都为
           true时的实现
        // 后面将详细介绍
        ...

        if (m1SignatureMoreSpecific)
           return m1;
        if (m2SignatureMoreSpecific)
           return m2;
        return ambiguityError(m1, m2);
     case AMBIGUOUS:           // 比较m1与e.sym与e.sym2签名的精确性
        AmbiguityError e = (AmbiguityError)m2;
        Symbol err1 = mostSpecific(m1, e.sym, env, site, allowBoxing,
useVarargs);
        Symbol err2 = mostSpecific(m1, e.sym2, env, site, allowBoxing,
useVarargs);
        if (err1 == err2)
           return err1;
        if (err1 == e.sym && err2 == e.sym2)
           return m2;
        if (err1 instanceof AmbiguityError &&
           err2 instanceof AmbiguityError &&
           ((AmbiguityError)err1).sym == ((AmbiguityError)err2).sym)
           return ambiguityError(m1, m2);
        else
           return ambiguityError(err1, err2);
     }
}
```

当前的 mostSpecific()方法在 selectBest()方法中具体的调用语句如下：

```
mostSpecific(sym, bestSoFar, env, site,allowBoxing && operator, useVarargs);
```

参数 allowBoxing 的值为 allowBoxing && operator，在查找普通方法及构造方法的 MethodSymbol 对象时，operator 的值为 false，所以 allowBoxing 的值为 false，也就是调用 signatureMoreSpecific()方法比较两个方法的签名时不允许使用类型装箱转换与类型拆箱转换。当查找运算符对应的 OperatorSymbol 对象时，operator 的值才可能为 true。

mostSpecific()方法对 m2.kind 值进行判断，如果为 MTH，调用 signatureMoreSpecifie()方法比较 m1 与 m2 的签名，当其中一个方法比另外一个方法的签名更精确时，会选择签名最精确的那个方法返回，当前方法省略了当两个方法的签名一样精确时的代码实现，后面将单独对这一部分代码实现进行解读。举个例子如下：

【实例 11-18】

```
class Test {
   public void md(Number a) { }                     // 第1个方法
```

```
    public void md(Integer a) { }                    // 第 2 个方法

    public void test(Integer p) {
       md(p);                                        // 调用第 2 个方法
    }
}
```

在调用 md()方法时传递的实际参数类型为 Integer，Test 类中定义的两个 md()方法都匹配，所以会调用 mostSpecific()方法比较两个方法。假设传递的 m1 参数表示 md(Number a)方法，m2 参数表示 md(Integer a)方法，那么调用 signatureMoreSpecific()方法后 m1SignatureMoreSpecific 的值将为 false，m2SignatureMoreSpecific 值将为 true，最后返回 m2，md(Integer a)方法更精确。

当 m2.kind 值为 AMBIGUOUS 时，表示之前已经有两个匹配的方法，现在 m1 也是一个匹配的方法，举个例子如下：

【实例 11-19】

```
class Test {
    public void md(Integer a, Integer b) { }     // 第 1 个方法

    public void md(Number a, Integer b) { }      // 第 2 个方法

    public void md(Integer a, Number b) { }      // 第 3 个方法

    public void test(Integer x, Integer y) {
       md(x, y);                                 // 调用第 1 个方法
    }
}
```

Javac 按顺序从 Test 类中查找匹配的 md()方法，这个类中定义的 3 个方法都符合这次的方法调用。在某次调用 mostSpecific()方法时，传递的 m1 参数表示 md(Number a,Integer b)方法，m2 参数表示 md(Integer a,Number b)方法。由于两个方法调用 signatureMoreSpecific()方法比较后返回的 m1SignatureMoreSpecific 与 m2Signature MoreSpecific 都为 false，所以最终会返回一个 ambiguityError 对象，这样当再次查找匹配方法时，m1 参数代表 md(Integer a,Integer b)方法，此时的 m1 方法就会比之前的两个方法 e.sym 与 e.sym2 都精确，mostSpecific()方法最后返回的 err1 与 err2 都是方法 m1。err1 与 err2 相等时直接返回 m1。除此之外，当 m2.kind 值为 AMBIGUOUS 时都会返回 ambiguityError 对象。

下面看 signatureMoreSpecific()方法的具体实现，代码如下：

```
来源：com.sun.tools.javac.comp.Resolve
private boolean signatureMoreSpecific(Env<AttrContext> env, Type site,
Symbol m1, Symbol m2,boolean allowBoxing, boolean useVarargs) {
    Type mtype1 = types.memberType(site, adjustVarargs(m1, m2, useVarargs));
    List<Type> list = types.lowerBoundArgtypes(mtype1);
    Type mtype2 = instantiate(env,
                      site, adjustVarargs(m2, m1, useVarargs),list,null,
```

```
                          allowBoxing, false, _);
    return mtype2 != null ;
}
```

m1 与 m2 方法要比较精确性其实就是比较形式参数的类型，但是由于可能含有变长参数，所以两个方法的形式参数的数量可能并不相等。为了方便比较，首先需要调用 adjustVarargs()方法调整含有变长参数方法的形式参数的数量，使得两个被比较的方法的形式参数个数相同。adjustVarargs(m1,m2,useVarargs)方法是以 m2 的形式参数为标准对 m1 方法的形式参数进行调整，最后返回调整参数个数后的 m1，然后调用 types.memberType()方法计算 m1 在 site 类型下的方法类型 mtype1。

为了证明 m1 比 m2 方法更精确，在调用 instantiate()方法时，直接将 m1 方法的形式参数类型当作调用 m2 方法时传递的实际参数类型，如果能够返回代表 m2 方法的类型 mtype2，则 mostSpecific()方法将返回 true，表示 m1 比 m2 更精确。

之前说过，在调用 signatureMoreSpecific()方法时，如果查找的是 MethodSymbol 对象，参数 allowBoxing 的值为 false，举个例子如下：

【实例 11-20】

```
class Test {
    public void md(int a, Integer b) { }          // 第 1 个方法

    public void md(Integer a, int b) { }          // 第 2 个方法

    public void test(Integer x, Integer y) {
        // 报错，对 md 的引用不明确，Test 中的方法 md(int,Integer)和 Test 中的方法
        // md(Integer,int)都匹配
        md(x, y);
    }
}
```

通过方法调用表达式 md(x,y)调用方法 md()时，由于 Test 类中定义的两个 md()方法都匹配，所以需要比较两个 md()方法的签名。在不允许类型装箱转换与类型拆箱转换的条件下，signatureMoreSpecific()方法会返回 false，所以在 mostSpecific()方法中会返回 AmbiguityError 类型的错误。

在求 mtype1 的形式参数列表时调用了 types.lowerBoundArgtypes()方法，这个方法其实就是对方法的形式参数类型间接调用 Types 类中的 lowerBound()方法（该方法在附录 C 中有介绍）求下界。不过由于方法的形式参数类型一般不会为通配符类型，list 一般就是 MethodType 对象的 argtypes 变量的值，将这个值作为调用调整形式参数数量后的 m2 方法的实际参数类型进行精确性判断即可。

调整形式参数数量的 adjustVarargs()方法的实现如下：

```
来源：com.sun.tools.javac.comp.Resolve
private Symbol adjustVarargs(Symbol to, Symbol from, boolean useVarargs) {
    List<Type> fromArgs = from.type.getParameterTypes();
    List<Type> toArgs = to.type.getParameterTypes();
    // 在允许变长参数并且 2 个方法都含有变长参数的情况下，通过向 to 方法中添加形式参数
```

```
    // 让两个方法的形式参数数量一致
    if (useVarargs && (from.flags() & VARARGS) != 0 && (to.flags() &
VARARGS) != 0) {
        Type varargsTypeFrom = fromArgs.last();
        Type varargsTypeTo = toArgs.last();
        ListBuffer<Type> args = ListBuffer.lb();
        if (toArgs.length() < fromArgs.length()) {
            while (fromArgs.head != varargsTypeFrom) {
                args.append(toArgs.head == varargsTypeTo ? types.
elemtype(varargsTypeTo) : toArgs.head);
                fromArgs = fromArgs.tail;
                toArgs = toArgs.head == varargsTypeTo ?toArgs :toArgs.tail;
            }
        } else {
            args.appendList(toArgs.reverse().tail.reverse());
        }
        args.append(types.elemtype(varargsTypeTo));
        Type mtype = types.createMethodTypeWithParameters(to.type, args.
toList());
        return new MethodSymbol(to.flags_field & ~VARARGS, to.name, mtype,
to.owner);
    } else {
        return to;
    }
}
```

当 useVarargs 参数值为 true 并且 to 与 from 都是含有变长参数的方法时，尽可能调整 to 方法的形式参数数量与 from 的参数数量相同。当 to 方法所含的参数数量少于 from 方法所含的参数数量时，那么将追加多个变长参数的元素类型到 args 列表中。不过并不会将 to 方法的变长参数类型追加到 args 列表中，而是转变为追加一个变长参数的元素类型，举个例子如下：

【实例 11-21】

```
class Test {
    public void md(Integer a, Integer... b) { }                // 第 1 个方法

    public void md(Integer a, Integer b, Number... c) { }  // 第 2 个方法

    public void test(Integer x, Integer y) {
        md(x, y);                                              // 调用第1个方法
    }
}
```

如果 to 对应为第 1 个 md()方法，而 from 对应第 2 个 md()方法，当第 1 个方法的形式参数个数少于第 2 个方法时，在 adjustVarargs()方法中向 args 列表中追加 2 个类型，因为第 2 个方法除去 varargsTypeFrom 后有两个参数。将第 1 个方法的 a 参数的类型追加到 Integer 中，当追加第 2 个参数时，由于这个参数是 varargsTypeTo，所以调用 types.elemtype()方法得到变长参数的元素类型 Integer，最后再追加一个变长参数元素类型 Integer，所以第 1 个方法在经过形式参数调整后相当于变为了如下形式：

```
public void md(Integer a, Integer b, Integer c) { }
```

在 signatureMoreSpecific()方法中将此方法的 3 个形式参数类型作为调用第 2 个方法时传递的实际参数类型。对于实例 11-21 来说，实际参数类型兼容形式参数类型，所以第 1 个方法比第 2 个方法更精确，方法调用表达式 md(x,y)将调用第 1 个方法。

adjustVarargs()方法如果调整了形式参数类型，则会调用 types.createMethodTypeWithParameters()方法创建新的方法类型 mtype，然后创建一个 MethodSymbol 对象返回，不过这个方法没有变长参数，所以需要去掉 to.flags_field 值中的 VARARGS 标识。

instantiate()方法的实现代码如下：

```
来源：com.sun.tools.javac.comp.Resolve
Type instantiate(Env<AttrContext> env,
               Type site,Symbol m,List<Type> argtypes,List<Type> typeargtypes,
               boolean allowBoxing,boolean useVarargs,_) {
    try {
        return rawInstantiate(env, site, m, argtypes, typeargtypes,
allowBoxing, useVarargs, _);
    } catch (InapplicableMethodException ex) {
        return null;
    }
}
```

instantiate()方法调用了 rawInstantiate()方法，这个方法在 selectBest()方法中也调用过。对于非泛型方法来说，rawInstantiate()方法主要调用 checkRawArgumentsAcceptable()方法检查 argtypes 中的实际参数类型是否能转换为 m 方法的形式参数类型。如果能转换，则返回 m 在 site 类型下的方法类型，否则抛出 InapplicableMethodException 类型的异常，表示 m 不是一个匹配的方法。instantiate()方法最终返回 null。

下面接着看 mostSpecific()方法的第 2 部分代码实现，当 m1SignatureMoreSpecific 与 m2SignatureMoreSpecific 的值都为 true 时会继续比较两个方法，具体的实现代码如下：

```
来源：com.sun.tools.javac.comp.Resolve
if (m1SignatureMoreSpecific && m2SignatureMoreSpecific) {
    Type mt1 = types.memberType(site, m1);
    Type mt2 = types.memberType(site, m2);
    if (!types.overrideEquivalent(mt1, mt2))
        return ambiguityError(m1, m2);

    if ((m1.flags() & BRIDGE) != (m2.flags() & BRIDGE))
        return ((m1.flags() & BRIDGE) != 0) ? m2 : m1;

    // 当一个方法覆写或隐藏了另外一个方法时，返回这个方法
    TypeSymbol m1Owner = (TypeSymbol)m1.owner;
    TypeSymbol m2Owner = (TypeSymbol)m2.owner;
    if (types.asSuper(m1Owner.type, m2Owner) != null &&
       ((m1.owner.flags_field & INTERFACE) == 0||(m2.owner.flags_field &
INTERFACE) != 0) &&
      m1.overrides(m2, m1Owner, types, false))
        return m1;
    if (types.asSuper(m2Owner.type, m1Owner) != null &&
       ((m2.owner.flags_field & INTERFACE) == 0||(m1.owner.flags_field &
```

```
INTERFACE) != 0) &&
        m2.overrides(m1, m2Owner, types, false))
         return m2;

    boolean m1Abstract = (m1.flags() & ABSTRACT) != 0;
    boolean m2Abstract = (m2.flags() & ABSTRACT) != 0;
    if (m1Abstract && !m2Abstract)
        return m2;
    if (m2Abstract && !m1Abstract)
        return m1;
// 两个方法同时为抽象方法或非抽象方法
    if (!m1Abstract && !m2Abstract)
        return ambiguityError(m1, m2);

    // 当两个方法在泛型擦除后签名相同时，将产生引用歧义
    if (!types.isSameTypes(m1.erasure(types).getParameterTypes(),
                     m2.erasure(types).getParameterTypes()))
        return ambiguityError(m1, m2);

    // both abstract, neither overridden; merge throws clause and result type
    // 两个方法同时为抽象方法并且相互不覆写，合并抛出的异常和返回类型
    Symbol mostSpecific;
    if (types.returnTypeSubstitutable(mt1, mt2))
        mostSpecific = m1;
    else if (types.returnTypeSubstitutable(mt2, mt1))
        mostSpecific = m2;

    List<Type> allThrown = chk.intersect(mt1.getThrownTypes(), mt2.
getThrownTypes());
    Type newSig = types.createMethodTypeWithThrown(mostSpecific.type,
allThrown);
    MethodSymbol result = new MethodSymbol(mostSpecific.flags(),mostSpecific.
name,newSig,mostSpecific.owner) {  };
    return result;
}
```

调用 types.memberType()方法得到 m1 与 m2 方法在 site 下的具体类型 mt1 与 mt2，然后调用 types.overrideEquivalent()方法判断 m1 与 m2 方法是否相互覆写，如果不是，返回 ambiguityError 对象，表示方法引用产生歧义。overrideEquivalent()方法的实现代码如下：

```
来源：com.sun.tools.javac.comp.Resolve
public boolean overrideEquivalent(Type t, Type s) {
    return hasSameArgs(t, s) || hasSameArgs(t, erasure(s)) ||
hasSameArgs(erasure(t), s);
}
```

调用 hasSameArgs()方法比较两个方法的类型 t 与 s，其实就是比较两个方法的形式参数类型。当两个方法的形式参数类型相同，或者其中一个方法经过泛型擦除后的形式类型参数与另外一个相同时，两个方法是相同的，overrideEquivalent()方法将返回 true。举个例子如下：

【实例 11-22】

```
package chapter11;
```

```
class CA<T1, T2 extends Number> {
    public void md(T2 a, T2 b, T2... c) { }           // 第 1 个方法

    public void md(T1 a, T1... c) { }                 // 第 2 个方法
}

class CB<T3> extends CA<Integer, Integer> {
    public void test(Integer p) {
        // 报错，对 md 的引用不明确，CA 中的方法 md(T2,T2,T2...)和 CA 中的方法
        // md(T1,T1...)都匹配
        md(p, p);
    }
}
```

通过方法调用表达式 md(p,p)调用的 CA<Integer,Integer>类中的两个 md()方法都匹配，而且两个方法一样精确，所以 Javac 将报错，报错摘要为“对 md 的引用不明确, CA 中的方法 md(T2,T2,T2...)和 CA 中的方法 md(T1,T1...)都匹配”。

在 mostSpecific()方法中，如果其中有一个为桥方法，则返回非桥方法，桥方法是由 Javac 生成的，所以代码编写者不能通过程序调用。关于桥方法，将在第 13 章详细介绍。

在 mostSpecific()方法中，如果一个方法覆写了另外一个方法或者隐藏了另外一个方法时，返回这个方法，举个例子如下：

【实例 11-23】

```
package chapter11;

class CA {
    public static void md() { }
}

class CB extends CA {
    public static void md() { }

    public void test() {
        md();                          // 调用 CB 类中的 md()方法
    }
}
```

在 CB 类中定义的静态方法 md()隐藏了 CA 类中定义的静态方法，所以 mostSpecific()方法最终会返回 CB 类中的 md()方法。

在 mostSpecific()方法中，如果一个为抽象方法而另外一个为非抽象方法，则返回非抽象方法；如果两个都为非抽象方法，则 Javac 报错，举个例子如下：

【实例 11-24】

```
package chapter11;

class CA<T1, T2 extends Number> {
    public void md(T2 a) { }
```

```
    public void md(T1 a) { }
}

class CB extends CA<Integer, Integer> {
    public void test(Integer p) {
        // 报错，对 md 的引用不明确，CA 中的方法 md(T2)和 CA 中的方法 md(T1)都匹配
        md(p);
    }
}
```

在 CA<Integer,Integer>中定义了两个相同的方法 md()，所以 Javac 报错摘要为“对 md 的引用不明确, CA 中的方法 md(T2)和 CA 中的方法 md(T1)都匹配”。

在 mostSpecific()方法中，在调用 types.isSameTypes()方法判断两个泛型擦除后的方法的形式参数类型是否相同时，可以确定此时的 m1 与 m2 都为抽象方法，举个例子如下：

【实例 11-25】

```
package chapter11;

abstract class CA<T1, T2 extends Number> {
    public abstract void md(T2 a);

    public abstract void md(T1 a);
}

abstract class CB extends CA<Integer, Integer> {
    public void test(Integer p) {
        // 报错，对 md 的引用不明确，CA 中的方法 md(T2)和 CA 中的方法 md(T1)都匹配
        md(p);
    }
}
```

当使用裸类型 CA 时，擦写 T1 为 Object，T2 为 Number，两个方法的参数类型不一样，在不引用 md()方法时不会出错。只有在通过方法调用表达式 md(p)调用方法时，Javac 才会报错，报错摘要为“对 md 的引用不明确, CA 中的方法 md(T2)和 CA 中的方法 md(T1)都匹配”。

调用 types.returnTypeSubstitutable()方法比较两个方法返回类型的精确性，这个方法已经在第 10 章介绍过。当 types.returnTypeSubstitutable()方法返回 true 时，表示第 1 个方法比第 2 个方法的返回类型更精确，将最精确的一个方法保存到 mostSpecific 变量中，然后创建一个新的 MethodSymbol 对象 result 并返回。result 的大部分参数会和 mostSpecific 一样，但是会更新 result.type 的值为 newSig，主要是因为抛出的异常参数类型要取两个方法的交集，举个例子如下：

【实例 11-26】

```
package chapter11;
import java.io.Serializable;

class MyExc extends Exception { }
```

```
class MySubExc extends MyExc { }

interface IA<T> {
    public abstract Serializable md(T a) throws MySubExc;
}

abstract class CA<T> {
    public abstract Number md(T a) throws MyExc;
}

abstract class CB extends CA<Integer> implements IA<Integer> {
    public void test() {
        // 报错，未报告的异常错误 MySubExc；必须对其进行捕获或声明以便抛出
        md(1);
    }
}
```

CA<Integer>类中的 md()方法与 IA<Integer>类中的 md()方法相比，形式参数类型相同，但是返回类型 Number 比 Serializable 更精确，所以会为 CA<T>类中定义的 md()方法创建新的方法，这个新方法的异常类型变为了 MySubExc，所以如果不在 test()方法中对 MySubExc 异常类型进行捕获或抛出，Javac 将报错，报错摘要为“未报告的异常错误 MySubExc; 必须对其进行捕获或声明以便抛出”。

调用 intersect()方法计算新的异常参数列表，实现代码如下：

```
来源：com.sun.tools.javac.comp.Check
public List<Type> intersect(List<Type> ts1, List<Type> ts2) {
    List<Type> ts = List.nil();
    for (List<Type> l = ts1; l.nonEmpty(); l = l.tail)
        if (subset(l.head, ts2))
            ts = incl(l.head, ts);
    for (List<Type> l = ts2; l.nonEmpty(); l = l.tail)
        if (subset(l.head, ts1))
            ts = incl(l.head, ts);
    return ts;
}
```

当 ts1 列表中的任何一个类型是 ts2 列表中任何一个类型的子类时，调用 subset()方法将返回 true，也就是 ts1 列表中的这个类型将通过调用 incl()方法添加到 ts 列表中。对于 ts2 列表进行与 ts1 列表同样的操作，最后得到 ts 列表。调用的 subset()方法的实现代码如下：

```
来源：com.sun.tools.javac.comp.Check
boolean subset(Type t, List<Type> ts) {
    for (List<Type> l = ts; l.nonEmpty(); l = l.tail)
        if (types.isSubtype(t, l.head))
            return true;
    return false;
}
```

subset()方法的实现非常简单，如果 t 是 ts 列表中任何一个类型的子类时，该方法直接返回 true。

intersect()方法中调用的 incl()方法的实现代码如下：

```
来源：com.sun.tools.javac.comp.Check
List<Type> incl(Type t, List<Type> ts) {
    return subset(t, ts) ? ts : excl(t, ts).prepend(t);
}
```

这个方法同样会调用 subset()方法判断 l.head 是否为 ts 列表中某个类型的了类型，如果是，就不需要操作 ts 列表，否则还需要调用 excl()方法将 ts 列表中是 t 类型的子类型全部从 ts 列表中移除，然后在列表头部添加 t 类型。可以看出，调用 interset()方法返回的 ts 列表中不可能有两个类型互为父子关系。

incl()方法中调用的 excl()方法的实现代码如下：

```
来源：com.sun.tools.javac.comp.Check
List<Type> excl(Type t, List<Type> ts) {
    if (ts.isEmpty()) {
        return ts;
    } else {
        List<Type> ts1 = excl(t, ts.tail);
        if (types.isSubtype(ts.head, t))
            return ts1;
        else if (ts1 == ts.tail)
            return ts;
        else
            return ts1.prepend(ts.head);
    }
}
```

递归对 ts 列表中的类型进行遍历，然后判断 ts 列表中的类型是否为 t 的子类型。如果是，就直接返回 ts1，这个 ts1 中是没有 ts.head 元素的，否则判断 ts1 与 ts.tail。如果相等，表示之后遍历时没有改变列表中的元素，当前也不需要移除 ts.head，所以返回包括有 ts.head 的 ts。ts1 与 ts.tail 不相等并且 ts.head 也不是 t 的子类时，在 ts1 之前追加 ts.head 即可。

在 mostSpecific()方法中得到异常类型列表后会调用 types.createMethodTypeWithThrown()方法创建新的 MethodSymbol 对象。Types 类中的 createMethodTypeWithThrown()方法主要根据 mostSpecific.type 创建新的 MethodType 或 ForAll 对象，如创建 MethodType 对象的表达式如下：

```
new MethodType(t.argtypes, t.restype, newThrown, t.tsym);
```

创建 ForAll 对象的表达式如下：

```
new ForAll(t.tvars, t.qtype.accept(this, newThrown));
```

其中，t 就是 mostSpecific.type，而 newThrown 就是调用 intersect()方法计算出来的异常类型列表。

2. resolveMethod()方法

resolveMethod()方法的具体实现代码如下：

```
来源：com.sun.tools.javac.comp.Resolve
Symbol resolveMethod(_,Env<AttrContext> env,Name name,List<Type> argtypes,
List<Type> typeargtypes) {
    Symbol sym = startResolution();
    List<MethodResolutionPhase> steps = methodResolutionSteps;
    while (steps.nonEmpty() &&
           steps.head.isApplicable(boxingEnabled, varargsEnabled) &&
           sym.kind >= ERRONEOUS) {
        currentStep = steps.head;
        sym = findFun(env, name, argtypes, typeargtypes,
                    steps.head.isBoxingRequired,
                    steps.head.isVarargsRequired);
        steps = steps.tail;
    }
    return sym;
}
```

resolveMethod()方法与 resolveQualifiedMethod()方法的查找逻辑类似，不过 resolveMethod()方法会调用 findFun()方法进行查找。findFun()方法查找方法的逻辑与 findVar()方法查找变量的逻辑类似，具体的查找流程如图 11-3 所示。

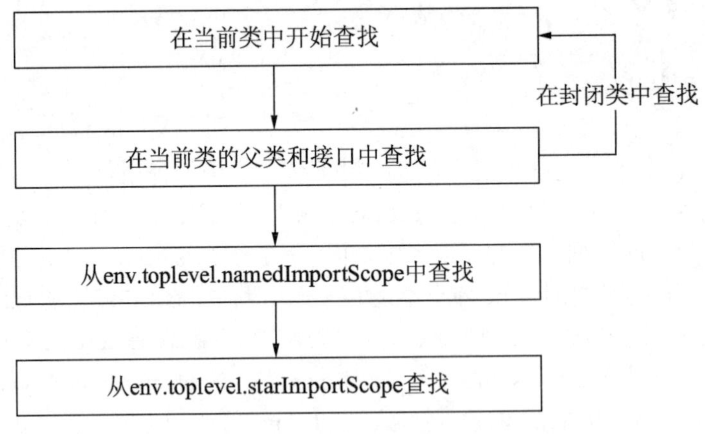

图 11-3　查找方法符号的流程

findFun()方法的实现代码比较多，不过可以将实现代码大概分为 3 个部分：第一部分是对当前类及当前类的父类和接口中查找的实现；第二部分是从 env.toplevel.namedImportScope 中查找的实现；第三部分是从 env.toplevel.starImportScope 查找的实现。findFun()方法的实现代码如下：

```
来源：com.sun.tools.javac.comp.Resolve
Symbol findFun(Env<AttrContext> env,
            Name name, List<Type> argtypes, List<Type> typeargtypes,
            boolean allowBoxing, boolean useVarargs) {
    Symbol bestSoFar = methodNotFound;
    Symbol sym;

    // 第一部分是对当前类及当前类的父类和接口中查找的实现
    Env<AttrContext> env1 = env;
    while (env1.outer != null) {
        sym = findMethod( env1,
                env1.enclClass.sym.type, name, argtypes, typeargtypes,
                allowBoxing, useVarargs, false);
        if (sym.exists()) {
            return sym;
        } else if (sym.kind < bestSoFar.kind) {
            bestSoFar = sym;
        }
        env1 = env1.outer;
    }

    // 第二部分是从 env.toplevel.namedImportScope 中查找的实现
    Scope.Entry e = env.toplevel.namedImportScope.lookup(name);
    for (; e.scope != null; e = e.next()) {
        sym = e.sym;
        Type origin = e.getOrigin().owner.type;
        if (sym.kind == MTH) {
            if (e.sym.owner.type != origin)
                sym = sym.clone(e.getOrigin().owner);
            if (!isAccessible(env, origin, sym))
                sym = new AccessError(env, origin, sym);
            bestSoFar = selectBest(env, origin,
                            argtypes, typeargtypes,
                            sym, bestSoFar,
                            allowBoxing, useVarargs, false);
        }
    }
    if (bestSoFar.exists())
        return bestSoFar;

    // 第三部分是从 env.toplevel.starImportScope 查找的实现
    e = env.toplevel.starImportScope.lookup(name);
    for (; e.scope != null; e = e.next()) {
        sym = e.sym;
        Type origin = e.getOrigin().owner.type;
        if (sym.kind == MTH) {
            if (e.sym.owner.type != origin)
```

```
                sym = sym.clone(e.getOrigin().owner);
            if (!isAccessible(env, origin, sym))
                sym = new AccessError(env, origin, sym);
            bestSoFar = selectBest(env, origin,
                                   argtypes, typeargtypes,
                                   sym, bestSoFar,
                                   allowBoxing, useVarargs, false);
        }
    }
    return bestSoFar;
}
```

在第一部分的查找过程中，由于方法不像变量一样可以在本地作用域内定义，所以只需要调用 findMethod()方法从当前类和当前类的超类 members_field 中查找，如果找不到，就在封闭类及封闭类的超类的 members_field 中查找。需要注意的是，在循环判断的过程中，其实也对静态环境引用非静态方法做了判断，实现和 findType()方法类似，为了能让重要的查找逻辑简单明了，没有给出 findMethod()方法的相关实现代码。

对于第二部分及第三部分的代码实现，与前面的 findVar()方法的实现非常类似，这里不再进行介绍。

第 12 章　语义分析之语法树标注

语法树标注就是在抽象语法树上标注好符号及类型。在第 6 章中介绍过任何树节点实现类都定义了 type 变量，这个变量用来保存类型，类型可能是当前树节点定义的类型，也可能是引用其他已经定义好的类型。如果是引用其他已经定义好的类型，那么就需要在语法树标注阶段查找这个具体的类型并保存到对应树节点的 type 变量上。符号也是同样的道理，不过并不是任何语法树节点都能直接保存符号，也没有这个必要。为保存符号而定义的相关变量的类如表 12-1 所示。

表 12-1　可直接保存符号的树节点实现类

实　现　类	变量的定义
JCCompilationUnit	public PackageSymbol packge
JCClassDecl	public ClassSymbol sym
JCMethodDecl	public MethodSymbol sym
JCVariableDecl	public VarSymbol sym
JCNewClass	public Symbol constructor
JCAssignOp	public Symbol operator
JCUnary	public Symbol operator
JCBinary	public Symbol operator
JCFieldAccess	public Symbol sym
JCIdent	public Symbol sym

JCCompilationUnit、JCClassDecl、JCMethodDecl 与 JCVariableDecl 类前面已经介绍过。JCCompilationUnit 类的 packge 变量保存包符号，如果这个包名称所对应的 PackageSymbol 对象已经存在，直接使用即可；如果不存在，需要创建对应的 PackageSymbol 对象。关于 PackageSymbol 对象的创建及使用在第 7 章已经详细介绍过，这里不再介绍。JCClassDecl、JCMethodDecl 与 JCVariableDecl 类会定义出新的符号，所以创建相关 Symbol 对象并保存到树节点实现类的相关变量上。

对于 JCNewClass、JCAssignOp、JCUnary、JCBinary、JCFieldAccess 与 JCIdent 类来

说，其 Symbol 类型的变量都是对已定义的符号进行引用。在第 11 章中已经介绍过查找类型、方法及变量相关符号的一些方法，这些方法可以在标注阶段用来查找具体的符号引用。对于 JCNewClass、JCAssignOp、JCUnary 与 JCBinary 树节点实现类来说，引用的是方法，所以相关变量保存的可能是 MethodSymbol 或 OperatorSymbol 对象，而对于 JCFieldAccess 与 JCIdent 树节点实现类来说，引用的符号可能为类型、方法与变量，所以可能为任何的 Symbol 对象。

在对表达式语法树进行标注之前还需要对符号和类型进行验证，任何表达式语法树都会根据所处的上下文环境给出对符号和类型的期望。如果实际查找到的符号和类型与期望的符号和类型不兼容，Javac 将报错。

12.1 Attr 类介绍

抽象语法树的标注在 Attr 类中完成，这个类继承了 JCTree.Visitor 抽象类并覆写了大部分的 visitXxx()方法。在标注类型的过程中，类型的查找不像符号一样可以通过符号表查找，但可以先通过确定唯一的符号引用后获取类型，然后对符号及类型进行验证，验证通过后才会将符号及类型保存到相应的语法树节点上。标注完成后的抽象语法树称为标注语法树。标注语法树将为后续编译阶段提供必要的符号及类型信息。

调用 attribTree()方法遍历语法树，实现代码如下：

```
来源：com.sun.tools.javac.comp.Attr
Type attribTree(JCTree tree, Env<AttrContext> env, int pkind, Type pt,
String errKey) {
    Env<AttrContext> prevEnv = this.env;
    int prevPkind = this.pkind;
    Type prevPt = this.pt;
    String prevErrKey = this.errKey;
    try {
        this.env = env;
        this.pkind = pkind;
        this.pt = pt;
        this.errKey = errKey;
        tree.accept(this);
        if (tree == breakTree)
            throw new BreakAttr(env);
        return result;
    } finally {
        this.env = prevEnv;
        this.pkind = prevPkind;
        this.pt = prevPt;
        this.errKey = prevErrKey;
    }
}
```

attribTree()方法的实现类似于 Enter 及 MemberEnter 类中 classEnter()方法与 member

Enter()方法的实现。attribTree()方法同样需要通过局部变量来保存相关成员变量的值，相关成员变量的说明如表 12-2 所示。

表 12-2　成员变量的说明

变量的声明	说　　明
Env<AttrContext> env	当前的环境
int pkind	期望的符号，值取自Kinds类中预定义的常量
Type pt	期望的类型，不同的类型通过tag值来区分，而tag值取自TypeTags类中预定义的常量
String errKey	当实际查找的符号或类型与期望的符号或类型不兼容时报错
Type result	实际的类型

其中，pkind 与 pt 就是根据当前表达式语法树所处的上下文环境得出的对符号及类型的期望。如果已经得出实际的符号及类型，就会调用 check()方法来验证实际的符号和类型是否与期望的符号和类型兼容。check()方法的实现代码如下：

```
来源：com.sun.tools.javac.comp.Attr
Type check(JCTree tree, Type owntype, int ownkind, int pkind, Type pt) {
    if ( pt.tag != METHOD && pt.tag != FORALL) {
        if ((ownkind & ~pkind) == 0) {              // 验证符号的兼容性
            // 验证类型的兼容性
            owntype = chk.checkType(_, owntype, pt, errKey);
        } else {
            log.error(_, "unexpected.type",_,_);
            owntype = types.createErrorType(owntype);
        }
    }
    tree.type = owntype;                            // 为语法树标注类型
    return owntype;
}
```

参数 owntype 与 ownkind 分别表示实际的类型和符号，参数 pt 与 pkind 表示期望的类型和符号。当期望的类型不是与方法相关的类型时，将会对符号及类型进行兼容性检查。首先检查实际的符号是否为期望符号的一种，如果是，就会调用 Check 类的 checkType()方法继续对类型的兼容性进行检查，最后将 owntype 保存到树节点的 type 变量上，算是完成了对语法树类型的标注。

checkType()方法对于参数 found 为非 ForAll 对象的处理逻辑如下：

```
来源：com.sun.tools.javac.comp.Check
Type checkType(_, Type found, Type req, String errKey) {
    if (req.tag == NONE)
        return found;
    if (types.isAssignable(found, req, _))
        return found;
```

```
        return typeError(_, diags.fragment(errKey), found, req);
    }
```

当 req.tag 的值为 NONE 时，表示对类型没有任何的期望，直接返回实际类型即可；当 req.tag 的值不为 NONE 时，调用 types.isAssignable()方法判断类型的兼容性，这个方法在第 9 章中已经详细介绍过，这里不再介绍。如果 isAssignable()方法返回 false，则表示类型不兼容，调用 typeError()方法创建一个 ErrorType 对象并返回。

在 Attr 类中，调用 attribTree()方法的主要有 attribType()与 attribExpr()方法，这两个方法及相关的应用将在后面进行详细介绍。

12.2 表达式相关树节点的标注

12.2.1 JCUnary 树节点标注

JCUnary 类表示含有一元运算符的树节点，在 Attr 类的 visitUnary()方法中完成标注，这个方法查找一元运算符的符号并保存到 JCUnary 对象的 operator 变量中，代码如下：

```
    来源：com.sun.tools.javac.comp.Attr
    Type argtype = (JCTree.PREINC <= tree.getTag() && tree.getTag() <= JCTree.
    POSTDEC)
        ? attribTree(tree.arg, env, VAR, Type.noType)
        : attribExpr(tree.arg, env);
    Symbol operator = tree.operator = rs.resolveUnaryOperator(_, tree.getTag(),
    env, argtype);
```

在第 6 章介绍过，一元运算符会被表示为 OperatorSymbol 对象，所以在查找具体被引用的符号时，需要根据实际的参数类型 argtype 和符号名称进行查找，符号名称可通过调用 tree.getTag()方法间接得到。

对于自增自减的一元运算符来说，调用 attribTree()方法标注 tree.arg 子节点并得到子节点的类型，在调用 attribTree()方法时，因为能够确定 tree.arg 子节点是对变量的引用，所以传递的符号期望为 VAR。需要说明的是，这里对符号的期望不能为 VAL，因为 VAL 允许 tree.arg 为常量或者方法调用表达式，这些都是值类型，不能进行自增自减操作。除自增自减外的其他一元运算符，需要调用 attribExpr()方法标注 tree.arg 子节点并得到子节点对应的类型。

得到 argtype 后调用 Resolve 类中的 resolveUnaryOperator()方法查找具体的符号引用，resolveUnaryOperator()方法的实现代码如下：

```
    来源：com.sun.tools.javac.comp.Resolve
    public Symbol resolveUnaryOperator(_,int optag,Env<AttrContext> env,Type
arg) {
        return resolveOperator(_, optag, env, List.of(arg));
    }
```

调用的 resolveOperator()方法的实现代码如下：

```
来源：com.sun.tools.javac.comp.Resolve
Symbol resolveOperator(_, int optag,Env<AttrContext> env, List<Type> argtypes) {
   Name name = treeinfo.operatorName(optag);
   Symbol sym = findMethod(env, syms.predefClass.type, name, argtypes,
null, false, false, true);
   if (boxingEnabled && sym.kind >= WRONG_MTHS)
      sym = findMethod(env, syms.predefClass.type, name, argtypes,null,
true, false, true);
   return sym;
}
```

首先调用 TreeInfo 对象 treeinfo 的 operatorName()方法得到运算符名称，其中传递的参数 optag 就是在 visitUnary()方法中通过调用 tree.getTag()方法得到的值。getTag()方法获取的是 opcode 值，这个值已经在 JCTree 类中预先进行了定义，每个运算符都对应唯一的一个常量值，所以调用 operatorName()就是根据对应的常量值得到具体的运算符名称。不过需要注意的是，前置自增与后置自增的名称都为“++”，前置自减与后置自减的名称都为“--”，所以无论前置还是后置，对应的都是同一个 OperatorSymbol 对象。

得到运算符名称 name 后调用 findMethod()方法在 syms.predefClass.type 中查找符号引用，findMethod()方法在第 11 章介绍过，这个方法会在 syms.predefClass 的 members_field 中查找运算符对应的 OperatorSymbol 对象。由于 OperatorSymbol 对象的形式参数不含变长参数，所以只需要进行方法的前两个阶段查找即可，第一阶段查找时不允许进行类型装箱转换与类型拆箱转换，当没有查找到合适的符号时，允许使用类型装箱转换与类型拆箱转换进行查找。调用 findMethod()方法传递的最后一个参数为 true，表示查找的是运算符。

调用 resolveOperator()方法得到符号后保存到 tree.operator 中，接下来查找类型并标注，visitUnary()方法的实现代码如下：

```
来源：com.sun.tools.javac.comp.Attr
Type owntype = types.createErrorType(tree.type);
if (operator.kind == MTH ) {
   owntype = (JCTree.PREINC <= tree.getTag() && tree.getTag() <= JCTree.
POSTDEC)
        ? tree.arg.type
        : operator.type.getReturnType();
}
result = check(tree, owntype, VAL, pkind, pt);
```

首先将 owntype 初始化为 ErrorType 对象，当 operator.kind 值为 MTH 时，也就是查找到了合适的符号，更新 owntype 值；当 tree 为一元自增自减运算符时，获取 tree.arg.type 保存的类型，否则为方法的返回类型。举个例子如下：

【实例 12-1】

```
class Test {
   public void test() {
      Integer a = 1;
```

```
        a++;
    }
}
```

对 Integer 类型的变量 a 进行自增操作，在查找运算符的 OperatorSymbol 对象时，由于 OperatorSymbol 对象在创建时只接收基本类型的参数，所以在允许类型拆箱转换时查找到名称为“++”、参数类型为 int、返回类型为 int 的 OperatorSymbol 对象。由于“a++”表达式的类型为 Integer，所以应该取 tree.arg.type，而不是 OperatorSymbol 对象的返回类型 int。

12.2.2 JCBinary 树节点的标注

JCBinary 类表示含有二元运算符的树节点，在 Attr 类的 visitBinary()方法中完成标注。visitBinary()方法首先查找二元运算符的符号并标注，具体实现代码如下：

```
来源：com.sun.tools.javac.comp.Attr
Type left = attribExpr(tree.lhs, env);
Type right = attribExpr(tree.rhs, env);
Symbol operator = tree.operator = rs.resolveBinaryOperator(_, tree.getTag(),
env, left, right);
```

首先对 JCBinary 树节点 tree 的左子树与右子树调用 attribExpr()方法进行标注，得到左子树与右子树的类型后调用 Resolve 类中的 resolveBinaryOperator()方法查找具体引用的符号。resolveBinaryOperator()方法的实现代码如下：

```
来源：com.sun.tools.javac.comp.Resolve
Symbol resolveBinaryOperator(_,int optag,Env<AttrContext> env,Type left,
Type right) {
    return resolveOperator(_, optag, env, List.of(left, right));
}
```

与查找一元运算符的 resolveUnaryOperator()方法类似，resolveBinaryOperator()方法也调用了 resolveOperator()方法进行查找，只是查找时的实际参数变为了两个，最后将查找到的 OperatorSymbol 对象保存到 tree.operator。

标注了符号后就需要标注类型了，visitBinary()方法中对类型标注的实现代码如下：

```
来源：com.sun.tools.javac.comp.Attr
Type owntype = types.createErrorType(tree.type);
if (operator.kind == MTH ) {
    owntype = operator.type.getReturnType();
}
result = check(tree, owntype, VAL, pkind, pt);
```

当查找到的 operator.kind 值为 MTH 时更新 owntype，直接取方法的返回类型即可。最后调用 check()方法对符号和类型的兼容性进行检查，如果兼容将 owntype 赋值给 tree.type，这样 JCBinary 树节点的类型标注也完成了。

12.2.3　JCAssignOp 树节点的标注

JCAssignOp 类表示含有复合赋值运算符的树节点，在 Attr 类的 visitAssignop()方法中完成标注。visitAssignop()方法的实现代码如下：

```
来源：com.sun.tools.javac.comp.Attr
public void visitAssignop(JCAssignOp tree) {
    Type owntype = attribTree(tree.lhs, env, VAR, Type.noType);
    Type operand = attribExpr(tree.rhs, env);
    Symbol operator = tree.operator = rs.resolveBinaryOperator(
                    _, tree.getTag() - JCTree.ASGOffset, env,owntype, operand);

    result = check(tree, owntype, VAL, pkind, pt);
}
```

首先对 JCAssignOp 树节点 tree 的左子树与右子树进行标注，在标注左子树时调用的是 attribTree()方法，符号期望为 VAR，因为左子树引用的符号必须是变量。有了 owntype 和 operand 后，就可以调用 Resolve 类的 resolveBinaryOperator()方法查找具体的符号引用了，查找到的 OperatorSymbol 对象将被保存到 tree.operator，最后调用 check()方法标注类型。

12.3　JCIdent 树节点的标注

JCIdent 树节点可能引用的是类型、方法或变量相关的符号，在 Attr 类的 visitIdent()方法中完成标注。举个例子如下：

【实例 12-2】

```
class Test {
    public int a = 1;

    public void md() { }

    public void test() {
        int b = a;
        Test c = new Test();
        md();
    }
}
```

变量 b 的初始化部分是一个名称为 a 的 JCIdent 树节点，引用了成员变量 a；变量 c 声明的是一个名称为 Test 的 JCIdent 树节点，引用了 Test 类；方法调用表达式 md()是一个 JCMethodInvocation 树节点，其中的 meth 是一个名称为 md 的 JCIdent 树节点，引用了方法 md()。

调用 visitIdent()方法标注 JCIdent 树节点，首先进行符号的标注，主要实现代码如下：

```
来源：com.sun.tools.javac.comp.Attr
public void visitIdent(JCIdent tree) {
    Symbol sym;
    if (pt.tag == METHOD || pt.tag == FORALL) {          // 查找方法
        sym = rs.resolveMethod(_, env, tree.name, pt.getParameterTypes(),
pt.getTypeArguments());
    } else if (tree.sym != null && tree.sym.kind != VAR) {  // 处理导入声明
        sym = tree.sym;
    } else {                                             // 查找类型或变量
        sym = rs.resolveIdent(_, env, tree.name, pkind);
    }
    tree.sym = sym;
    result = checkId(tree, env1.enclClass.sym.type, sym, env, pkind, pt, _);
}
```

对于符号查找来说，如果期望的类型是方法，则调用 Resolve 类的 resolveMethod()方法查找；如果期望的类型是变量，则调用 resolveIdent()方法查找。这两个方法在第 11 章详细介绍过，这里不再进行介绍。当 tree.sym 不为空且 tree.sym.kind 不等于 VAR 时主要用来处理导入声明，举个例子如下：

【实例 12-3】

```
import java.util.ArrayList;
```

以上代码表示包名 java 的 JCIdent 树节点中的 sym 变量在符号输入阶段已经被赋值为 PackageSymbol 对象，所以直接取 tree.sym 值即可。

标注了符号就需要标注类型了，调用 checkId()方法会计算类型，然后在 checkId()方法中调用 check()方法进行类型标注。由于 sym 可能是类型、方法或变量，所以 checkId()方法也根据符号的不同执行了不同的处理逻辑，下面分情况讨论。

1. sym是类型

当 sym.kind 值为 TYP 时，表示 sym 是一个类型，checkId()方法通过 sym 获取实现类型，主要实现代码如下：

```
来源：com.sun.tools.javac.comp.Attr
Type owntype;
owntype = sym.type;
```

直接获取 sym.type 值即可。

2. sym是变量

当 sym.kind 值为 VAR 时，表示 sym 是一个变量，checkId()方法通过 sym 获取实际类型，主要实现代码如下：

```
来源：com.sun.tools.javac.comp.Attr
VarSymbol v = (VarSymbol)sym;
owntype = (sym.owner.kind == TYP && sym.name != names._this && sym.name !=
names._super)
        ? types.memberType(site, sym)
```

```
            : sym.type;
    ...
    if (pkind == VAL) {
        owntype = capture(owntype);
    }
```

当 sym 是成员变量并且不是 this 或者 super 这两个隐式的变量时，调用 types.memberType()方法计算 sym 在 site 下的类型，否则直接取 sym.type 的值，举个例子如下：

【实例 12-4】

```
class Test<T> {
    T t = null;

    public void test(Test<String> p) {
        String x = p.t;
    }
}
```

在初始化局部变量 x 时，当 site 为 Test<String>类型时，调用 types.memberType()方法得到成员变量 t 的类型为 String，所以能够正确赋值给 String 类型的变量 x。再举个例子如下：

【实例 12-5】

```
class Test<T extends Serializable> {
    public void test(T t) {
        Serializable x = t;
    }
}
```

代码中，将参数 t 的值赋值给变量 x，如果 sym 表示 t 变量的符号，则直接获取 sym.type 得到 t 的类型为 TypeVar。这个类型的上界为 Serializable，所以赋值表达式正确。

如果期望的符号是 VAL 时，还会调用 capture()方法对 owntype 进行捕获转换，举个例子如下：

【实例 12-6】

```
class Test<T extends Serializable> {
    public void test(Test<? extends Number> p) {
        Test<?> x = p;
    }
}
```

将参数 p 的值赋值给变量 x，由于 x 为含有通配符类型的 ClassType 对象，所以首先需要调用 capture()方法获取捕获转换后的类型，然后才能判断捕获类型是否能正确赋值给 Test<?>，赋值表达式正确。

3．sym是方法

当 sym.kind 的值为 MTH 时，表示 sym 是一个方法，checkId()方法通过 sym 获取实际的类型，主要实现代码如下：

```
来源：com.sun.tools.javac.comp.Attr
```

```
JCMethodInvocation app = (JCMethodInvocation)env.tree;
owntype = checkMethod(site, sym, env, app.args,
                    pt.getParameterTypes(), pt.getTypeArguments(),
                    env.info.varArgs);
```

调用 checkMethod()方法计算 owntype 变量的值，checkMethod()方法的实现代码如下：

```
public Type checkMethod(Type site,Symbol sym,Env<AttrContext> env,
final List<JCExpression> argtrees,List<Type> argtypes,
List<Type> typeargtypes,
boolean useVarargs) {
    Type owntype = rs.instantiate(env,site,sym,argtypes,typeargtypes, true,
useVarargs,_);
    return owntype;
}
```

调用 Resolve 类中的 instantiate()方法得到具体的类型，instantiate()方法在第 11 章介绍过。对于非泛型的方法来说，获取的是 sym 在 site 类型中的方法类型。泛型方法类型的计算比较复杂，在下一章将详细介绍。

12.4 JCFieldAccess 树节点的标注

JCFieldAccess 树节点的标注在 Attr 类的 visitSelect()方法中完成，JCFieldAccess 树节点可能引用的是类型、方法或变量相关的符号，举个例子如下：

【实例 12-7】

```
package chapter12;

public class Test {
    public int a = 1;

    public void md() { }

    public void test() {
        chapter12.Test t = new Test();
        int x = t.a;
        t.md();
    }
}
```

定义局部变量 t 的语法树节点为 JCVariableDecl，其中的 vartype 是一个 JCFieldAccess 树节点，引用的是类 Test；x 的初始化部分是个 JCFieldAccess 树节点，引用的是成员变量 a；方法调用表达式 md()是一个 JCMethodInvocation 树节点，其中的 meth 为 JCFieldAccess 树节点，引用的是方法 md()。

调用 Attr 类的 visitSelect()方法标注 JCFieldAccess 树节点，实现代码如下：

```
来源：com.sun.tools.javac.comp.Attr
public void visitSelect(JCFieldAccess tree) {
    int skind = 0;
```

```
    if (tree.name == names._this || tree.name == names._super || tree.name
== names._class) {
        skind = TYP;
    } else {
        if ((pkind & PCK) != 0)
            skind = skind | PCK;
        if ((pkind & TYP) != 0)
            skind = skind | TYP | PCK;
        if ((pkind & (VAL | MTH)) != 0)
            skind = skind | VAL | TYP;
    }

    // 标注 tree.selected 树节点
    Type site = attribTree(tree.selected, env, skind, Infer.anyPoly);

    // 根据 tree.selected 引用的符号和类型确定 tree 引用的符号和类型
    Symbol sitesym = TreeInfo.symbol(tree.selected);
    Symbol sym = selectSym(tree, sitesym, site, env, pt, pkind);
    tree.sym = sym;
}
```

visitSelect()方法首先计算 skind 值，这是处理 tree.selected 时的符号期望。如果当前 JCFieldAccess 树节点的名称为 this、super 或者 class 时，对 tree.selected 的符号期望是 TYP，因为这几个名称之前的限定符只能是 TYP，举个例子如下：

【实例 12-8】

```
class Test {
    Object a = Test.class;
    Object b = Test.this;
}
```

a 与 b 变量的初始化部分都是 JCFieldAccess 树节点，其中 selected 是名称为 Test 的 JCIdent 树节点，而 Test 引用的符号一定为 TYP。

如果对 tree 的符号期望是 PCK，那么对 tree.selected 的符号期望只能是 PCK，因为包名之前的限定符只能为包名；如果对 tree 的符号期望是 TYP，那么对 tree.selected 的符号期望可以为 TYP 或 PCK，也就是类型之前的限定符可以是类型或者包名；如果对 tree 的符号期望是 VAL 或 MTH，那么对 tree.selected 的符号期望可以是 VAL 或者 TYP，因为方法或变量前的限定符可以为变量或类型。

对于 JCFieldAccess 树节点来说，首先需要调用 attribTree()方法标注 tree.selected 子节点，同时传递符号期望 skind 与类型期望 Infer.anyPoly，举个例子如下：

【实例 12-9】

```
package compile;
import java.util.Random;

public interface Music {
    Random[] wizards = new Random[4];
}
```

在 chapter12 包中定义一个类 Test，代码如下:

【实例 12-9】（续）

```
package chapter12;

public class Test{
   static int n = compile.Music.wizards.length;
}
```

现在对变量 n 的初始化表达式进行标注，初始化表达式对应的语法树如图 12-1 所示。

```
tree=JCFieldAccess(name=length)
        selected=JCFieldAccess(name=wizards)
                selected=JCFieldAccess(name=Music)
                        selected=JCIdent(name=compile)
```

图 12-1　初始化表达式的语法树

调用 Attr 类的 visitVarDef()方法对变量 n 的 JCVariableDecl 树节点进行标注时，会调用 attribExpr()方法对变量的初始化表达式进行标注，代码如下：

```
来源：com.sun.tools.javac.comp.Attr
VarSymbol v = tree.sym;
attribExpr(tree.init, _, v.type);
```

对于实例 12-9 来说，v.type 表示 int 类型的 Type 对象，这是对 tree.init 的类型期望。由于 tree.init 为 JCFieldAccess 树节点，所以调用 Attr 类的 visitSelect()方法进行标注。表 12-3 中给出了标注变量 n 的初始化表达式的各个项所调用的方法，以及对各个项的符号和类型期望。

表 12-3　标注初始化表达式

方 法 名 称	初始化表达式	期望的符号与类型
visitSelect()	compile.Music.wizards.length	pkind=VAL pt=Type(int)
visitSelect()	compile.Music.wizards	pkind=VAL|TYP pt= Infer.anyPoly
visitSelect()	compile.Music	pkind=VAL|TYP|PCK pt= Infer.anyPoly
visitIdent()	compile	pkind=VAL|TYP|PCK pt= Infer.anyPoly

表 12-3 中“方法名称”一列从上到下表示按顺序调用 Attr 类的 visitSelect()或 visitIdent()方法，对变量初始化表达式中的各个项进行标注。可以看到，最后调用 visitIdent()方法标注 JCIdent(name=compile)，而 JCIdent(name=compile)也是首先完成标注的树节点，之后才

会依次完成对 JCFieldAccess(name=Music)、JCFieldAccess(name=wizards)与 JCFieldAccess-(name=length)的标注，每次标注完一项后，就会返回实际的类型。对于 visitSelect()方法来说，通过局部变量 site 接收到 tree.selected 的实际类型后，调用 TreeInfo.symbol()方法获取符号，实现代码如下：

```
来源：com.sun.tools.javac.comp.Attr
public static Symbol symbol(JCTree tree) {
    tree = skipParens(tree);
    switch (tree.getTag()) {
    case JCTree.IDENT:
        return ((JCIdent) tree).sym;
    case JCTree.SELECT:
        return ((JCFieldAccess) tree).sym;
    case JCTree.TYPEAPPLY:
        return symbol(((JCTypeApply) tree).clazz);
    default:
        return null;
    }
}
```

由于 tree 一定是标注过的语法树，所以直接从语法树中的相关变量中获取符号即可，当 tree 为 JCTypeApply 对象时，递归调用 symbol()方法获取 clazz 对应的符号即可。

在 visitSelect()方法中得到 sitesym 与 site 后就可以调用 selectSym()方法确定当前 tree 引用的符号。例如如果当前 visitSelect()方法标注的是 JCFieldAccess(name=Music)，那么会在包 compile 下查找一个符号期望为 pkind，类型期望为 pt 的 sym。

selectSym()方法的实现代码如下：

```
来源：com.sun.tools.javac.comp.Attr
private Symbol selectSym(JCFieldAccess tree,Symbol location,Type site,
Env<AttrContext> env,
                         Type pt,int pkind) {
    Name name = tree.name;
    switch (site.tag) {
    case PACKAGE:                              // 限定符为包类型
        return rs.findIdentInPackage(env, site.tsym, name, pkind);
    case ARRAY:                                // 限定符为数组
    case CLASS:                                // 限定符为类或接口
        if (pt.tag == METHOD || pt.tag == FORALL) {
            return rs.resolveQualifiedMethod(
                _, env, location, site, name, pt.getParameterTypes(),
pt.getTypeArguments());
        } else if (name == names._this || name == names._super) {
            return rs.resolveSelf(pos, env, site.tsym, name);
        } else if (name == names._class) {
            // 当 name 为 class 时，可以确定限定符为类型
            Type t = syms.classType;
            List<Type> typeargs =
allowGenerics ? List.of(types.erasure(site)) : List.<Type>nil();
            t = new ClassType(t.getEnclosingType(), typeargs, t.tsym);
            return new VarSymbol( STATIC | PUBLIC | FINAL, names._class, t,
site.tsym);
```

```
        } else {
            Symbol sym = rs.findIdentInType(env, site, name, pkind);
            return sym;
        }
    case TYPEVAR:                          // 限定符为类型变量
        Symbol sym = selectSym(tree, location, capture(site.getUpperBound()),
env, pt, pkind);
        return sym;
    default:
        // 当限定符为基本类型时，只允许 name 为 class
        if (name == names._class) {
            // 当 name 为 class 时，可以确定限定符为类型
            Type t = syms.classType;
            Type arg = types.boxedClass(site).type;
            t = new ClassType(t.getEnclosingType(), List.of(arg), t.tsym);
            return new VarSymbol(STATIC | PUBLIC | FINAL, names._class, t,
site.tsym);
        }
    }
}
```

selectSym()方法根据限定符类型 site 的不同计算当前 JCFieldAccess 树节点引用的符号。下面根据 site.tag 值的不同分情况讨论。

1．值为PACKAGE时

当 site.tag 值为 PACKAGE 时，表示限定符为包类型，调用 Resolve 类的 findIdentInPackage()方法从指定的包符号 site.tsym 内查找名称为 name 的类或包。findIdentInPackage()方法在第 11 章已经详细介绍过，这里不再介绍。

2．值为ARRAY或CLASS时

当 site.tag 值为 ARRAY 时，表示限定符为数组，当 site.tag 值为 CLASS 时，表示限定符为类或接口。当类型期望为方法类型时，调用 Resolve 类中的 resolveQualifiedMethod()方法进行查找。resolveQualifiedMethod()方法可以在有限定符的情况下查找引用的具体方法，在第 11 章详细介绍过。当 JCFieldAccess 树节点的 name 值为 this 或 super 时，调用 resolveSelf()方法获取引用的符号，实现代码如下：

```
来源：com.sun.tools.javac.comp.Resolve
Symbol resolveSelf(_,Env<AttrContext> env,TypeSymbol c,Name name) {
    Env<AttrContext> env1 = env;
    while (env1.outer != null) {
        if (env1.enclClass.sym == c) {
            Symbol sym = env1.info.scope.lookup(name).sym;
            if (sym != null) {
                return sym;
            }
        }
        env1 = env1.outer;
    }
```

```
        log.error(_, "not.encl.class", c);
        return syms.errSymbol;
    }
```

在第 7 章介绍符号输入的第二阶段时介绍过 complete(Symbol sym)方法，这个方法在处理类型时，会向类型对应的本地作用域中输入 thisSym 与 superSym 符号，所以 resolveSelf()方法可以通过符号表查找 this 或 super 关键字引用的符号。

当 name 为 class 时要进行特殊处理，如分析 Integer.class 时，Integer 是类，最终 Integer.class 返回的是一个 VarSymbol 对象，名称为 class，所以可以将 class 看作是 Integer 类中定义的一个变量，不过这个变量的类型为 java.lang.Class<Integer>，或者如 int[].class，返回 VarSymbol 对象，其类型为 java.lang.Class<int[]>。

除以上情况外，其他情况调用 Resolve 类的 findIdentInType()方法查找符号引用，这个方法在第 11 章介绍过，这里不再介绍。

3．值为TYPEVAR时

当 site.tag 值为 TYPEVAR 时，表示限定符为类型变量，首先获取类型变量的上界，这个上界类型中可能含有通配符类型，所以调用 capture()方法进行捕获转换，然后递归调用 selectSym()方法得到 sym。

4．默认处理

默认逻辑中只处理了基本类型的情况，对于除以上处理的类型和基本类型外，其他类型表示程序有错误，如 site.tag 值为 ERROR 与 WILDCARD 时，表示程序已经出错。

当 site 为基本类型时，只能是形如 int.class 这样的形式，而且实现与之前介绍的处理 Integer.class 或 int[].class 的实现类似，不过基本类型会封装为对应的引用类型。

对于实例 12-9 来说，当调用 visitSelect()方法标注 JCFieldAccess(name=Music)时，sitesym 为 PackageSymbol(name=compile)，site 为 PackageType(tsym.name=compile)。调用 findIdentInPackage()方法会返回 ClassSymbol(name=Music)，这就是当前树节点引用的实际符号，调用 checkId()方法得到 ClassType(tsym.name=Music)，这就是当前树节点引用的实际类型，ClassType(tsym.name=Music)会继续返回给 visitSelect()方法进行处理。表 12-4 简单给出了初始化表达式标注的完整过程。

表 12-4　初始化表达式的标注过程

方法名称	初始化表达式	期望的符号与类型	实际的符号与类型
visitIdent()	compile	pkind=VAL|TYP|PCK pt= Infer.anyPoly	pkind=PCK owntype=PackageType(tsym.name=compile)

（续）

方 法 名 称	初始化表达式	期望的符号与类型	实际的符号与类型
visitSelect()	compile.Music	pkind=VAL|TYP|PCK pt= Infer.anyPoly	pkind=TYP owntype=ClassType(tsym.name= Music)
visitSelect()	compile.Music.wizards	pkind=VAL|TYP pt= Infer.anyPoly	pkind=VAR owntype=ArrayType(elemtype. name=Random)
visitSelect()	compile.Music.wizards. length	pkind=VAL pt=Type(int)	pkind=VAR owntype=Type(int)

表 12-4 从上到下按顺序标注了初始化表达式的各个项，同时给出了期望的符号和类型与最终查找到的实际符号和类型。

第 13 章　泛型的实现

Java 语言的泛型在集合类中被广泛使用，例如 java.util.List 接口是泛型，我们可以参数化这个类型，如 List<String>是一个参数化类型。Java 语言的泛型完全由 Javac 等编译器来支持。第 6 章讲解了泛型相关的一些类型，第 9 章讲解了与通配符类型相关的捕获转换。本章将重点介绍泛型类型推断及泛型擦除。

13.1 泛型类型

当声明一个泛型类型时，通常会声明一个或多个类型变量，同时可以为类型变量指定上界。如果没有明确指定上界，则默认为 Object 类。在参数化类型的过程中需要检查实际类型参数的类型是否在上界之内。举个例子如下：

【实例 13-1】

```
class Test<T extends Serializable>{
   Test<Number> o;
}
```

实例 13-1 声明了一个泛型类型 Test<T extends Serializable>，然后声明了一个成员变量 o，它的类型是参数化类型 Test<Number>，Javac 在标注阶段验证实际类型参数的类型 Number 是否在类型变量 T 声明的上界 Serializable 内，由于 Number 为 Serializable 的子类，所以实例正常编译。

调用 Check 类的 validate()方法对参数化类型进行检查，在 Attr 类的 visitVarDef()方法中有如下调用语句：

```
来源：com.sun.tools.javac.comp.Attr
chk.validate(tree.vartype, env);
```

Check 类的 validate()方法最终会调用 firstIncompatibleTypeArg()方法对参数化类型进行检查。如果 firstIncompatibleTypeArg()方法返回一个 Type 对象，则表示第一个被检查出的不在声明上界范围内的实际类型参数；如果方法返回 null，表示实际类型参数都在上界之内。firstIncompatibleTypeArg()方法的主要实现代码如下：

```
来源：com.sun.tools.javac.comp.Check
private Type firstIncompatibleTypeArg(Type type) {
   List<Type> formals = type.tsym.type.allparams();
```

```
    List<Type> actuals = type.allparams();

    List<Type> forms = type.tsym.type.getTypeArguments();
    List<Type> args = type.getTypeArguments();

    ListBuffer<Type> tvars_buf = new ListBuffer<Type>();
    while (args.nonEmpty() && forms.nonEmpty()) {
        tvars_buf.append(types.substBound(((TypeVar)forms.head),formals,
actuals));
        args = args.tail;
        forms = forms.tail;
    }

    args = type.getTypeArguments();
    List<Type> tvars = tvars_buf.toList();

    while (args.nonEmpty() && tvars.nonEmpty()) {
        Type actual = types.subst(args.head,type.tsym.type.getTypeArguments(),
tvars_buf.toList());
        // 检查实际类型参数的类型是否符合要求
        if ( !checkExtends(actual, (TypeVar)tvars.head)) {
            return args.head;
        }
        args = args.tail;
        tvars = tvars.tail;
    }

    return null;
}
```

firstIncompatibleTypeArg()方法的参数 type 一般都是参数化类型。为了更好地验证实际类型参数是否符合要求，首先需要对形式类型参数中的上界做一次替换，具体就是将上界中含有的形式类型参数中声明的类型变量替换为实际类型参数的类型。举个例子如下：

【实例 13-2】

```
package chapter13;

class Param<T> { }

class Test<T1 extends T2, T2, T3 extends Param<T4>, T4 extends Number> {
    Test<Integer, Number, Param<Integer>, Integer> x;
}
```

对于参数化类型 Test<Integer,Number,Param<Integer>,Integer>来说，由于没有封闭类，所以 formals 和 forms 列表的值一样，actuals 和 args 列表的值一样，调用 types.substBounds()方法替换 Test 类中声明的类型变量 T1、T2、T3 与 T4 中的上界，替换后 tvars_buf 列表中的值按顺序为 TypeVar(bound=Number)、TypeVar(bound=Object)、TypeVar(bound=Param<Integer>)和 TypeVar(bound=Number)。

types.substBound()方法的实现代码如下：

```
来源：com.sun.tools.javac.code.Types
public TypeVar substBound(TypeVar t, List<Type> from, List<Type> to) {
```

```
    Type bound1 = subst(t.bound, from, to);
    if (bound1 == t.bound)
        return t;
    else {
        TypeVar tv = new TypeVar(t.tsym, null, syms.botType);
        tv.bound = subst(bound1, List.<Type>of(t), List.<Type>of(tv));
        return tv;
    }
}
```

当类型变量的上界在调用 subst()方法（该方法在附录 C 中有介绍）之后发生变化时，会创建一个新的类型变量，将 bound1 中含有的类型变量 t 全部替换为新创建的类型变量 tv 并赋值给 tv.bound，创建新的类型变量是为了避免修改原有类型变量声明的信息。

回看 firstIncompatibleTypeArg()方法，接下来会对所有的实际类型参数进行验证。不过在调用 checkExtends()方法验证之前，需要调用 types.subst()方法对实际类型参数中含有的类型变量进行替换。因为实际传递的类型参数中如果含有类型变量，那么这些类型变量可能在 substBound()方法中已经替换为了新的 TypeVar 对象。举个例子如下：

【实例 13-3】

```
package chapter13;

class Param<T>{ }

class Test<T1 extends T2,T2>{
    Test<Param<T1>,Param<T1>> x;
}
```

在处理 Test 类中声明的类型变量 T1 时，会创建一个新的类型变量。因为 T1 的上界为 T2，而为 T2 传递的实际类型参数的类型为 Param<T1>类。这个 Param<T1>类中的 T1 会在 substBound()方法中被替换为新的类型变量，而参数化类型 Test<Param<T1>, Param<T1>>中的第一个实际类型参数 Param<T1>也将被替换为新的类型变量，最终的目的是为了使用同一个对象表示同一个类型变量，这样有利于后续的类型比较。

checkExtends()方法的实现代码如下：

```
来源：com.sun.tools.javac.comp.Check
private boolean checkExtends(Type a, TypeVar bs) {
    if (a.isUnbound()) {                   // 实际类型参数的类型为无界通配符类型
        return true;
    } else if (a.tag != WILDCARD) {       // 实际类型参数的类型为非通配符类型
        a = types.upperBound(a);
        return types.isSubtype(a, bs.bound);
    } else if (a.isExtendsBound()) {      // 实际类型参数的类型为上界通配符类型
        return types.isCastable(bs.getUpperBound(), types.upperBound(a), _);
    } else if (a.isSuperBound()) {        // 实际类型参数的类型为下界通配符类型
        return !types.notSoftSubtype(types.lowerBound(a), bs.
getUpperBound());
    }
    return true;
}
```

如果实际类型参数的类型 a 为非通配符类型，则判断 a 的上界是否为 bs 上界的子类即可。当 a 为非类型变量，调用 types.upperBound()方法返回自身，否则返回类型变量的上界；如果实际类型参数的类型 a 为通配符类型时，由于通配符类型有 3 种情况，所以分如下几种情况讨论。

- 当 a 为无界通配符时，因为无界通配符可以看作是任何一个引用类型，所以与 bs 一定有共同的类，方法返回 true。
- 当 a 为上界通配符时，如果 bs 的上界能够通过强制类型转换为 a 的上界，那么两个类型就有共同的类型交集，方法返回 true。
- 当 a 为下界通配符时，调用 types.notSoftSubtype()方法判断 a 的下界与 bs 上界的关系。因为 a 是通配符下界，调用 types.lowerBound()方法获取到的可能是 TypeVar 或 ClassType 对象，然后调用 Types 类中的 notSoftSubtype()方法进行判断，这个方法在第 9 章中已经详细介绍过，这里不再介绍。

13.2 泛型方法

泛型方法是指那些至少有一个形式类型参数声明的方法。有时候在调用泛型方法时，需要知道形式类型参数的具体类型，但并不需要每次调用泛型方法时都明确指明类型参数的类型，Javac 等编译器能够根据上下文信息推断出实际类型参数的类型，举个例子如下：

【实例 13-4】

```
package chapter13;

class Collections {
    // 泛型方法
    public static <T> void copy(T a) { }
}

public class Test {
    public void test(String p){
        Collections.<String>copy(p);     // 第 1 个调用 copy()方法的语句
        Collections.<>copy(p);   // 第 2 个调用 copy()方法的语句，将报编译错误
        Collections.copy(p);     // 第 3 个调用 copy()方法的语句，需要进行类型推断
    }
}
```

Collections 类中定义的 copy()方法是泛型方法，对于第 1 个调用 copy()方法的语句来说，类型变量 T 被明确指定为 String 类型，所以 copy()方法中类型变量 T 就是 String 类型；对于第 2 个调用 copy()方法的语句来说，调用会产生编译错误，因为方法调用不支持类似于创建泛型对象时的钻石语法；对于第 3 个调用 copy()方法的语句来说，将结合调用上下文对 T 的具体类型进行推断，最终推断出的类型为 String。

本节将详细介绍方法调用时的类型推断。另外如果使用钻石语法创建泛型类型对象

时，会涉及对构造方法的类型推断，本章也会介绍对钻石语法的支持。

13.2.1　类型推断

这一节将详细介绍调用方法时的类型推断，也就是在调用泛型方法时不传递实际的类型参数，通过上下文信息进行实际类型参数类型的推断。对于需要推断的类型参数来说，推断可分为如下两个步骤进行：

（1）如果需要推断的类型变量出现在方法的形式参数中，则会根据实际参数的类型来推断。

（2）如果无法根据实际参数的类型进行推断，也就是需要推断的类型变量并没有出现在方法的形式参数中，但是出现在了方法的返回类型中，那么 Javac 将结合方法调用表达式的上下文信息来推断。JDK 1.7 版本的 Javac 只会结合赋值表达式左侧声明的类型进行推断，举个例子如下：

【实例 13-5】

```
class Test {
    public <T> T md(){
        return null;
    }

    public void test(){
        String a = md();
    }
}
```

将调用 md()方法得到的返回值赋值给 String 类型的变量 a，md()方法中的类型变量 T 被推断为 String 类型。

调用 Attr 类的 visitApply()方法处理方法调用表达式，其中对非构造方法调用表达式的处理如下：

```
来源：com.sun.tools.javac.comp.Attr
public void visitApply(JCMethodInvocation tree) {
    ...
    Env<AttrContext> localEnv = env.dup(tree, env.info.dup());
    argtypes = attribArgs(tree.args, localEnv);
    typeargtypes = attribAnyTypes(tree.typeargs, localEnv);

    Type mpt = newMethTemplate(argtypes, typeargtypes);
    Type mtype = attribExpr(tree.meth, localEnv, mpt);
    ...
}
```

代码中分别调用 attribArgs()和 attribAnyTypes()方法标注 tree.args 和 tree.typeargs 子节点，然后调用 newMethTemplate()方法创建一个 Type 对象 mpt 作为查找方法时期望的类型。newMethTemplate()方法的实现代码如下：

```
来源：com.sun.tools.javac.comp.Attr
Type newMethTemplate(List<Type> argtypes, List<Type> typeargtypes) {
    MethodType mt = new MethodType(argtypes, null, null, syms.methodClass);
    return (typeargtypes == null) ? mt : (Type)new ForAll(typeargtypes, mt);
}
```

首先根据实际参数类型生成 MethodType 对象 mt，当实际类型参数的类型列表 typeargtypes 不为空时，mt 将被封装为 ForAll 对象。

在 visitApply()方法中得到 mpt 后调用 attribExpr()方法标注 tree.meth 子节点，对于实例 13-5 来说，也就是标注 JCIdent(name=md)。首先调用 Resolve 类中的 resolveMethod()方法查找方法的符号引用，resolveMethod()方法会间接调用 rawInstantiate()方法。对于非泛型方法来说，rawInstantiate()方法只是简单调用 checkRawArgumentsAcceptable()方法检查实际传递的参数类型是否与形式参数类型兼容，对于泛型方法来说，这个方法的实现逻辑相对比较复杂，具体的实现代码如下：

```
来源：com.sun.tools.javac.comp.Resolve
Type rawInstantiate(Env<AttrContext> env,Type site,Symbol m,
                List<Type> argtypes,List<Type> typeargtypes,
                boolean allowBoxing,boolean useVarargs,_) throws Infer.
InferenceException {
    Type mt = types.memberType(site, m);

    List<Type> tvars = null;
    if (typeargtypes == null)
        typeargtypes = List.nil();
    if (mt.tag != FORALL && typeargtypes.nonEmpty()) {
                                        // 为非泛型方法传递了实际类型参数

    } else if (mt.tag == FORALL && typeargtypes.nonEmpty()) {
                                        // 为泛型方法传递了实际类型参数
        ForAll pmt = (ForAll) mt;
        if (typeargtypes.length() != pmt.tvars.length())
            throw inapplicableMethodException.setMessage("arg.length.
mismatch");                             // not enough args
        // 检查实际类型参数的类型是否是上界之内
        List<Type> formals = pmt.tvars;
        List<Type> actuals = typeargtypes;
        while (formals.nonEmpty() && actuals.nonEmpty()) {
            List<Type> bounds = types.subst(types.getBounds((TypeVar)formals.
head),
                                    pmt.tvars, typeargtypes);
            for (; bounds.nonEmpty(); bounds = bounds.tail)
                if (!types.isSubtypeUnchecked(actuals.head, bounds.head, _))
                    throw inapplicableMethodException.setMessage(
"explicit.param.do.not.conform.to.bounds",actuals.head, bounds);
            formals = formals.tail;
            actuals = actuals.tail;
        }
```

```
        mt = types.subst(pmt.qtype, pmt.tvars, typeargtypes);
    } else if (mt.tag == FORALL) {  // 没有为泛型方法传递实际类型参数，需要进行
                                    // 类型推断
        ForAll pmt = (ForAll) mt;
        List<Type> tvars1 = types.newInstances(pmt.tvars);
        tvars = tvars.appendList(tvars1);
        mt = types.subst(pmt.qtype, pmt.tvars, tvars1);
    }

    boolean instNeeded = tvars.tail != null ;
    if (instNeeded)                 // 需要进行类型推断
        return infer.instantiateMethod(env,tvars,(MethodType)mt,m,argtypes,
allowBoxing,useVarargs,_);
    // 检查实际参数类型是否与形式参数类型兼容
    checkRawArgumentsAcceptable(env,argtypes,mt.getParameterTypes(),
allowBoxing,useVarargs,_);
    return mt;
}
```

参数 m 就是查找到的方法调用表达式中的符号引用，参数 argtypes 与 typeargtypes 分别保存调用方法时传递的实际参数的类型和实际类型参数的类型。

调用 types.memberType()方法计算 m 在 site 下的类型，memberType()方法在附录 C 中有介绍，这里只简单举个例子说明这个方法的作用。

【实例 13-6】

```
class Test<T extends Serializable> {
    public void md(T t) { }

    public void test(Test<String> p1, Test p2) {
        p1.md("param");                 // 第 1 个调用方法的语句
        p2.md("param");                 // 第 2 个调用方法的语句
    }
}
```

对于第 1 个调用方法的语句来说，site 表示 Test<String>类型，m 表示 md()方法，调用 memberType()方法后，md()方法中的 T 类型会被替换为 String 类型，所以可以传递 String 类型的参数；对于第 2 个调用方法的语句来说，site 表示 Test 类型，m 表示 md()方法，调用 memberType()方法后，md()方法中的 T 类型会被替换为类型变量 T 声明时的上界 Serializable，同样可以传递 String 类型的参数。

当 mt 为非泛型方法且有实际类型参数传递时不做任何操作，举个例子如下：

【实例 13-7】

```
class Test<T> {
    public void md() { }

    public void test(Test p) {
        // 调用 md()方法不需要传递实际类型参数，但是如果传递了实际类型参数也不会报错
        p.<String>md();
    }
}
```

调用非泛型方法时指定了实际类型参数的类型为 String，Javac 默认不做任何操作，也就是直接忽略传递的实际类型参数，实例正常编译。

当 mt 为泛型方法并且实际类型参数的类型列表不为空时，检查每个实际类型参数的类型是否在形式类型参数中指定的上界内。调用 types.getBounds()方法获取形式类型参数中指定的上界，然后调用 subst()方法将上界中含有的所有方法中声明的类型变量替换为实际类型，然后检查实际类型是否在上界之内，最后还会调用 subst()方法对 pmt.qtype 进行类型变量替换，这样最终的 mt 方法经过 memberType()方法与 subst()方法处理后，通常形式参数、抛出的异常等都不会再含有类型变量了，所以也不需要进行类型推断。

当 mt 是泛型方法并且实际的类型参数的类型列表为空时，需要进行类型推断。在实际的类型参数推断过程中，为了不影响形式类型参数的原有信息，调用 types.newInstances()方法创建与泛型方法中声明的需要进行类型推断的类型变量相对应的新的类型变量，然后调用 types.subst()方法将方法中含有的类型变量全部替换为对应的新创建的类型变量。

当 tvars.tail 不为空时表示 tvars 列表中含有需要推断的类型变量，调用 infer.instantiateMethod()方法进行类型推断，instantiateMethod()方法的实现代码如下：

```
来源：com.sun.tools.javac.comp.Infer
public Type instantiateMethod(final Env<AttrContext> env,List<Type>tvars,
MethodType mt,final Symbol msym,final List<Type> argtypes,
final boolean allowBoxing,final boolean useVarargs, _)
                                                throws InferenceException {
    List<Type> undetvars = Type.map(tvars, fromTypeVarFun);
    List<Type> formals = mt.argtypes;
    final List<Type> capturedArgs = types.capture(argtypes);
    List<Type> actuals = capturedArgs;
    Type varargsFormal = useVarargs ? formals.last() : null;

    // 通过第 1 阶段与第 2 阶段查找方法
    while (actuals.nonEmpty() && formals.head != varargsFormal) {
        Type formal = formals.head;
        Type actual = actuals.head.baseType();
        Type undetFormal = types.subst(formal, tvars, undetvars);
        boolean works = allowBoxing
            ? types.isConvertible(actual, undetFormal, _)
            : types.isSubtypeUnchecked(actual, undetFormal, _);
        if (!works) {
            throw unambiguousNoInstanceException
                        .setMessage("infer.no.conforming.assignment.exists",
tvars, _, formal);
        }
        formals = formals.tail;
        actuals = actuals.tail;
    }

    // 通过第 3 阶段查找方法
    if (useVarargs) {
        Type elemType = types.elemtype(varargsFormal);
        Type elemUndet = types.subst(elemType, tvars, undetvars);
        while (actuals.nonEmpty()) {
```

```
            Type actual = actuals.head.baseType();
            boolean works = types.isConvertible(actual, elemUndet, _);
            if (!works) {
               throw unambiguousNoInstanceException
                        .setMessage("infer.no.conforming.assignment.exists",
tvars, _, elemType);
            }
            actuals = actuals.tail;
        }
    }
...
}
```

instantiateMethod()方法首先调用 types.map()方法为每个需要推断的类型变量建立对应的 UndetVar 对象。UndetVar 对象的 qtype 保存了需要推断的类型变量，其中的 lobounds 与 hibounds 列表为空，向这两个列表中添加值，以及根据这两个列表中的值推断具体类型就是接下来要做的主要工作。

调用 types.isConvertible()或 isSubtypeUnchecked()方法检查实际参数的类型是否与形式参数的类型兼容，其实就是通过第一阶段、第二阶段或第三阶段查找匹配的方法，无论调用哪一个方法，最终都会调用 types.isSubtype()方法。types.isSubtype()方法的实现代码如下：

```
来源：com.sun.tools.javac.code.Types
public boolean isSubtype(Type t, Type s, boolean capture) {
    ...
    if (s.tag >= firstPartialTag)
        return isSuperType(s, t);
    ...
}
```

由于 s 是 UndetVar 对象，所以 tag 值为 TypeTags.UNDETVAR，大于 firstPartialTag 的值，调用 isSuperType()方法进行处理，实现代码如下：

```
来源：com.sun.tools.javac.code.Types
public boolean isSuperType(Type t, Type s) {
    switch (t.tag) {
    case UNDETVAR: {
        UndetVar undet = (UndetVar)t;
        if (t == s || undet.qtype == s || s.tag == BOT)
            return true;
        if (undet.inst != null)
            return isSubtype(s, undet.inst);
        undet.lobounds = undet.lobounds.prepend(s);
        return true;
    }
    default:
        return isSubtype(s, t);
    }
}
```

isSuperType()方法主要判断当 t 为 UndetVar 类型时，t 是否为 s 的父类。

当两个类型相等、需要推断的类型变量 undet.qtype 与 s 相等或者 s 为 null 时，isSuperType()方法返回 true，表示 t 是 s 的父类。

当 undet.inst 不为空时继续判断 s 与 undet.inst 的关系。对于 UndetVar 类中的 inst 变量来说，当推断出 UndetVar 对象中的类型变量 qtype 的具体类型时会保存到 inst 变量中，当还没有推断出具体类型时，会将 s 当作 UndeVar 对象的一个下界填充到 lobounds 列表中。

当完成对 UndetVar 对象的 lobounds 列表的填充后，就可以根据 lobounds 列表中的值推断 UndetVar 对象中 qtype 的具体类型了。下面继续看 instantiateMethod()方法的实现代码：

```
来源：com.sun.tools.javac.comp.Infer
for (Type t : undetvars)
   minimizeInst((UndetVar) t, _);
```

循环 undetvars 列表中的元素并调用 minimizeInst()方法推断具体的类型。minimizeInst()方法的主要实现代码如下：

```
来源：com.sun.tools.javac.comp.Infer
void minimizeInst(UndetVar that, _) throws NoInstanceException {
   List<Type> lobounds = Type.filter(that.lobounds, errorFilter);
   if (that.inst == null) {
      if (lobounds.isEmpty())
         that.inst = syms.botType;
      else if (lobounds.tail.isEmpty())
         that.inst = lobounds.head.isPrimitive() ? syms.errType :
lobounds.head;
      else {
         that.inst = types.lub(lobounds);
      }
   }
   ...
}
```

调用 Type.filter()方法过滤 that.lobounds 列表中所有的错误类型，得到 lobounds 列表，Type.filter()方法根据 lobounds 列表中的值推断出具体类型并保存到 inst 变量中。当 lobounds 列表为空时推断出的具体类型为 Object；当 lobounds 列表中有一个值并且为引用类型时，将这个类型当作推断出的具体类型；当 lobounds 列表中含有至少两个值时，调用 types.lub()方法计算类型的最小上界，计算出的最小上界就是推断出的具体类型。首先举个例子说明最小上界以及求最小上界的必要性。

【实例 13-8】

```
class Test{
   public <T extends List<? extends Number>> void md(T a,T b){ }

   public void test(List<Integer> x,List<Number> y){
      md(x,y);
   }
}
```

在调用泛型方法 md()时，传递的实际参数类型为 List<Integer>和 List<Number>，它们都会作为推断类型变量 T 的具体类型的依据。如果只根据 List<Integer>与 List<Number>类型来推导的话，T 符合条件的类型非常多，如 List、Object 等都可以，但是将 List 或 Object 作为推断出来的类型可能并不满足要求，这些类型并不在类型边界 List<? extends Number>范围之内，所以需要求出最小上界。实际上，List<? extends Number>就是最终求得的最小上界。由图 13-1 可知，这是两个类的共同父类中最精确的类型，这里暂不考虑 List<? super Integer>这种含有下界通配符的类型。

List<Integer>与 List<Number>的继承关系如图 13-1 所示。

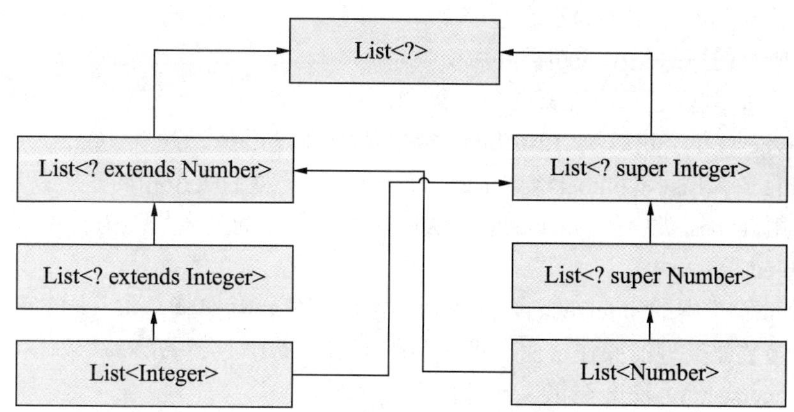

图 13-1　参数化类型的继承关系

lub()方法的实现比较复杂，因为 ts 列表中保存的类型可能是类和接口、数组或者类型变量，所以在 lub()方法中分情况求类型的最小上界，也就是分为只有数组的情况、只有类和接口的情况或者既有数组也有类和接口的情况。下面详细介绍在这 3 种情况下求最小上界的过程。

1. ts列表中只含有类和接口

当 ts 列表中的元素只含有类和接口时，lub()方法中求最小上界的实现代码如下：

```
来源：com.sun.tools.javac.code.Types

// 第 1 步：求所有擦除泛型的超类并做交集
List<Type> cl = erasedSupertypes(ts.head);
for (Type t : ts.tail) {
    if (t.tag == CLASS || t.tag == TYPEVAR)
        cl = intersect(cl, erasedSupertypes(t));
}

// 第 2 步：求最小的候选集
List<Type> mec = closureMin(cl);

// 第 3 步：求 lci(Inv(G))
List<Type> candidates = List.nil();
```

```
    for (Type erasedSupertype : mec) {
        List<Type> lci = List.of(asSuper(ts.head, erasedSupertype.tsym));
        for (Type t : ts) {
            lci = intersect(lci, List.of(asSuper(t, erasedSupertype.tsym)));
        }
        candidates = candidates.appendList(lci);
    }

    // 第 4 步：求最小上界
    return compoundMin(candidates);
```

求 ts 列表中所有类型的最小上界需要如下 4 步：

（1）求所有的擦除泛型的超类并做交集。

首先计算 ts 列表中每个元素的父类集合，例如 List<Integer>与 List<Number>，调用 erasedSupertypes()方法获取到 List<Integer>的所有擦除泛型的超类为{List、Collection、Iterable、Object}，List<Number>与 List<Integer>擦除泛型后类型相同，所以超类也相同。两个列表调用 Types 类中的 intersect()方法做交集后得到的列表仍然为{List、Collection、Iterable、Object}。

调用 Types 类中的 intersect()方法求两个类的交集，其实就是求共同的超类。由于这里不涉及对参数化类型的操作，而在第 3 步求 lci(Inv(G))时会涉及对参数化类型求交集的情况，所以 inersect()方法会在第 3 步进行详细介绍。

erasedSupertypes()方法的实现代码如下：

```
来源：com.sun.tools.javac.code.Types
List<Type> erasedSupertypes(Type t) {
    ListBuffer<Type> buf = lb();
    for (Type sup : closure(t)) {
        if (sup.tag == TYPEVAR) {
            buf.append(sup);
        } else {
            buf.append(erasure(sup));
        }
    }
    return buf.toList();
}
```

调用 closure()方法获取 t 的超类型，然后循环处理各个类型。如果类型为类型变量，直接追加到 buf 列表中，否则调用 erasure()方法将泛型擦除后的类型追加到 buf 列表中。需要注意的是，调用 closure()方法返回的列表中的元素是按照优先级从高到低排好序的，所以最终的 buf 列表中的元素也是按照优先级排好序，这样在 lub()方法中调用 intersect()方法时就会利用排序规则快速获取两个列表中类型的交集。

（2）求最小的候选集。

调用 closureMin()方法求最小的候选集。closureMin()方法在第 9 章介绍捕获转换时介绍过，实现代码如下：

```
来源：com.sun.tools.javac.code.Types
private List<Type> closureMin(List<Type> cl) {
```

```
    ListBuffer<Type> classes = lb();
    ListBuffer<Type> interfaces = lb();
    while (!cl.isEmpty()) {
        Type current = cl.head;
        if (current.isInterface())
            interfaces.append(current);
        else
            classes.append(current);
        ListBuffer<Type> candidates = lb();
        for (Type t : cl.tail) {
            if (!isSubtypeNoCapture(current, t))
                candidates.append(t);
        }
        cl = candidates.toList();
    }
    return classes.appendList(interfaces).toList();
}
```

对于 cl={List、Collection、Iterable、Object}来说，调用 closureMin()方法返回的是 List，因为 List 是其他 3 个类的子类。对实例 13-8 来说，将类型变量 T 推断为 List 要比推断为其他类型更好。

（3）求 lci(Inv(mec))。

Inv(mec)表示对于列表 mec 中的每个元素，查找在 ts 列表中所有对应的参数化类型。对于 mec={List}来说，由于 ts={List<Integer>、List<Object>}，所以 Inv(mec)={List<Integer>、List<Object>}，实现过程只要调用 asSuper()方法就可以得到对应的参数化类型。asSuper()方法在附录 C 中有详细介绍。

对 Inv(mec)列表中的元素进行 lci（the least containing invocation）运算，这一步操作比较复杂，通过调用 intersect()方法完成。intersect()方法的实现代码如下：

```
来源：com.sun.tools.javac.code.Types
public List<Type> intersect(List<Type> cl1, List<Type> cl2) {
    if (cl1 == cl2)
        return cl1;
    if (cl1.isEmpty() || cl2.isEmpty())
        return List.nil();
    if (cl1.head.tsym.precedes(cl2.head.tsym, this))
        return intersect(cl1.tail, cl2);
    if (cl2.head.tsym.precedes(cl1.head.tsym, this))
        return intersect(cl1, cl2.tail);
    if (isSameType(cl1.head, cl2.head))
        return intersect(cl1.tail, cl2.tail).prepend(cl1.head);
    if (cl1.head.tsym == cl2.head.tsym && cl1.head.tag == CLASS && cl2.
head.tag == CLASS) {
        // cl1 与 cl2 有相同的定义类型、不同的参数化类型时
        if (cl1.head.isParameterized() && cl2.head.isParameterized()) {
            Type merge = merge(cl1.head,cl2.head);
            return intersect(cl1.tail, cl2.tail).prepend(merge);
        }
        // cl1 与 cl2 有相同的定义类型并且至少有一个为裸类型
        if (cl1.head.isRaw() || cl2.head.isRaw())
```

```
            return intersect(cl1.tail, cl2.tail).prepend(erasure(cl1.head));
        }
        return intersect(cl1.tail, cl2.tail);
    }
```

参数列表 cl1 与 cl2 中的元素已经按优先级从高到低进行了排序，所以可以通过比较优先级快速判断两个类型的 tsym 是否相同。例如，List<Integer>与 List<Number>虽然是两个不同的类型，但是表示这两个类型的 ClassType 对象的 tsym 是同一个。调用 TypeSymbol 类中的 precedes()方法比较两个类型的优先级，precedes()方法已经在第 9 章详细介绍过。当 precedes()方法返回 false 时，tsym 一定不是同一个，舍弃优先级大的那个，然后对两个列表继续递归调用 intersect()方法进行计算。

cl1 与 cl2 列表中的类型可能有参数化的类型，所以需要对参数化类型也支持取交集。当从 cl1 与 cl2 列表中取出的类型都是参数化类型时，调用 merge()方法求两个类型的交集，当两个类型中有一个是裸类型时，其擦写后的类型就是两个类型的交集，如果不是如上情况，那么这两个类型没有任何关系，也就不会出现在最终的返回列表中。

对于实例 13-8 来说，由于 List<Integer>与 List<Number>都是参数化类型，所以最终会调用 merge()方法进行处理。merge()方法的实现代码如下：

```
来源：com.sun.tools.javac.code.Types
Set<TypePair> mergeCache = new HashSet<TypePair>();
private Type merge(Type c1, Type c2) {
    ClassType class1 = (ClassType) c1;
    List<Type> act1 = class1.getTypeArguments();
    ClassType class2 = (ClassType) c2;
    List<Type> act2 = class2.getTypeArguments();
    ListBuffer<Type> merged = new ListBuffer<Type>();
    List<Type> typarams = class1.tsym.type.getTypeArguments();

    while (act1.nonEmpty() && act2.nonEmpty() && typarams.nonEmpty()) {
        if (containsType(act1.head, act2.head)) {
            merged.append(act1.head);
        } else if (containsType(act2.head, act1.head)) {
            merged.append(act2.head);
        } else {
            TypePair pair = new TypePair(c1, c2);
            Type m;
            if (mergeCache.add(pair)) {
                m = new WildcardType( lub(upperBound(act1.head),
upperBound(act2.head)),
                                BoundKind.EXTENDS,syms.boundClass);
                mergeCache.remove(pair);
            } else {
                m = new WildcardType(syms.objectType,BoundKind.UNBOUND,syms.
boundClass);
            }
            merged.append(m.withTypeVar(typarams.head));
        }
        act1 = act1.tail;
        act2 = act2.tail;
        typarams = typarams.tail;
```

```
    }
    Assert.check(act1.isEmpty() && act2.isEmpty() && typarams.isEmpty());
    return new ClassType(class1.getEnclosingType(), merged.toList(), class1.
tsym);
}
```

如果一个类型包含另外一个类型，直接取这个类型即可。如果两个类型相互不包含，例如实例 13-8 在计算 List<Integer>与 List<Number>两个类型的最小上界时，调用 merge()方法传递的 List<Integer>与 List<Number>类型并没有相互包含的关系，所以最终会创建一个参数化类型，这个类型的实际类型参数的类型是个通配符类型，这个通配符类型要包含 Integer 与 Number 两个类型。具体就是先求两个实际类型参数类型的上界，然后递归调用 lub()方法计算两个上界的最小上界，如 Integer 与 Number 的上界分别为 Integer 与 Number，调用 lub()方法求上界的最小上界时得到 Number 类型，所以最终实际类型参数的类型为通配符类型? extends Number。

（4）求最小上界。

调用 compoundMin()方法求最小上界。compoundMin()方法的实现代码如下：

```
来源：com.sun.tools.javac.code.Types
private Type compoundMin(List<Type> cl) {
    if (cl.isEmpty())
        return syms.objectType;
    List<Type> compound = closureMin(cl);
    if (compound.isEmpty())
        return null;
    else if (compound.tail.isEmpty())
        return compound.head;
    else
        return makeCompoundType(compound);
}
```

当 cl 为空时，最小上界为 Object，当 cl 不为空时调用 closureMin()方法求最小的候选集 compound，当 compound 中只有一个元素时，返回这个元素即可。对于实例 13-8 来说，cl 只有 List<? extends Number>，所以直接返回即可。当 compound 中有多于一个的元素时，调用 makeCompoundType()方法创建一个组合类型，makeCompoundType()方法在第 9 章节已经详细介绍过，这里不再介绍。

2．ts列表中只含有数组

当 ts 列表中只含有数组时，lub()方法中求最小上界的实现代码如下：

```
来源：com.sun.tools.javac.code.Types
// 求 lub(A[], B[])
List<Type> elements = Type.map(ts, elemTypeFun);
for (Type t : elements) {
    if (t.isPrimitive()) {
        Type first = ts.head;
        for (Type s : ts.tail) {
            if (!isSameType(first, s)) {
```

```
                // lub(int[], B[]) 为 Cloneable & Serializable
                return arraySuperType();
            }
        }
        // 所有的数组类型相同，返回第一个数组类型即可
        return first;
    }
}

// 求 lub(A[], B[])就是求 lub(A, B)[]
return new ArrayType(lub(elements), syms.arrayClass);
```

调用 Type.map()方法将 ts 列表中所有的数组类型替换为对应的组成元素的类型，如果有一个组成元素的类型是基本类型并且其他类型中至少有一个类型不和这个基本类型相同时，ts 列表中所有数组的最小上界只能是组合类型 Cloneable & Serializable；如果组成元素的类型都是同一个基本类型，则返回这个基本类型；如果组成元素的类型都是非基本类型时，调用 lub()方法求组成元素类型的最小上界，然后创建一个新的数组类型，这个类型就是求得的最小上界。

3. ts列表中既有数组也有类和接口

当 ts 列表中既含有数组也含有类和接口时，lub()方法中求最小上界的实现代码如下：

```
来源：com.sun.tools.javac.code.Types
// 求 lub(A, B[])
List<Type> classes = List.of(arraySuperType());
for (Type t : ts) {
    if (t.tag != ARRAY)
        classes = classes.prepend(t);
}

// 求 lub(A, B[])就是求 lub(A, arraySuperType)
return lub(classes);
```

当 ts 列表中的元素既有数组也有类和接口时，将数组类型替换为组合类型 Object & Serializable & Cloneable，然后调用 lub()方法求这个组合类型与其他类型的最小上界。

回看 minimizeInst()方法，当求出类型的最小上界时保存到 UndetVar 对象的 inst 变量中，也就是推断出了具体的类型。有了具体类型后继续查看 instantiateMethod()方法的实现，代码如下：

```
来源：com.sun.tools.javac.comp.Infer
ListBuffer<Type> restvars = new ListBuffer<Type>();
final ListBuffer<Type> restundet = new ListBuffer<Type>();
ListBuffer<Type> insttypes = new ListBuffer<Type>();
ListBuffer<Type> undettypes = new ListBuffer<Type>();

for (Type t : undetvars) {
    UndetVar uv = (UndetVar)t;
    if (uv.inst.tag == BOT) {
        restvars.append(uv.qtype);
```

```
        restundet.append(uv);
        insttypes.append(uv.qtype);
        undettypes.append(uv);
        uv.inst = null;
    } else {
        insttypes.append(uv.inst);
        undettypes.append(uv.inst);
    }
}
// 检查实际类型参数和推断出来的类型参数是否符合要求
checkWithinBounds(tvars, undettypes.toList(), _);
```

instantiateMethod()方法中定义并初始化了 4 个局部变量 restvars、restundet、insttypes 与 undettypes，通过循环 undetvars 列表向这 4 个列表中追加元素。当 uv.inst.tag 值为 BOT 时，表示 UndetVar 对象 uv 还没有推断出具体的类型，向 4 个集合中添加 uv 或者 uv.qtype，然后将 uv.inst 置为空，这样后续还会继续结合上下文进行类型推断，否则向 insttypes 与 undettypes 中添加推断出来的具体类型 uv.inst。

调用 checkWithinBounds()方法检查推断出来的具体类型是否在形式类型参数中指定的边界之内，实现代码如下：

```
来源：com.sun.tools.javac.comp.Infer
void checkWithinBounds(List<Type> tvars,List<Type> arguments,_) throws
InvalidInstanceException {
    for (List<Type> tvs = tvars, args = arguments; tvs.nonEmpty(); tvs =
tvs.tail, args = args.tail) {
        if (args.head instanceof UndetVar )
            continue;
        List<Type> bounds = types.subst(types.getBounds((TypeVar)tvs.head),
tvars, arguments);
        if (!types.isSubtypeUnchecked(args.head, bounds, _))
            throw invalidInstanceException.setMessage
("inferred.do.not.conform.to.bounds",args.head, bounds);
    }
}
```

tvars 参数列表保存着所有待推断的类型变量，而 arguments 参数列表中还可能含有没有推断出具体类型的 UndetVar 对象。如果没有推断出具体类型，checkWithinBounds()方法不进行边界检查，对于推断出来的类型，checkWithinBounds()方法会检查类型是否在类型变量声明的上界内，调用 types.getBounds()方法获取类型变量的上界。由于上界的类型也可能含有类型变量甚至就是类型变量，而这些类型变量可能已经推断出具体的类型，所以也需要调用 types.subst()方法将上界中含有已经推断出具体类型的类型变量替换为具体的类型。最后调用 types.isSubtypeUnchecked()方法判断实际推断出的具体类型是否在上界内，如果不在上界内，checkWithinBounds()方法将抛出 InvalidInstanceException 异常，从而终止编译流程。

如果推断出来的类型都在上界内，继续查找 instantiateMethod()方法的实现，代码如下：

```
来源：com.sun.tools.javac.comp.Infer
mt = (MethodType)types.subst(mt, tvars, insttypes.toList());
// 当 restvars 列表不为空时，表示还有待推断的类型，方法返回 UninferredMethodType
// 对象
if (!restvars.isEmpty()) {
    final List<Type> inferredTypes = insttypes.toList();
    final List<Type> all_tvars = tvars; //this is the wrong tvars
    return new UninferredMethodType(mt, restvars.toList()) { ... };
}else {
    checkArgumentsAcceptable(env,capturedArgs,mt.getParameterTypes(),
allowBoxing,useVarargs, _);
    return mt;
}
```

调用 types.subst()方法将 mt 中含有推断出具体类型的类型变量替换为具体类型。如果已经没有待推断的类型变量，则 restvars 列表为空，调用 isEmpty()方法将返回 true。instantiateMethod()方法会调用 checkArgumentsAcceptable()方法检查实际参数的类型是否与形式参数的类型兼容，checkArgumentsAcceptable()方法会调用 checkRawArguments-Acceptable()方法进行检查，这个方法在第 11 章介绍过，这里不再介绍。如果 restvars 列表中还有元素，则表示还有待推断的类型变量，JDK 1.7 版本的 Javac 还会结合赋值表达式左侧的信息进行类型推断。instantiateMethod()方法返回一个 UninferredMethodType 匿名类对象，方便后面继续使用这个对象进行类型推断。UninferredMethodType 是 Infer 类中定义的一个静态内部抽象类，类的具体定义如下：

```
来源：com.sun.tools.javac.comp.Infer.UninferredMethodType
static abstract class UninferredMethodType extends DelegatedType {
    final List<Type> tvars;

    public UninferredMethodType(MethodType mtype, List<Type> tvars) {
        super(METHOD, new MethodType(mtype.argtypes, null, mtype.thrown,
mtype.tsym));
        this.tvars = tvars;
        asMethodType().restype = new UninferredReturnType(tvars, mtype.
restype);
    }

    @Override
    public MethodType asMethodType() {
        return qtype.asMethodType();
    }
}
```

UninferredMethodType 对象表示含有待推断类型变量的方法，其中的 tvars 保存了待推断的类型变量，类继承了 DelegatedType 类。DelegatedType 类中有一个声明为 Type 类型的 qtype 变量，保存被代理的具体类型，在 UninferredMethodType 类的构造方法中初始化，也就是被初始化为当前类的构造方法中调用 super()方法时传递的第 2 个参数。这个参数是一个新创建的 MethodType 对象，调用 asMethodType()方法一般会获取到这个新的 MethodType 对象，然后 restype 被更新为一个新创建的 UninferredReturnType 对象。

UninferredReturnType 类是 UninferredMethodType 类内定义的一个内部类，定义如下：

```
来源：com.sun.tools.javac.comp.Infer.UninferredMethodType.UninferredReturnType
class UninferredReturnType extends ForAll {
    public UninferredReturnType(List<Type> tvars, Type restype) {
        super(tvars, restype);
    }
}
```

UninferredReturnType 类继承了 ForAll 类并在构造方法中初始化 ForAll 类中定义的 tvars 变量与 DelegatedType 类中定义的 qtype 变量，tvars 中保存了待推断的类型变量，而 qtype 保存了 mtype.restype，也就是方法的返回类型，所以调用 instantiateMethod()方法后返回的 mt 可能是 MethodType 类型，也可能是 UninferredReturnType 类型。

回到处理方法调用表达式的 visitApply()方法，这个方法通过调用 attribExpr()方法得到的 mtype 可能就是 instantiateMethod()方法返回的 mt，visitApply()方法得到 mtype 后继续执行如下的逻辑：

```
来源：com.sun.tools.javac.comp.Infer
Type restype = mtype.getReturnType();
result = check(tree, capture(restype), VAL, pkind, pt);
```

由于讨论的是类型推断，所以这里只讨论 mtype 为 UninferredReturnType 类型的情况，调用 mtype.getReturnType()方法得到 UninferredReturnType 对象。返回类型还可能含有通配符类型，所以需要进行捕获转换，尽量保证在调用 check()方法时让 restype 具体化。

在第 12 章介绍过，对类型进行兼容性验证时会调用 Check 类的 checkType()方法，但是之前只讨论了 found 参数为非 ForAll 类型的情况，这里需要讨论 found 为 ForAll 类型的情况。checkType()方法中关于 found 参数为 ForAll 类型的处理逻辑如下：

```
来源：com.sun.tools.javac.comp.Check
if (found.tag == FORALL)
    return instantiatePoly(_, (ForAll)found, req,_);
```

当 found 是一个 ForAll 类型时，调用 instantiatePoly()方法，该方法的实现代码如下：

```
来源：com.sun.tools.javac.comp.Check
Type instantiatePoly(_, ForAll t, Type pt, _) throws Infer.NoInstance
Exception {
   if (pt == Infer.anyPoly || pt.tag == NONE) {
       Type newpt = t.qtype.tag <= VOID ? t.qtype : syms.objectType;
       return instantiatePoly(_, t, newpt, _);
   } else {
       return infer.instantiateExpr(t, pt, _);
   }
}
```

当期望的类型为 Infer.anyPoly 时，表示不对类型有任何期望，如只调用方法而不接收任何返回值时不对类型有任何期望。创建一个新的期望 newpt，然后调用 instantiatePoly()方法进行类型推断，否则调用 infer.instantiateExpr()方法进行推断。其实在 instantiatePoly()方法中一般也会调用 instantiateExpr()方法进行类型推断，之所以需要创建新的 newpt，是因为方法调用不在一个赋值表达式中，不能结合赋值表达式左侧类型声明的相关信息。为了进行类型推断，假设左侧的类型为 newp，当 t.qtype 为 void 或基本类型时，newpt 也为 void 或基本类型，当为引用类型时，newpt 为 Object 类型，相当于将调用方法的返回值赋值给了一个类型声明为 newpt 的变量。

有了赋值表达式左侧的类型后，继续调用 Infer 类中的 instantiateExpr()方法，实现代码如下：

```
来源：com.sun.tools.javac.comp.Infer
public Type instantiateExpr(ForAll that,Type to,_) throws InferenceException {
    List<Type> undetvars = Type.map(that.tvars, fromTypeVarFun);
    for (List<Type> l = undetvars; l.nonEmpty(); l = l.tail) {
        UndetVar uv = (UndetVar) l.head;
        TypeVar tv = (TypeVar)uv.qtype;
        ListBuffer<Type> hibounds = new ListBuffer<Type>();
        for (Type t : that.getConstraints(tv, ConstraintKind.EXTENDS)) {
            hibounds.append(types.subst(t, that.tvars, undetvars));
        }

        List<Type> inst = that.getConstraints(tv, ConstraintKind.EQUAL);
        if (inst.nonEmpty() && inst.head.tag != BOT) {
            uv.inst = inst.head;
        }
        uv.hibounds = hibounds.toList();
    }
    Type qtype1 = types.subst(that.qtype, that.tvars, undetvars);
    if (!types.isSubtype(qtype1,qtype1.tag == UNDETVAR ? types.boxedType
OrType(to) : to)) {
       throw unambiguousNoInstanceException
          .setMessage("infer.no.conforming.instance.exists",that.tvars,
that.qtype, to);
    }
}
```

其中，参数 that 就是之前讲到的 UninferredReturnType 对象，而 to 为目标转换类型，假设这个类型为 T。调用 Type.map()方法将 that.tvars 列表中的元素重新封装为 UndetVar 对象，需要注意的是 that.tvars 就是 instantiateMethod()方法中 restvars 列表，代表剩下的待推断的类型变量列表。

循环处理 undetvars 列表的所有元素，调用 that.getConstraints()方法会间接调用 UninferredMethodType 匿名类对象的 getConstraints()方法。getConstraints()方法可以从之前的 instantiateMethod()方法中为了待推断的类型变量所创建的 UndetVar 对象中获取一些信息，如获取 hibounds 列表中的值然后追加到当前新创建的 UndetVar 对象 uv 的 hibounds 列表中，获取 inst 的值更新当前 uv 对象的 inst，但是 inst 列表中的值一般都为空。

更新完 UndetVar 对象的 hibounds 与 inst 后调用 types.subst()方法将被代理的方法含有的 that.tvars 类型变量全部替换为对应 undetvars 列表中的类型后得到 qtype1，然后调用 types.isSubtype()方法判断 qtype1 是否为 types.boxedTypeOrType(to)或 to 的子类，如果不是将报编译报错。调用的 boxedTypeOrType()方法对 to 进行类型装箱转换，如果不为基本类型则直接返回类型本身。isSubtype()方法在第 9 章介绍过，最终会访问初始化 isSubtype 变量的 TypeRelation 匿名类对象中的 visitUndetVar()方法。visitUndetVar()方法的实现代码如下：

```
来源：com.sun.tools.javac.code.Types
@Override
public Boolean visitUndetVar(UndetVar t, Type s) {
    if (t == s || t.qtype == s ) {
        return true;
    }

    if (t.inst != null) {
        return types.isSubtypeNoCapture(t.inst, s);
    }

    t.hibounds = t.hibounds.prepend(s);
    return true;
}
```

visitUndeVar()方法判断 t 是否为 s 的子类。如果 t 与 s 相等或者 t.qtype 与 s 相等，则直接返回 true；如果 t.inst 不为空，表示推断出了具体的类型，调用 types.isSubtypeNoCapture()方法判断 t.inst 与 s 的关系；如果 t.inst 为空，则往 t 的 hibounds 中追加 s 的值，然后返回 true，表示 t 是 s 的子类。

将类型推断信息保存到待推断类型变量对应的 UndetVar 对象的 hibounds 与 inst 中之后，在 instantiateExpr()方法中调用 maximizeInst()方法进行类型推断，具体的实现代码如下：

```
来源：com.sun.tools.javac.comp.Infer
for (List<Type> l = undetvars; l.nonEmpty(); l = l.tail)
    maximizeInst((UndetVar) l.head, _);
```

调用的 maximizeInst()方法的实现代码如下：

```
来源：com.sun.tools.javac.comp.Infer
void maximizeInst(UndetVar that, _) throws NoInstanceException {
    List<Type> hibounds = Type.filter(that.hibounds, errorFilter);
    if (that.inst == null) {
        if (hibounds.isEmpty())
            that.inst = syms.objectType;
        else if (hibounds.tail.isEmpty())
            that.inst = hibounds.head;
        else
            that.inst = types.glb(hibounds);
    }
}
```

当 that.inst 为空时表示还没有推断出具体的类型，此时会根据 hibounds 列表中的值进行类型推断，如果列表为空，推断出来的类型就是 Object；如果列表中只有一个元素，则这个元素就是推断出来的类型；如果列表中有两个或更多元素，调用 glb()方法求列表中所有类型的最大下界。glb()方法在第 9 章捕获转换时详细介绍过，这里不再介绍。

推断出具体类型后就可以进行类型验证了，instantiateExpr()方法的实现代码如下：

```
来源：com.sun.tools.javac.comp.Infer
List<Type> targs = Type.map(undetvars, getInstFun);
return chk.checkType(_, that.inst(targs, types), to);
```

调用 Type.map()方法处理 undetvars，一般情况下都是获取每个 UndetVar 对象的 inst 值，所以 targs 列表中保存的是具体推断出的类型，然后调用 UninferredReturnType 类的 inst()方法获取方法的返回类型，这样就可以调用 checkType()方法判断方法的返回类型是否可以转换为目标类型了。inst()方法的实现代码如下：

```
来源：com.sun.tools.javac.comp.Infer.UninferredMethodType.UninferredReturnType
public Type inst(List<Type> actuals, Types types) {
    Type newRestype = super.inst(actuals, types);
    instantiateReturnType(newRestype, actuals, types);
    return newRestype;
}
```

由于已经推断出了具体类型，所以对 UninferredMethodType 与 UninferredReturnType 这两个代理对象的实际代理类型 qtype 进行更新。首先调用父类的 inst()方法更新 UninferredReturnType 对象，UninferredReturnType 类的直接父类为 ForAll，ForAll 类中的 inst()方法的实现代码如下：

```
来源：com.sun.tools.javac.comp.Infer.UninferredMethodType.UninferredReturnType
public Type inst(List<Type> actuals, Types types) {
   return types.subst(qtype, tvars, actuals);
}
```

将 MethodType 对象 qtype 中使用到的 tvars 列表中含有的类型变量替换为 actuals 列表中的具体类型，在 inst()方法中获取到的 newRestype 就是替换后的 qtype 类型，接着在 inst()方法中调用 instantiateReturnType()方法更新 UninferredMethodType 对象。instantiateReturnType()方法的实现代码如下：

```
来源：com.sun.tools.javac.comp.Infer.UninferredMethodType.UninferredReturnType
void instantiateReturnType(Type restype, List<Type> inferred, Types types)
throws NoInstanceException {
   qtype = new MethodType(types.subst(getParameterTypes(), tvars, inferred),
restype,types.subst(UninferredMethodType.this.getThrownTypes(),tvars,
inferred),UninferredMethodType.this.qtype.tsym);
   check(inferred, types);
}
```

创建一个新的 MethodType 对象并赋值给 qtype，新的 MethodType 对象的形式参数类型、返回类型及异常抛出类型都进行了类型替换，最后调用 check()方法检查推断出来的类型是否满足要求，这个方法在 instantiateMethod()方法中创建 UninferredMethodType 匿名类对象时提供了实现，代码如下：

```
来源：com.sun.tools.javac.comp.Infer.UninferredMethodType
void check(List<Type> inferred, Types types) throws NoInstanceException {
```

```
        // 检查实际的参数类型是否与推断出的形式参数类型兼容
        checkArgumentsAcceptable(env, capturedArgs, getParameterTypes(),
allowBoxing, useVarargs, _);
        // 检查推断出的类型是否在声明的类型变量的上界范围之内
        checkWithinBounds(all_tvars,types.subst(inferredTypes, tvars, inferred), _);
}
```

检查实际的参数类型是否与推断出的形式参数类型兼容，以及推断出的类型是否在声明的类型变量的上界之内，调用的方法 checkArgumentsAcceptable()与 checkWithinBounds()在前面讲解 instantiateMethod()方法时都介绍过，这里不再介绍。

13.2.2 钻石语法

如果每次在创建泛型类型的对象时都需要指明实际类型参数的类型，就显得非常烦琐，JDK 1.7 版本的 Javac 针对此问题新增了类型推断语法——钻石语法，举个例子如下：

【实例 13-9】

```
package chapter13;

class Collection<T> { }

public class Test {
   public void test() {
      Collection<String> a = new Collection<String>();
      Collection<String> b = new Collection<>();
      Collection<String> c = new Collection();
   }
}
```

对于 a 变量来说，Collection 类中定义的类型变量 T 被明确指定为 String 类型；对于 b 变量来说，创建泛型对象时使用了钻石语法，也就是没有明确指定 T 的类型，需要对类型变量 T 所代表的具体类型进行推断；对于 c 变量来说，创建对象时使用了 Collection 的裸类型，所以泛型相关信息被忽略。

当使用钻石语法时需要进行类型推断，推断过程分为两个独立的步骤：

（1）参考创建对象表达式中为构造方法传递的实际参数类型。

（2）如果一些需要推断的类型变量不能根据构造方法中传递的实际参数类型推断得出，那么 Javac 还将结合 new 表达式的上下文信息来推断。在当前 JDK 1.7 版本的 Javac 中，类型推断只会结合赋值表达式左侧声明的类型进行推断。

当使用钻石语法时，通过 new 关键字创建泛型对象时会调用构造方法，而构造方法也是一种特殊的方法，所以钻石语法的类型推断类似于前面讲过的调用非构造方法时的类型推断，Javac 在 Attr 类的 visitNewClass()方法中有如下调用：

```
来源：com.sun.tools.javac.comp.Attr
public void visitNewClass(JCNewClass tree) {
     Env<AttrContext> localEnv = env.dup(tree, env.info.dup());
     JCExpression clazz = tree.clazz;
```

```
    Type clazztype = attribType(clazz, env);
    ...
    Pair<Scope,Scope> mapping = getSyntheticScopeMapping(clazztype);
    ...
}
```

调用 attribType()方法标注 tree.clazz 并得到实际的类型 clazztype 后，调用 getSyntheticScopeMapping()方法进行处理，该方法的实现代码如下：

```
来源：com.sun.tools.javac.comp.Attr
private Pair<Scope, Scope> getSyntheticScopeMapping(Type ctype) {
   Pair<Scope, Scope> mapping = new Pair<Scope, Scope>(ctype.tsym.
members(),
   new Scope(ctype.tsym));

   // 对于每个构造函数合成一个对应的构造函数，合成的构造函数的返回类型为定义构造函数
   // 的类型，将新合成的构造函数填充到mapping.snd中
   for (Scope.Entry e = mapping.fst.lookup(names.init);e.scope != null;e
= e.next()) {
       Type synthRestype = new ClassType(ctype.getEnclosingType(),
                   ctype.tsym.type.getTypeArguments(),
                   ctype.tsym);
       MethodSymbol synhConstr = new MethodSymbol(e.sym.flags(),
                   names.init,
                   types.createMethodTypeWithReturn(e.sym.type, synthRestype),
                   e.sym.owner);
       mapping.snd.enter(synhConstr);
   }
   return mapping;
}
```

getSyntheticScopeMapping()方法主要的逻辑就是为类中每个构造方法合成一个新的构造方法，这个构造方法的返回值就是类定义时的类型，但是每个合成的构造方法会存储到一个新的 Scope 对象中，避免与原来的构造方法产生冲突，新合成的构造方法只用于类型推断。通过 mapping 来保存原 Scope 对象到新 Scope 对象的映射关系。

如果是钻石语法创建泛型对象，visitNewClass()方法会借助 mapping 进行类型推断，具体实现代码如下：

```
来源：com.sun.tools.javac.comp.Attr
Env<AttrContext> localEnv = env.dup(tree, env.info.dup());
List<Type> argtypes = attribArgs(tree.args, localEnv);
List<Type> typeargtypes = attribTypes(tree.typeargs, localEnv);
if (TreeInfo.isDiamond(tree)) {
   clazztype = attribDiamond(localEnv, tree, clazztype, mapping, argtypes,
typeargtypes);
   clazz.type = clazztype;
}
```

当调用 TreeInfo.isDiamond()方法返回 true 时，表示使用钻石语法创建类的对象，调用 attribDiamond()方法进行处理，这个方法会查找引用的构造方法的符号，实现代码如下：

```
来源：com.sun.tools.javac.comp.Attr
Env<AttrContext> localEnv = env.dup(tree);
((ClassSymbol) clazztype.tsym).members_field = mapping.snd;
Symbol constructor;
try {
    constructor = rs.resolveDiamond(_,localEnv,clazztype.tsym.type,
argtypes,typeargtypes);
} finally {
    ((ClassSymbol) clazztype.tsym).members_field = mapping.fst;
}
```

调用 Resolve 类的 resolveDiamond()方法查找引用的构造方法的符号，不过查找构造方法时要在 mapping.snd 作用域中查找，这样找到的构造方法的返回值类型就是类定义时的类型。在第 11 章介绍过对于方法的查找，而对构造方法的查找与普通方法的查找类似，都需要顺序通过 3 个阶段进行查找。resolveDiamond()方法的实现代码如下：

```
Symbol resolveDiamond(_,Env<AttrContext> env,Type site,List<Type> argtypes,
List<Type> typeargtypes) {
    Symbol sym = startResolution();
    List<MethodResolutionPhase> steps = methodResolutionSteps;
    while (steps.nonEmpty() &&
           steps.head.isApplicable(boxingEnabled, varargsEnabled) &&
           sym.kind >= ERRONEOUS) {
        currentStep = steps.head;
        sym = resolveConstructor(_, env, site, argtypes, typeargtypes,
                steps.head.isBoxingRequired(),
                steps.head.isVarargsRequired());
        methodResolutionCache.put(steps.head, sym);
        steps = steps.tail;
    }
    ...
}
```

在执行每一阶段的查找时，都会调用 resolveConstructor()方法，该方法的实现代码如下：

```
Symbol resolveConstructor(_, Env<AttrContext> env,Type site, List<Type>
argtypes, List<Type> typeargtypes,boolean allowBoxing,boolean useVarargs) {
    Symbol sym = findMethod(env,
                        site,names.init, argtypes,typeargtypes,
                        allowBoxing,useVarargs, false);
    return sym;
}
```

调用 findMethod()方法查找名称为<init>的方法，<init>也是前面调用 getSyntheticScope-Mapping()方法合成新的构造方法时指定的名称。

在 attribDiamond()方法中，查找到具体的构造方法的符号引用后获取方法的类型，实现代码如下：

```
来源：com.sun.tools.javac.comp.Attr
if (constructor.kind == MTH) {
```

```
    ClassType ct = new ClassType(clazztype.getEnclosingType(),
                        clazztype.tsym.type.getTypeArguments(),
                        clazztype.tsym);
    clazztype = checkMethod(ct,constructor,localEnv,tree.args,argtypes,
typeargtypes,localEnv.info.varArgs).getReturnType();
}
```

调用 checkMethod()方法获取类型，这个方法在第 12 章介绍过，会调用 rawInstantiate()方法获取具体的方法类型，这个方法类型可能为 UninferredMethodType 类型。如果为 UninferredMethodType 类型，则 clazztype 的类型就是 UninferredReturnType，表示还有未推断出具体类型的类型变量，attribDiamond()方法会继续处理，代码如下：

```
来源：com.sun.tools.javac.comp.Attr
if (clazztype.tag == FORALL ) {
// 如果构造方法返回类型中含有待推断的类型变量时，继续进行推断
    clazztype = infer.instantiateExpr((ForAll) clazztype,pt.tag == NONE ?
syms.objectType : pt, _);
}
```

由于 UninferredReturnType 类继承 ForAll 类，所以 tag 值为 FORALL。调用 infer.instantiateExpr()方法进行类型推断，当没有期望类型时为 Object 类型，对于实例 13-9 来说，如下调用：

```
new Collection<String>();
```

不在赋值表达式内，不能根据左侧的类型信息进行推断，在推断时相当于赋值给 Object 类型。

13.3 泛型擦除

泛型只存在于 Java 源代码中，在编译为字节码文件之前都会进行泛型擦除（type erasure），因此，Java 的泛型完全由 Javac 等编译器在编译期提供支持，可以理解为 Java 的一颗语法糖，这种方式实现的泛型有时也称为伪泛型。

泛型擦除本质上就是擦除与泛型相关的一切信息，例如参数化类型、类型变量等，Javac 还将在需要时进行类型检查及强制类型转换，甚至在必要时会合成桥方法。

可以通过调用 com.sun.tools.javac.comp.TransTypes 类中的相关方法进行泛型擦除。由于泛型也是一颗语法糖，所以在解语法糖阶段会调用 desugar()方法，这个方法有如下调用语句：

```
来源：com.sun.tools.javac.main.JavaCompiler
env.tree = transTypes.translateTopLevelClass(env.tree, localMake);
```

transTypes 就是 TransTypes 对象，调用 translateTopLevelClass()方法会调用 TransTypes 类的 translate()方法。TransTypes 类中有一系列重载的 translate()方法，这些方法相当于 Enter

类中的 classEnter()方法或 MemberEnter 类中的 memberEnter()方法，通过 translate()方法遍历整个语法树。

当遇到泛型类型或泛型方法的定义时，将使用形式类型参数的地方都替换为对应的上界，如果形式类型参数没有声明上界则用 Object 类替换，举个例子如下：

【实例 13-10】

```
class Test<X, Y extends Serializable & Cloneable, Z extends X> {
    X x;
    Y y;
    Z z;
}
```

实例 13-10 在泛型擦除后相当于变为了如下形式：

```
class Test {
    Object x;
    Serializable y;
    Object z;
}
```

可以看到，X 被替换为默认的上界 Object，而对于形如 T1&T2...这样的上界，最终替换为类型 T1，不管 T1 是类还是接口。另外，上界还可能是另一个类型变量，如 Test 类中 Z 的上界为 X，此时就将 Z 替换为 X 的上界 Object。

如果声明的方法中含有类型变量时，处理会复杂一些，因为方法有覆写的特性，泛型擦除后可能导致无法实现覆写特性，所以当一个类型继承或者实现一个参数化类型或者接口时，可能需要通过添加桥方法来保持覆写特性，举个例子如下：

【实例 13-11】

```
package chapter13;

class Node<T> {
    public T data;
    public void setData(T data) {
        this.data = data;
    }
}

class MyNode extends Node<Integer> {
    public void setData(Integer data) { }
}
```

在同一个包中定义了 Node 与 MyNode 类，MyNode 类继承了参数化类型 Node<Integer>，其中 MyNode 类中的 setData()方法覆写了 Node 类中的 setData()方法，泛型擦除后相当于变为了如下形式：

```
package chapter13;

class Node {
    public Object data;
    public void setData(Object data) {
        this.data = data;
```

```
    }
}

class MyNode extends Node {
   public void setData(Integer data) { }

   /*synthetic*/ public void setData(Object x0) {      // 合成的桥方法
      this.setData((Integer)x0);
   }
}
```

在泛型擦除后，Node 类的 setData()方法的类型变量 T 被替换为 Object 类型，这样 MyNode 类中的 setData(Integer data)并没有覆写这个方法，所以为了保持覆写特性，向 MyNode 类中添加一个合成的桥方法 setData(Objext x0)。

在 TransTypes 类中，每个类型都会访问 translateClass()方法，这个方法中的实现代码如下：

```
来源：com.sun.tools.javac.comp.TransTypes
Env<AttrContext> myEnv = enter.typeEnvs.remove(c);
env = myEnv;
JCClassDecl tree = (JCClassDecl) env.tree;
if (addBridges) {
   ListBuffer<JCTree> bridges = new ListBuffer<JCTree>();
   if ((tree.sym.flags() & INTERFACE) == 0)
      addBridges(_, tree.sym, bridges);
   tree.defs = bridges.toList().prependList(tree.defs);
}
```

addBridges 变量的值在 JDK 1.5 及之后的版本中都为 true，因为从 JDK 1.5 版本开始支持泛型，有泛型就可能需要添加桥方法。要进行泛型擦除的当前类型如果不是接口，就会调用 addBridges()方法，这个方法会先判断是否有必要添加桥方法，如果有必要，就会合成桥方法并保存到 bridges 列表中，然后将 bridges 列表中保存的所有桥方法添加到标记语法树中。addBridges()方法的实现代码如下：

```
来源：com.sun.tools.javac.comp.TransTypes
void addBridges(_, ClassSymbol origin, ListBuffer<JCTree> bridges) {
   // 调用另外一个重载的addBridges()方法处理所有的父类
   Type st = types.supertype(origin.type);
   while (st.tag == CLASS) {
      addBridges(_, st.tsym, origin, bridges);
      st = types.supertype(st);
   }

   // 调用另外一个重载的addBridges()方法处理接口
   for (List<Type> l = types.interfaces(origin.type); l.nonEmpty(); l =
l.tail)
      addBridges(_, l.head.tsym, origin, bridges);
}
```

addBridges()方法会查找所有的父类和接口，然后调用另外一个重载的 addBridges()方法，这个方法的实现代码如下：

```
来源：com.sun.tools.javac.comp.TransTypes
void addBridges(_,TypeSymbol i,ClassSymbol origin,ListBuffer<JCTree>
bridges) {
    for (Scope.Entry e = i.members().elems; e != null; e = e.sibling)
        addBridgeIfNeeded(_, e.sym, origin, bridges);
    for (List<Type> l = types.interfaces(i.type); l.nonEmpty(); l = l.tail)
        addBridges(_, l.head.tsym, origin, bridges);
}
```

这个 addBridges()方法对父类及接口中的每个成员都调用 addBridgeIfNeeded()方法进行判断，addBridgeIfNeeded()方法的实现代码如下：

```
来源：com.sun.tools.javac.comp.TransTypes
void addBridgeIfNeeded(_,Symbol sym,ClassSymbol origin,ListBuffer<JCTree>
bridges) {
    // 第 1 个 if 语句
    if (sym.kind == MTH &&
        sym.name != names.init &&
        (sym.flags() & (PRIVATE | STATIC)) == 0 &&
        (sym.flags() & SYNTHETIC) != SYNTHETIC &&
        sym.isMemberOf(origin, types)
    ) {
        MethodSymbol meth = (MethodSymbol)sym;
        MethodSymbol bridge = meth.binaryImplementation(origin, types);
        MethodSymbol impl = meth.implementation(origin, types, true,
overrideBridgeFilter);
        // 第 2 个 if 语句
        if (bridge == null ||
            bridge == meth ||
            (impl != null && !bridge.owner.isSubClass(impl.owner, types)) ) {
            // 第 3 个 if 语句
            if (impl != null && isBridgeNeeded(meth, impl, origin.type)) {
                addBridge(_, meth, impl, origin, bridge==impl, bridges);
            }
        }
    }
}
```

在第 1 个 if 语句的判断中，当 sym 为私有方法或者静态方法时不需要添加桥方法，因为私有方法或者静态方法没有覆写的特性；当 sym 为合成的方法时不需要添加桥方法；当调用 sym.isMemberOf()方法（此方法在附录 D 中有介绍）返回 true 时，表示满足如下几个条件：

- origin 是 sym.owner 的子类；
- sym 可以继承到 origin 中，主要通过判断方法的访问修饰符；
- 符号没有被隐藏。

满足以上 3 个条件的方法才能在 origin 类中覆写，所以需要添加桥方法。要想最终调用 addBridge()方法添加一个桥方法，还需要很多判断。下面继续看第 2 个 if 语句的判断，当 bridge 为 null 时可能需要桥方法，举个例子如下：

【实例 13-12】

```
package chapter13;
```

```
interface INode<T>{
   public void setData(T t);
}

class MyNode implements INode<Integer> {
   public void setData(Integer data) { }
}
```

当 sym 为 INode 接口中定义的 setData()方法时，在 MyNode 类中没有参数类型为 Object 的桥方法，所以 bridge 为 null。

当 bridge 等于 method 时可能需要桥方法，举个例子如下：

【实例 13-13】

```
package chapter13;

class Node<T> {
   public T data;
   public void setData(T data) {
      this.data = data;
   }
}

class MyNode extends Node<Integer> {
   public void setData(Integer data) { }
}
```

当 sym 为 Node 类中定义的 setData()方法时，查找到的 bridge 与 method 都为 Node 类中的 setData()方法，所以 bridge 等于 method。

当 impl 不为空并且定义 bridge 方法的类不是定义 impl 方法的类的子类时，可能需要桥方法，举个例子如下：

【实例 13-14】

```
package chapter13;

interface IA<T extends Serializable> {
   public T md();
}

class CA<T extends Number> implements IA<Serializable>{
   public T md() {
      return null;
   }
}

class CB extends CA<Number> {
   public Integer md() {
      return null;
   }
}
```

当 sym 为 IA 接口中定义的 md()方法，origin 为 CB 类时，最终的 meth 为 IA 接口中定义的 md()方法，bridge 为 CA 类中定义的 md()方法，impl 为 CB 类中定义的 md()方法。定义 bridge 的类 CA 并不是定义 impl 的类 CB 的子类，所以需要在 origin 也就是 CB 类中添加桥方法，添加的桥方法如下：

```
/*synthetic*/ public Number getFoo() {
   return this.md();
}
/*synthetic*/ public Serializable getFoo() {
   return this.md();
}
```

这是一种特殊情况，需要添加两个桥方法。

addBridgeIfNeeded()方法中调用的 binaryImplementation()方法的实现代码如下：

```
来源：com.sun.tools.javac.code.Symbol
public MethodSymbol binaryImplementation(ClassSymbol origin, Types types) {
   for (TypeSymbol c = origin; c != null; c = types.supertype(c.type).tsym) {
      for (Scope.Entry e = c.members().lookup(name);e.scope != null;e =
e.next()) {
         if (e.sym.kind == MTH && ((MethodSymbol)e.sym).
binaryOverrides(this, origin, types))
            return (MethodSymbol)e.sym;
      }
   }
   return null;
}
```

origin 及 origin 的父类中的每个方法都调用 Symbol 类中的 binaryOverrides()方法，如果方法返回 true，则会返回当前这个方法。例如实例 13-13 会返回 Node 类中定义的 setData()方法，实例 13-14 中会返回 CA 类中定义的 md()方法。当前方法如果返回 null，则 addBridgeIfNeeded()方法也可能需要添加桥方法，如实例 13-12，无法查找到 IA 类中定义的泛型擦除后的 setData()方法的实现方法。

binaryImplementation()方法中调用的 binaryOverrides()方法的主要实现代码如下：

```
来源：com.sun.tools.javac.code.Symbol
public boolean binaryOverrides(Symbol _other, TypeSymbol origin, Types
types) {
   if (isConstructor() || _other.kind != MTH)
      return false;
   if (this == _other)
      return true;
   MethodSymbol other = (MethodSymbol)_other;

   // 检查直接的覆写
   if (other.isOverridableIn((TypeSymbol)owner) &&
      types.asSuper(owner.type, other.owner) != null &&
      types.isSameType(erasure(types), other.erasure(types)))
      return true;
   ...
}
```

当前方法 this 是否在泛型擦除的情况下覆写了_other，如果 this 与_other 相同，方法也返回 true，表示自己覆写了自己。

当 other 可以在定义 this 的类型中被覆写、定义 other 的类型是定义 this 的类型的超类并且 this 与_other 在泛型擦除后类型相同时，binaryOverrides()方法将返回 true。例如实例 13-14，当 this 为 CA 类中的 getFoo()方法，而_other 为 IA 接口中的 getFoo()方法时，调用 binaryOverrides()方法将返回 true。

在 addBridgeIfNeeded()方法中，调用 addBridge()方法添加桥方法之前，需要判断当 impl 不为空并且 isBridgeNeeded()方法返回 true 时才会添加，impl 不为空保证有覆写的方法，isBridgeNeeded()方法判断需要添加桥方法。isBridgeNeeded()方法的实现代码如下：

```
来源：com.sun.tools.javac.code.Symbol
private boolean isBridgeNeeded(MethodSymbol method,MethodSymbol impl,Type dest) {
    if (impl != method) {
        Type method_erasure = method.erasure(types);
        if (!isSameMemberWhenErased(dest, method, method_erasure))
            return true;
        Type impl_erasure = impl.erasure(types);
        if (!isSameMemberWhenErased(dest, impl, impl_erasure))
            return true;
        return !types.isSameType(impl_erasure.getReturnType(),
method_erasure.getReturnType());
    } else {
        if ((method.flags() & ABSTRACT) != 0) {
            return false;
        }
        return !isSameMemberWhenErased(dest, method, method.erasure(types));
    }
}
```

isBridgeNeeded()方法首先判断 impl 是否等于 method，如果不相等，说明两个方法不为同一个方法。以下 3 种情况下需要添加桥方法：

（1）method 与泛型擦除后的 method_erasure 不相等。也就是调用 isSameMemberWhenErased()方法判断 method 方法在 dest 类型中泛型擦除前与泛型擦除后是否相同，如果不同，则需要添加桥方法。

isSameMemberWhenErased()方法定义如下：

```
来源：com.sun.tools.javac.comp.TransTypes
private boolean isSameMemberWhenErased(Type type,MethodSymbol method,Type erasure) {
    return types.isSameType(erasure(types.memberType(type, method)),erasure);
}
```

举个例子如下：

【实例 13-15】

```
package chapter13;

class Node<T> {
    public T data;
```

```
    public void setData(T data) {
        this.data = data;
    }
}

class MyNode extends Node<Integer> {
    public void setData(Integer data) { }
}
```

当 method 为 Node 类中定义的 setData(T data)方法时，与擦除后的类型 setData(Object data)类型不相同，所以需要在 dest 为 MyNode 中添加桥方法。

（2）impl 与泛型擦除后的 impl_erasure 不相等。同样通过调用 isSameMemberWhenErased()方法来判断。举个例子如下：

【实例 13-16】

```
package chapter13;

interface INode{
    void getVal(String t);
}

class Node<T> {
    public void getVal(T t){ }
}

class MyNode extends Node<String> implements INode{ }
```

在分析 MyNode 类时，method 为 INode 接口中定义的 getValue()方法，而 impl 为 Node 类中定义的 getVal()方法，这个方法在泛型擦除前后类型不相同，所以需要添加桥方法。

（3）method_erasure 与 impl_erasure 的返回类型不相等，通过调用 types.isSameType()方法进行判断。从 JDK 1.5 版本开始，一个方法覆写另外一个方法时，可以指定一个更严格的返回类型（协变），借助桥方法来实现，举个例子如下：

【实例 13-17】

```
package chapter13;

interface INode<T extends Serializable> {
    T getVal(String t);
}

class Node<T extends Number> implements INode<Serializable> {
    public T getVal(String t) {
        return null;
    }
}
```

其中，method 为 INode 接口中定义的 getVal()方法，而 impl 为 Node 类中定义的 getVal()方法，这个方法实现了接口 INode 中声明的 getVal()方法。但是在虚拟机看来，这两个方法有不同的签名，一个方法覆写另外一个方法时，返回类型必须严格一致，所以需要在 MyNode 类中添加如下桥方法：

```
/*synthetic*/ public Serializable getVal(String x0) {
   return this.getVal(x0);
}
```

可以看到，桥方法返回的类型为 Serializable 类型。

以上讨论了在 isBridgeNeeded()方法中当 method 不等于 impl 时的情况。如果 method 等于 impl 并且都不为抽象方法，则只需要判断其中的一个方法 method 与泛型擦除后的类型是否相同即可。举个例子如下：

【实例 13-18】

```
package chapter13;

class Node<T> {
   public void getVal(T t){ }
}

class MyNode extends Node<String> { }
```

当 method 与 impl 都为 Node 类中的 getVal()方法时，isBridgeNeeded()方法将返回 true，那么在 addBridgeIfNeeded()方法中就会调用 addBridge()方法添加桥方法，addBridge()方法的实现代码如下：

```
来源：com.sun.tools.javac.comp.TransTypes
void addBridge(_,MethodSymbol meth,MethodSymbol impl,ClassSymbol origin,
               boolean hypothetical,ListBuffer<JCTree>
bridges) {
    Type origType = types.memberType(origin.type, meth);
    Type origErasure = erasure(origType);

    Type bridgeType = meth.erasure(types);
    long flags = impl.flags() & AccessFlags | SYNTHETIC | BRIDGE;
    if (hypothetical)
        flags |= HYPOTHETICAL;
    MethodSymbol bridge = new MethodSymbol(flags,meth.name,bridgeType,
origin);
    if (!hypothetical) {          // 当 hypothetical 的值为 false 时，合成桥方法
        JCMethodDecl md = make.MethodDef(bridge, null);

        JCExpression receiver = (impl.owner == origin)
            ? make.This(origin.erasure(types))
            : make.Super(types.supertype(origin.type).tsym.erasure(types),
origin);

        Type calltype = erasure(impl.type.getReturnType());

        JCExpression call = make.Apply(null,make.Select(receiver, impl).
setType(calltype),translateArgs(make.Idents(md.params), origErasure.
getParameterTypes(), null)).setType(calltype);
        JCStatement stat = (origErasure.getReturnType().tag == VOID)
            ? make.Exec(call)
```

```
            : make.Return(coerce(call, bridgeType.getReturnType()));
        md.body = make.Block(0, List.of(stat));

        bridges.append(md);
    }

    origin.members().enter(bridge);
}
```

对于实例 13-18 来说，由于在 addBridgeIfNeeded()方法中查找到的 bridge 与 impl 都为 Node 类中定义的 getVal()方法，所以 hypothetical 的值为 true。当 hypothetical 值为 true 时，并不会真正向 MyNode 类中添加桥方法，但是对于 MyNode 类来说，相当于继承了一个参数类型为 String 的 getVal()方法，为了更好地进行语法检查，将参数类型为 String 的 getVal()方法对应的符号填充到 origin（也就是 MyNode 类对应的符号）的 members_field 中。

当 bridge 与 impl 不相等时，hypothetical 的值为 false，需要在 addBridge()方法中合成桥方法并添加到 origin 中，前面举的需要添加桥方法的实例的 hypothetical 值都为 false。

第 14 章　数据流检查

数据流检查包括变量赋值检查、语句活跃性分析与异常检查，主要由 com.sun.tools.javac.comp.Flow 类来完成。本章将详细介绍数据流检查。

14.1　Flow 类介绍

Flow 类通过继承 TreeScanner 类并选择性覆写 visitXxx()方法来完成具体的数据流检查。这个类中的入口方法是 analyzeTree()，每一个顶层类都会调用这个方法初始化一些重要的变量，然后调用 scan()方法扫描语法树的各个语法节点进行数据流检查。

本节将简单介绍一下 Flow 类中的变量赋值检查、语句活跃性分析及异常检查，后续将结合具体的判断、循环等结构进行分析。

14.1.1　语句的活跃性分析

语句的活跃性是指这个语句是否有可能被执行，或者说语句是否可达。在 Flow 类中定义了一个重要的变量 alive 用来表示语句的活跃性，具体定义如下：

```
来源：com.sun.tools.javac.comp.Flow
private boolean alive;
```

在 analyzeTree()入口方法中将这个变量的值初始化为 true，后续可能会通过 visitXxx()方法将此值更新为 false。在分析当前语句时，如果 alive 的值为 false 时，表示当前语句不可达，举个例子如下：

【实例 14-1】

```
public void test(){
    return;
    System.out.println("unreachable statement");    // 报错，无法访问的语句
}
```

对 test()方法内的语句进行活跃性分析，在分析打印语句时，alive 的值为 false，表示打印语句不可达，实例报编译错误，错误摘要为“无法访问的语句”。一般在分析 break、continue、return 或 throw 等语句时会将 alive 的值更新为 false。另外还有一些特殊的情况下也会将 alive 的值更新为 false，举个例子如下：

【实例 14-2】

```
public void test() {
    while (true) { }
    System.out.println("unreachable statement");    // 报错，无法访问的语句
}
```

while 循环中没有 break 等语句跳出循环，所以 while 语句后续的打印语句不可达，在分析打印语句时，alive 的值为 false，实例报编译错误，错误摘要为“无法访问的语句”。再举个例子如下：

【实例 14-3】

```
public void test(boolean res) throws Exception {
    if (res) {
        throw new Exception();
    }
    System.out.println("reachable statement");
}
```

当 if 语句的条件判断表达式 res 的结果为 false 时，打印语句可达，所以在分析打印语句时，alive 的值为 true。例如将如上的实例更改为如下形式：

【实例 14-4】

```
public void test(boolean res) throws Exception {
    if (res) {
        throw new Exception();
    } else {
        throw new Exception();
    }
    System.out.println("unreachable statement");    // 报错，无法访问的语句
}
```

在分析打印语句时，alive 的值为 false，因为无论 if 语句的条件判断表达式 res 的值为 true 还是 false，打印语句都不可达。

Flow 类提供了 scanDef()、scanStat()、scanExpr()与 scanCond()方法分别用来遍历定义、语句、表达式和条件表达式。scanDef()方法的实现代码如下：

```
来源：com.sun.tools.javac.comp.Flow
void scanDef(JCTree tree) {
    scanStat(tree);
    if (tree != null && tree.getTag() == JCTree.BLOCK && !alive) {
        log.error(_,"initializer.must.be.able.to.complete.normally");
    }
}
```

scanDef()方法通常用来遍历匿名块。调用 scanStat()方法对匿名块进行扫描。如果 tree 为匿名块并且 alive 的值为 false 时，Javac 将报错，举个例子如下：

【实例 14-5】

```
class Test {
    {
      throw new RuntimeException();      // 报错，初始化程序必须能够正常完成
```

```
    }
}
```

匿名块中不能抛出异常，实例 14-5 将报错，报错摘要为“初始化程序必须能够正常完成”。

下面介绍 scanStat()方法的实现，代码如下：

```
来源：com.sun.tools.javac.comp.Flow
void scanStat(JCTree tree) {
    if (!alive && tree != null) {
        log.error(_, "unreachable.stmt");
        if (tree.getTag() != JCTree.SKIP)
            alive = true;
    }
    scan(tree);
}
```

当 alive 的值为 false 并且当前还有要执行的语句时会报错。如果当前要执行的语句为非 JCSkip，则会将 alive 的值更新为 true，这是一种错误恢复机制，以扫描更多的语句，在一次编译过程中发现更多的错误；如果当前要执行的语句为 JCSkip 时，不会将 alive 的值更新为 true，因为这种语句没有执行的逻辑，直接忽略即可。

scanExpr()与 scanCond()方法的实现也相对简单，这里不再介绍。

14.1.2 变量赋值检查

局部变量在使用前必须进行显式初始化。而声明在类型中的成员变量，Java 虚拟机会默认初始化为对应的 0 值。但是有一种特殊情况就是，final 修饰的成员变量必须显式初始化，可以在定义变量时也可以在构造方法中进行初始化。不难理解，如果 Java 虚拟机将这样的变量也初始化为 0 值不会有多大意义，因为 final 修饰的变量只能初始化一次。

在进行变量赋值检查时，首先要将需要进行变量赋值检查的成员变量与局部变量存储起来，与存储相关的变量的定义如下：

```
来源：com.sun.tools.javac.comp.Flow
VarSymbol[] vars;
int firstadr;
int nextadr;
```

其中，vars 数组保存程序中已经声明的变量，firstadr 保存相关作用域内声明的第一个变量的位置，而 nextadr 保存 vars 中下一个可用的存储位置。由于保存的是数组下标，所以这个值通常是从 0 开始递增的。在 analyzeTree()方法中初始化了以上定义的 3 个变量，代码如下：

```
来源：com.sun.tools.javac.comp.Flow
if (vars == null)
    vars = new VarSymbol[32];
else
    for (int i=0; i<vars.length; i++)
```

```
        vars[i] = null;
    firstadr = 0;
    nextadr = 0;
```

在向 vars 数组中添加变量时，首先要调用 trackable()方法来判断有没有必要对变量进行赋值检查，如果 trackable()方法返回 true，表示需要检查变量的赋值状态。trackable()方法的实现代码如下：

```
来源：com.sun.tools.javac.comp.Flow
boolean trackable(VarSymbol sym) {
    return sym.owner.kind == MTH ||
            sym.flags() & (FINAL | HASINIT | PARAMETER)) == FINAL;
}
```

trackable()方法中的局部变量或形式参数都需要检查，表示这些变量的 VarSymbol 对象的 owner 都是方法。

由 final 修饰的未被显式初始化的非形式参数需要检查，因为需要显式初始化后才能使用，或者不能重复进行初始化。举个例子如下：

【实例 14-6】

```
class Test {
    final int a;
    int b;                      // 不需要进行赋值检查，因为有默认的零值

    public void test() {
        final int c;
        int d;
        int e = 1;
    }
}
```

实例 14-6 中的 a、c、d 与 e 变量在调用 trackable()方法后返回 true，表示需要对这些变量进行赋值检查，调用 newVar()方法将这 4 个变量对应的 VarSymbol 对象添加到 vars 数组中，newVar()方法的实现代码如下：

```
来源：com.sun.tools.javac.comp.Flow
void newVar(VarSymbol sym) {
    if (nextadr == vars.length) {   // 扩容操作
        VarSymbol[] newvars = new VarSymbol[nextadr * 2];
        System.arraycopy(vars, 0, newvars, 0, nextadr);
        vars = newvars;
    }
    sym.adr = nextadr;
    vars[nextadr] = sym;          // 将需要进行赋值检查的变量保存到vars 数组中
    inits.excl(nextadr);
    uninits.incl(nextadr);
    nextadr++;
}
```

当 nextadr 的值等于 vars 数组的大小时进行扩容，因为 vars 数组已经没有剩余的存储空间了，将 vars 数组容量扩大一倍后，调用 System.arraycopy()方法将原数组内容复制到

新数组并更新 vars。

将需要进行赋值检查的 sym 保存到 vars 数组中，为了能找到 vars 数组中保存的 sym，将保存 sym 的数组下标 nextadr 的值保存到 Symbol 类中定义的 adr 变量中。

当保存了需要进行赋值检查的变量后，就可以在数据流检查过程对变量进行赋值检查了。与赋值检查相关的变量有两个，在 Flow 类中的定义如下：

```
来源：com.sun.tools.javac.comp.Flow
Bits inits;
Bits uninits;
```

这两个变量都是 Flow 类中定义的成员变量，后面在描述中将这两个变量称为状态变量。inits 表示变量是否明确初始化，uninits 表示变量是否明确非初始化。由于程序中可能需要同时对多个变量赋值状态进行跟踪，所以将 inits 与 uninits 变量声明为 com.sun.tools.javac.util.Bits 类型。Bits 类可以进行位操作，也就是说两个状态变量可以通过某个相同位置上的位来共同表示某个变量初始化的情况，下面来看 Bits 类的定义：

```
来源：com.sun.tools.javac.util.Bits
public class Bits {
   private final static int wordlen = 32;
   private final static int wordshift = 5;
   private final static int wordmask = wordlen - 1;
   private int[] bits;

   public Bits() {
      this(new int[1]);
   }

   public Bits(int[] bits) {
      this.bits = bits;
   }
   ...
}
```

bits 数组用来保存位的相关信息，一般在构造方法中初始化为大小为 1 的 int 数组。由于一个 int 类型只有 32 位，所以如果要跟踪的变量的数量大于 32 时就需要更多的 int 类型的数来表示，这些数都按顺序存储到 bits 数组中。wordlen、wordshift 与 wordmask 都是常量，为 Bits 中相关方法的实现提供必要的信息。

下面介绍 Bits 类中定义的几个常用的方法。

incl()方法实现了存储的功能 ，方法的实现代码如下：

```
来源：com.sun.tools.javac.util.Bits
public void incl(int x) {
   Assert.check(x >= 0);
   sizeTo((x >>> wordshift) + 1);
   bits[x >>> wordshift] = bits[x >>> wordshift] | (1 << (x & wordmask));
}
```

首先通过(x>>>wordshift)+1 计算存储 x 需要的数组大小，即需要多少个整数的位，例如要存储 48，也就是将第 48 上的位设置为 1，这时候计算出来的值为 2，表示需要用两

个整数来存储。调用 sizeTo()方法判断，如果 bits 数组小于 2，就会扩容。x>>>wordshift 计算 x 保存到数组中的哪个整数的位中，bits[x>>>wordshift]|(1<<(x&wordmask))将之前存储的相关信息与当前的信息取或，保证之前保存的相关信息不丢失。sizeTo()方法的实现代码如下：

```
来源：com.sun.tools.javac.util.Bits
private void sizeTo(int len) {
    if (bits.length < len) {
        int[] newbits = new int[len];
        System.arraycopy(bits, 0, newbits, 0, bits.length);
        bits = newbits;
    }
}
```

在创建 Bits 对象时通常会在构造方法中将 bits 初始化为大小为 1 的数组，所以如果存储 48，将会扩容为大小为 2 的数组。

通过 isMember()方法判断某个位是否为 1，方法的实现代码如下：

```
来源：com.sun.tools.javac.util.Bits
public boolean isMember(int x) {
    return 0 <= x &&
            x < (bits.length << wordshift) &&
            (bits[x >>> wordshift] & (1 << (x & wordmask))) != 0;
}
```

由于 bits 数组有一定大小，所以如果 bits 数组大小为 2，则 2 个整数最多有 64 个可用位，查询参数 x 不能大于 64，判断条件 x<(bits.length<<wordshift)就是保证查询参数不能超出当前可用位的数量。通过 bits[x>>>wordshif]取出相关的整数后与对应的位执行与操作，如果不为 0，则说明相应位为 1，x 是当前 Bits 对象的成员。

excl()方法的实现代码如下：

```
来源：com.sun.tools.javac.util.Bits
public void excl(int x) {
    Assert.check(x >= 0);
    sizeTo((x >>> wordshift) + 1);
    bits[x >>> wordshift] = bits[x >>> wordshift] & ~(1 << (x & wordmask));
}
```

excl()方法可以将第 x 位上的数设置为 0，具体就是通过 bits[x>>>wordshift]取出对应的整数，然后与~(1 << (x & wordmask))做与操作，这样这个整数对应的位就会变为 0。

Bits 类中还定义了许多常用的方法，这里进行简单的列举，如下：

- dup()方法：复制一份当前的 Bits 对象并返回。
- inclRange(int start, int limit)方法：将第 start 位到第 start+limit 位的所有位都设置为 1，包括第 start 位，不包括第 start+limit 位。
- excludeFrom(int start)方法：将从第 start 位开始到最后一位的所有位都设置为 0，包括最后一位。
- andSet(Bits xs)方法：将当前的 Bits 对象与传入的 xs 做与操作，返回操作后的结果。

- orSet(Bits xs)方法：将当前的 Bits 对象与传入的 xs 做或操作，返回操作后的结果。
- diffSet(Bits xs)方法：操作当前的 Bits 对象，如果与传入的 xs 对应位上的值相同，将当前 Bits 对象对应位置为 0，否则保持不变，如当前的 Bits 对象为 001，与 110 操作后的结果为 001。
- nextBit(int x)方法：从第 x 位开始查找下一个为 1 的位，返回这个位的位置，如果不存在，返回-1。

Javac 在实现过程中，经常会使用 nextBit()方法遍历所有值为 1 的位，例如：

```
for (int i = bits.nextBit(0); i>=0; i = bits.nextBit(i+1))
   ...
```

其中，bits 为 Bits 对象，从第 0 位开始遍历所有为 1 的位，如果 i 为-1，则结束循环。

之前介绍了两个状态变量 inits 与 uninits，下面使用这两个状态变量对变量赋值状态进行检查。在实例 14-6 中，a、c、d 与 e 变量需要进行赋值状态检查。a 变量会保存到 vars 数组下标为 0 的位置，所以 inits 与 uninits 中第 0 个位表示的是 a 变量的状态，inits 中第 0 个位的值为 0，表示变量没有明确初始化，所以不能使用 a 变量的值，只有为 1 时才可以取 a 变量的值，如变量可以出现在赋值表达式的右侧；uninits 中第 0 个位的值为 1，表示变量明确未初始化，所以如果 a 变量有 final 修饰，可以对 a 变量进行初始化。在处理完 test()方法最后一条声明变量 e 的语句后，与变量赋值检查相关变量的值如图 14-1 所示。

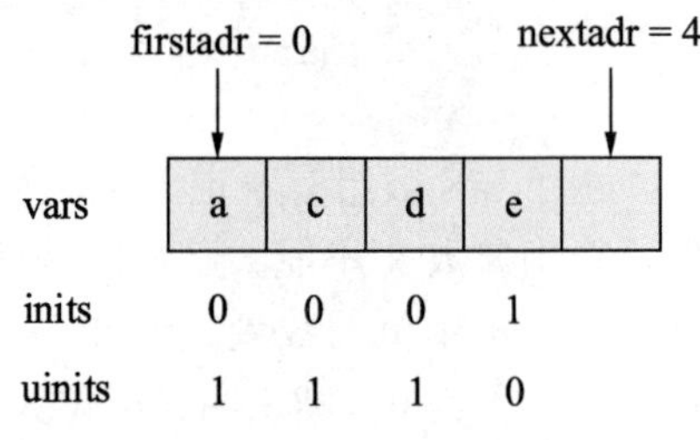

图 14-1　与变量赋值检查相关变量的值

由 final 修饰的成员变量的特殊性在于，如果在定义时没有显式初始化，那么必须在构造方法或者初始化块内显式初始化，所以实例 14-6 将报编译错误，报错摘要为“可能尚未初始化变量 a”。

在实例 14-6 中，在方法 test()的最后添加一条赋值语句，如下：

```
c = 1;
```

对变量 c 进行了初始化，Javac 在处理这样的赋值语句时会调用 Flow 类中的 visitAssign()方法，这个方法会间接调用 letInit()方法。letInit()方法的实现代码，如下：

```
来源：com.sun.tools.javac.comp.Flow
void letInit(_, VarSymbol sym) {
    if (sym.adr >= firstadr && trackable(sym)) {
        if ((sym.flags() & FINAL) != 0) {
            if ((sym.flags() & PARAMETER) != 0) {
                //对 catch 语句中声明的形式参数进行赋值操作
                if ((sym.flags() & UNION) != 0) { //multi-catch parameter
                    log.error(_, "multicatch.parameter.may.not.be.assigned",
sym);
                }else {
                    log.error(_, "final.parameter.may.not.be.assigned",sym);
                }
            } else if (!uninits.isMember(sym.adr)) {
```

```
                // 对没有明确非初始化的 final 变量进行初始化
                log.error(_,loopPassTwo ? "var.might.be.assigned.in.loop" :
"var.might.already.be.assigned",
                         sym);
            } else if (!inits.isMember(sym.adr)) {
                // 当变量没有明确初始化时，更新 uninits 与 inits 的值
                uninits.excl(sym.adr);
                uninitsTry.excl(sym.adr);
            } else {
                uninits.excl(sym.adr);
            }
        }
        inits.incl(sym.adr);
    } else if ((sym.flags() & FINAL) != 0) {    // 多次对final变量进行初始化
        log.error(_, "var.might.already.be.assigned", sym);
    }
}
```

letInit()方法的实现有些复杂，尤其是对 final 变量进行了很多检查，因为 final 变量如果没有明确初始化或者多次初始化都会引起错误。对 final 变量的具体检查如下：

（1）对形式参数的检查，不能对 catch 语句中声明的形式参数进行赋值操作。

（2）不能对没有明确非初始化的 final 变量进行初始化，也就是调用 letInit()方法可能会导致 final 变量重复初始化。

（3）当 final 变量不是形式参数并且明确未初始化时，此时调用 inits.isMember()方法将返回 false，表明这个变量能够进行初始化，将 uninits 与 uninitsTry 中相应的位的状态设置为 0，将 inits 中相应的位的状态设置为 1，uninitsTry 辅助进行 try 语句中变量的赋值状态检查，在后面将会介绍。

（4）最后对不可达的 final 变量也进行了初始化，将 uninits 中相应的位设置为 0，这样下次如果重复初始化就会报错，这是对程序错误的一种兼容处理。

正常情况下，sym.adr 都大于等于 firstadr，如果小于 firstadr 并且 sym 是 final 变量的话，Javac 将报错，举个例子如下：

【实例 14-7】

```
class Test {
   final int x;

   public Test(int d) {                    // 第 1 个构造方法
      x = 1;
   }

   public Test() {                         // 第 2 个构造方法
      this(2);
      x = 2;                               // 报错，可能已分配变量 x
   }
}
```

可以看到两个构造方法都对变量 x 进行了初始化，但是第 2 个构造方法首先会调用第 1 个构造方法对 x 进行初始化，如果在当前的构造方法中再次初始化时就会报错。在处理

第 2 个构造方法时会调用 visitMethodDef()方法，这个方法的实现代码如下：

```
来源：com.sun.tools.javac.comp.Flow
boolean isInitialConstructor = TreeInfo.isInitialConstructor(tree);
if (!isInitialConstructor)
    firstadr = nextadr;
```

其中，TreeInfo.isInitialConstructor()方法判断构造方法中的第一个语句是否为 this(...)这样的形式，也就是是否调用了其他构造方法，如果是则返回 false。对于实例 14-7 的第 2 个构造方法来说，最终会将 nextadr 的值赋值给 firstadr，这样当前构造方法就不能再次初始化 x 变量了，因为当前的构造方法初始化变量的有效范围要大于等于 firstadr，由于 x 的 adr 为 0，而 firstadr 为 1，再次调用 letInit()方法初始化 x 变量时，实例 14-7 将报错，报错摘要为“可能已分配变量 x”。可以看出，第 1 个构造方法中初始化成员变量后，第 2 个构造方法中就可以直接使用，如果第 2 个构造方法中没有 this(2)语句，那么也需要对 final 变量进行初始化。

向实例 14-6 中的 test()方法的最后添加一条赋值语句如下：

```
c = d;                    // 报错，可能尚未初始化变量 d
```

实例将报错，报错摘要为“可能尚未初始化变量 d”。由于 d 出现在赋值表达式的右侧，所以 d 变量必须有值，通过 VarSymbol 对象的 adr 可知 d 被存储到了 vars 数组下标为 2 的位置，而 inits 中第 2 个位的值为 0，表示没有明确初始化，所以报错。对 d 变量的赋值状态检查，最终会调用 visitIdent()方法，该方法的实现代码如下：

```
来源：com.sun.tools.javac.comp.Flow
public void visitIdent(JCIdent tree) {
    if (tree.sym.kind == VAR) {
        checkInit(_, (VarSymbol)tree.sym);
        ...
    }
}
```

如果是变量则调用 checkInit()方法进行检查，这个方法的实现代码如下：

```
来源：com.sun.tools.javac.comp.Flow
void checkInit(_, VarSymbol sym) {
    if ( (sym.adr >= firstadr || sym.owner.kind != TYP) &&
        trackable(sym) &&
        !inits.isMember(sym.adr)) {
        log.error(_, "var.might.not.have.been.initialized",sym);
        inits.incl(sym.adr);
    }
}
```

实例 14-6 中的变量 d 满足 if 语句的条件判断表达式，所以会报错，将 inits 中代表变量 d 的位的值设置为 1，表示明确初始化，这是一种错误恢复机制，能够让 Javac 在一次编译过程中发现更多的错误。

14.1.3　异常检查

异常检查主要检查方法中抛出的异常有没有被捕获或者在方法上声明抛出，举个例子如下：

【实例 14-8】

```
package chapter14;

class FirstExc extends Exception { }

class SecondExc extends Exception { }

public class Test {
    public void test(String exc) throws SecondExc {
        try {
            if (exc.equals("FirstExc")) {
                throw new FirstExc();
            } else {
                throw new SecondExc();
            }
        } catch (FirstExc e) {
            // 报错，未报告的异常错误 FirstExc; 必须对其进行捕获或声明以便抛出
            throw e;
        }
    }
}
```

在 try 语句的 body 体内抛出了 FirstExc 与 SecondExc 异常，虽然 catch 语句对 FirstExc 异常进行了捕获，对未捕获的 SecondExc 异常在方法上也进行了声明，但是 catch 语句的 body 体内又对 FirstExc 异常进行了重抛，所以方法上仍然需要声明 FirstExc 异常，编译报错，报错摘要为“未报告的异常错误 FirstExc; 必须对其进行捕获或声明以便抛出”。

进行异常检查的逻辑主要在 visitTry()方法中实现，但是 visitTry()方法在进行异常检查的同时，还需要进行变量赋值检查和语法的活跃性分析，所以代码实现起来比较复杂，在本章的第 14.4 节将详细介绍。

14.2　if 语句的分析

14.2.1　if 语句

if 语句是程序中大量使用的流程控制结构，通过 Flow 类的 visitIf()方法进行数据流检查，主要检查 if 语句的活跃性及变量赋值的情况。在分析 if 语句的条件判断表达式时，除了用到 inits 与 uinits 状态变量外，还需要用到另外 4 个成员变量来辅助进行变量赋值检查，

这 4 个变量在 Flow 类中的定义如下：

```
来源：com.sun.tools.javac.comp.Flow
Bits initsWhenTrue;
Bits initsWhenFalse;
Bits uninitsWhenTrue;
Bits uninitsWhenFalse;
```

4 个变量可以分为两组，一组是当条件判断表达式的结果为 true 时，用来保存变量赋值状态的 initsWhenTrue 与 uninitsWhenTrue 变量；另外一组是当条件判断表达式的结果为 false 时，用来保存变量赋值状态的 initsWhenFalse 与 uninitsWhenFalse 变量。4 个变量可以保存执行完条件判断表达式时的各变量赋值状态，我们将这 4 个变量称为条件状态变量。

在分析 if 语句时除了使用 inits 与 uninits 状态变量外，还需要使用条件状态变量，具体就是在分析 if 语句的 body 体内的语句时使用 initsWhenTrue 与 uninitsWhenTrue，分析 else 语句的 body 体内的语句时使用 initsWhenFalse 与 uninitsWhenFalse。

visitIf()方法的实现代码如下：

```
来源：com.sun.tools.javac.comp.Flow
public void visitIf(JCIf tree) {
    scanCond(tree.cond);
    Bits initsBeforeElse = initsWhenFalse;
    Bits uninitsBeforeElse = uninitsWhenFalse;
    inits = initsWhenTrue;
    uninits = uninitsWhenTrue;
    scanStat(tree.thenpart);
    if (tree.elsepart != null) {              // if 语句有 else 分支
        boolean aliveAfterThen = alive;
        alive = true;
        Bits initsAfterThen = inits.dup();
        Bits uninitsAfterThen = uninits.dup();
        inits = initsBeforeElse;
        uninits = uninitsBeforeElse;
        scanStat(tree.elsepart);
        inits.andSet(initsAfterThen);
        uninits.andSet(uninitsAfterThen);
        alive = alive | aliveAfterThen;
    } else {                                  // if 语句没有 else 分支
        inits.andSet(initsBeforeElse);
        uninits.andSet(uninitsBeforeElse);
        alive = true;
    }
}
```

在调用 scanCond()方法处理条件判断表达式 tree.cond 时，会初始化 4 个条件状态变量。

在调用 scanStat()方法分析 if 分支 tree.thenpart 之前，将 initsWhenTrue 与 uninitsWhenTrue 的值赋值给 inits 与 uninits，这样分析 if 分支语句时，使用 inits 与 uninits 就相当于使用 initsWhenTrue 与 uninitsWhenTrue 变量的值。由于在执行 if 分支语句的过程中，initsWhenFalse 与 uninitsWhenFalse 的值有可能被修改，如 if 分支语句中又有条件判断表

达式需要调用 scanCond()方法进行处理，所以要通过方法的局部变量 initsBeforeElse 与 uninitsBeforeElse 来保存。

如果当前分析的 if 语句有 else 分支 tree.elsepart，则通过 initsAfterThen 与 uninitsAfterThen 保存处理 tree.thenpart 后的状态变量的值，然后将之前保存的 initsWhenFalse（通过 initsBeforeElse 暂时保存）与 uninitsWhenFalse（通过 uninitsBeforeElse 暂时保存）的值赋值给 inits 与 uninits，这样分析 else 分支语句时，使用 inits 与 uninits 就相当于使用 initsWhenFalse 与 uninitsWhenFalse 变量的值。完成 else 分支 elsepart 处理后，调用 andSet()方法将 inits 与 uninits 变量的值分别与 initsAfterThen 与 uninitsAfterThen 变量的值进行与运算，求得的 inits 与 uninits 就是分析 if 语句之后的变量使用的状态变量。

如果当前分析的 if 语句没有 else 分支 tree.elsepart，则调用 andSet()方法将 inits 与 uninits 变量的值分别与 initsWhenFalse（通过 initsBeforeElse 暂时保存）与 uninitsWhenFalse（通过 uninitsBeforeElse 暂时保存）变量的值进行与运算，求得的 inits 与 uninits 就是分析 if 语句之后的变量使用的状态变量。

再来看语句的活跃性。活跃性可以理解为语句是否可达，或者语句是否有可能被执行。当 if 语句有 else 分支时，最后通过 alive = alive | aliveAfterThen 来计算 alive 值，也就是 if 分支与 else 分支两条可能的执行路径中，只要有一条是活跃的，最终 if 语句之后的语句就是活跃的。在没有 else 分支的情况下，alive 被设置为 true，因为 else 分支不存在，所以 if 语句后续的语句都有可能被执行。举个例子如下：

【实例 14-9】

```
public void test(boolean res) {
    int a;
    if (res) {
        a = 1;
    } else {
        a = 2;
    }
    int b = a;
}
```

状态变量或条件状态变量的第 1 个位代表的是 res 变量的赋值状态，第 2 位代表的是 a 变量的赋值状态，在调用 scanCond()方法分析完 if 语句的条件判断表达式 tree.cond 之后，4 个条件状态变量的值如下：

```
initsWhenTrue = 10
uninitsWhenTrue = 01
initsWhenFalse = 10
uninitsWhenFalse = 01
```

分析完 if 语句后求得 inits=11、uninits=01。在分析 int b = a 语句时，a 变量已经被明确初始化，因为 inits 的第 2 个位上的值为 1，表示 a 变量已经被初始化，所以可以使用 a 变量的值初始化 b 变量。当 a 为非 final 变量时，不参考 uninits 的第 2 位的值，因为 uninits 中的值表示的是明确非赋值状态，主要用于 final 变量的检查，对于非 final 变量时，重复赋值并不会产生编译错误。

如果注释掉 else 分支中 a = 2 的赋值语句，分析完 if 语句后求得 inits=10、uninits=01。在执行 int b = a 语句时，a 变量没有被明确初始化，因为 inits 的第 2 个位上的值为 0，所以 Javac 将报错，报错摘要为“可能尚未初始化变量 a”。再举个例子如下：

【实例 14-10】

```
public void test(boolean res) {
    final int a;
    if (res) {
        a = 1;
    }
    a = 2;                       // 报错，可能已分配变量 a
}
```

调用 scanCond()方法分析完 if 语句的条件判断表达式 tree.cond 之后，4 个条件状态变量的值如下：

```
initsWhenTrue = 10
uninitsWhenTrue = 01
initsWhenFalse = 10
uninitsWhenFalse = 01
```

最后求得 inits=10、uninits=00。在执行 a = 2 赋值语句时，由于 a 是 final 变量，所以要判断变量是否重复赋值，a 所对应的 uninits 中的第 2 个位的值为 0，表示并不是明确非赋值状态，所以 Javac 报错，报错摘要为“可能已分配变量 a”。inits 中的第 2 位的值为 0，表示不是明确赋值状态，所以不能取 a 变量的值。

下面介绍 visitIf()方法中调用的 scanCond()方法的实现，代码如下：

```
来源：com.sun.tools.javac.comp.Flow
void scanCond(JCTree tree) {
    if (tree.type.isFalse()) {              // 条件判断表达式的结果为布尔常量 false
        if (inits == null)
            merge();
        initsWhenTrue = inits.dup();
        initsWhenTrue.inclRange(firstadr, nextadr);
        uninitsWhenTrue = uninits.dup();
        uninitsWhenTrue.inclRange(firstadr, nextadr);
        initsWhenFalse = inits;
        uninitsWhenFalse = uninits;
    } else if (tree.type.isTrue()) {        // 条件判断表达式的结果为布尔常量 true
        if (inits == null)
            merge();
        initsWhenFalse = inits.dup();
        initsWhenFalse.inclRange(firstadr, nextadr);
        uninitsWhenFalse = uninits.dup();
        uninitsWhenFalse.inclRange(firstadr, nextadr);
        initsWhenTrue = inits;
        uninitsWhenTrue = uninits;
    } else {
        scan(tree);
        if (inits != null)
```

```
            split(tree.type != syms.unknownType);
        }
        if (tree.type != syms.unknownType)
            inits = uninits = null;
    }
```

当调用 tree.type.isFalse()方法返回 true 时，表示条件判断表达式的结果是布尔常量 false，对于 if 语句来说，if 分支下的语句将永远得不到执行，最终的变量赋值情况要看 else 分支下语句的执行情况。条件判断表达式的结果为布尔常量 true 时的处理逻辑与为 false 时的处理逻辑类似，这里不再介绍。举个例子如下：

【实例 14-11】

```
public void test() {
    int a;
    if (false) {
        // nothing
    } else {
        a = 2;
    }
    int b = a;
}
```

实例 14-11 能够正常编译。由于 if 语句的条件判断表达式的结果为布尔常量 false，所以调用 scanCond()方法分析完 if 语句的条件判断表达式 tree.cond 之后，4 个条件状态变量的值如下：

```
initsWhenTrue = 0
uninitsWhenTrue = 1
initsWhenFalse = 1
uninitsWhenFalse = 0
```

执行完 if 语句后 4 个条件状态变量的值如下：

```
initsWhenTrue = 1
uninitsWhenTrue = 1
initsWhenFalse = 0
uninitsWhenFalse = 1
```

最后求得 inits=1、uninitsWhenFalse=1，可以看到 a 变量被明确初始化，所以 a 可以出现在赋值表达式的右侧。在求 inits 时，因为 if 分支永远不可能执行，所以 inits 的值取决于 initsWhenFalse，在调用 scanStat()方法分析完 tree.elsepart 后，initsWhenFalse 的值会被更新为 1，所以 inits 最终的值也为 1。

条件判断表达式可能是基本表达式，也可能是一元、二元或三元表达式，后面将会详细介绍一元表达式、二元表达式或三元表达式作为条件判断表达式时的变量赋值检查。如果 inits 不为 null，调用 split()方法为 4 个条件状态变量设置初始值，一般情况下也会将 inits 与 uninits 设置为 null。

14.2.2　一元表达式与 if 语句

只有当一元表达式的结果为布尔类型时才可以作为 if 语句的条件判断表达式，所以只需要调用 visitUnary()方法处理含有非运算符的一元表达式即可。visitUnary()方法对含有非运算符的一元表达式的处理如下：

```
来源：com.sun.tools.javac.comp.Flow
public void visitUnary(JCUnary tree) {
    switch (tree.getTag()) {
    case JCTree.NOT:                    // 含有非运算符的一元表达式
        scanCond(tree.arg);
        Bits t = initsWhenFalse;
        initsWhenFalse = initsWhenTrue;
        initsWhenTrue = t;
        t = uninitsWhenFalse;
        uninitsWhenFalse = uninitsWhenTrue;
        uninitsWhenTrue = t;
        break;
        ...
    }
}
```

在调用 scanCond()方法分析 tree.arg 后得到 4 个条件状态变量，将 initsWhenFalse 与 initsWhenTrue 的值互换，将 uninitsWhenFalse 与 uninitsWhenTrue 的值互换，体现了一元表达式中非运算符的语义。

14.2.3 二元表达式与 if 语句

只有当二元表达式的结果为布尔类型时才能作为 if 语句中的条件判断表达式，但只需要讨论含有或运算符和与运算符的二元表达式即可，因为这两个运算符有“短路”的功能，会影响条件判断表达式的执行，从而可能影响变量的赋值状态，所以在 visitBinary()方法中会重点处理含有这两个运算符的二元表达式。visitBinary()方法的实现代码如下：

```
来源：com.sun.tools.javac.comp.Flow
public void visitBinary(JCBinary tree) {
    switch (tree.getTag()) {
    case JCTree.AND:               // 含有与运算符的二元表达式
        scanCond(tree.lhs);
        Bits initsWhenFalseLeft = initsWhenFalse;
        Bits uninitsWhenFalseLeft = uninitsWhenFalse;
        inits = initsWhenTrue;
        uninits = uninitsWhenTrue;
        scanCond(tree.rhs);
        initsWhenFalse.andSet(initsWhenFalseLeft);
        uninitsWhenFalse.andSet(uninitsWhenFalseLeft);
        break;
    case JCTree.OR:                // 含有或运算符的二元表达式
        scanCond(tree.lhs);
        Bits initsWhenTrueLeft = initsWhenTrue;
        Bits uninitsWhenTrueLeft = uninitsWhenTrue;
        inits = initsWhenFalse;
        uninits = uninitsWhenFalse;
        scanCond(tree.rhs);
```

```
            initsWhenTrue.andSet(initsWhenTrueLeft);
            uninitsWhenTrue.andSet(uninitsWhenTrueLeft);
            break;
        default:
            scanExpr(tree.lhs);
            scanExpr(tree.rhs);
        }
    }
```

含有或运算符和与运算符的二元表达式具有短路功能，逻辑的处理需要和它们的语义保持一致。

对于与运算符来说，如果 tree.lhs 的值为 false，则不会继续执行 tree.rhs。首先调用 scanCond()方法分析 tree.lhs，得到 4 个条件状态变量，如果要分析 tree.rhs，则 tree.lhs 的值一定为 true，那么就需要将 initsWhenTrue 与 uninitsWhenTrue 的值赋值给 inits 与 uninits，然后调用 scanCond()方法分析 tree.rhs，最终 inits 与 uninits 变量保存的就是二元表达式结果为 true 时变量的赋值状态。对 tree.lhs 的值为 false 与 tree.rhs 的值为 false 时的状态变量进行与运算后，得到二元表达式的结果为 false 时的变量赋值状态。

对于或运算符来说，当 tree.lhs 的值为 false 时才会分析 tree.rhs，在调用 scanCond()方法分析 tree.rhs 之前，需要将 inits 与 uninits 初始化为 initsWhenFalse 与 uninitsWhenFalse，最终的 inits 与 uninits 变量保存的就是二元表达式结果为 false 时的变量赋值状态，对 tree.lhs 的值为 true 与 tree.rhs 的值为 true 时的状态变量进行与运算后，得到二元表达式的结果为 true 时的变量赋值状态。举个例子如下：

【实例 14-12】

```
public void test(boolean res) {
    int a;
    if (res && (a = 1) == 1) {
        int b = a;
    }
}
```

if 语句的条件判断表达式是一个二元表达式，表达式的左侧为 res，右侧为(a=1)==1，没有 else 分支，这里着重分析 tree.thenpart 中的语句 int b = a 时的变量赋值状态。

visitBinary()方法执行前，inits=10，uninits=01，第 1 个位表示 res 变量的状态，第 2 个位表示 a 变量的状态。

在 visitBinary()方法中，当执行完 case 分支为 JCTree.AND 的 scanCond(tree.lhs)语句后，4 个条件状态变量的值如下：

```
initsWhenTrue=10
uninitsWhenTrue=01
initsWhenFalse=10
uninitsWhenTrue=01
```

最终求得的 inits=10、uninits=01。

在 visitBinary()方法中，当执行完 case 分支为 JCTree.AND 的 scanCond(tree.rhs)语句后，4 个条件状态变量的值如下：

```
initsWhenTrue=11
uninitsWhenTrue=01
initsWhenFalse=11
uninitsWhenTrue=01
```

在 visitIf()方法中，在分析 tree.thenpart 之前，会将 inits 与 uninits 初始化为 initsWhenTrue 和 uninitsWhenTrue，所以 inits=11、uninits=01。在执行实例 14-12 的初始化表达式 int b=a 时，变量 a 是明确初始化的变量，可出现在初始化表达式的右侧，因此实例 14-12 能够正常编译。

14.2.4 三元表达式与 if 语句

只有当三元表达式 JCConditional 的 truepart 与 falsepart 为布尔类型时，才能作为 if 语句的条件判断表达式。visitConditional()方法的实现代码如下：

```
来源：com.sun.tools.javac.comp.Flow
public void visitConditional(JCConditional tree) {
    scanCond(tree.cond);
    Bits initsBeforeElse = initsWhenFalse;
    Bits uninitsBeforeElse = uninitsWhenFalse;
    inits = initsWhenTrue;
    uninits = uninitsWhenTrue;
    if (tree.truepart.type.tag == BOOLEAN && tree.falsepart.type.tag ==
BOOLEAN) {
        scanCond(tree.truepart);
        Bits initsAfterThenWhenTrue = initsWhenTrue.dup();
        Bits initsAfterThenWhenFalse = initsWhenFalse.dup();
        Bits uninitsAfterThenWhenTrue = uninitsWhenTrue.dup();
        Bits uninitsAfterThenWhenFalse = uninitsWhenFalse.dup();
        inits = initsBeforeElse;
        uninits = uninitsBeforeElse;
        scanCond(tree.falsepart);
        initsWhenTrue.andSet(initsAfterThenWhenTrue);
        initsWhenFalse.andSet(initsAfterThenWhenFalse);
        uninitsWhenTrue.andSet(uninitsAfterThenWhenTrue);
        uninitsWhenFalse.andSet(uninitsAfterThenWhenFalse);
    }
    ...
}
```

当三元表达式中的 tree.truepart 与 tree.falsepart 的结果为布尔类型时，调用 scanCond()方法分析 tree.cond 后得到 4 个条件状态变量。在分析 tree.truepart 之前，将 inits 与 uninits 变量初始化为 initsWhenTrue 与 uninitsWhenTrue 变量的值；在分析 tree.falsepart 之前，将 inits 与 uninits 变量初始化为 initsBeforeElse 与 uninitsBeforeElse 变量的值，也就是初始化为 initsWhenFalse 与 uninitsWhenFalse 变量的值。

在分析 tree.truepart 与 tree.falsepart 时，调用 2 次 scanCond()方法会产生 2 组共 8 个条件状态变量，两两进行与运算后就可以得到最终作为条件判断表达式的 4 个条件状态变量的值了。

14.3　循环语句的分析

Java 语言中的循环结构有 while、do-while、for 与 foreach，对循环结构的数据流分析主要是检查变量的赋值状态和语句的活跃性。由于循环语句在 Flow 类中的处理逻辑类似，所以我们着重介绍对 for 语句的数据流分析。

14.3.1　for 语句

for 语句是程序中大量使用的流程控制结构，通过 Flow 类的 visitForLoop()方法检查语句的活跃性及变量赋值状态。visitForLoop()方法的实现代码如下：

```
来源：com.sun.tools.javac.comp.Flow
public void visitForLoop(JCForLoop tree) {
    ListBuffer<PendingExit> prevPendingExits = pendingExits;
    boolean prevLoopPassTwo = loopPassTwo;
    int nextadrPrev = nextadr;

    scanStats(tree.init);
    Bits initsCond;
    Bits uninitsCond;
    pendingExits = new ListBuffer<PendingExit>();
    int prevErrors = log.nerrors;
    do {
        Bits uninitsEntry = uninits.dup();
        uninitsEntry.excludeFrom(nextadr);
        if (tree.cond != null) {
            scanCond(tree.cond);
            initsCond = initsWhenFalse;
            uninitsCond = uninitsWhenFalse;
            inits = initsWhenTrue;
            uninits = uninitsWhenTrue;
            alive = !tree.cond.type.isFalse();
        } else {
            initsCond = inits.dup();
            initsCond.inclRange(firstadr, nextadr);
            uninitsCond = uninits.dup();
            uninitsCond.inclRange(firstadr, nextadr);
            alive = true;
        }
        scanStat(tree.body);
        alive |= resolveContinues(tree);
        scan(tree.step);
        if (log.nerrors != prevErrors || loopPassTwo ||
            uninitsEntry.dup().diffSet(uninits).nextBit(firstadr) == -1)
            break;
        uninits = uninitsEntry.andSet(uninits);
        loopPassTwo = true;
```

```
        alive = true;
    } while (true);
    loopPassTwo = prevLoopPassTwo;
    inits = initsCond;
    uninits = uninitsCond;
    alive = resolveBreaks(tree, prevPendingExits) || tree.cond != null
&& !tree.cond.type.isTrue();
    nextadr = nextadrPrev;
}
```

visitForLoop()方法首先通过局部变量保存 pendingExits、loopPassTwo 与 nextadr 成员变量的值。当循环语句中有 continue 和 break 等进行流程跳转的语句时，需要 pendingExits 辅助进行数据流分析，后面将会详细介绍。loopPassTwo 在 do-while 循环执行第 2 次时会将值设置为 true，由于 do-while 循环对 for 语句进行了数据流分析，所以如果执行第 2 次 do-while 循环时，可以理解为要分析的 for 语句也要循环执行 2 次或多次。对于数据流分析来说，最多执行 2 次循环就可以找出所有的编译错误。

首先调用 scanStats()方法分析 tree.init，需要明确指出的是，任何 for 语句的 tree.init 和 tree.cond 肯定会执行，而 tree.body 和 tree.step 会选择执行。

假设 do-while 循环只循环执行 1 次，也就是 do-while 语句在首次循环进行数据流分析时就发现了编译错误，或者要分析的 for 语句没有操作 final 变量，则直接跳出。如果发现了编译错误，以下条件判断表达式的结果将为 true：

```
log.nerrors != prevErrors
```

如果要分析的 for 语句没有操作 final 变量，以下条件判断表达式的结果将为 true：

```
uninitsEntry.dup().diffSet(uninits).nextBit(firstadr) == -1
```

举个例子如下：

【实例 14-13】

```
public void test() {
    int a;
    for (int i = 0; i < 2; i++) {
        int b = a;                     // 报错，可能尚未初始化变量 a
    }
}
```

实例将报错，报错摘要为“可能尚未初始化变量 a”，这样的错误在第一次执行 do-while 循环时就会发现，从而跳出循环。再举个例子如下：

【实例 14-14】

```
public void test() {
    int a;
    for(int i=0;i<2;i++){
        a = 1;
    }
}
```

由于在 for 语句中没有操作 final 变量，所以在 visitForLoop()方法分析过程中，do-while

循环在首次循环时就跳出，因为非 final 变量的初始化并不影响 uninits 状态变量的值。

do-while 循环首先使用局部变量 uninitsEntry 保存 uninits 的值，uninitsEntry 可以辅助检查要分析的 for 语句中的 tree.cond、tree.body 和 tree.step 中有没有对 final 变量进行操作。如果没有，就跳出 do-while 循环，如果有，最终会与 uninits 取交集，代码如下：

```
uninits = uninitsEntry.andSet(uninits);
```

当要分析的 for 语句在 tree.cond、tree.body 和 tree.step 中操作了 final 变量，那么 uninits 表示这个变量不是明确非赋值状态，do-while 在进行第 2 次循环时将检测出错误。例如将实例 14-14 中定义的变量 a 使用 final 修饰时就会报错，报错摘要为“可能在 loop 中分配了变量 a”。

如果 tree.cond 不为空，在分析 tree.body 之前，需要将 inits 与 uninints 初始化为 initsWhenTrue 与 uninitsWhenTrue，因为只有条件判断表达式的结果为 true 时才会执行 tree.body。initsCond 与 uninitsCond 分别被初始化为 initsWhenFalse 与 uninitsWhenFalse，initsCond 与 uninitsCond 在 do-while 循环执行完成之后将值赋值给了 inits 与 uninits，也就是说，initsWhenFalse 与 uninitsWhenFalse 是执行 for 语句后续语句时使用的状态变量。当 tree.cond 的结果不为常量值 false 时，tree.body 中的语句可能被执行，alive 的值为 true。

如果 tree.cond 为空，情况等价于条件判断表达式为常量值 true，调用 inclRange()方法将有效范围内的 initsCond 与 uninitsCond 的状态位全部设置为 1，所以最终的变量状态要看 break 等的操作结果，也就是调用 resolveBreaks()方法会再次操作 inits 与 uninits。tree.body 中的语句一定会执行，alive 的值为 true。

假设 do-while 循环执行第 2 次循环，此时 loopPassTwo 的值为 true，final 变量重复赋值的错误会被检查出来。举个例子如下：

【实例 14-15】

```
public void test() {
    final int a;
    for(int i=0;i<2;i++){
        a = 1;                   // 报错，可能在 loop 中分配了变量 b
    }
}
```

实例将报错，报错摘要为“可能在 loop 中分配了变量 b”。

uninits 在第 1 次执行 do-while 循环时执行了如下操作：

```
uninits = uninitsEntry.andSet(uninits);
```

由于在 for 语句中对 final 变量执行了赋值操作，所以 uninits 中变量 a 对应的位的状态值为 0，表示不是明确非赋值状态。当第 2 次执行 do-while 循环时，再次给 final 变量 a 赋值就会报错，所以不能在 tree.cond、tree.body 和 tree.step 中对 tree.cond 之前定义出的 final 变量进行赋值操作，因为它们都有可能被执行多次。

通过 inits 与 uninits 再次初始化条件状态变量并再次分析 tree.body 与 tree.step，这次的 inits 与 uninits 与第 1 次 do-while 循环中的值不同，如果 tree.body 中有对变量的初始化，通过 inits 与 uninits 也能反映出来。

因为 initsCond 与 uninitsCond 保存的是假设运行了 tree.body 与 tree.step 后的变量状态，将这个状态作为处理 for 语句后的 inits 与 uninits 值没有办法检测出更多的错误，举个例子如下：

【实例 14-16】

```
public void test() {
    int a;
    final int b;
    for(int i=0;i<2;i++){
        a = 2;                          // 第 1 个错误，可能在 loop 中分配了变量 b
        b = 1;
    }
    int c = a;                          // 第 2 个错误，可能尚未初始化变量 a
}
```

Javac 并不能检测出第 2 个错误，因为处理完 for 语句后 inits=11，表示 a 与 b 变量已经初始化，从而没办法检测出错误，所以 inits 与 uninits 保存的状态应该是处理 for 语句之前的变量状态，这是 Javac 代码设计的一个缺陷。

14.3.2　中断循环语句

continue、break、return 与 throw 语句都可以控制当前循环的流程，下面详细介绍一下 continue 与 break 语句在循环中的处理。读者可自行阅读 Javac 源代码了解 return 与 throw 语句的处理。

1. continue语句

continue 语句用来结束当前循环并进入下一次循环。visitForLoop()方法通过调用 resolveContinues()方法处理循环中的 continue 语句。从 visitForLoop()方法中可以看到，resolveContinues()方法的调用在分析 tree.body 之后、tree.step 之前，因为如果 continue 的目标是当前的循环语句，那么流程将会跳转到 tree.step 继续执行，与 for 语句实际的执行过程一致，有利于更好地进行数据流分析。举个例子如下：

【实例 14-17】

```
public void test(int n) {
    int a;
    for (int i = 0; i < n; i += a) {
        if (i == 1) {
            a = 1;
            continue;
        }
        a = 2;
    }
}
```

对于如上实例来说，for 语句的 tree.cond 不为空，在处理 tree.cond 之后 tree.body 之前，将 init 与 uninits 分别初始化为 initsWhenTrue 与 initsWhenFalse。在执行 tree.step 之前，tree.body 中有两条可能的执行路径到达 tree.step，所以在处理 tree.step 之前需要合并这两条路径的变量状态。对于执行 continue 语句的这条路径来说，变量状态被存储到了 pendingExits 中，另外一条可能执行的路径的变量状态保存在 inits 与 uninits 中。由于 a 变量在两条可能执行的路径上都进行了初始化，所以在 tree.step 中可以使用 a 变量的值。

调用 visitContinue()方法处理 continue 语句，实现代码如下：

```
来源：com.sun.tools.javac.comp.Flow
public void visitContinue(JCContinue tree) {
    recordExit(tree);
}
```

调用 recordExit()方法对 continue 语句进行处理，recordExit()方法的实现代码如下：

```
来源：com.sun.tools.javac.comp.Flow
void recordExit(JCTree tree) {
    pendingExits.append(new PendingExit(tree, inits, uninits));
    markDead();
}
```

通过 pendingExits 保存执行 continue 语句的这条路径上的 inits 与 uninits 变量的值，这样在执行 tree.step 之前就可以将所有可能执行的路径上的变量状态进行合并了。

recordExit()方法调用 markDead()将 alive 的值设置为 false，表示后续语句不可达。

resolveContinues()方法的实现代码如下：

```
来源：com.sun.tools.javac.comp.Flow
boolean resolveContinues(JCTree tree) {
    boolean result = false;
    List<PendingExit> exits = pendingExits.toList();
    pendingExits = new ListBuffer<PendingExit>();
    for (; exits.nonEmpty(); exits = exits.tail) {
        PendingExit exit = exits.head;
        if (exit.tree.getTag() == JCTree.CONTINUE && ((JCContinue) exit.
tree).target == tree) {
            inits.andSet(exit.inits);
            uninits.andSet(exit.uninits);
            result = true;
        } else {
            pendingExits.append(exit);
        }
    }
    return result;
}
```

其中，参数 tree 为 for 语句对应的语法树节点，循环查找 exit.tree 为 JCContinue 树节点并且其跳转目标为 tree 的 PendingExit 对象，如果有满足条件的 exit，就会对 exit 所代表的执行路径上的状态变量与 inits 与 uninits 进行合并。对于实例 14-17 来说，两条路径上都初始化了 a 变量，所以 inits=11，在执行 tree.step 中的语句 i += a 时不会报编译错误。

再举个复杂一点的例子，如下：

【实例 14-18】

```
public void test(int n) {
    // 第 1 个 for 语句
    L: for (;;) {
        int a;
        // 第 2 个 for 语句
        for (int i = 0; i < n; i += a) {
            if (i == 1) {
                a = 1;
                continue;
            } else if (i == 2) {
                continue L;
            }
            a = 2;
        }
    }
}
```

test()方法中有 2 层 for 语句，对于第 2 个 for 语句来说，流程从 tree.body 转到 tree.step 有 2 条可能执行的路径，另外一条路径并不能跳转到第 2 个 for 语句的 tree.step 部分。由于 2 条可能执行的路径上都初始化了变量 a，所以执行 tree.step 中的 i+=a 表达式时不报错。在调用 visitContinue()方法时，跳转到第 1 个 for 语句的 pendingExit 对象会保存在 pendingExits 列表中，等待第 1 个 for 语句调用 resolveContinues()方法进行处理。

如果代码进行了状态变量的合并，将 result 的值设置为 true 并返回，最终会在 visitForLoop()方法中根据所有的可执行路径共同决定 tree.step 是否可达。

2．break语句

break、return 与 throw 语句都可以结束当前的循环，处理 break 语句的逻辑与处理 continue 语句的逻辑类似，在访问 visitBreak()方法时会调用 recordExit()方法创建 PendingExit 对象并保存到 pendingExits 列表中。

visitForLoop()方法在 do-while 循环内调用 resolveContinues()方法处理 continue 语句。当 do-while 循环执行完成后，也就是检查完 for 语句的数据流后，通过如下表达式计算 alive 的值：

```
alive = resolveBreaks(tree, prevPendingExits) || tree.cond != null &&
!tree.cond.type.isTrue();
```

调用 resolveBreaks()方法处理 break 语句。对于 for 语句来说，如果 for 语句的 body 体中有 break 语句或者条件不是永恒为 true 时，for 语句之后的语句就有可能被执行，alive 的值为 true。

resolveBreaks()方法的实现代码如下：

```
来源：com.sun.tools.javac.comp.Flow
boolean resolveBreaks(JCTree tree,ListBuffer<PendingExit> oldPending
```

```
    Exits) {
        boolean result = false;
        List<PendingExit> exits = pendingExits.toList();
        pendingExits = oldPendingExits;
        for (; exits.nonEmpty(); exits = exits.tail) {
            PendingExit exit = exits.head;
            if (exit.tree.getTag() == JCTree.BREAK && ((JCBreak) exit.tree).
    target == tree) {
                inits.andSet(exit.inits);
                uninits.andSet(exit.uninits);
                result = true;
            } else {
                pendingExits.append(exit);
            }
        }
        return result;
    }
```

resolveBreaks()方法的实现类似于 resolveContinues()方法的实现，只是这次合并了含有 break 语句的可执行路径上的状态变量。举个例子如下：

【实例 14-19】

```
public void test(int n) {
    final int a;
    for (int i = 0; i < n; i++) {
        if (i == 1) {
            a = 1;
            break;
        }
    }
    a = 3;                                    // 报错，可能已分配变量 a
}
```

赋值语句 a = 3 会报错，报错摘要为“可能已分配变量 a”，因为 for 语句中含有 break 语句的执行路径给 final 变量 a 赋了值，在执行 for 语句后续的赋值语句 a=3 时，uninits 的值为 001，其中第 2 个状态位表示的就是 a 变量的赋值状态，其值为 0，表示变量 a 不是明确非赋值状态。

14.4　try 语句与 throw 语句的分析

对异常进行分析时，涉及 throw 语句和 try 语句的处理。对 try 语句进行数据流检查时，会进行异常检查、变量赋值检查及语句活跃性分析，下面详细介绍。

14.4.1　抛出异常

程序通过 throw 语句抛出异常，在 Flow 类的 visitThrow()方法中对 throw 语句进行处理，这个方法的实现代码如下：

```
来源：com.sun.tools.javac.comp.Flow
public void visitThrow(JCThrow tree) {
    scanExpr(tree.expr);
    Symbol sym = TreeInfo.symbol(tree.expr);
    if ( sym != null &&
        sym.kind == VAR &&
        (sym.flags() & (FINAL | EFFECTIVELY_FINAL)) != 0 &&
        preciseRethrowTypes.get(sym) != null &&
        allowImprovedRethrowAnalysis) {      // 允许使用增强型 throws 声明
        for (Type t : preciseRethrowTypes.get(sym)) {
            markThrown(tree, t);             // 记录抛出的异常
        }
    }else {
        markThrown(tree, tree.expr.type);    // 记录抛出的异常
    }
    markDead();
}
```

visitThrow()方法首先调用 TreeInfo.symbol()方法获取 tree.expr 所引用的符号，这个方法在前面介绍过。如果是 JCIdent 或 JCFieldAccess 对象，直接获取对象中 sym 变量保存的值即可，如果为 JCTypeApply 对象，递归调用 symbol()方法获取对象的 clazz 变量对应的符号。

方法中调用的 markThrown()方法可以记录抛出的异常类型，调用的 markDead()方法会将 alive 变量的值设置为 false，表示后续的语句不可达。

visitThrow()方法支持了 JDK 1.7 版本中新增的增强型 throws 声明，举例如下：

【实例 14-20】

```
package chapter14;

class FirstExc extends Exception { }

class SecondExc extends Exception { }

public class Test{
    public void rethrowExceptionSE7(String exc) throws FirstExc, SecondExc {
        try {
            if (exc.equals("FirstExc")) {
                throw new FirstExc();
            } else {
                throw new SecondExc();
            }
        } catch (Exception e) {
            throw e;
        }
    }
}
```

以上实例在 catch 语句块内抛出 Exception 类型的异常，而在方法上声明抛出的异常类型为 FirstExc 与 SecondExc。因为 try 语句的 body 体内只可能抛出这两种受检查的异常，

所以这种语法叫增强型 throws 声明。在 JDK 1.7 之前，方法上声明抛出的异常类型只能为 Exception 或者 Exception 的父类。可以通过 allowImprovedRethrowAnalysis 变量来控制是否使用增强型 throws 声明语法，当前版本的 Javac 默认 allowImprovedRethrowAnalysis 变量的值为 true，也就是默认使用增强型 throws 声明。

在 visitThrow()方法中，if 语句的条件判断条件中有含有如下判断表达式：

```
preciseRethrowTypes.get(sym) != null
```

这是对重抛语句 throw e 之前的代码分析时得出的 e 可能的异常类型，将可能抛出的受检查异常和运行时异常记录到 preciseRethrowTypes 集合中，这个变量在 Flow 类中的定义如下：

```
来源：com.sun.tools.javac.comp.Flow
HashMap<Symbol, List<Type>> preciseRethrowTypes;
```

其中，key 为 Symbol 对象，对应的就是 catch 语句中定义的形式参数，而 value 为 List<Type>列表，其中保存着所有可能重抛的异常类型。对于实例 14-20 来说，try 语句的 body 体中可能抛出 Error 以 RuntimeException、FirstExc 和 SecondExc 类型的异常，但是对于 catch 语句来说，只能捕获 FirstExc 和 SecondExc 类型的异常，所以 List<Type>列表中只保存这两种类型的异常。如果更改实例 14-20 的 rethrowExceptionSE7()方法为如下形式：

```
public void rethrowExceptionSE7(String exc) throws FirstExc, SecondExc {
    try {
        if (exc.equals("FirstExc")) {
            throw new FirstExc();
        } else {
            throw new SecondExc();
        }
    } catch (FirstExc e) {
        e.printStackTrace();
    } catch (SecondExc e){
        throw e;
    }
}
```

通过 throw e 语句重抛异常时，可能抛出的异常类型就只剩下 SecondExc 了，因为之前的 catch 语句会对 FirstExc 类型的异常进行捕获处理。

调用 markThrown()方法记录可能抛出的异常，实现代码如下：

```
来源：com.sun.tools.javac.comp.Flow
void markThrown(JCTree tree, Type exc) {
    if (!chk.isUnchecked(_, exc)) {              // 受检查异常
        if (!chk.isHandled(exc, caught))         // 没有被处理的异常
            pendingExits.append(new PendingExit(tree, exc));
        thrown = chk.incl(exc, thrown);
    }
}
```

markThrown()方法会对受检查且没有被处理过的异常进行记录，具体就是创建一个

PendingExit 对象并追加到 pendingExits 列表中，在介绍异常捕获时还会介绍 pendingExits 列表，这里暂不过多介绍。如果 exc 是受检查异常，则调用 chk.incl()方法保存到 thrown 列表中。incl()方法在第 11 章介绍过，它会首先从 thrown 列表中移除 exc 和 exc 的所有子类，然后将 exc 追加到 thrown 列表中。

markThrown()方法中使用到了两个成员变量 caught 与 thrown，这两个变量在 Flow 类中的定义如下：

```
来源：com.sun.tools.javac.comp.Flow
List<Type> thrown;
List<Type> caught;
```

thrown 列表保存了可能抛出的异常，而 caught 列表保存了可以捕获的或者在方法上声明抛出的异常，举个例子如下：

【实例 14-21】

```
package chapter14;

class FirstExc extends Exception { }

class FirstSubExc extends FirstExc { }

class SecondExc extends Exception { }

public class Test {
   public void rethrowExceptionSE7(String exc) throws FirstExc {
      // 第 1 个 try 语句
      // 位置 1
      try {
         // 第 2 个 try 语句
         try {
            if (exc.equals("FirstExc")) {
               throw new FirstExc();
            }
            if (exc.equals("SecondExc")) {
               throw new SecondExc();
            }
            // 位置 2
         } catch (FirstExc e) {
            if (exc.equals("FirstExc")) {
               throw new FirstSubExc();
            }
            // 位置 3
         }
      } catch (SecondExc e) {
         // 位置 4
      }
   }
}
```

如表 14-1 所示为实例 14-21 在位置 1 到位置 4 时 thrown 与 caught 列表中保存的值。

表 14-1　不同位置对应的thrown与caught列表

位　置	thrown	caught
1		FirstExc
2	FirstExc、SecondExc	FirstExc、SecondExc
3	FirstSubExc	FirstExc、SecondExc
4		FirstExc

if 语句的条件判断表达式调用 chk.isUnchecked()方法确保要处理的是受检查的异常，调用 chk.isHandled()方法确保异常没有被处理过，这里所说的处理，是指异常被捕获或者在方法上声明抛出。

isUnchecked()方法的实现代码如下：

```
来源：com.sun.tools.javac.comp.Check
boolean isUnchecked(Type exc) {
    return
        (exc.tag == TYPEVAR) ? isUnchecked(types.supertype(exc)) :
        (exc.tag == CLASS) ? isUnchecked((ClassSymbol)exc.tsym) :
        exc.tag == BOT;
}
```

当 exc 为类型变量时，求类型变量的父类并递归调用 isUnchecked()方法判断是否为非检查异常；当 exc 为类或接口时，调用另一个重载的 isUnchecked()方法判断是否为非检查异常；当 exc 为 null 时，方法返回 true，表示是非检查异常，剩下的其他类型都是受检查异常。

重载的 isUnchecked()方法的实现代码如下：

```
来源：com.sun.tools.javac.comp.Check
boolean isUnchecked(ClassSymbol exc) {
    return
        exc.kind == ERR ||
        exc.isSubClass(syms.errorType.tsym, types) ||
        exc.isSubClass(syms.runtimeExceptionType.tsym, types);
}
```

当 exc 为错误相关的类或 RuntimeException 类型时，方法返回 true，表示是非检查异常。

在 markThrown()方法中调用的 isHandled()方法的实现代码如下：

```
来源：com.sun.tools.javac.comp.Check
boolean isHandled(Type exc, List<Type> handled) {
    return isUnchecked(exc) || subset(exc, handled);
}
```

当 exc 为非检查异常或是已经处理的异常的子类时，方法返回 true，表示异常已经被处理。调用 subset()方法查看 exc 是否为 handled 列表中任何一个类型的子类型，实现代码如下：

```
来源：com.sun.tools.javac.comp.Check
boolean subset(Type t, List<Type> ts) {
    for (List<Type> l = ts; l.nonEmpty(); l = l.tail)
        if (types.isSubtype(t, l.head))
            return true;
    return false;
}
```

subset()方法实现非常简单，通过调用 types.isSubtype()方法判断即可。

在 markThrown()方法中调用的 incl()方法的实现代码如下：

```
来源：com.sun.tools.javac.comp.Check
List<Type> incl(Type t, List<Type> ts) {
    return subset(t, ts) ? ts : excl(t, ts).prepend(t);
}
```

调用 subset()方法判断 t 是否为 ts 列表中任何一个类型的子类型，如果是就直接返回 ts，否则调用 excl()方法排除 ts 列表中含有的 t 或 t 的子类型，然后将 t 追加到列表的头部。excl()方法的实现代码如下：

```
来源：com.sun.tools.javac.comp.Check
List<Type> excl(Type t, List<Type> ts) {
    if (ts.isEmpty()) {
        return ts;
    } else {
        List<Type> ts1 = excl(t, ts.tail);
        if (types.isSubtype(ts.head, t))
            return ts1;
        else if (ts1 == ts.tail)
            return ts;
        else
            return ts1.prepend(ts.head);
    }
}
```

excl()方法要从 ts 列表中排除含有的 t 或 t 的子类型，实现比较简单，不再过多解释。

14.4.2 异常检查

在 visitTry()方法中对 try 语句进行异常检查、变量赋值检查和活跃性分析，本节只介绍异常检查。为了便于叙述，分几个部分介绍 visitTry()方法的实现。首先介绍第一部分的实现代码，如下：

```
来源：com.sun.tools.javac.comp.Flow
public void visitTry(JCTry tree) {
    List<Type> caughtPrev = caught;
    List<Type> thrownPrev = thrown;
    thrown = List.nil();
    for (List<JCCatch> l = tree.catchers; l.nonEmpty(); l = l.tail) {
        List<JCExpression> subClauses = TreeInfo.isMultiCatch(l.head) ?
```

```
                ((JCTypeUnion)l.head.param.vartype).alternatives :
List.of(l.head.param.vartype);
        for (JCExpression ct : subClauses) {
            caught = chk.incl(ct.type, caught);
        }
    }
    ...
}
```

代码中首先通过局部变量保存 caught 与 thrown 列表的值，然后将当前 try 语句中含有的各个 catch 语句中能够捕获到的异常类型添加到 caught 列表中，举个例子如下：

【实例 14-22】

```
public void test(Reader file) {
    // 第 1 个 try 语句
    try {
        // 第 2 个 try 语句
        try (BufferedReader br = new BufferedReader(file);) {
            throw new MyExc();
        } catch (IOException e) {
            e.printStackTrace();
        }
    } catch (MyExc e) {
        e.printStackTrace();
    }
}
```

当 visitTry()方法分析第 2 个 try 语句并且已经运行完第一部分代码实现时，caughtPrev 列表中有 MyExc 类，caught 列表中有 MyExc 与 IOException 类，thrownPrev 列表为空。

当开始处理第 2 个 try 语句之前，当前能够捕获到的异常保存在 caughtPrev 列表中，这个列表中只含有第 1 个 try 语句能够捕获的 MyExc 类。在分析第 2 个 try 语句的 body 体时，如果已经运行完 visitTry()方法的第一部分代码，则能够捕获异常的 caught 列表中含有的 MyExc 与 IOException 类，thrownPrev 列表为空。visitTry()方法中调用的 chk.incl()方法将之前能够捕获处理的所有异常，加上内层能够捕获处理的异常保存到 caught 列表中，这样当内层 try 语句 body 体中抛出异常时，就可以从 caught 列表中检查这个异常是否能够被捕获处理，实际上 markThrown()方法也是这么做的。

接着介绍 visitTry()方法中对异常检查的第二部分代码实现：

```
来源：com.sun.tools.javac.comp.Flow
ListBuffer<JCVariableDecl> resourceVarDecls = ListBuffer.lb();
ListBuffer<PendingExit> prevPendingExits = pendingExits;
pendingExits = new ListBuffer<PendingExit>();
for (JCTree resource : tree.resources) {
    List<Type> closeableSupertypes = resource.type.isCompound() ?
                types.interfaces(resource.type).prepend(types.supertype
(resource.type)) :
                List.of(resource.type);
    for (Type sup : closeableSupertypes) {
        if (types.asSuper(sup, syms.autoCloseableType.tsym) != null) {
                                                    // 第 1 个 if 语句
```

```
            Symbol closeMethod = rs.resolveQualifiedMethod(tree,attrEnv,
    sup,names.close,List.<Type>nil(),List.<Type>nil());
            if (closeMethod.kind == MTH) {                // 第 2 个 if 语句
                for (Type t : ((MethodSymbol)closeMethod).getThrownTypes()) {
                    markThrown(resource, t);
                }
            }
        }
    }
}
```

如果 try 语句是具体的 try-with-resources 语句，那么在自动调用 close()方法时可能抛出异常，所以也要将这些异常记录到 throw 列表中，以便后续在分析 catch 语句时提供必要的异常抛出类型。visitTry()方法中的第 1 个 if 语句的条件判断表达式如下：

```
types.asSuper(sup, syms.autoCloseableType.tsym) != null
```

调用 asSuper()方法查找 sup 或 sup 的父类型，这个类型的 tsym 等于 syms.autoCloseableType.tsym，这个类型必须存在，也就是 sup 必须实现 AutoCloseable 接口，然后调用 resolveQualifiedMethod()方法从 sup 中查找 close()方法，将 close()方法中可能抛出的异常通过 markThrown()方法记录到 throw 列表中。关于 resolveQualifiedMethod()与 markThrown()方法，前面已经介绍过，这里不再介绍。

接着在 visitTry()方法中处理 try 语句的 body 体，第三部分实现代码如下：

```
来源：com.sun.tools.javac.comp.Flow
scanStat(tree.body);
```

在处理 try 语句的 body 体时，可能会通过 throw 关键字抛出异常，如果抛出受检查的异常，则会记录到 throw 列表中。

接着在 visitTry()方法中为处理 catch 语句准备运行环境，第四部分实现代码如下：

```
来源：com.sun.tools.javac.comp.Flow
List<Type> thrownInTry = allowImprovedCatchAnalysis ?
            chk.union(thrown, List.of(syms.runtimeExceptionType, syms.
errorType)) : thrown;
thrown = thrownPrev;
caught = caughtPrev;
List<Type> caughtInTry = List.nil();
```

通过局部变量 thrownInTry 保存 thrown 列表的值，这样 thrownInTry 列表中包含了 try 语句 body 体中抛出的受检查异常。对于 JDK 1.7 及之后的版本来说，还会追加 RuntimeException 和 Error。还原 thrown 与 caught 列表的值，因为 catch 语句应该使用 thrownPrev 与 caughtPrev 列表中的值进行异常分析。

下面开始循环处理 try 语句含有的所有 catch 语句，visitTry()方法第 5 部分的实现代码如下：

```
来源：com.sun.tools.javac.comp.Flow
for (List<JCCatch> l = tree.catchers; l.nonEmpty(); l = l.tail) {
    JCVariableDecl param = l.head.param;
    List<JCExpression> subClauses = TreeInfo.isMultiCatch(l.head) ?
```

```
            ((JCTypeUnion)l.head.param.vartype).alternatives : List.of(l.
head.param.vartype);
    List<Type> ctypes = List.nil();
    List<Type> rethrownTypes = chk.diff(thrownInTry, caughtInTry);
    for (JCExpression ct : subClauses) {
        Type exc = ct.type;
        if (exc != syms.unknownType) {
            ctypes = ctypes.append(exc);
            if (types.isSameType(exc, syms.objectType))
                continue;
            checkCaughtType(_, exc, thrownInTry, caughtInTry);
            caughtInTry = chk.incl(exc, caughtInTry);
        }
    }

    scan(param);

    preciseRethrowTypes.put(param.sym, chk.intersect(ctypes, rethrownTypes));
    scanStat(l.head.body);
    preciseRethrowTypes.remove(param.sym);
}
```

在 visitTry()方法的 for 循环中调用 chk.diff()方法计算重抛的异常，也就是说，如果在 try 语句 body 体中抛出的异常被当前分析的 try 语句中的 catch 语句捕获了，则在 thrownInTry 列表中移除，这样当前分析的 try 语句后续的 catch 语句就不用处理这些异常了；如果在当前 catch 语句的 body 体中重抛异常时，rethrownTypes 列表中保存了这些可能被重抛的异常。diff()方法的实现代码如下：

```
来源：com.sun.tools.javac.comp.Check
List<Type> diff(List<Type> ts1, List<Type> ts2) {
    List<Type> ts = ts1;
    for (List<Type> l = ts2; l.nonEmpty(); l = l.tail)
        ts = excl(l.head, ts);   // 将 ts 列表中是 l.head 的子类的类型全部移除
    return ts;
}
```

循环调用 excl()方法将 ts1 列表中是 ts2 列表中类型的子类型从 ts1 列表中删除，excl()方法前面已经介绍过，这里不再介绍。

接着看 visitTry()方法的第五部分的代码实现。计算出 rethrownTypes 列表后，循环当前 catch 语句中声明捕获的异常类型列表 subClauses，调用 checkCaughtType()方法对异常类型进行检查，checkCaughtType()方法的实现代码如下：

```
来源：com.sun.tools.javac.comp.Flow
void checkCaughtType(_, Type exc, List<Type> thrownInTry, List<Type>
caughtInTry) {
    if (chk.subset(exc, caughtInTry)) {
        log.error(_, "except.already.caught", exc);
    } else if (!chk.isUnchecked(_, exc) &&
            !isExceptionOrThrowable(exc) &&
            !chk.intersects(exc, thrownInTry)) {
        log.error(_, "except.never.thrown.in.try", exc);
```

```
    }
}
```

checkCaughtType()方法主要对以下两种情况进行了检查：

- 对于同一个 try 语句含有的多个 catch 语句来说，在分析当前 catch 语句时，检查之前是否已经有 catch 语句捕获了 exc 异常，如果已经捕获，Javac 将报错，报错摘要为“已捕获到异常错误”。
- 如果不可能在 try 语句的 body 体中抛出的受检查异常也在 catch 语句中声明了捕获，Javac 将报错，报错摘要为“在相应的 try 语句主体中不能抛出异常错误”。

如果没有错误发生，在 visitTry()方法中调用 chk.incl()方法将 exc 添加到 caughtInTry 列表中，新列表将作为新的 caughtInTry 变量的值，这是分析下一个 catch 语句时使用的变量值。

visitTry()调用 chk.intersect()方法对 ctypes 与 rethrownTypes 列表中的类型取交集。假设 ctypes 列表中含有 Exception 类型，rethrownTypes 列表中含有 Exception 类的子类 FirstExc 与 SecondExc，那么 chk.intersect()方法最终返回含有 FirstExc 与 SecondExc 类型的列表，表示如果在当前 catch 语句中重抛异常，实际上抛出的是这两个具体的异常类型。

visitTry()将调用 chk.intersect()方法得到的值存储到 preciseRethrowType 集合中，调用 scanStat()方法处理 catch 语句的 body 体。如果异常类型进行了重抛，查看前面关于异常抛出的相关内容，重抛中的增强型 throws 声明语法正是借助 preciseRethrowType 集合来完成的。

接着在 visitTry()方法中处理 try 语句中含有的 finally 语句，第六部分代码实现如下：

```
来源：com.sun.tools.javac.comp.Flow
if (tree.finalizer != null) {
    List<Type> savedThrown = thrown;
    thrown = List.nil();
    ListBuffer<PendingExit> exits = pendingExits;
    pendingExits = prevPendingExits;
    alive = true;

    scanStat(tree.finalizer);

    if (!alive) {
        thrown = chk.union(thrown, thrownPrev);
    } else {
        thrown = chk.union(thrown, chk.diff(thrownInTry, caughtInTry));
        thrown = chk.union(thrown, savedThrown);

        while (exits.nonEmpty()) {
            PendingExit exit = exits.next();
            pendingExits.append(exit);
        }
    }
} else {
    thrown = chk.union(thrown, chk.diff(thrownInTry, caughtInTry));
```

```
        ListBuffer<PendingExit> exits = pendingExits;
        pendingExits = prevPendingExits;
        while (exits.nonEmpty())
            pendingExits.append(exits.next());
    }
```

如果 try 语句含有 finally 语句，调用 scanStat()方法处理完 finally 语句之后计算 thrown 与 pendingExits 列表的值。

如果 alive 的值为 false，最终的 thrown 列表中的异常为 finally 语句 body 体中抛出的异常加上 try 语句之前抛出的异常，这样会导致当前 try 语句 body 体及 catch 语句 body 体中抛出的异常被抑制，可能会提示"finally 子句无法正常完成"。

如果 alive 的值为 true，thrown 列表中的异常由以下三部分组成：

- try 语句（包括 body 体及自动调用 resource 中的 close()方法抛出的异常）可能抛出的异常而 catch 语句没有捕获的异常。
- catch 语句的 body 体中可能抛出的异常与 try 语句之前的语句可能抛出的异常。
- finally 语句的 body 体中可能抛出的异常。

最后将 exits 列表中的值追到 pendingExits 列表中。

如果 try 语句不含有 finally 语句，同样会计算 thrown 与 pendingExits 列表的值。

thrown 列表的异常由以下两部分组成：

- try 语句的 body 体中抛出的而 catch 语句没有捕获的受检查异常。
- catch 语句的 body 体可能抛出的异常 thrown 与在 try 语句之前抛出的异常。

最后将 pendingExits 列表中的值加入到 prevPendingExits 列表中，如果 pendingExits 列表中有值，表示有未处理的受检查异常，在 Flow 类的 visitClassDef()方法中。当分析完所有的类成员时，会执行如下代码：

```
来源：com.sun.tools.javac.comp.Flow
for (List<JCTree> l = tree.defs; l.nonEmpty(); l = l.tail) {
    if (l.head.getTag() == JCTree.METHODDEF) {
        scan(l.head);
        errorUncaught();
    }
}
```

当成员为方法时，调用 errorUncaught()方法，这个方法主要的实现代码如下：

```
来源：com.sun.tools.javac.comp.Flow
void errorUncaught() {
    for (PendingExit exit = pendingExits.next();
         exit != null;
         exit = pendingExits.next()) {
         ...
         log.error(_,"unreported.exception.need.to.catch.or.throw",exit.
thrown);
    }
}
```

当 pendingExits 列表中有值时会报错。

14.4.3 变量赋值状态及语句的活跃性

在 visitTry()方法中处理 tree.resources 树节点之前会对初始化状态变量也就是在执行第 14.4.2 节的第二部分代码之前还有如下代码：

```
来源：com.sun.tools.javac.comp.Flow
Bits uninitsTryPrev = uninitsTry;
Bits initsTry = inits.dup();
uninitsTry = uninits.dup();
```

在处理 try 语句 body 体之前，会通过 initsTry 与 uninitsTry 保存 inits 与 uninits 的值。因为在处理 try 语句的 body 体时会更新 inits 与 uninits 的值，但是在分析 catch 语句或者 finally 语句的 body 体时，使用的仍然是 initsTry 与 uninitsTry 变量的值。

在调用 scanStat()方法处理完 tree.body 树节点之后，在开始处理 catch 语句或 finally 语句之前，需要更新状态变量，也就是在执行 14.4.2 节的第 5 部分代码之前还有如下代码：

```
来源：com.sun.tools.javac.comp.Flow
boolean aliveEnd = alive;
uninitsTry.andSet(uninits);
Bits initsEnd = inits;
Bits uninitsEnd = uninits;
int nextadrCatch = nextadr;
```

处理 catch 语句或 finally 语句时使用的状态变量应该为 initsTry 与 uninitsTry。对于 uninitsTry 来说，因为 tree.body 是一条可能的执行路径，所以最终的取值为处理 tree.body 之前保存的值 uninitsTry 与之后的值 uninits 取交集，举个例子如下：

【实例 14-23】

```
public void test() {
    int a;
    try {
        a = 1;
    } catch (Exception e) {
        int b = a;                          // 报错，可能尚未初始化变量 a
    }
}
```

实例将报错，报错摘要为“可能尚未初始化变量 a”。虽然 try 语句的 body 体初始化了变量 a，但这是一条可选择的执行路径。再举个例子，如下：

【实例 14-24】

```
public void test() {
    final int a;
    try {
        a = 1;
    } catch (Exception e) {
        a = 2;                              // 报错，可能已分配变量 a
    }
}
```

实例会报错，报错摘要为“可能已分配变量 a”。因为在分析 catch 语句时使用的是 try 语句 body 体运行之前的变量 uninitsTry 与运行之后的变量 uninits 取交集的状态，所以 a 不是明确非初始化，因为有一条可执行的路径可能初始化了变量 a。

接下来就是在 visitTry()方法中分析 try 语句含有的各个 catch 语句了。以下代码对应 14.4.2 节中 visitTry()方法中的第五部分代码，只不过前面只给出了异常检查的相关代码，删除了与变量赋值及活跃性分析的相关代码。这里删除了异常检查相关的代码实现，代码如下：

```
来源：com.sun.tools.javac.comp.Flow
for (List<JCCatch> l = tree.catchers; l.nonEmpty(); l = l.tail) {
    alive = true;
    JCVariableDecl param = l.head.param;
    inits = initsTry.dup();
    uninits = uninitsTry.dup();

    scan(param);

    inits.incl(param.sym.adr);
    uninits.excl(param.sym.adr);

    scanStat(l.head.body);

    initsEnd.andSet(inits);
    uninitsEnd.andSet(uninits);
    nextadr = nextadrCatch;
    aliveEnd |= alive;
}
```

在分析 catch 语句时，将 inits 与 uninits 初始化为 initsTry 与 uninitsTry，然后调用 scan()方法处理 catch 语句中的形式参数 param。处理完成后再次更新 inits 与 uninits，因为 catch 语句 body 体中同样可以使用当前 catch 语句中声明的形式参数。

处理完 catch 语句 body 体后，需要更新 initsEnd 与 uninitsEnd，这两个状态变量是运行 try 语句 body 体后的状态变量。可以看到，最终会与各个 catch 语句 body 体运行后的状态变量取交集，最终这个 initsEnd 与 uninitsEnd 会作为分析 try 语句后续语句的状态变量，举个例子如下：

【实例 14-25】

```
public void test() {
    int a;
    try {
        a = 1;
    } catch (Exception e) {
        a = 2;
    }
    int b = a;
}
```

实例正常编译，最后 a 变量出现在初始化语句的右侧，表示 a 已经被明确初始化。因为从定义 a 变量到使用 a 变量时的两条可能执行路径都进行了明确赋值，这两条路径分别是 try 语句 body 体执行路径和 catch 语句 body 体执行路径。这里仅讨论没有 finally 语句的情况，如果有 finally 语句时，还需要进一步讨论。

如果 try 语句含有多个 catch 语句并且当前分析的不是第一个 catch 语句时，由于 inits 与 uninits 中包含了上一次 catch 语句中定义的变量的状态，如形式参数 param 变量的状态，这些变量的状态在分析下一个 catch 语句时都失效，因为相关变量已经不在作用域范围之内，所以在处理下一个 catch 语句时，需要再次通过 initsTry 与 uninitsTry 还原 inits 与 uninits 的值。

当 try 语句中含有 finally 语句时，visitTry()方法中的处理逻辑如下：

```
来源：com.sun.tools.javac.comp.Flow
if (tree.finalizer != null) {
   inits = initsTry.dup();
   uninits = uninitsTry.dup();
   ListBuffer<PendingExit> exits = pendingExits;
   pendingExits = prevPendingExits;
   alive = true;
   scanStat(tree.finalizer);
   if (!alive) {
      ...
   } else {
      ...
      uninits.andSet(uninitsEnd);
      while (exits.nonEmpty()) {
         PendingExit exit = exits.next();
         if (exit.inits != null) {
            exit.inits.orSet(inits);
            exit.uninits.andSet(uninits);
         }
         pendingExits.append(exit);
      }
      inits.orSet(initsEnd);
      alive = aliveEnd;
   }
}else {
   inits = initsEnd;
   uninits = uninitsEnd;
   alive = aliveEnd;
}
uninitsTry.andSet(uninitsTryPrev).andSet(uninits);
```

在执行 finally 语句之前初始化 inits 与 uninits，当调用 scanStat()方法处理完 tree.finalizer 并且 alive 的值仍然为 true 时，更新相关的状态变量及 alive 的值。在更新 exit.inits 时与 inits

取并集，因为变量需要在每条可选择的执行路径上都初始化才能变为明确初始化状态；在更新 exit.uninits 时与 uninits 取交集，因为变量需要在每条可选择的执行路径上都没有初始化才能变为非明确初始化状态。在更新 uninits 时与 uninitsEnd 取交集，在更新 inits 时与 initsEnd 取并集，这是因为 finally 语句不是一条可选择的执行路径，而是一条必须执行的路径。举个例子如下：

【实例 14-26】

```
public void test() {
    int a;
    try {
        a = 1;
    } catch (Exception e) {
    } finally {
        a = 3;
    }
    int b = a;
}
```

实例编译正常，因为 finally 语句中的 body 体一定会执行，所以 a 会被明确初始化，可以出现在初始化语句的右侧。再举个例子如下：

【实例 14-27】

```
public void test() {
    int a;
    try {
        a = 1;
    } catch (Exception e) {
        a = 3;
    }
    int b = a;
}
```

try 语句的 body 体与 catch 语句的 body 体都初始化了变量 a，两条可选择的执行路径都初始化了 a，所以 a 会被明确初始化，可以出现在初始化语句的右侧。

当没有 finally 语句时直接将 inits 与 uninits 初始化为 initsEnd 与 uninitsEnd 即可。

最后无论有没有 finally 语句都需要将 alive 的值更新为 aliveEnd。也就是说，只要 try 语句的 body 体与各个 catch 语句这几条可选择的执行路径中有一条是活跃的，最终的 aliveEnd 的值就为 true。

在有 finally 语句并且 alive 的值为 true 的情况下，对 PendingExit 对象中的 inits 与 uninits 也会做处理，确定在这一条可能执行的路径上明确初始化的变量和未初始化的变量。这里当在 Flow 类中的 visitMethodDef()方法中处理完方法的 body 体时，实现代码如下：

```
List<PendingExit> exits = pendingExits.toList();
pendingExits = new ListBuffer<PendingExit>();
while (exits.nonEmpty()) {
```

```
      PendingExit exit = exits.head;
      exits = exits.tail;
      if (exit.thrown == null) {
         Assert.check(exit.tree.getTag() == JCTree.RETURN);
         if (isInitialConstructor) {
            inits = exit.inits;
            for (int i = firstadr; i < nextadr; i++)
               checkInit(_, vars[i]);
         }
      }
      ...
   }
```

当要分析的方法中有返回语句 return 时，如果 isInitialConstructor 的值为 true，也就是构造方法不以 this(...)形式的语句开头时，要调用 checkInit()方法根据 exit.inits 检查作用域有效范围内的变量初始化情况。

第 15 章　语法糖去除

语法糖（Syntactic Sugar）是对现有语法的一个封装，这种语法对语言本身的功能来说没有什么影响，只是为了方便代码编写者进行程序开发而已。

Java 语言中的语法糖并不被 Java 虚拟机所支持，在编译成字节码之前需要经过解语法糖步骤转换为基本的语法。本书将 Java 语言中的语法糖分为如下几种：

- 泛型，Java 语言的泛型完全由 Javac 等编译器支持，所以也相当于是一颗语法糖。
- 一些简单的语法糖，如类型装箱转换与类型拆箱转换、方法中的变长参数和条件编译等 。
- 一些语句的语法糖，如增强 for 循环、选择表达式的类型为枚举类或字符串类的 switch 语句等。
- 内部类与枚举类，内部类和枚举类最终都会转换为一个普通的类并使用单独的 Class 文件保存。

对泛型解语法糖就是擦除泛型相关的信息，在第 13 章介绍过，这里不再进行介绍。在 Javac 中，解语法糖主要由 com.sun.tools.javac.comp.Lower 类来完成，这个类继承了 TreeScanner 类并选择性覆写了相关的 visitXxx()方法，这些方法对语法糖相关的树节点进行解语法糖。在 JavaCompiler 类的 desugar()方法中有如下调用语句：

```
来源：com.sun.tools.javac.main.JavaCompiler
List<JCTree> cdefs = lower.translateTopLevelClass(env, env.tree, localMake);
```

其中，lower 就是 Lower 对象，调用的 translateTopLevelClass()方法会调用 Lower 类的几个重载的 translate()方法遍历语法树。一个典型的方法实现如下：

```
来源：com.sun.tools.javac.comp.Lower
public <T extends JCTree> T translate(T tree) {
    if (tree == null) {
        return null;
    } else {
        T result = super.translate(tree);
        return result;
    }
}
```

返回的 result 为 JCTree 类型的语法树节点。如果要处理的 tree 中含有语法糖，那么最终返回的 result 就是解语法糖后的语法树节点。

15.1 简单语法糖

15.1.1 变长参数

使用变长参数可以避免写大量功能相似的重载方法，最大限度地减少重复代码。举个例子如下：

【实例 15-1】

```
class Test {
   // 含有变长参数的方法
   public static void md(int... a) { }

   public void test() {
      md(1);
      md(1, 2, 3);
   }
}
```

在词法分析过程中会将方法中声明的变长参数 a 的类型解析为 int 数组，所以在调用具有变长参数的方法时需要解语法糖，按数组的方式进行参数传递，如调用 md()方法变为如下形式：

```
md(new int[]{1});
md(new int[]{1, 2, 3});
```

变长参数的实质就是数组传递参数，在 visitApply()方法中解语法糖，这个方法的实现代码如下：

```
来源：com.sun.tools.javac.comp.Lower
List<JCExpression> boxArgs(List<Type> parameters, List<JCExpression> _args,
Type varargsElement) {
   List<JCExpression> args = _args;
   if (parameters.isEmpty())
      return args;
   ListBuffer<JCExpression> result = new ListBuffer<JCExpression>();
   while (parameters.tail.nonEmpty()) {
      JCExpression arg = translate(args.head, parameters.head);
      result.append(arg);
      args = args.tail;
      parameters = parameters.tail;
   }
   if (varargsElement != null) {
      ListBuffer<JCExpression> elems = new ListBuffer<JCExpression>();
      while (args.nonEmpty()) {
```

```
            JCExpression arg = translate(args.head, varargsElement);
            elems.append(arg);
            args = args.tail;
        }
        JCNewArray boxedArgs = make.NewArray(make.Type(varargsElement),
                                    List.<JCExpression>nil(),elems.toList());
        boxedArgs.type = new ArrayType(varargsElement, syms.arrayClass);
        result.append(boxedArgs);
    }
    return result.toList();
}
```

如果调用的方法最后一个参数为变长参数，则 varargsElement 不为空。对于实例 15-1 来说，varargsElement 表示 int 类型。变长参数只能作为方法形式参数列表中的最后一个参数，所以首先需要保证变长参数之前的 *n* 个形式参数与 *n* 个实际参数不变，剩下的 args 列表中的实际参数都应该使用变长参数来接收，将这些实际参数封装为数组的元素后放入 result 列表中并返回，这就是经过调整后的实际参数列表。

15.1.2　条件编译

Java 语言中的条件编译会根据布尔常量的真假来消除分支中不成立的代码块，举个例子如下：

【实例 15-2】

```
public void test() {
    if (true) {
        System.out.println("true");
    } else {
        System.out.println("false");
    }
}
```

由于 if 语句的条件判断表达式的结果为常量值 true，所以最终的 if 语句变为了如下形式：

```
{
  System.out.println("true");
}
```

对于实例 15-2 来说，由于表示 if 语句的 JCIf 对象的 thenpart 为 JCBlock，所以两个花括号不可少。

visitIf()方法对条件编译解语法糖，这个方法的实现代码如下：

```
来源：com.sun.tools.javac.comp.Lower
public void visitIf(JCIf tree) {
    JCTree cond = tree.cond = translate(tree.cond, syms.booleanType);
    if (cond.type.isTrue()) {
        result = translate(tree.thenpart);
    } else if (cond.type.isFalse()) {
        if (tree.elsepart != null) {
```

```
            result = translate(tree.elsepart);
        } else {
            result = make.Skip();
        }
    }
}
```

当 if 语句的条件判断表达式的结果为常量值 true 时，调用 translate()方法处理 tree.thenpart；当 if 语句的条件判断表达式的结果为常量值 false 时，如果 elsepart 不为空，则调用 translate()方法处理 tree.elsepart。

15.1.3 自动装箱与拆箱

Java 语言有 8 种基本数据类型，对应的封装类型有 Byte、Short、Integer、Long、Character、Float、Double 和 Boolean。将基本类型转换为对应的封装类型称为类型装箱转换，而将一个封装类型转换为基本类型称为类型拆箱转换。

由于类型装箱转换和类型拆箱转换使用频繁并且转换简单，所以 Java 语言可以自动实现类型转换操作，举个例子如下：

【实例 15-3】

```
public void autobox() {
    Integer one = 1;
    if (one == 1) {
        System.out.println("autobox");
    }
}
```

Javac 将常量 1 默认看作 int 类型，所以将 int 类型的值 1 赋值给 Integer 类型的 one 变量需要进行类型装箱转换；而在比较 Integer 类型的 one 与 int 类型的常量 1 时，必须要求两个类型一致才能进行比较，所以需要对 Integer 类型进行类型拆箱转换。经过解语法糖后的形式如下：

```
public void autobox() {
    Integer one = Integer.valueOf(1);
    if (one.intValue() == 1) {
        System.out.println(one);
    }
}
```

在 boxIfNeeded()方法中完成类型拆箱转换与类型装箱转换，这个方法的实现代码如下：

```
来源：com.sun.tools.javac.comp.Lower
<T extends JCTree> T boxIfNeeded(T tree, Type type) {
    boolean havePrimitive = tree.type.isPrimitive();
    if (havePrimitive == type.isPrimitive())
        return tree;
    if (havePrimitive) {
        Type unboxedTarget = types.unboxedType(type);
        if (unboxedTarget.tag != NONE) {
```

```
            // 处理实例 15-4 的情况
            if (!types.isSubtype(tree.type, unboxedTarget))
               tree.type = unboxedTarget.constType(tree.type.constValue());
            return (T)boxPrimitive((JCExpression)tree, type);
         } else {
            tree = (T)boxPrimitive((JCExpression)tree);
         }
      } else {
         tree = (T)unbox((JCExpression)tree, type);
      }
      return tree;
   }
```

可以将 tree.type 看作原类型，而将参数 type 看为目标转换类型，当两个都是基本类型或引用类型时不需要进行任何操作；当原类型为基本类型而目标类型为引用类型时，需要对原类型进行类型装箱转换；当原类型为引用类型而目标类型为基本类型时，需要对原类型进行类型拆箱转换。

代码还兼容了一种情况，举个例子如下：

【实例 15-4】

```
Character x = 89;
```

当 tree.type 为 int 类型而 unboxedTarget 为 char 类型时，通过调用 unboxedTarget.constType()方法返回的类型仍然为 char 类型，这样经过解语法糖处理后变为如下形式：

```
Character c = Character.valueOf(89);
```

调用的 boxPrimitive()方法的源代码实现如下：

```
来源：com.sun.tools.javac.comp.Lower
JCExpression boxPrimitive(JCExpression tree, Type box) {
    Symbol valueOfSym = lookupMethod(_,names.valueOf,box,List.<Type>nil().
prepend(tree.type));
    return make.App(make.QualIdent(valueOfSym), List.of(tree));
}
```

调用 loopkupMethod()方法在 box 类型中查找一个名称为 valueOf 的方法，对于实例 15-4 来说就是在 Character 类中查找一个形式参数为 char 类型、名称为 valueOf 的方法，通过调用这个方法进行类型装箱转换。

当 unboxedTarget 等于 NONE 时，也就是调用 types.unboxedType()方法找不到 type 对应的基本类型，举个例子如下：

【实例 15-5】

```
Object x = 1;
```

Object 没有对应的基本类型，最后解语法糖后变为如下形式：

```
Object x = Integer.valueOf(1);
```

调用另外一个重载的 boxPrimitive()方法，不过这个方法最终也会调用上面的 boxPrimitive()方法，传递的参数 box 等于 tree.type。

unbox()方法将对象转换为基本类型，实现代码如下：

```
来源：com.sun.tools.javac.comp.Lower
JCExpression unbox(JCExpression tree, Type primitive) {
    Type unboxedType = types.unboxedType(tree.type);
    Symbol valueSym = lookupMethod(_,unboxedType.tsym.name.append(names.Value),
                                   tree.type,List.<Type>nil());
    return make.App(make.Select(tree, valueSym));
}
```

在进行类型拆箱转换时，如果 unboxedType 为 int 类型，则在 tree.type 中查找名称为 intValue 的方法，方法名由基本类型的名称追加 Value 字符串组成，unboxedType 为其他基本类型时类似。

15.2 语句语法糖

15.2.1 foreach 语句

增强的 for 循环可遍历两种类型的数据结构，一种是数组，另外一种是实现了 Iterable 接口的容器类型。visitForeachLoop()方法对增强的 for 循环解语法糖，实现代码如下：

```
来源：com.sun.tools.javac.comp.Lower
public void visitForeachLoop(JCEnhancedForLoop tree) {
    if (types.elemtype(tree.expr.type) == null)
        visitIterableForeachLoop(tree);
    else
        visitArrayForeachLoop(tree);
}
```

以上代码中，调用 visitIterableForeachLoop()方法对遍历容器的 foreach 语句解语法糖，调用 visitArrayForeachLoop()方法对遍历数组的 foreach 语句解语法糖。

首先来看遍历数组的 foreach 语句，举个例子如下：

【实例 15-6】

```
public void test(Integer[] array) {
    for (Integer i : array) {
        System.out.println(i);
    }
}
```

实例 15-6 中的 for 语句解语法糖后变为如下形式：

```
for (Integer[] arr$ = array, len$ = arr$.length, i$ = 0; i$ < len$; ++i$) {
    Integer i = arr$[i$];
    {
        System.out.println(i);
    }
}
```

可以看到，经过解语法糖后，foreach 语句通过 for 语句完成对数组的遍历。visitArrayForeachLoop()方法的实现代码如下：

```
来源：com.sun.tools.javac.comp.Lower
private void visitArrayForeachLoop(JCEnhancedForLoop tree) {
    VarSymbol arraycache = new VarSymbol(0,names.fromString("arr" + target.
syntheticNameChar()),tree.expr.type,currentMethodSym);
    JCStatement arraycachedef = make.VarDef(arraycache, tree.expr);
    VarSymbol lencache = new VarSymbol(0,names.fromString("len" + target.
syntheticNameChar()),syms.intType,currentMethodSym);
    JCStatement lencachedef = make.
VarDef(lencache, make.Select(make.Ident(arraycache), syms.lengthVar));
    VarSymbol index = new VarSymbol(0,names.fromString("i" + target.
syntheticNameChar()),syms.intType,currentMethodSym);

    JCVariableDecl indexdef = make.VarDef(index, make.Literal(INT, 0));
    indexdef.init.type = indexdef.type = syms.intType.constType(0);

    List<JCStatement> loopinit = List.of(arraycachedef, lencachedef, indexdef);
    JCBinary cond = makeBinary(JCTree.LT, make.Ident(index),
make.Ident(lencache));

    JCExpressionStatement step = make.Exec(makeUnary(JCTree.PREINC, make.
Ident(index)));

    Type elemtype = types.elemtype(tree.expr.type);
    JCExpression loopvarinit = make.Indexed(make.Ident(arraycache),
                                   make.Ident(index)).setType(elemtype);
    JCVariableDecl loopvardef = (JCVariableDecl)make.VarDef(tree.var.mods,
tree.var.name,tree.var.vartype,loopvarinit).setType(tree.var.type);
    loopvardef.sym = tree.var.sym;
    JCBlock body = make.Block(0, List.of(loopvardef, tree.body));

    result = translate(make.ForLoop(loopinit,cond,List.of(step),body));
    patchTargets(body, tree, result);
}
```

visitArrayForeachLoop()方法的实现代码比较多，但是逻辑简单，按照一定的形式重新生成新的语法树结构即可，并将最终生成的语法树节点赋值给 result。调用 patchTargets()方法更新 foreach 语句 body 体中 break 与 continue 的跳转目标，实现代码如下：

```
来源：com.sun.tools.javac.comp.Lower
private void patchTargets(JCTree body, final JCTree src, final JCTree dest) {
    class Patcher extends TreeScanner {
        public void visitBreak(JCBreak tree) {
            if (tree.target == src)
                tree.target = dest;
        }
        public void visitContinue(JCContinue tree) {
            if (tree.target == src)
                tree.target = dest;
```

```
        }
    }
    new Patcher().scan(body);
}
```

接着看对容器遍历的 foreach 语句，举个例子如下：

【实例 15-7】

```
public void test(List<String> list) {
    for (String str : list) {
        System.out.println(str);
    }
}
```

参数 list 的类型必须直接或间接实现 Iterable 接口，这样才能通过 foreach 语句循环遍历。实例 15-7 的 foreach 语句解语法糖后的形式如下：

```
for (java.util.Iterator i$ = list.iterator(); i$.hasNext(); ) {
    String str = (String)i$.next();
    {
        System.out.println(str);
    }
}
```

visitIterableForeachLoop()方法的实现也很简单，只要按照一定的形式重新生成新的语法树结构即可，同时也会调用 patchTargets()方法更新 foreach 语句 body 体中 break 与 continue 的跳转目标。

15.2.2 switch 语句

switch 语句中的选择表达式的类型可以是 Enum 类型、String 类型或 int 类型，如果为 Enum 与 String 类型，需要在 visitSwitch()方法中解语法糖。visitSwitch()方法的实现代码如下：

```
来源：com.sun.tools.javac.comp.Lower
public void visitSwitch(JCSwitch tree) {
    Type selsuper = types.supertype(tree.selector.type);
    boolean enumSwitch = selsuper != null && (tree.selector.type.tsym.
flags() & ENUM) != 0;
    boolean stringSwitch = selsuper != null &&
                    types.isSameType(tree.selector.type, syms.stringType);
    Type target = enumSwitch ? tree.selector.type : (stringSwitch? syms.
stringType : syms.intType);
    tree.selector = translate(tree.selector, target);
    tree.cases = translateCases(tree.cases);
    if (enumSwitch) {
        result = visitEnumSwitch(tree);
    } else if (stringSwitch) {
        result = visitStringSwitch(tree);
    } else {
        result = tree;
```

```
    }
}
```

visitSwitch()方法首先调用 types.supertype()方法获取 tree.selector.type 的父类，通过父类来判断选择表达式的类型是否为枚举类，因为任何一个枚举类默认都会继承 Enum 类。当选择表达式的类型为 Enum 时，调用 visitEnumSwitch()方法解语法糖；当选择表达式的类型为 String 时，调用 visitStringSwitch()方法解语法糖，除此之外选择表达式的类型只能为 int，这种情况下不需要进行任何处理。下面详细介绍选择表达式的类型为 Enum 与 String 时的情况。

1．选择表达式的类型为Enum

举个例子如下:

【实例 15-8】

```
package chapter15;

enum Fruit {
    APPLE, ORANGE
}

class Test {
    public void testEnumSwitch(Fruit fruit) {
        switch (fruit) {
        case APPLE:
            System.out.println("apple");
            break;
        case ORANGE:
            System.out.println("orange");
            break;
        default:
            System.out.println("unknow");
        }
    }
}
```

代码中定义了一个 Fruit 枚举类，然后在 switch 语句中使用枚举类。由于枚举类也是语法糖，所以首先会对枚举类 Fruit 解语法糖，解语法糖后变为如下形式：

```
enum Fruit extends Enum<Fruit>{
    private <init>(/*synthetic*/ String $enum$name, /*synthetic*/ int
$enum$ordinal) {
        super($enum$name, $enum$ordinal);
    }
    /*public static final*/ APPLE /* = new Fruit("APPLE", 0) */
    /*public static final*/ ORINGE /* = new Fruit("ORINGE", 1) */
    /*synthetic*/ private static final Fruit[] $VALUES = new Fruit[]
{Fruit.APPLE, Fruit.ORINGE}
    public static Fruit[] values() {
        return (Fruit[])$VALUES.clone();
    }
    public static Fruit valueOf(String name) {
```

```
        return (Fruit)Enum.valueOf(Fruit.class, name);
    }
}
```

对枚举类解语法糖涉及添加父类、改造构造方法、添加变量及方法等，15.3 节将会详细介绍。调用 visitEnumSwitch()方法对 switch 语句解语法糖，解语法糖后的形式如下：

```
/*synthetic*/ class Test$1 {
    /*synthetic*/ static final int[] $SwitchMap$chapter15$Fruit =
new int[Fruit.values().length];
    static {
        try {
            chapter15.Test$1.$SwitchMap$cp$Fruit[Fruit.APPLE.ordinal()] = 1;
        } catch (NoSuchFieldError ex) { }
        try {
            chapter15.Test$1.$SwitchMap$cp$Fruit[Fruit.ORANGE.ordinal()] = 2;
        } catch (NoSuchFieldError ex) { }
    }
}

switch (chapter15.Test$1.$SwitchMap$chapter15$Fruit[(fruit).ordinal()]) {
case 1:
    System.out.println("apple");
    break;
case 2:
    System.out.println("orange");
    break;
default:
    System.out.println("unknow");
}
```

当 switch 语句的选择表达式的类型为枚举类时，将枚举常量映射为整数，这个关系由一个匿名类 Test$1 中定义的一个静态数组保存。通过 Test$1 的静态匿名块可看到对静态数组的初始化过程，各个枚举常量的 ordinal 作为数组下标，值为一个对应的整数值，这个整数值从 1 开始递增。

visitEnumSwitch()方法的实现代码如下：

```
来源：com.sun.tools.javac.comp.Lower
public JCTree visitEnumSwitch(JCSwitch tree) {
    TypeSymbol enumSym = tree.selector.type.tsym;
    EnumMapping map = mapForEnum(_, enumSym);
    Symbol ordinalMethod = lookupMethod(_,names.ordinal,tree.selector.
type,List.<Type>nil());
    JCArrayAccess selector = make.Indexed(map.mapVar,
make.App(make.Select(tree.selector,ordinalMethod)));
    ListBuffer<JCCase> cases = new ListBuffer<JCCase>();
    for (JCCase c : tree.cases) {
        if (c.pat != null) {
            VarSymbol label = (VarSymbol)TreeInfo.symbol(c.pat);
            JCLiteral pat = map.forConstant(label);
            cases.append(make.Case(pat, c.stats));
        } else {
            cases.append(c);
```

```
        }
    }
    JCSwitch enumSwitch = make.Switch(selector, cases.toList());
    patchTargets(enumSwitch, tree, enumSwitch);
    return enumSwitch;
}
```

调用 mapForEnum()方法根据 enumSym 获取一个 EnumMapping 对象 map，mapForEnum()方法的实现代码如下：

```
来源：com.sun.tools.javac.comp.Lower
EnumMapping mapForEnum(_, TypeSymbol enumClass) {
    EnumMapping map = enumSwitchMap.get(enumClass);
    if (map == null)
        enumSwitchMap.put(enumClass, map = new EnumMapping(_, enumClass));
    return map;
}
```

然后在 visitEnumSwitch()方法中调用 lookupMethod()方法在 tree.selector.type 中查找名称为 ordinal 的方法，找到后根据 map 中的相关信息创建 selector 语法树节点，如实例 15-8 中创建的 selector 如下：

```
chapter15.Test$1.$SwitchMap$chapter15$Fruit[(fruit).ordinal()]
```

map 是 EnumMapping 类型的对象，在 EnumMapping 类中定义了一个类型为 VarSymbol 的 mapVar 变量，在构造方法中初始化为$SwitchMap$chapter15$Fruit，这个 VarSymbol 对象的 owner 为 chapter15.Test$1。创建好 switch 语句的 selector 后就需要更新各个分支，当 c.pat 不为空时表示非默认分支，创建新的引用形式。调用 map.forConstant()方法得到此分支的整数值。forConstant()方法的实现代码如下：

```
来源：com.sun.tools.javac.comp.Lower
JCLiteral forConstant(VarSymbol v) {
    Integer result = values.get(v);
    if (result == null)
        values.put(v, result = next++);
    return make.Literal(result);
}
```

其中的 values 为 Map<VarSymbol,Integer>类型，保存各个变量到整数的映射关系，next 是 int 类型变量，初始值为 1，所有的非默认分支按顺序从上到下分配的整数都是从 1 开始递增的。最后组成一个新的 enumSwitch 语法树节点并返回，但由于 switch 语句中可能会出现 break 语句，所以调用 patchTargets()方法更新跳转目标。最后还需要生成一个匿名的辅助类，如实例 15-8 的 Test$1，这个类将在 translateTopLevelClass()方法中生成，在该方法中有如下调用：

```
来源：com.sun.tools.javac.comp.Lower
for (EnumMapping map : enumSwitchMap.values())
    map.translate();
```

调用 map.translate()方法创建匿名类，其中的代码实现非常烦琐，但并没有特殊的语法知识，只是创建一个名称为 mapVar 的整数类型的数组，然后在静态块内完成对数组的填充。其中数组的下标通过调用各个枚举常量的 ordinal()方法获取，而枚举常量对应的整数值已经事先保存到 values 中了，只需要按对应关系获取即可，具体的实现可查阅 Javac 的相关源代码。

2．选择表达式的类型为String

举个例子如下：

【实例 15-9】

```
public void testStringSwitch(String fruit) {
    switch (fruit) {
    case "banana":
    case "apple":
        System.out.println("banana or orange");
        break;
    case "orange":
        System.out.println("orange");
        break;
    default:
        System.out.println("default");
        break;
    }
}
```

调用 visitStringSwitch()方法对 switch 语句解语法糖，解语法糖后的形式如下：

```
public void testStringSwitch(String fruit) {
    /*synthetic*/ final String s99$ = (fruit);
    /*synthetic*/ int tmp99$ = -1;
    switch (s99$.hashCode()) {
    case -1396355227:
        if (s99$.equals("banana")) tmp99$ = 0;
        break;
    case 93029210:
        if (s99$.equals("apple")) tmp99$ = 1;
        break;
    case -1008851410:
        if (s99$.equals("orange")) tmp99$ = 2;
        break;
    }
    switch (tmp99$) {
    case 0:
    case 1:
        System.out.println("banana or orange");
        break;
    case 2:
        System.out.println("orange");
        break;
    default:
        System.out.println("default");
        break;
    }
}
```

解语法糖过程是利用字符串的哈希值的唯一性做了字符串到整数的映射，最终还是将字符串类型的选择表达式转换为 int 类型的选择表达式，因为在字节码指令的生成过程中，switch 语句会选择 tableswitch 或 lookupswitch 指令来实现，而这两个指令的索引值只支持整数，这样处理可以更好地生成字节码。visitStringSwitch()方法的实现比较烦琐，需要通过一定规则重新生成语法树结构，同时也会对 switch 语句中的各个分支调用 patchTargets()方法更新 break 的跳转目标，有兴趣的读者可以查阅 Javac 的相关源代码实现。

15.2.3　try-with-resources 语句

基本的 try-with-resources 语句不含 catch 语句也不含 finally 语句，举个例子如下：

【实例 15-10】

```
public void testTryWithResources(FileReader f) throws IOException {
   try (BufferedReader br = new BufferedReader(f);) {
      System.out.println(br.readLine());
   }
}
```

实例 15-10 中的 try 语句解语法糖后变为如下形式：

```
{
   final BufferedReader br = new BufferedReader(f);
   /*synthetic*/ Throwable primaryException0$ = null;
   try {
      System.out.println(br.readLine());
   } catch (/*synthetic*/ final Throwable t$) {
      primaryException0$ = t$;
      throw t$;
   } finally {
      if (br != null)
         if (primaryException0$ != null)
            try {
               br.close();
            } catch (Throwable x2) {
               primaryException0$.addSuppressed(x2);
            }
         else br.close();
   }
}
```

如果 try 语句不为基本的 try-with-resources 形式，如至少含有一个 catch 语句或 finally 语句时称为扩展 try-with-resources，举个例子如下：

【实例 15-11】

```
public void testTryWithResources() {
   try (BufferedReader br = new BufferedReader(new FileReader
("AutoCloseTest.java"));) {
      System.out.println(br.readLine());
   } catch (Exception e) {
      e.printStackTrace();
```

```
    }
}
```

实例 15-11 中的 try 语句解语法糖后变为如下形式：

```
try {
    final BufferedReader br = new BufferedReader(new FileReader("AutoClose
Test.java"));
    /*synthetic*/ Throwable primaryException0$ = null;
    try {
        System.out.println(br.readLine());
    } catch (/*synthetic*/ final Throwable t$) {
        primaryException0$ = t$;
        throw t$;
    } finally {
        if (br != null)
            if (primaryException0$ != null)
              try {
                br.close();
              } catch (Throwable x2) {
                primaryException0$.addSuppressed(x2);
              }
            else br.close();
    }
} catch (Exception e) {
    e.printStackTrace();
}
```

调用 visitTry()方法对扩展 try-with-resources 解语法糖，实现代码如下：

```
来源：com.sun.tools.javac.comp.Lower
public void visitTry(JCTry tree) {
    if (tree.resources.isEmpty()) {
        super.visitTry(tree);
    } else {
        result = makeTwrTry(tree);
    }
}
```

当 tree.resources 不为空时，调用 makeTwrTry()方法对扩展 try-with-resources 解语法糖，实现代码如下：

```
来源：com.sun.tools.javac.comp.Lower
JCTree makeTwrTry(JCTry tree) {
    JCBlock twrBlock = makeTwrBlock(tree.resources, tree.body, 0);
    if (tree.catchers.isEmpty() && tree.finalizer == null)
        result = translate(twrBlock);
    else
        result = translate(make.Try(twrBlock, tree.catchers, tree.finalizer));
    return result;
}
```

调用 makeTwrBlock()方法创建新的 JCBlock 语法树节点，makeTwrBlock()方法的实现代码如下：

```
private JCBlock makeTwrBlock(List<JCTree> resources, JCBlock block, int
depth) {
    if (resources.isEmpty())
        return block;

    // 将资源声明当作块的一个语句添加到 stats 列表中
    ListBuffer<JCStatement> stats = new ListBuffer<JCStatement>();
    JCTree resource = resources.head;
    JCExpression expr = null;
    if (resource instanceof JCVariableDecl) {
        JCVariableDecl var = (JCVariableDecl) resource;
        expr = make.Ident(var.sym).setType(resource.type);
        stats.add(var);
    }
    ...

    /* 对于实例 15-10 来说，合成如下的语句
    /*synthetic*/ Throwable primaryException0$ = null;
    */
    VarSymbol primaryException = new VarSymbol(SYNTHETIC,
makeSyntheticName(names.fromString("primaryException"+depth), _),
                    syms.throwableType,currentMethodSym);
    twrVars.enter(primaryException);
    JCVariableDecl primaryExceptionTreeDecl = make.VarDef(primaryException,
makeNull());
    stats.add(primaryExceptionTreeDecl);

    /* 对于实例 15-10 来说，合成如下的语句
    catch (/*synthetic*/ final Throwable t$) {
        primaryException0$ = t$;
        throw t$;
    }
    */
    VarSymbol param = new VarSymbol(FINAL|SYNTHETIC,
names.fromString("t" + target.syntheticNameChar()),syms.
throwableType,currentMethodSym);
    JCVariableDecl paramTree = make.VarDef(param, null);
    JCStatement assign = make.Assignment(primaryException, make.Ident(param));
    JCStatement rethrowStat = make.Throw(make.Ident(param));
    JCBlock catchBlock = make.Block(0L, List.<JCStatement>of(assign, rethrowStat));
    JCCatch catchClause = make.Catch(paramTree, catchBlock);

    // 调用 makeTwrFinallyClause()方法合成 finally 语句
    JCBlock finallyClause = makeTwrFinallyClause(primaryException, expr);
    // 递归调用 makeTwrBlock()方法处理 resources 列表
    JCTry outerTry = make.Try(makeTwrBlock(resources.tail, block, depth + 1),
List.<JCCatch>of(catchClause),finallyClause);
    stats.add(outerTry);
    return make.Block(0L, stats.toList());
}
```

makeTwrBlock()方法的实现没有特别的逻辑，只要按照一定的形式重新创建新的语句树结构即可。调用 makeTwrFinallyClause()方法创建 finally 语句 body 体的实现代码如下：

```
private JCBlock makeTwrFinallyClause(Symbol primaryException, JCExpression
```

```
resource) {
    // 对于实例 15-10 来说，合成 primaryException0$.addSuppressed(x2)语句
    VarSymbol catchException = new VarSymbol(0, make.paramName(2),
syms.throwableType,currentMethodSym);
    JCStatement addSuppressionStatement = make.Exec(makeCall(make.Ident
(primaryException),names.addSuppressed,List.<JCExpression>of(make.
Ident(catchException))));

    /* 对于实例 15-10 来说，合成如下的语句
    try {
        br.close();
    } catch (Throwable x2) {
        primaryException0$.addSuppressed(x2);
    }
    */
    JCBlock tryBlock = make.Block(0L, List.<JCStatement>of
(makeResourceCloseInvocation(resource)));
    JCVariableDecl catchExceptionDecl = make.VarDef(catchException, null);
    JCBlock catchBlock = make.Block(0L, List.<JCStatement>of
(addSuppressionStatement));
    List<JCCatch> catchClauses = List.<JCCatch>of(make.Catch
(catchExceptionDecl, catchBlock));
    JCTry tryTree = make.Try(tryBlock, catchClauses, null);
    /* 对于实例 15-10 来说，合成如下的语句
    if (primaryException0$ != null)
        try {
          br.close();
        } catch (Throwable x2) {
          primaryException0$.addSuppressed(x2);
        } else br.close();
    */
    JCIf closeIfStatement = make.If(makeNonNullCheck(make.Ident
(primaryException)),tryTree,makeResourceCloseInvocation(resource));
    /* 对于实例 15-10 来说，合成如下的语句
    {
        if (primaryException0$ != null)
            try {
              br.close();
            } catch (Throwable x2) {
              primaryException0$.addSuppressed(x2);
            }
        else br.close();
    }
    */
    return make.Block(0L,List.<JCStatement>of(make.If
(makeNonNullCheck(resource),closeIfStatement,null)));
}
```

makeTwrFinallyClause()方法按照一定的形式重新创建新的语句树结构即可。由于篇幅有限，对于调用的一些方法不再展开介绍，读者可自行查阅 Javac 源代码了解具体实现过程。

在 makeTwrBlock()方法中，当声明的资源变量多于一个时，会递归调用 makeTwr Block()方法进行处理，也就是通过嵌套的方式解语法糖，举个例子如下：

【实例 15-12】

```
public void testTryWithResources(FileReader a, FileOutputStream b) throws
IOException {
    try (
        BufferedReader br = new BufferedReader(a);
        PrintStream ps = new PrintStream(b)
    ){
        System.out.println(br.readLine());
    }
}
```

对实例 15-12 的 try 语句解语法糖后变为如下形式：

```
{
    final BufferedReader br = new BufferedReader(a);
    /*synthetic*/ Throwable primaryException0$ = null;

    try(PrintStream ps = new PrintStream(b)) {
        System.out.println(br.readLine());
    } catch (/*synthetic*/ final Throwable t$) {
        primaryException0$ = t$;
        throw t$;
    } finally {
        if (br != null)
            if (primaryException0$ != null)
             try {
                 br.close();
             } catch (Throwable x2) {
                 primaryException0$.addSuppressed(x2);
             }
            else br.close();
    }
}
```

由于 try 语句中还有资源变量，所以继续解语法糖，最终的形式如下：

```
{
    final BufferedReader br = new BufferedReader(a);
    /*synthetic*/ Throwable primaryException0$ = null;
    try {
        final PrintStream ps = new PrintStream(b);
        /*synthetic*/ Throwable primaryException1$ = null;
        try {
            System.out.println(br.readLine());
        } catch (/*synthetic*/ final Throwable t$) {
            primaryException1$ = t$;
            throw t$;
        } finally {
            if (ps != null)
                if (primaryException1$ != null)
                    try {
                       ps.close();
```

```
                } catch (Throwable x2) {
                    primaryException1$.addSuppressed(x2);
                }
            else ps.close();
        }
    } catch (/*synthetic*/ final Throwable t$) {
        primaryException0$ = t$;
        throw t$;
    } finally {
        if (br != null)
            if (primaryException0$ != null)
                try {
                    br.close();
                } catch (Throwable x2) {
                    primaryException0$.addSuppressed(x2);
                }
            else br.close();
    }
}
```

多个资源变量按照声明的先后顺序形成以上类似的嵌套结构。

15.3　枚举类语法糖

枚举类经过解语法糖后变为一个普通的类，举个例子如下：

【实例 15-13】

```
enum Fruit {
    APPLE, ORANGE
}
```

实例 15-13 中的枚举类 Fruit 解语法糖后变为如下形式：

```
enum Fruit extends Enum<Fruit>{
    private <init>(/*synthetic*/ String $enum$name, /*synthetic*/ int
$enum$ordinal) {
        super($enum$name, $enum$ordinal);
    }

    /*public static final*/ APPLE /* = new Fruit("APPLE", 0) */
    /*public static final*/ ORINGE /* = new Fruit("ORINGE", 1) */
    /*synthetic*/ private static final Fruit[] $VALUES = new Fruit[]
{Fruit.APPLE, Fruit.ORINGE}

    public static Fruit[] values() {
        return (Fruit[])$VALUES.clone();
    }
    public static Fruit valueOf(String name) {
        return (Fruit)Enum.valueOf(Fruit.class, name);
    }
}
```

Fruit 枚举类经过解语法糖后就变成了一个普通的类，这个类继承了 Enum<Fruit>类，Enum 是所有枚举类的父类，不过代码编写者不能为枚举类明确指定父类，包括 Enum。枚举类中的常量通过 new 关键字初始化，为构造方法传递的$enum$name 与常量名称一致，而$enum$ordinal 是从 0 开始，按常量声明的先后顺序依次加 1。Javac 会为每个枚举类生成 values()与 valueOf()方法，两个方法通过静态数组$VALUES 实现相应的功能。

在 visitClassDef()方法中会判断，如果当前类是一个枚举类，则调用 visitEnumDef()方法为枚举类解语法糖。实现代码非常烦琐但逻辑简单，就是按照一定的规则调整抽象语法树结构即可，没有特别的知识点，有兴趣的读者可以自己查阅 Javac 源代码了解具体实现。

15.4　内部类语法糖

内部类相比顶层类来说能够访问外部类中的更多属性，如私有成员，但是这些类在生成 Class 文件的过程中都将作为一个单独的类而存在，这样就无法访问外部类的一些成员，所以内部类也是语法糖，需要经过解语法糖后才能作为一个单独的类存在。举个例子如下：

【实例 15-14】

```
class Outer {
    private int a = 1;

    class Inner {
        int b = a;
    }
}
```

实例 15-14 的 Outer 类经过解语法糖后变为如下形式：

```
class Outer {
    /*synthetic*/ static int access$000(Outer x0) {
        return x0.a;
    }
    private int a = 1;
}
```

实例 15-14 的 Inner 类经过解语法糖后变为如下形式：

```
class Outer$Inner {
    /*synthetic*/ final Outer this$0;
    Outer$Inner(/*synthetic*/ final Outer this$0) {
        this.this$0 = this$0;
        super();
    }
    int b = Outer.access$000(this$0);
}
```

可以看出，Javac 对内部类 Inner 解语法糖后做了一些特殊处理，在 Outer$Inner 中访问外部类的私有变量 a 更改为通过调用 Outer.access$000()方法访问，后面我们将方法名以

“access$”字符串开头的方法都称为获取方法。其实不光是私有成员变量，对于私有方法及某些特殊情况下由 protected 修饰的成员，都需要通过获取方法来访问。

15.4.1 调用私有构造方法

任何 Java 嵌套类通过 Javac 编译后都会生成一个单独的 Class 文件，所以如果嵌套类调用了外部类的私有构造方法，那么解语法糖时就需要做一些特殊的处理，否则将访问不到调用的私有构造方法。举个例子如下：

【实例 15-15】

```
class Outer {
   private Outer() { }

   class Inner {
      public void md() {
         Outer o = new Outer();
      }
   }
}
```

经过 Javac 编译后生成了 3 个 Class 文件，分别为 Outer.class、Outer$Inner.class 和 Outer$1.class。Outer.class 是 Outer 类生成的 Class 文件，Outer$Inner.class 是 Inner 类生成的 Class 文件，Outer$1.class 保存了一个为了避免调用私有构造方法产生冲突而由 Javac 生成的一个空实现的类。3 个文件中的内容可以等价看作是如下 3 个类生成的 Class 文件：

```
class Outer$Inner{
   public void md() {
      Outer o = new Outer(null);
   }
}

/*synthetic*/ class Outer$1 { }

class Outer {
   /*synthetic*/ Outer(chapter15.Outer$1 x0) {
      this();
   }
   private Outer() {
      super();
   }
}
```

在 Outer$Inner 类中调用了一个合成的、形式参数类型为 Outer$1 的非私有构造方法，这个构造方法又调用了 Outer 类的私有构造方法，内部类通过这样的方式访问了外部类的私有构造方法。之所以要合成一个参数类型为 Outer$1 的构造方法，是为了避免与现有构造方法产生冲突，Outer$1 类型是 Javac 在编译时使用的类型，不可能被代码编写者使用。

在创建类的对象时，通常会调用这个类的构造方法，所以需要在 visitNewClass()方法中对调用的私有构造方法解语法糖，相关的实现代码如下：

```
来源：com.sun.tools.javac.comp.Lower
Symbol constructor = accessConstructor(_, tree.constructor);
if (constructor != tree.constructor) {
    tree.args = tree.args.append(makeNull());
    tree.constructor = constructor;
}
```

首先调用 accessConstructor()方法获取 constructor，这个对象对于实例 15-15 来说就是 Outer 类中的合成构造方法。如果 constructor 与原来的 tree.constructor 不一样，说明这是一个合成的构造方法，需要将之前的调用私有构造方法改为调用合成的构造方法，在调用时向实际参数列表末尾追加一个 null 参数，然后将 tree.constructor 更新为 constructor。对于实例 15-15 来说，就是将 Outer$Inner 类中创建 Outer 对象的表达式 new Outer()改为 new Outer(null)的形式。

accessConstructor()方法的实现代码如下：

```
来源：com.sun.tools.javac.comp.Lower
Symbol accessConstructor(_, Symbol constr) {
    if (needsPrivateAccess(constr)) {
        ClassSymbol accOwner = constr.owner.enclClass();
        MethodSymbol aconstr = accessConstrs.get(constr);
        if (aconstr == null) {
            List<Type> argtypes = constr.type.getParameterTypes();
                        aconstr = new MethodSymbol(SYNTHETIC,names.init,
                        new MethodType( argtypes.append(accessConstructorTag().
erasure(types)),
                        constr.type.getReturnType(),constr.type.getThrownTypes(),
                        syms.methodClass),accOwner);
            enterSynthetic(_, aconstr, accOwner.members());
            accessConstrs.put(constr, aconstr);
            accessed.append(constr);
        }
        return aconstr;
    } else {
        return constr;
    }
}
```

调用 needsPrivateAccess()方法判断是否需要处理对私有构造方法的调用，如果该方法返回 true，会合成新的构造方法 aconstr，调用 enterSynthetic()方法将 aconstr 填充到 accOwner.members_field 中，也就是说合成的构造方法会添加到 accOwner 中。

needsPrivateAccess()方法的实现代码如下：

```
来源：com.sun.tools.javac.comp.Lower
boolean needsPrivateAccess(Symbol sym) {
    if ((sym.flags() & PRIVATE) == 0 || sym.owner == currentClass) {
        return false;
    } else if (sym.name == names.init && (sym.owner.owner.kind & (VAR |
MTH)) != 0) {
        sym.flags_field &= ~PRIVATE;
```

```
        return false;
    } else {
        return true;
    }
}
```

如果为非私有成员或者在当前类中使用私有成员，needsPrivateAccess()方法返回 false，表示不需要添加获取方法。如果有调用本地类的私有构造方法，则直接去掉构造方法的 private 修饰符，举个例子如下：

【实例 15-16】

```
class Outer {
    public void md() {
        class Local{
            private Local(){}
        }
        new Local();
    }
}
```

由于本地类 Local 中有个私有构造方法，所以如果单独作为一个类时，在 md()方法中创建 Local 对象将无法访问私有构造方法。这里会将 private 修饰符去掉，这样就能正常访问 Local 类的私有构造方法了。

accessConstructor()方法在合成新的构造方法时，通过 accessConstrs 判断之前是否已经合成过此私有构造方法对应的合成构造方法，如果有，就不需要再次合成，如果没有，就会创建一个新的构造方法 aconstr。accessConstrs 是一个 Map<Symbol,MethodSymbol>对象，保存了原私有构造方法到新合成构造方法的映射。

由于更新的是标注语法树，所以合成构造方法也一定要标注对应的符号和类型。在创建 MethodType 对象时，为形式参数列表 argtypes 中追加了一个类型，首先通过调用 accessConstructorTag()方法创建一个 ClassSymbol 对象，然后调用 erasure()方法获取对应的类型。accessConstructorTag()方法的实现代码如下：

```
来源：com.sun.tools.javac.comp.Lower
/** Return an anonymous class nested in this toplevel class.
 */
ClassSymbol accessConstructorTag() {
    ClassSymbol topClass = currentClass.outermostClass();
    Name flatname = names.fromString("" + topClass.getQualifiedName() +
                            target.syntheticNameChar() + "1");
    ClassSymbol ctag = chk.compiled.get(flatname);
    if (ctag == null)
        ctag = makeEmptyClass(STATIC | SYNTHETIC, topClass);
    return ctag;
}
```

对于实例 15-15 来说，调用当前方法可以获取到一个 Outer$1 类型，然后追加到形式参数列表的末尾。

needsPrivateAccess()方法通过 accessConstrs 保存私有构造方法到合成构造方法的对应

关系，这样下次需要为私有构造方法合成构造方法时就可以重用这个已经合成的构造方法。另外，私有构造方法还会保存到类型为 ListBuffer<Symbol>的 accessed 变量中，后序将调用 translateTopLevelClass()方法循环这个列表中的值，通过 accessConstrs 取出所有合成的构造方法，然后合成 JCMethodDecl 树节点并添加到标注语法树上。translateTopLevelClass()方法中的相关实现代码如下：

```
来源：com.sun.tools.javac.comp.Lower
for (List<Symbol> l = accessed.toList(); l.nonEmpty(); l = l.tail)
    makeAccessible(l.head);
```

调用的 makeAccessible()方法的实现代码如下：

```
来源：com.sun.tools.javac.comp.Lower
void makeAccessible(Symbol sym) {
    JCClassDecl cdef = classDef(sym.owner.enclClass());
    if (sym.name == names.init) {
        cdef.defs = cdef.defs.prepend(accessConstructorDef(_, sym, accessConstrs.
get(sym)));
    }
}
```

当 sym 为构造方法时，调用 accessConstructorDef()方法合成新的构造方法对应的语法树节点，然后追加到 cdef.defs 中。accessConstructorDef()方法的实现代码如下：

```
来源：com.sun.tools.javac.comp.Lower
JCTree accessConstructorDef(_, Symbol constr, MethodSymbol accessor) {
    JCMethodDecl md = make.MethodDef(accessor,accessor.externalType(types),
null);
    JCIdent callee = make.Ident(names._this);
    callee.sym = constr;
    callee.type = constr.type;
    md.body = vmake.Block(0, List.<JCStatement>of(
            make.Call(make.App(callee,make.Idents(md.params.reverse().
ail.reverse())))));
    return md;
}
```

根据一定的规则创建一个新的 JCMethodDecl 语法树节点，然后标注相关的语法树节点。调用 accessor.externalType()方法可以获取构造方法的类型，由于篇幅有限，这里不再介绍。

15.4.2　引用成员

访问外部类的一些成员在解语法糖阶段需要通过调用获取方法的方式来访问，对于成员类型来说，如果有 protected 或 private 修饰，则最终作为一个单独的顶层类时会去掉权限访问符，去掉后不会影响对此类的访问，所以不需要特殊处理；对于方法和成员变量来说，可以通过 access()方法判断是否需要为成员添加获取方法，相关的实现代码如下：

```
来源：com.sun.tools.javac.comp.Lower
boolean protAccess = refSuper && !needsPrivateAccess(sym) ||
needsProtectedAccess(sym, tree);
boolean accReq = protAccess || needsPrivateAccess(sym);
```

其中，sym 就是被引用的成员符号。当 accReq 的值为 true 时就会添加对应的获取方法。从以上的实现代码中可以看出，当如下 3 个表达式的值为 true 时，accReq 的值将为 true，下面详细进行介绍。

1．refSuper&&!needsPrivateAccess(sym)表达式的值为true

当成员访问的限制符为“C.super”形式时，refSuper 的值为 true，其中 C 代表类型名称。当 refSuper 的值为 true 并且访问的不是私有成员时需要添加对应的获取方法，举个例子如下：

【实例 15-17】

```
package chapter15;

class Parent{
    int a = 1;
}

class Sub extends Parent {
    class Inner {
        public void md() {
            int b = Sub.super.a;
        }
    }
}
```

其中 Sub.super.a 这样的引用形式需要添加获取方法，refSuper 的值为 true 并且不是获取的私有变量，所以调用 needsPrivateAccess()方法返回 false，表示式的值为 true，需要添加获取方法。关于使用 C.super 形式访问父类成员的内容，将在第 15.4.3 节详细介绍。

2．调用needsProtectedAccess(sym, tree)方法返回true

needsProtectedAccess()方法的实现如下：

```
来源：com.sun.tools.javac.comp.Lower
boolean needsProtectedAccess(Symbol sym, JCTree tree) {
    if ((sym.flags() & PROTECTED) == 0 ||
        sym.owner.owner == currentClass.owner ||
        sym.packge() == currentClass.packge())
        return false;
    if (!currentClass.isSubClass(sym.owner, types))
        return true;
}
```

其中 sym 就是被引用的符号，currentClass 就是引用 sym 的那个类。当前方法判断的是，由 protected 修饰的 sym 是否需要添加获取方法，当 sym 没有 protected 修饰时直接返回 false，表示不需要添加获取方法。被引用的符号所定义的类与引用符号的类处在同一个包下，那么 protected 成员在相同包中仍然能够正常访问，不需要添加获取方法。由于大部分情况是当前定义一个 protected 修饰的成员，然后在当前类内使用，所以可通过 sym.owner.owner 是否等于 currentClass.owner 进行快速判断，当然也可以通过调用 sym 与 currentClass.packge()方法进行判断，但是效率差一些。

如果当前类 currentClass 不为 sym.owner 的子类则返回 true，表示需要添加获取方法，因为如果为非子类，则没有权限获取父类的由 protected 修饰的成员。举个例子如下：

【实例 15-18】

```
package compile;

public class Parent{
   protected int a = 1;
}
```

然后在另外一个包中访问成员变量 a，举例如下：

【实例 15-18】（续）

```
package chapter15;
import compile.Parent;

class Sub extends Parent {
   class Inner {
      int x = a;
   }
}
```

由于当前 currentClass 为 Inner 类，所以这个类与定义变量 a 的类 Parent 没有父子关系，所以需要添加获取方法。

3．调用needsPrivateAccess(sym)方法返回true

needsPrivateAccess()方法在前一节详细介绍过，这里不再介绍。

如果以上 3 个表达式的值为 true，那么相关成员的访问就需要通过获取方法来访问了。下面继续介绍 access()方法的实现。当 accReq 变量的值为 true 时需要添加获取方法，同时也需要更新成员变量的访问方式。access()方法中的相关实现代码如下：

```
来源：com.sun.tools.javac.comp.Lower
JCExpression base = (tree.getTag() == JCTree.SELECT) ? ((JCFieldAccess)
tree).selected : null;
if (accReq) {
    List<JCExpression> args = List.nil();
    if ((sym.flags() & STATIC) == 0) {
        if (base == null)
          base = makeOwnerThis(_, sym, _);
        args = args.prepend(base);
        base = null;
    }
    Symbol access = accessSymbol(sym, tree,enclOp, protAccess,refSuper);
```

```
    JCExpression receiver = make.Select(
         base != null ? base : make.QualIdent(access.owner), access);
    return make.App(receiver, args);
}
```

参数 sym 就是被引用的符号，tree 就是引用的树节点。当 accReq 变量值为 true 时，需要调用 accessSymbol()方法添加获取方法，同时也要更新访问方式。在更新访问方式时，首先需要计算 base 变量的值，举个例子如下：

【实例 15-19】

```
class Outer {
    private int a = 1;
    private int b = 2;
    private static int c = 3;

    class Inner {
        int x = a;
        int y = new Outer().b;
        int z = new Outer().c;
    }
}
```

实例 15-19 解语法糖后变为如下形式：

```
class Outer {

    /*synthetic*/ static int access$200() {
        return c;
    }

    /*synthetic*/ static int access$100(Outer x0) {
        return x0.b;
    }

    /*synthetic*/ static int access$000(Outer x0) {
        return x0.a;
    }
    private int a = 1;
    private int b = 2;
    private static int c = 3;
}

class Outer$Inner {
    /*synthetic*/ final Outer this$0;
    Outer$Inner(/*synthetic*/ final Outer this$0) {
        this.this$0 = this$0;
        super();
    }

    int x = Outer.access$000(this$0);
    int y = Outer.access$100(new Outer());
    int z = new Outer().access$200();
}
```

如果 sym 没有 static 修饰，在调用获取方法时需要追加 base 参数到实际参数列表头部。

如果 base 为空，还需要调用 makeOwnerThis()方法获取，例如实例 15-19 中对变量 a 的引用，调用 makeOwnerThis()方法获取的 base 为 JCIdent(this$0)。有了调用获取方法的实际参数列表后，就会创建调用获取方法的表达式 receiver 了，对于 a 变量来说，计算的 receiver 为 JCFieldAccess(Outer.access$000)，最后 access()方法返回 JCMethodInvocation 对象。

如果 sym 是实例成员，base 就是具体的实例，要访问 base 实例中的 sym 成员变量，需要向获取方法传递参数。例如，对于 new Outer().b 表达式来说，将 new Outer()作为参数传递给获取方法 access$100()。由于 new Outer().b 是 JCFieldAccess 类型的节点，所以直接取 selected 的值作为 base 即可。计算的 receiver 为 JCFieldAccess(Outer.access$100)，最后 access()方法返回 JCMethodInvocation 对象。

如果 sym 是静态成员，base 可以是类型名称或具体的实例。例如对于 new Outer().c 表达式来说，base 直接取 JCFieldAccess 节点的 selected 值即可，计算的 receiver 为 JCFieldAccess(new Outer().access$200)，最后 access()方法返回 JCMethodInvocation 对象。

下面介绍在 access()方法中调用的 accessSymbol()方法的实现，代码如下：

```
来源：com.sun.tools.javac.comp.Lower
ClassSymbol accOwner = refSuper && protAccess
        ? (ClassSymbol)((JCFieldAccess) tree).selected.type.tsym
        : accessClass(sym, protAccess, tree);
Symbol vsym = sym;
if (sym.owner != accOwner) {
    vsym = sym.clone(accOwner);
    actualSymbols.put(vsym, sym);
}
```

accessSymbol()方法首先计算 accOwner 的值，获取方法会作为 accOwner 的一个成员存在，所以获取方法最终会填充到 accOwner.members_field 中。当 refSuper 与 protAccess 的值同时为 true 时，accOwner 的值从标注语法树中获取，举个例子如下：

【实例 15-20】

```
package chapter15;
import compile.Parent;

class Sub extends Parent{
    class Inner{
        int x = Sub.super.a;
    }
}
```

Sub 类的父类 Parent 使用实例 15-18 中定义的 Parent 类。当处理变量 x 的初始化表达式 Sub.super.a 时，refSuper 与 protAccess 的值为 true，则 accOwner 为 ClassSymbol(name=Sub)，最终合成的获取方法会添加到 Sub 类中。由于被引用的变量 a 定义在 Parent 类中，而 accOwner 对应的类为 Sub，所以会克隆一个 vsym 并通过 actualSymbols 集合保存 vsym 到实际符号的映射。其中，vsym.owner 的值变为了 accOwner，这样后续在 translateTopLevelClass()方法中会遍历保存所有 vsym、类型为 ListBuffer<Symbol>的列表 accessed，然后调

用 makeAccessible()方法根据 vsym.owner 的值来确定 JCClassDecl 对象，合成的获取方法会添加到这个对象中。

actualSymbols 变量的定义如下：

```
来源：com.sun.tools.javac.comp.Lower
Map<Symbol,Symbol> actualSymbols;
```

actualSymbols 变量中保存的信息将为后面生成具体的获取方法提供必要的信息。

如果 refSuper 或 protAccess 中至少有一个为 false 时，会调用 accessClass()方法计算 accOwner，这个方法的实现代码如下：

```
来源：com.sun.tools.javac.comp.Lower
ClassSymbol accessClass(Symbol sym, boolean protAccess, JCTree tree) {
    if (protAccess) {
        Symbol qualifier;
        ClassSymbol c = currentClass;
        if (tree.getTag() == JCTree.SELECT && (sym.flags() & STATIC) == 0) {
            qualifier = ((JCFieldAccess) tree).selected.type.tsym;
            while (!qualifier.isSubClass(c, types)) {
                c = c.owner.enclClass();
            }
            return c;
        } else {
            while (!c.isSubClass(sym.owner, types)) {
                c = c.owner.enclClass();
            }
        }
        return c;
    } else {
        return sym.owner.enclClass(); // the symbol is private
    }
}
```

当 protAccess 为 false 时，直接返回 sym.owner.enclClass()表达式的值，也就是 sym 肯定是私有成员，因为前面在介绍 accReq 时介绍过 protAccess，当此值为 false 而 accReq 的值为 true（在 access()方法中判断，只有 accReq 的值为 true 时才会调用 accessClass()方法）时，那么肯定是调用 needsPrivateAccess()方法返回了 true，直接将获取方法添加到定义私有成员的类中。

当 protAccess 为 true 时，说明 refSuper 为 false，这样才会调用 accessClass()方法，这个方法主要是计算 ClassSymbol 对象 c 的值，也就是计算获取方法需要添加到哪个类中。举个例子如下：

【实例 15-21】

```
package chapter15;
import compile.Parent;

class Sub extends Parent{
    class Inner{
        int x = a;
    }
```

```
    }
```

Sub 类的父类 Parent 使用实例 15-18 中定义的 Parent 类。在调用 accessClass()方法时，sym 的值为 VarSymbol(name=a)，protAccess 的值为 true，tree 的值为 JCIdent(name=a)，currentClass 的值为 ClassSymbol(name=Inner)。accessClass()方法首先判断 Inner 类是否为 sym.owner 的子类，由于 sym.owner 为 Parent 类，很明显不是，将 c 的值更新为 ClassSymbol-(name=Sub)，Sub 类是 Parent 的子类，所以 c 的值最终为 ClassSymbol(name=Sub)，获取方法会添加到 Sub 类中。

继续看 accessSymbol()方法的实现，代码如下：

```
来源：com.sun.tools.javac.comp.Lower
Integer anum = accessNums.get(vsym);
if (anum == null) {
    anum = accessed.length();
    accessNums.put(vsym, anum);
    accessSyms.put(vsym, new MethodSymbol[NCODES]);
    accessed.append(vsym);
}
```

其中涉及 accessed、accessNums 与 accessSyms，这几个变量的定义如下：

```
来源：com.sun.tools.javac.comp.Lower
private Map<Symbol,Integer> accessNums;
private Map<Symbol,MethodSymbol[]> accessSyms;
private ListBuffer<Symbol> accessed;
```

accessNums 在生成获取方法的名称时提供编号，如实例 15-19，为同一个类中的 3 个私有变量生成获取方法，名称依次为 access$000、access$100 和 access$200，“$”字符后的数字 0、1 与 2 就是 accessNums 提供的。accessSyms 存储了成员到获取方法的映射关系，同一个成员的使用方式不同，就会生成不同的获取方法，所以一个具体的 vsym 对应一个 MethodSymbol 类型的数组，初始化时指定大小为 98。后面将会详细介绍为什么需要一个初始容量为 98 大小的数组。accessed 存储所有的 vsym 对象。通过如上的 3 个属性及之前的 actualSymbols 属性，在合成方法时可以获取任何想要的信息。

下面就是要生成具体的获取方法了，在生成获取方法时首先要得到方法的相关信息，如名称及形式参数等，实现代码如下：

```
来源：com.sun.tools.javac.comp.Lower
int acode;                                  // 在合成获取方法的名称时使用
List<Type> argtypes;                        // 保存获取方法的形式参数
Type restype;                               // 保存获取方法的返回类型
List<Type> thrown;                          // 保存获取方法的异常抛出类型
switch (vsym.kind) {
case VAR:
    acode = accessCode(tree, enclOp);
    if (acode >= FIRSTASGOPcode) {
        OperatorSymbol operator = binaryAccessOperator(acode);
        if (operator.opcode == string_add)
            argtypes = List.of(syms.objectType);
```

```
        else
            argtypes = operator.type.getParameterTypes().tail;
    } else if (acode == ASSIGNcode)
        argtypes = List.of(vsym.erasure(types));
    else
        argtypes = List.nil();
    restype = vsym.erasure(types);
    thrown = List.nil();
    break;
case MTH:
    acode = DEREFcode;
    argtypes = vsym.erasure(types).getParameterTypes();
    restype = vsym.erasure(types).getReturnType();
    thrown = vsym.type.getThrownTypes();
    break;
}
```

以上代码中为即将生成的获取方法收集必要的信息，当 vsym 为变量或方法时，需要为获取方法计算 acode、argtypes、restype 与 thrown，不过当 vsym 为方法时计算相对比较简单。acode 为获取方法名称的一部分，当 vsym 为变量时，调用 accessCode()方法计算 acode 值。

通常，acode 算出来的是 0～96 的所有偶数。首先来认识 0～12 之间的偶数定义，代码如下：

```
来源：com.sun.tools.javac.comp.Lower
private static final int
    DEREFcode = 0,
    ASSIGNcode = 2,
    PREINCcode = 4,
    PREDECcode = 6,
    POSTINCcode = 8,
    POSTDECcode = 10,
    FIRSTASGOPcode = 12;
```

所以当访问的成员是方法时，获取方法的名称中 acode 的值永远为 DEREFcode，也就是 0。

accessCode()方法的实现代码如下：

```
来源：com.sun.tools.javac.comp.Lower
private static int accessCode(JCTree tree, JCTree enclOp) {
    if (enclOp == null)
        return DEREFcode;
    else if (enclOp.getTag() == JCTree.ASSIGN && tree == TreeInfo.skipParens
(((JCAssign) enclOp).lhs))
        return ASSIGNcode;
    else if (JCTree.PREINC <= enclOp.getTag() && enclOp.getTag() <= JCTree.
POSTDEC &&tree == TreeInfo.skipParens(((JCUnary) enclOp).arg))
        return (enclOp.getTag() - JCTree.PREINC) * 2 + PREINCcode;
    else if (JCTree.BITOR_ASG <= enclOp.getTag() && enclOp.getTag() <=
JCTree.MOD_ASG &&tree == TreeInfo.skipParens(((JCAssignOp) enclOp).lhs))
        return accessCode(((OperatorSymbol) ((JCAssignOp) enclOp).operator).
opcode);
    else
        return DEREFcode;
}
```

当 enclOp 为 null 时返回 DEREFcode；当 enclOp 等于 JCTree.ASSIGN 时返回 ASSI GNcode；当 enclOp 大于等于 JCTree.PREINC 而小于等于 JCTree.POSTDEC 时，返回对应的 PREINCcode、PREDECcode、POSTINCcode 或 POSTDECcode；当 enclOp 大于等于 JCTree.BITOR_ASG 而小于等于 JCTree.MOD_ASG 时，其实就是判断当前的二元表达式对应的树节点中运算符是否为复合运算符，JCTree.BITOR_ASG 就是|=，对应值为 76，而 JCTree.MOD_ASG 就是%=，对应值为 92，在数值 76~92 之间都是复合操作符。对于 JCAssignOp 树节点来说，其 operator 属性的类型为 OperatorSymbol，在符号引用消解时会找到对应的预先建立的 OperatorSymbol 对象，获取 opcode 就是 ByteCodes 中的编码，然后调用 accessCode() 方法。accessCode()方法的实现代码如下：

```
来源：com.sun.tools.javac.comp.Lower
private static int accessCode(int bytecode) {
   if (ByteCodes.iadd <= bytecode && bytecode <= ByteCodes.lxor)
      return (bytecode - iadd) * 2 + FIRSTASGOPcode;
   else if (bytecode == ByteCodes.string_add)
      return (ByteCodes.lxor + 1 - iadd) * 2 + FIRSTASGOPcode;
   else if (ByteCodes.ishll <= bytecode && bytecode <= ByteCodes.lushrl)
      return (bytecode - ishll + ByteCodes.lxor + 2 - iadd) * 2 +
FIRSTASGOPcode;
   else
      return -1;
}
```

通过判断，计算最终的数值，如表 15-1 所示。

表 15-1 编码到编号的映射

助 词 符	编 码	编 号	描 述
iadd	96	12	将栈顶两个int型数值相加并将结果压入栈顶
ladd	97	14	将栈顶两个long型数值相加并将结果压入栈顶
fadd	98	16	将栈顶两个float型数值相加并将结果压入栈顶
dadd	99	18	将栈顶两个double型数值相加并将结果压入栈顶
isub	100	20	将栈顶两个int型数值相减并将结果压入栈顶
lsub	101	22	将栈顶两个long型数值相减并将结果压入栈顶
fsub	102	24	将栈顶两个float型数值相减并将结果压入栈顶
dsub	103	26	将栈顶两个double型数值相减并将结果压入栈顶
imul	104	28	将栈顶两个int型数值相乘并将结果压入栈顶
lmul	105	30	将栈顶两个long型数值相乘并将结果压入栈顶
fmul	106	32	将栈顶两个float型数值相乘并将结果压入栈顶
dmul	107	34	将栈顶两个double型数值相乘并将结果压入栈顶

（续）

助 词 符	编 码	编 号	描 述
idiv	108	36	将栈顶两个int型数值相除并将结果压入栈顶
ldiv	109	38	将栈顶两个long型数值相除并将结果压入栈顶
fdiv	110	40	将栈顶两个float型数值相除并将结果压入栈顶
ddiv	111	42	将栈顶两个double型数值相除并将结果压入栈顶
imod	112	44	将栈顶两个int型数值做取模运算并将结果压入栈顶
lmod	113	46	将栈顶两个long型数值做取模运算并将结果压入栈顶
fmod	114	48	将栈顶两个float型数值做取模运算并将结果压入栈顶
dmod	115	50	将栈顶两个double型数值做取模运算并将结果压入栈顶
ineg	116	52	将栈顶int型数值取负并将结果压入栈顶
lneg	117	54	将栈顶long型数值取负并将结果压入栈顶
fneg	118	56	将栈顶float型数值取负并将结果压入栈顶
dneg	119	58	将栈顶double型数值取负并将结果压入栈顶
ishl	120	60	将int型数值左移位指定位数并将结果压入栈顶
lshl	121	62	将long型数值左移位指定位数并将结果压入栈顶
ishr	122	64	将int型数值右（符号）移位指定位数并将结果压入栈顶
lshr	123	66	将long型数值右（符号）移位指定位数并将结果压入栈顶
iushr	124	68	将int型数值右（无符号）移位指定位数并将结果压入栈顶
lushr	125	70	将long型数值右（无符号）移位指定位数并将结果压入栈顶
iand	126	72	将栈顶两个int型数值做“按位与”并将结果压入栈顶
land	127	74	将栈顶两个long型数值做“按位与”并将结果压入栈顶
ior	128	76	将栈顶两个int型数值做“按位或”并将结果压入栈顶
lor	129	78	将栈顶两个long型数值做“按位或”并将结果压入栈顶
ixor	130	80	将栈顶两个int型数值做“按位异或”并将结果压入栈顶
lxor	131	82	将栈顶两个long型数值做“按位异或”并将结果压入栈顶
string_add	256	84	两个操作数中至少有一个为字符串类型
ishll	270	86	将int类型数值左移
lshll	271	88	将long类型数值左移

（续）

助 词 符	编　　码	编　　号	描　　述
ishrl	272	90	将int类型数值右移
lshrl	273	92	将long类型数值右移
iushrl	274	94	将int类型数值无符号右移
lushrl	275	96	将long类型数值无符号右移

表 15-1 中的助词符是 ByteCodes 类中定义的，编号从 96~131 与实际的虚拟机指令编码对应，而 256 及 270~275 都是 Javac 虚拟出来的指令，并没有 Java 虚拟机对应的指令存在。在代码生成的过程中会将 270~275 的虚拟指令对应映射到 120~125 上，这样 Java 语言就支持了移位时右侧操作数可以为 long 类型的语法。

调用 accessCode(int bytecode)方法可能返回 12~96 之间的任何偶数，所以与前面从 0~12 之间定义的常量合并后，方法 accessCode(JCTree tree, JCTree enclOp)可能返回 0~96 之间的任何偶数。其实在 accessSymbol()方法中计算出 acode 后，在生成获取方法之前还会执行如下的计算逻辑：

```
来源：com.sun.tools.javac.comp.Lower
if (protAccess && refSuper)
   acode++;
```

当 protAccess 与 refSuper 的属性值同时为 true 时，acode 加 1，这样就相当于可能取 0~97 之间的任何数据。一个成员对应生成的获取方法，可根据使用方式的不同生成最多 98 个获取方法，这就是将 accessSyms 集合中 MethodSymbol 数组的大小初始化为 98 的原因。至于 protAccess 与 refSuper 的值同时为 true 时，为什么要将 acode 的值加 1，将在一下节介绍。

下面简单举一个根据成员使用方式的不同生成不同的获取方法的例子。

【实例 15-22】

```
class Outer {
   private int a = 1;

   class Inner {
      public void md() {
         int b = a; // deref
         a = 2; // assign
         int c;
         c = ++a; // preinc
         c = --a; // predec
         c = a++; // postinc
         c = a--; // postdec
         a += 1; // first assignment op
      }
   }
}
```

实例解语法糖后变为如下等价的形式：

```
class Outer {

    /*synthetic*/ static int access$012(Outer x0, int x1) {
        return x0.a += x1;
    }

    /*synthetic*/ static int access$010(Outer x0) {
        return x0.a--;
    }

    /*synthetic*/ static int access$008(Outer x0) {
        return x0.a++;
    }

    /*synthetic*/ static int access$006(Outer x0) {
        return --x0.a;
    }

    /*synthetic*/ static int access$004(Outer x0) {
        return ++x0.a;
    }

    /*synthetic*/ static int access$002(Outer x0, int x1) {
        return x0.a = x1;
    }

    /*synthetic*/ static int access$000(Outer x0) {
        return x0.a;
    }

    private int a = 1;
}
class Outer$Inner {
    /*synthetic*/ final Outer this$0;

    Outer$Inner(/*synthetic*/ final Outer this$0) {
        this.this$0 = this$0;
        super();
    }

    public void md() {
        int b = Outer.access$000(this$0);
        Outer.access$002(this$0, 2);
        b = Outer.access$004(this$0);
        b = Outer.access$006(this$0);
        b = Outer.access$008(this$0);
        b = Outer.access$010(this$0);
        Outer.access$012(this$0, 1);
    }
}
```

可以看到，对私有变量 a 来说，使用的方式不同会生成不同的获取方法。对于获取方法名称的后两个字符来说，就是在 accessSymbol()方法中调用 accessCode()方法获取到的

acode，然后通过 acode / 10 + acode % 10 来得到获取方法名称的后两位字符。

接着看 accessSymbol()方法的实现。当 vsym 为变量并且调用 accessCode()方法获取 acode 后，当 acode 大于等于 FIRSTASGOPcode 时，也就是 enclOp 为复合赋值表达式时，调用 binarAccessOperator()方法获取 OperatorSymbol 对象，通过这个对象可以获取在调用获取方法时使用的实际参数的类型。binaryAccessOperator()方法的实现代码如下：

```
来源：com.sun.tools.javac.comp.Lower
private OperatorSymbol binaryAccessOperator(int acode) {
    for (Scope.Entry e = syms.predefClass.members().elems;e != null;e =
e.sibling) {
        if (e.sym instanceof OperatorSymbol) {
            OperatorSymbol op = (OperatorSymbol)e.sym;
            if (accessCode(op.opcode) == acode)
                return op;
        }
    }
    return null;
}
```

实现逻辑很简单，就是通过 acode 取出对应的 OperatorSymbol 对象并返回。在得到 operator 后判断：如果 operator 的 opcode 为 string_add，向获取方法的形式参数列表的类型中追加 Object 类型，否则追加 operator 的形式参数中除第一个类型外的所有类型。举个例子如下：

【实例 15-23】

```
class Outer{
    private String a = "helloworld";
    private long b = 1;

    class Inner {
        public void md() {
            a += 1;
            b += 1;
        }
    }
}
```

实例解语法糖后变为如下形式：

```
class Outer$Inner {
    /*synthetic*/ final Test this$0;
    Outer$Inner(/*synthetic*/ final Outer this$0) {
        this.this$0 = this$0;
        super();
    }
    public void md() {
        Outer.access$084(this$0, String.valueOf(1));
        Outer.access$114(this$0, 1);
    }
}

class Outer{
```

```
    /*synthetic*/ static long access$114(Outer x0, long x1) {
        return x0.b += x1;
    }
    /*synthetic*/ static String access$084(Outer x0, Object x1) {
        return x0.a += x1;
    }
    private String a = "helloworld";
    private long b = 1;
}
```

可以看到，获取方法 access$114()最后一个形式参数的类型为 long，而 access$084()方法的最后一个形式参数的类型为 Object。

在 accessSymbol()方法中计算好获取方法的相关信息后就可以生成具体的获取方法了，代码如下：

```
来源：com.sun.tools.javac.comp.Lower
if ((vsym.flags() & STATIC) == 0) {
    argtypes = argtypes.prepend(vsym.owner.erasure(types));
}
MethodSymbol[] accessors = accessSyms.get(vsym);
MethodSymbol accessor = accessors[acode];
if (accessor == null) {
    accessor = new MethodSymbol( STATIC | SYNTHETIC, accessName(anum.
intValue(), acode),
        new MethodType(argtypes, restype, thrown, syms.methodClass),accOwner);
    enterSynthetic(_, accessor, accOwner.members());
    accessors[acode] = accessor;
}
return accessor;
```

当 vsym 代表的是实例成员时还需要为生成方法的形式参数追加类型，通过 vsym.owner.erauser(types)获取，然后获取 accessors 数组中指定的 MethodSymbol 对象 accessor。如果对象不存在，则需要合成，如果存在，说明之前已经合成了相关的获取方法，直接返回即可。

15.4.3　super 关键字引用父类成员

举个例子如下：

【实例 15-24】

```
package chapter15;

class Parent{
    int a = 1;
}

class Sub extends Parent {
    private int a = 2;

    class Inner {
```

```
        public void md() {
            int b = Sub.super.a; // deref
            Sub.super.a = 2; // assign
        }
    }
}
```

实例解语法糖后变为如下形式：

```
class Sub extends Parent {

    /*synthetic*/ static int access$103(Sub x0, int x1) {
        return x0.a = x1;
    }

    /*synthetic*/ static int access$001(Sub x0) {
        return x0.a;
    }
    private int a = 2;
}

class Sub$Inner {
    /*synthetic*/ final Sub this$0;

    Sub$Inner(/*synthetic*/ final Sub this$0) {
        this.this$0 = this$0;
        super();
    }

    public void md() {
        int b = Sub.access$001(this$0);
        Sub.access$103(this$0, 2);
    }
}
```

通过 super 关键字访问父类成员变量 a 时，最终会调用获取方法 access$103()与 access-$001()来访问。获取方法名称的后两位变为了奇数，这就是之前提到的在 accessSymbol()方法中调用 accessCode()方法获取完 acode 时，如果 protAccess 与 refSuper 变量的值为 true，还会将 acode 的值加 1。代码如下：

```
来源：com.sun.tools.javac.comp.Lower
if (protAccess && refSuper)
    acode++;
```

实例 15-24 中解语法糖后的形式与之前的程序并不等价，因为对于 Sub 类中生成的获取方法来说，调用 x0.a 获取到的是 Sub 类内定义的私有变量，不过从标注语法树来看，FieldAccess(x0.a)树节点的 sym 指向的是 Parent 类中定义的变量 a，所以引用完全正确，不需要进行任何特殊处理。但是在引用方法时情况就不一样了，举个例子如下：

【实例 15-25】

```
package chapter15;

class Parent {
```

```
        public void md(){ }
    }

    class Sub extends Parent {
        public void md(){ }

        class Inner {
            public void test() {
                Sub.super.md();
            }
        }
    }
```

实例在解语法糖后变为如下形式：

```
    package chapter15;

    class Sub extends Parent {
        /*synthetic*/ static void access$001(Sub x0) {
            x0.md();
        }
        public void md() { }
    }

    class Sub$Inner {
        /*synthetic*/ final Sub this$0;

        Sub$Inner(/*synthetic*/ final Sub this$0) {
            this.this$0 = this$0;
            super();
        }
        public void test() {
            Sub.access$001(this$0);
        }
    }
```

在 access$001()方法中调用 x0.md()方法会调用到 Sub 类中定义的 md()方法，显然这种调用方式与之前的程序不符，不过在生成字节码的过程中会判断，如果当前方法是以 access$开头并且最后的两位数为奇数时，在调用 md()方法时会使用 invokespecial 指令，否则使用 invokevirtual 指令。

方法 access$001()最终生成的字节码如下：

```
    0: aload_0
    1: invokespecial #1   // Method chapter15/Parent.md:()V
    4: return
```

在调用 md()方法时选择的指令为 invokespecial，所以还是正常调用到了 Parent 类中的 md()方法。

15.4.4　访问自由变量

本地类在一些情况下会通过合成获取方法的方式来访问成员，包括成员类、成员变量和成员方法，但是本地类中还会访问另外一些变量，比如方法上传递的形式参数，方法内定义的非编译时常量，这些变量统称为自由变量。举个例如下：

【实例 15-26】

```
class Outer {
    public void md(final int a) {
        final Integer b = new Integer(1);
        final int c = 1;
        class Local {
            int x1 = a;
            Integer x2 = b;
            int x3 = c;
        }
        Local l = new Local();
    }
}
```

实例在解语法糖后变为如下形式：

```
class Outer {
    public void md(final int a) {
        final Integer b = new Integer(1);
        final int c = 1;
        Outer$1Local l = new Outer$1Local(this, a, b);
    }
}

class Outer$1Local {
    /*synthetic*/ final Outer this$0;
    /*synthetic*/ final Integer val$b;
    /*synthetic*/ final int val$a;
    Outer$1Local(/*synthetic*/ final Outer this$0, /*synthetic*/ final int
val$a, /*synthetic*/ final Integer val$b) {
        this.this$0 = this$0;
        this.val$a = val$a;
        this.val$b = val$b;
        super();
    }
    int x1 = val$a;
    Integer x2 = val$b;
    int x3 = 1;
}
```

本地类 Local 解语法糖后变为 Outer$1Local，由于 Local 类引用了自由变量 a 与 b，所以会在 Outer$1Local 类中合成对应的成员变量 val$a 与 val$b，然后通过构造方法初始化，初始化后的 val$a 与 val$b 就可以替换本地类中对自由变量 a 与 b 的引用了。上面已经对变量 x1 与 x2 的初始化表达式进行了替换，而对于 x3，由于引用的是编译时常量，所以直接替换为 c 的常量值 1 即可。

在调用的构造方法中，第一个参数必须为 Outer 对象 this$0，这是因为 Outer$1Local 实例的存在依赖于 Outer 实例，通过这样的方式可以保证在创建本地类实例时外部类实例已经存在。

在 Outer 类内创建 Local 类的实例时，需要为新的构造方法传递实际参数，这样通过解语法糖后本地类就可以完成对外部类自由变量的访问了。

在类 Outer$1Local 的构造方法中，将合成变量的初始化放在调用父类 super()方法之前，代码编写者只能将方法调用语句 super()放在子类构造方法的第一行，只是为了一定程度上保证在子类可以访问父类对象之前完成对父类对象的初始化，但这样并不能完全避免子类初始化时不会访问父类对象，这里不访问父类对象，所以可以放在调用语句 super()之前。

Javac 对自由变量解语法糖的实现比较复杂，考虑的情况也比较多，这里只介绍一些常用的实现，读者可以自行阅读源代码了解更多关于解语法糖的具体实现。

从实例 15-26 可以看出，要想对本地变量解语法糖，至少需要经过如下几个步骤：

（1）收集被本地类引用的自由变量。

（2）在本地类中合成相关的成员变量并更新原有构造方法，在构造方法中初始化这些成员变量。

（3）更新本地类中引用自由变量的方式，替换为引用合成的成员变量。

（4）更新对本地类中构造方法的调用，主要是在创建本地类的对象时，为构造方法传递实际参数。

下面介绍以上 4 个步骤的具体实现。

1. 收集被本地类引用的自由变量

对本地类解语法糖时，首先会访问 Lower 类的 visitClassDef()方法，这个方法中有如下实现：

```
来源：com.sun.tools.javac.comp.Lower
freevars(currentClass)
```

其中，currentClass 就是当前类对应的 ClassSymbol 对象，调用 freevars()方法收集所有 currentClass 中使用到的自由变量，该方法的实现代码如下：

```
来源：com.sun.tools.javac.comp.Lower
List<VarSymbol> freevars(ClassSymbol c)  {
    if ((c.owner.kind & (VAR | MTH)) != 0) {
        List<VarSymbol> fvs = freevarCache.get(c);
        if (fvs == null) {
            FreeVarCollector collector = new FreeVarCollector(c);
            collector.scan(classDef(c));
            fvs = collector.fvs;
            freevarCache.put(c, fvs);
        }
        return fvs;
    } else {
        return List.nil();
    }
}
```

当 c 为本地类或匿名类并且之前没有针对此类进行自由变量收集时，需要获取自由变量列表 fvs。其中，freevarCache 是 Map<ClassSymbol,List<VarSymbol>>对象，用于缓存查找过的自由变量列表，达到重用的目的。调用 classDef()方法查找 c 所对应的 JCClassDecl 语法树，创建 FreeVarCollector 对象并调用 scan()方法扫描 JCClassDecl 语法树，最后返回查找到的自由变量列表 fvs。

需要注意的是，当前类所属的符号是变量或方法时才会进行自由变量收集，举个例子如下：

【实例 15-27】

```
class Outer {
   public void md(final int a) {
      class Local {
         class MyClass{
            int x1 = a;
         }
      }
   }
}
```

不针对 Outer 与 MyClass 类收集自由变量，只对 Local 类收集自由变量。在对 Local 类进行自由变量收集时，会扫描 Local 类对应的语法树节点下的所有子节点，如 MyClass 类中对自由变量 a 进行了引用，在收集 Local 类的自由变量时，会收集到变量 a。FreeVarCollector 类可以扫描 Local 类对应的语法树节点下的所有子节点，这个类继承了 TreeScanner 类并选择性覆写了 visitXxx()方法。通过 visitXxx()方法找到某些表达式对变量的引用时就会调用 visitSymbol()方法，这个方法的主要实现代码如下：

```
来源：com.sun.tools.javac.comp.Lower.FreeVarCollector
private void visitSymbol(Symbol _sym) {
   Symbol sym = _sym;
   if (sym.kind == VAR ) {
      if (sym != null && sym.owner == owner) {
         VarSymbol v = (VarSymbol)sym;
         if (v.getConstValue() == null) {
            addFreeVar(v);
         }
      }
   }
}
```

当参数_sym 是定义在方法中的变量并且不是编译时常量时，调用 addFreeVar()方法向 fvs 列表中追加自由变量，fvs 是 FreeVarCollector 类中声明的一个类型为 List<VarSymbol>的成员变量，在 freevars()方法中通过 collector.fvs 语句获取的正是这个变量的值。owner 是 FreeVarCollector 类中声明的一个类型为 MethodSymbol 的成员变量，在创建 FreeVarCollector 对象时初始化。

对于实例 15-26 中的变量 c 来说，调用 v.getConstValue()方法的返回值不为空，所以不是自由变量。

addFreeVar()方法的实现代码如下：

```
来源：com.sun.tools.javac.comp.Lower.FreeVarCollector
private void addFreeVar(VarSymbol v) {
    for (List<VarSymbol> l = fvs; l.nonEmpty(); l = l.tail)
        if (l.head == v)
            return;
    fvs = fvs.prepend(v);
}
```

当 fvs 列表中不含 v 时，将 v 添加到列表头部。

下面介绍 FreeVarCollector 类中对 visitIdent()、visitNewClass()与 visitApply()方法的实现，因为这些方法处理的表达式通常会对自由变量进行引用。

（1）visitIdent()方法

visitIdent()方法的主要实现代码如下：

```
来源：com.sun.tools.javac.comp.Lower.FreeVarCollector
visitSymbol(tree.sym);
```

对于实例 15-26 来说，Local 类中对变量 a、b 与 c 的引用会调用 visitIdent()方法进行处理，这个方法调用 visitSymbol()方法将 a 与 b 添加到 fvs 列表中。

（2）visitNewClass()方法

visitNewClass()方法的主要实现代码如下：

```
来源：com.sun.tools.javac.comp.Lower.FreeVarCollector
ClassSymbol c = (ClassSymbol)tree.constructor.owner;
addFreeVars(c);
```

调用 addFreeVars()方法，实现代码如下：

```
来源：com.sun.tools.javac.comp.Lower.FreeVarCollector
private void addFreeVars(ClassSymbol c) {
    List<VarSymbol> fvs = freevarCache.get(c);
    if (fvs != null) {
        for (List<VarSymbol> l = fvs; l.nonEmpty(); l = l.tail) {
            addFreeVar(l.head);
        }
    }
}
```

首先查找被引用的类 c 是否有对应的自由变量列表，如果没有，说明 c 不是本地类或者 c 没有访问任何自由变量；如果 fvs 列表不为空，将 c 中访问的自由变量也添加到当前类的自由变量列表中。举个例子如下：

【实例 15-28】

```
class Test {
    public void md(final int a) {
        class LocalA{
            public int x1 = a;
        }

        class LocalB{
```

```
            LocalA x2 = new LocalA();
        }
    }
}
```

调用 visitNewClass()方法处理 LocalB 类中 x2 变量的初始化表达式，这个方法会将 LocalA 类中访问的自由变量 a 也加入到 LocalB 的自由变量列表中，两个本地类 LocalA 和 LocalB 在解语法糖后变为如下形式：

```
class Test$1LocalA {
    /*synthetic*/ final Test this$0;
    /*synthetic*/ final int val$a;

    Test$1LocalA(/*synthetic*/ final Test this$0, /*synthetic*/ final int 
val$a) {
        this.this$0 = this$0;
        this.val$a = val$a;
        super();
    }
    public int x1 = val$a;
}

class Test$1LocalB {
    /*synthetic*/ final Test this$0;
    /*synthetic*/ final int val$a;

    Test$1LocalB(/*synthetic*/ final Test this$0, /*synthetic*/ final int 
val$a) {
        this.this$0 = this$0;
        this.val$a = val$a;
        super();
    }
    Test$1LocalA x2 = new Test$1LocalA(this$0, val$a);
}
```

可以看到，Test$1LocalB 类中也合成了变量 a 对应的成员变量，对于 x2 变量的初始化表达式来说，只有有了 val$a 才能创建 Test$1LocalA 对象。

（3）visitApply()方法

visitApply()方法的主要实现代码如下：

```
来源：com.sun.tools.javac.comp.Lower.FreeVarCollector
if (TreeInfo.name(tree.meth) == names._super) {
    addFreeVars((ClassSymbol) TreeInfo.symbol(tree.meth).owner);
}
```

当处理形如 super(...)这样的调用父类构造方法的语句时，需要调用 addFreeVars()方法处理父类，如果父类有对自由变量的引用也会添加到当前类的自由变量中，举个例子如下：

【实例 15-29】

```
class Test {
    public void md(final int a) {
        class LocalA {
            int x1 = a;
```

```
        }

        class LocalB extends LocalA {
            LocalB() {
                super();
            }
        }
    }
}
```

两个本地类 LocalA 和 LocalB 在解语法糖后变为如下形式：

```
class Test$1LocalA {
    /*synthetic*/ final Test this$0;
    /*synthetic*/ final int val$a;

    Test$1LocalA(/*synthetic*/ final Test this$0, /*synthetic*/ final int
val$a) {
        this.this$0 = this$0;
        this.val$a = val$a;
        super();
    }
    int x1 = val$a;
}

class Test$1LocalB extends Test$1LocalA {
    /*synthetic*/ final Test this$0;
    /*synthetic*/ final int val$a;

    Test$1LocalB(/*synthetic*/ final Test this$0, /*synthetic*/ final int
val$a) {
        this.this$0 = this$0;
        this.val$a = val$a;
        super(this$0, val$a);
    }
}
```

可以看到，虽然 Test$1LocalB 类中没有访问自由变量 a，但还是合成了对应的 val$a 成员变量，因为父类访问了自由变量 a 并且需要在子类调用父类的构造方法时传递实际的参数进行初始化。

2. 在本地类中合成相关的成员变量并更新原有构造方法，在构造方法中初始化这些成员变量

对于内部类来说，需要保持一个对外部类实例的引用，所以在处理本地类时，会在 Lower 类的 visitClassDef()方法中合成一个名称以“this$”字符串开头的成员变量，相关的实现代码如下：

```
来源：com.sun.tools.javac.comp.Lower
proxies = proxies.dup(currentClass);
List<VarSymbol> prevOuterThisStack = outerThisStack;
JCVariableDecl otdef = null;
if (currentClass.hasOuterInstance())
```

```
    otdef = outerThisDef(_, currentClass);

if (currentClass.hasOuterInstance()) {
    tree.defs = tree.defs.prepend(otdef);
    enterSynthetic(_, otdef.sym, currentClass.members());
}
...
proxies = proxies.leave();
outerThisStack = prevOuterThisStack;
```

内部类都会调用 outerThisDef()方法合成一个名称以“this$”开头的变量，将这个变量对应的语法树追加到 tree.defs 中，同时将这个变量对应的符号 otdef.sym 填充到 currentClass.members_field 中，这样这个变量就是当前类的一个成员变量了。

proxies 用来保存自由变量对应的成员变量的符号，outerThisStack 用来保存封装类的实例变量，也就是调用 outerThisDef()方法合成的名称以“this$”开头的变量。outerThisDef()方法的实现代码如下：

```
来源：com.sun.tools.javac.comp.Lower
JCVariableDecl outerThisDef(_, Symbol owner) {
    long flags = FINAL | SYNTHETIC;
    Type target = types.erasure(owner.enclClass().type.getEnclosingType());
    VarSymbol outerThis = new VarSymbol(flags, outerThisName(target, owner),
target, owner);
    outerThisStack = outerThisStack.prepend(outerThis);
    JCVariableDecl vd = make.VarDef(outerThis, null);
    return vd;
}
```

outerThisDef()方法在创建 VarSymbol 对象 outerThis 之前，会调用 outerThisName()方法合成一个名称以“this$”字符串开头的变量，同时将 outerThis 追加到 outerThisStack 列表的头部。

outerThisName()方法的实现代码如下：

```
来源：com.sun.tools.javac.comp.Lower
Name outerThisName(Type type, Symbol owner) {
    Type t = type.getEnclosingType();
    int nestingLevel = 0;
    while (t.tag == CLASS) {
        t = t.getEnclosingType();
        nestingLevel++;
    }
    Name result = names.fromString("this" + target.syntheticNameChar() +
nestingLevel);
    // 向新合成的字符串名称末尾追加一个或多个'$'字符来避免冲突
    while (owner.kind == TYP && ((ClassSymbol)owner).members().lookup
(result).scope != null)
        result = names.fromString(result.toString() + target.synthetic
NameChar());
    return result;
}
```

通过循环得到当前类型 type 嵌套的层次 nestingLevel，然后创建一个 result 对象，其中调用 target.syntheticNameChar()方法返回字符'$'。outerThisName()方法最后还会检测冲突，因为新合成的名称有可能已经被使用，这时候可以通过向新合成的字符串名称末尾追加一个或多个'$'字符来避免冲突。举个例子如下：

【实例 15-30】

```
package chapter15;

class OuterA {
   class OuterB {
      // final OuterA this$0 合成的变量
      class OuterC {
         // final OuterA$OuterB this$1 合成的变量
      }
   }
}
```

在 OuterB 中合成的成员变量的名称一般为 this$0，而在 OuterC 中合成的成员变量的名称一般为 this$1。在调用 outerThisDef()方法时，如果参数 owner 表示 OuterB 类，向 outerThisStack 列表中追加 VarSymbol(name=this$0)，如果参数 owner 表示 OuterC 类，向已经有 VarSymbol(name=this$0)的 outerThisStack 列表的头部追加 VarSymbol(name=this$1)。

接着介绍 Lower 类中的 visitClassDef()方法的实现，当合成了外部类实例的成员后就需要合成引用的自由变量所对应的成员变量了，相关的实现代码如下：

```
来源：com.sun.tools.javac.comp.Lower
List<JCVariableDecl> fvdefs = freevarDefs(_, freevars(currentClass),
 currentClass);
for (List<JCVariableDecl> l = fvdefs; l.nonEmpty(); l = l.tail) {
   tree.defs = tree.defs.prepend(l.head);
   enterSynthetic(_, l.head.sym, currentClass.members());
}
```

当 currentClass 为本地类时，调用 freevars()方法获取本地类中引用的自由变量，然后调用 freevarDefs()方法在本地类中合成对应的成员变量，将成员变量对应的语法树追加到 tree.defs 中并将相关符号填充到 currentClass.members_field 中。

freevarDefs()方法的实现代码如下：

```
来源：com.sun.tools.javac.comp.Lower
List<JCVariableDecl> freevarDefs(int pos, List<VarSymbol> freevars, Symbol
owner) {
   long flags = FINAL | SYNTHETIC;
   List<JCVariableDecl> defs = List.nil();
   for (List<VarSymbol> l = freevars; l.nonEmpty(); l = l.tail) {
      VarSymbol v = l.head;
      VarSymbol proxy = new VarSymbol(flags, proxyName(v.name),
v.erasure(types), owner);
      proxies.enter(proxy);
      JCVariableDecl vd = make.VarDef(proxy, null);
      defs = defs.prepend(vd);
   }
   return defs;
}
```

循环为每个被引用的自由变量创建对应的 VarSymbol 对象和 JCVariableDecl 对象，然后将创建好的 VarSymbol 对象填充到 proxies 作用域中。

在创建 VarSymbol 对象之前，需要调用 proxyName()方法创建变量名称，这个方法的实现代码如下：

```
来源：com.sun.tools.javac.comp.Lower
Name proxyName(Name name) {
    return names.fromString("val" + target.syntheticNameChar() + name);
}
```

新合成的成员变量的名称只需要在自由变量的名称之前追加“val$”字符串即可。

在 Lower 类的 visitClassDef()方法中为本地类合成了封闭类实例对应的成员变量和自由变量对应的成员变量，接下来需要更新原有构造方法，在更新后的构造方法中初始化这些成员变量。调用 Lower 类的 visitMethodDef()方法更新构造方法，这个方法会调用 visitMethodDefInternal()方法，这个方法的实现代码如下：

```
来源：com.sun.tools.javac.comp.Lower
private void visitMethodDefInternal(JCMethodDecl tree) {
    if (tree.name == names.init &&
        (currentClass.isInner() || (currentClass.owner.kind & (VAR | MTH))
 != 0)) {
        // 内部类的构造方法
        MethodSymbol m = tree.sym;

        // 从 proxies 中查找及保存成员变量和构造方法的形式参数
        proxies = proxies.dup(m);
        // 从 outerThisStack 中查找及保存封闭类的实例变量和构造方法的形式参数
        List<VarSymbol> prevOuterThisStack = outerThisStack;

        JCVariableDecl otdef = null;
        if (currentClass.hasOuterInstance())
            otdef = outerThisDef(_, m);
        List<VarSymbol> fvs = freevars(currentClass);
        List<JCVariableDecl> fvdefs = freevarDefs(_, fvs, m);

        // 向构造方法的形式参数的末尾追加能初始化自由变量对应的成员变量的参数
        tree.params = tree.params.appendList(fvdefs);
        // 向构造方法的形式参数的头部追加能初始化封闭类的实例变量的参数
        if (currentClass.hasOuterInstance())
            tree.params = tree.params.prepend(otdef);

        JCStatement selfCall = translate(tree.body.stats.head);

        List<JCStatement> added = List.nil();
        if (fvs.nonEmpty()) {
            for (List<VarSymbol> l = fvs; l.nonEmpty(); l = l.tail) {
```

```
                if (TreeInfo.isInitialConstructor(tree))
                    added = added.prepend(initField(_, proxyName(l.head.name)));
            }
        }
        if (currentClass.hasOuterInstance() && TreeInfo.
isInitialConstructor(tree)) {
            added = added.prepend(initOuterThis(_));
        }

        // 离开方法时，保存的构造方法的形式参数失效
        proxies = proxies.leave();

        List<JCStatement> stats = translate(tree.body.stats.tail);
        tree.body.stats = stats.prepend(selfCall).prependList(added);
        // 离开方法时，保存的构造方法的形式参数失效
        outerThisStack = prevOuterThisStack;
    }
}
```

如果 tree 为内部类或本地类的构造方法时，需要对构造方法进行更新。首先调用 outerThisDef()方法和 freevarDefs()方法获取 otdef 与 fvdefs，然后将 otdef 追加到构造方法形式参数列表的头部，而将 fvdefs 列表中的值追加到构造方法形式参数列表的末尾。

为构造方法添加完形式参数后，就需要在构造方法中初始化合成的成员变量了。在初始化成员变量之前需要调用 TreeInfo.isInitialConstructor()方法判断当前构造方法的第一个语句不为 this(...)形式，如果为 this(...)形式，不会添加变量初始化语句。原因也很好理解，这个构造方法调用了另外的构造方法，如果在每个构造方法中进行初始化，那么变量就会被初始化多次，所以如果构造方法中的第一个语句是 this(...)形式或 super(...)形式时，还需要更新第一个语句，因为 this(...)与 super(...)调用的可能是更新过的构造方法，所以需要追加实际参数，实现步骤与即将介绍的第 4 步骤的实现类似，为了节省篇幅，这里暂不介绍。

对于自由变量对应的成员变量的初始化，调用 proxyName()方法得到变量名称后调用 initField()方法，这个方法会返回初始化语句对应的语法树，将这些语法树追加到 added 列表中。initField()方法的实现代码如下：

```
来源：com.sun.tools.javac.comp.Lower
JCStatement initField(_, Name name) {
    Scope.Entry e = proxies.lookup(name);
    Symbol rhs = e.sym;
    Assert.check(rhs.owner.kind == MTH);
    Symbol lhs = e.next().sym;
    Assert.check(rhs.owner.owner == lhs.owner);
    return
        make.Exec(
            make.Assign(
                make.Select(make.This(lhs.owner.erasure(types)), lhs),
```

```
                make.Ident(rhs)).setType(lhs.erasure(types)));
}
```

对于合成的名称 name，从 proxies 中查找对应的 Scope.Entry 对象。需要注意的是，在获取 lhs 的值时，需要调用 e.next()方法获取 Scope.Entry 对象的 shadowed 变量的值，因为两个符号的名称相同，并且合成的成员变量一定会先填充到 proxies 中，而合成的构造方法中的形式参数后填充到 proxies 中，所以后填充的同名符号在前，通过 shadowed 指向先添加的符号。

调用 initOuterThis()方法创建封装类的实例变量的初始化语句所对应的语法树，initOuterThis()方法的实现代码如下：

```
来源：com.sun.tools.javac.comp.Lower
JCStatement initOuterThis(_) {
    VarSymbol rhs = outerThisStack.head;
    Assert.check(rhs.owner.kind == MTH);
    VarSymbol lhs = outerThisStack.tail.head;
    Assert.check(rhs.owner.owner == lhs.owner);
    return
        make.Exec(
            make.Assign(
                make.Select(make.This(lhs.owner.erasure(types)), lhs),
                make.Ident(rhs)).setType(lhs.erasure(types)));
}
```

从 outerThisStack 中取出构造方法合成的形式参数对应的 VarSymbol 对象，然后取出封闭类的实例对应的成员变量的 VarSymbol 对象进行赋值操作。

3. 更新本地类中引用自由变量的方式，替换为引用合成的成员变量

调用 Lower 类的 visitIdent()方法更新本地类中引用自由变量的方式，替换为引用合成的成员变量，例如实例 15-26 的 Local 类中，x1 与 x2 变量对 a 与 b 自由变量的引用更新为对 val$a 与 val$b 成员变量的引用。

visitIdent()方法的实现代码如下：

```
来源：com.sun.tools.javac.comp.Lower
public void visitIdent(JCIdent tree) {
    result = access(tree.sym, tree, _, _);
}
```

调用的 access()方法的实现代码如下：

```
来源：com.sun.tools.javac.comp.Lower
JCExpression access(Symbol sym, JCExpression tree, _, _) {
    while (sym.kind == VAR &&
        sym.owner.kind == MTH &&
        sym.owner.enclClass() != currentClass) {
                                        // 条件判断保存引用的是自由变量
```

```
        // 当 cv 不等于 null 时，表示是字面量值，直接将引用的自由变量替换为对应的字面
        // 量值
        Object cv = ((VarSymbol)sym).getConstValue();
        if (cv != null) {
            return makeLit(sym.type, cv);
        }
        // 引用的自由变量更新为引用自由变量对应合成的成员变量，所以从 proxies 中查找
        sym = proxies.lookup(proxyName(sym.name)).sym;
        Assert.check(sym != null && (sym.flags_field & FINAL) != 0);
        tree = make.Ident(sym);
    }
    ...
    return tree;
}
```

access()方法中有许多关于内部类语法糖的逻辑，在第 15.4.2 节介绍的为成员添加获取方法就是在这个方法中实现的，不过这里只关注如何获取合成的成员变量。

4．更新对本地类构造方法的调用，主要是在创建本地类的对象时，为构造方法传递实际参数

如果通过对象创建表达式创建已经更新了构造方法的类时，需要调用 Lower 类的 visitNewClass()方法对对象创建表达式进行更新，这个方法的相关实现代码如下：

```
来源：com.sun.tools.javac.comp.Lower
ClassSymbol c = (ClassSymbol)tree.constructor.owner;

// 如果 c 为本地类，为对象创建表达式追加参数，也就是自由变量
if ((c.owner.kind & (VAR | MTH)) != 0) {
    tree.args = tree.args.appendList(loadFreevars(_, freevars(c)));
}
// 如果 c 有封闭类实例，为对象创建表达式追加参数，也就是封闭类的实例
if (c.hasOuterInstance()) {
    JCExpression thisArg;
    if ((c.owner.kind & (MTH | VAR)) != 0) {
        thisArg = makeThis(_,c.type.getEnclosingType().tsym);
    }
    tree.args = tree.args.prepend(thisArg);
}
```

在调用构造方法时传递封闭类的实例和自由变量，调用 makeThis()方法合成外部类的实例对应的语法树，然后将这个语法树追加到实际参数列表的头部，调用 loadFreevars()方法得到自由变量对应的语法树并追加到实际参数列表的末尾，这与更新构造方法时添加的形式参数的顺序一致。

调用的 loadFreevars()方法的实代码如下：

```
来源：com.sun.tools.javac.comp.Lower
List<JCExpression> loadFreevars(_, List<VarSymbol> freevars) {
    List<JCExpression> args = List.nil();
    for (List<VarSymbol> l = freevars; l.nonEmpty(); l = l.tail)
       args = args.prepend(loadFreevar(_, l.head));
    return args;
}
JCExpression loadFreevar(_, VarSymbol v) {
    return access(v, make.Ident(v), _, _);
}
```

同样会调用 access()方法，不过这次通常会直接返回 make.Ident(v)方法创建的语法树节点。对于实例 15-26 来说，最终将 JCIdent(name=a)与 JCIdent(name=b)按顺序追加到实际参数列表的末尾。

另外，构造方法中的 this(...)或 super(...)形式的语句也会调用更新过的构造方法，所以也需要更新这些形式的语句。更新的过程与 visitNewClass()方法中的实现类似，这里不再介绍，有兴趣的读者可以查阅 Lower 类的 visitApply()方法了解相关的实现过程。

第 16 章　字节码指令生成

编程语言的虚拟机一般都是基于栈或基于寄存器的指令架构。大部分我们所熟知的语言都采用基于栈的虚拟机，比如最著名的 Java 虚拟机，还有现在比较火的以太坊智能合约虚拟机（EVM），在游戏领域非常流行的 Lua 语言则采用了基于寄存器的虚拟机。由于 Java 运行在 Java 虚拟机上，因此 Java 的指令集是面向堆栈的指令集。本章的重点就是根据标注语法树进行指令翻译，将方法中一系列的语句翻译为 Java 虚拟机能够执行的基于栈的一系列指令。

16.1　字节码指令集

虚拟机的指令是由操作码（Opcode）加操作数（Operand）构成的，其中，操作码由一个字节的数字来表示，即操作码总数不会多于 256 条。实际上，JVMS 共定义了 205 条指令，其操作码分别是 0(0x00)~ 202(0xCA)、254(0xFE)和 255(0xFF)。紧跟在操作码后的是 0 个或多个无符号操作数，每个操作数可能由 1 个、2 个或 4 个字节来表示，多于一个字节的操作数在存储时选择高位在前来存储。Javac 的 Code 类提供了 emit1()、emit2()与 emit4()方法，可以按高位在前的存储格式保存 1 个、2 个或 4 个字节的操作数。

ByteCodes 接口中建立了助记符到操作码的映射关系，其中，0~202 范围的指令与 Java 虚拟机的指令集中定义的指令严格对应，这样就可以直接操作助记符来达到操作操作码的目的。

从 Java 虚拟机指令集中的大多数指令的助词符中就可以得出操作数类型，这样在实际运行的过程中，操作数栈和局部变量表中就不用再记录操作数类型，只简单存放数据值即可。例如，iadd 指令表示对 int 类型的值进行加法操作；dstore 指令表示将操作数栈顶的 double 类型的值弹出存储到局部变量表中；areturn 指令表示从方法中返回引用类型的值。其实操作数的类型是由助记符（mnemonic）的第一个字母表示的，助记符首字母和操作数类型的对应关系如表 16-1 所示。

表 16-1　助记符首字母和操作数类型对应表

助记符首字母	操作数类型	例　　子
b	byte/boolean	bipush、baload

（续）

助记符首字母	操作数类型	例　子
c	char	caload、castore
s	short	sipush、sastore
i	int	iload、istore、iadd
l	long	lload、lstore、ladd
f	float	fload、fstore、fadd
d	double	dload、dstore、dadd
a	reference	aload、astore、areturn

可以将 JVMS 定义的 205 条指令按用途大概分为 9 类，分别为：

- 加载与存储指令；
- 运算指令；
- 类型转换指令；
- 对象操作指令；
- 操作数栈管理指令；
- 控制转移指令；
- 方法调用和返回指令；
- 异常抛出指令；
- 同步指令。

下面具体来看一下这几个类别的指令。

1. 加载与存储指令

加载与存储指令可以将数据在本地变量表和操作数栈之间来回传递，下面将进行介绍。

（1）加载指令可以将本地变量表或者常量池中的数据压入操作数栈顶，相关指令如表 16-2 所示。

表 16-2　加载相关的指令

指 令 类 别	具体的指令
整数类型加载指令	iload、iload_0、iload_1、iload_2、iload_3
长整数类型加载指令	lload、lload_0、lload_1、lload_2、lload_3
单精度浮点类型加载指令	fload、fload_0、fload_1、fload_2、fload_3
双精度浮点类型加载指令	dload、dload_0、dload_1、dload_2、dload_3

（续）

指 令 类 别	具体的指令
引用类型加载指令	aload、aload_0、aload_1、aload_2、aload_3
数据元素加载指令	baload、caload、saload、iaload、laload、faload、daload、aaload

具体每个指令的含义在附录 E 中进行了详细介绍，有兴趣的读者可以查看。

（2）存储指令将操作数栈顶的数据弹出后存储到本地变量表的指定位置，相关指令如表 16-3 所示。

表 16-3　存储相关的指令

指 令 类 别	具体的指令
整数类型存储指令	istore、istore_0、istore_1、istore_2、istore_3
长整数类型存储指令	lstore、lstore_0、lstore_1、lstore_2、lstore_3
单精度浮点类型存储指令	fstore、fstore_0、fstore_1、fstore_2、fstore_3
双精度浮点类型存储指令	dstore、dstore_0、dstore_1、dstore_2、dstore_3
引用类型存储指令	astore、astore_0、astore_1、astore_2、astore_3
数据元素存储指令	bastore、castore、sastore、iastore、fastore、dastore、aastore

（3）将一个常量推送到操作数栈顶，这些指令包括：bipush、sipush、ldc、ldc_w、ldc2_w、aconst_null、iconst_m1、iconst_<n>、lconst_<n>、fconst_<n>、dconst_<n>。其中，<n>表示局部变量表的索引值，可以是 0、1、2、3、4、5。

（4）扩充局部变量表的访问索引指令 wild。对于加载与存储指令来说，需要按照索引来访问本地变量表，索引默认使用一个字节来存储。也就是说，一般情况下这些指令的索引值不能超过 256，如果局部变量表的大小超过 256，就需要配合 wide 指令来扩充访问索引了。

2．运算指令

所有的运算指令如表 16-4 所示。

表 16-4　运算指令

指 令 类 别	具体的指令
加法指令	iadd、ladd、fadd、dadd
减法指令	isub、lsub、fsub、dsub
乘法指令	imul、lmul、fmul、dmul

（续）

指 令 类 别	具体的指令
除法指令	idiv、ldiv、fdiv、ddiv
求余指令	irem、lrem、frem、drem
取反指令	ineg、lneg、fneg、dneg
位移指令	ishl、ishr、iushr、lshl、lshr、lushr
按位或指令	ior、lor
按位与指令	iand、land
按位异或指令	ixor、lxor
局部变量自增指令	iinc
比较指令	dcmpg、dcmpl、fcmpg、fcmpl、lcmp

对于 byte、char、short 类型参与的运算来说，最终都会使用 int 类型的运算指令。

3．类型转换指令

类型转换指令可以将一种类型转换为另外一种类型，这些指令如表 16-5 所示。

表 16-5　类型转换相关指令

指 令 类 别	具体的指令
整数类型转其他类型指令	i2l、i2f、i2d、i2b、i2c、i2s
长整数类型转其他类型指令	l2f、l2d、l2i
单精度浮点类型转换为其他类型指令	f2d、f2i、f2l
双精度浮点类型转换为其他类型指令	d2i、d2l、d2f

每一种类型都可能转换为父类型，或者从父类型转为子类型，由子类型转父类型叫做类型的宽化，而由父类型转换为子类型叫类型窄化。

4．对象操作指令

对象操作指令如表 16-6 所示。

表 16-6　对象创建与访问指令

指 令 类 别	具体的指令
创建类实例的指令	new

（续）

指 令 类 别	具体的指令
创建数组的指令	newarray、anewarray、multianewarray
操作实例变量的指令	getfield、putfield
操作类变量的指令	getstatic、putstatic
取数组长度的指令	arraylength
检查类实例类型的指令	instanceof、checkcast

5. 操作数栈管理指令

栈指令直接对操作数栈中的数据进行操作，这些指令如表 16-7 所示。

表 16-7　操作操作数栈的指令

指 令 类 别	描　述
交换数据指令	swap
弹栈指令	pop、pop2
复制操作数栈顶的指令	dup、dup_x1、dup_x2、dup2、dup2_x1、dup2_x2

6. 控制转移指令

控制转换指令可以有条件或无条件地跳转到指定的位置执行指令，这些指令如表 16-8 所示。

表 16-8　控制转换指令

指 令 类 别	描　　述
条件转换指令	ifeq、iflt、ifle、ifne、ifgt、ifge、ifnull、ifnonnull、if_icmpeq、if_icmpne、if_icmplt、if_icmpgt、if_icmple、if_icmpge、if_acmpeq、if_acmpne
复合条件转换指令	tableswitch、lookupswitch
无条件转换指令	goto、goto_w、jsr、jsr_w、ret

对于 boolean、byte、char 与 short 类型的条件比较操作，最终都会使用 int 类型的比较指令来完成，而对于 long、float 与 double 类型来说，首先会执行对应类型的比较运算指令，这些指令如表 16-9 所示，可以看到，执行比较运算指令后都会往操作数栈的栈顶压入一个整数值，然后使用 int 类型的条件转换指令进行比较转换即可。

表 16-9　比较运算指令

比较运算指令	描　述
lcmp	比较栈顶两long型数值大小，并将结果（1，0，-1）压入栈顶
fcmpl	比较栈顶两float型数值大小，并将结果（1，0，-1）压入栈顶；当其中一个数值为NaN时，将-1压入栈顶
fcmpg	比较栈顶两float型数值大小，并将结果（1，0，-1）压入栈顶；当其中一个数值为NaN时，将1压入栈顶
dcmpl	比较栈顶两double型数值大小，并将结果（1，0，-1）压入栈顶；当其中一个数值为NaN时，将-1压入栈顶
dcmpg	比较栈顶两double型数值大小，并将结果（1，0，-1）压入栈顶；当其中一个数值为NaN时，将1压入栈顶

7. 方法调用和返回指令

有关方法调用的指令共有 5 条，如表 16-10 所示。

表 16-10　方法调用指令

方法调用指令	描　述
invokevirtual	调用对象的实例方法
invokeinterface	调用接口方法
invokespecial	调用一些需要特殊处理的实例方法，如实例初始化方法、私有方法和父类方法
invokestatic	调用由static修饰的类方法
invokedynamic	调用以绑定了invokedynamic指令的调用点对象(call site object)作为目标的方法。不过JDK 1.7版本的Javac并未对此实现，因此暂不关注相关实现

当方法返回 boolean、byte、char、short 和 int 类型的数值时使用 ireturn 指令；返回 long 类型的数值时使用 lreturn 指令；返回 float 类型的数值时使用 freturn 指令；返回 double 类型的数值时使用 dreturn 指令。另外还有一个 return 指令，供返回类型为 void 的方法及构造方法使用。

8. 异常抛出指令

在 Java 源代码中使用 throw 关键字抛出异常时通常会生成对应的 athrow 指令，而处理异常在早期的 Javac 版本中使用 jsr 和 ret 指令来实现，但是之后都采用了异常表来完成。

9. 同步指令

Java 语言实现同步有两种方式，一种是在方法上添加 synchronized 关键字，另外一种就是使用同步块的方式。在方法上使用 synchronized 关键字时，并不需要在生成的字节码指令上做任何处理，只需要给这个方法的访问标识设置 SYNCHRONIZED 即可，但是同步块就需要生成对应的 monitorenter 与 monitorexit 指令了，也就是在同步块内语句产生的所有指令之前生成 monitorenter 指令，在结束处生成 monitorexit 指令。

16.2 生成字节码指令

由于 Java 虚拟机是基于栈的架构，因而在执行 Class 文件中的字节码指令时会以入栈与出栈的方式执行。Java 虚拟机会为每个新创建的线程分配一个 Java 栈，同时分配一个 PC 寄存器，这个 PC 寄存器保存了 Java 虚拟机正在执行的字节码指令的地址。当调用一个方法时会在这个栈上新创建一个栈桢。每个栈桢内部都包含一组称为局部变量表的变量列表，同时还包含一个称为操作数栈的栈。Javac 在生成字节码指令时尽可能地模拟 Java 虚拟机运行时的过程，用来进行类型验证及更好地生成字节码指令，也能为 Java 虚拟机运行时提供一些必要的参数，如栈的最大栈空间 max_stack 与本地变量表的最大容量 max_locals。

16.2.1 实现本地变量表

Javac 在 Code 类中定义了本地变量表，用来模拟 Java 虚拟机运行时的本地变量表。类中定义了两个重要的变量如下：

```
来源：com.sun.tools.javac.jvm.Code
LocalVar[] lvar;
public int nextreg = 0;
```

通过 lvar 数组模拟本地变量表，数组中存储了本地变量的信息，而 nextreg 表示 lvar 数组中下一个可使用的存储位置，初始值为 0，表示本地变量表存储的索引位置是从 0 开始的。每个 LocalVar 对象表示一个具体的本地变量，LocalVar 类的定义如下：

```
来源：com.sun.tools.javac.jvm.Code.LocalVar
static class LocalVar {
    final VarSymbol sym;
    final char reg;
    LocalVar(VarSymbol v) {
        this.sym = v;
        this.reg = (char)v.adr;
    }
    ...
};
```

其中，sym 表示局部变量的符号，reg 表示这个局部变量在本地变量表中的存储位置，在构造方法中获取 v.adr 值进行初始化，因此 VarSymbol 类中定义的 adr 变量在字节码生成阶段保存的是当前的变量在本地变量表中存储的索引位置。

Gen 类中定义了几个重载的 newLocal()方法如下：

```
来源：com.sun.tools.javac.jvm.Gen
public int newLocal(VarSymbol v) {       // 第 1 个重载的 newLocal()方法
    int reg = v.adr = newLocal(v.erasure(types));
    addLocalVar(v);
    return reg;
}

private int newLocal(Type type) {        // 第 2 个重载的 newLocal()方法
    return newLocal(typecode(type));
}

private int newLocal(int typecode) {     // 第 3 个重载的 newLocal()方法
    int reg = nextreg;
    int w = width(typecode);
    nextreg = reg + w;
    if (nextreg > max_locals)
        max_locals = nextreg;
    return reg;
}
```

第 1 个为 public 方法，一般在创建 LocalVar 对象时都会调用这个方法，最后返回这个本地变量在变量表中的存储位置。第 1 个 newLocal()方法首先调用第 2 个 newLocal()方法以获取一个本地变量表的存储位置，然后通过 v.adr 保存这个存储位置。VarSymbol 类中定义的 adr 变量在解语法糖及数据流分析阶段都代表了不同的含义，这里又赋予了新的含义，就是保存这个变量在本地变量表中的存储位置，然后调用 addLocalVar()方法保存到本地变量表中。第 2 个 newLocal()方法调用 typecode()方法对 type 做了类型映射，将 Javac 中的类型映射为 Java 虚拟机支持的几种类型。typecode()方法的实现代码如下：

```
来源：com.sun.tools.javac.jvm.Code
public static int typecode(Type type) {
    switch (type.tag) {
    case BYTE: return BYTEcode;
    case SHORT: return SHORTcode;
    case CHAR: return CHARcode;
    case INT: return INTcode;
    case LONG: return LONGcode;
    case FLOAT: return FLOATcode;
    case DOUBLE: return DOUBLEcode;
    case BOOLEAN: return BYTEcode;
    case VOID: return VOIDcode;
    case CLASS:
    case ARRAY:
    case METHOD:
    case BOT:
    case TYPEVAR:
    case UNINITIALIZED_THIS:
    case UNINITIALIZED_OBJECT:
        return OBJECTcode;
    default: throw new AssertionError("typecode " + type.tag);
```

```
    }
}
```

Java 虚拟机支持的类型定义在 ByteCodes 类中，定义如下：

```
来源：com.sun.tools.javac.jvm.ByteCodes
int  INTcode         = 0,
    LONGcode        = 1,
    FLOATcode       = 2,
    DOUBLEcode      = 3,
    OBJECTcode      = 4,
    BYTEcode        = 5,
    CHARcode        = 6,
    SHORTcode       = 7,
    VOIDcode        = 8,
    TypeCodeCount   = 9;
```

最后一个变量 TypeCodeCount 表示 Java 虚拟机支持的类型共有 9 个。

第 2 个 newLocal()方法获取到映射后的类型会继续调用第 3 个 newLocal()方法，这个方法会返回当前变量在变量表中的存储位置 reg。另外，调用 width()方法获取 type 所占的本地变量表的槽位数并更新 nextreg 和 max_locals 变量的值，其中，max_locals 保存了本地变量表的最大容量，这个值将写入 Class 文件中为 Java 虚拟机初始化本地变量表提供参考。调用的 width()方法的实现代码如下：

```
来源：com.sun.tools.javac.jvm.Code
public static int width(int typecode) {
    switch (typecode) {
    case LONGcode: case DOUBLEcode: return 2;
    case VOIDcode: return 0;
    default: return 1;
    }
}
```

long 类型与 double 类型返回 2，void 类型返回 0，剩下的基本类型和引用类型返回 1，这些数值代表了存储对应类型值所占用的本地变量表的槽（Slot）的数量。在 Javac 中，每个槽对应着数组的一个存储位置。

在查找时，对于占用一个槽的类型可直接通过表示本地变量表的数组下标来查找，而对于占用两个槽的类型，如占用 n 与 n+1 两个槽位，则最终存储的索引值为 n。Javac 会将表示本地变量表的数组的 n+1 下标处的值设置为 null，真正在 Java 虚拟机中会使用两个槽位存储实际的值。

回看第 1 个方法 newLocal()，获取到本地变量表索引值赋值给了 VarSymbol 对象的 adr 后，调用 addLocalVar()方法将这个变量存储到本地变量表中，实现代码如下：

```
来源：com.sun.tools.javac.jvm.Code
private void addLocalVar(VarSymbol v) {
    int adr = v.adr;
    ...
    lvar[adr] = new LocalVar(v);
    ...
}
```

将 v 封装为 LocalVar 对象后存储到下标为 adr 的本地变量表中。

16.2.2　实现操作数栈

State 类是定义在 Code 类中的成员类，可以用来模拟操作数栈，其中定义了两个重要的变量如下：

```
来源：com.sun.tools.javac.jvm.Code.State
Type[] stack;
public int stacksize;
```

在 State 类的构造方法中初始化 stack 数组，默认初始化大小为 16，如果栈的深度超过 16 还会进行扩容。stacksize 指的就是当前 stack 数组的大小，由于数组索引从 0 开始，因此 stacksize-1 就是当前栈的栈顶位置。

为了进行类型校验，Javac 使用 Type 类型的数组模拟运行时类型的入栈与出栈，这样就可以在编译期间发现更多类型相关的错误，除此之外还能得出字节码指令在运行过程中需要使用的最大栈空间 max_stack 等信息。

下面介绍一些常见的操作操作数栈的方法。

1．dup()方法

dup()方法可以复制操作数栈，实现代码如下：

```
来源：com.sun.tools.javac.jvm.Code.State
State dup() {
    State state = (State)super.clone();
    ...
    state.stack = stack.clone();
    ...
    return state;
}
```

dup()方法通常在分支跳转时使用，在分支跳转之前调用当前的方法保存栈的状态，等待地址回填时使用。dup()方法调用 super.clone()方法对 state 进行浅克隆，然后对 state.stack 进行了复制，防止两个 State 对象操作时相互影响。

2．push()方法

push()方法可以向栈中压入一个类型，实现代码如下：

```
来源：com.sun.tools.javac.jvm.Code.State
void push(Type t) {
    switch (t.tag) {
    case TypeTags.VOID:
        return;
    case TypeTags.BYTE:
    case TypeTags.CHAR:
    case TypeTags.SHORT:
```

```
        case TypeTags.BOOLEAN:
            t = syms.intType;
            break;
        default:
            break;
        }
        stack[stacksize++] = t;
        switch (width(t)) {
        case 1:
            break;
        case 2:
            stack[stacksize++] = null;
            break;
        default:
            throw new AssertionError(t);
        }
        if (stacksize > max_stack)
            max_stack = stacksize;
    }
```

当判断t为void类型时不需要做任何处理，直接返回即可；当t为byte、char、short与boolean类型时将t更新为int类型。由于Java虚拟机大部分的指令都没有支持byte、char、short和boolean类型，因此Javac会在编译期将它们当int类型进行处理，其余的保持原有类型即可。

将类型压入栈内，不过还需要对double与long类型做处理，因为这两个类型需要用两个连续的槽来存储，将第2个存储位置设置为null。由此也可以看出，stacksize并不表示栈中存放的具体类型的数量，仅能表示栈的大小。

push()方法最后还可能会更新max_stack的值，这个值最后会写入Class文件中，为Java虚拟机初始化操作数栈提供参考。

3. pop(Type t)方法、pop(int n)方法、pop1()方法与pop2()方法

pop(Type t)、pop(int n)、pop1()与pop2()方法都可以进行弹栈操作，其中，pop(Type t)方法表示按类型出栈。如果类型为long或者double，需要连续弹出两个槽中保存的值。也可以通过调用pop(int n)方法来实现，此时传递的参数为2，或者直接调用pop2()方法，数据出栈后将相应槽上的值设置为空，因为操作数栈的槽是重用的，防止对后面的操作产生影响。

pop(Type t)方法的实现代码如下：

```
来源：com.sun.tools.javac.jvm.Code.State
void pop(Type t) {
    pop(width(t));
}
```

调用了pop(int n)方法，这个方法的实现代码如下：

```
来源：com.sun.tools.javac.jvm.Code.State
void pop(int n) {
    while (n > 0) {
```

```
        stack[--stacksize] = null;
        n--;
    }
}
```

pop1()与 pop2()方法的实现也非常简单，这里不再介绍。

4．peek()方法

peek()方法可以获取栈顶存储的类型，不进行弹栈操作，实现代码如下：

```
来源：com.sun.tools.javac.jvm.Code.State
Type peek() {
    return stack[stacksize-1];
}
```

通过 stacksize 获取栈顶存储的类型并返回。

16.2.3　常量池信息的存储

Javac 中的 Pool 类代表常量池，可以存储常量池相关的信息，为后续 Class 字节码文件中常量池的生成提供必要的数据。Pool 类的定义如下：

```
来源：com.sun.tools.javac.jvm.Pool
public class Pool {
    public int pp;
    public Object[] pool;
    Map<Object,Integer> indices;
    public Pool(int pp, Object[] pool) {
       this.pp = pp;
       this.pool = pool;
       this.indices = new HashMap<Object,Integer>(pool.length);
       for (int i = 1; i < pp; i++) {
           if (pool[i] != null)
              indices.put(pool[i], i);
       }
    }
    public Pool() {
        this(1, new Object[64]);
    }
    ...
}
```

pool 数组用于存储常量池中不同类型的数据对象。其中的 pp 指向 pool 数组中下一个可用的位置，调用构造方法时一般初始化为 1，也就是数组的可用下标从 1 开始，0 不存储任何数据，这样主要是为了做到与 Class 中常量池的规定一致，即索引值为 0 的位置代表不引用任何值。另外，pp 也可以表示 pool 数组中存储数据的数量。indices 保存了 pool 数组中所有对象到这个数组下标的映射。由于在字节码指令生成过程中，需要频繁查找某个对象在常量池中的下标，因此为了提高查找效率，使用了 Map 结构来保存映射关系。

下面将介绍一些常见的、定义在 Pool 类中的操作常量池的方法。

1. put()方法

put()方法向常量池中放入某个对象并返回这个对象在常量池中存储的索引，实现代码如下：

```
来源：com.sun.tools.javac.jvm.Pool
public int put(Object value) {
     if (value instanceof MethodSymbol)
         value = new Method((MethodSymbol)value);
     else if (value instanceof VarSymbol)
         value = new Variable((VarSymbol)value);
     Integer index = indices.get(value);
     if (index == null) {
         index = pp;
         indices.put(value, index);
         pool[pp++] = value;
         if (value instanceof Long || value instanceof Double) {
             pool[pp++] = null;
         }
     }
     return index.intValue();
}
```

如果在常量池中存储的是 MethodSymbol 或 VarSymbol 对象，还需要分别封装为 Method 对象与 Variable 对象，因为两个对象要作为 key 存储到 Map<Object,Integer>对象 indices 中，所以要重新覆写 hashCode()与 equals()方法。判断 value 是否已经存在于常量池中，如果 index 为 null 则表示不存在，向 indices 及 pool 数组中存储 value。

Method 与 Variable 类是定义在 Pool 类中的静态内部类，其中 Method 类的定义如下：

```
来源：com.sun.tools.javac.jvm.Pool.Method
static class Method extends DelegatedSymbol {
    MethodSymbol m;
    Method(MethodSymbol m) {
        super(m);
        this.m = m;
    }
    public boolean equals(Object other) {
        if (!(other instanceof Method))
            return false;
        MethodSymbol o = ((Method)other).m;
        return o.name == m.name && o.owner == m.owner && o.type.
equals(m.type);
    }
    public int hashCode() {
        return m.name.hashCode() * 33 + m.owner.hashCode() * 9 + m.type.
hashCode();
    }
}
```

两个 Method 对象在比较时需要比较 name、owner 及 type，其中，name 与 owner 直接使用等号比较即可。在第 6 章中已详细介绍过 Name 类的实现机制，如果方法名称相同，一定是同一个 Name 对象，可使用等号来提高比较效率。在第 7 章中介绍符号的输入时介绍过，同一个类型定义一定会使用同一个符号来表示，因此如果方法定义在同一个类型中，owner 也一定是同一个对象，直接使用等号比较即可。type 的比较需要调用 MethodType 类中的 equals()方法，实现代码如下：

```
来源：com.sun.tools.javac.code.Type.MethodType
public boolean equals(Object obj) {
    if (this == obj)
        return true;
    if (!(obj instanceof MethodType))
        return false;
    MethodType m = (MethodType)obj;
    List<Type> args1 = argtypes;
    List<Type> args2 = m.argtypes;
    while (!args1.isEmpty() && !args2.isEmpty()) {
        if (!args1.head.equals(args2.head))
            return false;
        args1 = args1.tail;
        args2 = args2.tail;
    }
    if (!args1.isEmpty() || !args2.isEmpty())
        return false;
    return restype.equals(m.restype);
}
```

可以看到，方法类型的比较需要比较形式参数的类型、形式参数的数量及方法的返回类型。

Variable 类的实现与 Method 类类似，在覆写 equals()方法时也需要对 name、owner 及 type 进行比较，由于篇幅有限，这里不再介绍。

2. get()方法

get()方法可以获取常量池中某个对象的常量池索引，实现代码如下：

```
来源：com.sun.tools.javac.jvm.Pool
public int get(Object o) {
    Integer n = indices.get(o);
    return n == null ? -1 : n.intValue();
}
```

如果常量池中没有存储这个对象，将会返回-1。

16.2.4　Code 类介绍

Code 类具有非常重要的作用，其中提供了许多生成 Java 虚拟机指令的方法，而且在指令生成过程中还会对本地变量表、操作数栈及常量池进行相应的操作。每当需要为一个方法生成字节码指令时，通常都会创建一个 Code 对象，每个对象都对应着唯一的本地变量表和操作数栈。最终会将生成的字节码指令存储到 Class 文件中对应方法的 code 属性上。

Code 类中定义了成员变量 code 与 cp，具体定义如下：

```
来源：com.sun.tools.javac.jvm.Code
public byte[] code = new byte[64];
public int cp = 0;
```

其中，code 存储生成的字节码指令，具体就是指令的操作码和操作数，而 cp 指向 code 数组中下一个可用的位置。

前面介绍的 max_stack 与 max_locals 变量也定义在这个类中，两个变量都为 int 类型。Code 类中提供了几个常用的指令生成的方法，下面具体介绍。

1. emitX()系列方法

emitX()系列方法的名称中最后一个字符 X 代表数字 1、2 或 4，这些数字表示可向 code 数组中存储 1、2 或 4 个字节的数据。

emit1()方法的实现代码如下：

```
来源：com.sun.tools.javac.jvm.Code
private  void emit1(int od) {
    if (!alive)
        return;
    ...
    code[cp++] = (byte)od;
}
```

emit1()方法首先判断 alive 的值，alive 在数据流分析时表示语句的可达性，这里的 alive 与可达性类似，如果一个语句不可达，则不会生成对应的字节码指令；如果可达，向 code 数组中压入指令编码后将 cp 值加 1。

后面将要介绍的 emitXxx()系列的方法都直接或间接调用了上面的 emit1()方法，它可以压入一个指令编码，如 emitop()方法压入指令编码，或者调用 N 次压入一个指令编码的占用 N 个字节的操作数，如 emit2()与 emit4()方法分别表示压入由 2 个字节和 4 个字节表示的操作数。

2. emitXxx()系列方法

emitXxx()系列方法的名称中最后 3 个字符 Xxx 代表首字母大写的指令助记符。emitXxx()系列方法介绍如表 16-11 所示。

表 16-11　emitXxx()系列方法介绍

方法名称	描　　述
emitAnewarray()	生成anewarray指令，表示创建一个引用类型（如类、接口、数组）的数组，并将其引用值压入栈顶
emitMultianewarray()	生成multinewarray指令，表示创建指定类型和指定维度的多维数组（执行该指令时，操作数栈中必须包含各维度的长度值），并将其引用值压入栈顶

（续）

方 法 名 称	描　　述
emitNewarray()	生成newarray指令，表示创建一个引用型（如类、接口、数组）的数组，并将其引用值压入栈顶
emitInvokeinterface()	生成invokeinterface指令，表示调用接口方法
emitInvokespecial()	生成invokespecial指令，表示调用超类构造方法，实例初始化方法或者私有方法
emitInvokestatic()	生成invokestatic指令，表示调用静态方法
emitInvokevirtual()	生成invokevirtual指令，表示调用实例方法

数组与方法相关指令的生成可以调用 emitXxx()系列的方法，这些指令在使用时相对其他指令比较复杂一些，因为生成指令的同时会伴随本地变量表、操作数栈或者常量池的操作。下面介绍一些典型的方法实现。

首先看 emitNewarray()方法的实现，代码如下：

```
来源：com.sun.tools.javac.jvm.Code
public void emitNewarray(int elemcode, Type arrayType) {
    emitop(newarray);
    if (!alive)
        return;
    emit1(elemcode);
    state.pop(1);
    state.push(arrayType);
}
```

在生成 newarray 指令时，伴随有操作数栈的弹出与压入操作。调用 emit1()方法生成 newarray 指令的操作数，该操作数代表要创建数组的元素类型，然后从栈中弹出要创建数组的大小，最后将创建好的数组的类型压入栈内。

再来看 emitInvokespecial()方法的实现，代码如下：

```
来源：com.sun.tools.javac.jvm.Code
public void emitInvokespecial(int meth, Type mtype) {
    int argsize = width(mtype.getParameterTypes());
    emitop(invokespecial);
    if (!alive)
        return;
    emit2(meth);
    Symbol sym = (Symbol)pool.pool[meth];
    state.pop(argsize);
    if (sym.isConstructor())
        state.markInitialized((UninitializedType)state.peek());
    state.pop(1);
    state.push(mtype.getReturnType());
}
```

在生成 invokespecial 指令时伴随有操作数栈和常量池的操作。调用 emitop()方法生成 invokespecial 指令，调用 emit2()方法生成一个常量池索引，该索引指向的常量池项是一个方法的符号引用；接着调用 state.pop()方法从栈中连续弹出方法的所有形式参数对应的类型；最后调用 state.pop()方法弹出定义当前方法的类，再调用 push()方法将方法的返回类型压入栈内。push()方法前面介绍过，如果方法的返回类型为 void，则不会压入栈内。

3. emitopX()系列方法

emitopX()系列方法最后一个字符 X 代表数字，可以是 0、1、2 与 4，这些数字表示生成指令时对应操作数所占用的字节数。emitopX()系列方法如表 16-12 所示。

表 16-12　emitopX()系列方法的介绍

方 法 定 义	描　　述
emitop0(int opcode)	生成无操作数的指令，如aaload、goto等指令
emitop1(int opcode, int operand)	生成带有一个操作数的指令，如bipush、ldc
emitop1w(int opcode, int operand)	生成带有一个操作数的指令，如果操作数无法用一个字节来表示，则使用wide指令进行扩展
emitop1w(int opcode, int operad1, int operad2)	生成带有两个操作数的指令，如果操作数无法用一个字节来表示，则使用wide指令进行扩展，如iincr指令
emitop2(int opcode, int operand)	生成带有一个操作数的指令，操作数使用两个字节来表示，如getstatic、putstatic、new和sipush等指令
emitop4(int op, int od)	生成带有一个操作数的指令，操作数使用两个字节来表示，如goto_w与jsr_w指令

emitopX()系列方法比较重要，相当于通过有无操作数及操作数的数量和操作数所占用的字节数将大部分的指令进行了分类，尤其是 emitop0()方法，调用此方法可以完成大部分的指令生成操作，而且这些指令只涉及对栈的操作，相关的实现比较简单，有兴趣的读者可自行阅读 Javac 的实现代码。

16.3　Gen 类介绍

Gen 类继承了 JCTree.Visitor 类并覆写了 visitXxx()方法，可以根据标注语法树生成对应的字节码指令，为第 18 章 Class 文件的生成提供必要的信息。

调用 JavaCompiler 类的 compile()方法会间接调用到 Gen 类的 genClass()方法，每个类都会调用一次 genClass()方法，因为每个类都可以定义自己的方法，需要为这些方法生成对应的字节码指令。genClass()方法的实现代码如下：

```
来源：com.sun.tools.javac.jvm.Gen
public boolean genClass(Env<AttrContext> env, JCClassDecl cdef) {
        ClassSymbol c = cdef.sym;
        cdef.defs = normalizeDefs(cdef.defs, c);

        Env<GenContext> localEnv = new Env<GenContext>(cdef, new GenContext());
        localEnv.toplevel = env.toplevel;
        localEnv.enclClass = cdef;
        for (List<JCTree> l = cdef.defs; l.nonEmpty(); l = l.tail) {
            genDef(l.head, localEnv);
        }
}
```

以上代码中，调用 normalizeDefs()方法对一些语法树结构进行调整，主要是对匿名块和成员变量的初始化表达式进行调整。

创建 localEnv 环境，Env 对象 localEnv 的 info 变量的类型为 GenContext，这个类中定义了一些变量和方法，用来辅助进行字节码指令的生成，后面将详细介绍。

调用 genDef()方法对 cdef 中定义的每个成员进行处理，如果成员为方法就会为方法生成字节码指令。Gen 类只会为方法生成字节码指令，但是一个类中的成员变量与块中也会含有需要生成字节码指令的表达式或语句，Javac 会将这些具体的语法树结构重构到<init>方法与<clinit>方法中。

<init>表示实例构造方法，所有关于实例变量的初始化表达式和非静态块都可以重构到这个方法中，举个例子如下：

【实例 16-1】

```
package chapter16;

public class Test {
    final int a = md();
    final int b = 1;
    int c = 2;

    {
        int d = 3;
    }

    public int md(){
        return 0;
    }
}
```

实例经过 normalizeDefs()方法重构后相当于变为了如下形式：

```
package chapter16;

public class Test {
    final int a;
    final int b;
    int c;
```

```
    public <init>() {
        super();
        a = md();
        b = 1;
        c = 2;
        {
            int d = 3;
        }
    }

    public int md(){
        return 0;
    }
}
```

可以看到，对于运行期才能得出值的变量进行了重构，在<init>构造方法中初始化这些变量，同时会将非静态匿名块重构到<init>构造方法中。

<clinit>表示类构造方法，所有关于类变量的初始化部分和静态块都将重构到<clinit>方法中。如果一个类没有类变量与静态块，那么 Javac 将不会产生<clinit>方法，举个例子如下：

【实例 16-2】

```
package chapter16;

public class Test {
    final static int a = md();
    final static int b = 1;
    static int c = 2;

    static{
        int d = 3;
    }

    public static int md(){
        return 0;
    }
}
```

实例 16-2 经过调用 normalizeDefs()方法重构后相当于变为了如下形式：

```
package chapter16;

public class Test {
    final static int a;
    final static int b = 1;
    static int c;

    static void <clinit>() {
        a = md();
        c = 2;
        static {
            int d = 3;
        }
```

```
    }

    public static int md(){
        return 0;
    }
}
```

可以看到，对于编译期能得出值的常量并不会发生任何变化，而对于其他的静态成员来说会在<clinit>方法中完成初始化。

normalizeDefs()方法对匿名块重构的实现代码如下：

```
来源：com.sun.tools.javac.jvm.Gen
JCBlock block = (JCBlock)def;
if ((block.flags & STATIC) != 0)
    clinitCode.append(block);
else
    initCode.append(block);
```

将非静态匿名块追加到<init>方法，将静态匿名块追加到<clinit>方法中，这样块的花括号可以形成一个作用域，能更好地避免块之间及块与方法中相关定义的冲突，也能更好地完成初始化工作。

normalizeDefs()方法对变量重构的实现代码如下：

```
来源：com.sun.tools.javac.jvm.Gen
JCVariableDecl vdef = (JCVariableDecl) def;
VarSymbol sym = vdef.sym;
checkDimension(_, sym.type);
if (vdef.init != null) {
    if ((sym.flags() & STATIC) == 0) {
        JCStatement init = make.Assignment(sym, vdef.init);
        initCode.append(init);
    } else if (sym.getConstValue() == null) {
        JCStatement init = make.Assignment(sym, vdef.init);
        clinitCode.append(init);
    } else {
        checkStringConstant(_, sym.getConstValue());
    }
}
```

如果对变量进行了初始化（vdef.init 不为空），则对于实例变量来说，创建 JCAssign 树节点后追加到<init>方法中，而对于静态变量来说，如果在编译期不能确定具体的值，同样会创建 JCAssign 树节点并追加到<clinit>方法中。

经过 normalizeDefs()方法重构后，只需要为方法生成字节码指令就可以满足一切需求。调整完成后还需要循环构造方法，并调用 normalizeMethod()方法进行处理。

```
来源：com.sun.tools.javac.jvm.Gen
if (initCode.length() != 0) {
    List<JCStatement> inits = initCode.toList();
    for (JCTree t : methodDefs) {
        normalizeMethod((JCMethodDecl)t, inits);
    }
}
```

如果 initCode 列表中有值，则需要调用 normalizeMethod()方法继续进行处理，也就是将初始化语句及非静态匿名块插入到构造方法中。normalizeMethod()方法的实现代码如下：

```
来源：com.sun.tools.javac.jvm.Gen
void normalizeMethod(JCMethodDecl md, List<JCStatement> initCode) {
    if (md.name == names.init && TreeInfo.isInitialConstructor(md)) {
        List<JCStatement> stats = md.body.stats;
        ListBuffer<JCStatement> newstats = new ListBuffer<JCStatement>();

        if (stats.nonEmpty()) {
            while (TreeInfo.isSyntheticInit(stats.head)) {
                newstats.append(stats.head);
                stats = stats.tail;
            }

            newstats.append(stats.head);
            stats = stats.tail;
            while (stats.nonEmpty() && TreeInfo.isSyntheticInit(stats.head)) {
                newstats.append(stats.head);
                stats = stats.tail;
            }

            // 将初始化语句及非静态匿名块插入到构造方法中
            newstats.appendList(initCode);
            while (stats.nonEmpty()) {
                newstats.append(stats.head);
                stats = stats.tail;
            }
        }
        md.body.stats = newstats.toList();
    }
}
```

如果一个类中有多个构造方法，则需要将 initCode 列表中的内容追加到<init>方法中，不对首个形式为 this(...)语句的构造方法追加内容，也就是如果有 this(...)形式的语句，则调用 TreeInfo 类的 isInitialConstructor()方法将返回 false，主要还是保证在创建对应类的对象时，能够执行 initCode 列表中的语句而且只执行一次。需要注意的是，在向 newstats 列表中追加语句时需要严格保证语句的顺序。

将静态变量的初始化语句和静态匿名块插入到<clinit>方法中，具体实现比较简单，这里不再说明。

16.4 可寻址实体 Item

在 Gen 类的入口方法 genClass()中调用 genDef()方法来遍历类中定义的成员，这个方法的实现代码如下：

```
来源：com.sun.tools.javac.jvm.Gen
public void genDef(JCTree tree, Env<GenContext> env) {
    Env<GenContext> prevEnv = this.env;
    this.env = env;
    tree.accept(this);
    this.env = prevEnv;
}
```

相关变量的定义如下：

```
来源：com.sun.tools.javac.jvm.Gen
Env<GenContext> env;
Type pt;
Item result;
```

除了 genDef()方法，还可以调用 genStat()和 genStats()方法遍历语句，调用 genArgs()方法遍历参数，调用 genExpr()方法遍历表达式，最后处理的结果 result 的类型为 Item。Item 及相关的子类代表可寻址的实体，它们都以静态内部类的形式定义在 com.sun.tools.javac.jvm.Items 类中。Items 类提供了许多操作 Item 的方法。

Item 抽象类的定义如下：

```
来源：com.sun.tools.javac.jvm.Items.Item
abstract class Item {
    int typecode;
    Item(int typecode) {
        this.typecode = typecode;
    }
}
```

typecode 保存了类型，值已经在 ByteCodes 类中预先进行了定义，在 16.2.1 节已介绍过，为了阅读方便，这里再次给出定义：

```
来源：com.sun.tools.javac.jvm.ByteCodes
int INTcode        = 0, // int code
    LONGcode       = 1, // long code
    FLOATcode      = 2, // float code
    DOUBLEcode     = 3, // double code
    OBJECTcode     = 4, // object code
    BYTEcode       = 5, // byte code
    CHARcode       = 6, // char code
    SHORTcode      = 7, // short code
    VOIDcode       = 8, // void code
    TypeCodeCount  = 9; // type code count
```

在 Items 类中定义了一个 stackItem 变量如下：

```
来源：com.sun.tools.javac.jvm.Items
private final Item[] stackItem = new Item[TypeCodeCount];
```

在 Items 类的构造方法中初始化 stackItem 数组，相关的实现代码如下：

```
来源：com.sun.tools.javac.jvm.Items
for (int i = 0; i < VOIDcode; i++)
    stackItem[i] = new StackItem(i);
voidItem = new Item(VOIDcode) {
```

```
        public String toString() {
            return "void";
        }
    };
    stackItem[VOIDcode] = voidItem;
```

stackItem 数组中存储的是 StackItem 或者 Item 匿名类对象，不同的对象由 typecode 来区分。例如，当 typecode 值为 0 时是 INTcode，代表一个整数类型的实体。

Item 类中还定义了 6 个重要的方法，代表对这些实体进行哪些具体的操作。下面简单介绍一下这 6 个方法。

- load()方法：将当前的实体加载到操作数栈中。
- store()方法：将操作数栈栈顶项存储到这个实体中。
- invoke()方法：调用由这个实体所代表的方法。
- duplicate()方法：复制栈顶项。
- drop()方法：丢弃当前的实体。
- stash()方法：复制栈顶项，插入到当前实体的下面。

调用 Item 类的 load()、store()与 invoke()方法将抛出 AssertionError 类型的异常，调用 Item 类的 duplicate()与 drop()方法将不做任何操作。Item 类的 stash()方法的实现代码如下：

```
来源：com.sun.tools.javac.jvm.Items.Item
void stash(int toscode) {
    stackItem[toscode].duplicate();
}
```

传入的 toscode 表示当前操作数栈栈顶的数据类型，调用 duplicate()方法复制一个。

Item 的子类将根据需要覆写以上的方法，其中的 CondItem 代表一个有条件或无条件跳转，这个类对于条件判断表达式的处理比较重要，将在 17.2 节详细介绍。下面详细介绍除 CondItem 类外剩余的 Item 子类的定义。

16.4.1 LocalItem 类

每个 LocalItem 对象代表一个本地变量，LocalItem 类的定义如下：

```
来源：com.sun.tools.javac.jvm.Items.LocalItem
class LocalItem extends Item {
    int reg;
    Type type;
    LocalItem(Type type, int reg) {
        super(Code.typecode(type));
        Assert.check(reg >= 0);
        this.type = type;
        this.reg = reg;
    }

    Item load() {
        if (reg <= 3)
```

```
            code.emitop0(iload_0 + Code.truncate(typecode) * 4 + reg);
        else
            code.emitop1w(iload + Code.truncate(typecode), reg);
        return stackItem[typecode];
    }

    void store() {
        if (reg <= 3)
            code.emitop0(istore_0 + Code.truncate(typecode) * 4 + reg);
        else
            code.emitop1w(istore + Code.truncate(typecode), reg);
    }
    ...
}
```

由于本地变量一般存储到本地变量表中，因而 load()与 store()方法生成的指令也都与本地变量表相关。其中，reg 指明了当前变量存储在本地变量表中的位置，而 type 指明了本地变量的类型，在构造方法中通过调用 Code.typecode()方法初始化 Item 类中的 typecode 变量。

load()方法将本地变量表中 reg 指定位置的数据压入栈顶，如果指定的索引值 reg 小于等于 3，那么可直接使用本身带有操作数的一些指令来完成，其中 code.truncate(typecode)*4 用来辅助选择具体的指令；如果指定的索引值 reg 大于 3，则使用指定操作数的指令，code.truncate(typecode)同样用来辅助选择具体的指令。

store()方法的实现与 load()方法类似，这里不再介绍。

LocalItem 类中还提供了一个独有的方法 incr()，实现代码如下：

```
来源：com.sun.tools.javac.jvm.Items.LocalItem
void incr(int x) {
    if (typecode == INTcode && x >= -32768 && x <= 32767) {
        code.emitop1w(iinc, reg, x);
    } else {
        load();
        if (x >= 0) {
            makeImmediateItem(syms.intType, x).load();
            code.emitop0(iadd);
        } else {
            makeImmediateItem(syms.intType, -x).load();
            code.emitop0(isub);
        }
        makeStackItem(syms.intType).coerce(typecode);
        store();
    }
}
```

incr()方法直接或间接对本地变量表中存储的数值进行增减操作，如果指定的操作数大小在-32768~32767 范围内，直接使用 iinc 指令即可，否则需要借助操作数栈来完成。首先将当前 LocalItem 对象代表的本地变量加载到操作数栈中，然后将另外一个操作数加载到栈中，最后使用 iadd 或 isub 指令进行加减操作，完成之后调用 store()方法将栈顶的值更新到本地变量表中。举个例子如下：

【实例 16-3】

```
public int md(){
    int a = 1;
    ++a;
    return a;
}
```

在 md()方法内声明了一个局部变量 a 并初始化为常量值 1，md()方法最后返回 a。这个方法的字节码指令如下：

```
0: iconst_1
1: istore_1            // 调用 LocalItem 类的 store()方法将栈顶的整数 1 存储到本地变
                       // 量表 1 的位置
2: iinc        1, 1    // 调用 LocalItem 类的 incr()方法为变量 a 加 1
5: iload_1             // 调用 LocalItem 类的 load()方法将变量 a 加载到栈中
6: ireturn
```

Javac 根据语法树将方法内的语句翻译为字节码指令，下面将详细介绍翻译的过程。

“int a = 1”语句对应的语法树如图 16-1 所示。

首先调用 Gen 类的 visitVarDef()方法处理“int a = 1”语句，相关的实现代码如下：

```
来源：com.sun.tools.javac.jvm.Gen
VarSymbol v = tree.sym;
genExpr(tree.init, v.erasure(types)).load();
items.makeLocalItem(v).store();
```

代码中，调用 genExpr()方法处理 tree.init，最终会返回一个 ImmediateItem 对象，表示常量值 1，调用这个对象的 load()方法会将这个常量加载到操作数栈中并生成对应的指令 iconst_1。调用 items.makeLocalItem()方法创建一个表示 a 变量的 LocalItem 对象，然后调用此对象的 store()方法，这个方法会将操作数栈中的常量值存储到本地变量表的指定位置，这个位置代表的就是变量 a，生成相应的指令 istore_1。

“++a”语句对应的语法树结构如图 16-2 所示。

```
tree=JCVariableDecl(int a = 1)
    vartype=JCPrimitiveTypeTree(int)
    init=JCLiteral(1)
    sym=VarSymbol(a)
    type=Type(int)
```

图 16-1　语句的语法树 1

```
tree=JCExpressionStatement(++a)
    expr=JCUnary(++a)
        arg=JCIdent(a)
        operator=OperatorSymbol(++(int))
        type=Type(int)
```

图 16-2　语句的语法树 2

首先会执行 visitExec()方法处理 JCExpressionStatement 树节点，实现代码如下：

```
来源：com.sun.tools.javac.jvm.Gen
public void visitExec(JCExpressionStatement tree) {
    // Optimize x++ to ++x and x-- to --x.
    JCExpression e = tree.expr;
```

```
        switch (e.getTag()) {
            case JCTree.POSTINC:
                ((JCUnary) e).setTag(JCTree.PREINC);
                break;
            case JCTree.POSTDEC:
                ((JCUnary) e).setTag(JCTree.PREDEC);
                break;
        }
        genExpr(tree.expr, tree.expr.type).drop();
    }
```

visitExec()方法首先将后缀自增与自减的语句更改为前置自增与自减，这样可以简化处理，同时也是等价变换。调用 genExpr()方法处理 JCUnary(++a)，期望类型直接从标注语法树中获取即可，visitExec()方法最终会调用 visitUnary()方法处理 JCUnary(++a)树节点。visitUnary()方法相关的实现代码如下：

```
来源：com.sun.tools.javac.jvm.Gen
OperatorSymbol operator = (OperatorSymbol)tree.operator;
Item od = genExpr(tree.arg, operator.type.getParameterTypes().head);
switch (tree.getTag()) {
case JCTree.PREINC: case JCTree.PREDEC:
        od.duplicate();
        if (od instanceof LocalItem && (operator.opcode == iadd || operator.
opcode == isub)) {
            ((LocalItem)od).incr(tree.getTag() == JCTree.PREINC ? 1 : -1);
            result = od;
        }
        break;
}
```

代码中，调用 genExpr()方法处理 a，od 为 LocalItem(type=int; reg=1)，调用 od.duplicate()最终会调用 Item 类中的 duplicate()方法，这个方法是个空实现，不做任何操作，最终还会调用 od 的 incr()方法以生成 iinc 指令。

对于“return a”语句来说，具体的语法树结构如图 16-3 所示。

```
tree=JCReturn(return a)
    expr=JCIdent(a)
        name=NameImpl(a)
        sym=VarSymbol(a)
        type=Type(int)
```

图 16-3　语句的语法树 3

首先调用 Gen 类的 visitReturn()方法，相关实现代码如下：

```
来源：com.sun.tools.javac.jvm.Gen
Item r = genExpr(tree.expr, pt).load();
r.load();
code.emitop0(ireturn + Code.truncate(Code.typecode(pt)));
```

代码中，调用 genExpr()方法处理 JCIdent(a)节点，则会返回 LocalItem(type=int; reg=1)；调用 load()方法将局部变量表中指定索引位置 1 的数加载到操作数栈中，会生成 iload_1 指令，LocalItem 类的 load()方法最终会返回一个 StackItem 对象，调用此对象的 load()方法就是返回自身。之所以再次调用，是因为像 LocalItem 这样的对象，其 load()方法表示的含义并不是加载数据到操作数栈中。visitReturn()方法最后根据 pt 的不同选择生成具体的

ireturn 指令，表示返回一个整数类型的值。

16.4.2 ImmediateItem 类

每个 ImmediateItem 对象代表一个常量，ImmediateItem 类的定义如下：

```
来源：com.sun.tools.javac.jvm.Items.ImmediateItem
class ImmediateItem extends Item {
    Object value;
    ImmediateItem(Type type, Object value) {
        super(Code.typecode(type));
        this.value = value;
    }

    Item load() {
        switch (typecode) {
        case INTcode: case BYTEcode: case SHORTcode: case CHARcode:
            int ival = ((Number)value).intValue();
            if (-1 <= ival && ival <= 5)
                code.emitop0(iconst_0 + ival);
            else if (Byte.MIN_VALUE <= ival && ival <= Byte.MAX_VALUE)
                code.emitop1(bipush, ival);
            else if (Short.MIN_VALUE <= ival && ival <= Short.MAX_VALUE)
                code.emitop2(sipush, ival);
            else
                ldc();
            break;
        case LONGcode:
            long lval = ((Number)value).longValue();
            if (lval == 0 || lval == 1)
                code.emitop0(lconst_0 + (int)lval);
            else
                ldc();
            break;
        case FLOATcode:
            float fval = ((Number)value).floatValue();
            if (isPosZero(fval) || fval == 1.0 || fval == 2.0)
                code.emitop0(fconst_0 + (int)fval);
            else {
                ldc();
            }
            break;
        case DOUBLEcode:
            double dval = ((Number)value).doubleValue();
            if (isPosZero(dval) || dval == 1.0)
                code.emitop0(dconst_0 + (int)dval);
            else
                ldc();
            break;
        case OBJECTcode:
            ldc();
            break;
        }
```

```
        return stackItem[typecode];
    }
    /** Return true iff float number is positive 0. */
    private boolean isPosZero(float x) {
        return x == 0.0f && 1.0f / x > 0.0f;
    }
    /** Return true iff double number is positive 0.*/
    private boolean isPosZero(double x) {
        return x == 0.0d && 1.0d / x > 0.0d;
    }
}
```

ImmediateItem 类中的 value 保存了常量值，类中只覆写了 load()方法，当 typecode 为 int、byte、short 与 char 类型并且操作数又不大时会选择 iconst_X（X 为大于等于-1 小于等于 5 的整数）指令、bipush 与 sipush 指令；当操作数过大时会调用 ldc()方法进行处理。当 typecode 为 long、float 或 double 类型时，操作与前面的类似，这里不再过多介绍。

ldc()方法的实现代码如下：

```
来源：com.sun.tools.javac.jvm.Items.ImmediateItem
private void ldc() {
    int idx = pool.put(value);
    if (typecode == LONGcode || typecode == DOUBLEcode) {
        code.emitop2(ldc2w, idx);
    } else if (idx <= 255) {
        code.emitop1(ldc1, idx);
    } else {
        code.emitop2(ldc2, idx);
    }
}
```

将大数放入常量池中，然后使用 ldc2w、ldc1 或者 ldc2 指令将常量值推送到栈顶。举个例子如下：

【实例 16-4】

```
public void md(){
    int i = 1;
    int j = 100;
    int k = 100000;

    double a = 1;
    double b = 100;
    double c = 100000;
}
```

局部变量的初始化表达式都为常量值，因此使用 ImmediateItem 对象表示，调用这个对象的 load()方法加载这些常量值到操作数栈时会选取不同的指令，最终 md()方法的字节码指令如下：

```
0: iconst_1                // 调用 ImmediateItem 类的 load()方法加载整数 1
1: istore_1
2: bipush        100       // 调用 ImmediateItem 类的 load()方法加载整数 100
4: istore_2
```

```
5: ldc          #2  // 调用 ImmediateItem 类的 load()方法加载整数 100000
7: istore_3
8: dconst_1         // 调用 ImmediateItem 类的 load()方法加载浮点数 1
9: dstore         4
11: ldc2_w       #3 // 调用 ImmediateItem 类的 load()方法加载浮点数 100.0d
14: dstore        6
16: ldc2_w       #5 // 调用 ImmediateItem 类的 load()方法加载浮点数 100000.0d
19: dstore        8
21: return
```

当加载整数 1 时使用 iconst_1 指令，加载整数 100 时使用 sipush 指令，加载整数 100 000 时使用 ldc 指令。

当加载双精度浮点类型的 1 时使用 dconst_1 指令，加载双精度浮点类型的 100 和 100 000 时使用 ldc2_w 指令。

16.4.3　StackItem 类

每个 StackItem 对象代表一个操作数栈中的数据，对于 Javac 来说，这个数据就是一个类型。StackItem 类的定义如下：

```
来源：com.sun.tools.javac.jvm.Items.StackItem
class StackItem extends Item {
    StackItem(int typecode) {
        super(typecode);
    }

    Item load() {
        return this;
    }

    void duplicate() {
        code.emitop0(width() == 2 ? dup2 : dup);
    }

    void drop() {
        code.emitop0(width() == 2 ? pop2 : pop);
    }

    void stash(int toscode) {
        code.emitop0((width() == 2 ? dup_x2 : dup_x1) + 3 *
(Code.width(toscode) - 1));
    }
}
```

StackItem 类的 duplicate()方法会生成 dup2 或 dup 指令，调用 code.emitop0()方法在生成指令的同时复制操作数栈顶的内容。

StackItem 类的 drop()方法会生成 pop2 或 pop 指令，调用 emitop0()方法同样会根据生成的指令对栈中的数据进行弹出操作。

StackItem 类的 stash()方法会生成 dup_x1、dup2_x1 或 dup_x2、dup2_x2 指令。同样通

过调用 emitop0()方法完成栈中数据的操作，具体指令的选取是由当前实体所代表的数据类型的宽度与要复制的栈顶数据类型的宽度共同决定的。例如，如果当前实体所代表的数据类型的宽度为 1，则只能选取 dup_x1 或 dup2_x1 指令，如果此时代表栈顶要复制数据的类型 toscode 的宽度为 1，则选取 dup_x1 类型，否则选取 dup2_x1 类型。

emitop0()方法的实现代码如下：

```
来源：com.sun.tools.javac.jvm.Items.StackItem
public void emitop0(int op) {
    emitop(op);
    switch (op) {
    case dup:
       state.push(state.stack[state.stacksize-1]);
       break;
    case dup2:
       if (state.stack[state.stacksize-1] != null) {
          Type value1 = state.pop1();
          Type value2 = state.pop1();
          state.push(value2);
          state.push(value1);
          state.push(value2);
          state.push(value1);
       } else {
          Type value = state.pop2();
          state.push(value);
          state.push(value);
       }
       break;
}
```

调用 emitop()方法将对应指令的编码保存到 code 字节数组中，然后操作栈中的内容。对于 dup 指令来说，复制栈顶内容后压入栈顶，对于 dup2 指令来说，可能复制的是 long 或 double 这样占两个槽位的类型，也可能是复制只占一个槽位的两个类型，因此 emitop()方法在实现时分情况进行了处理。

16.4.4　AssignItem 类

每个 AssignItem 对象代表一个赋值表达式左侧的表达式，AssignItem 类的定义如下：

```
来源：com.sun.tools.javac.jvm.Items.AssignItem
class AssignItem extends Item {
    Item lhs;
    AssignItem(Item lhs) {
       super(lhs.typecode);
       this.lhs = lhs;
    }

    void drop() {
        lhs.store();
    }
```

```
    Item load() {
        lhs.stash(typecode);
        lhs.store();
        return stackItem[typecode];
    }
}
```

lhs 代表赋值表达式左侧的可寻址实体，而覆写的 load()与 drop()方法是最常用的方法。举个例子如下：

【实例 16-5】

```
public void md() {
    int i, j;
    j = i = 1;
}
```

md()方法的字节码指令如下：

```
0: iconst_1
1: dup
2: istore_1
3: istore_2
4: return
```

赋值表达式“j = i =1”等价于表达式“j = (i=1)”，相当于包含了两个赋值表达式，具体的语法树结构如图 16-4 所示。

```
tree=JCExpressionStatement(j=i=1)
    expr=JCAssign(j=i=1)
        lhs=JCIdent(j)
        rhs=JCAssign(i=1)
            lhs=JCIdent(i)
            rhs=JCLiteral(1)
```

图 16-4　语句的语法树 4

在 Gen 类的 visitExec()方法中处理 JCExpressionStatement 树节点，这个方法有如下调用语句：

```
来源：com.sun.tools.javac.jvm.Gen
genExpr(tree.expr, tree.expr.type).drop();
```

调用 genExpr()方法处理 JCAssign(j=i=1)语法树节点，期望的类型是 tree.expr.type，这个方法最终会返回一个 AssignItem 对象，调用这个对象的 drop()方法表示不使用这个赋值表达式的值。需要注意的是，赋值表达式最终也会产生一个值，比如调用一个形式参数类型为 int 的 md()方法，可以使用如下的方法调用表达式：

```
md(i=1)
```

将赋值表达式的值作为方法的参数传递。

visitAssign()方法的实现代码如下：

```
来源：com.sun.tools.javac.jvm.Gen
public void visitAssign(JCAssign tree) {
    Item l = genExpr(tree.lhs, tree.lhs.type);
    genExpr(tree.rhs, tree.lhs.type).load();
    result = items.makeAssignItem(l);
}
```

对于 JCAssign(i=1)树节点来说，l 是一个 LocalItem 对象，调用 genExpr()方法处理 tree.rhs 会返回一个 ImmediateItem 对象，调用这个对象的 load()方法将 1 加载到栈中（生成

iconst_1 指令），该方法最后返回一个 AssignItem 对象。

对于 JCAssign(j=i=1)树节点来说，1 是一个 LocalItem 对象，当调用 genExpr()方法处理 tree.rhs 时同样会调用 visitAssign()方法处理，该方法会获取到处理 JCAssign(i=1)树节点时的 AssignItem 对象。当调用 AssignItem 对象的 load()方法时，由于 lhs 为 LocalItem 对象，因而会调用 Item 类的 stash()方法将栈中的常量 1 复制一份（生成 dup 指令），然后调用 LocalItem 类的 store()方法将新复制出来的常量 1 保存到局部变量表指定的位置（生成 istore_1 指令），这个位置就是变量 i 的位置。

在 visitExec()方法中调用 drop()方法最终会调用 LocalItem 类中的 drop()方法，该方法将这个变量存储到本地变量表中（生成 istore_2 指令）。

调用 visitIdent()方法处理 JCIdent(j)或 JCIdent(i)树节点，该方法相关的实现代码如下：

```
来源：com.sun.tools.javac.jvm.Gen
Symbol sym = tree.sym;
if (sym.kind == VAR && sym.owner.kind == MTH) {
    result = items.makeLocalItem((VarSymbol)sym);
}
```

由于 tree.sym 在标注阶段被标注为 VarSymbol 对象，因而 sym.kind 值为 VAR，最终会返回一个 LocalItem 对象，这就是 AssignItem 对象的 lhs 变量中保存的实体。

调用 visitLiteral()方法处理 JCLiteral(1)树节点，该方法相关的实现代码如下：

```
来源：com.sun.tools.javac.jvm.Gen
result = items.makeImmediateItem(tree.type, tree.value);
```

返回一个 ImmediateItem 对象，然后在 visitAssign()方法中调用这个对象的 load()方法将常量值加载到栈中。

16.4.5 StaticItem 类

每个 StaticItem 对象代表一个静态变量或者静态方法，StaticItem 类的定义如下：

```
来源：com.sun.tools.javac.jvm.Items.StaticItem
class StaticItem extends Item {
    Symbol member;
    StaticItem(Symbol member) {
        super(Code.typecode(member.erasure(types)));
        this.member = member;
    }

    Item load() {
        code.emitop2(getstatic, pool.put(member));
        return stackItem[typecode];
    }

    void store() {
        code.emitop2(putstatic, pool.put(member));
    }
```

```
    Item invoke() {
        MethodType mtype = (MethodType)member.erasure(types);
        int rescode = Code.typecode(mtype.restype);
        code.emitInvokestatic(pool.put(member), mtype);
        return stackItem[rescode];
    }
}
```

类中的 member 变量保存了具体的变量或方法的符号，如果 member 保存的是静态变量，则可以调用 load()或 store()方法来完成加载或存储操作；如果 member 保存的是静态方法，则可以调用 invoke()方法执行静态方法。

对于 load()方法来说，首先调用 pool.put()方法将 member 存储到常量池中并返回常量池索引，然后调用 code.emitop2()方法生成 getstatic 指令，这个指令在运行前不需要栈中的数据，但是运行后将在栈内生成一个 typecode 类型的数据，load()方法返回的 stackItem-[typecode]，表示这个新生成的栈顶数据。emitop2()方法相关的实现代码如下：

```
来源：com.sun.tools.javac.jvm.Code
public void emitop2(int op, int od) {
    emitop(op);
    emit2(od);
    switch (op) {
    case getstatic:
        state.push(((Symbol)(pool.pool[od])).erasure(types));
        break;
    }
}
```

当指令为 getstatic 时会向栈中压入一个擦除泛型后的类型，表示运行 getstatic 指令后产生了一个此类型的数据。

StaticItem 类中的 store()方法生成 putstatic 指令，这个指令会消耗栈顶的一个数据，用来设置对象字段的值。运行 putstatic 指令不会产生新的类型数据，因此不需要后续的操作，store()方法无返回值。

如果 member 是静态方法，则可以调用 invoke()方法以生成方法调用相关的指令。首先调用 pool.put()方法将 member 存储到常量池中并返回常量池索引，然后调用 code.emitInvokestatic()方法生成方法调用指令，这个方法的实现代码如下：

```
来源：com.sun.tools.javac.jvm.Code
public void emitInvokestatic(int meth, Type mtype) {
    int argsize = width(mtype.getParameterTypes());
    emitop(invokestatic);
    emit2(meth);
    state.pop(argsize);
    state.push(mtype.getReturnType());
}
```

调用 emitop()与 emit2()方法生成 invokestatic 指令及操作数，然后从栈中弹出方法调用的实际参数，运行 invokestatic 指令会产生一个新的数据，其类型就是调用方法的返回类型，因此向栈中压入一个方法返回类型，同时在 invoke()方法中返回一个 stackItem[rescode]代表这个新产生的栈顶数据。举个例子如下：

【实例 16-6】

```
class Test {
    static int a = 1;

    public void md() {
        a = a + 1;
    }
}
```

在 md()方法中对类变量 a 执行加 1 操作，生成的字节码指令如下：

```
0: getstatic     #2        // 调用 StaticItem 类的 load()方法将变量 a 的值压入到操作
                           // 数栈顶
3: iconst_1
4: iadd
5: putstatic     #2        // 调用 StaticItem 类的 store()方法设置变量 a 的值
8: return
```

“a = a + 1”语句的树结构如图 16-5 所示。

在 Gen 类的 visitExec()方法中处理 JCExpression Statement 树节点，这个方法有如下调用语句：

```
    genExpr(tree.expr,
tree.expr.type).drop();
```

调用 genExpr()方法处理 JCAssign(a=a+1)树节点，其中的 lhs 是 StaticItem 对象，调用 drop()方法会生成 putstatic 指令，该指令将设置静态变量 a 的值为操作数栈顶的值。调用的 visitAssign()方法前面介绍过，这里再次给出相关的实现如下：

```
tree=JCExpressionStatement(a=a+1)
    expr=JCAssign(a=a+1)
        lhs=JCIdent(a)
        rhs=JCBinary(a+1)
            lhs=JCIdent(a)
            rhs=JCLiteral(1)
```

图 16-5　语句的语法树 5

```
来源：com.sun.tools.javac.jvm.Gen
public void visitAssign(JCAssign tree) {
    Item l = genExpr(tree.lhs, tree.lhs.type);
    genExpr(tree.rhs, tree.lhs.type).load();
    result = items.makeAssignItem(l);
}
```

调用 genExpr()方法处理 JCIdent(a)树节点并返回 StaticItem 对象。当调用 genExpr()方法处理 JCBinary(a+1)树节点时，则会调用 visitBinary()方法，这个方法会返回一个 StackItem 对象，表示栈中 a+1 执行后会产生一个 int 类型的数据。调用 StackItem 对象的 load()方法不做任何操作，因为所代表的数据已经在操作数栈中，最后将 1 作为参数调用 items.makeAssignItem()方法创建一个 AssignItem 对象并赋值给 result。

调用 visitIdent()方法处理 JCIdent(a)树节点，相关的实现代码如下：

```
来源：com.sun.tools.javac.jvm.Gen
Symbol sym = tree.sym;
```

```
    if ((sym.flags() & STATIC) != 0) {
        result = items.makeStaticItem(sym);
    }
```

对静态变量和静态方法创建一个 StaticItem 对象并返回。

调用 visitBinary()方法处理 JCBnary(a+1)树节点，相关的实现代码如下：

```
来源：com.sun.tools.javac.jvm.Gen
OperatorSymbol operator = (OperatorSymbol)tree.operator;
Item od = genExpr(tree.lhs, operator.type.getParameterTypes().head);
od.load();
result = completeBinop(_, tree.rhs, operator);
```

调用 genExpr()方法处理 JCIdent(a)树节点并返回 StaticItem 对象，调用这个对象的 load()方法生成 getstatic 指令，则表示获取变量 a 的值并压入到操作数栈顶。调用 complete Binop()方法处理 JCLiteral(1)树节点，实现代码如下：

```
来源：com.sun.tools.javac.jvm.Gen
Item completeBinop(_, JCTree rhs, OperatorSymbol operator) {
    MethodType optype = (MethodType)operator.type;
    int opcode = operator.opcode;
    Type rtype = operator.erasure(types).getParameterTypes().tail.head;
    genExpr(rhs, rtype).load();
    code.emitop0(opcode);
    return items.makeStackItem(optype.restype);
}
```

completeBinop()方法调用 genExpr()方法处理 JCLiteral(1)并返回 ImmediateItem 对象，调用这个对象的 load()方法生成 iconst_1 指令，将常量值 1 压入操作数栈顶；调用 code. emitop0()方法生成 iadd 指令，最后创建一个 StatckItem 对象，类型为 operator 方法的返回类型。

调用 visitLiteral()方法处理 JCLiteral(1)树节点，相关的实现代码如下：

```
来源：com.sun.tools.javac.jvm.Gen
result = items.makeImmediateItem(tree.type, tree.value);
```

创建一个 ImmediateItem 对象并赋值给 result。

16.4.6 MemberItem 类

每个 MemberItem 对象代表一个实例变量或者实例方法，MemberItem 类的定义如下：

```
来源：com.sun.tools.javac.jvm.Items.MemberItem
class MemberItem extends Item {
    Symbol member;
    boolean nonvirtual;
    MemberItem(Symbol member, boolean nonvirtual) {
        super(Code.typecode(member.erasure(types)));
        this.member = member;
        this.nonvirtual = nonvirtual;
    }
```

```
    Item load() {
        code.emitop2(getfield, pool.put(member));
        return stackItem[typecode];
    }

    void store() {
        code.emitop2(putfield, pool.put(member));
    }

    Item invoke() {
        MethodType mtype = (MethodType)member.externalType(types);
        int rescode = Code.typecode(mtype.restype);
        if ((member.owner.flags() & Flags.INTERFACE) != 0) {
            code.emitInvokeinterface(pool.put(member), mtype);
        } else if (nonvirtual) {
            code.emitInvokespecial(pool.put(member), mtype);
        } else {
            code.emitInvokevirtual(pool.put(member), mtype);
        }
        return stackItem[rescode];
    }
}
```

load()与 store()方法的实现与 StaticItem 类中的 load()与 store()方法的实现类似，invoke()方法的实现相对复杂一些，如果当前对象表示的是接口中定义的方法，则生成 invokeinterface 指令；如果 nonvirtual 为 true，则生成 invokespecial 指令；其他情况下生成 invokevirtual 指令。在以下情况下，nonvirtual 的值为 true，则表示使用 invokespecial 指令调用当前方法：

- 调用构造方法，也就是调用名称为<init>的方法；
- 由 private 修饰的私有方法；
- 通过 super 关键字调用父类方法。

通过 MemberItem 类可以辅助生成使用实例成员的表达式的字节码指令，举个例子如下：

【实例 16-7】

```
class Test{
    int a = 1;
    public void md(){
      a = a+1;
    }
}
```

在 md()方法中对实例变量 a 执行加 1 操作，生成的字节码指令如下：

```
0: aload_0
1: aload_0
2: getfield     #2    // Field a:I
5: iconst_1
6: iadd
7: putfield     #2    // Field a:I
10: return
```

"a = a+1"语句的语法树结构如图 16-6 所示。

与实例 16-6 操作静态变量 a 不同，操作实例变量 a 需要指定对象，也就是要确定操作的是哪个对象的实例变量 a。

在 Gen 类的 visitExec()方法中处理 JCExpression Statement 的树节点，这个方法有如下调用语句：

```
来源：com.sun.tools.javac.jvm.Gen
genExpr(tree.expr, tree.expr.type).
drop();
```

```
tree=JCExpressionStatement(a=a+1)
    expr=JCAssign(a=a+1)
        lhs=JCIdent(a)
        rhs=JCBinary(a+1)
            lhs=JCIdent(a)
            rhs=JCLiteral(1)
            opcode=71
```

图 16-6　语句的语法树 6

调用 genExpr()方法处理 JCAssign(a=a+1)树节点，其中的 lhs 是 MemberItem 对象，调用 drop()方法会生成 putfield 指令，则表示设置静态变量 a 为操作数栈顶的值。

调用 visitAssign()方法处理 JCAssign(a=a+1)树节点，相关的实现代码如下：

```
来源：com.sun.tools.javac.jvm.Gen
public void visitAssign(JCAssign tree) {
    Item l = genExpr(tree.lhs, tree.lhs.type);
    genExpr(tree.rhs, tree.lhs.type).load();
    result = items.makeAssignItem(l);
}
```

当调用 genExpr()方法处理 JCIdent(a)树节点时则返回 MemberItem 对象；当调用 genExpr()方法处理 JCBinary(a+1)树节点时，会调用 visitBinary()方法，该方法返回一个 StackItem 对象，表示栈中 a+1 执行后会产生一个 int 类型的数值；调用 load()方法不做任何操作，因为值已经在操作数栈中了，最后将 l 作为参数调用 items.makeAssignItem()方法创建一个 AssignItem 对象并赋值给 result。

调用 visitIdent()方法处理 JCIdent(a)树节点，相关的实现代码如下：

```
来源：com.sun.tools.javac.jvm.Gen
items.makeThisItem().load();
sym = binaryQualifier(sym, env.enclClass.type);
result = items.makeMemberItem(sym, (sym.flags() & PRIVATE) != 0);
```

创建一个 SelfItem 对象并调用 load()方法，该方法会生成 aload_0 指令，表示将当前的实例压入栈内，然后创建一个 MemberItem 对象并赋值给 result。

调用 visitBinary()方法处理 JCBnary(a+1)树节点，相关的实现代码如下：

```
来源：com.sun.tools.javac.jvm.Gen
OperatorSymbol operator = (OperatorSymbol)tree.operator;
Item od = genExpr(tree.lhs, operator.type.getParameterTypes().head);
od.load();
result = completeBinop(_, tree.rhs, operator);
```

当调用 genExpr()方法处理 JCIdent(a)树节点时则会调用 visitIdent()方法处理，visitIdent()方法会生成一个 aload_0 指令并且返回一个 MemberItem 对象。调用 load()方法生成 getfield 指令，表示获取实例变量 a 的值并压入到操作数栈顶。completeBinaop()方法对 JCLiteral(1)的处理与实例 16-6 的处理逻辑类似，生成 iconst_1 与 iadd 指令并返回一个

StackItem 对象，代表栈中产生了一个 int 类型的数据。

16.4.7　SelfItem 类

SelfItem 代表 Java 中的关键字 this 或 super，SelfItem 类的定义如下：

```
来源：com.sun.tools.javac.jvm.Items.SelfItem
class SelfItem extends Item {
    boolean isSuper;
    SelfItem(boolean isSuper) {
        super(OBJECTcode);
        this.isSuper = isSuper;
    }
    Item load() {
        code.emitop0(aload_0);
        return stackItem[typecode];
    }
}
```

当 isSuper 值为 true 时表示关键字 super。

如果一个类没有明确声明构造方法，则 Javac 会添加一个默认构造方法，如为 Test 类添加构造方法，举例如下：

【实例 16-8】

```
public <init>() {
    super();
}
```

为默认的构造方法生成的字节码指令如下：

```
0: aload_0
1: invokespecial #1  // Method java/lang/Object."<init>":()V
4: return
```

“super()”语句的语法树结构如图 16-7 所示。

在 Gen 类的 visitExec()方法中处理 JCExpression-Statement(super())树节点，这个方法有如下调用语句：

```
    genExpr(tree.expr,
tree.expr.type).drop();
```

```
tree=JCExpressionStatement(super())
    expr=JCMethodInvocation(super())
        meth=JCIdent(super)
```

图 16-7　语句的语法树 7

调用 genExpr()方法会返回代表 void 的 Item 匿名类对象，调用这个对象的 drop()方法不做任何操作。

调用 visitApply()方法处理 JCMethodInvocation(super())树节点，相关的实现代码如下：

```
public void visitApply(JCMethodInvocation tree) {
    Item m = genExpr(tree.meth, methodType);
    ...
    result = m.invoke();
}
```

调用 genExpr()方法处理 JCIdent(super)树节点，最终返回 MemberItem(member.name=

Object，nonvirtual=true)对象，调用这个对象的 invoke()方法生成方法调用的相关指令。

调用 visitIdent()方法处理 JCIdent(super)树节点，相关的实现代码如下：

```
Symbol sym = tree.sym;
if (tree.name == names._this || tree.name == names._super) {
    Item res = tree.name == names._this
        ? items.makeThisItem()
        : items.makeSuperItem();
    if (sym.kind == MTH) {
        res.load();
        res = items.makeMemberItem(sym, true);
    }
    result = res;
}
```

当关键字为 this 时，则调用 items.makeThisItem()方法创建 SelfItem 对象；当关键字为 super 时，则调用 items.makeSuperItem()方法创建 SelfItem 对象。如果 sym 表示方法，则调用 SelfItem 对象的 load()方法，这个方法会生成 aload_0 指令。visitIdent()方法最后会返回 MemberItem 对象。

16.4.8 IndexedItem 类

每个 IndexedItem 对象代表一个索引表达式，IndexedItem 类的定义如下：

```
来源：com.sun.tools.javac.jvm.Items.IndexedItem
class IndexedItem extends Item {
    IndexedItem(Type type) {
        super(Code.typecode(type));
    }

    Item load() {
        code.emitop0(iaload + typecode);
        return stackItem[typecode];
    }

    void store() {
        code.emitop0(iastore + typecode);
    }

    void duplicate() {
        code.emitop0(dup2);
    }

    void drop() {
        code.emitop0(pop2);
    }

    void stash(int toscode) {
        code.emitop0(dup_x2 + 3 * (Code.width(toscode) - 1));
    }
}
```

IndexedItem 类覆写了大部分方法，不过方法的实现都比较简单，这里不再介绍。举个例子如下：

【实例 16-9】

```
public int md(int[] arr, int a) {
   return arr[a]++;
}
```

md()方法的字节码指令如下：

```
0: aload_1
1: iload_2
2: dup2      // 调用 IndexedItem 类中的 duplicate()方法复制栈顶 1 个或 2 个值并插入
             // 栈顶
3: iaload    // 调用 IndexedItem 类中的 load()方法从数组中加载一个 int 类型数据到操
             // 作数栈
4: dup_x2    // 调用 IndexedItem 类中的 stash()方法复制操作数栈栈顶的值,并插入栈顶
             // 以下 2 个或 3 个值之后
5: iconst_1
6: iadd
7: iastore   // 调用 IndexedItem 类中的 store()方法将操作数栈顶的数据存入数组中
8: ireturn
```

md()方法中的“return arr[a]++”语句对应的语法树结构如图 16-8 所示。

```
tree=JCReturn(return arr[a]++)
    expr=JCUnary(arr[a]++)
        opcode=54
        arg=JCArrayAccess(arr[a])
            indexed=JCIdent(arr)
            index=JCIdent(a)
```

图 16-8　语句的语法树 8

调用 visitReturn()方法处理 JCReturn(return arr[a]++)树节点，相关的实现代码如下：

```
来源：com.sun.tools.javac.jvm.Gen
if (tree.expr != null) {
   Item r = genExpr(tree.expr, pt).load();
   r.load();
   code.emitop0(ireturn + Code.truncate(Code.typecode(pt)));
}
```

调用 genExpr()方法处理 JCUnary(arr[a]++)树节点，得到 StackItem 对象，这是表示 arr[a]的值已经在栈内，因此调用这个对象的 load()方法无操作，最后会生成 ireturn 指令。

调用 visitUnary()方法处理 JCUnary(arr[a]++)树节点，相关的实现代码如下：

```
OperatorSymbol operator = (OperatorSymbol)tree.operator;
Item od = genExpr(tree.arg, operator.type.getParameterTypes().head);
switch (tree.getTag()) {
...
```

```
    case JCTree.POSTINC: case JCTree.POSTDEC:
        od.duplicate();
        Item res = od.load();
        od.stash(od.typecode);
        code.emitop0(one(od.typecode));
        code.emitop0(operator.opcode);
        od.store();
        result = res;
        break;
    ...
    }
```

调用 genExpr()方法处理 JCArrayAccess(arr[a])树节点，得到 IndexedItem(int)对象，调用 IndexedItem(int)对象的 duplicate()方法将生成 dup2 指令，调用 IndexedItem(int)对象的 load()方法将生成 iaload 指令，调用 IndexedItem(int)对象的 stash()方法将生成 dup_x2 指令；然后调用 code.emitop0()方法将生成 iconst_1 与 iadd 指令，调用 od.store()方法将生成 iastore 指令。

调用 visitIndexed()方法处理 JCArrayAccess(arr[a])树节点，相关的实现代码如下：

```
    public void visitIndexed(JCArrayAccess tree) {
        genExpr(tree.indexed, tree.indexed.type).load();
        genExpr(tree.index, syms.intType).load();
        result = items.makeIndexedItem(tree.type);
    }
```

调用 genExpr()方法处理 JCIdent(arr)树节点，得到 LocalItem(type=int[]; reg=1)对象，调用这个对象的 load()方法将生成 aload_1 指令并将 int[]类型压入操作数栈顶；调用 genExpr()方法处理 JCIdent(a)树节点，将得到 LocalItem(type=int; reg=2)对象，调用这个对象的 load()方法将生成 aload_2 指令并将 int 类型压入操作数栈顶。visitIndexed()方法最后会创建一个 IndexedItem 对象并返回。

调用 visitIdent()方法处理 JCIdent(arr)或 JCIdent(a)树节点，方法中相关的实现代码如下：

```
    Symbol sym = tree.sym;
    if (sym.kind == VAR && sym.owner.kind == MTH) {
        result = items.makeLocalItem((VarSymbol)sym);
    }
```

由于 arr 与 a 都为变量，因而 visitIdent()方法将会创建一个 LocalItem 对象并赋值给 result，result 将作为最终的结果返回给调用者。

第 17 章　重要结构的字节码指令生成

上一章介绍了一些与字节码指令生成的相关类。在介绍 Item 及相关子类时介绍了一些简单语句的字节码指令生成过程。本章将重点介绍流程控制结构的字节码指令生成，这些流程控制结构包括 if 语句、循环语句、switch 语句及 try 语句等。

17.1　控制转移指令与地址回填

在生成流程控制结构的字节码指令中，经常会使用控制转移指令来完成指令跳转。有时候在生成控制转移指令时，目标跳转地址还未生成，因此在生成目标地址时要进行地址回填。

17.1.1　认识控制转移指令

关于控制转移指令在第 16 章中简单介绍过。在分支与循环结构中经常会使用条件跳转指令与无条件跳转指令。无条件跳转指令有 goto，常用的条件跳转指令如表 17-1 所示。

表 17-1　条件跳转指令

指令编码	指令名称	描　述
0x99	ifeq	当栈顶int型数值value=0时跳转
0x9a	ifne	当栈顶int型数值value!=0时跳转
0x9b	iflt	当栈顶int型数值value<0时跳转
0x9c	ifge	当栈顶int型数值value>=0时跳转
0x9d	ifgt	当栈顶int型数值value>0时跳转
0x9e	ifle	当栈顶int型数值value<=0时跳转
0x9f	if_icmpeq	比较栈顶两个int型数值value1与value2的大小，当且仅当value1=value2时跳转

（续）

指令编码	指令名称	描述
0xa0	if_icmpne	比较栈顶两个int型数值value1与value2的大小，当且仅当value1!=value2时跳转
0xa1	if_icmplt	比较栈顶两个int型数值value1与value2的大小，当且仅当value1<value2时跳转
0xa2	if_icmpge	比较栈顶两个int型数值value1与value2的大小，当且仅当value1>=value2时跳转
0xa3	if_icmpgt	比较栈顶两个int型数值value1与value2的大小，当且仅当value1>value2时跳转
0xa4	if_icmple	比较栈顶两个int型数值value1与value2的大小，当且仅当value1<=value2时跳转
0xa5	if_acmpeq	比较栈顶两引用型数值value1与value2，当且仅当value1=value2时跳转
0xa6	if_acmpne	比较栈顶两引用型数值value1与value2，当且仅当value!=value2时跳转
0xc6	if_acmp_null	当栈顶值value=null时跳转
0xc7	if_acmp_nonnull	当栈顶值value!=null时跳转

当比较 value1 与 value2 的值时，value2 表示的是栈顶的值，而 value1 在 value2 下面。

在表 17-1 中介绍的条件跳转指令中，逻辑相反的一对指令的编码相邻，如 ifeq 和 ifne 的编码是 153 和 154，并且第一个指令的编码为奇数。但编码为 198 和 199 的 if_acmp_null 和 if_acmp_nonnull 指令是个例外，第一个指令的编码为偶数。调用 negate()方法可以获取与自身逻辑相反的指令编码，实现代码如下：

```
来源：com.sun.tools.javac.jvm.Code
public static int negate(int opcode) {
    if (opcode == if_acmp_null)
        return if_acmp_nonnull;
    else if (opcode == if_acmp_nonnull)
        return if_acmp_null;
    else
        return ((opcode + 1) ^ 1) - 1;
}
```

对于除 if_acmp_null 与 if_acmp_nonnull 以外的其他指令，可通过((opcode + 1) ^ 1) - 1 表达式来计算指令的编码。

之所以要获取与自身逻辑相反的指令，是因为对于流程控制语句来说，在为条件判断表达式选取生成的指令时，通常会选择让条件判断表达式的结果为 true 的指令，而实际上最终生成的是让条件判断表达式的结果为 false 的指令。举个例子如下：

【实例 17-1】

```
public void test(int i,int j) {
    while (i == j) {
        i = 1;
    }
}
```

方法的字节码指令如下：

```
0: iload_1
1: iload_2
2: if_icmpne     10                 // 当且仅当 i!=j 时跳转
5: iconst_1
6: istore_1
7: goto        0
10: return
```

当 while 语句的条件判断表达式的值为 true 时，判断 i 是否等于 j 时最先选取的指令是 if_icmpeq，Javac 会调用 negate()方法取与 if_icmpeq 逻辑相反的指令 if_icmpne。也就是条件判断表达式的值为 false 时要跳到 while 语句之后继续执行。

17.1.2　地址回填

在进行条件或无条件跳转时需要生成跳转指令，同时要指定跳转地址。但是在某些情况下，跳转的目标指令还没有生成，跳转地址是个未知数，因此需要在生成目标指令之前，需要通过 Chain 对象来保存相关的跳转信息，在生成目标指令时回填这些地址。

Chain 类是定义在 Code 类中的静态内部类，类及重要变量的定义如下：

```
来源：com.sun.tools.javac.jvm.Code.Chain
public static class Chain {
    public final int pc;
    public final Chain next;
    ...
}
```

定义的两个重要变量的说明如下：

- pc 指向需要进行地址回填的指令的位置，对于实例 17-1 来说，pc 的值为 2，当生成目标指令 return 时，会将此指令相应的偏移量 8 回填到编号为 3 和 4 的位置。
- next 将多个 Chain 对象连接起来，每个 Chain 对象都含有一个需要进行回填地址的跳转指令，这些跳转指令的跳转目标都一样，因此连接起来的多个 Chain 对象跳转的目标地址一定是相同的。例如，一个循环中如果有两个 break 语句的目标都是跳出当前循环，那么回填两个 break 语句生成的指令地址也一定相同。

调用 Code 类的 resolve()方法进行地址回填，相关的实现代码如下：

```
来源：com.sun.tools.javac.jvm.Code
public void resolve(Chain chain, int target) {
    for (; chain != null; chain = chain.next) {
        // 更新目标跳转地址 target
        if (target >= cp) {
            target = cp;
        } else if (get1(target) == goto_) {
            target = target + get2(target + 1);
        }
        if (get1(chain.pc) == goto_ && chain.pc + 3 == target && target == cp ) {
            // 当无条件跳转的目标指令就是下一条指定时，不需要这条 goto 指令
            cp = cp - 3;
            target = target - 3;
            if (chain.next == null) {
                break;                  // 跳出当前的循环
            }
        } else {
            put2(chain.pc + 1, target - chain.pc);
        }
        ...
    }
    ...
}
```

根据参数 chain 能够找到所有需要回填地址的分支，这些连接在一起的 chain 的目标跳转地址都为 target，不过有时候需要更新 target。当 target 大于等于 cp 时，由于 cp 指向下一条指令要存储的位置，因而直接将 target 的值更新为 cp；当跳转的目标地址 target 也是一个无条件跳转指令时，更新 target 为这个无条件跳转指令的目标跳转地址。

如果无条件跳转的目标指令就是下一条指定时，则不需要这条 goto 指令，否则进行回填地址，可以看到回填的是具体的地址偏移量 target-chain.cp。

17.2　语句的条件判断表达式

在第 16 章中介绍 Item 类及相关子类时提到过 CondItem 类，这个类对于含有条件判断表达式的语句，如 if 语句、循环语句等的字节码指令生成起着至关重要的作用。

17.2.1　CondItem 类

CondItem 类的定义如下：

```
来源：com.sun.tools.javac.jvm.Items.CondItem
class CondItem extends Item {
    Chain trueJumps;
    Chain falseJumps;
    int opcode;
```

```
    Chain jumpTrue() {
        return Code.mergeChains(trueJumps, code.branch(opcode));
    }

    Chain jumpFalse() {
        return Code.mergeChains(falseJumps, code.branch(Code.negate(opcode)));
    }

    CondItem negate() {
        CondItem c = new CondItem(Code.negate(opcode), falseJumps, trueJumps);
        return c;
    }
}
```

CondItem 类中定义了两个成员变量 trueJumps 与 falseJumps，这两个变量保存了条件判断表达式结果为真时和为假时的跳转。一般情况下，当条件判断表达式的结果为真时，跳转的目标地址就是下一条要执行的指令的地址，因此不需要调用 jumpTrue()方法即可创建一个 Chain 对象来保存回填地址。

CondItem 类中的 negate()方法可以创建一个新的 CondItem 对象，不过这个对象的 opcode 是调用 Code 类的 negate()方法获取的与自身逻辑相反的指令编码，同时 trueJumps 与 falseJumps 变量的值也做了交换。

调用 jumpTrue()或 jumpFalse()方法会创建一个 Chain 对象并调用 Code.mergeChains()方法与现有的 trueJumps 或 falseJumps 合并。Code 类的 branch()方法的实现代码如下：

```
来源：com.sun.tools.javac.jvm.Code
public Chain branch(int opcode) {
    Chain result = null;
    if (opcode == goto_) {
        result = pendingJumps;
        pendingJumps = null;
    }
    if (isAlive()) {
        result = new Chain(emitJump(opcode),result,_);
        if (opcode == goto_)
            alive = false;
    }
    return result;
}
```

方法参数 opcode 一定是一个控制转移指令，而 pendingJumps 中保存着要跳转到当前 opcode 指令的分支，pendingJumps 是 Code 类中定义的一个成员变量，具体定义如下：

```
Chain pendingJumps = null;
```

将 pendingJumps 初始化为 null，当 pendingJumps 有值时，则保存的所有 Chain 对象都会在输入下一条指令时进行地址回填，对于 branch()方法来说，当 opcode 不为无条件跳转指令时，可以在调用 emitJump()方法生成 opcode 时就会对 pendingJumps 进行地址回填。

对于 branch()方法来说，当要输入的 opcode 指令为无条件跳转指令时，pendingJumps 中保存的 Chain 对象应该延后进行回填，将 pendingJumps 置为 null，这样 opcode 生成的

Chain 对象就会和 pendingJumps 连接在一起，跳转到共同的目标，这个共同的目标就是 opcode 为无条件跳转指令时跳转的目标。

在创建新的 Chain 对象 result 时，调用 emitJump()方法将 opcode 存储到生成的字节数组中，实现代码如下：

```
public int emitJump(int opcode) {
    ...
    emitop2(opcode, 0);
    return cp - 3;
}
```

调用 emitop2()方法生成跳转指令，指令的目标地址暂时设置为 0，emitJump()方法最后返回这个指令的地址，在进行地址回填的时候使用。

emitop2()方法在第 16 章中已介绍过，这个方法在向 code 数组中压入指令编码时，通常会调用 emitop()方法，这个方法的实现代码如下：

```
private void emitop(int op) {
    if (pendingJumps != null)
        resolvePending();
    if (alive) {
        ...
        emit1(op);
    }
}
```

当 pendingJumps 不为 null 时则调用 resolvePending()进行地址回填，resolvePending()方法的实现代码如下：

```
public void resolvePending() {
    Chain x = pendingJumps;
    pendingJumps = null;
    resolve(x, cp);
}
```

调用 resolve()方法进行地址回填，同时将 pendingJumps 方法置为 null。resolve()方法已经在 17.1.2 节中详细介绍过，这里不再介绍。

在 CondItem 类中定义的 jumpTrue()与 jumpFalse()方法会调用 Code 类的 mergeChains()方法进行 Chain 对象的合并，这个方法的实现代码如下：

```
来源：com.sun.tools.javac.jvm.Code
public static Chain mergeChains(Chain chain1, Chain chain2) {
    if (chain2 == null)
        return chain1;
    if (chain1 == null)
        return chain2;
    if (chain1.pc < chain2.pc)
        return new Chain(chain2.pc,mergeChains(chain1, chain2.next),_);
    return new Chain(chain1.pc,mergeChains(chain1.next, chain2),_);
}
```

多个 Chain 对象通过 next 连接起来，不过 Chain 对象对需要进行回填地址的指令地址 pc 从大到小进行了排序。

17.2.2　一元与二元条件判断表达式

调用 genCond()方法为条件判断表达式生成字节码指令，同时返回一个 CondItem 对象。genCond()方法的实现代码如下：

```
来源：com.sun.tools.javac.jvm.Gen
public CondItem genCond(JCTree _tree, _) {
    JCTree inner_tree = TreeInfo.skipParens(_tree);
    if (inner_tree.getTag() == JCTree.CONDEXPR) {
        ... // 省略三元表达式作为条件判断表达式的实现
    } else {
        CondItem result = genExpr(_tree, syms.booleanType).mkCond();
        ...
        return result;
    }
}
```

genCond()方法对于三元表达式作为条件判断表达式的处理将在 17.2.3 节中介绍，这里重点介绍对一元与二元表达式的处理。

当作为条件判断表达式的一元表达式中含有一元运算符非“!”或二元表达式含有二元运算符或“||”或与“&&”时，可调用 genExpr()方法得到 CondItem 对象，调用这个对象的 mkCond()方法返回自身，因为当前就是一个 CondItem 对象。

由于作为判断或循环语句的条件判断表达式的结果必须为布尔类型，因而一元表达式中只有含有运算符非“!”的表达式结果为布尔类型，Gen 类的 visitUnary()方法会对含非运算符的表达式进行处理，相关的实现代码如下：

```
来源：com.sun.tools.javac.jvm.Gen
public void visitUnary(JCUnary tree) {
    if (tree.getTag() == JCTree.NOT) {
        CondItem od = genCond(tree.arg, _);
        result = od.negate();
    }
}
```

visitUnary()方法中只对含非运算符的表达式进行处理，调用 genCond()方法将得到 CondItem 对象 od，然后调用 od.negate()方法进行逻辑取反，这是非运算符语义的体现。

由于条件判断表达式的结果必须为布尔类型，因而二元表达式中含有&、|、^、<、<=、>、>=、==、!=、&&与||运算符的表达式结果都为布尔类型，但需要进行特殊处理的只有含有“&&”和“||”运算符的表达式，因为这两个运算符有短路的功能，需要进行跳转，其他的只要简单判断结果值即可。Gen 类中 visitBinary()方法关于与运算符的处理逻辑如下：

```
来源：com.sun.tools.javac.jvm.Gen
public void visitBinary(JCBinary tree) {
    OperatorSymbol operator = (OperatorSymbol)tree.operator;
    if (tree.getTag() == JCTree.AND) {
```

```
        CondItem lcond = genCond(tree.lhs, _);  // 处理二元表达式左侧的表达式
        if (!lcond.isFalse()) {
           Chain falseJumps = lcond.jumpFalse();
           code.resolve(lcond.trueJumps);
           // 处理二元表达式右侧的表达式
           CondItem rcond = genCond(tree.rhs, _);
           result = items.makeCondItem(rcond.opcode,rcond.trueJumps,
                       Code.mergeChains(falseJumps,rcond.falseJumps));
        } else {
           result = lcond;
        }
     }
     ...
}
```

由于与运算符的两个操作数都是布尔类型，所以调用 genCond()方法处理 tree.lhs 会得到一个 CondItem 对象 lcond，如果这个对象代表的条件判断表达式的结果不为编译时的常量 false，那么 tree.rhs 就有可能被执行，还需要调用 genCond()方法生成 tree.lhs 的字节码指令，否则只生成 tree.lhs 的字节码指令即可。

当 tree.lhs 条件判断表达式的结果不为编译时常量 false 时获取 falseJumps，也就是当条件判断表达式的结果为 false 时要跳转的分支时，其跳转的目标应该为二元表达式执行完成后的第一条指令地址。当程序继续执行时，也就是 tree.lhs 条件判断表达式的结果为 true 时，调用 code.resolve()方法对 lcond.trueJumps 进行地址回填，这样当调用 genCond()方法生成 tree.rhs 的字节码指令时，第一条指令的地址就是具体的回填地址。最后调用 Code 类的 mergeChains()方法将 falseJumps 与 rcond.falseJumps 进行合并，因为“&&”运算符左侧与右侧的表达式结果为 false 时跳转的目标地址一样，所以可以连接在一起。对于表达式为真的情况则不太一样，因为表达式为真，则左侧的表达式的结果一定为 true，lcond.trueJumps 的跳转地址为右侧表达式生成的第一条指令地址，已经调用 code.resolve()方法处理过，所以在创建 result 时只需要保存 rcond.trueJumps 值即可，这是判断表达式为真时的跳转分支。

17.2.3　三元条件判断表达式

上一节提到过，在 genCond()方法中有专门针对三元表达式进行处理的逻辑，代码如下：

```
来源：com.sun.tools.javac.jvm.Gen
public CondItem genCond(JCTree _tree, _) {
   JCTree inner_tree = TreeInfo.skipParens(_tree);
   if (inner_tree.getTag() == JCTree.CONDEXPR) { // 对三元表达式进行处理
      JCConditional tree = (JCConditional)inner_tree;
      CondItem cond = genCond(tree.cond, _);
      if (cond.isTrue()) {
         code.resolve(cond.trueJumps);
         CondItem result = genCond(tree.truepart, _);
         return result;
```

```
            }
            if (cond.isFalse()) {
                code.resolve(cond.falseJumps);
                CondItem result = genCond(tree.falsepart, _);
                return result;
            }

            Chain secondJumps = cond.jumpFalse();
            code.resolve(cond.trueJumps);
            CondItem first = genCond(tree.truepart, _);

            Chain falseJumps = first.jumpFalse();
            code.resolve(first.trueJumps);
            Chain trueJumps = code.branch(goto_);
            code.resolve(secondJumps);
            CondItem second = genCond(tree.falsepart, _);

            CondItem result = items.makeCondItem(second.opcode,
                                 Code.mergeChains(trueJumps, second.trueJumps),
                                 Code.mergeChains(falseJumps, second.falseJumps));
            return result;
        }
        ...
    }
```

当三元表达式中的 tree.cond 表达式结果为编译时常量 true 时，则调用 cond.resolve()方法回填 cond.trueJumps 分支的地址，为 false 时回填 cond.falseJumps 分支的地址。

当 tree.cond 表达式结果不为编译时常量时，其处理逻辑相对复杂，因为涉及 3 个布尔类型的表达式共 6 个分支的跳转。不过有些跳转在处理过程中就可以直接进行地址回填，而有些还要保存到 CondItem 对象 result 中，等待后续的字节码指令生成过程中继续处理。

首先分析 tree.cond 表达式的两个分支，对于表达式的结果为 false 时跳转到 tree.falsepart，由于中间有 tree.truepart 产生的字节码指令，因而需要专门的跳转指令，用 secondJumps 来保存这个分支；对于条件判断表达式的结果为 true 时可跳转到 tree.truepart，由于 tree.truepart 生成的字节码指令紧跟在 tree.cond 生成的字节码指令之后，因而不需要调用 cond.jumpTrue()方法进行跳转，不过要在生成 tree.truepart 的字节码指令之前，调用 code.resolve()方法处理 cond.trueJumps 分支。

对于 tree.truepart 的两个分支来说，无论表达式的结果为 true 还是 false，跳转的目标都不是下一条指令，因为下一条指令是 tree.falsepart 生成的字节码指令，所以当表达式结果为 false 时，调用 first.jumpFalse()方法生成 falseJumps，当表达式结果为 true 时，可调用 code.branch()方法生成一个无条件跳转的 trueJumps，这样 trueJumps 与 falseJumps 的具体跳转地址要继续看后续逻辑的处理。

对于 tree.falsepart 的两个分支来说，在执行 tree.falsepart 时调用 code.resolve()方法处理 secondJumps 分支，因为这就是 tree.cond 表达式结果为 false 时跳转的目标地址。

最后因为 tree.truepart 和 tree.falsepart 表达式结果为 true 时跳转目标相同，为 false 时

分支的跳转目标也一致，所以进行了合并。最后创建了 CondItem 对象 result 对象并返回。

17.3 if 语句

Gen 类中的 visitIf()方法为 if 语句生成字节码指令，该方法的实现代码如下：

```
来源：com.sun.tools.javac.jvm.Gen
public void visitIf(JCIf tree) {
    int limit = code.nextreg;
    Chain thenExit = null;
    CondItem c = genCond(TreeInfo.skipParens(tree.cond),_);
    Chain elseChain = c.jumpFalse();
     // 要分析的 if 语句的条件判断表达式的结果不为常量值 false
    if (!c.isFalse()) {
        code.resolve(c.trueJumps);
        genStat(tree.thenpart, env, _);
        thenExit = code.branch(goto_);
    }
    if (elseChain != null) {
        code.resolve(elseChain);
        if (tree.elsepart != null)
            genStat(tree.elsepart, env,_);
    }
    code.resolve(thenExit);
    code.endScopes(limit);
}
```

调用 genCond()方法获取到 CondItem 对象后调用 jumpFalse()方法，表示当条件判断表达式的值为 false 时需要进行地址回填。

当条件判断表达式的值不为常量值 false 时，可调用 genStat()方法生成 if 语句 body 体中的字节码指令。但在此之前还需要调用 code.resolve()方法填写 c.trueJumps 中所有需要回填的地址，然后调用 code.branch()方法创建一个无条件跳转分支 thenExit，这样当 if 语句块没有 else 分支时下一条指令就是 thenExit 的跳转目标；如果有 else 分支时，则跳转目标为 else 分支生成的字节码指令后的下一个指令地址。

当 tree.elsepart 不为空时，同样调用 genStat()方法生成 else 语句 body 体中的字节码指令，不过在此之前还需要调用 code.resolve()方法回填要跳转到 else 语句 body 体中的 elseChain，这样在生成 else 语句 body 体中的第一条字节码指令时就会调用 resolve(Chain chain, int target)方法回填地址。

Code 类中对另外一个重载的 resolve(Chain chain)方法的实现代码如下：

```
来源：com.sun.tools.javac.jvm.Code
public void resolve(Chain chain) {
    pendingJumps = mergeChains(chain, pendingJumps);
}
```

可以看到，只是调用了 mergeChains()方法将 chain 与 pendingJumps 合并后再次赋值给成员变量 pendingJumps。当 pendingJumps 有值时，在生成下一条指令时就会对 pendingJumps 中所有的 Chain 对象进行地址回填，因而 pendingJumps 一旦被赋值，就确定下一个指令的地址就是所有 pendingJumps 中保存的 Chain 对象的回填地址。

另外，visitIf()方法还在开始执行时通过局部变量 limit 保存了 code.nextreg 的值，执行完成后调用 code.endScopes()方法将执行 if 语句而保存到本地变量表中的数据清除，因为已经离开了 if 语句的作用域范围，这些数据是无效的状态。

17.4 循环语句

循环语句有 for、do-while 和 while，对于增强的 foreach 循环语句，已经在解语法糖阶段转换为普通的 for 语句。所有的循环语句都通过调用 genLoop()方法进行处理，这个方法的实现代码如下：

```
来源：com.sun.tools.javac.jvm.Gen
private void genLoop(JCStatement loop,JCStatement body,JCExpression cond,
                    List<JCExpressionStatement> step,boolean testFirst) {
    Env<GenContext> loopEnv = env.dup(loop, new GenContext());
    int startpc = code.entryPoint();
    if (testFirst) {
        CondItem c;
        if (cond != null) {
            c = genCond(TreeInfo.skipParens(cond), _);
        } else {
            c = items.makeCondItem(goto_);
        }
        Chain loopDone = c.jumpFalse();
        code.resolve(c.trueJumps);
        genStat(body, loopEnv, _);
        code.resolve(loopEnv.info.cont);
        genStats(step, loopEnv);
        code.resolve(code.branch(goto_), startpc);
        code.resolve(loopDone);
    }
    ...
    code.resolve(loopEnv.info.exit);
}
```

在处理循环语句 for 与 while 时，testFirst 参数的值为 true，表示先进行条件判断后执行 body 体语句；在处理循环语句 do-while 时，testFirst 参数的值为 true，表示先执行 body 体语句后进行条件判断。由于 do-while 语句的处理逻辑与 for 和 while 语句类似，因而这里只介绍对 for 与 while 语句的处理逻辑。

genLoop()方法首先创建 loopEnv 环境，其中 Env 类中 info 变量的类型为 GenContext，GenContext 类是 Gen 类内定义的一个静态内部类，类的定义如下：

```
来源：com.sun.tools.javac.jvm.Gen.GenContext
static class GenContext {
```

```
    Chain exit = null;
    Chain cont = null;
    void addExit(Chain c)  {
        exit = Code.mergeChains(c, exit);
    }
    void addCont(Chain c) {
        cont = Code.mergeChains(c, cont);
    }
}
```

成员变量 exit 与 cont 的类型为 Chain，在流程跳转进行地址回填时使用。每个 continue 语句都会建立一个 Chain 对象，多个对象通过调用 addCont()方法链接起来。break 或者 throw、return 等语句会调用 addExit()方法将多个 Chain 对象链接起来，举个例子如下：

【实例 17-2】

```
public void test(int[] arr) {
    for (int i = 0; i < arr.length; i++) {
        if (i == 1) {
            continue;
        }
        if (i == 2) {
            continue;
        }
        if (i == 3) {
            break;
        }
        if (i == 4) {
            break;
        }
    }
}
```

for 语句中含有 2 个 contine 语句并且跳转目标一致，因此对应的两个 Chain 对象会连接起来保存到 GenContext 对象的 cond 中；2 个 break 语句的跳转目标一致，对应的两个 Chain 对象会链接起来保存到 GenContext 对象的 exit 中。

继续看 genLoop()方法的实现，调用 code.entryPoint()方法获取循环语句生成的第一个字节码指令的地址，这个方法的实现代码如下：

```
来源：com.sun.tools.javac.jvm.Code
public int entryPoint() {
    int pc = curPc();
    alive = true;
    return pc;
}
```

以上方法调用了 curPc()方法获取当前指令的地址并将 alive 设置为 true。curPc()方法的实现代码如下：

```
来源：com.sun.tools.javac.jvm.Code
public int curPc() {
    if (pendingJumps != null)
        resolvePending();
    ...
```

```
    return cp;
}
```

当 pendingJumps 不为 null 时，调用 resolvePending()方法回填 pendingJumps 中所有需要进行地址回填的分支。

继续看 genLoop()方法的实现，当 cond 不为 null 时调用 genCond()方法创建一个 CondItem 对象 c，否则生成一个无条件跳转的 CondItem 对象 c。因为 for 语句中的条件判断表达式可以为空，当为空时相当于条件判断表达式的结果永恒为 true，这样会执行 body 体中的语句。

在调用 genStat()方法生成 body 的字节码指令之前，调用 code.resolve()方法处理 c.trueJumps，同时调用 c.jumpFalse()方法获取条件判断表达式的结果为 false 时的跳转分支。

在调用 genStat()方法生成 step 的字节码指令之前，回填 loopEnv.info.cont 变量保存的 Chain 对象的地址，因为对于 for 语句来说，遇到跳转目标为当前 for 语句的 continue 语句，跳转目标肯定是 step 对应生成的第一条字节码指令地址。

在调用 genStat()方法生成 step 的字节码指令之后，调用 code.branch()方法生成一个无条件跳转分支，跳转目标就是循环语句开始处，也就是 startpc 保存的位置，这样就可以多次执行循环语句生成的相关字节码指令了。调用 code.resolve()方法处理 loopDone，当生成完循环语句的字节码指令后，下一个指令生成时就会回填 loopDone 的跳转地址。

任何循环语句，最后都要处理 loopEnv.info.exit，这个地址一般与 loopDone 的跳转地址相同，因此两个 Chain 对象会链接起来并赋值给 pendingJumps。

17.5　switch 语句

switch 语句与 if 语句都是重要的分支选择结构，不过 switch 语句的字节码指令在生成时相对复杂，在 Gen 类中的 visitSwitch()方法中生成 switch 语句的字节码指令。switch 语句在生成指令的过程中会涉及两个非常重要的 Java 虚拟机指令 lookupswitch 与 tableswitch，下面分别介绍。

1. lookupswitch指令

lookupswitch 指令根据键值在跳转表中寻找配对的分支并跳转，具体的格式如图 17-1 所示。

这是一条变长指令并且要求所有的操作数都以 4 字节对齐，因此紧跟在 lookupswitch 指令之后可能会有 0～3 个字节作为空白填充，而后面的 default、npairs 等都用 4 字节来表示，从当前方法开始（第一条字节码指令）计算的地址，即紧随空白填充的是一系列 32 位有符号整数值，包括默认跳转地址 default、匹配坐标的数量 npairs 及 npairs 组匹配坐标。其中，npairs 的值应当大于或等于 0，每一组匹配坐标都包含了一个整数值 match 及一个有符号 32 位偏移量 offset。上述所有的 32 位有符号数值都是通过以下方式计算得到：

```
(byte1<<24)|(byte2<<24)|(byte3<<24)|byte4
```

2．tableswitch指令

tableswitch 指令根据键值在跳转表中寻找配对的分支并跳转，具体的格式如图 17-2 所示。

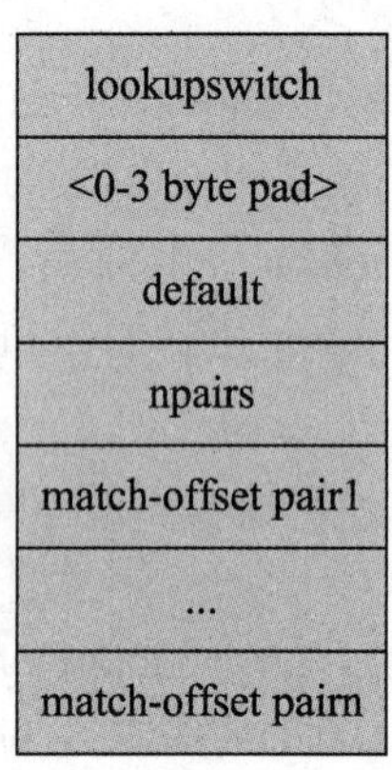

图 17-1　lookupswitch 指令结构

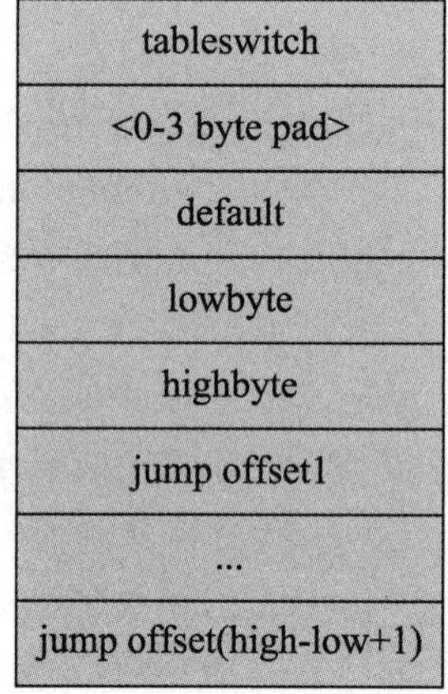

图 17-2　tableswitch 指令结构

tableswitch 指令是一条变长指令并且要求所有的操作数都以 4 字节对齐，因此紧跟在 lookupswitch 指令之后可能会有 0～3 个字节作为空白填充，而后面的 default、lowbyte、highbyte 等用 4 字节来表示，从当前方法开始（第一条字节码指令）计算的地址，即紧随空白填充的是一系列 32 位有符号整数值，包括默认跳转地址 default、高位值 high 及低位值 low，在此之后是 high-low+1 个有符号 32 位偏移 offset。上述所有的 32 位有符号数值都是通过以下方式计算得到：

```
(byte1<<24)|(byte2<<24)|(byte3<<24)|byte4
```

介绍完 lookupswitch 指令与 tableswitch 指令后，接着看字节码指令的生成。Gen 类的 visitSwitch()方法生成 switch 语句的字节码指令，该方法的实现代码如下：

```
来源：com.sun.tools.javac.jvm.Gen
public void visitSwitch(JCSwitch tree) {
    int limit = code.nextreg;
    Assert.check(tree.selector.type.tag != CLASS);
    Item sel = genExpr(tree.selector, syms.intType);
    List<JCCase> cases = tree.cases;
    if (cases.isEmpty()) {
        sel.load().drop();
    } else {
        sel.load();
        Env<GenContext> switchEnv = env.dup(tree, new GenContext());
        switchEnv.info.isSwitch = true;
```

```
        ...
    }
    code.endScopes(limit);
}
```

在解语法糖阶段已经将 tree.selector 表达式的类型都转换为了 int 类型，因此在调用 genExpr()方法处理 tree.selector 时，给出了期望的类型为 syms.intType。

当 cases 分支为空时处理非常简单，可直接调用 sel.load()方法加载 Item 对象 sel，因为没有分支使用，所以调用 drop()方法抛弃；当 switch 语句中有分支时，首先要进行指令选择，也就是要选择 lookupswitch 指令还是 tableswitch 指令，visitSwitch()方法中选择指令的实现代码如下：

```
来源：com.sun.tools.javac.jvm.Gen
int lo = Integer.MAX_VALUE;          // 保存 label 的最小值
int hi = Integer.MIN_VALUE;          // 保存 label 的最大值
int nlabels = 0;                     // 保存在 label 的数量
int[] labels = new int[cases.length()];
int defaultIndex = -1;
// 更新 lo、hi、nlabels 与 defaultIndex 变量的值
List<JCCase> l = cases;
for (int i = 0; i < labels.length; i++) {
    if (l.head.pat != null) {
        int val = ((Number)l.head.pat.type.constValue()).intValue();
        labels[i] = val;
        if (val < lo)
            lo = val;
        if (hi < val)
            hi = val;
        nlabels++;
    } else {
        Assert.check(defaultIndex == -1);
        defaultIndex = i;
    }
    l = l.tail;
}

// 通过粗略计算使用 lookupswitch 指令与 tableswitch 指令的时间与空间消耗来选择指令
long table_space_cost = 4 + ((long) hi - lo + 1);  // words
long table_time_cost = 3;  // comparisons
long lookup_space_cost = 3 + 2 * (long) nlabels;
long lookup_time_cost = nlabels;
int opcode = nlabels > 0 &&
          table_space_cost + 3 * table_time_cost <=lookup_space_cost + 3
* lookup_time_cost
           ? tableswitch : lookupswitch;
```

代码中首先声明了局部变量 lo 与 hi，然后计算出所有 label 中的最大值并保存到 hi 中，计算出所有 label 中的最小值并保存到 lo 中，计算过程非常简单，循环比较然后更新 lo 与 hi 的值即可。

得到 lo 与 hi 的值之后会利用这两个值粗略计算一下使用 lookupswitch 指令与 tableswitch

指令的时间与空间消耗，在 hi 和 lo 的差值不大且 label 数偏多的情况下，会选择 tableswitch 指令；当差值很大而 label 数不多的情况下，会选择 lookupswitch 指令。

确定了选取的指令并且知道 case 分支数量后，其实指令的基本布局已经确定了，也就是知道这条指令各部分所占的字节数以及由几部分组成，只是还没有生成各 case 分支所含语句中的指令，因此不知道跳转地址，暂时初始化为默认值-1，随后进行地址回填。visitSwitch()方法中的相关实现代码如下：

```
来源：com.sun.tools.javac.jvm.Gen
int startpc = code.curPc();
code.emitop0(opcode);
code.align(4);
int tableBase = code.curPc();                    // 保存跳转表开始的位置
// 在生成 lookupswitch 指令时，保存对应分支到跳转的目标地址的偏移量
int[] offsets = null;
code.emit4(-1);                                  // 为默认的跳转地址预留空间
if (opcode == tableswitch) {                     // 使用 tableswitch 指令
    code.emit4(lo);
    code.emit4(hi);
    for (long i = lo; i <= hi; i++) {            // 为跳转表预留空间
        code.emit4(-1);
    }
} else {                                         // 使用 lookupswitch 指令
    code.emit4(nlabels);
    for (int i = 0; i < nlabels; i++) {          // 为跳转表预留空间
        code.emit4(-1);
        code.emit4(-1);
    }
    offsets = new int[labels.length];
}
```

严格按照指令的格式进行数据填充即可，不知道跳转地址时初始化为默认值-1。对于 tableswitch 指令来说，为 lo 到 hi 之间的所有整数都执行了 code.emit4()方法，也就是这之间的任何整数都有一个跳转地址，举个例子如下：

【实例 17-3】

```
public void test(int num) {
    switch (num) {
    case 0:
    case 2:
    case 3:
        num = -1;
    }
}
```

lo 为 0，hi 为 3，由于分支中的整数不连续，因此添加了一个 label 为 2 的 case 分支，最终 switch 语句生成的字节码指令如下：

```
0: iconst_0
1: istore_1
2: iload_1
```

```
3: tableswitch { // 0 to 3
            0: 32
            1: 34
            2: 32
            3: 32
            default: 34
}
32: iconst_m1
33: istore_1
34: return
```

新增 label 为 2 的 case 分支的跳转地址与默认分支的跳转地址一样，符合 switch 语句的执行语义。

对于 lookupswitch 指令来说，首先输入分支数量 nlabels，接下来就是预留 nlabels 组匹配坐标。最后还初始化了一个 offsets 数组，这个数组会保存对应分支到跳转的目标地址的偏移量，以便后续进行地址回填。

在 visitSwitch()方法中关于地址回填的实现代码如下：

```
来源：com.sun.tools.javac.jvm.Gen
code.markDead();
l = cases;
// 循环各个 case 分支并生成字节码指令，同时回填部分跳转地址
for (int i = 0; i < labels.length; i++) {
    JCCase c = l.head;
    l = l.tail;
    int pc = code.entryPoint(_);
    // Insert offset directly into code or else into the offsets table.
    if (i != defaultIndex) {
        if (opcode == tableswitch) {
            code.put4(tableBase + 4 * (labels[i] - lo + 3),pc - startpc);
        } else { // lookupswitch
            offsets[i] = pc - startpc;
        }
    } else {
        code.put4(tableBase, pc - startpc);
    }
    // 生成 case 分支所含的语句的字节码指定
    genStats(c.stats, switchEnv, _);
}

// 处理所有的 break 语句
code.resolve(switchEnv.info.exit);
// 如果还没有设置默认分支的偏移地址时，设置默认分支的偏移地址
if (code.get4(tableBase) == -1) {
    code.put4(tableBase, code.entryPoint(_) - startpc);
}

// 继续进行地址回填
if (opcode == tableswitch) {        // 对 tableswitch 指令进行地址回填
    // Let any unfilled slots point to the default case.
    int defaultOffset = code.get4(tableBase);
    for (long i = lo; i <= hi; i++) {
```

```
            int t = (int)(tableBase + 4 * (i - lo + 3));
            if (code.get4(t) == -1)
                code.put4(t, defaultOffset);
        }
    } else {                                // 对 lookupswitch 指令进行地址回填
        // Sort non-default offsets and copy into lookup table.
        if (defaultIndex >= 0)
            for (int i = defaultIndex; i < labels.length - 1; i++) {
                labels[i] = labels[i+1];
                offsets[i] = offsets[i+1];
            }
        if (nlabels > 0)
            qsort2(labels, offsets, 0, nlabels - 1);
        for (int i = 0; i < nlabels; i++) {
            int caseidx = tableBase + 8 * (i + 1);
            code.put4(caseidx, labels[i]);
            code.put4(caseidx + 4, offsets[i]);
        }
    }
```

循环 case 分支，然后调用 genStats()方法生成分支中语句的指令，在处理每一个分支之前回填地址。

对于 tableswitch 指令来说，对没有填充的虚拟 case 分支设置跳转地址，这个地址就是默认分支的跳转地址。

对于 lookupswitch 指令来说，在循环生成各个分支所含语句的字节码指令时，将地址偏移量暂时保存到 offsets 数组中，随后根据 offsets 数组中保存的对应关系进行地址回填。loopupswitch 中会对所有 case 分支生成的匹配坐标按照分支中的数值进行排序，以方便使用二分查找来加快查找对应 case 分支的效率。qsort2()方法的实现代码如下：

```
来源：com.sun.tools.javac.jvm.Gen
static void qsort2(int[] keys, int[] values, int lo, int hi) {
    int i = lo;
    int j = hi;
    int pivot = keys[(i+j)/2];
    do {
        while (keys[i] < pivot)
            i++;
        while (pivot < keys[j])
            j--;
        if (i <= j) {
            int temp1 = keys[i];
            keys[i] = keys[j];
            keys[j] = temp1;
            int temp2 = values[i];
            values[i] = values[j];
            values[j] = temp2;
            i++;
            j--;
        }
    } while (i <= j);
    if (lo < j)
        qsort2(keys, values, lo, j);
```

```
        if (i < hi)
            qsort2(keys, values, i, hi);
    }
```

可以看出，以上代码是典型的二分查找逻辑，这里不再详细介绍。

17.6　异常与 finally 语句

17.6.1　异常的抛出

在 Java 源代码中可以使用 throw 关键字抛出异常，而在生成字节码指令时使用 athrow 指令抛出异常，举个例子如下：

【实例 17-4】

```
public void test(Exception e) throws Exception{
    throw e;
}
```

方法 test()生成的字节码指令如下：

```
0: aload_1
1: athrow
```

在 visitThrow()方法中生成抛出异常的字节码指令，方法的实现代码如下：

```
来源：com.sun.tools.javac.jvm.Gen
public void visitThrow(JCThrow tree) {
    genExpr(tree.expr, tree.expr.type).load();
    code.emitop0(athrow);
}
```

调用 genExpr()方法获取 Item 对象，对于以上实例来说，获取到的是表示本地变量 e 的 LocalItem 对象，这个对象的 reg 值为 1，表示变量存储到了本地变量表索引为 1 的位置，调用这个对象的 load()方法生成 aload_1 指令并将异常类型压入操作数栈栈顶，这样就可以调用 code.emitop0()方法生成 athrow 指令并抛出栈顶保存的异常类型了。

17.6.2　异常的捕获与 finally 语句

通过 try 语句来捕获抛出的异常，因此在生成 try 语句的字节码指令时还会生成异常表（Exception Table），通过异常表来处理异常，举个例子如下：

【实例 17-5】

```
package chapter17;

class FirstExc extends Exception { }
```

```
class SecondExc extends Exception { }

public class Test {

    void tryItOut() throws FirstExc, SecondExc { }

    void handleFirstExc(Object o) { }

    void handleSecondExc(Object o) { }

    void wrapItUp() { }

    public void catchExc() {
        try {
            tryItOut();
        } catch (FirstExc e) {
            handleFirstExc(e);
        } catch (SecondExc e) {
            handleSecondExc(e);
        } finally {
            wrapItUp();
        }
    }
}
```

catchExc()方法生成的字节码指令及异常表的详细信息如下：

```
0: aload_0
1: invokevirtual #2         // Method tryItOut:()V
4: aload_0
5: invokevirtual #3         // Method wrapItUp:()V
8: goto         44
11: astore_1
12: aload_0
13: aload_1
14: invokevirtual #5        // Method handleFirstExc:(Ljava/lang/Object;)V
17: aload_0
18: invokevirtual #3         // Method wrapItUp:()V
21: goto         44
24: astore_1
25: aload_0
26: aload_1
27: invokevirtual #7    // Method handleSecondExc:(Ljava/lang/Object;)V
30: aload_0
31: invokevirtual #3          // Method wrapItUp:()V
34: goto         44
37: astore_2
38: aload_0
39: invokevirtual #3          // Method wrapItUp:()V
42: aload_2
43: athrow
44: return
Exception table:
from    to  target type
   0     4    11   Class chapter17/FirstExc
```

```
     0     4    24   Class chapter17/SecondExc
     0     4    37   any
    11    17    37   any
    24    30    37   any
    37    38    37   any
```

需要说明的是，在早期的 JDK 版本中，Javac 通过 jsr 与 ret 指令实现 finally 语句，而在当前 JDK 1.7 版本的 Javac 中，通过在每个分支之后添加冗余代码的形式来实现 finally 语句，以上指令编号在 4~11、17~24 及 30~37 之间（包括起始编号但不包括结束编号）的所有指令都是冗余的字节码指令。

visitTry()方法为 try 语句生成字节码指令，这个方法的实现代码如下：

```
来源：com.sun.tools.javac.jvm.Gen
public void visitTry(final JCTry tree) {
    final Env<GenContext> tryEnv = env.dup(tree, new GenContext());
    final Env<GenContext> oldEnv = env;
    tryEnv.info.finalize = new GenFinalizer() {
        void gen() {
            Assert.check(tryEnv.info.gaps.length() % 2 == 0);
            tryEnv.info.gaps.append(code.curPc());
            genLast();
        }
        void genLast() {
            if (tree.finalizer != null)
                genStat(tree.finalizer, oldEnv, _);
        }
        boolean hasFinalizer() {
            return tree.finalizer != null;
        }
    };

    tryEnv.info.gaps = new ListBuffer<Integer>();
    genTry(tree.body, tree.catchers, tryEnv);
}
```

首先调用 env.dup()方法获取 Env 对象 tryEnv，Env 对象中的 info 变量保存的是 GenContext 对象，这个对象可以辅助生成 try 语句的字节码指令。GenContext 类中定义了两个重要的变量：

```
GenFinalizer finalize = null;
ListBuffer<Integer> gaps = null;
```

其中，gaps 中保存了 finally 语句生成的冗余指令的范围。对于实例 17-5 来说，gaps 列表中按顺序保存的值为 4、11、17、24、30 与 37，也就是指令编号在 4~11、17~24、30~37 之间（包括起始编号但不包括结束编号）的所有指令都是冗余的字节码指令。

finalize 是 GenFinalizer 类型的变量，GenFinalizer 类的定义如下：

```
来源：com.sun.tools.javac.jvm.Gen.GenFinalizer
abstract class GenFinalizer {
    boolean hasFinalizer() {
        return true;
    }
```

```
    abstract void gen();

    abstract void genLast();
}
```

GenFinalizer 类中定义了 3 个方法，在 visitTry()方法中以匿名类的形式覆写了这 3 个方法。调用 hasFinalizer()方法判断 try 语句是否含有 finally 语句，如果含有 finally 语句，hasFinalizer()方法将返回 true；调用 gen()方法可以记录生成 finally 语句对应的字节码指令的相关信息。对于实例 17-5 来说，当需要生成 finally 语句对应的冗余的字节码指令时，调用 gen()方法会获取当前的变量 cp 的值并追加到 gaps 列表中，这个值就是 4、17 或 30；调用 genLast()方法生成冗余的字节码指令。

在 visitTry()方法中，初始化了 tryEnv.info.finalizer 后就可以调用 genTry()方法生成 try 语句的字节码指令了。genTry()方法的实现代码如下：

```
来源：com.sun.tools.javac.jvm.Gen
int startpc = code.curPc();
genStat(body, env, _);
int endpc = code.curPc();
```

startpc 与 endpc 记录了 try 语句 body 体生成的字节码指令的范围，对于实例 17-5 来说，这两个值分别为 0 和 4。

接着在 genTry()方法中为 try 语句 body 体生成的字节码指令生成冗余的字节码指令，代码如下：

```
来源：com.sun.tools.javac.jvm.Gen
List<Integer> gaps = env.info.gaps.toList();
genFinalizer(env);
Chain exitChain = code.branch(goto_);
endFinalizerGap(env);
```

调用 env.info.gaps 的 toList()方法初始化 gaps，由于 toList()方法会重新创建一个列表，因此如果往 gaps 中追加值时不会影响 env.inof.gaps 列表中的值。在实例 17-5 中，gaps 与 env.info.gaps 值都为空。

调用 genFinalizer()方法记录冗余指令的起始位置，调用 endFinalizerGap()方法生成冗余指令并记录冗余指令的结束位置，genFinalizer()方法的实现代码如下：

```
来源：com.sun.tools.javac.jvm.Gen
void genFinalizer(Env<GenContext> env) {
    if (code.isAlive() && env.info.finalize != null)
        env.info.finalize.gen();
}
```

调用 env.info.finalize 的 gen()方法其实就是调用在 visitTry()方法中创建的 GenFinalizer 匿名类中覆写的方法，覆写的 gen()方法可以记录冗余指令的起始位置及生成冗余指令。需要注意的是，当 code.isAlive()方法返回 true 时才会做这个操作，也就是代码可达，如果 try 语句的 body 体中最后是 return 语句，则调用 code.isAlive()方法将返回 false，需要执行其他的逻辑生成冗余指令。

endFinalizerGap()方法的实现如下：

```
来源：com.sun.tools.javac.jvm.Gen
void endFinalizerGap(Env<GenContext> env) {
    if (env.info.gaps != null && env.info.gaps.length() % 2 == 1)
        env.info.gaps.append(code.curPc());
}
```

当 env.info.gaps 列表不为空并且列表中元素的数量为奇数时，才会向列表末尾追加冗余指令的结束位置，判断列表中元素的数量为奇数主要是为了保证记录了起始位置，这样才会记录结束位置。例如上面的代码中，code.isAlive()为 false 时不会记录起始位置，那么也就没有必要记录结束位置了。

现在生成了 try 语句 body 体的字节码指令并且也记录了冗余指令的起始与结束位置，下面生成各个 catch 语句的字节码指令，在 genTry()方法中的相关实现代码如下：

```
来源：com.sun.tools.javac.jvm.Gen
if (startpc != endpc)
  for (List<JCCatch> l = catchers; l.nonEmpty(); l = l.tail) {
      code.entryPoint(_, l.head.param.sym.type);
      genCatch(l.head, env, startpc, endpc, gaps);
      genFinalizer(env);
      if (hasFinalizer || l.tail.nonEmpty()) {
         exitChain = Code.mergeChains(exitChain,code.branch(goto_));
      }
      endFinalizerGap(env);
  }
```

genTry()方法首先判断 startpc 不等于 endpc，这样可以保证 try 语句 body 体有字节码指令生成，因为有执行的字节码指令才可能抛出异常进入 catch 语句。

循环遍历 catch 语句，调用 code.entryPoint()方法向操作数栈压入抛出的异常类型，这也是模拟 Java 虚拟机运行时的情况。当 try 语句的 body 体中抛出异常时，Java 虚拟机会将对应的异常压入栈顶，随后调用 genCatch()方法生成 catch 语句的 body 体的字节码指令。

在调用 genFinalizer()方法之后 endFinalizerGap()方法之前，如果有 finally 语句或有后续 catch 语句的话，那么生成的字节码指令要无条件跳转到目标地址，也就是当前 try 语句之后的第一条指令位置，这个地址要回填，因此使用 exitChain 链接起来。

genCatch()方法的实现代码如下：

```
来源：com.sun.tools.javac.jvm.Gen
void genCatch(JCCatch tree,Env<GenContext> env,int startpc, int endpc,
List<Integer> gaps) {
    if (startpc != endpc) {
        List<JCExpression> subClauses = TreeInfo.isMultiCatch(tree) ?
                ((JCTypeUnion)tree.param.vartype).alternatives :
                List.of(tree.param.vartype);
        ...
        // 如果 try 语句的 body 体有字节码指令生成，则向异常表插入异常记录
        if (startpc < endpc) {
```

```
            for (JCExpression subCatch : subClauses) {
                int catchType = makeRef(_, subCatch.type);
                registerCatch(_,startpc, endpc, code.curPc(),catchType);
            }
        }
        VarSymbol exparam = tree.param.sym;
        int limit = code.nextreg;
        int exlocal = code.newLocal(exparam);
        // 如果 try 语句的 body 体中抛出异常，则异常会被压入栈顶，将异常存储到本地变量
        // 表中
        items.makeLocalItem(exparam).store();
        genStat(tree.body, env, _);
        code.endScopes(limit);
    }
}
```

genCatch()方法还是首先判断 startpc 不等于 endpc，这样可以保证 try 语句 body 体有字节码指令生成，然后调用 registerCatch()方法向异常表中添加异常处理记录，如果 catch 语句中声明了 *N* 个异常捕获类型，则循环向异常表中添加 *N* 条异常处理记录。

在 genCatch()方法中，生成了所有的异常处理记录后，接着为 catch 语句生成字节码指令，然后生成冗余代码及记录冗余代码的开始与结束位置。

register()方法的实现代码如下：

```
来源：com.sun.tools.javac.jvm.Gen
void registerCatch(_,int startpc, int endpc,int handler_pc, int catch_type) {
    if (startpc != endpc) {
        char startpc1 = (char)startpc;
        char endpc1 = (char)endpc;
        char handler_pc1 = (char)handler_pc;
        if (startpc1 == startpc && endpc1 == endpc && handler_pc1 ==
handler_pc) {
            code.addCatch(startpc1, endpc1, handler_pc1,(char)catch_type);
        } else {
            log.error(_, "limit.code.too.large.for.try.stmt");
            nerrs++;
        }
    }
}
```

将 startpc、endpc 与 handler_pc 进行强制类型转换转为 char 类型后，通过恒等式“==”来判断它们是否与强制类型转换之前的值相等。由于 Java 的 char 类型用 2 个字节来表示，而 int 类型用 4 个字节表示，因此如果转换之后的数超过了 char 类型能表示的整数范围，那么当前版本的 Javac 会报错“try 语句的代码过长”，否则调用 Code 类的 addCatch()方法向 catchInfo 列表中追加一条异常处理记录。catchInfo 变量的定义及 addCatch()方法的实现代码如下：

```
来源：com.sun.tools.javac.jvm.Gen
public ListBuffer<char[]> catchInfo = new ListBuffer<char[]>();
public void addCatch( char startPc, char endPc, char handlerPc, char
catchType) {
```

```
    catchInfo.append(new char[]{startPc, endPc, handlerPc, catchType});
}
```

addCatch()方法的实现非常简单，向 catchInfo 列表中追加一个相关记录信息的字符数组即可。

现在 try 语句的 body 体与各个 catch 语句都处理完成了，下面处理 finally 语句。在 genTry()方法中的相关实现代码如下：

```
来源：com.sun.tools.javac.jvm.Gen
boolean hasFinalizer = env.info.finalize != null && env.info.finalize.
hasFinalizer();
if (hasFinalizer) {
    code.newRegSegment();    // 将 nextreg 的值设置为 max_locals 来避免冲突
    int catchallpc = code.entryPoint(_, syms.throwableType);
    int startseg = startpc;
    // 为 try 语句 body 体中抛出而各个 catch 语句无法捕获的异常加上执行 catch 语句时可
    // 能抛出的异常
    // 生成异常记录
    while (env.info.gaps.nonEmpty()) {
        int endseg = env.info.gaps.next().intValue();
        registerCatch(_, startseg, endseg,catchallpc, 0);
        startseg = env.info.gaps.next().intValue();
    }
    // 将 try 语句 body 体或 catch 语句 body 体抛出的异常保存到本地变量表中，在生成完
    // finally 语句的字节码指令后，将异常加载到操作数栈顶并使用 athrow 指令抛出
    Item excVar = makeTemp(syms.throwableType);
    excVar.store();
    genFinalizer(env);
    excVar.load();
    registerCatch(_, startseg,env.info.gaps.next().intValue(),catchallpc, 0);
    code.emitop0(athrow);
    code.markDead();
}
// 回填 goto 语句的跳转地址
code.resolve(exitChain);
```

如果 try 语句含有 finally 语句，则生成 finally 语句的字节码指令，如实例 17-5，生成 finally 语句的字节码指令的编号范围为 37~44，其中包括保存栈顶异常到本地变量表，执行完 finally 语句的字节码指令后抛出异常。在执行各个 catch 语句时也可能抛出异常，而这里异常最终都会存储到栈顶，等待 finally 进行重抛。

当 try 语句的 body 体发生异常时，将异常压入操作数栈顶，调用 code.entryPoint()方法压入异常类型后获取到 catchallpc，然后向异常表中继续插入 try 语句的 body 体中抛出的而各个 catch 语句无法捕获的异常加上执行 catch 语句时可能抛出的异常（这些异常不一定要使用 throw 关键字显式进行抛出）。对于实例 17-5 来说，catchallpc 的值为 37，最终会向异常表中添加第 3 条、第 4 条与第 5 条异常记录，为了方便阅读，这里再次给出实例 17-5 的异常表信息如下：

```
Exception table:
  from    to  target  type
    0     4    11   Class chapter17/FirstExc
    0     4    24   Class chapter17/SecondExc
    0     4    37   any
   11    17    37   any
   24    30    37   any
   37    38    37   any
```

现在 env.info.gaps 列表中记录的各个冗余指令的范围分别为 4~11、17~24 和 30~37，而需要进行异常捕获的指令，也就是插入的异常记录的范围分别为 0~4、11~17、24~30 和 37~38。不难看出，冗余指令的起始位置就是异常捕获的结束位置，而异常捕获的起始位置就是冗余代码的结束位置，try 语句的 body 体生成的字节码指令的起始位置 startpc 为 0。

无论是 try 语句的 body 体还是各个 catch 语句的 body 体，抛出的异常都会压入操作数栈顶，在调用 genFinalizer()方法生成 finally 语句的字节码指令之前，将异常类型保存到本地变量表中，在生成 finally 语句的字节码指令之后，加载到操作数栈顶，这样就可以重抛这个异常了。指令编号为 38 和 39 的指令如果有异常抛出时，程序会提前结束，其他的异常会被抑制。

最后通过调用 code.resolve()方法将需要回填的 exitChain 赋值给 pendingJumps，这样在 try 语句后的第一条指令输入时，为 goto 语句对应的字节码指令进行地址回填。

第 18 章　生成 Class 文件

Java 是一门跨平台的语言，可以做到“一次编写，到处运行（Write Once Run Anywhere）”的特点，其中字节码起到了至关重要的作用。Java 虚拟机并没有和任何特定的语言绑定，但是要求运行在虚拟机上的语言如 Java、Scala 等按照 JVMS 的要求生成二进制 Class 文件格式，这样才能在 Java 虚拟机上正常地运行。

本章将重点介绍 Javac 生成 Class 文件的过程，涉及的主要类是 com.sun.tools.javac.jvm.ClassWriter，另外还有个读取 Class 文件的 com.sun.tools.javac.jvm.ClassReader 类。由于读取是写入的一个相反过程，因而本章将不再对 Class 文件的读取过程进行介绍，有兴趣的读者可自行查阅 ClassReader 类的相关实现代码。

18.1　Class 文件的结构

Class 文件中存储了两种数据类型：无符号数和表。表是用来描述有层次关系的复合结构的数据，而无符号数可以用来标识一个具体结构的类型，或者还可以表示数量及属性长度等。本章在后续的描述中通常会以 u1、u2、u4 和 u8 来分别表示 1 个字节、2 个字节、4 个字节和 8 个字节的无符号数。在 Javac 的 ByteBuffer 类中提供了写入基本类型的常用方法，如 appendByte()方法，这个方法的实现代码如下：

```
来源：com.sun.tools.javac.util.ByteBuffer
public void appendByte(int b) {
    ...
    elems[length++] = (byte)b;
}
```

向字节数组 elems 中写入一个字节的内容，length 保存着数组中写入的字节数量。elems 与 length 变量的定义如下：

```
来源：com.sun.tools.javac.util.ByteBuffer
public byte[] elems;
public int length;
```

在 ByteBuffer 类的构造方法中初始化 elems。ByteBuffer 对象表示一个具体的缓冲，主要通过 elems 来保存缓冲的内容，Javac 在向 Class 文件中写入字节码时不会一个字节一个字节地写，而是先写入 ByteBuffer 缓冲中，然后一次性写入 Class 文件来提高写入的效率。

再介绍一个 ByteBuffer 类中的 appendChar()方法，这个方法的实现代码如下：

```
来源：com.sun.tools.javac.util.ByteBuffer
public void appendChar(int x) {
    ...
    elems[length  ] = (byte)((x >>  8) & 0xFF);
    elems[length+1] = (byte)((x      ) & 0xFF);
    length = length + 2;
}
```

可以看到，在写入一个占用 2 个字节的无符号整数时，按照高位在前的方式写入，并且写入的每个字节都要和 0xFF 做与运算，主要是为了防止符号扩展，严格保持字节存储时的样子。

下面详细介绍一下 Class 文件的结构，如表 18-1 所示。

表 18-1 Class文件的结构

名 称	类 型	描 述
magic	u4	魔数，Class文件的唯一标识
minor_version	u2	次版本号
major_version	u2	主版本号
constant_pool_count	u2	常量池数量
constant_pool[constant_pool_count-1]	cp_info	常量池数组
access_flags	u2	当前类的访问修饰符
this_calss	u2	当前类的全限定名
super_class	u2	当前类的父类的全限定名
interfaces_count	u2	当前类所实现的接口数量
interfaces[interfaces_count]	u2	接口数组
fields_count	u2	类的成员变量数量，包括实例变量和类变量
fields[fields_count]	field_info	成员变量数组
methods_count	u2	方法数量
methods[methods_count]	method_info	方法数组
attributes_count	u2	属性数量
attributes[attributes_count]	attribute_info	属性数组

其中，“类型”列中以_info 结尾的类型都表示表类型，而“名称”列的方括号中描述了当前这个结构的数量，如果没有方括号，默认的数量为 1。

表 18-1 列出了 Class 文件中可能出现的一些类型，同时也规定了这些不同类型存储时

的顺序。当读取或者写入 Class 文件时，需要严格按照表 18-1 中规定的顺序进行操作。

在 JavaCompiler 类的 compile2()方法中调用 generate()方法，该方法会根据已有信息生成 Class 文件。该方法的实现代码如下：

```
来源：com.sun.tools.javac.main.JavaCompiler
public void generate(Queue<Pair<Env<AttrContext>, JCClassDecl>> queue, _) {
    for (Pair<Env<AttrContext>, JCClassDecl> x: queue) {
        Env<AttrContext> env = x.fst;
        JCClassDecl cdef = x.snd;
        JavaFileObject file;
        file = genCode(env, cdef);
    }
}
```

调用 genCode()方法处理 queue 队列中保存的数据。这个方法的实现代码如下：

```
来源：com.sun.tools.javac.main.JavaCompiler
JavaFileObject genCode(Env<AttrContext> env, JCClassDecl cdef) throws
IOException {
    if (gen.genClass(env, cdef) )
        return writer.writeClass(cdef.sym);
}
```

调用 gen.genClass()方法会初始化 Gen 类中定义的一些变量，该方法返回 true 表示初始化成功，然后调用 ClassWriter 对象 writer 的 writeClass()方法向 Class 文件写入字节码内容。writeClass()方法的实现代码如下：

```
来源：com.sun.tools.javac.jvm.ClassWriter
public JavaFileObject writeClass(ClassSymbol c) throws IOException,
PoolOverflow, StringOverflow{
    JavaFileObject outFile = fileManager.getJavaFileForOutput(CLASS_OUTPUT,
c.flatname.toString(),JavaFileObject.Kind.
CLASS,c.sourcefile);
    OutputStream out = outFile.openOutputStream();
    writeClassFile(out, c);
    out.close();
    return outFile;
}
```

调用 JavacFileManager 对象 fileManager 的 getJavaFileForOutput()方法以获取字节码输出文件 outFile，文件的名称通过调用 c.flatname.toString()方法获取，文件的输出路径通过 CLASS_OUTPUT 指定。

Javac 使用 ClassWriter 类向 Class 文件写入字节码内容，另外还可以使用 ClassReader 类读取 Class 文件中的字节码内容。读取与写入是一个相反的过程，只要了解了 Class 文件的基本结构后，按照格式严格读取即可。由于篇幅有限，这里不再介绍 ClassReader 类读取 Class 文件的实现过程。

18.2 魔数与版本

所有的 Class 文件开始的 4 个字节被称为魔数，其值是 0xCAFFBABY，主要起标识作用。许多文件都会规定满足特定格式必须以某几个固定字节开头，如 ZIP 文件以 2 字节 PK(0x504B)开头，因为 JAR 也是一种压缩文件，同样以 2 字节 PK 开头。如果文件开始的 4 字节不为 0xCAFFBABY，则 Java 虚拟机将会认为该文件不是 Class 文件而拒绝解析。

紧跟魔数之后是 Class 文件的次版本号和主版本号，其中，第 5 和第 6 个字节表示次版本号，第 7 和第 8 个字节表示主版本号。

在 writeClassFile()方法中写入魔数与版本的相关实现代码如下：

```
来源：com.sun.tools.javac.jvm.ClassWriter
poolbuf.reset();
poolbuf.appendInt(JAVA_MAGIC);
poolbuf.appendChar(target.minorVersion);
poolbuf.appendChar(target.majorVersion);
```

调用 ByteBuffer 对象 poolbuf 的 reset()方法将 ByteBuffer 对象中的 length 变量的值设置为 0，然后调用 appendInt()方法写入 4 个字节表示的魔数，传递的参数 JAVA_MAGIC 是 ClassFile 类中定义的一个常量，值就是 0xCAFEBABE。在写入魔数后将继续调用 appendChar()方法依次写入各占 2 个字节的次版本号和主版本号。

poolbuf 变量的定义如下：

```
来源：com.sun.tools.javac.jvm.ClassWriter
static final int POOL_BUF_SIZE = 0x1fff0;
ByteBuffer poolbuf = new ByteBuffer(POOL_BUF_SIZE);
```

ByteBuffer 对象 poolbuf 中的字节数组 elems 的大小指定为 POOL_BUF_SIZE。

18.3 常 量 池

紧接着版本号之后是常量池，常量池由常量池数量与常量池数组组成。常量池数组中允许存储的常量池项有 14 种，如表 18-2 所示。

表 18-2 常量池项

类 型	标 志	描 述
CONSTANT_Utf8_info	1	UTF-8编码的字符串
CONSTANT_Integer_info	3	整型字面量
CONSTANT_Float_info	4	浮点型字面量

（续）

类　　型	标　　志	描　　述
CONSTANT_Long_info	5	长整型字面量
CONSTANT_Double_info	6	双精度浮点型字面量
CONSTANT_Class_info	7	类或接口的符号引用
CONSTANT_String_info	8	字符串类型字面量
CONSTANT_Fieldref_info	9	字段的符号引用
CONSTANT_Methodref_info	10	类中方法的符号引用
CONSTANT_InterfaceMethodref_info	11	接口中方法的符号引用
CONSTANT_NameAndType_info	12	字段或方法的符号引用
CONSTANT_MethodType_info	15	表示方法类型
CONSTANT_MethodHandle_info	16	表示方法句柄
CONSTANT_InvokeDynamic_info	18	表示一个动态方法调用点

JDK 1.7 版本的 Javac 没有支持表 18-2 中的后 3 个常量池项，因此不支持动态语言相关的特性。

在第 16 章中已介绍过，在为方法生成字节码指令的过程中，会将所有需要存储的常量池信息保存到 ClassSymbol 对象的 pool 变量中，在 writeClassFile()方法中只需要调用 writePool()方法将 pool 中存储的常量池信息按要求的格式写入 poolbuf 中即可。

在 ClassWriter 类的 writeClassFile()方法中写入魔数及版本号后，紧接着就会写入常量池信息，相关的实现代码如下：

```
来源：com.sun.tools.javac.jvm.ClassWriter
writePool(c.pool);
```

其中，c 就是 ClassSymbol 对象。调用的 writePool()方法的实现代码如下：

```
来源：com.sun.tools.javac.jvm.ClassWriter
void writePool(Pool pool) throws PoolOverflow, StringOverflow {
    int poolCountIdx = poolbuf.length;
    poolbuf.appendChar(0);
    int i = 1;
    while (i < pool.pp) {
        Object value = pool.pool[i];
        if (value instanceof Pool.Method)
            value = ((Pool.Method)value).m;
        else if (value instanceof Pool.Variable)
            value = ((Pool.Variable)value).v;

        if (value instanceof MethodSymbol) {
            MethodSymbol m = (MethodSymbol)value;
            poolbuf.appendByte((m.owner.flags() & INTERFACE) != 0
                    ? CONSTANT_InterfaceMethodref
```

```
                    : CONSTANT_Methodref);
          poolbuf.appendChar(pool.put(m.owner));
          poolbuf.appendChar(pool.put(nameType(m)));
        } else if (value instanceof VarSymbol) {
          VarSymbol v = (VarSymbol)value;
          poolbuf.appendByte(CONSTANT_Fieldref);
          poolbuf.appendChar(pool.put(v.owner));
          poolbuf.appendChar(pool.put(nameType(v)));
        } else if (value instanceof Name) {
          poolbuf.appendByte(CONSTANT_Utf8);
          byte[] bs = ((Name)value).toUtf();
          poolbuf.appendChar(bs.length);
          poolbuf.appendBytes(bs, 0, bs.length);
        } else if (value instanceof ClassSymbol) {
          ClassSymbol c = (ClassSymbol)value;
          if (c.owner.kind == TYP)
             pool.put(c.owner);
          poolbuf.appendByte(CONSTANT_Class);
          if (c.type.tag == ARRAY) {
             poolbuf.appendChar(pool.put(typeSig(c.type)));
          } else {
             poolbuf.appendChar(pool.put(names.fromUtf
(externalize(c.flatname))));
             enterInner(c);
          }
        } else if (value instanceof NameAndType) {
          NameAndType nt = (NameAndType)value;
          poolbuf.appendByte(CONSTANT_NameandType);
          poolbuf.appendChar(pool.put(nt.name));
          poolbuf.appendChar(pool.put(typeSig(nt.type)));
        } else if (value instanceof Integer) {
          poolbuf.appendByte(CONSTANT_Integer);
          poolbuf.appendInt(((Integer)value).intValue());
        } else if (value instanceof Long) {
          poolbuf.appendByte(CONSTANT_Long);
          poolbuf.appendLong(((Long)value).longValue());
          i++;
        } else if (value instanceof Float) {
          poolbuf.appendByte(CONSTANT_Float);
          poolbuf.appendFloat(((Float)value).floatValue());
        } else if (value instanceof Double) {
          poolbuf.appendByte(CONSTANT_Double);
          poolbuf.appendDouble(((Double)value).doubleValue());
          i++;
        } else if (value instanceof String) {
          poolbuf.appendByte(CONSTANT_String);
          poolbuf.appendChar(pool.put(names.fromString((String)value)));
        } else if (value instanceof Type) {
          Type type = (Type)value;
          if (type.tag == CLASS)
             enterInner((ClassSymbol)type.tsym);
          poolbuf.appendByte(CONSTANT_Class);
          poolbuf.appendChar(pool.put(xClassName(type)));
        }
        i++;
```

```
    }
    putChar(poolbuf, poolCountIdx, pool.pp);
}
```

writePool()方法首先调用 poolbuf.appendChar()方法追加一个 0 值，表示不引用任何一个常量池项。该方法在最后调用了 putChar()方法，这个方法在 ClassWriter 类中的实现代码如下：

```
来源：com.sun.tools.javac.jvm.ClassWriter
void putChar(ByteBuffer buf, int op, int x) {
    buf.elems[op  ] = (byte)((x >>  8) & 0xFF);
    buf.elems[op+1] = (byte)((x      ) & 0xFF);
}
```

将 pool.pp 写入 ByteBuffer 对象的 elems 数组中，具体就是写入到下标为 poolCountIdx 与 poolCountIdx+1 的位置，poolCountIdx 的值是 8，要在 Class 文件的第 8 个和第 9 个字节中写入常量池项的数量，而 pool.pp 保存了常量池项的数量。

writePool()方法循环读取 pool.pool 数组中存储的所有常量池信息，并按照 JVMS 规定的常量池项的格式存储到 poolbuf 缓冲中。下面具体介绍一下各个常量池项的具体结构。

1. CONSTANT_Utf8_info结构

CONSTANT_Utf8_info 的存储结构如表 18-3 所示。

表 18-3　CONSTANT_Utf8_info结构

名　称	类　型	描　述
tag	u1	值为1
length	u2	UTF-8编码的字符串占用的字节数
bytes	u1	长度为length的UTF-8编码的字符串

在 writePool()方法中判断，当 value 是 Name 对象时会写入一个 CONSTANT_Utf8_info 常量池项。调用 appendByte()方法写入 CONSTANT_Utf8，CONSTANT_Utf8 是定义在 ClassFile 类中的常量，值为 1；调用 appendChar()方法写入使用 2 个字节表示的字符串长度；调用 appendBytes()方法保存具体的字符串信息。

2. CONSTANT_Class_info结构

CONSTANT_Class_info 的存储结构如表 18-4 所示。

表 18-4　CONSTANT_Class_info结构

名　称	类　型	描　述
tag	u1	值为7
index	u2	指向全限定名常量项的索引

在 writePool()方法中判断，当 value 是 ClassSymbol 对象或 Type 对象时会写入一个 CONSTANT_Class_info 常量池项。调用 appendByte()方法写入 CONSTANT_Class，CONSTANT_Class 是定义在 ClassFile 类中的常量，值为 7。当 value 为 Type 对象时，调用 xClassName()方法获取类或接口的二进制名称的内部形式并保存到常量池，将常量池索引存储到 poolbuf 中。xClassName()方法的实现代码如下：

```
来源：com.sun.tools.javac.jvm.ClassWriter
public Name xClassName(Type t) {
    if (t.tag == CLASS) {
        return names.fromUtf(externalize(t.tsym.flatName()));
    } else if (t.tag == ARRAY) {
        return typeSig(types.erasure(t));
    }
}
```

当方法参数 t 为类或接口时，二进制名称的内部形式都是以斜杠“/”作为分割符的，因此获取到 flatname 后直接调用 externalize()方法将点号“.”分割替换为斜杠“/”分割即可；当方法参数 t 为数组时，首先调用 types.erasure()方法进行泛型擦除，然后调用 typeSig()方法获取数组的描述符。由于 typeSig()方法可以获取描述符或签名，实现相对复杂，因而将在第 18.8 节详细介绍。

当 value 为 ClassSymbol 对象时，如果当前类是成员类，还需要将 c.owner 的信息存储到常量池中，剩下相关信息的写入与 value 为 Type 对象时类似，这里不再过多介绍。

3. CONSTANT_Fieldref_info结构

CONSTANT_Fieldref_info 的存储结构如表 18-5 所示。

表 18-5　CONSTANT_Fieldref_info结构

名　称	类　型	描　述
tag	u1	9
index	u2	指向声明字段的类或者接口描述符CONSTANT_Class_info的索引项
index	u2	指向字段描述符CONSTANT_NameAndType的索引项

在 writePool()方法中判断，当 value 是 VarSymbol 对象时会写入一个 CONSTANT_Fieldref_info 常量池项。调用 appendByte()方法写入 CONSTANT_Fieldref，CONSTANT_Fieldref 是定义在 ClassFile 类中的常量，值为 9；调用 appendChar()方法写入声明当前字段的类或者接口描述符 CONSTANT_Class_info 的索引项；调用 appendChar()方法写入字段描述符 CONSTANT_NameAndType 的索引，不过首先需要调用 nameType()方法以获取表示字段描述符 CONSTANT_NameAndType 的 NameAndType 对象并保存到常量池中。nameType()方法的实现代码如下：

```
来源：com.sun.tools.javac.jvm.ClassWriter
NameAndType nameType(Symbol sym) {
```

```
    return new NameAndType(fieldName(sym),sym.externalType(types));
}
```

调用 fieldName()方法获取符号名称，对于 VarSymbol 对象来说，直接取 name 的值即可，调用 sym.externalType()方法获取符号对应的类型，然后创建一个 NameAndType 对象并返回。

4. CONSTANT_Methodref_info和CONSTANT_InterfaceMethodref_info结构

CONSTANT_Methodref_info 与 CONSTANT_InterfaceMethodref_info 的存储结构如表 18-6 所示。

表 18-6　CONSTANT_Methodref_info与CONSTANT_InterfaceMethodref_info结构

常　量	名　称	类　型	描　述
CONSTANT_Methodref_info	tag	u1	值为10
	index	u2	指向声明方法的类描述符CONSTANT_Class_info的索引项
	index	u2	指向名称及类型描述符CONSTANT_Class_info的索引项
CONSTANT_InterfaceMethodref_info	tag	u1	值为11
	index	u2	指向声明方法的类描述符CONSTANT_Class_info的索引项
	index	u2	指向名称及类型描述符CONSTANT_Class_info的索引项

在 writePool()方法中判断，当 value 是 MethodSymbol 对象时写入 CONSTANT_Methodref_info 或 CONSTANT_InterfaceMethodref_info 常量池项，当 value 所表示的方法定义在接口中时写入 CONSTANT_InterfaceMethodref_info 项，否则写入 CONSTANT_Methodref_info 项。writePool()方法严格按照表 18-6 所示的常量池项结构写入了各个属性的值。

5. CONSTANT_NameAndType_info结构

CONSTANT_NameAndType_info 的存储结构如表 18-7 所示。

表 18-7　CONSTANT_NameAndType_info存储结构

名　称	类　型	描　述
tag	u1	值为12
index	u2	指向该字段或方法名称常量项的索引
index	u2	指向该字段或方法描述符常量项的索引

在 writePool()方法中判断，当 value 是 NameAndType 对象时写入 CONSTANT_NameAndType_info 常量池项，在写入字段或方法描述符常量项的索引时，首先调用 typeSig()方法以获取字段或方法描述符并存储到常量池，然后将常量池索引写入 poolbuf 中。

6. 表示字符量的常量池项

能够表示字面量的常量池项共有 5 个，分别为 CONSTANT_Integer_info、CONSTANT_Long_info、CONSTANT_Float_info、CONSTANT_Double_info 与 CONSTANT_String_info，它们的存储结构如表 18-8 所示。

表 18-8　表示字面量的常量池项存储结构

常　　量	名　　称	类　　型	描　　述
CONSTANT_Integer_info	tag	u1	值为3
	bytes	u4	按照高位在前存储的int值
CONSTANT_Float_info	tag	u1	值为4
	bytes	u8	按照高位在前存储的float值
CONSTANT_Long_info	tag	u1	值为5
	bytes	u4	按照高位在前存储的long值
CONSTANT_Double_info	tag	u1	值为6
	bytes	u8	按照高位在前存储的double值
CONSTANT_String_info	tag	u1	值为8
	index	u2	指向字符串字面量的索引

在 writePool()方法中判断 value 的类型并写入对应的常量池项，实现非常简单，只要按照对应常量池项的结构写入各个属性的值即可，不过在存储 int、long、float 与 double 类型的值时会按照高位在前进行存储，而字符串字面量存储时只存储常量池索引。

18.4　类定义的基本信息

写入常量池信息后就会继续写入类定义的基本信息，如访问标识符、当前类、当前类的父类及当前类实现的接口等信息。

18.4.1　访问标识符

当前类的访问标识 access_flags 用 2 个字节来表示，2 个字节共有 16 个位，每个位都可以代表一个标志，16 个标志位中的 8 个代表了这个类的一些性质，其余的 8 个未用到的标志位一律置为 0。相关标志位的说明如表 18-9 所示。

表 18-9　类的访问标志

标志名称	标志值	描　述
ACC_PUBLIC	0x0001	类声明为public
ACC_FINAL	0x0010	类声明为final
ACC_SUPER	0x0020	是否允许使用invokespecial字节码指令的新语义，JDK 1.0.2之后编译出来的类都需要设置这个标志
ACC_INTERFACE	0x0200	标识为接口类型
ACC_ABSTRACT	0x0400	标识为抽象类型，接口与抽象类都需要设置此标志
ACC_SYNTHETIC	0x1000	标识这个类由Javac等编译器生成
ACC_ANNOTATION	0x2000	标识这是一个注解类型
ACC_ENUM	0x4000	标识这是一个枚举类型

表 18-9 中列出的具有相同含义的标志值与 Flags 类中预定义的常量名称对应的常量值基本一致，因此可以直接使用 Symbol 对象的 flags_field 变量中保存的值。在 Flags 类中预先定义的常量名称及对应的常量值如下：

```
来源：com.sun.tools.javac.code.Flags
public static final int PUBLIC       = 1<<0; // 0x0001
public static final int FINAL        = 1<<4; // 0x0010
public static final int SYNCHRONIZED = 1<<5; // 0x0020
public static final int INTERFACE    = 1<<9; //  0x0200
public static final int ABSTRACT     = 1<<10; // 0x0400
public static final int SYNTHETIC    = 1<<12; // 0x1000
public static final int ANNOTATION   = 1<<13; // 0x2000
public static final int ENUM         = 1<<14; // 0x4000
```

需要注意的是，在 Flags 类中常量值 0x0020 表示的是 SYNCHRONIZED，而对于类来说，flags_field 中含有的应该是 ACC_SUPER，而 ACC_SUPER 又不能在 Java 源代码中显式标注，因此 Javac 在写入时会给每个类添加 ACC_SUPER。

writeClassFile()方法对标志处理相关的实现代码如下：

```
来源：com.sun.tools.javac.jvm.ClassWriter
databuf.reset();
int flags = adjustFlags(c.flags());
if ((flags & PROTECTED) != 0)
   flags |= PUBLIC;
flags = flags & ClassFlags & ~STRICTFP;
if ((flags & INTERFACE) == 0)
   flags |= ACC_SUPER;
if (c.isInner() && c.name.isEmpty())
```

```
    flags &= ~FINAL;
databuf.appendChar(flags);
```

将类定义的基本信息写入 ByteBuffer 对象 databuf 中进行保存，databuf 变量的定义如下：

```
来源：com.sun.tools.javac.jvm.ClassWriter
static final int DATA_BUF_SIZE = 0x0fff0;
ByteBuffer databuf = new ByteBuffer(DATA_BUF_SIZE);
```

在 writeClassFile()方法中首先调用 adjustFlags()方法调整 ClassSymbol 对象 c 的 flags_field 变量的值，得到 flags 后将继续进行调整。

如果 flags 中含有 PROTECTED 时就更改为 PUBLIC，因为类在写入时没有 PROTECTED。

对 flags 与 ClassFlags 做与操作，主要保证 flags 中所有取自 Flags 类中的修饰符对于类来说都是合法修饰符，去掉 STRICTFP，因为类在写入时，没有这个修饰符。

如果当前处理的是类，就添加 ACC_SUPER。如果 c 是匿名内部类，则去掉 FINAL，最后调用 databuf.appendChar()方法将 flags 追加到 databuf 缓冲中。

adjustFlags()方法的实现代码如下：

```
来源：com.sun.tools.javac.jvm.ClassWriter
int adjustFlags(final long flags) {
    int result = (int)flags;
    if ((flags & SYNTHETIC) != 0 && !target.useSyntheticFlag())
        result &= ~SYNTHETIC;
    if ((flags & ENUM) != 0 && !target.useEnumFlag())
        result &= ~ENUM;
    if ((flags & ANNOTATION) != 0 && !target.useAnnotationFlag())
        result &= ~ANNOTATION;
    return result;
}
```

由于 SYNTHETIC、ENUM 和 ANNOTATION 是 Class 文件版本号为 49.0 时才添加上去的，因而当 flags 中含有这些标志并且当前的版本号小于 JDK 1.5（JDK 1.5 版本对应的 Class 文件版本号就是 49.0）时要去掉这些标志。如果当前的版本号小于 JDK 1.5，则调用 target 的 useSyntheticFlag()、useEnumFlag()与 useAnnotationFlag()方法会返回 false。

18.4.2 类、父类及接口集合

writeClassFile()方法在写完类的访问标识符后会继续写入类、父类、接口数量和接口数组信息，相关的实现代码如下：

```
来源：com.sun.tools.javac.jvm.ClassWriter
pool = c.pool;
Type supertype = types.supertype(c.type);
List<Type> interfaces = types.interfaces(c.type);
databuf.appendChar(pool.put(c));
databuf.appendChar(supertype.tag == CLASS ? pool.put(supertype.tsym) : 0);
databuf.appendChar(interfaces.length());
for (List<Type> l = interfaces; l.nonEmpty(); l = l.tail)
    databuf.appendChar(pool.put(l.head.tsym));
```

writeClassFile()方法的实现相对简单，不过在写入父类时，如果当前类没有父类，如 Object 类没有父类时写入 0 值，而 0 指向常量池中第 0 项，表示不引用任何常量池项。

18.5 字段集合

writeClassFile()方法在写完类、父类、接口数量和接口数组信息后，接着会写入字段数量和字段数组，字段数组中存储的是字段表，表 18-10 列出了字段表的具体结构。

表 18-10　字段表结构

类　型	名　称	数　量	类　型	名　称	数　量
u2	access_flags	1	u2	attributes_count	1
u2	name_index	1	attribute_info	attributes	attributes_count
u2	descriptor_index	1			

其中，access_flags 表示的是字段修饰符，可以设置的标志位及相关描述如表 18-11 所示。

表 18-11　字段的访问标志

访问标志	标　志　值	描　述
ACC_PUBLIC	0x0001	字段声明为public
ACC_PRIVATE	0x0002	字段声明为private
ACC_PROTECTED	0x0004	字段声明为protected
ACC_STATIC	0x0008	字段声明为static
ACC_FINAL	0x0010	字段声明为final
ACC_VOLATILE	0x0040	字段声明为volatile
ACC_TRANSIENT	0x0080	字段声明为transient
ACC_SYNTHETIC	0x1000	字段由编译器生成
ACC_ENUM	0x4000	枚举类型字段

表 18-11 中列出的字段访问标志与类的访问标志类似，不过字段允许的访问标志更多一些，比如允许使用 ACC_PRIVATE、ACC_PROTECTED 等标志。表 18-11 中列出的具有相同含义的标志值与 Flags 类中预定义的常量名称对应的常量值严格一致，因此在写入 access_flags 时可直接取 Symbol 对象的 flags_field 变量的值即可。

字段表结构中 attributes 属性的类型为 attribute_info，在 Class 文件中的类、字段表及方法表中都可以有自己的属性表集合，其中可能出现在字段表中的一些属性如表 18-12 所示。

表 18-12　字段表中的属性

属性名称	含　义
ConstantValue	final关键字定义的常量值
Deprecated	被声明为deprecated的字段与方法
Signature	记录泛型签名信息
Synthetic	标识类、方法或者字段由编译器生成
RuntimeVisibleAnnotations	为动态注解提供支持，指明注解在运行时可见
RuntimeInvisibleAnnotations	为动态注解提供支持，指明注解在运行时不可见

本书在第 8 章中只介绍了插入式注解，并没有再详细介绍注解的类型表示、语义验证等相关实现，因此这里也不再对注解相关的属性 RuntimeVisibleAnnotations 与 RuntimeInvisibleAnnotations 进行详细介绍，读者可自行阅读 Javac 源代码了解具体的实现。

下面介绍一下主要的 4 个属性的具体结构。

1. ConstantValue属性

ConstantValue 属性的结构如表 18-13 所示。

表 18-13　ConstantValue属性的结构

类　型	名　称	数　量
u2	attribute_name_index	1
u4	attribute_length	1
u2	constantvalue_index	1

ConstantValue 是一个定长属性，其中，attribute_length 的值必须是 2。constantvalue_index 保存常量池索引，但具体指向常量池哪个具体的项由字段的类型决定。

2. Deprecated及Synthetic属性

Deprecated 与 Synthetic 属性仅起标识作用，不包含任何数据，具体的结构如表 18-14 所示。

表 18-14　Deprecated及Synthetic属性的结构

类　型	名　称	数　量
u2	attribute_name_index	1
u4	attribute_length	1

由于不包含任何数据，因而 attribute_length 的值为 0。Deprecated 属性用于标识那些已经不建议使用的类、接口、字段或方法，Javac 等编译器可以根据 Deprecated 属性输出警告信息。Synthetic 属性标识字段或方法并不是由 Java 源代码直接产生的，而是由 Javac 等编译器生成的信息，如在第 15 章中介绍对本地类解语法糖时，如果本地类引用了自由变量，在解语法糖过程中会在本地类中合成自由变量对应的成员变量，这些成员变量都会含有 Synthetic 属性。

3．Signature属性

Signature 是可选的定长属性，结构如表 18-15 所示。

表 18-15　Signature属性的结构

类　型	名　称	数　量
u2	attribute_name_index	1
u4	attribute_length	1
u2	signature_index	1

Signature 属性可以保存字段、方法和类型定义中的签名。签名是用于描述字段、方法和类型定义中的泛型信息的字符串。在生成字节码指令时使用的是擦除泛型后的信息，因此在运行时泛型并不参与，但 Javac 等编译器仍然需要将泛型相关的信息写入 Class 文件，这样可以辅助实现一些功能，如反射、类型推断或跟踪调试等。

在 writeClassFile()方法中写入字段信息的相关实现代码如下：

```
来源：com.sun.tools.javac.jvm.ClassWriter
int fieldsCount = 0;
for (Scope.Entry e = c.members().elems; e != null; e = e.sibling) {
    switch (e.sym.kind) {
    case VAR: fieldsCount++; break;
    }
}
databuf.appendChar(fieldsCount);
writeFields(c.members().elems);
```

计算 c 中定义的字段数量并追加到 databuf 中，接着调用 writeFields()方法按表 18-10 的结构写入每个字段的具体信息。writeFields()方法的实现代码如下：

```
来源：com.sun.tools.javac.jvm.ClassWriter
void writeFields(Scope.Entry e) {
    List<VarSymbol> vars = List.nil();
    for (Scope.Entry i = e; i != null; i = i.sibling) {
        if (i.sym.kind == VAR)
            vars = vars.prepend((VarSymbol)i.sym);
    }
    while (vars.nonEmpty()) {
        writeField(vars.head);
```

```
        vars = vars.tail;
    }
}
```

循环类中定义的所有成员，然后将成员变量保存到 vars 列表中。对 vars 列表中保存的每个 VarSymbol 对象调用 writeField()方法进行处理，这个方法的实现代码如下：

```
来源：com.sun.tools.javac.jvm.ClassWriter
void writeField(VarSymbol v) {
    int flags = adjustFlags(v.flags());
    databuf.appendChar(flags);
    databuf.appendChar(pool.put(fieldName(v)));
    databuf.appendChar(pool.put(typeSig(v.erasure(types))));
    int acountIdx = beginAttrs();
    int acount = 0;
    if (v.getConstValue() != null) {
        int alenIdx = writeAttr(names.ConstantValue);
        databuf.appendChar(pool.put(v.getConstValue()));
        endAttr(alenIdx);
        acount++;
    }
    acount += writeMemberAttrs(v);
    endAttrs(acountIdx, acount);
}
```

写入字段的修饰符，在写入前需要调用 adjustFlags()方法对字段修饰符进行调整，之前在写入类的修饰符时介绍过此方法，不过对于字段来说，只判断 SYNTHETIC 与 ENUM 即可，因为字段不会有 ANNOTATION；写入字段名称，还是通过调用 pool.put()方法来获取到变量名称在常量池中存储的索引，然后写入 databuf 中；写入字段类型信息的描述符，调用 typeSig()方法获取的描述符可以用来描述泛型相关的信息；写入 ConstantValue 属性及调用 writeMemberAttrs()方法写入 Deprecated、Synthetic 和 Signature 属性，不过在写入这些属性之前需要调用 beginAttrs()方法，这个方法的实现代码如下：

```
来源：com.sun.tools.javac.jvm.ClassWriter
int beginAttrs() {
    databuf.appendChar(0);
    return databuf.length;
}
```

向 databuf 中追加一个 0，主要是为 attributes_count 属性留出一个空间，因为现在属性的数量还是一个未知数。当处理完所有的属性后就可以调用 endAttrs()方法更新 attributes_count 属性的值了。endAttrs()方法的实现代码如下：

```
来源：com.sun.tools.javac.jvm.ClassWriter
void endAttrs(int index, int count) {
    putChar(databuf, index - 2, count);
}
```

在 writeField()方法中，当调用 v.getConstValue()方法获取的值不为 null 时表示是一个编译时常量，需要写入 ConstantValue 属性。writeAttr()方法的实现代码如下：

```
来源：com.sun.tools.javac.jvm.ClassWriter
int writeAttr(Name attrName) {
    databuf.appendChar(pool.put(attrName));
    databuf.appendInt(0);
    return databuf.length;
}
```

写入 attribute_name_index 及 attribute_length，不过 attribute_length 的值为 0，因为目前还不能得出属性值的具体长度，等到写入 constantvalue_index 后再更新此值。在 writeField()方法中向 databuf 写入常量值存储在常量池中的索引，之后调用 endAttr()方法更新 attribute_length 的值，endAttr()方法的实现代码如下：

```
来源：com.sun.tools.javac.jvm.ClassWriter
void endAttr(int index) {
    putInt(databuf, index - 4, databuf.length - index);
}
```

在 writeField()方法中调用 writeMemmberAttrs()方法会写入 Deprecated、Synthetic 和 Signature 属性，这个方法的实现代码如下：

```
来源：com.sun.tools.javac.jvm.ClassWriter
int writeMemberAttrs(Symbol sym) {
    int acount = writeFlagAttrs(sym.flags());
    long flags = sym.flags();
    if (
      source.allowGenerics() &&                         // 允许使用泛型
      (flags & (SYNTHETIC|BRIDGE)) != SYNTHETIC && // 不为桥方法
      (flags & ANONCONSTR) == 0 &&                      // 不为匿名类构造方法
      // 含有泛型相关的信息
      (!types.isSameType(sym.type, sym.erasure(types)) || hasTypeVar(sym.
type.getThrownTypes()))
     ){
       int alenIdx = writeAttr(names.Signature);
       databuf.appendChar(pool.put(typeSig(sym.type)));
       endAttr(alenIdx);
       acount++;
    }
    return acount;
}
```

调用 writeFlagAttrs()方法写入 Deprecated 及 Synthetic 属性，而当前方法主要写入 Signature 属性，不过在写入 Signature 属性前需要进行判断，只有确定当前版本的 JDK 允许使用泛型并且描述的字段类型信息中含有泛型时才会写入，这个方法不但会写入字段类型的信息，还会写入方法类型的信息。因此，如果方法的形式参数或抛出的异常含有泛型相关的类型时，同样会写入 Signature 属性，对于匿名类的构造方法和桥方法来说，由于不含泛型相关的信息，因而直接排除。

writeMemberAttrs()方法调用的 writeFlagAttrs()方法的实现代码如下：

```
来源：com.sun.tools.javac.jvm.ClassWriter
int writeFlagAttrs(long flags) {
```

```
        int acount = 0;
        if ((flags & DEPRECATED) != 0) {
            int alenIdx = writeAttr(names.Deprecated);
            endAttr(alenIdx);
            acount++;
        }
        if ((flags & SYNTHETIC) != 0 && !target.useSyntheticFlag()) {
            int alenIdx = writeAttr(names.Synthetic);
            endAttr(alenIdx);
            acount++;
        }
        return acount;
    }
```

写入 Deprecated 及 Synthetic 属性相对简单，因为这两个属性没有属性值，所以调用 writeAttr()与 endAttr()方法写入 attribute_name_index 与 attribute_length。

18.6 方法集合

writeClassFile()方法在写完字段数量和字段数组后，接着会写入方法数量和方法数组，在方法数组中存储的是方法表，表 18-16 列出了方法表的具体结构。

表 18-16 方法表的结构

类　型	名　称	数　量	类　型	名　称	数　量
u2	access_flags	1	u2	attributes_count	1
u2	name_index	1	attribute_info	attributes	attributes_count
u2	descriptor_index	1			

其中，access_flags 表示方法的修饰符，可以设置的标志位如表 18-17 所示。

表 18-17 方法的访问标志

访 问 标 志	标 志 值	描　述
ACC_PUBLIC	0x0001	方法声明为public
ACC_PRIVATE	0x0002	方法声明为private
ACC_PROTECTED	0x0004	方法声明为protected
ACC_STATIC	0x0008	方法声明为static
ACC_FINAL	0x0010	方法声明为final
ACC_SYNCHRONIZED	0x0020	方法声明为synchronized
ACC_BRIDGE	0x0040	由Javac等编译器生成的桥接方法

（续）

访问标志	标志值	描述
ACC_VARARGS	0x0080	方法参数中含有变长参数
ACC_NATIVE	0x0100	方法声明为native
ACC_ABSTRACT	0x0400	方法声明为abstract
ACC_STRICT	0x0800	方法声明为strictfp
ACC_SYNTHETIC	0x1000	方法由Javac等编译器生成

表 18-17 中列出的具有相同含义的标志值与 Flags 类中预定义的常量名称对应的常量值大部分一致，对于 Flags 类中常量值为 0x0040 与 0x0080 表示的是字段标识符 VOLATILE 与 TRANSIENT，具体定义如下：

```
来源：com.sun.tools.javac.code.Flags
public static final int VOLATILE    = 1<<6;
public static final int TRANSIENT   = 1<<7;
```

其中，1<<6 的十六进制表示为 0x0040，而 1<<7 的十六进制表示为 0x0080，在 Flags 类中与表 18-17 中的 ACC_BRIDGE 与 ACC_VARARGS 对应的是 BRIDGE 与 VARARGS，具体定义如下：

```
来源：com.sun.tools.javac.code.Flags
public static final long BRIDGE    = 1L<<31;
public static final long VARARGS   = 1L<<34;
```

在 writeMethod()方法中写入每个方法的具体信息时，首先会调用 adjustFlags()方法调整 c.flags_field 的值，adjustFlags()方法的实现代码如下：

```
来源：com.sun.tools.javac.jvm.ClassWriter
int adjustFlags(final long flags) {
   int result = (int)flags;
   if ((flags & SYNTHETIC) != 0  && !target.useSyntheticFlag())
      result &= ~SYNTHETIC;
   if ((flags & BRIDGE) != 0  && target.useBridgeFlag())
      result |= ACC_BRIDGE;
   if ((flags & VARARGS) != 0 && target.useVarargsFlag())
      result |= ACC_VARARGS;
   return result;
}
```

可以看到，在 adjustFlags()中会将 Flags 类中定义的 BRIDGE 与 VARARGS 常量值，替换为 ACC_BRIDGE 与 ACC_VARARGS 的标志值。

attributes 属性的类型为 attribute_info，在方法表中可以有自己的属性表集合，其中可能出现在方法表中的一些属性如表 18-18 所示。

表 18-18　方法表中的属性

属性名称	含义
Code	存储方法中字节码指令及其他相关的信息
Exceptions	存储方法抛出的异常
RuntimeVisibleParameterAnnotations	作用与RuntimeVisibleAnnotations属性类似，只不过作用对象为方法参数
RuntimeInvisibleParameterAnnotations	作用与RuntimeInvisibleAnnotations属性类似，只不过作用对象为方法参数
AnnotationDefault	记录注解类元素的默认值
Deprecated	被声明为deprecated的字段与方法
Signature	记录泛型签名信息
Synthetic	标识类、方法或者字段由Javac等编译器生成
RuntimeVisibleAnnotations	为动态注解提供支持，指明注解在运行时可见
RuntimeInvisibleAnnotations	为动态注解提供支持，指明注解在运行时不可见

表 18-18 中的最后 5 个属性在前面已经介绍过，这里不再介绍。RuntimeVisibleParameterAnnotations、RuntimeInvisibleParameterAnnotations 与 AnnotationDefault 是注解相关的属性，这里不做介绍。下面重点介绍 Code 与 Exceptions 属性。

1．Code属性

在第 16 章与第 17 章中介绍过，方法中的一系列语句一般都会被编译为字节码指令存放到对应 MethodSymbol 对象的 code 字节数组中，code 字节数组中的内容最终会写入 Class 文件方法表的 Code 属性中，Code 属性的结构如表 18-19 所示。

表 18-19　Code属性结构

类　型	名　称	数　量
u2	attribute_name_index	1
u4	attribute_length	1
u2	max_stack	1
u2	max_locals	1
u4	code_length	1
u1	code	code_length

（续）

类　型	名　称	数　量
u2	exception_table_length	1
exception_info	exception_table	exception_table_length
u2	attributes_count	1
attribute_info	attributes	attributes_count

max_stack 与 max_locals 两个属性分别表示操作数栈深度的最大值与局部变量表所需的最大存储空间；code_length 与 code 存储 Javac 等编译器生成的字节码指令，其中 code_length 保存字节码长度，而 code 存储的就是在第 16 章与第 17 章讲解的一系列字节码指令编码及操作数；exception_table_length 与 exception_table 存储方法的异常处理表信息，exception_table_length 指出异常处理表成员的数量；attributes_count 与 attributes 存储 Code 属性的属性信息，这里允许的属性如表 18-20 所示。

表 18-20　Code中允许的属性

类　型	含　义
LineNumberTable	Java源代码中的行号与字节码指令的对应关系
LocalVariableTable	方法的形式参数列表相关的信息，包括有对实例方法中隐式变量this的描述
LocalVariableTypeTable	与LocalVariableTable相似，但是使用了签名来代替LocalVariableTable中的描述符
StackMapTable	为Java虚拟机的类型验证提供相关信息

这些属性的实现并不复杂，在 Javac 中的某些编译阶段会为生成这几个属性准备相关的数据。由于之前没有介绍相关的实现，因而这里也不再介绍这些属性。

2. Exceptions属性

Exceptions 是变长属性，记录方法抛出的异常表。Exceptions 属性结构如表 18-21 所示。

表 18-21　Exceptions属性的格式

类　型	名　称	数　量
u2	attribute_name_index	1
u4	attribute_length	1
u2	number_of_exceptions	1
u2	exception_index_table	number_of_exceptions

exception_index_table 保存的索引指向常量池中的 CONSTANT_Class_info 项，表示受检查的异常。在 writeClassFile()方法中的相关实现代码如下：

```
来源：com.sun.tools.javac.jvm.ClassWriter
int methodsCount = 0;
for (Scope.Entry e = c.members().elems; e != null; e = e.sibling) {
    switch (e.sym.kind) {
    case MTH:
        if ((e.sym.flags() & HYPOTHETICAL) == 0)
            methodsCount++;
        break;
    }
}
databuf.appendChar(methodsCount);
writeMethods(c.members().elems);
```

计算 c 中定义的方法数量 methodsCount 并保存到 databuf 中，接着调用 writeMethods()方法按表 18-16 的结构对方法相关信息进行写入，这个方法的实现代码如下：

```
来源：com.sun.tools.javac.jvm.ClassWriter
void writeMethods(Scope.Entry e) {
    List<MethodSymbol> methods = List.nil();
    for (Scope.Entry i = e; i != null; i = i.sibling) {
        if (i.sym.kind == MTH && (i.sym.flags() & HYPOTHETICAL) == 0)
            methods = methods.prepend((MethodSymbol)i.sym);
    }
    while (methods.nonEmpty()) {
        writeMethod(methods.head);
        methods = methods.tail;
    }
}
```

writeMethods() 方法与 writeFields() 方法的实现类似，不过不需要为有 HYPOTHETICAL 标识的方法生成字节码，因为有这个标识的方法仅是为了在泛型擦写过程中进行冲突检查。调用 writeMethod()方法处理每个 MethodSymbol 对象，这个方法的实现代码如下：

```
来源：com.sun.tools.javac.jvm.ClassWriter
void writeMethod(MethodSymbol m) {
    int flags = adjustFlags(m.flags());
    databuf.appendChar(flags);
    databuf.appendChar(pool.put(fieldName(m)));
    databuf.appendChar(pool.put(typeSig(m.externalType(types))));
    int acountIdx = beginAttrs();
    int acount = 0;
    if (m.code != null) {
        int alenIdx = writeAttr(names.Code);
        writeCode(m.code);
        m.code = null; // to conserve space
        endAttr(alenIdx);
        acount++;
    }
```

```
    List<Type> thrown = m.erasure(types).getThrownTypes();
    if (thrown.nonEmpty()) {
        int alenIdx = writeAttr(names.Exceptions);
        databuf.appendChar(thrown.length());
        for (List<Type> l = thrown; l.nonEmpty(); l = l.tail)
            databuf.appendChar(pool.put(l.head.tsym));
        endAttr(alenIdx);
        acount++;
    }
    ...
    acount += writeMemberAttrs(m);
    endAttrs(acountIdx, acount);
}
```

调用 adjustFlags()方法写入 Synthetic 属性，接着写入 Code 与 Exceptions 属性，最后调用 writeMembersAttrs()方法写入 Deprecated 与 Signature 属性。

当 m.code 的值不为空时，则需要写入 Code 属性。调用 writeCode()方法写入 attribute_name_indext 和 attribute_length，接着调用 writeCode()方法填充剩余的属性。

当 m 所表示的方法有异常抛出，即 thrown 列表不为空时，需要写入 Exceptions 属性。在获取异常类型列表时，首先要调用 m.erasure()方法进行泛型类型擦除，因为在运行时不含有泛型相关的信息。

写入 Code 属性的 writeCode()方法的实现代码如下：

```
来源：com.sun.tools.javac.jvm.ClassWriter
void writeCode(Code code) {
    databuf.appendChar(code.max_stack);
    databuf.appendChar(code.max_locals);
    databuf.appendInt(code.cp);
    databuf.appendBytes(code.code, 0, code.cp);
    databuf.appendChar(code.catchInfo.length());
    for (List<char[]> l = code.catchInfo.toList();l.nonEmpty();l = l.tail) {
        for (int i = 0; i < l.head.length; i++)
            databuf.appendChar(l.head[i]);
    }
}
```

代码实现相对简单，因为 Code 属性中各个变量的值都已经在第 16 章及 17 章中生成字节码指令时计算好了，直接从 Code 中获取并填充即可。

由于 Code 属性也能含有属性信息，因而这个方法还会通过判断来决定是否写入 LineNumberTable、LocalVariableTable 或 StackMapTable 属性。

18.7　类属性集合

Class 文件在 JLS 7 版本中预定义了 21 项属性。每个类、方法或字段，甚至作为预定义属性的 Code 属性也可以有自己的属性表集合。之前已经介绍了方法和字段上的属性，下面介绍类上可以出现的属性，这些属性如表 18-22 所示。

表 18-22　类中的属性

属性名称	含　义
EnclosingMethod	在方法中定义类时，这个类具有此属性，标识这个类的外围方法
InnerClasses	内部类列表
SourceFile	记录Java源文件的名称
SourceDebugExtension	存储额外的调试信息
BootstrapMethods	保存invokedynamic指令引用的引导方法限定符
Signature	记录泛型签名信息
Synthetic	标识类、方法或者字段由Javac编译器生成
RuntimeVisibleAnnotations	为动态注解提供支持，指明注解在运行时可见
RuntimeInvisibleAnnotations	为动态注解提供支持，指明注解在运行时不可见
Deprecated	被声明为deprecated的字段与方法

表 18-22 中最后 5 个属性的具体格式在介绍字段或方法属性时已经介绍过了，Source DebugExtension 及 BootstrapMethods 属性在 JDK 1.7 版本的 Javac 中没有提供支持，因此这里不再介绍这两个属性。下面介绍剩余的属性。

1. EnclosingMethod属性

EnclosingMethod 属性是可选的定长属性。当且仅当类为本地类或者匿名类时，才能有 EnclosingMethod 属性，且一个类最多只能有一个 EnclosingMethod 属性。这个属性的结构如表 18-23 所示。

表 18-23　EnclosingMethod属性结构

类　型	名　称	数　量
u2	attribute_name_index	1
u4	attribute_length	1
u2	class_index	1
u2	method_index	1

class_index 是指向常量池的一个有效索引，常量池在该索引处的成员必须是 CONSTANT_Class_info 项，表示包含当前类声明的最内层类。如果当前类不是在某个方法中直接包含，那么 method_index 的值为 0，否则 method_index 的值必须是对常量池的一个有效索引，常量池在该索引处的项必须是 CONSTANT_NameAndType_info 项，表示由 class_index 引用的类的对应方法的方法名和方法类型。

在 writeClassFile()方法中调用 writeEnclosingMethodAttribute()方法写入 Enclosing Method 属性，该方法的实现代码如下：

```
来源：com.sun.tools.javac.jvm.ClassWriter
int writeEnclosingMethodAttribute(ClassSymbol c) {
    if (!target.hasEnclosingMethodAttribute() || c.owner.kind != MTH &&
c.name != names.empty)
        return 0;

    int alenIdx = writeAttr(names.EnclosingMethod);
    ClassSymbol enclClass = c.owner.enclClass();
    MethodSymbol enclMethod = (c.owner.type == null || c.owner.kind != MTH)
        ? null
        : (MethodSymbol)c.owner;
    databuf.appendChar(pool.put(enclClass));
    databuf.appendChar(enclMethod == null ? 0 : pool.put(nameType(c.owner)));
    endAttr(alenIdx);
    return 1;
}
```

EnclosingMethod 属性从 JDK 1.5 版本开始支持，因此要确保编译后的 Class 文件版本大于等于 JDK 1.5，并且要保证当 c 为本地类或者匿名类时才生成 EnclosingMethod 属性。在计算局部变量 enclMethod 时要确保当前类是在某个方法中直接包含，如果不是直接包含，则 enclMethod 的值将为 null。举个例子如下：

【实例 18-1】

```
class Test{
    {
        class Local{ }
    }

    Object o = new Object(){ };
}
```

对于 Local 与 Object 匿名类来说，enclMethod 的值为 null。

2．InnerClasses属性

InnerClasses 属性用于记录内部类和宿主类之间的关联。如果一个类中定义了内部类，则 Javac 等编译器会为当前类及当前类所包含的内部类生成 InnerClasses 属性，这个属性的结构如表 18-24 所示。

表 18-24　InnerClasses属性结构

类　型	名　称	数　量
u2	attribute_name_index	1
u4	attribute_length	1
u2	number_of_classes	1
inner_classes_info	inner_classes	number_of_classes

其中，number_of_classes 记录内部类的数量，每一个内部类都由一个 inner_classes_info 结构描述，这个属性的结构如表 18-25 所示。

表 18-25　inner_classes_info属性结构

类　型	名　称	数　量
u2	inner_class_info_index	1
u2	outer_class_info_index	1
u2	inner_name_index	1
u2	inner_class_access_flags	1

inner_class_info_index 和 outer_class_info_index 都是对常量池的一个有效索引，常量池在该索引处为 CONSTANT_Class_info 项，分别表示内部类和宿主类的符号引用。inner_name_index 是对常量池的一个有效索引，常量池在该索引处为 CONSTANT_Utf8_info 项，表示内部类的名称，如果是匿名内部类，这一项的值为 0。inner_class_access_flags 表示内部类的访问标志，类似于类的 access_flags，允许的取值如表 18-26 所示。

表 18-26　inner_class_access_flags标志

访问标志	标志值	描　述
ACC_PUBLIC	0x0001	内部类声明为public
ACC_PRIVATE	0x0002	内部类声明为private
ACC_PROTECTED	0x0004	内部类声明为protected
ACC_STATIC	0x0008	内部类声明为static
ACC_FINAL	0x0010	内部类声明为final
ACC_INTERFACE	0x0200	内部类声明为synchronized
ACC_ABSTRACT	0x0400	内部类声明为abstract
ACC_SYNTHETIC	0x1000	内部类由Javac等编译器生成
ACC_ANNOTATION	0x2000	内部类是一个注解类型
ACC_ENUM	0x4000	内部类是一个枚举类型

表 18-26 中列出的具有相同含义的标志值与 Flags 类中预定义的常量名称对应的常量值严格一致，因此可以直接使用 Symbol 对象的 flags_field 变量中保存的值。

为了生成 InnerClasses 属性，ClassWriter 类中定义了两个成员变量，具体定义如下：

```
来源：com.sun.tools.javac.jvm.ClassWriter
Set<ClassSymbol> innerClasses;
ListBuffer<ClassSymbol> innerClassesQueue;
```

在 writeClassFile()方法中首先会填充 innerClasses 与 innerClassesQueue，相关的实现代码如下：

```
来源：com.sun.tools.javac.jvm.ClassWriter
innerClasses = null;
innerClassesQueue = null;
for (Scope.Entry e = c.members().elems; e != null; e = e.sibling) {
    switch (e.sym.kind) {
    case TYP:
        enterInner((ClassSymbol)e.sym);
        break;
    }
}
if (innerClasses != null) {
    writeInnerClasses();
}
```

writeClassFile()方法首先调用 enterInner()方法对内部类进行处理，这个方法的实现代码如下：

```
来源：com.sun.tools.javac.jvm.ClassWriter
void enterInner(ClassSymbol c) {
     ...
     if ( c.owner.enclClass() != null && (innerClasses == null ||
!innerClasses.contains(c)) ){
         ClassSymbol cs = c.owner.enclClass();
         enterInner(cs);
         pool.put(c);
         pool.put(c.name);
         if (innerClasses == null) {
             innerClasses = new HashSet<ClassSymbol>();
             innerClassesQueue = new ListBuffer<ClassSymbol>();
             pool.put(names.InnerClasses);
         }
         innerClasses.add(c);
         innerClassesQueue.append(c);
     }
}
```

当 c 是内部类并且 innerClasses 集合中没有包含这个内部类时，将这个内部类保存到 innerClasses 集合和 innerClassesQueue 队列中，这样在 writeClassFile()方法中，当判断 innerClasses 不为 null 时就会为 innerClassesQueue 中保存的所有内部类按顺序写入 InnerClasses。

在 writeClassFile()方法中调用 writeInnerClasses()方法对 InnerClasses 集合中保存的内部类进行处理，writeInnerClasses()方法的实现代码如下：

```
来源：com.sun.tools.javac.jvm.ClassWriter
void writeInnerClasses() {
    int alenIdx = writeAttr(names.InnerClasses);
    databuf.appendChar(innerClassesQueue.length());
    for (List<ClassSymbol> l = innerClassesQueue.toList();l.nonEmpty();l =
l.tail) {
```

```
        ClassSymbol inner = l.head;
        char flags = (char) adjustFlags(inner.flags_field);
        if ((flags & INTERFACE) != 0)
            flags |= ABSTRACT;              // 当为接口时去掉 ABSTRACT
        if (inner.name.isEmpty())
            flags &= ~FINAL;                // 当为匿名类时去掉 FINAL
        // 下面写入 inner_classes_info 表结构中的 inner_class_info_index、
        // outer_class_info_index、inner_name_index 及 inner_class_access_flags
        databuf.appendChar(pool.get(inner));
        databuf.appendChar(inner.owner.kind == TYP ? pool.get(inner.owner) : 0);
        databuf.appendChar(!inner.name.isEmpty() ? pool.get(inner.name) : 0);
        databuf.appendChar(flags);
    }
    endAttr(alenIdx);
}
```

为当前类写入 InnerClasses 属性，对 innerClassesQueue 队列中保存的每个内部类按照表 18-25 所示的结构写入 databuf 中即可。在写入 inner_class_info_index、outer_class_info_index 及 inner_name_index 时，一般会从 pool 中取常量池索引，因此之前在 enterInner()方法中会提前将必要的信息存储到常量池中。

3．SourceFile属性

SourceFile 属性是可选定长属性，一个 ClassFile 结构的属性表中最多只能包含一个 SourceFile 属性。SourceFile 属性的结构如表 18-27 所示。

表 18-27　SourceFile属性结构

类　型	名　称	数　量
u2	attribute_name_index	1
u4	attribute_length	1
u2	sourcefile_index	1

sourcefile_index 是对常量池的一个有效索引，常量池在该索引处为 CONSTANT_Utf8_info 项，表示被编译的 Java 源文件的名称。

在 writeClassFile()方法中对 SourceFile 属性进行写入，相关的实现代码如下：

```
来源：com.sun.tools.javac.jvm.ClassWriter
if (c.sourcefile != null && emitSourceFile) {
    int alenIdx = writeAttr(names.SourceFile);
    String simpleName = BaseFileObject.getSimpleName(c.sourcefile);
    databuf.appendChar(c.pool.put(names.fromString(simpleName)));
    endAttr(alenIdx);
    acount++;
}
```

emitSourceFile 是一个布尔类型的变量，当编译 Java 源代码时没有指定-g:命令或者指定-g:source 命令时其值为 true，这时候就会生成 SourceFile 属性。

18.8　描述符和签名

18.8.1　描述符

描述符（Descriptor）是一个描述字段或方法类型的字符串。对于字段来说，其描述符只描述类型即可，但是方法的描述符要相对复杂一些，描述符中要描述参数列表中的参数数量、参数类型、参数顺序及返回值等信息。

字段描述符的文法如下：

```
FieldDescriptor:
   FieldType
FieldType:
   BaseType
   ObjectType
   ArrayType
BaseType:
   B
   C
   D
   F
   I
   J
   S
   Z
ObjectType:
   L ClassName ;
ArrayType:
   [ ComponentType
ComponentType:
   FieldType
```

字段的类型主要包括以下几种：

（1）基本数据类型

基本数据类型的描述符规则如表 18-28 所示。

表 18-28　BaseType字符解释表

标识字符	含　义	标识字符	含　义
B	byte	I	int
C	char	J	long
D	double	S	short
F	float	Z	boolean

（2）对象类型

对象类型 ObjectType 中的 ClassName 表示一个类或接口的二进制名称的内部形式，例如 chapter18.TestClass 被描述为“Lchapter18/TestClass;”。

（3）数组类型

数组类型通过前置“[”来描述，例如，chapter18.TestClass[]一维数组被描述为“[Lchapter18/TestClass;”,二维数组 int[][]被描述为“[[I”。

方法描述符的文法如下：

```
MethodDescriptor:
   ( ParameterDescriptor* ) ReturnDescriptor
ParameterDescriptor:
   FieldType
ReturnDescriptor:
   FieldType
   VoidDescriptor
VoidDescriptor:
   V
```

描述符 VoidDescriptor 中的 V 表示 void 类型，即方法无返回值。通过上面的文法可知，描述方法时按照参数列表和返回值的先后顺序进行描述，其中，参数列表按照参数的顺序放在小括号内。举例如下：

【实例 18-2】

```
class Test{
   void wait(long timeout,int nanos){ }
   boolean regionMatches(boolean ignoreCase,int toOffset,String other,int
offeset,int len){ }
}
```

如上两个方法的方法描述符分别如下：

```
(JI)V
(ZILjava/lang/String;II)Z
```

18.8.2 签名

签名被描述为字符串存放到了常量池中，由于类、方法或字段都有可能含有泛型相关的信息，因而可以在需要时通过类、方法或者字段的属性表中含有的 Signature 属性，去常量池中找到对应的签名文本字符串。

1. 类签名

类签名会把 class 声明的类型信息表示为对应的签名信息，其文法如下：

```
ClassSignature:
   FormalTypeParametersopt SuperclassSignature SuperinterfaceSignature*
FormalTypeParameters:
   < FormalTypeParameter+ >
```

```
FormalTypeParameter:
    Identifier ClassBound InterfaceBound*
ClassBound:
    : FieldTypeSignatureopt
InterfaceBound:
    : FieldTypeSignature
SuperclassSignature:
    ClassTypeSignature
SuperinterfaceSignature:
    ClassTypeSignature
```

举个例子如下：

【实例 18-3】

```
package chapter18;

interface IA<T>{ }

class Parent<T>{ }

public class Test<A,B extends IA<String>,C extends Parent&IA> { }
```

如上实例 Test 类的签名字符串如下：

```
<A:Ljava/lang/Object;B::Lchapter18/IA<Ljava/lang/String;>;C:Lchapter18/
Parent;:Lchapter18/IA;>Ljava/lang/Object;
```

其中，在 Test 上声明的类型变量 A 的签名为“A:Ljava/lang/Object;”；类型变量 B 的签名为“B::Lchapter18/IA<Ljava/lang/String;>;”；类型变量 C 的签名为“C:Lchapter18/Parent;:Lchapter18/IA;”；Test 类的父类签名为“Ljava/lang/Object;”

再举个例子如下：

【实例 18-4】

```
package chapter18;

interface IA<T>{ }

class Parent<T>{ }

public class Test extends Parent<String> implements IA<String>{ }
```

以上实例 Test 类的签名字符串如下：

```
Lchapter18/Parent<Ljava/lang/String;>;Lchapter18/IA<Ljava/lang/String;>;
```

其中，Test 类的父类签名为“Lchapter18/Parent<Ljava/lang/String;>;”，Test 类实现接口的签名为“Lchapter18/IA<Ljava/lang/String;>;”。

2. 字段类型签名

字段类型签名可以将字段、参数或局部变量的类型编译成对应的签名信息，其文法如下：

```
FieldTypeSignature:
    ClassTypeSignature
    ArrayTypeSignature
```

```
    TypeVariableSignature
ClassTypeSignature:
    L PackageSpecifieropt SimpleClassTypeSignature ClassTypeSignatureSuffix* ;
PackageSpecifier:
    Identifier / PackageSpecifier*
SimpleClassTypeSignature:
    Identifier TypeArgumentsopt
ClassTypeSignatureSuffix:
    . SimpleClassTypeSignature
TypeVariableSignature:
    T Identifier ;
TypeArguments:
    < TypeArgument+ >
TypeArgument:
    WildcardIndicatoropt FieldTypeSignature
    *
WildcardIndicator:
    +
    -
ArrayTypeSignature:
    [ TypeSignature
TypeSignature:
    FieldTypeSignature
    BaseType
```

举个例子如下：

【实例 18-5】

```
List<? extends Number> a ;
List<? super Integer> b ;
List<?> c ;
```

以上 3 个字段对应的签名字符串分别如下：

```
Ljava/util/List<+Ljava/lang/Number;>;
Ljava/util/List<-Ljava/lang/Integer;>;
Ljava/util/List<*>;
```

3. 方法签名

方法签名将方法中所有的形式类型参数编译为相应的签名信息，其文法如下：

```
MethodTypeSignature:
    FormalTypeParametersopt (TypeSignature*) ReturnType ThrowsSignature*
ReturnType:
    TypeSignature
    VoidDescriptor
ThrowsSignature:
    ^ ClassTypeSignature
    ^ TypeVariableSignature
```

举个例子如下：

【实例 18-6】

```
package chapter18;
import java.io.Serializable;
```

```
import java.util.List;

public class Test {
    public <A,B extends Serializable> void test(A a,List<B> b){ }
}
```

方法 test()的签名字符串如下：

```
<A:Ljava/lang/Object;B::Ljava/io/Serializable;>(TA;Ljava/util/List<TB;>;)V
```

其中，尖括号内为类型变量的签名，圆括号内为参数类型的签名，最后的 V 为方法的返回类型。

18.8.3　描述符与签名的实现

调用 typeSig()方法获取描述符或签名，typeSig()方法的实现代码如下：

```
来源：com.sun.tools.javac.jvm.ClassWriter
Name typeSig(Type type) {
    Assert.check(sigbuf.length == 0);
    assembleSig(type);
    Name n = sigbuf.toName(names);
    sigbuf.reset();
    return n;
}
```

调用 assembleSig()方法计算描述符或签名。

对于基本类型和 void 类型来说，描述符和签名一样，assembleSig()方法中相关的实现代码如下：

```
来源：com.sun.tools.javac.jvm.ClassWriter
void assembleSig(Type type) {
    switch (type.tag) {
    case BYTE:
        sigbuf.appendByte('B');
        break;
    case SHORT:
        sigbuf.appendByte('S');
        break;
    case CHAR:
        sigbuf.appendByte('C');
        break;
    case INT:
        sigbuf.appendByte('I');
        break;
    case LONG:
        sigbuf.appendByte('J');
        break;
    case FLOAT:
        sigbuf.appendByte('F');
        break;
    case DOUBLE:
        sigbuf.appendByte('D');
```

```
        break;
    case BOOLEAN:
        sigbuf.appendByte('Z');
        break;
    case VOID:
        sigbuf.appendByte('V');
        break;
}
```

对于引用类型来说，可能会计算描述符或签名，assembleSig()方法的相关实现代码如下：

```
来源：com.sun.tools.javac.jvm.ClassWriter
switch (type.tag) {
case CLASS:
        sigbuf.appendByte('L');
        assembleClassSig(type);
        sigbuf.appendByte(';');
        break;
case ARRAY:
        ArrayType at = (ArrayType)type;
        sigbuf.appendByte('[');
        assembleSig(at.elemtype);
        break;
case WILDCARD: {
        WildcardType ta = (WildcardType) type;
        switch (ta.kind) {
        case SUPER:
            sigbuf.appendByte('-');
            assembleSig(ta.type);
            break;
        case EXTENDS:
            sigbuf.appendByte('+');
            assembleSig(ta.type);
            break;
        case UNBOUND:
            sigbuf.appendByte('*');
            break;
        }
        break;
}
case TYPEVAR:
        sigbuf.appendByte('T');
        sigbuf.appendName(type.tsym.name);
        sigbuf.appendByte(';');
        break;
}
```

通配符类型和类型变量只会在计算签名时使用，因为在计算描述符时会进行类型擦写，所以不会存在通配符类型和类型变量，实现也相对简单，按照相关的文法生成签名字符串即可。剩下的数组与类和接口的实现可能会计算描述符或签名，针对数组的实现很简单，主要看类和接口的实现，无论是计算类和接口的描述符还是签名，都是以“L”开头，以“;”结尾，中间部分调用 assembleClassSig()方法进行计算。assembleClassSig()方法的实现代码如下：

```
来源：com.sun.tools.javac.jvm.ClassWriter
void assembleClassSig(Type type) {
    ClassType ct = (ClassType)type;
    ClassSymbol c = (ClassSymbol)ct.tsym;
    Type outer = ct.getEnclosingType();
    if (outer.allparams().nonEmpty()) {
        // 当 c 为本地类或匿名类时，rawOuter 为 true
        boolean rawOuter =c.owner.kind == MTH || c.name == names.empty;
        // 当 c 为本地类或匿名类时，无论是计算描述符还是签名都使用泛型擦除后的
        // 封闭类的描述符或签名
        assembleClassSig(rawOuter? types.erasure(outer): outer);
        sigbuf.appendByte('.');
        sigbuf.appendName(rawOuter?
        c.flatname.subName(c.owner.enclClass().flatname.getByteLength()+1,
c.flatname.getByteLength())
            : c.name);
    } else {
        sigbuf.appendBytes(externalize(c.flatname));
    }
    if (ct.getTypeArguments().nonEmpty()) {
        sigbuf.appendByte('<');
        assembleSig(ct.getTypeArguments());
        sigbuf.appendByte('>');
    }
}
```

当封闭类是参数化类型时则需要一些特殊的处理，如果当前类是本地类或匿名类时，需对封闭类进行泛型擦除，举个例子如下：

【实例 18-7】

```
package chapter18;

public class Test<T> {
    public void test() {
        class Local<X> {
            Local<String> a;
        }
    }
}
```

对于本地类 Local 中声明的变量 a 来说，其类型的签名如下：

```
Lchapter18/Test.1Local<Ljava/lang/String;>;
```

调用 ct.getEnclosingType()方法得到 Local<String>的封闭类为 Test<T>，因此需要擦除泛型相关的信息，最终封闭类的签名为“Lchapter18/Test”，然后调用 c.flatname.subName()方法得到 1Local，最后计算实际类型参数的签名。再举个例子如下：

【实例 18-8】

```
package chapter18;

class Outer<T>{
    class Inner<X>{
        Outer<String>.Inner<Integer> x ;
```

```
    }
}
```

字段 x 的签名如下：

```
Lchapter18/Outer<Ljava/lang/String;>.Inner<Ljava/lang/Integer;>;
```

对于方法来说，可能会计算描述符或签名，assembleSig()方法的相关实现代码如下：

```
来源：com.sun.tools.javac.jvm.ClassWriter
switch (type.tag) {
case METHOD:
        MethodType mt = (MethodType)type;
        sigbuf.appendByte('(');
        assembleSig(mt.argtypes);
        sigbuf.appendByte(')');
        assembleSig(mt.restype);
        if (hasTypeVar(mt.thrown)) {
            for (List<Type> l = mt.thrown; l.nonEmpty(); l = l.tail) {
                sigbuf.appendByte('^');
                assembleSig(l.head);
            }
        }
        break;
case FORALL:
        ForAll ft = (ForAll)type;
        assembleParamsSig(ft.tvars);
        assembleSig(ft.qtype);
        break;
}
```

如果要获取方法的描述，则在调用 assembleSig()方法之前会对方法进行泛型擦除，这样方法中就不会含有类型变量或通配符类型了。

在获取方法的签名时，可通过调用 assembleParamsSig()方法计算形式类型参数的签名，该方法的实现代码如下：

```
来源：com.sun.tools.javac.jvm.ClassWriter
void assembleParamsSig(List<Type> typarams) {
    sigbuf.appendByte('<');
    for (List<Type> ts = typarams; ts.nonEmpty(); ts = ts.tail) {
        TypeVar tvar = (TypeVar)ts.head;
        sigbuf.appendName(tvar.tsym.name);
        List<Type> bounds = types.getBounds(tvar);
        if ((bounds.head.tsym.flags() & INTERFACE) != 0) {
            sigbuf.appendByte(':');
        }
        for (List<Type> l = bounds; l.nonEmpty(); l = l.tail) {
            sigbuf.appendByte(':');
            assembleSig(l.head);
        }
    }
    sigbuf.appendByte('>');
}
```

按照文法将方法上形式类型参数列表以字符串的形式描述。

附录 A　Javac 命令

Javac 提供了一些命令，用于支持 Java 源文件的编译，可以通过命令行窗口或调用 javax.tools.JavaCompiler 对象的 run()方法时，以字符串数组的形式传递命令，这种方式在阅读源代码的时候经常使用。在命令行窗口中输入 Javac 命令时，格式如下：

```
javac [options] [sourceFiles] [@argFiles]
```

其中，options 指命令行选项，sourceFiles 指一个或多个源文件，如果源文件数量不多时直接列出文件名，如果数量很多时可以在一个或多个文件中列出所有要编译的源文件，通过空格或者换行符来分隔，然后按@argFiles 格式列出这些文件，也就是在每个文件路径之前添加@符号。

在第 1 章介绍 Javac 命令的实现时将命令分为了标准选项、非标准选项和内部使用的选项，不过内部选项一般不使用，这里只介绍标准和非标准选项，非标准选项以-X 开头。

1．标准选项

在命令行窗口中，标准选项可通过-help 选项查看，主要的标准选项如表 A-1 所示。

表A-1　Javac支持的标准选项

标准选项	描述
-g	生成所有调试信息
-g:none	不生成任何调试信息
-g:{lines,vars,source}	只生成某些调试信息
-nowarn	不生成任何警告，效果和-Xlint:none一样
-verbose	输出有关编译器正在执行操作的消息
-deprecation	输出使用已过时的API的源位置
-cp <路径>	指定查找用户类文件和注释处理程序的位置
-classpath <路径>	指定查找用户类文件和注释处理程序的位置
-sourcepath <路径>	指定查找输入源文件的位置
-bootclasspath <路径>	覆盖引导类文件的位置

（续）

标准选项	描　述
-extdirs <目录>	覆盖所安装扩展的位置
-endorseddirs <目录>	覆盖签名的标准路径的位置
-proc{none,only}	控制是否执行注释处理和/或编译
-processor <class1>[,<class2>,<class3>...]	要运行的注释处理程序的名称；绕过默认的搜索进程
-processorpath <路径>	指定查找注释处理程序的位置
-d <目录>	指定放置生成的类文件的位置
-s <目录>	指定放置生成的源文件的位置
-implicit:{none,class}	指定是否为隐式引用文件生成类文件
-encoding <编码>	指定源文件使用的字符编码
-source <发行版>	提供与指定版本的源兼容性
-target <发行版>	生成特定 VM 版本的类文件
-profile <配置文件>	请确保使用的 API 在指定的配置文件中可用
-version	版本信息
-help	输出标准选项的提要
-A关键字[=值]	传递给注释处理程序的选项
-X	输出非标准选项的提要
-J<标志>	直接将 <标志> 传递给运行时系统
-Werror	出现警告时终止编译
@<文件名>	从文件中读取选项和文件名

有关指明目录和路径相关的选项-cp <路径>、-classpath <路径>、-sourcepath <路径>、-bootclasspath <路径>、-extdirs <目录>、-endorseddirs <目录>、-d <目录>与-s <目录>，已在第 2 章中介绍过。对于-classpath（-cp 选项与此选项等价）与-sourcepath 选项，当没有指定-sourcepath 时，在-classpath 路径下面搜索 Java 源文件和 Class 文件；当指定-sourcepath 时，只搜索-classpath 路径下的 Class 文件，忽略所有的 Java 源文件；而在-sourcepath 路径下搜索 Java 源文件，忽略所有的 Class 文件，所以应该避免指定-sourcepath，只指定-classpath 来搜索依赖的 Java 源文件和 Class 文件。

另外，有关注解相关的选项-proc{none,only}、-processor <class1>[,<class2>,<class3>...]、-processorpath <路径>和-A 关键字[=值]在第 8 章中已介绍过；-encoding <编码>选项在第 3

章中已介绍过。

2．非标准选项

在命令行窗口中，非标准选项可通过-X 选项查看，主要的非标准选项如表 A-2 所示。

表A-2　Javac支持的非标准选项

非标准选项	描　　述
-Xlint	启用建议的警告
-Xlint:{all,cast,classfile,deprecation,dep-ann,divzero,empty,fallthrough,finally,options,overrides,path,processing,rawtypes,serial,static,try,unchecked,varargs,-cast,-classfile,-deprecation,-dep-ann,-divzero,-empty,-fallthrough,-finally,-options,-overrides,-path,-processing,-rawtypes,-serial,-static,-try,-unchecked,-varargs,none}	启用或禁用特定的警告
-Xbootclasspath/p:<路径>	置于引导类路径之前
-Xbootclasspath/a:<路径>	置于引导类路径之后
-Xbootclasspath:<路径>	覆盖引导类文件的位置
-Djava.ext.dirs=<目录>	覆盖所安装扩展的位置
-Djava.endorsed.dirs=<目录>	覆盖签名的标准路径的位置
-Xmaxerrs <编号>	设置要输出的错误的最大数目
-Xmaxwarns <编号>	设置要输出的警告的最大数目
-Xstdout <文件名>	重定向标准输出
-Xprint	输出指定类型的文本表示
-XprintRounds	输出有关注释处理循环的信息
-XprintProcessorInfo	输出有关请求处理程序处理哪些注释的信息
-Xprefer:{source,newer}	指定读取的文件，当同时找到编译类的源文件和类文件时，如果指定了-Xprefer:newer命令，读取最新的文件；如果指定了-Xprefer:source读取源文件。
-Xpkginfo:{always,legacy,nonempty}	指定package-info文件的处理

其中，-Xbootclasspath/p:<路径>、-Xbootclasspath/a:<路径>、-Xbootclasspath:<路径> 、-Djava.ext.dirs=<目录>与-Djava.endorsed.dirs=<目录>选项在第 2 章中已介绍过，有关注解相关的选项-Xprint、-XprintRounds 与-XprintProcessorInfo 在第 8 章中已介绍过。

附录 B　文法

Java 语言涉及的文法采用了 BNF 风格的写法，这种写法的说明如下：

- [x] 表示 x 可以出现 0 次或者 1 次；
- {x} 表示 x 可以出现 0 次或者多次；
- (x | y) 表示可以出现 x 或者 y。

所有的文法如下：

```
Identifier:
   IDENTIFIER
QualifiedIdentifier:
   Identifier { . Identifier }
QualifiedIdentifierList:
   QualifiedIdentifier { , QualifiedIdentifier }

CompilationUnit:
   [[Annotations] package QualifiedIdentifier ;]
                         {ImportDeclaration} {TypeDeclaration}
ImportDeclaration:
   import [static] Identifier { . Identifier } [. *] ;
TypeDeclaration:
   ClassOrInterfaceDeclaration
   ;
ClassOrInterfaceDeclaration:
   {Modifier} (ClassDeclaration | InterfaceDeclaration)
ClassDeclaration:
   NormalClassDeclaration
   EnumDeclaration
InterfaceDeclaration:
   NormalInterfaceDeclaration
   AnnotationTypeDeclaration
NormalClassDeclaration:
   class Identifier [TypeParameters] [extends Type] [implements TypeList]
ClassBody
EnumDeclaration:
   enum Identifier [implements TypeList] EnumBody
NormalInterfaceDeclaration:
   interface Identifier [TypeParameters] [extends TypeList] InterfaceBody
AnnotationTypeDeclaration:
   @ interface Identifier AnnotationTypeBody

Type:
   BasicType {[]}
   ReferenceType  {[]}
BasicType:
```

```
    byte
    short
    char
    int
    long
    float
    double
    boolean
ReferenceType:
    Identifier [TypeArguments] { . Identifier [TypeArguments] }
TypeArguments:
    < TypeArgument { , TypeArgument } >
TypeArgument:
    ReferenceType
    ? [ (extends | super) ReferenceType ]

NonWildcardTypeArguments:
    < TypeList >
TypeList:
    ReferenceType { , ReferenceType }
TypeArgumentsOrDiamond:
    < >
    TypeArguments
NonWildcardTypeArgumentsOrDiamond:
    < >
    NonWildcardTypeArguments
TypeParameters:
    < TypeParameter { , TypeParameter } >
TypeParameter:
    Identifier [extends Bound]
Bound:
    ReferenceType { & ReferenceType }

Modifier:
    Annotation
    public
    protected
    private
    static
    abstract
    final
    native
    synchronized
    transient
    volatile
    strictfp
Annotations:
    Annotation {Annotation}
Annotation:
    @ QualifiedIdentifier [ ( [AnnotationElement] ) ]
AnnotationElement:
    ElementValuePairs
    ElementValue
ElementValuePairs:
    ElementValuePair { , ElementValuePair }
```

```
ElementValuePair:
    Identifier = ElementValue
ElementValue:
    Annotation
    Expression1
    ElementValueArrayInitializer
ElementValueArrayInitializer:
    { [ElementValues] [,] }
ElementValues:
    ElementValue { , ElementValue }

ClassBody:
    { { ClassBodyDeclaration } }
ClassBodyDeclaration:
    ;
    {Modifier} MemberDecl
    [static] Block
MemberDecl:
    MethodOrFieldDecl
    void Identifier VoidMethodDeclaratorRest
    Identifier ConstructorDeclaratorRest
    GenericMethodOrConstructorDecl
    ClassDeclaration
    InterfaceDeclaration
MethodOrFieldDecl:
    Type Identifier MethodOrFieldRest
MethodOrFieldRest:
    FieldDeclaratorsRest ;
    MethodDeclaratorRest
FieldDeclaratorsRest:
    VariableDeclaratorRest { , VariableDeclarator }
MethodDeclaratorRest:
    FormalParameters {[]} [throws QualifiedIdentifierList] (Block | ;)
VoidMethodDeclaratorRest:
    FormalParameters [throws QualifiedIdentifierList] (Block | ;)
ConstructorDeclaratorRest:
    FormalParameters [throws QualifiedIdentifierList] Block
GenericMethodOrConstructorDecl:
    TypeParameters GenericMethodOrConstructorRest
GenericMethodOrConstructorRest:
    (Type | void) Identifier MethodDeclaratorRest
    Identifier ConstructorDeclaratorRest

InterfaceBody:
    { { InterfaceBodyDeclaration } }
InterfaceBodyDeclaration:
    ;
    {Modifier} InterfaceMemberDecl
InterfaceMemberDecl:
    InterfaceMethodOrFieldDecl
    void Identifier VoidInterfaceMethodDeclaratorRest
    InterfaceGenericMethodDecl
    ClassDeclaration
    InterfaceDeclaration
InterfaceMethodOrFieldDecl:
```

```
    Type Identifier InterfaceMethodOrFieldRest
InterfaceMethodOrFieldRest:
    ConstantDeclaratorsRest ;
    InterfaceMethodDeclaratorRest
ConstantDeclaratorsRest:
    ConstantDeclaratorRest { , ConstantDeclarator }
ConstantDeclaratorRest:
    {[]} = VariableInitializer
ConstantDeclarator:
    Identifier ConstantDeclaratorRest
InterfaceMethodDeclaratorRest:
    FormalParameters {[]} [throws QualifiedIdentifierList] ;
VoidInterfaceMethodDeclaratorRest:
    FormalParameters [throws QualifiedIdentifierList] ;
InterfaceGenericMethodDecl:
    TypeParameters (Type | void) Identifier InterfaceMethodDeclaratorRest

FormalParameters:
    ( [FormalParameterDecls] )
FormalParameterDecls:
    {VariableModifier}  Type FormalParameterDeclsRest
VariableModifier:
    final
    Annotation
FormalParameterDeclsRest:
    VariableDeclaratorId [, FormalParameterDecls]
    ... VariableDeclaratorId
VariableDeclaratorId:
    Identifier {[]}
VariableDeclarators:
    VariableDeclarator { , VariableDeclarator }
VariableDeclarator:
    Identifier VariableDeclaratorRest
VariableDeclaratorRest:
    {[]} [ = VariableInitializer ]
VariableInitializer:
    ArrayInitializer
    Expression
ArrayInitializer:
    { [ VariableInitializer { , VariableInitializer } [,] ] }

Block:
    { BlockStatements }
BlockStatements:
    { BlockStatement }
BlockStatement:
    LocalVariableDeclarationStatement
    ClassOrInterfaceDeclaration
    [Identifier :] Statement
LocalVariableDeclarationStatement:
    { VariableModifier }  Type VariableDeclarators ;
Statement:
    Block
    ;
    Identifier : Statement
```

```
    StatementExpression ;
    if ParExpression Statement [else Statement]
    assert Expression [: Expression] ;
    switch ParExpression { SwitchBlockStatementGroups }
    while ParExpression Statement
    do Statement while ParExpression ;
    for ( ForControl ) Statement
    break [Identifier] ;
    continue [Identifier] ;
    return [Expression] ;
    throw Expression ;
    synchronized ParExpression Block
    try Block (Catches | [Catches] Finally)
    try ResourceSpecification Block [Catches] [Finally]
StatementExpression:
    Expression

Catches:
    CatchClause { CatchClause }
CatchClause:
    catch ( {VariableModifier} CatchType Identifier ) Block
CatchType:
    QualifiedIdentifier { | QualifiedIdentifier }
Finally:
    finally Block
ResourceSpecification:
    ( Resources [;] )
Resources:
    Resource { ; Resource }
Resource:
    {VariableModifier} ReferenceType VariableDeclaratorId = Expression

SwitchBlockStatementGroups:
    { SwitchBlockStatementGroup }
SwitchBlockStatementGroup:
    SwitchLabels BlockStatements
SwitchLabels:
    SwitchLabel { SwitchLabel }
SwitchLabel:
    case Expression :
    case EnumConstantName :
    default :
EnumConstantName:
    Identifier
ForControl:
    ForVarControl
    ForInit ; [Expression] ; [ForUpdate]
ForVarControl:
    {VariableModifier} Type VariableDeclaratorId  ForVarControlRest
ForVarControlRest:
    ForVariableDeclaratorsRest ; [Expression] ; [ForUpdate]
    : Expression
ForVariableDeclaratorsRest:
    [= VariableInitializer] { , VariableDeclarator }
ForInit:
```

```
ForUpdate:
    StatementExpression { , StatementExpression }

Expression:
    Expression1 [AssignmentOperator Expression1]
AssignmentOperator:
    =
    +=
    -=
    *=
    /=
    &=
    |=
    ^=
    %=
    <<=
    >>=
    >>>=
Expression1:
    Expression2 [Expression1Rest]
Expression1Rest:
    ? Expression : Expression1
Expression2:
    Expression3 [Expression2Rest]
Expression2Rest:
    { InfixOp Expression3 }
    instanceof Type

InfixOp:
    ||
    &&
    |
    ^
    &
    ==
    !=
    <
    >
    <=
    >=
    <<
    >>
    >>>
    +
    -
    *
    /
    %
Expression3:
    PrefixOp Expression3
    ( (Expression | Type) ) Expression3
    Primary { Selector } { PostfixOp }
PrefixOp:
    ++
    --
```

```
    !
    ~
    +
    -
PostfixOp:
    ++
    --

Primary:
    Literal
    ParExpression
    this [Arguments]
    super SuperSuffix
    new Creator
    NonWildcardTypeArguments (ExplicitGenericInvocationSuffix | this Arguments)
    Identifier { . Identifier } [IdentifierSuffix]
    BasicType {[]} . class
    void . class
Literal:
    IntegerLiteral
    FloatingPointLiteral
    CharacterLiteral
    StringLiteral
    BooleanLiteral
    NullLiteral
ParExpression:
    ( Expression )
Arguments:
    ( [ Expression { , Expression } ] )
SuperSuffix:
    Arguments
    . Identifier [Arguments]
ExplicitGenericInvocationSuffix:
    super SuperSuffix
    Identifier Arguments

Creator:
    NonWildcardTypeArguments CreatedName ClassCreatorRest
    CreatedName (ClassCreatorRest | ArrayCreatorRest)
CreatedName:
    Identifier [TypeArgumentsOrDiamond] { . Identifier [TypeArgumentsOrDiamond] }
ClassCreatorRest:
    Arguments [ClassBody]
ArrayCreatorRest:
    [ (] {[]} ArrayInitializer  |  Expression ] {[ Expression ]} {[]})
IdentifierSuffix:
    [ ({[]} . class | Expression) ]
    Arguments
    . (class | ExplicitGenericInvocation | this | super Arguments |
                            new [NonWildcardTypeArguments] InnerCreator)
ExplicitGenericInvocation:
    NonWildcardTypeArguments ExplicitGenericInvocationSuffix
InnerCreator:
    Identifier [NonWildcardTypeArgumentsOrDiamond] ClassCreatorRest
Selector:
```

```
    . Identifier [Arguments]
    . ExplicitGenericInvocation
    . this
    . super SuperSuffix
    . new [NonWildcardTypeArguments] InnerCreator
    [ Expression ]

EnumBody:
    { [EnumConstants] [,] [EnumBodyDeclarations] }
EnumConstants:
    EnumConstant
    EnumConstants , EnumConstant
EnumConstant:
    [Annotations] Identifier [Arguments] [ClassBody]
EnumBodyDeclarations:
    ; {ClassBodyDeclaration}
AnnotationTypeBody:
    { [AnnotationTypeElementDeclarations] }
AnnotationTypeElementDeclarations:
    AnnotationTypeElementDeclaration
    AnnotationTypeElementDeclarations AnnotationTypeElementDeclaration
AnnotationTypeElementDeclaration:
    {Modifier} AnnotationTypeElementRest
AnnotationTypeElementRest:
    Type Identifier AnnotationMethodOrConstantRest ;
    ClassDeclaration
    InterfaceDeclaration
    EnumDeclaration
    AnnotationTypeDeclaration
AnnotationMethodOrConstantRest:
    AnnotationMethodRest
    ConstantDeclaratorsRest
AnnotationMethodRest:
    ( ) [[]] [default ElementValue]
```

附录 C　类型常见操作

Types 类中提供了许多针对类型进行操作的方法，这些方法可以判断类型是否相等、两个类型是否有父子关系等。如果判断两个类型之间的关系，一般会创建 TypeRelation 匿名类并覆写相关的 visitXxx()方法。visitXxx()方法一般会接收两个参数，第一个参数的名称为 t，第二个参数的名称为 s，这是一种参数名称的约定；如果只针对一个类型进行操作，一般会创建 UnaryVisitor 匿名类并覆写相关的 visitXxx()方法。visitXxx()方法一般只接收一个参数，参数名称为 t。

下面就来介绍一下类型常见的操作。

C.1　supertype()方法

调用 supertype()方法求某个类型的父类，实现代码如下：

```
来源：com.sun.tools.javac.code.Types
public Type supertype(Type t) {
   return supertype.visit(t);
}
```

supertype 是 UnaryVisitor<Type>匿名类对象，具体定义如下：

```
来源：com.sun.tools.javac.code.Types
private UnaryVisitor<Type> supertype = new UnaryVisitor<Type>() {
   public Type visitType(Type t, _) {
      return null;
   }
   ...
};
```

在 UnaryVisitor<Type>匿名类中覆写了 visitClassType()、visitTypeVar()、visitArrayType()与 visitType()方法。其中，visitType()方法直接返回 null，表示除类和接口、类型变量及数组外，其他类型的父类为 null，有时候在调用 supertype()方法得到 null 值时会默认父类为 Object。

下面详细介绍 visitClassType()、visitTypeVar()与 visitArrayType()方法的实现。

1. visitClassType()方法

```
来源：com.sun.tools.javac.code.Types
@Override
public Type visitClassType(ClassType t, _) {
    if (t.supertype_field == null) {
        Type supertype = ((ClassSymbol)t.tsym).getSuperclass();

        // 接口没有父类，但是为了处理的方便，Javac 默认接口的父类为 Object
        if (t.isInterface())
            supertype = ((ClassType)t.tsym.type).supertype_field;

        if (t.supertype_field == null) {
            List<Type> actuals = classBound(t).allparams();
            List<Type> formals = t.tsym.type.allparams();
            if (t.hasErasedSupertypes()) {
                t.supertype_field = erasureRecursive(supertype);
            } else if (formals.nonEmpty()) {
                t.supertype_field = subst(supertype, formals, actuals);
            } else {
                t.supertype_field = supertype;
            }
        }
    }
    return t.supertype_field;
}
```

对于类来说，如果代码编写者在类定义时指定父类或者 Javac 为类合成了父类，如 Javac 会为所有的枚举类合成父类，可以通过调用 ClassSymbol 类的 getSuperclass()方法获取，否则默认的父类为 Object。

对于接口来说，Javac 为了处理方便，默认接口的父类为 Object，可以通过如下表达式获取：

```
supertype = ((ClassType)t.tsym.type).supertype_field;
```

接口在定义时就会赋值 supertype_field 变量为 Object 类。

需要注意的是，以上讨论的是对定义的类型求父类，当使用这些定义的类型并且没有泛型的参与时，求父类会简单很多。举个例子如下：

【实例 C-1】

```
package appendixc;

class CA{ }

class CB extends CA{ }
```

定义 CB 类时指定的父类为 CA，假设 a 是表示父类 CA 的 ClassType 对象，b 是表示定义 CA 类时的 ClassType 对象，在非泛型类型下 a 与 b 是同一个对象，也就是说 a.tsym.type 就是 a。

当使用这些定义的类型并且有泛型参与时，求父类会复杂一些，下面分两种情况进行讨论。

（1）t 是裸类型

当 t 为 ClassType 对象并且是裸类型时，调用 t.hasErasedSupertypes()方法将返回 true，举个例子如下：

【实例 C-2】

```
package appendixc;

class CA<T>{ }

class CB<K> extends CA<String>{ }

class CC extends CB { }
```

在定义 CB 类时声明了形式类型参数 K，但是在为 CC 类指定继承的父类 CB 时没有传递实际类型参数，所以父类 CB 是个裸类型。调用 visitClassType()方法在求裸类型 CB 的父类时，调用 t.hasErasedSupertypes()方法将返回 true，调用 erasureRecursive()方法擦除 supertype 中的泛型信息（supertype 为定义 CB 类时指定的父类 CA<String>），返回一个类型为 ErasedClassType 对象，代表裸类型 CB 的父类。ErasedClassType 类继承 ClassType 类并覆写了 hasErasedSupertypes()方法，这个方法并不像 ClassType 类中的方法实现一样，通过判断裸类型返回 true，而是直接返回 true。

在实例 C-2 中的 CC 类中声明两个成员变量如下：

【实例 C-3】

```
CC x = new CC();
CA<String> y = x;
```

将类型为 CC 的变量 x 的值赋值给类型为 CA<String>的变量 y，编译后输出如下警告信息：

警告：[unchecked] 未经检查的转换
　　需要: CA<String>
　　找到: CC

因为 CC 的 superfield_type 为裸类型 CB，而裸类型 CB 的父类为 ErasedClassType(tsym.name=CA)，所以泛型擦除后的类型转换为参数化类型要给出警告信息。

（2）t 的定义类型有类型参数声明

当 t 的定义类型有形式类型参数的声明时，formals 列表将不为空，调用 types.subst()方法将 supertype 中含有 formals 列表中含有的所有类型替换为 actuals 列表中对应位置上的类型。举个例子如下：

【实例 C-4】

```
package appendixc;

class Parent<T> { }
```

```
class Sub<T> extends Parent<T> {
    Sub<String> x = new Sub<String>();
    Parent<String> y = x;
}
```

当将类型为 Sub<String>的变量 x 的值赋值给类型为 Parent<String>的变量 y 时，要判断 x 的类型是否为 y 的类型的子类，也就是查找 Sub<String>的父类，如果有个父类为 Parent<String>，那么以上实例的赋值表达式正确。在调用 visitClassType()方法查找 Sub<String>的父类时，formals 列表中含有 Sub 类在定义时声明的类型变量 T，而 actuals 列表中含有 String，调用 subst()方法将 supertype 中含有 formals 的类型全部替换为 actuals 列表中对应位置的类型，此时的 supertype 为 Parent<T>，调用 subst()方法后得到的类型为 Parent<String>，所以 y 的直接父类为 Parent<String>。

在 visitClassType()方法中，当 t.supertype_field 值为空时会计算父类，然后赋值给 t.supertype_field 变量保存，这样下次如果再次求这个类型的父类时就不用重复进行计算了。

2. visitTypeVar()方法

```
来源：com.sun.tools.javac.code.Types
@Override
public Type visitTypeVar(TypeVar t, _) {
     if (t.bound.tag == TYPEVAR || (!t.bound.isCompound() && !t.bound.
isInterface())) {
         return t.bound;
     } else {
         return supertype(t.bound);
     }
}
```

当类型变量的上界为类型变量或者类型变量的上界既不为组合类型也不为接口时，直接取 t.bound 返回，否则调用 supertype()方法继续求 t.bound 的父类。举个例子如下：

【实例 C-5】

```
package appendixc;

interface IA{ }

class CA { }

public class Test{
   public <T1 extends T2,T2 extends CA&IA> void test(){ }
}
```

当求类型变量 T1 的父类时，由于 T1 的上界为类型变量 T2，所以 T2 就是父类。求 T2 的类型变量时，由于 T2 的上界为组合类型 CA&IA，这个组合类型的父类为 CA 并且实现了 IA 接口，继续调用 supertype()方法求这个组合类型的父类，最终得到 CA 类。

3. visitArrayType()方法

```
来源：com.sun.tools.javac.code.Types
@Override
```

```
public Type visitArrayType(ArrayType t, Void ignored) {
    if (t.elemtype.isPrimitive() || isSameType(t.elemtype, syms.objectType))
        return arraySuperType();
    else
        return new ArrayType(supertype(t.elemtype), t.tsym);
}
```

当数组类型 t 的组成元素为基本类型或 Object 类时，父类为调用 arraySuperType()方法返回的类型，否则调用 supertype()方法求 t.elemtype 的父类，然后创建一个新的数组类型，如 Parent 类是 Sub 类的直接父类，Sub[]的父类就是 Parent[]。

arraySuperType()方法的实现代码如下：

```
arraySuperType = makeCompoundType(List.of(syms.serializableType,syms.
cloneableType),syms.objectType);
```

数组的父类有 Object 类、Serializable 接口与 Cloneable 接口，调用 makeCompoundType()方法创建一个组合类型，这个组合类型的父类为 Object 并且实现了接口 Serializable 与 Cloneable，不过这个组合类型并不是真实存在，所以对应的 ClassSymbol 对象中的 flags_field 中含有 SYNTHETIC 与 COMPOUND 标识。

C.2 interfaces()方法

调用 interfaces()方法求某个类型的实现接口，由于实现接口可以有多个，所以该方法返回一个列表。interfaces()方法的实现代码如下：

```
来源：com.sun.tools.javac.code.Types
public List<Type> interfaces(Type t) {
   return interfaces.visit(t);
}
```

interfaces 是 UnaryVisitor<List<Type>>匿名类对象，具体定义如下：

```
来源：com.sun.tools.javac.code.Types
private UnaryVisitor<List<Type>> interfaces = new UnaryVisitor
<List<Type>>() {
   public List<Type> visitType(Type t, _) {
      return List.nil();
   }
   ...
}
```

在 UnaryVisitor<List<Type>>匿名类中覆写了 visitClassType()、visitTypeVar()与 visitType()方法，其中 visitType()方法返回空列表，表示除类和接口及类型变量外，其他类型都没有实现接口。

下面详细介绍 visitClassType()与 visitTypeVar()方法的实现。

1．visitClassType()方法

```
来源：com.sun.tools.javac.code.Types
@Override
public List<Type> visitClassType(ClassType t,_) {
    if (t.interfaces_field == null) { // 第1次判断t.interfaces_field为空
        List<Type> interfaces = ((ClassSymbol)t.tsym).getInterfaces();
        if (t.interfaces_field == null) { // 第2次判断t.interfaces_field为空
            Assert.check(t != t.tsym.type, t);
            List<Type> actuals = t.allparams();
            List<Type> formals = t.tsym.type.allparams();
            if (t.hasErasedSupertypes()) {
                t.interfaces_field = erasureRecursive(interfaces);
            } else if (formals.nonEmpty()) {
                t.interfaces_field = subst(interfaces, formals, actuals);
            } else {
                t.interfaces_field = interfaces;
            }
        }
    }
    return t.interfaces_field;
}
```

如果在定义类或接口时指定了实现接口，则t.interfaces_field的值在调用了ClassSymbol类的getInterfaces()方法后肯定不为null；对于没有指定实现接口的类或接口，t.interfaces_field是个空列表，所以在visitClassType()方法中，如果第2次判断t.interfaces_field的值仍然为null时，肯定是有泛型的参与，所以可以断言t不等于t.tsym.type。

visitClassType()方法的实现与求父类时覆写的visitClassType()方法类似，这里不再讨论。

2．visitTypeVar()方法

```
来源：com.sun.tools.javac.code.Types
@Override
public List<Type> visitTypeVar(TypeVar t, _) {
    if (t.bound.isCompound())
        return interfaces(t.bound);

    if (t.bound.isInterface())
        return List.of(t.bound);

    return List.nil();
}
```

当t的上界为组合类型时，调用interfaces()方法继续求组合类型的实现接口；当t的上界为接口时，返回仅含有这个接口的列表，否则没有实现接口，返回空列表。

C.3 asSuper()方法

asSuper()方法可以查找某个类型或某个类型的父类和实现接口，方法的实现代码如下：

```
来源：com.sun.tools.javac.code.Types
public Type asSuper(Type t, Symbol sym) {
    return asSuper.visit(t, sym);
}
```

查找 t 或者 t 的父类和实现接口，这个类型的 tsym 等于 sym。asSuper 为 SimpleVisitor-<Type,Symbol>匿名类对象，SimpleVisitor<Type,Symbol>匿名类对 visitClassType()、visitArrayType()与 visitTypeVar()方法进行了覆写，也就是 asSuper()方法只支持对 ClassType、ArrayType 与 TypeVar 对象进行查找，其他类型将访问 visitType()方法并返回 null。

下面介绍 visitClassType()、visitArrayType()与 visitTypeVar()方法的具体实现。

1. visitClassType()方法

```
来源：com.sun.tools.javac.code.Types
@Override
public Type visitClassType(ClassType t, Symbol sym) {
    if (t.tsym == sym)
        return t;

    // 查找父类
    Type st = supertype(t);
    if (st.tag == CLASS || st.tag == TYPEVAR ) {
        Type x = asSuper(st, sym);
        if (x != null)
            return x;
    }
    // 查找接口
    if ((sym.flags() & INTERFACE) != 0) {
        for (List<Type> l = interfaces(t); l.nonEmpty(); l = l.tail) {
            Type x = asSuper(l.head, sym);
            if (x != null)
                return x;
        }
    }
    return null;
}
```

当 t.tsym 等于 sym 时直接返回当前类型即可，否则要查找当前类型的父类。如果父类为类或类型变量时递归调用 asSuper()方法进行查找，当查找结果不为空时直接返回。如果 sym 是一个接口，还需要对 t 实现的所有接口调用 asSuper()方法进行查找。举个例子如下：

【实例 C-6】

```
package appendixc;
import java.util.Iterator;

class MyColl implements Iterable<String> {
    @Override
    public Iterator<String> iterator() {
        return null;
    }
}

public class Test {
    public void test(MyColl coll) {
        for (String s : coll) { }
    }
}
```

当使用 foreach 循环语句时，如果 coll 表达式的类型不为数组，则必须实现 Iterable 接口，所以在 Attr 类的 visitForeachLoop()方法中有如下调用：

```
来源：com.sun.tools.javac.comp.Attr
Type base = types.asSuper(exprType, syms.iterableType.tsym);
```

其中，exprType 的类型为 MyColl，最后找到了 Iterable<String>，如果 base 的值为空，实例将报编译错误。

2．visitArrayType()方法

```
来源：com.sun.tools.javac.code.Types
@Override
public Type visitArrayType(ArrayType t, Symbol sym) {
    return isSubtype(t, sym.type) ? sym.type : null;
}
```

任何 ArrayType 对象的 tsym 都为 Symtab 类中预定义的 ClassSymbol(name=Array)，所以只能通过判断 t 是否为 sym.type 的子类型来确定。

3．visitTypeVar()方法

```
来源：com.sun.tools.javac.code.Types
@Override
public Type visitTypeVar(TypeVar t, Symbol sym) {
    if (t.tsym == sym)
        return t;
    else
        return asSuper(t.bound, sym);
}
```

visitTypeVar()方法的实现比较简单，如果 t.tsym 等于 sym，则 t 就是要查找的类型，否则继续调用 asSuper()方法查找，不过此时传递的类型为 t.bound，也就是类型变量 t 的父类。举个例子如下：

【实例 C-7】

```
class Test<T extends Iterable>{
   public void test(T t){
      for(Object o: t){ }
   }
}
```

当使用 foreach 循环语句时，如果 t 的类型不为数组，则必须实现 Iterable 接口，由于 t 是类型变量，所以查找 t 的上界 Iterable 是否实现了 Iterable 接口，asSuper()方法最终会返回 Iterable 接口，实例正常编译。

C.4 asOuterSuper()方法

asOuterSuper()方法与 asSuper()方法相比，不但会查找类型及类型的父类和实现接口，同时还会查找它的封闭类。asOuterSuper()方法的实现代码如下：

```
来源：com.sun.tools.javac.code.Types
public Type asOuterSuper(Type t, Symbol sym) {
   switch (t.tag) {
   case CLASS:
      do {
         Type s = asSuper(t, sym);
         if (s != null)
            return s;
         t = t.getEnclosingType();
      } while (t.tag == CLASS);
      return null;
   case ARRAY:
      return isSubtype(t, sym.type) ? sym.type : null;
   case TYPEVAR:
      return asSuper(t, sym);
   default:
      return null;
   }
}
```

当 t 为类或接口时，调用 asSuper()方法查找 t 或 t 的父类或实现接口，如果找到就直接返回，找不到就调用 t.getEnclosingType()方法获取封闭类型后继续查找。

当 t 为数组或类型变量时，不存在查找封闭类型的情况。t 为数组时的实现与介绍 asSuper()方法时的 visitArrayType()方法的实现相同；t 为类型变量时，直接调用 asSuper()方法处理即可。

C.5　isSameType()方法

isSameType()方法判断两个类型是否相等，实现代码如下：

```
来源：com.sun.tools.javac.code.Types
public boolean isSameType(Type t, Type s) {
    return isSameType.visit(t, s);
}
```

isSameType 是 TypeRelation 匿名类对象，在 TypeRelation 匿名类中选择性覆写了 visitXxx()方法，下面介绍这些覆写的方法。

1. visitUndetVar()方法

```
来源：com.sun.tools.javac.code.Types
@Override
public Boolean visitUndetVar(UndetVar t, Type s) {
    if (s.tag == WILDCARD)
        return false;

    if (t == s || t.qtype == s )
        return true;

    if (t.inst != null)
        return visit(t.inst, s);

    t.inst = s;
    for (List<Type> l = t.lobounds; l.nonEmpty(); l = l.tail) {
        if (!isSubtype(l.head, t.inst))
            return false;
    }
    for (List<Type> l = t.hibounds; l.nonEmpty(); l = l.tail) {
        if (!isSubtype(t.inst, l.head))
            return false;
    }
    return true;
}
```

当 s 为 WildcardType 对象时，由于 UndetVar 对象表示具体的类型，而 WildcardType 对象不表示具体的类型，所以两个类型无法进行比较，visitUndetVar()方法直接返回 false。

当 t 与 s 相同或者 t.qtype 与 s 相同时，返回 true，其中 qtype 变量中保存的就是要进行推断的类型变量，如果类型变量一样，推断出来的最终类型肯定也相同。

当 t.inst 不为空时，表示已经推断出了具体的类型，调用 visit()方法判断 t.inst 的值是否与 s 相等。如果 t.inst 的值为空，直接将 s 赋值给 t.inst，也就是假设 t 推断出来的具体类型为 s，那么需要检查这个推断的类型是否满足条件，即在要求的上界和下界之间。这种处理方式主要用在类型推断过程中，在第 13 章也介绍了这个方法。

2. visitWildcardType()方法

```
来源：com.sun.tools.javac.code.Types
@Override
public Boolean visitWildcardType(WildcardType t, Type s) {
    if (s.tag >= firstPartialTag)
        return visit(s, t);
    else
        return false;
}
```

当 s 为 UndetVar 对象时，调换 t 与 s 参数的位置后继续调用 visit()方法进行判断，调换参数对于判断两个类型是否相等来说等价，最终会访问 visitUndetVar()方法，这个方法比较 UndetVar 对象与 WildcardType 对象后会返回 false，因为 WildcardType 对象不能代表具体的类型，而 UndetVar 对象代表一个具体的类型。

3. visitClassType()方法

```
来源：com.sun.tools.javac.code.Types
@Override
public Boolean visitClassType(ClassType t, Type s) {
    if (t == s)
        return true;

    if (s.tag >= firstPartialTag)
        return visit(s, t);

    if (s.isSuperBound() && !s.isExtendsBound())
        return visit(t, upperBound(s)) && visit(t, lowerBound(s));

    if (t.isCompound() && s.isCompound()) {
        if (!visit(supertype(t), supertype(s)))
            return false;

        HashSet<SingletonType> set = new HashSet<SingletonType>();
        for (Type x : interfaces(t))
            set.add(new SingletonType(x));
        for (Type x : interfaces(s)) {
            if (!set.remove(new SingletonType(x)))
                return false;
        }
        return (set.isEmpty());
    }
    return t.tsym == s.tsym
        && visit(t.getEnclosingType(), s.getEnclosingType())
        && containsTypeEquivalent(t.getTypeArguments(), s.getTypeArguments());
}
```

当 t 与 s 为同一个类型时直接返回 true。

当 s 的类型为 UndetVar 时，调换 t 与 s 参数的位置后继续调用 visit()方法进行判断，也就是调用 visitUndetVar()方法进行判断。

当 s 为下界通配符时，只有当 t 与 s 的上界及 t 与 s 的下界都相同时，类型才可能相同。举个例子如下：

【实例 C-8】

```
package appendixc;

class MyColl<T extends Number> { }

class CA {
   public void md(MyColl<? super Number> t) { }
}

class CB extends CA {
   public void md(MyColl<Number> n) { }
}
```

在判断 CB 类中的 md()方法是否覆写 CA 类中的 md()方法时，会检查两个方法的形式参数的类型 MyColl<Number>是否与 MyColl<? super Number>相等。由于 MyColl<? super Number>中的通配符类型? super Number 的上界与下界都为 Number，所以可取的实际类型参数只能为 Number，最终的类型相当于 MyColl<Number>，调用的 visitClassType()方法返回 true，表示相等，方法被正确地覆写。

当 t 与 s 都是组合类型时，如果两个类型相同，则父类和所有实现接口必须相同。通过集合 set 来提高比较效率，在遍历第一个组合类型的所有接口时将接口封装为 SingletonType 对象，然后在遍历第 2 个组合类型时也将所有接口封装为 SingletonType 对象并从 set 集合中移除。如果移除失败，表示第一个组合类型没有对应的 SingletonType 对象，直接返回 false，最后还需要判断 set 是否为空。

SingletonType 类主要对 hashCode()和 equals()方法进行了覆写。SingletonType 类的定义如下：

```
来源：com.sun.tools.javac.code.Types
class SingletonType {
   final Type t;
   SingletonType(Type t) {
      this.t = t;
   }

   public int hashCode() {
      return Types.hashCode(t);
   }

   public boolean equals(Object obj) {
      return (obj instanceof SingletonType) && isSameType(t, ((SingletonType)
obj).t);
   }
   ...
}
```

hashCode()方法在实现时调用了 Types.hashCode()方法，Types.hashCode()方法可以保证相同的两个类型返回的哈希值一定相同，而 equals()方法对两个 SingletonType 对象进行比较，最终还会调用 isSameType()方法进行比较，也就是比较组合类型的实现接口。举个例子如下：

【实例 C-9】

```
package appendixc;
import java.io.Serializable;
import java.util.AbstractList;

class MyColl<T> { }

class CA {
   public <X extends AbstractList & Serializable> void md(MyColl<X> p) { }
}

class CB extends CA {
   public <Y extends AbstractList & Serializable> void md(MyColl<Y> p) { }
}
```

Javac 在判断 CB 类中的 md()方法是否正确覆写了 CA 类中的 md()方法时，会比较参数类型 MyColl<X>与 MyColl<Y>，也就是比较实际类型参数 X 与 Y 是否相同。由于实际类型参数都为类型变量，所以最终比较的是两个类型变量的上界，也就是组合类型 AbstractList&Serializable，visitClassType()方法将返回 true。

在 visitClassType()方法中，当两个类型的 tsym 相同、封闭类型相同、实际的类型参数类型也相同时，则这两个 ClassType 对象相同。举个例子如下：

【实例 C-10】

```
package appendixc;

public class Outer<T1> {

   class Inner<T2>{ }

   class CA {
      public void md(Outer<String>.Inner<Integer> p) { }
   }

   class CB extends CA {
      public void md(Outer<String>.Inner<Integer> p) { }
   }
}
```

在判断 CB 类中的 md()方法是否覆写了 CA 类中的 md()方法时，会比较两个方法的形式参数类型 Outer<String>.Inner<Integer>，这两个类型相同，所以 CB 类中的 md()方法覆写了 CA 类中的 md()方法。

在 visitClassType()方法中调用 containsTypeEquivalent()方法比较实际类型参数的类型，这个方法的实现代码如下：

```
来源：com.sun.tools.javac.code.Types
public boolean containsTypeEquivalent(List<Type> ts, List<Type> ss) {
   while (ts.nonEmpty() && ss.nonEmpty() && containsTypeEquivalent
```

```
    (ts.head, ss.head)) {
            ts = ts.tail;
            ss = ss.tail;
        }
        return ts.isEmpty() && ss.isEmpty();
    }
```

调用另外一个重载的containsTypeEquivalent()方法比较ts与ss列表中对应位置上的类型，如果方法每次调用都返回true并且ts与ss列表中包含的类型数量也相同时，当前方法将返回true，表示两个列表中的类型相同。

重载的containsTypeEquivalent()方法的实现代码如下：

```
来源：com.sun.tools.javac.code.Types
private boolean containsTypeEquivalent(Type t, Type s) {
    return  isSameType(t, s) || containsType(t, s) && containsType(s, t);
}
```

首先调用isSameType()方法判断两个类型是否相同，如果isSameType()方法返回false，还需要调用containsType()方法判断两个类型是否彼此包含。

4. visitArrayType()方法

```
来源：com.sun.tools.javac.code.Types
@Override
public Boolean visitArrayType(ArrayType t, Type s) {
    if (t == s)
        return true;

    if (s.tag >= firstPartialTag)
        return visit(s, t);

    return s.tag == ARRAY && containsTypeEquivalent(t.elemtype, elemtype(s));
}
```

当t与s是同一个类型时，visitArrayType()方法直接返回true。

当s的类型为UndetVar时，调换t与s参数的位置后继续调用visit()方法进行判断。

当t与s都为数组类型时，调用containsTypeEquivalent()方法判断组成两个数组的元素类型是否相同。

5. visitMethodType()方法

```
来源：com.sun.tools.javac.code.Types
@Override
public Boolean visitMethodType(MethodType t, Type s) {
    return hasSameArgs(t, s) && visit(t.getReturnType(), s.getReturnType());
}
```

当t为MethodType类型时，如果s为MethodType或ForAll类型并且它们的形式参数的类型和返回类型相同时，当前方法会返回true，比较时没有考虑方法抛出的异常类型。

6. visitForAll()方法

```
来源：com.sun.tools.javac.code.Types
@Override
public Boolean visitForAll(ForAll t, Type s) {
    if (s.tag != FORALL)
        return false;

    ForAll forAll = (ForAll)s;
    return hasSameBounds(t, forAll) && visit(t.qtype, subst(forAll.qtype,
forAll.tvars, t.tvars));
}
```

当 t 为 ForAll 类型时，s 也必须为 ForAll 类型，否则方法直接返回 false。如果 s 也为 ForAll 类型，首先调用 hasSameBounds()方法比较声明的类型参数，主要比较类型参数的数量及上界，如果方法返回 true 还需要继续调用 visit()方法比较 qtype 的值。为了方便比较，会调用 subst()方法将 forAll.qtype 中使用到的自身的类型变量 forAll.tvars 全部替换为 t 类型声明的类型变量，因为两个方法中声明的类型变量如果等价，并没有用同一个对象来表示，所以需要替换 forAll.qtype 中的返回类型、形式参数类型及抛出的异常类型，以便更好地比较两个类型。

hasSameBounds()方法的实现代码如下：

```
来源：com.sun.tools.javac.code.Types
boolean hasSameBounds(ForAll t, ForAll s) {
    List<Type> l1 = t.tvars;
    List<Type> l2 = s.tvars;
    while ( l1.nonEmpty() && l2.nonEmpty() &&
          isSameType(l1.head.getUpperBound(),subst(l2.head.getUpperBound(),
s.tvars,t.tvars)) ) {
        l1 = l1.tail;
        l2 = l2.tail;
    }
    return l1.isEmpty() && l2.isEmpty();
}
```

调用 isSameType()方法比较类型变量的上界，为了便于比较，同样需要对其中一个类型变量的上界进行替换，最后还要判断 l1 与 l2 列表是否都为空，也就是判断声明的类型变量的数量是否相等。

当判断两个方法的类型是否相同时，通常会调用 HasSameArgs 类中的 visitForAll()方法，HasSameArgs 类继承了 TypeRelation 类并覆写了 visitForAll()方法，这个方法对于两个类型都为 ForAll 类型时的比较逻辑和 visitForAll()方法一样。

7. visitPackageType()方法

```
来源：com.sun.tools.javac.code.Types
@Override
```

```
public Boolean visitPackageType(PackageType t, Type s) {
    return t == s;
}
```

在第 7 章介绍过，Javac 中表示相同包名使用同一个 PackageSymbol 对象表示，而 PackageSymbol 对象相同时 PackageType 对象也相同，因为在创建 PackageSymbol 对象时就创建了对应的 PackageType 对象，直接使用“==”即可。

8．visitType()方法

```
来源：com.sun.tools.javac.code.Types
@Override
public Boolean visitType(Type t, Type s) {
    if (t == s)
        return true;

    if (s.tag >= firstPartialTag)
        return visit(s, t);

    switch (t.tag) {
    case BYTE: case CHAR: case SHORT: case INT: case LONG: case FLOAT:
    case DOUBLE: case BOOLEAN: case VOID: case BOT: case NONE:
        return t.tag == s.tag;
    case TYPEVAR: {
        if (s.tag == TYPEVAR) {
            return t.tsym == s.tsym && visit(t.getUpperBound(), s.getUpperBound());
        } else {
            return false;
        }
    }
    }
}
```

当 t 与 s 是同一个类型时，直接返回 true。

当 s 的类型为 UndetVar 时，调换 t 与 s 参数的位置后继续调用 visit()方法进行判断。

当 t 为基本类型、void、null 与 none 类型时，两个类型必须是同一个类型才会相等。如果 t 与 s 都是类型变量，那么 tsym 变量的值必须相同，并且还要调用 visit()方法判断两个类型变量的上界。

C.6　L()与 U()方法

当类型为 WildcardType 时，可以调用 U()与 L()方法分别求上界与下界。L()方法的实现代码如下：

```
来源：com.sun.tools.javac.code.Types
private Type L(Type t) {
        while (t.tag == WILDCARD) {
            WildcardType w = (WildcardType)t;
```

```
            if (w.isExtendsBound())
                return syms.botType;
            else
                t = w.type;
        }
        return t;
    }
```

当 t 为无界通配符类型或上界通配符类型时，调用 isExtendsBound()方法返回 true，这个通配符类型的下界为 null，否则取上界通配符声明的上界 w.type。

U()方法的实现如下：

```
来源：com.sun.tools.javac.code.Types
private Type U(Type t) {
    while (t.tag == WILDCARD) {
        WildcardType w = (WildcardType)t;
        if (w.isSuperBound())
            return w.bound == null ? syms.objectType : w.bound.bound;
        else
            t = w.type;
    }
    return t;
}
```

当 t 为无界通配符类型或下界通配符类型时，调用 isSuperBound()方法返回 true，这个通配符类型的上界如果没有指定，则默认为 Object，否则通过 w.bound.bound 获取形式类型参数声明时的上界。当 w 为上界通配符时直接获取上界通配符的上界 w.type。

C.7 lowerBound()与 upperBound()方法

当类型为 WildcardType 时，调用 U()与 L()方法分别求上界与下界，当不能确定具体的类型时，可以调用 upperBound()方法与 lowerBound()方法求上界与下界。lowerBound()方法的实现代码如下：

```
来源：com.sun.tools.javac.code.Types
public Type lowerBound(Type t) {
    return lowerBound.visit(t);
}
```

lowerBound 变量的定义如下：

```
来源：com.sun.tools.javac.code.Types
private final MapVisitor<Void> lowerBound = new MapVisitor<Void>() {

    @Override
    public Type visitWildcardType(WildcardType t, Void ignored) {
        return t.isExtendsBound() ? syms.botType : visit(t.type);
    }

    @Override
```

```
    public Type visitCapturedType(CapturedType t, Void ignored) {
        return visit(t.getLowerBound());
    }
};
```

只有当t为WildcardType或CapturedType对象时，才可能存在下界。当t为上界或无界通配符时，下界为null，否则t为下界通配符，调用visit()方法求t.type的下界。

upperBound()方法的实现代码如下：

```
来源：com.sun.tools.javac.code.Types
public Type upperBound(Type t) {
    return upperBound.visit(t);
}
```

upperBound变量的定义如下：

```
来源：com.sun.tools.javac.code.Types
private final MapVisitor<Void> upperBound = new MapVisitor<Void>() {

    @Override
    public Type visitWildcardType(WildcardType t, Void ignored) {
        if (t.isSuperBound())
            return t.bound == null ? syms.objectType : t.bound.bound;
        else
            return visit(t.type);
    }

    @Override
    public Type visitCapturedType(CapturedType t, Void ignored) {
        return visit(t.bound);
    }
};
```

只有当t为WildcardType或CapturedType对象时，才可能存在上界。当t为下界或无界通配符时，上界可能为Object或形式类型参数中声明的上界，否则t为上界通配符，调用visit()方法求t.type的上界。

C.8　containsType()方法

containsType()方法可以判断一个类型是否包含另外一个类型，方法的实现代码如下：

```
来源：com.sun.tools.javac.code.Types
public boolean containsType(Type t, Type s) {
    return containsType.visit(t, s);
}
```

containsType是TypeRelation匿名类对象，在匿名类中选择性覆写了visitWildcardType()、visitUndetVar()与visitType()方法，下面介绍这几个覆写方法的具体实现。

1. visitType()方法

```
来源：com.sun.tools.javac.code.Types
@Override
public Boolean visitType(Type t, Type s) {
    if (s.tag >= firstPartialTag)
       return containedBy(s, t);
    else
       return isSameType(t, s);
}
```

当 t 为非 WildcardType 或 UndetVar 类型时会调用 visitType()方法进行判断。

当 s 为 UndetVar 对象时调用 containedBy()方法判断 s 是否被 t 包含，否则调用 isSameType()方法比较。

containedBy()方法的主要实现代码如下：

```
public boolean containedBy(Type t, Type s) {
    switch (t.tag) {
    case UNDETVAR:
        if (s.tag == WILDCARD) {
            UndetVar undetvar = (UndetVar)t;
            WildcardType wt = (WildcardType)s;
            switch(wt.kind) {
                case UNBOUND: //similar to ? extends Object
                case EXTENDS: {
                    Type bound = upperBound(s);
                    for (Type t2 : undetvar.lobounds) {
                        if (!isSubtype(t2, bound))
                            return false;
                    }
                    undetvar.hibounds = undetvar.hibounds.prepend(bound);
                    break;
                }
                case SUPER: {
                    Type bound = lowerBound(s);
                    for (Type t2 : undetvar.hibounds) {
                        if (!isSubtype(bound, t2))
                            return false;
                    }
                    undetvar.lobounds = undetvar.lobounds.prepend(bound);
                    break;
                }
            }
            return true;
        } else {
            return isSameType(t, s);
        }
    default:
       return containsType(s, t);
    }
}
```

首先判断 t 是否被 s 所包含，当 t 为 UndetVar 对象且 s 为 WildcardType 对象时，为了让 t 被 s 所包含，可能会向 UndetVar 对象的 hibounds 或 lobounds 中添加边界限定条件。

当 wt 为无界或上界通配符时，获取上界 bound，然后检查 undetvar 中所有的下界是否为上界 bound 的子类，如果存在某个下界不是上界 bound 的子类，那么不存在包含的关系，直接返回 false，否则将 s 的上界作为 undetvar 的上界添加到 hibounds 列表中；当 wt 为下界通配符时获取下界 bound，然后检查这个下界 bound 是否为 undetvar 所有上界的子类，如果存在某个下界不是上界 bound 的子类，那么不存在包含的关系，直接返回 false，否则将 s 的下界添加到 UndetVar 对象的 lobounds 中。

当 t 为 UndetVar 对象而 s 为非 WildcardType 类型时，调用 isSameType()方法来判断，表示两个类型必须相等才能有包含的关系。

当 t 不为 UndetVar 对象时调用 containsType()方法继续判断。

2. visitUndetVar()方法

```
来源：com.sun.tools.javac.code.Types
@Override
public Boolean visitUndetVar(UndetVar t, Type s) {
   if (s.tag != WILDCARD)
      return isSameType(t, s);
    else
      return false;
}
```

当 t 为 UndetVar 对象且 s 不为 WildcardType 对象时，调用 isSameType()方法进行判断。

当 t 为 UndetVar 对象且 s 为 WildcardType 对象时，由于 UndetVar 对象代表一个具体的类型，而 WildcardType 对象不代表一个具体的类型，所以 t 肯定不包含 s，方法直接返回 false。

3. visitWildcardType()方法

```
来源：com.sun.tools.javac.code.Types
@Override
public Boolean visitWildcardType(WildcardType t, Type s) {
   if (s.tag >= firstPartialTag)
      return containedBy(s, t);
   else {
      return isSameWildcard(t, s) ||
             isCaptureOf(s, t)  ||
             (
                (t.isExtendsBound() || isSubtypeNoCapture(L(t), lowerBound(s))) &&
                (t.isSuperBound() || isSubtypeNoCapture(upperBound(s), U(t)))
             );
   }
}
```

当 t 为 WildcardType 对象且 s 为 UndetVar 对象时，调用 containedBy()方法进行判断，否则有 3 种情况会让 t 包含 s。

（1）t 与 s 都是通配符类型并且相同。

当 t 与 s 都为通配符类型时，调用 isSameWildcard()方法进行判断，实现代码如下：

```
来源：com.sun.tools.javac.code.Types
public boolean isSameWildcard(WildcardType t, Type s) {
    if (s.tag != WILDCARD)
        return false;
    WildcardType w = (WildcardType)s;
    return w.kind == t.kind && w.type == t.type;
}
```

当 t 与 s 都为通配符类型并且 kind 与 type 的值相同时，isSameWildcard()方法将返回 true。

（2）isCaptureOf()方法返回 true。

isCaptureOf()方法的实现代码如下：

```
来源：com.sun.tools.javac.code.Types
public boolean isCaptureOf(Type s, WildcardType t) {
    if (s.tag != TYPEVAR || !((TypeVar)s).isCaptured())
        return false;
    return isSameWildcard(t, ((CapturedType)s).wildcard);
}
```

在调用 isCaptureOf()方法之前已经调用过 isSameWildcard()方法，所以当 s 为 WildcardType 时两个类型不相等，当前方法仅对 s 为 CapturedType 对象进行判断，也就是调用 isSameWildcard()方法比较 t 与 CapturedType 对象 s 的 wildcard。

（3）当 t 有上界时，s 的上界必须是 t 的上界的子类型；当 t 有下界时，t 的下界必须是 s 的下界的子类型。

由于 t 是 WildcardType 类型，所以可以调用 L()与 U()方法求下界与上界，而 s 不能确定具体的类型，所以调用 lowerBound()与 upperBound()方法求下界与上界。举个例子如下：

【实例 C-11】

```
public void test(Vector<? extends Number> a) {
    Vector<? extends Object> b = a;
}
```

Javac 判断类型为 Vector<? extends Number>的变量 a 的值是否可以赋值给类型为 Vector<? extends Object>的变量 b。首先对 Vector<? extends Number>类型进行捕获转换，得到 Vector<capture of ? extends Number>，然后调用 containsType()方法判断? extends Object 是否包含 capture of ? extends Number，具体就是调用匿名类中的 visitWildcardType()方法，其中 t 的参数就是? extends Object，而 s 为 capture of ? extends Number，由于 t 是上界通配符，所以只需要判断 s 的上界是否为 t 的上界的子类即可。调用 upperBound()方法获取 s 的上界为 Number，而 t 的上界为 Object，Number 是 Object 的子类，visitWildcardType()方法返回 true。再举个例子如下：

【实例 C-12】

```
public void test(Vector<? super Number> a) {
   Vector<? super Integer> b = a;
}
```

Javac 判断类型为 Vector<? super Number>的变量 a 的值是否可以赋值给类型为 Vector<? super Integer>的变量 b，首先对 Vector<? super Number>类型进行捕获转换，得到 Vector<capture of ? super Number>，然后调用 containsType()方法判断? super Integer 是否包含 capture of ? super Number，具体就是调用匿名类中的 visitWildcardType()方法，其中 t 的参数就是? super Integer，而 s 为 capture of ? super Number，由于 t 是下界通配符，所以只需要判断 t 的下界是否为 s 的下界的子类型即可，调用 lowerBound()方法获取 s 的下界为 Number，而 t 的下界为 Integer，Integer 是 Number 的子类，visitWildcardType()方法返回 true。

C.9　hasSameArgs()方法

hasSameArgs()方法可以对两个方法的形式参数类型进行比较，hasSameArgs()方法的实现代码如下：

```
来源：com.sun.tools.javac.code.Types
public boolean hasSameArgs(Type t, Type s, boolean strict) {
   return hasSameArgs(t, s, strict ? hasSameArgs_strict :
hasSameArgs_nonstrict);
}
```

调用 isSubSignature()方法判断一个方法是否为另外一个方法的子签名时，通常会调用当前方法比较两个方法的形式参数类型。当前方法调用了另外一个重载的 hasSameArgs()方法，实现代码如下：

```
来源：com.sun.tools.javac.code.Types
private boolean hasSameArgs(Type t, Type s, TypeRelation hasSameArgs) {
   return hasSameArgs.visit(t, s);
}
```

hasSameArgs()方法的第 3 个参数可能是 hasSameArgs_strict 或者 hasSameArgs_nonstrict，这两个变量的定义如下：

```
来源：com.sun.tools.javac.code.Types
TypeRelation hasSameArgs_strict = new HasSameArgs(true);
TypeRelation hasSameArgs_nonstrict = new HasSameArgs(false);
```

hasSameArgs_strict 和 hasSameArgs_nonstrict 这两个变量被定义为 HasSameArgs 类型。HasSameArgs 类继承了 TypeRelation 类并选择性覆写了 visitForAll()、visitMethodType()与 visitType()方法。HasSameArgs 类的定义如下：

```
来源：com.sun.tools.javac.code.Types
```

```
private class HasSameArgs extends TypeRelation {

    boolean strict;
    public HasSameArgs(boolean strict) {
        this.strict = strict;
    }

    @Override
    public Boolean visitMethodType(MethodType t, Type s) {
        return s.tag == METHOD && containsTypeEquivalent(t.argtypes, s.
getParameterTypes());
    }

    @Override
    public Boolean visitForAll(ForAll t, Type s) {
        if (s.tag != FORALL)
            return strict ? false : visitMethodType(t.asMethodType(), s);

        ForAll forAll = (ForAll)s;
        return hasSameBounds(t, forAll) && visit(t.qtype, subst(forAll.
qtype, forAll.tvars, t.tvars));
    }

    public Boolean visitType(Type t, Type s) {
        throw new AssertionError();
    }

};
```

可以看到，以上代码中主要覆写了 visitMethodType()与 visitForAll()方法，对除 t 是 MethodType 与 ForAll 类型外的所有类型进行处理时将报错。

对于 hasSameArgs_strict 变量来说，strict 的值为 true，而对于 hasSameArgs_nonstrict 变量来说，strict 的值为 false。

1．visitMethodType()方法

当参数 t 与 s 都为 MethodType 对象时，表示 t 与 s 都是非泛型方法，最终就是通过调用 containsTypeEquivalent()方法比较两个方法的参数类型，这个方法在当前的附录 C 中介绍过，这里不再介绍。

2．visitForAll()方法

当 s 不为泛型方法时，如果 strict 值为 true 时，表示要进行严格比较，visitForAll()方法直接返回 false，否则调用 t.asMethodType()方法获取 MethodType 对象，一般就是 qtype 变量保存的值，2 个 MethodType 对象继续调用 visitMethodType()方法进行比较。

当 t 与 s 都是 ForAll 对象时，首先调用 hasSameBounds()方法比较声明的类型参数，主要比较类型参数的上界与类型参数的数量，当 hasSameBounds()方法返回 true 时还需要调用 visit()方法继续比较 qtype 的值。

C.10　subst()方法

subst()方法可以对某个类型中含有的一些类型进行替换，实现代码如下：

```
来源：com.sun.tools.javac.code.Types
public Type subst(Type t, List<Type> from, List<Type> to) {
    return new Subst(from, to).subst(t);
}
```

将 t 中含有的所有 from 列表中的类型替换为 to 列表中对应位置的类型。

Subst 类的定义如下：

```
来源：com.sun.tools.javac.code.Types
private class Subst extends UnaryVisitor<Type> {
    List<Type> from;
    List<Type> to;

    public Subst(List<Type> from, List<Type> to) {
        int fromLength = from.length();
        int toLength = to.length();
        while (fromLength > toLength) {
            fromLength--;
            from = from.tail;
        }
        while (fromLength < toLength) {
            toLength--;
            to = to.tail;
        }
        this.from = from;
        this.to = to;
    }
    ...
}
```

Subst 类中定义了成员变量 from 与 to 并在构造方法中进行初始化，如果构造方法中传递的列表 from 与 to 中含有的元素数量不一样，还会进行调整，舍弃头部的一些元素。

在 Subst 类中选择性覆写了 visitXxx()方法，其中 visitType()方法返回类型本身。下面介绍覆写方法的具体实现。

1. visitClassType()方法

```
来源：com.sun.tools.javac.code.Types
@Override
public Type visitClassType(ClassType t, Void ignored) {
    if (!t.isCompound()) { // t 不为组合类型
        List<Type> typarams = t.getTypeArguments();
        List<Type> typarams1 = subst(typarams);
        Type outer = t.getEnclosingType();
        Type outer1 = subst(outer);
```

```
        if (typarams1 == typarams && outer1 == outer)
            return t;
        else
            return new ClassType(outer1, typarams1, t.tsym);
    } else { // t 为组合类型
        Type st = subst(supertype(t));
        List<Type> is = upperBounds(subst(interfaces(t)));
        if (st == supertype(t) && is == interfaces(t))
            return t;
        else
            return makeCompoundType(is.prepend(st));
    }
}
```

当 t 不为组合类型时，会调用 subst()方法替换 t 的实际类型参数的类型及封闭类型，也就是将 typarams 与 outer 中含有的出现在 from 列表中的类型替换为 to 列表中对应的类型。如果没有发生替换，则直接返回 t 本身，如果发生了替换，创建一个新的 ClassType 对象并返回。

当 t 为组合类型时，替换组合类型的父类及接口中含有的类型，如果没有发生替换，直接返回 t 本身，如果发生了替换，创建一个新的组合类型并返回。

2．visitMethodType()方法

```
来源：com.sun.tools.javac.code.Types
@Override
public Type visitMethodType(MethodType t, Void ignored) {
    List<Type> argtypes = subst(t.argtypes);
    Type restype = subst(t.restype);
    List<Type> thrown = subst(t.thrown);
    if (argtypes == t.argtypes && restype == t.restype && thrown == t.thrown)
        return t;
    else
        return new MethodType(argtypes, restype, thrown, t.tsym);
}
```

当 t 为 MethodType 对象时，需要替换方法的形式参数的类型、返回类型及抛出的异常类型，如果没有发生替换，直接返回 t 即可，如果发生替换，创建一个新的 MethodType 对象并返回。

3．visitForAll()方法

```
来源：com.sun.tools.javac.code.Types
@Override
public Type visitForAll(ForAll t, Void ignored) {
    ...
    List<Type> tvars1 = substBounds(t.tvars, from, to);
    Type qtype1 = subst(t.qtype);
    if (tvars1 == t.tvars && qtype1 == t.qtype) {
        return t;
    } else if (tvars1 == t.tvars) {
        return new ForAll(tvars1, qtype1);
```

```
        } else {
            return new ForAll(tvars1, Types.this.subst(qtype1, t.tvars, tvars1));
        }
    }
```

当t为ForAll对象时，需要对方法上声明的类型变量t.tvars和具体的方法类型t.qtype进行替换，通常会调用visitMethodType()方法对t.qtype进行替换。

4．visitArrayType()方法

```
来源：com.sun.tools.javac.code.Types
@Override
public Type visitArrayType(ArrayType t, Void ignored) {
    Type elemtype = subst(t.elemtype);
    if (elemtype == t.elemtype)
        return t;
    else
        return new ArrayType(upperBound(elemtype), t.tsym);
}
```

当t为ArrayType对象时，调用subst()方法替换组成数组的元素类型，如果没发生替换，直接返回t，如果发生了替换，创建一个新的ArrayType对象并返回。

5．visitWildcardType()方法

```
来源：com.sun.tools.javac.code.Types
@Override
public Type visitWildcardType(WildcardType t, Void ignored) {
    Type bound = t.type;
    if (t.kind != BoundKind.UNBOUND)
        bound = subst(bound);
    if (bound == t.type) {
        return t;
    } else {
        return new WildcardType(bound, t.kind, syms.boundClass, t.bound);
    }
}
```

当WildcardType对象t不是无界通配符时，t有具体的上界或下界，调用subst()方法对t的上界或下界进行替换，如果没发生替换，直接返回t，如果发生了替换，需要创建一个新的WildcardType对象并返回。

6．visitTypeVar()方法

```
来源：com.sun.tools.javac.code.Types
@Override
public Type visitTypeVar(TypeVar t, Void ignored) {
    for (List<Type> from = this.from, to = this.to;
            from.nonEmpty();
            from = from.tail, to = to.tail) {
        if (t == from.head) {
            return to.head.withTypeVar(t);
        }
```

```
    }
    return t;
}
```

当 t 为类型变量时，由于 from 列表中包含的通常就是需要进行替换的类型变量，所以如果 from 列表中包含 t，直接返回 to 列表中对应位置上的类型即可，同时调用 withTypeVar()方法。withTypeVar()方法在 Type 类中的实现是返回当前的类型，但是 WildcardType 类覆写了 withTypeVar()方法，实现代码如下：

```
来源：com.sun.tools.javac.code.Types
public Type withTypeVar(Type t) {
    if (bound == t) {
        return this;
    }
    bound = (TypeVar)t;
    return this;
}
```

将传入的 t 通过 WildcardType 的 bound 变量保存，也就是如果某个类型被替换为通配符类型时，这个类型作为通配符类型的上界。

C.11 memberType()方法

memberType()方法获取某个给定类型下具体的成员类型，主要还是针对泛型进行操作，举个例子如下：

【实例 C-13】

```
class Test<T> {
    T a = null;

    public void test(Test<String> p) {
        String b = p.a;
    }
}
```

当分析 b 变量的初始化表示式 p.a 时，由于 p 的类型为 Test<String>，调用 memberType()方法计算 Test<String>类型下 a 变量的类型，计算后的类型为 String，所以 a 变量的值可以赋值给 String 类型的变量 b。

memberType()方法的实现代码如下：

```
来源：com.sun.tools.javac.code.Types
public Type memberType(Type t, Symbol sym) {
    return (sym.flags() & STATIC) != 0 ? sym.type : memberType.visit(t, sym);
}
```

当 sym 有 static 修饰时，返回 sym.type，因为有 static 修饰的成员的具体类型与 t 所代表的实例类型无关。memberType 为 SimpleVisitor<Type,Symbol>匿名类对象，具体定义如下：

```
来源：com.sun.tools.javac.code.Types
private SimpleVisitor<Type,Symbol> memberType = new SimpleVisitor<Type,
Symbol>() {
    @Override
    public Type visitWildcardType(WildcardType t, Symbol sym) {
        return memberType(upperBound(t), sym);
    }

    @Override
    public Type visitTypeVar(TypeVar t, Symbol sym) {
        return memberType(t.bound, sym);
    }

    public Type visitType(Type t, Symbol sym) {
        return sym.type;
    }

    @Override
    public Type visitClassType(ClassType t, Symbol sym) {
        Symbol owner = sym.owner;
        long flags = sym.flags();
        if (((flags & STATIC) == 0) && owner.type.isParameterized()) {
            Type base = asOuterSuper(t, owner);
            // 组合类型中也可能有含有需要进行捕获转换的类型,所以调用capture()方法进
            // 行捕获转换
            base = t.isCompound() ? capture(base) : base;
            if (base != null) {
                List<Type> ownerParams = owner.type.allparams();
                List<Type> baseParams = base.allparams();
                if (ownerParams.nonEmpty()) {
                    if (baseParams.isEmpty()) {
                        return erasure(sym.type); // then base is a raw type
                    } else {
                        return subst(sym.type, ownerParams, baseParams);
                    }
                }
            }
        }
        return sym.type;
    }

};
```

当 t 为 WildcardType 对象时调用 visitWildcardType()方法，这个方法会继续调用 memberType()方法求 sym 在 t 的上界类型下的具体类型。

当 t 为 TypeVar 对象时调用 visitTypeVar()方法，这个方法会继续调用 memberType()方法求 sym 在 t 的上界类型下的具体类型。

当 t 不为 WildcardType、TypeVar 与 ClassType 对象时调用 visitType()方法，这个方法直接返回 sym.type。

当 t 为 ClassType 对象时调用 visitClassType()方法。如果实例 C-13 求 Test<String>类型下变量 a 的类型时，会访问 visitClassType()方法，其中 t 为 Test<String>类型，而 sym

为 VarSymbol(name=a)。

visitClassType()方法首先判断 sym 不能有 static 修饰，因为有 static 修饰后就与 t 所代表的参数化类型或裸类型无关了，同时也要保证定义 sym 的类型被定义为了泛型类型，这样 sym.type 才有可能使用了类型中声明的类型变量，需要将这些类型变量替换为实际的类型。

调用 asOuterSuper()方法查找 base，这个类型的 tsym 为 owner。由于继承的原因，t 可能并不是定义 sym 的类型，所以要从 t 开始查找到定义 sym 的类型，这个类型可能是参数化类型或裸类型，最后找到 base。举个例子如下：

【实例 C-14】

```
class Test<T> {
   T t;

   public void test(Test p) {
      Object o = p.t;
   }
}
```

在分析局部变量 o 的初始化表达式 p.t 时，由于 p 是裸类型 Test 且 t 变量就定义在 Test 类中，所以调用 asOuterSuper()方法得到的 base 仍然为裸类型 Test。owner.type 为 Test<T>，调用 owner.type 的 allparams()方法获取所有的形式类型参数 ownerParams，这个列表中只含有一个类型变量 T。baseParams 列表中保存着实际类型参数，这里为空。最终调用 erasure()方法计算 sym.type 的泛型擦除后的类型，即对类型变量 T 进行泛型擦除后的类型为 Object，所以 t 的值只能赋值给 Object 类型的变量 o。再举个例子如下：

【实例 C-15】

```
class Test<T> {
   T t;

   public void test(Test<Integer> p) {
      Integer o = p.t;
   }
}
```

这次 ownerParams 列表中含有类型变量 T，而 baseParams 列表中含有 Integer 类型，所以调用 subst()方法替换 sym.type，即类型变量 T 都替换为 Integer，也就是 p.t 的类型为 Integer，所以 t 的值可以赋值给 Integer 类型的变量 o。

C.12 erasure()与 erasureRecursive()方法

有时候 Javac 在编译过程中需要擦除泛型相关的信息，例如第 13 章在求两个类型的最小上界时，会调用 erasedSupertypes()方法，这个方法会调用 erasure()方法对泛型相关信息进行擦除。

Types 类中对外提供的两个基本方法为 erasure()与 erasureRecursive()，这两个方法的实现代码如下：

```
来源：com.sun.tools.javac.code.Types
public Type erasure(Type t) {
    return erasure(t, false);
}

public Type erasureRecursive(Type t) {
    return erasure(t, true);
}
```

以上两个方法都调用了另外一个 erasure()方法，不过传递的第 2 个参数不同。erasure()方法的实现代码如下：

```
来源：com.sun.tools.javac.code.Types
private Type erasure(Type t, boolean recurse) {
    if (t.tag <= lastBaseTag)
        return t;
    else
        return erasure.visit(t, recurse);
}
```

参数 recurse 的值为 true 时会递归擦除泛型信息，所以 erasureRecursive()方法调用此方法时传递的值为 true。当 t 表示基本类型时，肯定不含泛型相关的信息，erasure()方法直接返回即可，否则调用 erasure.visit()方法进行泛型擦除。erasure 是一个 SimpleVisitor<Type, Boolean>匿名类对象，具体定义如下：

```
来源：com.sun.tools.javac.code.Types
private SimpleVisitor<Type, Boolean> erasure = new SimpleVisitor<Type,
Boolean>() {
    @Override
    public Type visitTypeVar(TypeVar t, Boolean recurse) {
        return erasure(t.bound, recurse);
    }

    @Override
    public Type visitWildcardType(WildcardType t, Boolean recurse) {
        return erasure(upperBound(t), recurse);
    }

    @Override
    public Type visitClassType(ClassType t, Boolean recurse) {
        Type erased = t.tsym.erasure(Types.this);
        if (recurse) {
            erased = new ErasedClassType(erased.getEnclosingType(),erased.
tsym);
        }
        return erased;
    }

    public Type visitType(Type t, Boolean recurse) {
        if (t.tag <= lastBaseTag)
```

```
            return t;
        else
            return t.map(recurse ? erasureRecFun : erasureFun);
    }
    ...
};
```

SimpleVisitor<Type, Boolean>匿名类主要覆写了 visitType()、visitWildcardType()、visitClassType()与 visitTypeVar()方法，这些方法返回泛型擦除后的类型。

当为通配符类型或者类型变量时，visitWildcardType()或 visitTypeVar()方法会调用 erasure()方法对上界类型进行泛型擦除。

当为类或接口时，visitClassType()方法会调用 t.tsym 的 erasure()方法，这个方法在 Symbol 类中的实现代码如下：

```
来源：com.sun.tools.javac.code.Symbol
public Type erasure(Types types) {
    if (erasure_field == null)
        erasure_field = types.erasure(type);
    return erasure_field;
}
```

调用 types.erausre()方法求 type 的泛型擦除后的类型即可，不过 ClassSymbol 类对 erasure()方法进行了覆写，代码如下：

```
来源：com.sun.tools.javac.code.ClassSymbol
public Type erasure(Types types) {
    if (erasure_field == null)
        erasure_field = new ClassType(types.erasure(type.getEnclosingType()),
List.<Type>nil(), this);
    return erasure_field;
}
```

Javac 调用 types.erasure()方法对封闭类型进行泛型擦除，返回 ClassType 对象，而当 recurse 为 true 时，对封闭类型进行泛型擦除后返回的类型为 ErasedClassType。

当不为通配符类型、类型变量、类和接口时，调用 visitType()方法进行泛型擦除时，如果要擦除的类型为基本类型，则直接返回，否则调用 t.map()方法进行泛型擦除。erasureRecFun 与 erasureFun 变量的定义如下：

```
来源：com.sun.tools.javac.code.Types
private Mapping erasureFun = new Mapping ("erasure") {
    public Type apply(Type t) {
        return erasure(t);
    }
};

private Mapping erasureRecFun = new Mapping ("erasureRecursive") {
    public Type apply(Type t) {
        return erasureRecursive(t);
    }
};
```

在Mapping匿名类对象中实现apply()方法，在apply()方法中调用erasure()或erasure-Recursive()方法对t进行泛型擦除。

调用visitType()方法时，t有可能为任意类型，例如当t为ArrayType类型时，ArrayType类中对map()方法的实现代码如下：

```
来源：com.sun.tools.javac.code.Types
public Type map(Mapping f) {
    Type elemtype1 = f.apply(elemtype);
    if (elemtype1 == elemtype)
        rcturn this;
    else
        return new ArrayType(elemtype1, tsym);
}
```

对数组进行泛型擦除就是对组成数组的元素类型进行泛型擦除。

附录 D　符号常见操作

由于 Java 是面向对象的语言，所以会有继承、覆写等特性。在 Javac 中可以通过 Symbol 及相关子类提供的方法对这些特性进行支持。下面详细介绍这些方法的实现。

D.1　isInheritedIn()方法

Symbol 类中定义的 isInheritedIn()方法的实现代码如下：

```
来源：com.sun.tools.javac.code.Symbol
public boolean isInheritedIn(Symbol clazz, Types types) {
   switch ((int)(flags_field & Flags.AccessFlags)) {
   case PUBLIC:
      return true;
   case PRIVATE:
      return this.owner == clazz;
   case PROTECTED:
      return (clazz.flags() & INTERFACE) == 0;
   case 0:
      PackageSymbol thisPackage = this.packge();
      for (Symbol sup = clazz;
            sup != null && sup != this.owner;
            sup = types.supertype(sup.type).tsym) {
         while (sup.type.tag == TYPEVAR)
            sup = sup.type.getUpperBound().tsym;
         if ((sup.flags() & COMPOUND) != 0)
            continue;
         if (sup.packge() != thisPackage)
            return false;
      }
      return (clazz.flags() & INTERFACE) == 0;
   }
}
```

调用 isInheritedIn()方法的前提是，已经确定定义当前符号的类型是 clazz 的父类型，判断当前的符号是否可以被 clazz 继承。

如果当前的符号有 public 修饰时，public 成员肯定能被子类所继承。

如果当前的符号有 private 修饰时，只有定义当前符号的类型为 clazz 时才会返回 true，因为 private 成员不可以被子类继承。

如果当前的符号有 protected 修饰时，由于子类可以继承父类中的 protected 成员，所以当子类型 clazz 为非接口时可以继承，为接口时不可以继承，因为接口本身不存在也不可能继承到 protected 修饰的成员。这里之所以要这样判断，是因为 Javac 为了处理方便，默认接口的父类为 Object，Object 类中的方法是无法被接口继承的。

如果当前的符号没有访问控制符修饰，则从 clazz 到 owner 这一条继承路径上涉及的所有类型都必须与 owner 所在的包相同，同时当 clazz 为接口时也不继承当前的成员符号。举个例子，在 appendixd 包下定义类 Parent：

【实例 D-1】

```
package appendixd;

public class Parent{
   int a = 1;
}
```

在 compile 包下定义一个 Sub 类：

【实例 D-1】（续）

```
package compile;
import appendixd.Parent;

public class Sub extends Parent{ }
```

在 appendixd 包下定义类 Test：

【实例 D-1】（续）

```
package appendixd;
import compile.Sub;

public class Test extends Sub{
    int b = a;  // 报错，a 在 Parent 中不是公共的；无法从外部程序包中对其进行访问
}
```

虽然 Test 类与 Parent 类处在同一个包中，但在 Test 类中无法访问 Parent 类中定义的 b 变量，编译将报错，报错摘要为“a 在 Parent 中不是公共的; 无法从外部程序包中对其进行访问”。

D.2 hiddenIn()方法

Symbol 类中的 hiddenIn()方法的实现代码如下：

```
来源：com.sun.tools.javac.code.Symbol
private boolean hiddenIn(ClassSymbol clazz, Types types) {
    if (kind == MTH && (flags() & STATIC) == 0)     // 当前方法为实例方法
        return false;
    while (true) {
        if (owner == clazz)
```

```
            return false;
        Scope.Entry e = clazz.members().lookup(name);
        while (e.scope != null) {
            if (e.sym == this)
                return false;
            if ( e.sym.kind == kind &&
                 (
                 kind != MTH ||
                 (e.sym.flags() & STATIC) != 0 && types.
isSubSignature(e.sym.type, type)
                ))
                return true;
            e = e.next();
        }
        Type superType = types.supertype(clazz.type);
        if (superType.tag != TypeTags.CLASS)
            return false;
        clazz = (ClassSymbol)superType.tsym;
    }
}
```

隐藏可以针对成员变量、方法与成员类。对于方法来说，如果当前符号表示的是实例方法，hiddenIn()方法直接返回 false。因为实例方法没有隐藏的概念，只有静态方法才会隐藏。如果一个静态方法隐藏另外一个静态方法，要求这个静态方法的签名是被隐藏方法的子签名。不允许静态方法隐藏实例方法，也不允许实例方法隐藏静态方法。

如果当前的符号就是 clazz 中定义的成员，也不隐藏，因为隐藏只涉及子类中的成员对父类中成员的隐藏。

当两个成员不相同并且同时为变量时，hiddenIn()方法直接返回 true。对于变量来说，静态的可以隐藏非静态的，非静态的也可以隐藏静态的；当两个成员不相同并且同时为方法时，需要保证两个都为静态方法，而且 clazz 中的静态方法是当前静态方法的子签名，这样 clazz 中的静态方法才能隐藏当前的静态方法。

D.3 isMemberOf()方法

Symbol 类中的 isMemberOf()方法的实现代码如下：

```
来源：com.sun.tools.javac.code.Symbol
public boolean isMemberOf(TypeSymbol clazz, Types types) {
    return  owner == clazz ||
            clazz.isSubClass(owner, types) &&
            isInheritedIn(clazz, types) &&
            !hiddenIn((ClassSymbol)clazz, types);
}
```

isMemberOf()方法判断当前的符号是否为 clazz 的成员，当为如下两种情况时，isMemberOf()方法将返回 true，表示当前的符号是 clazz 的成员。

（1）如果 owner 与 clazz 相同，也就是当前的符号是在 clazz 中定义的，那么当然是 clazz 的一个成员。

（2）如果 owner 与 clazz 不相同，那么当前符号要成为 clazz 的一个成员的话，需要保证 clazz 为 owner 的子类型、clazz 可以继承到当前的成员符号，以及当前符号没有在 clazz 中被隐藏。

调用的 isInheritedIn()与 hiddenIn()方法在之前已经介绍过，下面介绍 isSubClass()方法的实现。isSubClass()方法判断 clazz 是否为 owner 的一个子类型，由于 clazz 的类型通常为 ClassSymbol，所以调用 isSubClass()方法通常会调用 ClassSymbol 类中定义的 isSubClass()方法，这个方法的实现代码如下：

```
来源：com.sun.tools.javac.code.Symbol.ClassSymbol
public boolean isSubClass(Symbol base, Types types) {
    if (this == base) {
        return true;
    } else if ((base.flags() & INTERFACE) != 0) {
        for (Type t = type; t.tag == CLASS; t = types.supertype(t))
            for (List<Type> is = types.interfaces(t);is.nonEmpty();is = is.tail)
                if (is.head.tsym.isSubClass(base, types))
                    return true;
    } else {
        for (Type t = type; t.tag == CLASS; t = types.supertype(t))
            if (t.tsym == base)
                return true;
    }
    return false;
}
```

当 base 为接口时，查找当前类型的所有实现接口，如果当前类型的某个实现接口是 base 的子类型，那么当前类型是 base 的子类型。

当 base 为类时，查找当前类型的所有父类，如果某个父类与 base 相同，那么当前类型是 base 的子类型。

D.4　overrides()方法

调用 MethodSymbol 类的 overrides()方法判断当前方法是否覆写了另一个方法。overrides()方法的实现代码如下：

```
来源：com.sun.tools.javac.code.Symbol.MethodSymbol
public boolean overrides(Symbol _other, TypeSymbol origin, Types types,
boolean checkResult) {
    if (isConstructor() || _other.kind != MTH)
        return false;

    if (this == _other)
        return true;
```

```
    MethodSymbol other = (MethodSymbol)_other;

    // 检查直接的覆写
    if (other.isOverridableIn((TypeSymbol)owner) &&
        types.asSuper(owner.type, other.owner) != null) {
        Type mt = types.memberType(owner.type, this);
        Type ot = types.memberType(owner.type, other);
        if (types.isSubSignature(mt, ot)) {
            if (!checkResult)
                return true;
            if (types.returnTypeSubstitutable(mt, ot))
                return true;
        }
    }

    // 检查继承下来的实现
    if ( (flags() & ABSTRACT) != 0 ||
         (other.flags() & ABSTRACT) == 0 ||
        !other.isOverridableIn(origin) ||
        !this.isMemberOf(origin, types))
        return false;

    // 当前的方法为非抽象方法并且是 origin 的成员，other 为抽象方法并且在 origin 中可
    // 被覆写
    // assert types.asSuper(origin.type, other.owner) != null;
    Type mt = types.memberType(origin.type, this);
    Type ot = types.memberType(origin.type, other);
    return types.isSubSignature(mt, ot) && (!checkResult ||
types.resultSubtype(mt, ot, _));
}
```

overrides()方法判断当前的方法 this 是否覆写了_other 方法。

如果 this 表示的是构造方法或者_other 不是方法时不需要进行检查，因为只有非构造方法才有覆写的概念。

如果 this 与_other 相等时，Javac 会认为方法本身覆写了自己。

如果 this 和_other 都为非构造方法并且不相等时，overrides()方法会检查直接的覆写或继承下来的实现代码。首先举个直接的覆写例子如下：

【实例 D-2】

```
package appendixd;

class Parent{
    public void md(){ }
}

class Sub extends Parent{
    public void md(){ }
}
```

通过调用 overrides()方法判断 Sub 类中的 md()方法是否覆写了 Parent 类中的 md()方法，此时的 origin 为 Sub 类，_other 是 Parent 类的 md()方法，overrides()方法返回 true，表

示 Sub 类中的 md()方法覆写了 Parent 类中的 md()方法。

在 overrides()方法中还可以检查继承下来的实现，在检查之前先进行了一系列判断，主要保证在检查两个方法时，this 为非抽象方法并且是 origin 的成员，other 为抽象方法并且在 origin 中可被覆写。举个例子如下：

【实例 D-3】

```
package appendixd;

interface IA{
   public void md();
}

class CA{
   public void md(){ }
}

class CB extends CA implements IA{ }
```

在 Sub 类中虽然没有实现 IA 接口中定义的 md()方法，但是 CB 类继承了 CA 类中的 md()方法，所以 CB 类可以不实现 IA 接口中定义的抽象方法 md()。调用 overrides()方法判断 CA 类中的 md()方法是否实现了 IA 接口中的 md()方法，此时 origin 为 CB 类，_other 表示 IA 接口中的 md()方法，overrides()方法将返回 true。

由于直接的覆写与继承下来的实现判断逻辑类似，所以这里重点介绍直接的覆写。首先调用 Symbol 类中定义的 isOverridableIn()方法判断 other 是否可以在 owner（也就是 isOverridableIn()方法接收的参数 origin）中被覆写，这个方法的实现代码如下：

```
来源：com.sun.tools.javac.code.Symbol
private boolean isOverridableIn(TypeSymbol origin) {
   switch ((int)(flags_field & Flags.AccessFlags)) {
   case Flags.PRIVATE:
      return false;
   case Flags.PUBLIC:
      return true;
   case Flags.PROTECTED:
      return (origin.flags() & INTERFACE) == 0;
   case 0:
      return this.packge() == origin.packge() && (origin.flags() &
INTERFACE) == 0;
   default:
      return false;
   }
}
```

调用 isOverridableIn()方法的前提是，定义当前符号的类型与 origin 有父子关系，所以只需要判断当前符号的访问控制符即可。isOverridableIn()方法通过访问控制符判断的逻辑与 isInheritedIn()方法类似，这里不再介绍。

当调用 isOverridableIn()方法返回 true 时，调用 Types 类的 types.asSuper()方法（此方法在附录 C 中有介绍）找个 owner.type 的父类型，这个父类型的 tsym 为 other.owner，由

于是在判断 this 是否覆写了 other，那么定义 this 的类型与定义 other 的类型肯定有父子关系，通过调用 types.asSuper()方法查找父类型能够保证两个类型有父子关系。

当两个类型有父子关系时，接着调用 Types 类的 types.memberType()方法（此方法在附录 C 中有介绍）得到 this 与 other 在 owner.type 类型下具体的方法类型 mt 与 ot，这样就可以比较签名了。

调用 types.isSubSignature()方法判断 mt 是否为 ot 的子签名，如果方法 overrides()中的参数 checkResult 的值为 true 时，还会继续调用 returnTypeSubstitutable()方法判断两个方法的返回类型。returnTypeSubstitutable()方法的实现代码如下：

```
来源：com.sun.tools.javac.code.Types
public boolean returnTypeSubstitutable(Type r1,Type r2, Type r2res,_) {
    if (isSameType(r1.getReturnType(), r2res))
        return true;
    if (r1.getReturnType().isPrimitive() || r2res.isPrimitive())
        return false;

    if (hasSameArgs(r1, r2))
        return covariantReturnType(r1.getReturnType(), r2res, _);
    if (!allowCovariantReturns)
        return false;
    if (isSubtypeUnchecked(r1.getReturnType(), r2res, _))
        return true;
    if (!isSubtype(r1.getReturnType(), erasure(r2res)))
        return false;
    return true;
}
```

r1 方法要覆写 r2 方法时，返回类型相等或者在支持协变的情况下兼容。在支持协变的情况下，可以进行非检查转换或进行 r1 方法的返回类型是 r2 方法返回类型的子类转换。

returnTypeSubstitutable()方法调用的 covariantReturnType()方法的实现代码如下：

```
来源：com.sun.tools.javac.code.Types
public boolean covariantReturnType(Type t, Type s, _) {
    return  isSameType(t, s) ||
            allowCovariantReturns && !t.isPrimitive() && !s.isPrimitive() &&
isAssignable(t, s, _);
}
```

allowCovariantReturns 变量的值在 JDK 1.5 及之后的版本中都为 true。

在 overrides()方法中检查继承下来的实现时还会调用 resultSubtype()方法，这个方法的实现代码如下：

```
来源：com.sun.tools.javac.code.Types
public boolean resultSubtype(Type t, Type s, _) {
    List<Type> tvars = t.getTypeArguments();
    List<Type> svars = s.getTypeArguments();
    Type tres = t.getReturnType();
    Type sres = subst(s.getReturnType(), svars, tvars);
    return covariantReturnType(tres, sres, _);
}
```

调用 covariantReturnType()方法判断返回类型，不过需要将一个方法类型中的所有类型参数替换为另外一个方法中声明的类型参数，这样更有利于进行比较。

在 returnTypeSubstitutable()方法中，如果两个返回类型都为引用类型时，可以支持非检查转换，因为要支持泛型的过渡。举个例子如下：

【实例 D-4】

```
package appendixd;

class Parent {
    public List<String> md() {
        return null;
    }
}

class Sub extends Parent {
    public List md() {
        return null;
    }
}
```

调用 returnTypeSubstitutable()方法判断 Sub 类中的 md()方法是否覆写了 Parent 类中的 md()方法，由于 List 不是 List<String>的子类，但是 List 可以通过非检查转换转为 List<String>，所以 returnTypeSubstitutable()方法返回 true。非检查转换转是为了支持泛型的过渡，因为假设 Parent 类是在 JDK 1.5 之前对外提供的类，md()方法的返回值为 List，用户编写的 Sub 类继承了 Parent 类，此时两个方法的返回值都为 List，有覆写关系。但是在 JDK 1.5 之后支持了泛型，Parent 类中的 md()方法的返回类型被更新为 List<String>，此时如果不支持类型的非检查转换，Sub 类中的 md()方法并不能覆写 Parent 类中的 md()方法，用户编写的 Sub 类将报错。

D.5　implementation()方法

调用 MethodSymbol 类的 implementation()方法可以查找一个抽象方法的实现，也可以查找一个非抽象方法的实现，用来辅助进行覆写的检查。implementation()方法的实现代码如下：

```
来源：com.sun.tools.javac.code.Symbol.MethodSymbol
public MethodSymbol implementation(TypeSymbol origin, Types types, boolean checkResult) {
    return implementation(origin, types, checkResult, implementation_filter);
}
```

调用另外一个重载的 implementation()方法进行查找，同时传递了 implementation_filter 变量的值。implementation_filter 变量的定义如下：

```
来源：com.sun.tools.javac.code.Symbol.MethodSymbol
private static final Filter<Symbol> implementation_filter = new
Filter<Symbol>() {
   public boolean accepts(Symbol s) {
      return s.kind == Kinds.MTH && (s.flags() & SYNTHETIC) == 0;
   }
};
```

accepts()方法对非合成的方法返回 true，表示在查找覆写方法的过程中，只查找非合成的方法。

重载的 implementation()方法的实现代码如下：

```
来源：com.sun.tools.javac.code.Symbol.MethodSymbol
public MethodSymbol implementation(TypeSymbol origin, Types types, boolean
checkResult,Filter<Symbol> implFilter) {
   MethodSymbol res = types.implementation(this, origin, checkResult,
implFilter);
   if (res != null)
      return res;

   if (types.isDerivedRaw(origin.type))
      return implementation(types.supertype(origin.type).tsym, types,
checkResult);
   else
      return null;
}
```

首先调用 types.implementation()方法查找覆写的方法，Types 类中的的 implementation()方法的实现代码如下：

```
来源：com.sun.tools.javac.code.Types
public MethodSymbol implementation(MethodSymbol ms, TypeSymbol origin,
                                   boolean checkResult, Filter<Symbol>
                                   implFilter) {
    return implCache.get(ms, origin, checkResult, implFilter);
}
```

其中，implCache 变量的定义如下：

```
来源：com.sun.tools.javac.code.Types
private ImplementationCache implCache = new ImplementationCache();
```

通过调用 implCache.get()方法从 origin 开始查找覆写 ms 的方法。下面介绍 Implementation-Cache 类中 get()方法的实现，代码如下：

```
来源：com.sun.tools.javac.code.Types.ImplementationCache
MethodSymbol get(MethodSymbol ms, TypeSymbol origin, boolean checkResult,
                 Filter<Symbol> implFilter) {
    SoftReference<Map<TypeSymbol, Entry>> ref_cache = _map.get(ms);
    Map<TypeSymbol, Entry> cache = ref_cache != null ? ref_cache.get() :
null;
    if (cache == null) {
        cache = new HashMap<TypeSymbol, Entry>();
        _map.put(ms, new SoftReference<Map<TypeSymbol, Entry>>(cache));
    }
```

```
        Entry e = cache.get(origin);
        CompoundScope members = membersClosure(origin.type, true);
        if (e == null || !e.matches(implFilter, checkResult, members.getMark())) {
            MethodSymbol impl = implementationInternal(ms, origin, checkResult,
implFilter);
            cache.put(origin, new Entry(impl, implFilter, checkResult, members.
    getMark()));
            return impl;
        } else {
            return e.cachedImpl;
        }
    }
```

get()方法首先从_map 中查找缓存数据，如果没有缓存数据或者缓存的数据不符合新的查找要求时，调用 implementationInternal()方法重新查找覆写的方法，其中，_map 是 WeakHashMap<MethodSymbol, SoftReference<Map<TypeSymbol, Entry>>>类型的变量，key 为 MethodSymbol 类型，保存被覆写的方法，value 为 SoftReference<Map<TypeSymbol, Entry>>类型，保存覆写对应 key 方法的方法。具体就是从 TypeSymbol 开始查找时找到的覆写方法，这个覆写方法是 Entry 对象，Entry 对象可以简单看作是对 MethodSymbol 对象的封装。

membersClosure()方法在第 10 章的 10.3.2 节中详细介绍过，该方法返回一个综合的作用域。因为 membersClosure()方法中也有对查询结果的缓存，所以返回的 members 有可能是缓存数据，这样就需要判断缓存数据是否过期，也就是调用 members.getMark()方法判断包含在综合作用域中的成员符号是否有过变动，如增加或删除成员符号的操作、增加子作用域等，如有变动，getMark()方法会返回一个不同于之前在缓存中保存的整数，这样在调用 e.matches()方法进行判断时就会返回 false，get()方法重新调用 implementationInternal()方法进行查询。

Entry 对象是对 MethodSymbol 对象的一个简单封装，只不过 Entry 对象能保存更多查询时相关的信息，Entry 类的定义如下：

```
来源：com.sun.tools.javac.code.Types.ImplementationCache.Entry
class Entry {
    final MethodSymbol cachedImpl;
    final Filter<Symbol> implFilter;
    final boolean checkResult;
    final int prevMark;

    public Entry(MethodSymbol cachedImpl,Filter<Symbol> scopeFilter,
boolean checkResult,int prevMark) {
        this.cachedImpl = cachedImpl;
        this.implFilter = scopeFilter;
        this.checkResult = checkResult;
        this.prevMark = prevMark;
    }

    boolean matches(Filter<Symbol> scopeFilter, boolean checkResult, int
mark) {
```

```
        return this.implFilter == scopeFilter &&
               this.checkResult == checkResult &&
               this.prevMark == mark;
    }
}
```

matches()方法比较之前的查找结果用的查找条件与当前的查找条件是否相同，如果相同，直接使用缓存的 cachedImpl，如果不相同，需要在 get()方法中调用 implementation-Internal()方法重新进行查找。implementationInternal()方法的实现代码如下：

```
来源：com.sun.tools.javac.code.Types.ImplementationCache
private MethodSymbol implementationInternal(MethodSymbol ms, TypeSymbol origin,
                                    boolean checkResult, Filter<Symbol>
                                    implFilter) {
    for (Type t = origin.type; t.tag == CLASS || t.tag == TYPEVAR; t = supertype(t)) {
        while (t.tag == TYPEVAR)
            t = t.getUpperBound();
        TypeSymbol c = t.tsym;
        for (Scope.Entry e = c.members().lookup(ms.name, implFilter);
             e.scope != null;
             e = e.next(implFilter)) {
            if (e.sym != null && e.sym.overrides(ms, origin, Types.this,
checkResult))
                return (MethodSymbol)e.sym;
        }
    }
    return null;
}
```

在 origin 开始查找覆写 ms 的方法。举个例子如下：

【实例 D-5】

```
package appendixd;

interface IA{
   public void md();
}

class CA{
   public void md(){ }
}

class CB extends CA implements IA{ }
```

在调用 MethodSymbol 类的 implementation()方法时，假设当前 MethodSymbol 对象为 IA 接口中定义的 md()方法，而 origin 为 CB 类，那么在 CB 类中查找 IA 接口中的方法 md()的实现时，会调用 types.implementation()方法查找到 CA 类中的 md()方法。

如果在MethodSymbol类中调用types.implementation()方法没有查找到相关方法，还可能会递归调用implementation()方法来查找，只不过此时会从origin的父类开始查找。在递归调用implementation()方法之前，需要调用isDerivedRaw()方法确定origin.type继承了裸类型，这个方法的实现代码如下：

```
来源：com.sun.tools.javac.code.Types
public boolean isDerivedRaw(Type t) {
    Boolean result = isDerivedRawCache.get(t);
    if (result == null) {
        result = isDerivedRawInternal(t);
        isDerivedRawCache.put(t, result);
    }
    return result;
}
```

isDerivedRawCache是Map<Type,Boolean>类型的变量，用来缓存查询调用isDerivedRawInternal()方法查询的结果。isDerivedRawInternal()方法的实现代码如下：

```
来源：com.sun.tools.javac.code.Types
public boolean isDerivedRawInternal(Type t) {
    return  t.isRaw() ||
            supertype(t) != null && isDerivedRaw(supertype(t)) ||
            isDerivedRaw(interfaces(t));
}
```

当t为裸类型或者t的某个父类或接口是裸类型时，isDerivedRawInternal()方法都将返回true。在判断t的接口时调用了另外一个重载的isDerivedRaw()方法，这个方法的实现代码如下：

```
来源：com.sun.tools.javac.code.Types
public boolean isDerivedRaw(List<Type> ts) {
    List<Type> l = ts;
    while (l.nonEmpty() && !isDerivedRaw(l.head))
        l = l.tail;
    return l.nonEmpty();
}
```

举个例子如下：

【实例D-6】

```
package appendixd;

interface IA{
    void md(String t);
}

class CA<T>{
    public void md(T t){ }
```

```
}

class CB<K> extends CA<String>{ }

class CC extends CB implements IA{ }
```

在调用 MethodSymbol 类中的 implementation()方法时，假设当前 MethodSymbol 对象为 IA 接口中的 md()方法，origin 为 CC 类，那么从 CC 类开始查找覆写 IA 接口中的 md()方法时，由于CC类继承了裸类型CB，所以递归调用MethodSymbol类中的implementation()方法从裸类型 CB 中查找实现方法。此时再次调用 types.implementation()方法，当 types.implementation()从缓存中取不到结果时，会调用 implementationInternal()方法在 CB 类和 CB 类的所有父类中查找相关实现，最终会查找到裸类型 CB 类的父类 CA<String>类，这个类中的 md()方法可以正确实现 IA 接口中定义的 md()方法，所以 MethodSymbol 类中的 implementation()方法最终会返回此方法。

附录 E　虚拟机字节码指令表

JVMS 规定的指令除字节码为 0x00，助词符为 nop 的指令什么都不做外，其他的指令都有具体的操作含义。下面以表格的形式进行详细介绍。

E.1　加载与存储指令

加载与存储指令如表 E-1 所示。

表E-1　加载与存储指令

字 节 码	助 词 符	指 令 含 义
0x00	nop	什么都不做
0x01	aconst_null	将null推送至栈顶
0x02	iconst_m1	将int型-1推送至栈顶
0x03	iconst_0	将int型0推送至栈顶
0x04	iconst_1	将int型1推送至栈顶
0x05	iconst_2	将int型2推送至栈顶
0x06	iconst_3	将int型3推送至栈顶
0x07	iconst_4	将int型4推送至栈顶
0x08	iconst_5	将int型5推送至栈顶
0x09	lconst_0	将long型0推送至栈顶
0x0a	lconst_1	将long型1推送至栈顶
0x0b	fconst_0	将float型0推送至栈顶
0x0c	fconst_1	将float型1推送至栈顶
0x0d	fconst_2	将float型2推送至栈顶
0x0e	dconst_0	将double型0推送至栈顶

（续）

字 节 码	助 词 符	指 令 含 义
0x0f	dconst_1	将double型1推送至栈顶
0x10	bipush	将单字节的常量值（-128～127）推送至栈顶
0x11	sipush	将一个短整型常量值（-32768～32767）推送至栈顶
0x12	ldc	将int、float或String型常量值从常量池中推送至栈顶
0x13	ldc_w	将int,、float或String型常量值从常量池中推送至栈顶（宽索引）
0x14	ldc2_w	将long或double型常量值从常量池中推送至栈顶（宽索引）
0x15	iload	将指定的int型本地变量推送至栈顶
0x16	lload	将指定的long型本地变量推送至栈顶
0x17	fload	将指定的float型本地变量推送至栈顶
0x18	dload	将指定的double型本地变量推送至栈顶
0x19	aload	将指定的引用类型本地变量推送至栈顶
0x1a	iload_0	将第1个int型本地变量推送至栈顶
0x1b	iload_1	将第2个int型本地变量推送至栈顶
0x1c	iload_2	将第3个int型本地变量推送至栈顶
0x1d	iload_3	将第4个int型本地变量推送至栈顶
0x1e	lload_0	将第1个long型本地变量推送至栈顶
0x1f	lload_1	将第2个long型本地变量推送至栈顶
0x20	lload_2	将第3个long型本地变量推送至栈顶
0x21	lload_3	将第4个long型本地变量推送至栈顶
0x22	fload_0	将第1个float型本地变量推送至栈顶
0x23	fload_1	将第2个float型本地变量推送至栈顶
0x24	fload_2	将第3个float型本地变量推送至栈顶
0x25	fload_3	将第4个float型本地变量推送至栈顶
0x26	dload_0	将第1个double型本地变量推送至栈顶
0x27	dload_1	将第2个double型本地变量推送至栈顶
0x28	dload_2	将第3个double型本地变量推送至栈顶
0x29	dload_3	将第4个double型本地变量推送至栈顶

（续）

字　节　码	助　词　符	指 令 含 义
0x2a	aload_0	将第1个引用类型本地变量推送至栈顶
0x2b	aload_1	将第2个引用类型本地变量推送至栈顶
0x2c	aload_2	将第3个引用类型本地变量推送至栈顶
0x2d	aload_3	将第4个引用类型本地变量推送至栈顶
0x2e	iaload	将int型数组指定索引的值推送至栈顶
0x2f	laload	将long型数组指定索引的值推送至栈顶
0x30	faload	将float型数组指定索引的值推送至栈顶
0x31	daload	将double型数组指定索引的值推送至栈顶
0x32	aaload	将引用型数组指定索引的值推送至栈顶
0x33	baload	将boolean或byte型数组指定索引的值推送至栈顶
0x34	caload	将char型数组指定索引的值推送至栈顶
0x35	saload	将short型数组指定索引的值推送至栈顶
0x36	istore	将栈顶int型数值存入指定的本地变量
0x37	lstore	将栈顶long型数值存入指定的本地变量
0x38	fstore	将栈顶float型数值存入指定的本地变量
0x39	dstore	将栈顶double型数值存入指定的本地变量
0x3a	astore	将栈顶引用型数值存入指定的本地变量
0x3b	istore_0	将栈顶int型数值存入第1个本地变量
0x3c	istore_1	将栈顶int型数值存入第2个本地变量
0x3d	istore_2	将栈顶int型数值存入第3个本地变量
0x3e	istore_3	将栈顶int型数值存入第4个本地变量
0x3f	lstore_0	将栈顶long型数值存入第1个本地变量
0x40	lstore_1	将栈顶long型数值存入第2个本地变量
0x41	lstore_2	将栈顶long型数值存入第3个本地变量
0x42	lstore_3	将栈顶long型数值存入第4个本地变量
0x43	fstore_0	将栈顶float型数值存入第1个本地变量
0x44	fstore_1	将栈顶float型数值存入第2个本地变量

（续）

字 节 码	助 词 符	指 令 含 义
0x45	fstore_2	将栈顶float型数值存入第3个本地变量
0x46	fstore_3	将栈顶float型数值存入第4个本地变量
0x47	dstore_0	将栈顶double型数值存入第1个本地变量
0x48	dstore_1	将栈顶double型数值存入第2个本地变量
0x49	dstore_2	将栈顶double型数值存入第3个本地变量
0x4a	dstore_3	将栈顶double型数值存入第4个本地变量
0x4b	astore_0	将栈顶引用型数值存入第1个本地变量
0x4c	astore_1	将栈顶引用型数值存入第2个本地变量
0x4d	astore_2	将栈顶引用型数值存入第3个本地变量
0x4e	astore_3	将栈顶引用型数值存入第4个本地变量
0x4f	iastore	将栈顶int型数值存入指定数组的指定索引位置
0x50	lastore	将栈顶long型数值存入指定数组的指定索引位置
0x51	fastore	将栈顶float型数值存入指定数组的指定索引位置
0x52	dastore	将栈顶double型数值存入指定数组的指定索引位置
0x53	aastore	将栈顶引用型数值存入指定数组的指定索引位置
0x54	bastore	将栈顶boolean或byte型数值存入指定数组的指定索引位置
0x55	castore	将栈顶char型数值存入指定数组的指定索引位置
0x56	sastore	将栈顶short型数值存入指定数组的指定索引位置
0xc4	wide	扩充局部变量表的访问索引的指令

E.2 运算指令

运算指令如表 E-2 所示。

表E-2 运算指令

0x60	iadd	将栈顶两个int型数值相加并将结果压入栈顶
0x61	ladd	将栈顶两个long型数值相加并将结果压入栈顶

（续）

0x62	fadd	将栈顶两个float型数值相加并将结果压入栈顶
0x63	dadd	将栈顶两个double型数值相加并将结果压入栈顶
0x64	isub	将栈顶两个int型数值相减并将结果压入栈顶
0x65	lsub	将栈顶两个long型数值相减并将结果压入栈顶
0x66	fsub	将栈顶两个float型数值相减并将结果压入栈顶
0x67	dsub	将栈顶两个double型数值相减并将结果压入栈顶
0x68	imul	将栈顶两个int型数值相乘并将结果压入栈顶
0x69	lmul	将栈顶两个long型数值相乘并将结果压入栈顶
0x6a	fmul	将栈顶两个float型数值相乘并将结果压入栈顶
0x6b	dmul	将栈顶两个double型数值相乘并将结果压入栈顶
0x6c	idiv	将栈顶两个int型数值相除并将结果压入栈顶
0x6d	ldiv	将栈顶两个long型数值相除并将结果压入栈顶
0x6e	fdiv	将栈顶两个float型数值相除并将结果压入栈顶
0x6f	ddiv	将栈顶两个double型数值相除并将结果压入栈顶
0x70	irem	将栈顶两个int型数值做取模运算并将结果压入栈顶
0x71	lrem	将栈顶两个long型数值做取模运算并将结果压入栈顶
0x72	frem	将栈顶两个float型数值做取模运算并将结果压入栈顶
0x73	drem	将栈顶两个double型数值做取模运算并将结果压入栈顶
0x74	ineg	将栈顶int型数值取负并将结果压入栈顶
0x75	lneg	将栈顶long型数值取负并将结果压入栈顶
0x76	fneg	将栈顶float型数值取负并将结果压入栈顶
0x77	dneg	将栈顶double型数值取负并将结果压入栈顶
0x78	ishl	将int型数值左移位指定位数并将结果压入栈顶
0x79	lshl	将long型数值左移位指定位数并将结果压入栈顶
0x7a	ishr	将int型数值右（符号）移位指定位数并将结果压入栈顶
0x7b	lshr	将long型数值右（符号）移位指定位数并将结果压入栈顶
0x7c	iushr	将int型数值右（无符号）移位指定位数并将结果压入栈顶
0x7d	lushr	将long型数值右（无符号）移位指定位数并将结果压入栈顶

（续）

0x7e	iand	将栈顶两个int型数值做“按位与”并将结果压入栈顶
0x7f	land	将栈顶两个long型数值做“按位与”并将结果压入栈顶
0x80	ior	将栈顶两个int型数值做“按位或”并将结果压入栈顶
0x81	lor	将栈顶两个long型数值做“按位或”并将结果压入栈顶
0x82	ixor	将栈顶两个int型数值做“按位异或”并将结果压入栈顶
0x83	lxor	将栈顶两个long型数值做“按位异或”并将结果压入栈顶
0x84	iinc	将指定int型变量增加指定值（i++、i--、i+=2）
0x94	lcmp	比较栈顶两个long型数值大小，并将结果（1、0或-1）压入栈顶
0x95	fcmpl	比较栈顶两个float型数值大小，并将结果（1、0或-1）压入栈顶；当其中一个数值为NaN时，将-1压入栈顶
0x96	fcmpg	比较栈顶两个float型数值大小，并将结果（1、0或-1）压入栈顶；当其中一个数值为NaN时，将1压入栈顶
0x97	dcmpl	比较栈顶两个double型数值大小，并将结果（1、0或-1）压入栈顶；当其中一个数值为NaN时，将-1压入栈顶
0x98	dcmpg	比较栈顶两个double型数值大小，并将结果（1、0或-1）压入栈顶；当其中一个数值为NaN时，将1压入栈顶

E.3 类型转换指令

类型转换指令如表 E-3 所示。

表E-3 类型转换指令

0x85	i2l	将栈顶int型数值强制转换成long型数值并将结果压入栈顶
0x86	i2f	将栈顶int型数值强制转换成float型数值并将结果压入栈顶
0x87	i2d	将栈顶int型数值强制转换成double型数值并将结果压入栈顶
0x88	l2i	将栈顶long型数值强制转换成int型数值并将结果压入栈顶
0x89	l2f	将栈顶long型数值强制转换成float型数值并将结果压入栈顶
0x8a	l2d	将栈顶long型数值强制转换成double型数值并将结果压入栈顶
0x8b	f2i	将栈顶float型数值强制转换成int型数值并将结果压入栈顶

（续）

0x8c	f2l	将栈顶float型数值强制转换成long型数值并将结果压入栈顶
0x8d	f2d	将栈顶float型数值强制转换成double型数值并将结果压入栈顶
0x8e	d2i	将栈顶double型数值强制转换成int型数值并将结果压入栈顶
0x8f	d2l	将栈顶double型数值强制转换成long型数值并将结果压入栈顶
0x90	d2f	将栈顶double型数值强制转换成float型数值并将结果压入栈顶
0x91	i2b	将栈顶int型数值强制转换成byte型数值并将结果压入栈顶
0x92	i2c	将栈顶int型数值强制转换成char型数值并将结果压入栈顶
0x93	i2s	将栈顶int型数值强制转换成short型数值并将结果压入栈顶

E.4　对象操作指令

对象操作指令如表 E-4 所示。

表E-4　对象操作指令

0xb2	Getstatic	获取指定类的静态域，并将其值压入栈顶
0xb3	putstatic	为指定类的静态域赋值
0xb4	getfield	获取指定类的实例域，并将其值压入栈顶
0xb5	putfield	为指定类的实例域赋值
0xbb	new	创建一个对象，并将其引用值压入栈顶
0xbc	newarray	创建一个指定原始类型（如int,、float,、char等）的数组，并将其引用值压入栈顶
0xbd	anewarray	创建一个引用型（如类、接口或数组）的数组，并将其引用值压入栈顶
0xbe	arraylength	获得数组的长度值并压入栈顶
0xc0	checkcast	检验类型转换，检验未通过将抛出ClassCastException
0xc1	instanceof	检验对象是否是指定类的实例，如果是将1压入栈顶，否则将0压入栈顶
0xc5	multianewarray	创建指定类型和指定维度的多维数组（执行该指令时，操作栈中必须包含各维度的长度值），并将其引用值压入栈顶

E.5 操作数栈管理指令

操作数栈管理指令如表 E-5 所示。

表E-5 操作数栈管理指令

0x57	pop	将栈顶数值弹出 (数值不能是long或double类型)
0x58	pop2	将栈顶的一个（long或double类型)或两个数值弹出（其他）
0x59	dup	复制栈顶数值并将复制值压入栈顶
0x5a	dup_x1	复制栈顶数值并将两个复制值压入栈顶
0x5b	dup_x2	复制栈顶数值并将3个（或两个）复制值压入栈顶
0x5c	dup2	复制栈顶一个（long或double类型的)或两个（其他）数值并将复制值压入栈顶
0x5d	dup2_x1	dup_x1 指令的双倍版本
0x5e	dup2_x2	dup_x2 指令的双倍版本
0x5f	swap	将栈最顶端的两个数值互换(数值不能是long或double类型)

E.6 控制转移指令

控制转移指令如表 E-6 所示。

表E-6 控制转移指令

0x99	ifeq	当栈顶int型数值等于0时跳转
0x9a	ifne	当栈顶int型数值不等于0时跳转
0x9b	iflt	当栈顶int型数值小于0时跳转
0x9c	ifge	当栈顶int型数值大于等于0时跳转
0x9d	ifgt	当栈顶int型数值大于0时跳转
0x9e	ifle	当栈顶int型数值小于等于0时跳转
0x9f	if_icmpeq	比较栈顶两个int型数值大小，当结果等于0时跳转
0xa0	if_icmpne	比较栈顶两个int型数值大小，当结果不等于0时跳转

（续）

0xa1	if_icmplt	比较栈顶两个int型数值大小，当结果小于0时跳转
0xa2	if_icmpge	比较栈顶两个int型数值大小，当结果大于等于0时跳转
0xa3	if_icmpgt	比较栈顶两个int型数值大小，当结果大于0时跳转
0xa4	if_icmple	比较栈顶两个int型数值大小，当结果小于等于0时跳转
0xa5	if_acmpeq	比较栈顶两个引用型数值，当结果相等时跳转
0xa6	if_acmpne	比较栈顶两个引用型数值，当结果不相等时跳转
0xa7	goto	无条件跳转
0xa8	jsr	跳转至指定16位的offset位置，并将jsr下一条指令地址压入栈顶
0xa9	ret	返回至本地变量
0xaa	tableswitch	用于switch条件跳转，case值连续（可变长度指令）
0xab	lookupswitch	用于switch条件跳转，case值不连续（可变长度指令）
0xac	ireturn	从当前方法返回int
0xad	lreturn	从当前方法返回long
0xae	freturn	从当前方法返回float
0xaf	dreturn	从当前方法返回double
0xb0	areturn	从当前方法返回对象引用
0xb1	return	从当前方法返回void
0xc6	ifnull	为null时跳转
0xc7	ifnonnull	不为null时跳转
0xc8	goto_w	无条件跳转（宽索引）
0xc9	jsr_w	跳转至指定32位的offset位置，并将jsr_w下一条指令地址压入栈顶

E.7　方法调用和返回指令

方法调用和返回指令如表 E-7 所示。

表E-7　方法调用和返回指令

0xb6	invokevirtual	调用实例方法
0xb7	invokespecial	调用超类构造方法，实例初始化方法，私有方法

（续）

0xb8	invokestatic	调用静态方法
0xb9	invokeinterface	调用接口方法
0xba	invokedynamic	调用动态方法

E.8 异常抛出指令

异常抛出指令如表 E-8 所示。

表E-8　异常抛出指令

字 节 码	助 词 符	指 令 含 义
0xbf	athrow	将栈顶的异常抛出

E.9 同 步 指 令

同步指令如表 E-9 所示。

表E-9　同步指令

字 节 码	助 词 符	指 令 含 义
0xc2	monitorenter	获得对象的锁，用于同步方法或同步块
0xc3	monitorexit	释放对象的锁，用于同步方法或同步块